电子系统 EDA 新技术丛书

面向 Zynq-7000 SoC 的软件定义无线电原理及实现

涵盖 GNU Radio 和 MATLAB 软件的通信系统设计

何 宾 李天凌 余 晨 编著

电子工业出版社
Publishing House of Electronics Industry
北京·BEIJING

内 容 简 介

本书以 Xilinx 公司 Zynq-7000 系列 SoC 和 ADI 公司 AD9361 射频收发器为核心定制的硬件平台 SDR-AI-Z7 为基础，以 GNU Radio 软件和 MATLAB 软件为设计平台，详细介绍了软件定义无线电（Software Defined Radio，SDR）的原理，以及基于不同软件平台实现 SDR 通信系统的方法。

本书在介绍 SDR 的原理和基于 SDR 技术实现通信系统时，为读者展现了不同实现方法对通信系统的性能、灵活性、成本和功耗方面的影响。本书共 13 章，主要内容包括软件定义无线电技术基础、软件定义无线电平台硬件和软件架构、软件定义无线电平台开发环境的构建、通信信号处理的基础知识、正交调制和复指数的基础知识、前向纠错的基本原理和实现、软件定义无线电系统同步原理和实现、信道估计与均衡原理和实现、FM 和 FSK 的 GNU Radio 实现、BPSK 和 QPSK 无线传输的 Simulink 实现、OFDM 无线传输的 Simulink 实现、802.11a 无线传输的 MATLAB 实现，以及 ADS-B 信号接收 Simulink 实现。此外，本书的附录提供了 AM 的 GNU Radio 实现和 QPSK 的 GNU Radio 实现等。

本书理论和实践并重，通过采用不同的软件框架实现 SDR 通信系统，从多个角度诠释了软件定义无线电中"软件"的本质含义。

本书适合作为高等学校本科电子信息类专业"软件定义无线电"课程的理论和实践教学用书，也可作为从事软件无线电开发工作的工程技术人员的参考用书。

未经许可，不得以任何方式复制或抄袭本书之部分或全部内容。
版权所有，侵权必究。

图书在版编目（CIP）数据

面向 Zynq-7000 SoC 的软件定义无线电原理及实现：涵盖 GNU Radio 和 MATLAB 软件的通信系统设计 / 何宾，李天凌，余晨编著. -- 北京：电子工业出版社，2025.4（2025.9重印）. -- （电子系统 EDA 新技术丛书）.
ISBN 978-7-121-50093-0

Ⅰ. TN92

中国国家版本馆 CIP 数据核字第 2025XN2284 号

责任编辑：张　迪（zhangdi@phei.com.cn）　　文字编辑：底　波
印　　刷：固安县铭成印刷有限公司
装　　订：固安县铭成印刷有限公司
出版发行：电子工业出版社
　　　　　北京市海淀区万寿路 173 信箱　　邮编：100036
开　　本：787×1092　1/16　　印张：29　　字数：779.5 千字
版　　次：2025 年 4 月第 1 版
印　　次：2025 年 9 月第 2 次印刷
定　　价：99.00 元

凡所购买电子工业出版社图书有缺损问题，请向购买书店调换。若书店售缺，请与本社发行部联系，联系及邮购电话：(010) 88254888，88258888。
质量投诉请发邮件至 zlts@phei.com.cn，盗版侵权举报请发邮件至 dbqq@phei.com.cn。
本书咨询联系方式：(010) 88254469，zhangdi@phei.com.cn。

前　言

软件定义无线电（Software Defined Radio，SDR）技术的不断演进推动了全球通信技术的发展，成为电子信息领域中的一个前沿研究领域。目前，NI 公司（现已被 Emerson 公司收购）的通用软件无线电外设（Universal Software Radio Peripheral，USRP）是流行的 SDR 技术硬件平台，支持多个主流的软件框架（如 GNU Radio、MATLAB 和 LabView），有丰富的 SDR 生态设计资源。但是，USRP 也存在着价格昂贵、用户对底层硬件的可操控性较差，以及硬件资源有限的缺点。

在市场调研和技术可行性评估的基础上，本书作者团队于 2023 年年初基于 Xilinx 公司（现已被 AMD 公司收购）Zynq-7000 系列 SoC 中容量最大的一颗芯片 XC7Z100 和 ADI 公司的 AD9361 射频收发器，自主设计并实现了一款功能更加强大的 SDR 硬件平台——SDR-AI-Z7，该平台旨在满足复杂 SDR 应用场景和 SDR 与人工智能融合的需求。SDR-AI-Z7 的推出显著降低了硬件平台的成本，改善了用户对底层硬件的可操控性，同时提升了软件和硬件设计的灵活性。通过本书作者团队的技术创新以及与产业界的深度产教融合，SDR-AI-Z7 成功与主流的 GNU Radio 软件和 MATLAB 软件实现了适配。这一平台为从事 SDR 研究的开发人员提供了一个成本更低、灵活性更好的硬件解决方案，显著降低了 SDR 研究和开发的整体成本。

此外，读者还可以使用为该定制硬件平台移植面向桌面应用的 Ubuntu 操作系统，借助 MATLAB Simulink 中可生成硬件描述语言（Hardware Description Language，HDL）的设计模型，生成具有调制和解调功能的知识产权（Intellectual Property，IP）核，并实现在 Ubuntu 操作系统环境下使用 Qt Creator 进行应用程序开发的任务，这将进一步增强用户对整个定制硬件平台的可操控性，充分利用 Zynq-7000 SoC 提供的 "软件"（这里是指在 Arm Cortex-A9 双核处理器上运行的软件代码）和 "硬件"（这里是指可编程逻辑区域）集成功能，真正实现 SDR 通信系统的 "软件" 和 "硬件" 的一体化。

本书共 13 章，首先介绍了软件定义无线电的关键原理，包括软件定义无线电技术基础、软件定义无线电平台硬件和软件架构、软件定义无线电平台开发环境的构建、通信信号处理的基础知识、正交调制和复指数的基础知识、前向纠错的基本原理和实现、软件定义无线电系统同步原理和实现，以及信道估计与均衡原理和实现。在此基础上，从 GNU Radio 和 MATLAB 两个角度对软件定义无线电的具体实现进行了详细介绍，主要内容包括 FM 和 FSK 的 GNU Radio 实现、BPSK 和 QPSK 无线传输的 Simulink 实现、OFDM 无线传输的 Simulink 实现、802.11a 无线传输的 MATLAB 实现，以及 ADS-B 信号接收 Simulink 实现。

在编写本书的过程中，我们参考了 Software Defined Radio with Zynq UltraScale+ RFSoC 一书中的内容。此外，我们还参考了 Software-Defined Radio for Engineers 一书中的内容。这两本书的理论部分为本书的编写提供了丰富的素材。在此基础上，我们通过进一步查阅相关文献，对上述两本书中给出的理论知识进行了更加详细的介绍。

在本书编写的过程中,李天凌做了大量的工作,包括基于 SDR-AI-Z7 开发了用于 MATLAB 软件的通信支持包、基于 SDR-AI-Z7 实现了 BPSK 和 QPSK 的无线传输系统、基于 SDR-AI-Z7 实现了 OFDM 的无线传输系统,以及基于 SDR-AI-Z7 实现了 802.11a 无线传输系统。余晨实现了 GNU Radio 软件与 SDR-AI-Z7 的互连互通,并通过 GNU Radio 软件设计了 FM 调制和解调的设计实例,对该设计在 SDR-AI-Z7 上的运行情况进行了测试和验证。

这里也要感谢 MathWorks 公司中国区大学计划团队的鼎立支持和无私帮助,正是因为这个团队高效的技术支持和协调机制,使得我们能够顺利地在 SDR-AI-Z7 上实现多个不同的软件定义无线电设计。

回想起来,与电子工业出版社已经愉快地合作了十多年,张迪编辑一直负责我的图书出版工作,期间给予了我们热心的帮助,这里也离不开电子工业出版社领导的大力支持,在此对他们的支持和帮助表示诚挚的谢意。

由于作者的水平有限,书中难免有不足之处,恳请广大读者不吝赐教。

何宾

2025 年 5 月于北京

目 录

第1章 软件定义无线电技术基础 ····· 1

1.1 无线电频谱及分配 ····· 1
- 1.1.1 无线电频谱的定义 ····· 1
- 1.1.2 无线电频谱分配 ····· 3
- 1.1.3 频谱许可和合法使用 ····· 4
- 1.1.4 频谱政策 ····· 4

1.2 自由空间路径损耗 ····· 5
1.3 软件定义无线电的发展历史 ····· 6
1.4 通信系统的分层模型 ····· 9
- 1.4.1 开放系统互连模型 ····· 9
- 1.4.2 TCP/IP 模型 ····· 11

1.5 无线通信标准 ····· 12
- 1.5.1 通信标准的定义和重要性 ····· 12
- 1.5.2 Wi-Fi 的发展历程 ····· 14
- 1.5.3 蜂窝网络的发展历程 ····· 15

1.6 SDR 实现通信协议栈 ····· 16
- 1.6.1 MAC 和 PHY ····· 16
- 1.6.2 上层 ····· 17
- 1.6.3 无线物理层 ····· 17

第2章 软件定义无线电平台硬件和软件架构 ····· 19

2.1 软件定义无线电架构的演进 ····· 19
- 2.1.1 基带采样/模拟中频基带采样 SDR ····· 19
- 2.1.2 数字中频采样 SDR ····· 20
- 2.1.3 带可调谐 RF 的基带采样 SDR ····· 20
- 2.1.4 直接射频 SDR ····· 22

2.2 可重构软件定义无线电平台硬件架构 ····· 23
- 2.2.1 Xilinx Zynq-7000 异构架构 SoC ····· 23
- 2.2.2 ADI 的 AD9361 射频收发器 ····· 23
- 2.2.3 软件无线电硬件开发平台 ····· 27

2.2.4 Vivado 底层硬件框架 ... 29
 2.3 使用软件无线电框架的必要性 ... 49
 2.4 ADI 的 IIO 子系统 ... 51
 2.5 GNU Radio 软件无线电开发框架 ... 55
  2.5.1 GNU Radio 的发展历史 ... 55
  2.5.2 GNU Radio 的功能 ... 56
  2.5.3 GNU Radio 的初衷 ... 57
  2.5.4 GNU Radio 中的典型块 ... 59
 2.6 MathWorks 软件无线电开发框架 ... 60
  2.6.1 AD9361 Simulink 模型 ... 60
  2.6.2 通用的通信和 DSP 系统工具箱功能 ... 63
  2.6.3 面向硬件可编程逻辑的 Simulink 工具流程 ... 64
  2.6.4 SDR 设计中的软硬件协同设计方法的框架 ... 64
  2.6.5 SDR 设计中的软硬件协同设计方法的实现 ... 65
 2.7 动态可重配置软件无线电开发框架 ... 68
  2.7.1 动态可重配置技术与 SoC 结构的结合 ... 68
  2.7.2 动态可重配置技术的核心单元 ... 69

第 3 章 软件定义无线电平台开发环境的构建 ... 71
 3.1 Vivado 设计套件的下载和安装 ... 71
  3.1.1 Vivado 设计套件的设计流程 ... 71
  3.1.2 Vivado 设计套件的下载 ... 73
  3.1.3 Vivado 设计套件的安装 ... 75
  3.1.4 添加许可文件 ... 79
  3.1.5 添加板支持包 ... 81
 3.2 GNU Radio 软件的下载和安装 ... 81
  3.2.1 GNU Radio 软件的下载 ... 81
  3.2.2 GNU Radio 软件的安装 ... 83
 3.3 MATLAB 软件的下载和安装 ... 86
  3.3.1 MATLAB 软件的下载 ... 86
  3.3.2 MATLAB 软件的安装 ... 87
  3.3.3 安装 Simulink 软件支持包 ... 93
  3.3.4 添加 HDL Coder 工具补丁包 ... 96
  3.3.5 安装定制硬件平台的软件支持包 ... 97

第 4 章 通信信号处理的基础知识 ... 98
 4.1 调制和解调 ... 98
 4.2 射频术语和参数 ... 98
 4.3 多速率信号处理 ... 99
  4.3.1 多速率采样的原因 ... 99
  4.3.2 过采样 ADC 和 DAC ... 100

4.3.3　抽取 ··· 101
　　　4.3.4　插值 ··· 102
　　　4.3.5　半带和 L 带滤波器 ··· 103
　　　4.3.6　抽取和插值级联 ··· 104
　4.4　基带调制（位到符号）·· 106
　　　4.4.1　正交调制与符号空间维度 ·· 106
　　　4.4.2　幅移键控 ·· 107
　　　4.4.3　正交幅度调制 ··· 107
　　　4.4.4　相移键控 ·· 109
　　　4.4.5　其他调制方案 ··· 110
　4.5　基带解调（符号到位）·· 110
　　　4.5.1　符号判决 ··· 111
　　　4.5.2　加性高斯白噪声信道 ··· 111
　　　4.5.3　误差矢量幅度 ··· 113
　　　4.5.4　比特错误率 ··· 113
　4.6　无线信道 ·· 113
　　　4.6.1　信道效应 ··· 114
　　　4.6.2　解决方法 ··· 117
　4.7　脉冲整形与匹配滤波 ·· 118
　　　4.7.1　符号作为脉冲 ··· 119
　　　4.7.2　脉冲整形要求和实现 ··· 119
　　　4.7.3　平方根升余弦匹配滤波 ·· 120
　　　4.7.4　最大效果点 ··· 121
　4.8　比特错误率分析 ·· 121

第 5 章　正交调制和复指数的基础知识 ·· 123

　5.1　信号的表示 ··· 123
　　　5.1.1　模拟和数字信号 ··· 123
　　　5.1.2　实数和复数信号 ··· 123
　　　5.1.3　欧拉公式 ··· 124
　　　5.1.4　使用复数频谱在频域中查看实信号 ·· 125
　5.2　幅度调制和解调 ·· 129
　　　5.2.1　双边带抑制载波幅度调制 ·· 130
　　　5.2.2　幅度解调 ··· 131
　　　5.2.3　带有相位误差的幅度解调 ·· 132
　5.3　正交幅度调制和解调 ·· 133
　　　5.3.1　正交调制的三角表示 ··· 133
　　　5.3.2　正交解调的三角表示 ··· 134
　　　5.3.3　带相位移动的正交解调 ·· 135
　5.4　复数符号的正交调制和解调 ·· 136
　　　5.4.1　复指数表示法的正交调制 ·· 136

	5.4.2 复指数表示法的正交解调	137
5.5	复指数解调的频谱表示	138
5.6	接收机的频率偏移和校正	141

第6章 前向纠错的基本原理和实现 ... 143

- 6.1 前向纠错概论 ... 143
  - 6.1.1 前向纠错的背景 ... 143
  - 6.1.2 前向纠错的基本原理 ... 143
  - 6.1.3 最大似然译码 ... 146
- 6.2 汉明码 ... 146
  - 6.2.1 汉明码的参数 ... 146
  - 6.2.2 最小距离的定义及其和纠错检错能力的关系 ... 147
  - 6.2.3 一致监督矩阵 ... 147
  - 6.2.4 生成矩阵 ... 149
  - 6.2.5 线性分组码的编码 ... 149
  - 6.2.6 线性分组码的译码 ... 150
- 6.3 循环码 ... 153
  - 6.3.1 循环码的定义和生成多项式 ... 154
  - 6.3.2 监督多项式和监督矩阵 ... 156
  - 6.3.3 (n,k)循环码的编码 ... 157
  - 6.3.4 (n,k)循环码的译码 ... 161
- 6.4 卷积码 ... 167
- 6.5 维特比译码器 ... 169
- 6.6 BCJR、Log-MAP 和 Max-Log-MAP 算法 ... 172
  - 6.6.1 BCJR 算法 ... 172
  - 6.6.2 Log-MAP 和 MAX-Log-MAP 算法 ... 174
- 6.7 卷积码的性能 ... 175
- 6.8 衰落信道的前向纠错 ... 176
- 6.9 Turbo 码 ... 177
- 6.10 LDPC 码 ... 181
  - 6.10.1 编码 ... 181
  - 6.10.2 译码 ... 183
  - 6.10.3 5G NR 标准中的 LDPC 码 ... 186

第7章 软件定义无线电系统同步原理和实现 ... 188

- 7.1 信号的同步问题 ... 188
- 7.2 定时同步 ... 189
  - 7.2.1 符号定时原理 ... 189
  - 7.2.2 符号定时恢复结构 ... 189
  - 7.2.3 定时误差检测器 ... 190
  - 7.2.4 定时分辨率 ... 196

目录

7.3 载波同步 196
7.3.1 载波偏移 197
7.3.2 粗频率校正 197
7.3.3 细频率校正 198
7.4 帧同步 204
7.4.1 帧的常见格式 205
7.4.2 巴克码 205
7.4.3 Zadoff-Chu 序列 209
7.4.4 高莱互补序列 211

第 8 章 信道估计与均衡原理和实现 213
8.1 多径干扰 213
8.2 信道估计 214
8.3 均衡器 217
8.3.1 线性均衡器 217
8.3.2 非线性均衡器 220

第 9 章 FM 和 FSK 的 GNU Radio 实现 223
9.1 FM 的原理和相关参数 223
9.1.1 FM 的原理 223
9.1.2 FM 的相关参数 224
9.2 系统设计环境支持 225
9.3 FM 发射系统的设计 226
9.3.1 启动 GNU Radio 软件 226
9.3.2 添加 Wav File Source 块 227
9.3.3 添加 WBFM Transmit 块 228
9.3.4 添加 QT GUI Time Sink 块 229
9.3.5 添加 QT GUI Sink 块 231
9.3.6 添加 FMComms2/3/4 Sink 块 232
9.3.7 连接流程图中的块 233
9.3.8 保存设计 234
9.4 FM 接收系统的设计 234
9.4.1 启动 GNU Radio 软件 234
9.4.2 添加 FMComms2/3/4 Source 块 235
9.4.3 添加 QT GUI Sink 块 236
9.4.4 添加 Low Pass Filter 块(一) 237
9.4.5 添加 WBFM Receive 块 238
9.4.6 添加 Multiply Const 块 239
9.4.7 添加 Low Pass Filter 块(二) 241
9.4.8 添加 Audio Sink 块 241
9.4.9 连接流程图中的块 242

	9.4.10 保存设计	244
9.5	系统测试和验证	244
	9.5.1 镜像文件的复制	244
	9.5.2 安装 PuTTY 软件工具	246
	9.5.3 硬件平台的设置和启动	247
	9.5.4 配置网络参数	249
	9.5.5 FM 无线传输系统的硬件测试	250
9.6	FSK 的原理	252
	9.6.1 2-FSK 的原理	252
	9.6.2 其他 FSK 方式	254
9.7	FSK 原理仿真	255
	9.7.1 系统参数设置	257
	9.7.2 信源生成子系统	257
	9.7.3 FSK 调制子系统	258
	9.7.4 FSK 解调与验证子系统	258
	9.7.5 FSK 原理仿真	260
9.8	FSK 发射机的设计	260
	9.8.1 FSK 发射机的参数	262
	9.8.2 FSK 发射机的结构	262
9.9	FSK 接收机的设计	263
	9.9.1 FSK 解调子系统的结构	265
	9.9.2 FSK 数据恢复子系统的结构	265
9.10	FSK 文件传输系统测试	266
	9.10.1 测试前的准备工作	266
	9.10.2 系统测试结果	267

第 10 章 BPSK 和 QPSK 无线传输的 Simulink 实现 … 271

10.1	系统设计结构	271
10.2	BPSK 和 QPSK 基带处理器的设计	272
	10.2.1 创建新的 Simulink 设计模型	272
	10.2.2 符号映射	276
	10.2.3 整形滤波	279
	10.2.4 自动增益控制	280
	10.2.5 粗频率校正	281
	10.2.6 细频率校正	284
	10.2.7 时序同步	288
	10.2.8 帧同步	290
	10.2.9 抽样判决	292
10.3	基带处理模块功能仿真与系统仿真	292
	10.3.1 QPSK 仿真环境的构建	292
	10.3.2 查看系统采样率	294

目录

- 10.3.3 按模块功能仿真 … 295
- 10.3.4 系统功能仿真 … 301
- 10.3.5 BPSK 功能仿真 … 301
- 10.4 编译 HDL 模型与软件接口模型 … 303
  - 10.4.1 编译 HDL 模型 … 303
  - 10.4.2 软件接口模型设计 … 312
  - 10.4.3 软件模型的设计 … 316
- 10.5 单个 SDR 硬件平台上运行发送和接收测试 … 317
  - 10.5.1 硬件设备连接 … 317
  - 10.5.2 发射端与接收端的 IP 设置 … 318
  - 10.5.3 执行 MATLAB 脚本 … 318
  - 10.5.4 运行设计 … 319
  - 10.5.5 可编程逻辑资源利用率 … 321
- 10.6 编译为独立的可执行文件并运行 … 321
  - 10.6.1 编译独立的可执行文件 … 321
  - 10.6.2 加载设计及运行可执行文件 … 322

第 11 章 OFDM 无线传输的 Simulink 实现 … 326

- 11.1 OFDM 的产生背景 … 326
  - 11.1.1 OFDM 技术的起因 … 326
  - 11.1.2 OFDM 的动机 … 327
- 11.2 多载波调制 … 330
- 11.3 OFDM 的原理 … 332
  - 11.3.1 OFDM 调制和解调 … 332
  - 11.3.2 循环前缀 … 334
- 11.4 OFDM 系统框架 … 336
  - 11.4.1 OFDM 顶层模型 … 337
  - 11.4.2 OFDM 帧结构 … 338
- 11.5 OFDM 发射机设计概要 … 340
  - 11.5.1 OFDM 发射机接口 … 340
  - 11.5.2 OFDM 发射机的结构 … 341
- 11.6 OFDM 发射机详细设计 … 342
  - 11.6.1 帧控制器和输入采样器子系统 … 342
  - 11.6.2 数据生成器子系统 … 347
  - 11.6.3 多路复用子系统 … 357
  - 11.6.4 帧形成和 OFDM 调制子系统 … 358
  - 11.6.5 离散 FIR 滤波子系统 … 361
- 11.7 OFDM 接收机设计概要 … 361
  - 11.7.1 OFDM 接收机的接口 … 362
  - 11.7.2 OFDM 接收机结构 … 363
- 11.8 OFDM 接收机详细设计 … 363

- 11.8.1 同步和OFDM解调子系统 ... 365
- 11.8.2 信道和载波相位误差估计与校正子系统 ... 376
- 11.8.3 报头和数据恢复子系统 ... 382
- 11.8.4 诊断总线生成子系统 ... 384

11.9 系统HDL模型配置和仿真 ... 387
- 11.9.1 系统HDL模型的配置 ... 387
- 11.9.2 系统HDL模型的仿真 ... 387

11.10 系统的软硬件协同实现 ... 389
- 11.10.1 编译HDL模型 ... 389
- 11.10.2 设计软件接口模型 ... 390
- 11.10.3 设计软件模型 ... 391
- 11.10.4 测试OFDM无线传输系统 ... 392

第12章 802.11a无线传输的MATLAB实现 ... 395

12.1 802.11a协议栈的底层结构分析 ... 395
- 12.1.1 802.11a的底层格式 ... 395
- 12.1.2 MPDU的帧结构 ... 396
- 12.1.3 PPDU的帧结构 ... 397
- 12.1.4 数据扰码器 ... 400
- 12.1.5 卷积编码器 ... 400
- 12.1.6 数据交织 ... 402
- 12.1.7 子载波调制映射 ... 402
- 12.1.8 导频子载波 ... 404
- 12.1.9 OFDM调制 ... 404

12.2 图像发射端设计 ... 405
- 12.2.1 创建新的图像发送设计 ... 406
- 12.2.2 图像读取与预处理 ... 406
- 12.2.3 生成数据链路层MPDU ... 407
- 12.2.4 生成物理层PPDU ... 408
- 12.2.5 波形形成与信号发送 ... 409

12.3 图像接收端设计 ... 410
- 12.3.1 创建新的图像接收设计 ... 410
- 12.3.2 计算发送数据的规模 ... 411
- 12.3.3 设置接收端参数 ... 412
- 12.3.4 设置接收机并捕获数据包 ... 412
- 12.3.5 接收端数据处理 ... 413
- 12.3.6 重建图像 ... 417

12.4 图像发送和接收测试 ... 418

第13章 ADS-B信号接收Simulink实现 ... 421

13.1 基础知识 ... 421

         13.1.1　Mode S 编码 ··· 421
         13.1.2　ADS-B 编码 ··· 422
         13.1.3　脉冲位置调制 ·· 423
   13.2　ADS-B 无线传输系统模型设计 ··· 423
         13.2.1　ADS-B 发射机的设计 ·· 425
         13.2.2　ADS-B 接收机的设计 ·· 425
   13.3　ADS-B 无线传输系统的模型仿真 ·· 430
   13.4　ADS-B 系统实现与测试 ··· 431
         13.4.1　编译 HDL 模型 ·· 431
         13.4.2　设计软件接口模型 ·· 432
         13.4.3　设计软件模型 ··· 433
         13.4.4　运行 ADS-B 信号接收系统 ··· 434

附录 A　AM 的 GNU Radio 实现 ·· 436

   A.1　AM 的基本原理 ··· 436
   A.2　AM 发射机和接收机模型的构建 ·· 436
         A.2.1　AM 发射机模型的构建 ·· 436
         A.2.2　AM 接收机模型的构建 ·· 438
   A.3　AM 发射机和接收机模型的测试结果 ····································· 438
         A.3.1　AM 发射机模型的测试结果 ··· 439
         A.3.2　AM 接收机模型的测试结果 ··· 439

附录 B　QPSK 的 GNU Radio 实现 ·· 441

   B.1　QPSK 发射机和接收机模型的构建 ··· 441
         B.1.1　QPSK 发射机模型的构建 ··· 441
         B.1.2　QPSK 接收机模型的构建 ··· 442
   B.2　QPSK 发射机和接收机模型的测试结果 ·································· 444
         B.2.1　CVSD 解码结果的测试 ·· 444
         B.2.2　自收自发模式的测试结果 ··· 444
         B.2.3　对传模式的测试结果 ·· 445

附录 C　GNU Radio 移植到 Zynq-7000 SoC 平台 ························· 446

   C.1　背景 ··· 446
   C.2　移植的实现 ·· 447
   C.3　gr-iio 的测试 ··· 447

第 1 章

软件定义无线电技术基础

本章将介绍软件无线电技术的一些基本知识,包括无线电频谱及分配、自由空间路径损耗、软件定义无线电的发展历史、通信系统的分层模型、无线通信标准,以及 SDR 实现通信协议栈。

1.1 无线电频谱及分配

本节将介绍无线电频谱的定义及其分配规则。

1.1.1 无线电频谱的定义

射频频谱范围为 30kHz～300GHz,这一频谱区域被广泛应用于各种通信和导航系统,包括模拟无线电、航空导航、海上无线电、业余无线电、电视广播、移动网络和卫星系统等,如图 1.1 所示。

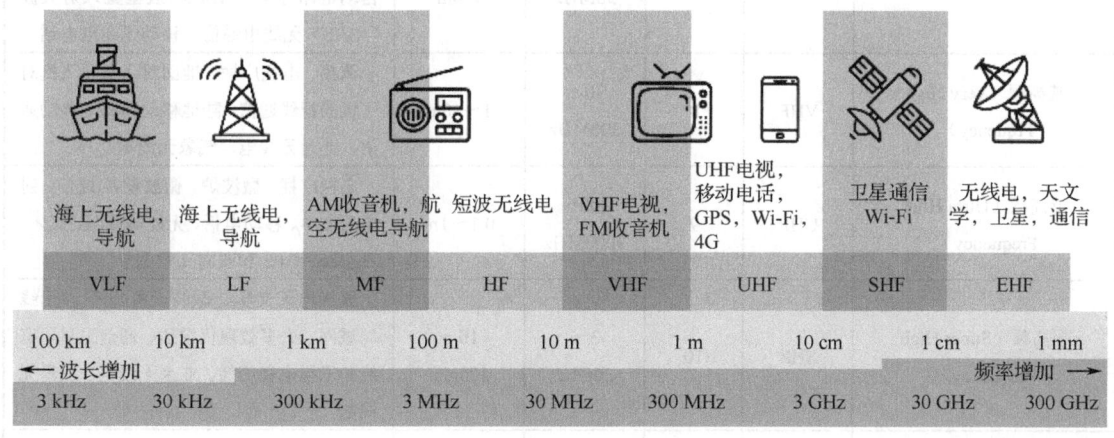

图 1.1 不同无线电频率的应用范围

为了避免不同用户之间的干扰,无线电频带的产生和传输受到国家法律的严格管制,并由国际电信联盟(International Telecommunication Union,ITU)协调。ITU 总部位于瑞士日内瓦,是联合国的一个发展组织,负责协调全球无线电频谱的共享使用,促进卫星轨道分配的国际合作,致力于改善发展中国家的电信基础设施,并协助制定和协调全球技术标准。

ITU 为不同的无线电传输技术和应用分配无线电频谱的不同部分(RF 频带)。在 ITU 的无线电条例(Radio Regulation,RR)中,定义了约 40 种无线电通信服务。

无线电频带是无线电频谱中一个连续的、较小的部分,通常用于指定或保留信道。例如,广播、移动无线电或导航设备会被分配到不重叠的频率范围内。对于每个频带,ITU 都有相应的频带计划,该计划规定了如何使用和共享频带,以避免干扰,并为发射机和接收机的兼容性设定标准。

根据公约,ITU 将无线电频谱分为 12 个波段,如表 1.1 所示,每个波段的起始波长为 10 的幂(10^n),频率以赫兹为单位。每个波段都有一个传统的名称。

表 1.1 12 个波段的频带、波长和应用

波段名称	英文缩写	ITU波段号	频率	波长	使用场景
极低频（Extremely Low Frequency）	ELF	1	3～30Hz	10 000～100 000km	与潜艇的通信
超低频（Super Low Frequency）	SLF	2	30～300Hz	1000～10 000km	与潜艇的通信
特低频（Ultra Low Frequency）	ULF	3	300～3000Hz	100～1000km	潜艇通信、水雷内通信
甚低频（Very Low Frequency）	VLF	4	3～30kHz	10～100km	导航、时间信号、潜艇通信、无线心率监测器
低频（Low Frequency）	LF	5	30～300kHz	1～10km	导航、时间信号、AM 长波广播（欧洲和亚洲部分地区）、RFID、业余无线电
中频（Medium Frequency）	MF	6	300～3000kHz	100～1000m	中波广播、业余无线电、雪崩信标
高频（High Frequency）	HF	7	3～30MHz	10～100m	短波广播、市民波段无线电、业余无线电和超视距航空通信、RFID、超视距雷达、自动链路建立（ALE）/近垂直入射天波（NVIS）无线电通信、移动无线电电话
甚高频（Very High Frquency）	VHF	8	30～300MHz	1～10m	调频、电视广播、地面对飞机和飞机对飞机的视线通信、陆地移动和海上移动通信、业余无线电、气象无线电
特高频（Ultra High Frequency）	UHF	9	300～3000MHz	0.1～1m	电视广播、微波炉、微波设备/通信、射电天文学、移动电话、无线局域网、蓝牙、ZigBee、GPS 和双向无线电
超高频（Super High Frequency）	SHF	10	3～30GHz	10～100mm	无线电天文学、微波设备/通信、无线局域网、大多数现代雷达、通信卫星、有线和卫星电视广播、业余无线电、卫星无线电
极高频（Extremely High Frequency）	EHF	11	30～300GHz	1～10mm	射电天文学、高频微波无线电中继、微波遥感、业余无线电、定向能武器、毫米波扫描仪、无线局域网（802.11ad）
太赫兹或极高频率（Terahertz or Tremendously High Frequency）	THz/THF	12	300～3000GHz	0.1～1mm	替代 X 射线的实验医学成像、超快分子动力学、凝聚态物理、太赫兹时域光谱、太赫兹计算/通信、遥感

当然,其他一些世界知名的组织也参与了这一领域。美国电气和电子工程师协会（Institute of Electrical and Electronic Engineers,IEEE）通过对微波进行更进一步的分类,取得了显著成果,

并做出了卓越贡献。由于 IEEE 的工作，微波频带被指定了字母标识，如表 1.2 所示。这种分类也成为雷达波段广泛使用的标准。

表 1.2 波段命名及含义

波段命名	频率范围/GHz	字母含义的解释
HF	0.003～0.03	高频（High Frequency）
VHF	0.03～0.3	甚高频（Very High Frequency）
UHF	0.3～1	特高频（Ultra High Frequency）
L	1～2	长波（Long Wave）
S	2～4	短波（Short Wave）
C	4～8	S 和 X 的折中、结合
X	8～12	在第二次世界大战中用于火控雷达，X 表示准心（Crosshair）
Ku	12～18	Kurz-（"短"以下）
K	18～27	Kurz（德语中"短"的意思）
Ka	27～40	Kurz-above（"短"以上）
V	40～75	—
W	75～110	字母表中 W 跟在 V 的后面
mm/G	110～300	毫米波

这项公约始于第二次世界大战前后，为雷达使用的频率提供了军事命名，这是微波领域中的首次应用。因此，微波波段存在多个不兼容的命名系统，即使在同一系统中，字母指定的确切频率在不同应用领域之间也有所不同。

当然，欧盟（Europe Union，EU）、北大西洋公约组织（North Atlantic Treaty Organization，NATO）、美国的 ECM 等知名组织也做出了贡献，对波段的不同定义进行了阐述，如图 1.2 所示。

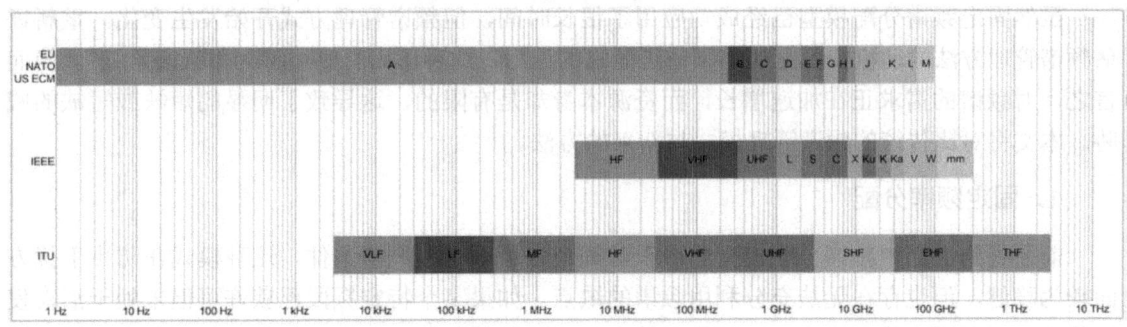

图 1.2 不同组织对波段定义的比较

1.1.2 无线电频谱分配

射频频段的分配由国家监管机构管理，如美国联邦通信委员会（Federal Communications Commission，FCC）、英国的通信管理局（Office of Communications，OfCOM）以及我国的国家无线电频谱管理中心。在国际层面上，ITU 制定标准和法规，以促进无线电频谱使用的全球协调。

虽然并非所有国家和地区的频谱分配和使用完全一致，但许多频段是通用的，这支持了无线技术的互操作性和发展。此外，这意味着个人在其他国家学习、工作、度假或生活时，其手机仍可正常使用。

1.1.3 频谱许可和合法使用

除分配频谱外，国家频谱监管机构还负责向用户发放特定频带的许可证，确保频谱使用之间的兼容性，并有效地管理频谱资源。

在使用软件定义无线电（SDR）时，了解无线电频谱的法律影响至关重要。无线电频谱的传统管理方法基于固定频率分配，即将每个频带分配给特定的用途（如公共安全、军事或卫星应用），或分配给特定用户（如移动网络运营商）。大多数分配的频段是有许可证的，这意味着没有有效许可证的情况下，你不能在这些频段上进行合法的无线传输。因此，SDR 开发人员在构建和测试 SDR 发射机时，必须仔细检查并遵守政府的频谱监管规定。

一些射频频带不需要许可证，这些频带包括 868MHz（在欧洲）、915MHz（在美国）以及 2.4GHz 和 5.8GHz（国际）的仪器、科学和医疗（ISM）频带。常见用途包括蓝牙、Wi-Fi 和婴儿监护仪。只要遵守适用的功率输出规定，这些频段就可以用于 SDR 设备的无线传输。另外，业余无线电频段也是值得一提的，合格的业余无线电运营商可以在这些频段内进行通信。

当无法在所需射频频段上合法传输时，有线测试是一种有效的替代方案。

无线电接收的法律问题也是一个重要的考虑因素——尽管各地的法律细节可能有所不同，但通常情况下，对不打算接收的无线电传输进行解码是非法的。例如，使用 SDR 拦截他人的 Wi-Fi 通信，监听他人的手机通话或从私人网络收集无线传感器数据，都是违法的。然而，你可以接收自己生成的传输以及公共信号，如广播电台和电视台的广播、全球导航卫星系统（Global Navigation Satellite System，GNSS）信号等。

1.1.4 频谱政策

虽然固定频谱分配模型已经成功应用了很长时间，但频谱管理方式开始发生变化。重新评估频谱管理方法的动机在于无线电频谱正面临的压力，这种压力有时被称为"频谱紧缩"。简而言之，对频谱的需求正在加速增长，而资源本身却是有限的，这导致了明显的短缺或短缺的威胁。本文将对比传统的频谱管理模式与新兴的方法。

1. 固定频率分配

前面提到，固定频谱分配模型适用于对每个许可频带的严格条件，这种模式在防止干扰方面较为稳健，但也存在无法充分利用频谱的缺点。如果某个特定频段已获许可但未处于活动使用状态，根据固定分配模式，该频段无法合法用于其他目的。此外，如果许可证是在全国范围内发放的，但被许可人只希望在特定地区使用许可频谱，则该频段在其他地区会闲置（但仍不可用）。

因此，可以说，实际上并不存在频谱短缺（至少，目前尚未出现），而是存在一种低效的接入控制方法。然而，固定频率分配方法被广泛理解、易于实施且有效，对于许多地区的大部分受管制频谱，这种方法可能会持续使用。

2. 共享频谱

频谱管理的新方法已经开始出现。例如，在英国，频谱监管机构 OfCOM 从 2019 年 7 月起在特定的共享频带中推出了基于地理（本地）基础的"共享接入"许可。这些共享接入频带与传统的固定分配模型中的现有许可频带相互覆盖,并允许无线电频谱的地理重用,从而提高了频谱的使用效率。

在美国,联邦通信委员会(FCC)推出了公民宽带无线电服务(Citizens' Broadband Radio Service,CBRS)作为共享频谱服务。CBRS 采用了一种不同的模式,将用户分为三层(在职访问、优先访问和一般授权访问),并降低了对干扰的保护级别。频谱接入由一个实时运行的自动频率分配系统协调,该系统称为频谱接入系统(Spectrum Access System,SAS)。SAS 的操作基于数据库,并结合了环境感知能力(Environmental Sensing Capability,ESC)来检测现任接入用户的传输。其主要目的是通过将频带重新分配给来自其他层的用户来保护现有用户的传输,防止对现有用户和优先用户的干扰。

3. 动态频谱访问

展望未来,人们对更灵活的频谱共享模型——动态频谱接入(Dynamic Spectrum Access,DSA)——表现出浓厚的研究兴趣。DSA 的主流愿景包括数据库驱动的方法与有源频谱传感相结合,以实现每个无线电终端的本地感知。动态频谱联盟是一个非营利组织,致力于在全球范围内推进动态频谱技术和政策,提供有关这一领域最新发展的有用信息。

由于 SDR 设备固有的灵活性和软件控制,SDR 成为 DSA 的关键技术之一。SDR 为认知无线电系统提供了理想的平台,使无线电终端能够自主做出决策,如选择最适合的频带进行传输。特别是 CBRS 模型标志着向 DSA 和认知无线电发展方面迈出了重要一步,尽管目前其感知和决策能力尚未为最低级别(但最灵活)的用户提供保护。

1.2 自由空间路径损耗

在电信领域,自由空间路径损耗(Free-Space Path Loss,FSPL),也称为自由空间损耗(Free-Space Loss,FSL),描述了两根天线之间无线电能量的衰减。这种衰减是由接收天线的捕获区域以及通过自由空间(通常是空气)的无障碍视线(Line of Sight,LoS)路径共同引起的。根据 IEEE Std 145-1993 天线术线的标准定义(Standard Definitions of Terms for Antennas),FSL 定义为"在自由空间中,两个各向同性辐射器之间的功率损耗,用功率比表示"。这一定义不包括由电阻等因素引起导致的天线自身的功率损耗。自由空间损耗随着天线之间距离的平方而增加,因为无线电波的传播遵循平方反比定律,随着无线电波波长的平方而减少。FSPL 通常不单独使用,而是作为弗里斯传输公式的一部分,其中包括天线的增益。弗里斯传输公式用于计算无线电通信系统中的功率链路,以确保足够的无线电功率能够到达接收机,从而使发射的信号被合理且正确地接收。

FSPL 公式源自弗里斯传输公式,该公式表明,在由发射无线电波的发射天线和接收天线组成的无线电系统中,接收的无线电波功率 P_r 和发送的无线电波的功率 P_t 的比值:

$$\frac{P_r}{P_t} = D_t D_r \left(\frac{\lambda}{4\pi d}\right)^2 \tag{1-1}$$

式中,D_t 为发射天线的指向性,D_r 为接收天线的指向性,λ 为信号的波长,d 为天线之间的距离。天线之间的距离 d 必须足够大,使天线位于彼此的远场中,即 $d \gg \lambda$。

FSPL 是该等式中由于距离 d 和波长 λ 引起的损耗因子,或者换句话说,假设天线是各向同性的并且没有方向性,$D_r = D_t = 1$,则 FSPL 可以表示为

$$\text{FSPL} = \left(\frac{4\pi d}{\lambda}\right)^2 \qquad (1\text{-}2)$$

由于波长 λ 和光速 c 以及频率 f 之间存在下面的关系：

$$c = \lambda \times f \qquad (1\text{-}3)$$

因此，式（1-2）可以写作：

$$\text{FSPL} = \left(\frac{4\pi df}{c}\right)^2 \qquad (1\text{-}4)$$

除假设天线是无损的外，该公式还假设天线的极化相同，没有多径效应，并且无线电波路径足够远离障碍物。此外，要求视线区域周围的菲涅尔区中没有障碍物，其中菲涅尔区的直径随着无线电波波长的增加而增加。虽然 FSPL 概念通常用于不完全符合这些条件的无线电系统，但这些缺陷可以通过在链路预算中添加小的恒定功率损耗因素来补偿。

显然，从式（1-4）中可以直观地看出，当信号波长 λ 减少或信号频率 f 增加的时候，FSPL 将增加。

1.3 软件定义无线电的发展历史

软件无线电导论（一）

软件定义无线电（SDR）是一种无线电通信技术，它将传统上通过模拟硬件（如混频器、滤波器、放大器、调制器/解调器、检测器等）实现的功能转变为通过计算机或嵌入式系统上的软件来实现。这一概念早在 1970 年便被提出，但随着数字电子技术的快速进步，这一理论逐渐变为现实。

1970 年，美国国防部实验室的研究人员首次提出了"数字接收机"这一术语。加利福尼亚州 TRW 公司的"黄金屋"实验室随后开发了名为 Midas 的软件基带分析工具，该工具通过软件定义了其操作功能。

1982 年，罗德（Rohde）的团队在 RCA 根据美国国防部的合同开发了第一个 SDR，采用了互补对称单片阵列计算机（COSMAC）芯片。罗德于 1984 年 2 月在伦敦举办的第三届 HF 通信系统与技术国际会议上发表了题为"Digital HF Radio: A Sampling of Techniques"的演讲，成为这一主题的早期倡导者。

同年，得克萨斯州加兰德电子系统公司（现为雷神公司）的团队首次使用"软件无线电"（Software Radio, SR）这一术语，指代数字基带接收机。这一概念在他们的 E-Systems 公司通信中发表。E-Systems 团队开发了一个"软件无线电概念验证"实验室，并推广软件无线电技术。1984 年的 SR 是一个数字基带接收机，能够为宽带信号提供可编程的干扰消除和解调功能，通常配备数千个自适应滤波器抽头，采用多个访问共享存储器的阵列处理器。

乔·米托拉（Joe Mitola）在 1991 年重新定义了"软件无线电"（SR）的概念，推动了该领域的技术进步。米托拉的工作聚焦于将数字技术应用于无线电系统，尽管这一理念早在 20 世纪 70 年代已经在国防部实验室有所探索，但米托拉的贡献是将其整合并推广为一种新的技术方向。

在 1991 年，米托拉计划构建一个全球移动通信系统（GSM）基站，将 Ferdensi 的数字接收机与 E-Systems Melpar 的数字控制通信干扰器相结合，形成了一个真正基于软件的收发器。E-Systems Melpar 在此期间建造了一个指挥官战术终端原型，使用了德州仪器公司的 TMS320C30 处理器和哈里斯公司的数字接收机芯片组，具备数字合成传输功能。然而，这一原型并没有长时间维持，因为在生产过程中，E-Systems 决定用传统的射频（RF）滤波替代数字合成传输，回到数字基带无线电模式,这与米托拉提出的基于中频(IF)的模拟-数字转换器(ADC)/数字-模拟转换器(DAC)有所不同。

美国空军对米托拉的工作非常重视,将其作为竞争优势,因此没有公开相关技术细节。尽管如此,米托拉在1992年的论文 Software Radio: Survey, Critical Analysis and Future Directions 中描述了软件无线电的架构原理,成为第一篇使用"软件无线电"术语的 IEEE 出版物。此论文的发表使米托拉的概念得到了更广泛的认可。

米托拉的论文引发了业界的广泛关注。鲍勃·普里尔(Bob Prill)在会议上表示赞同米托拉的理论,并指出他们的团队正在构建类似的系统。普里尔在他的演讲中提到,他们正在开发基于 SpeakEasy 的军用软件无线电系统,SpeakEasy 是由罗马航空发展中心(现为罗马实验室)的韦恩·邦瑟(Wayne Bonser)以及其他工程师设计的项目。此项目的早期版本由 DARPA 的贝丝·卡斯帕(Beth Kaspar)中尉管理,并得到了许多研究人员的支持,包括艾伦·马古利斯(Alan Margulies)和唐·厄普梅尔(Don Upmal)等。

虽然米托拉的 IEEE 出版物为软件无线电领域奠定了重要基础,但他个人认为 20 世纪 70 年代的国防部实验室以及相关领导人已经在数字接收机技术上取得了重要进展。他将软件无线电的实现视为在这些早期技术的基础上发展的新阶段。

在 1992 年全国电信系统会议后几个月,在一次 E-System 公司项目审查中,E-System 加兰德(Garland)分部的一位副总裁对梅尔帕(Melpar)在没有向加兰德致谢的情况下使用"SR"这一术语表示反对。Melpar 当时的营销副总裁艾伦·杰克逊(Alan Jackson)询问加兰德副总裁他们的实验室或设备是否包含发射机。加兰德副总裁回答说:"不,当然没有——我们是一个 SR 接收机。"杰克逊回应道:"那么,它是一个数字接收机,但没有发射机,它就不是软件无线电。"公司领导层同意了杰克逊的意见,因此这一出版物最终出版了。

在 20 世纪 80 年代和 90 年代初,许多业余无线电操作员和 HF 无线电工程师已经认识到在 RF 下数字化 HF 以及使用德州仪器 TI C30 数字信号处理器(Digital Signal Processors,DSPs)及其前身进行处理的价值。与此同时,英国罗克庄园(Roke Manor)和德国的一些组织的无线电工程师也意识到 ADC 在 RF 方面的好处。米托拉在 IEEE 上发表的 SR 概念向广大无线电工程师群体开放了这一理念。1995 年 5 月出版的《IEEE 通信杂志》特刊以"软件无线电"为封面,被认为是一个分水岭,并获得了数千次学术引用。1997 年,在第一届软件无线电国际会议上,若昂·达·席尔瓦(Joao da Silva)将米托拉称为软件无线电的"教父",这在很大程度上是因为米托拉愿意"为了公众的利益"分享这一宝贵的技术。

第一个基于软件无线电(SR)的无线电收发器很可能是由彼得·霍赫(Peter Hoeher)和赫尔穆特·朗(Helmuth Lang)于 1988 年在德国奥伯普法芬霍芬的德国航空航天研究机构(DLR,前身为 DFVLR)设计和实现的。这些自适应数字卫星调制解调器的发射机和接收机都是根据软件无线电的原理实现的,并提出了一种灵活的硬件外设。

1995 年,斯蒂芬·布拉斯特(Stephen Blust)创造了"软件定义无线电"(SDR)一词。在 1996 年,由美国空军(U.S. Air Force,USAF)和国防高级研究计划局(Defense Advanced Research Projects Agency,DARPA)围绕其 SpeakEasy II 项目的商业化组织的模块化多功能信息传输系统(Modular Multifunction Information Transfer System,MMITS)论坛上,发布了来自贝尔南方无线公司的信息请求。尽管米托拉最初反对布拉斯特的术语,但最终接受了这一术语,认为它是通往理想软件无线电的务实途径。

尽管这一概念在 20 世纪 90 年代初首次使用 IF ADC 实现,但软件定义无线电的起源可以追溯到 20 世纪 70 年代末的美国和欧洲防务部门。例如,Walter Tuttlebee 描述了一种使用 ADC 和

8085 微处理器的 VLF 无线电，大约在布鲁塞尔第一届国际会议一年后。最早的公共软件无线电计划是美国 DARPA-空军的军事项目 SpeakEasy。SpeakEasy 项目的主要目标是使用可编程处理来模拟 10 多个现有的军用无线电。另一个计划目标是能够在未来轻松地结合新的编码和调制标准，使军事通信能够跟上编码和调制技术的进步。

1997 年，布劳普克特（Blaupunkt）推出了"DigiCeiver"这一术语，用于他们的新系列基于 DSP 的调谐器，包括 Sharx 车载收音机，如 Modena 和 Lausanne RD 148。随着信息社会对通信方式和手段需求的不断增长，通信设备需要支持多种通信方式，因此需要以更加灵活便捷的方式修改无线电通信设备的配置。在这一背景下，SDR 技术迅速发展，因为它推动了通信系统朝向更灵活、高性价比及功能更强大的方向发展。SDR 系统的目标是将尽可能多的调制/解调和数据处理算法部署在软件和可重编程逻辑（PL）中，以便通信系统仅通过更新软件和 PL 就能轻松重新配置，无须修改硬件平台。

目前，软件定义无线电的框架如图 1.3 所示。图中显示了 SDR 的主要组成部分：

（1）天线；
（2）模拟前端电路（信号调理，包括放大器和滤波器）；
（3）模拟混频级（可选）；
（4）数据转换器（ADC 和 DAC）；
（5）处理平台。

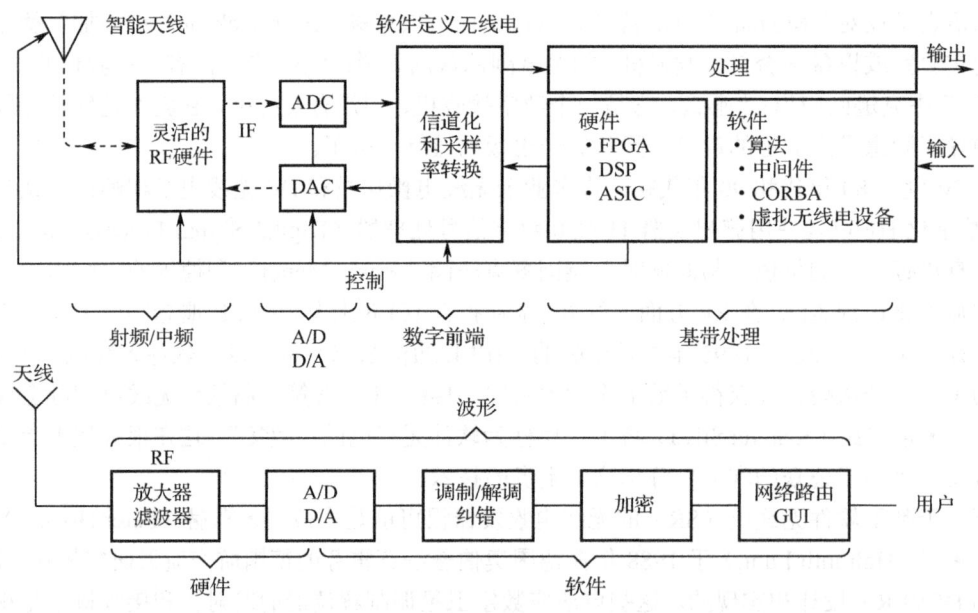

图 1.3 软件无线电架构中不同模块的角色

在 SDR 中，ADC 和 DAC 充当了连接软件和硬件的"桥梁"。要求 ADC 和 DAC 转换级位于天线附近，实现直接 RF 或 IF 采样。高动态范围、高速 ADC 和 DAC、放大器、混频器、PLL 器件及其核是实用且稳健 SDR 架构的重要推动力量。

随着时代的变迁和信息技术的发展，SDR 已经从价格昂贵的小规模国防应用扩展到了价格低廉的更广泛应用，学生和无线电爱好者也能买到低成本的 SDR 设备，为他们提供了新的机会。此外，由于 SDR 具有可重新编程的属性及在宽频率范围内工作的能力，它对于研究和原型设计也非常有用。近年来，SDR 在商业网络中的应用也变得广泛，因为处理器平台、ADC 和 DAC 的性能显著提升，价格也越来越便宜。随着 ADC 和 DAC 采样率进入 10GHz 时代，可以将模拟/

数字接口置于 RF 频率，直接对信号进行数字化，无须模拟混频级。

SDR 最具代表性的应用是 4G 和 5G 网络，以及 6G 实现。在这些网络中，SDR 单元常被部署为远程无线电头（Remote Radio Heads，RRH），也称为无线电单元（Radio Units，RUs）。每个 SDR 单元处理多个传输和接收数据通道，如图 1.4 所示。可以在远程、分布式和集中式资源之间进行拆分，从而为网络架构提供几种可能的选择。前向（Fronthaul）链路连接 RRH 和基带单元（Baseband Unit，BBU），而回程（Backhaul）链路将 BBU 资源连接到核心网络。5G 网络还引入了中向（Midhaul）链路，该链路连接分布式和集中式资源（图中未给出中向链路）。

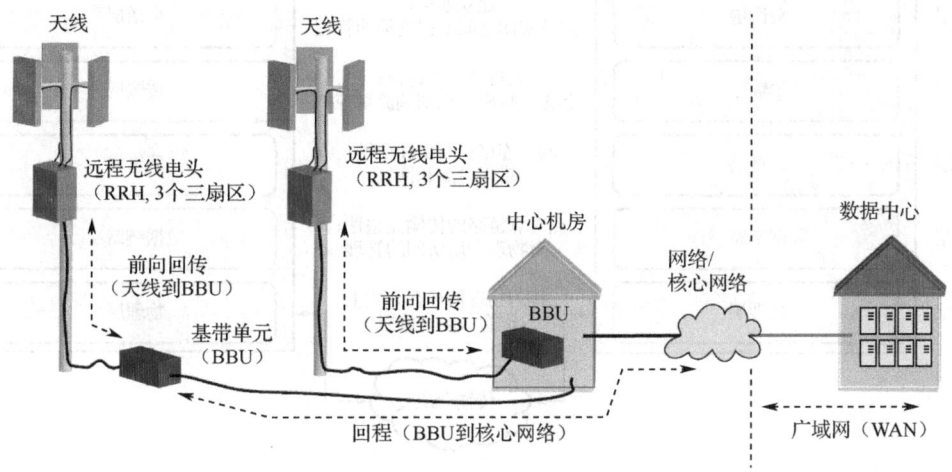

图 1.4 基于 SDR 的移动网络

1.4 通信系统的分层模型

软件无线电导论（二）

几十年前，通信系统从模拟格式转换为数字格式，并向数据网络发展。这一转变要求新的协议来管理数据传输。与专门的点对点链路（如在电话用户之间传输语音流量）不同，通信系统处理以"数据包"形式发送的信息，这些数据包将在基础设施中与其他用户的流量共享。数据包可能会经过多个中间节点。为帮助开发这些复杂系统，创建了模型概念以描述通信终端和网络基础设施所需的功能，并将其排列成一组垂直的"层"。这些分层模型旨在为通信标准的开发提供通用框架，其中每一"层"相互独立，且层与层之间有明确定义的接口。

1.4.1 开放系统互连模型

开放系统互连（Open Systems Interconnection，OSI）模型由国际标准化组织（International Standards Organization，ISO）和国际电工委员会（International Electrotechnical Commission，IEC）于 1984 年首次发布，旨在"为系统互连的标准开发协调提供共同的基础，同时允许将现有标准纳入整体参考模型"。该模型定义了一个包含七层的结构，每一层以不同的抽象级别描述通信系统的功能。OSI 模型并未提供关于如何实现这些层的细节或指导，而是作为制定标准的"基础"参考模型。

OSI 模型的分层结构如图 1.5 所示。在图 1.5 中，节点 A 和节点 B 正在通信。模型的顶层（第 7 层）是应用层，代表最终用途/用户界面，是模型中的最高抽象级（如平板电脑上的 Web 浏览器）。最底层是物理层（PHY），涉及数据在通信信道或介质上的物理传输和接收，包括电压、无线电信号、光脉冲等。同时涵盖所需的硬件连接和信号处理操作。

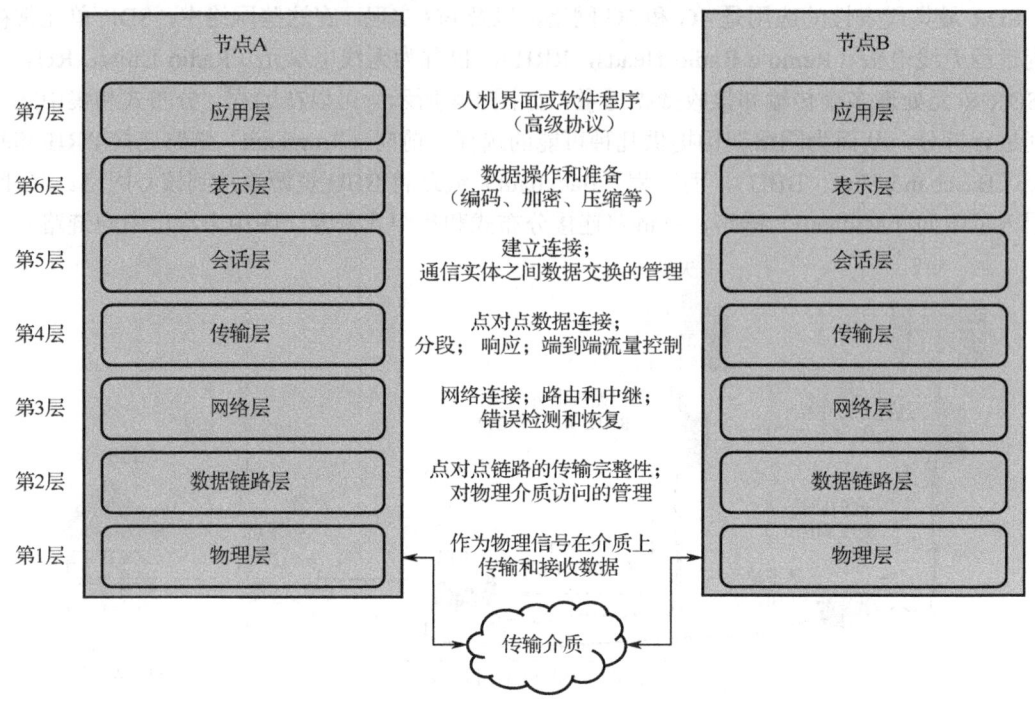

图 1.5 OSI 模型的分层结构

数据链路层则分为两个子层：下层是媒体访问控制（Media Access Control，MAC）子层，负责管理节点对物理传输介质的访问；上层是逻辑链路控制（Logical Link Control，LLC）子层，负责管理在 MAC 子层建立的点对点链路，包括不同类型流量共存和纠错。

在层与层之间的交互方面，OSI 协议设想每一层在节点 A 可以与节点 B 的等效层通信。例如，节点 A 的传输层可以与节点 B 的传输层直接交互。然而，在实际应用中，系统实现可能导致只有物理层直接连接（见图 1.5）。在这种情况下，为了使节点 A 的应用层与节点 B 的应用层进行通信，数据必须从节点 A 的应用层向下经过所有层（第 7 层到第 1 层），通过物理介质到达节点 B，然后从第 1 层到第 7 层返回到应用层。充当中介的网络节点可能只实现第 1 层到第 3 层。

在遍历链路发送一侧的"层"时，数据会被封装，如图 1.6 所示。通常，数据在每一层被分割为数据块，并通过添加协议信息来创建更大的数据块，这些数据块被称为协议数据单元（Protocol Data Unit，PDU）。每个 PDU 由一个头部（包含协议信息）和一个有效的载荷（承载实际数据）组成，有时还包括尾部（包含更多的协议信息）。来自第 L 层的 PDU 会被传递到第 L-1 层，第 L-1 层会在每个 PDU 上添加自己的头部信息，从而形成新的、更大的 PDU，以此类推。在接收端，第 L 层会提取每个 PDU 中的头部信息以实现 L 层协议，然后将有效载荷传递到 L+1 层。显然，OSI 模型的最底层需要处理最大数量的数据。

图中，A 为英文单词 Application（应用）的缩写，Pr 为英文单词 Presentation（表示）的缩写，S 为英文单词 Session（会话）的缩写，T 为英文单词 Transport（传输）的缩写，N 为英文单词 Network（网络）的缩写，DL 为英文单词 Data Link（数据链路）的缩写，Ph 为英文单词 Physical（物理）的缩写。这里的每个缩写分别表示 OSI 模型的每一层。

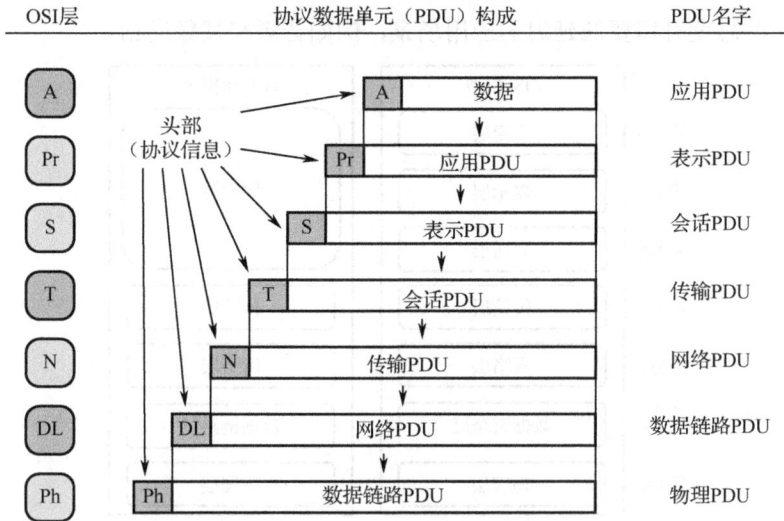

图 1.6　OSI 七层模型中的数据封装

根据 OSI 模型中的不同层次，PDU 的定义如下。
（1）第 7 层至第 5 层：数据（data）；
（2）第 4 层：数据段（segment）；
（3）第 3 层：数据包（packet）；
（4）第 2 层：数据帧（frame）；
（5）第 1 层：数据被串行化为比特位，形成传输媒介中的物理信号。

PDU 头部（以及尾部，如适用）中包含的协议信息会因层次的不同而所变化，这些信息包括地址、序列号和错误检查等字段。

OSI 模型被广泛应用于各种通信系统。因此它是一个众所周知且经过深入研究的框架。该模型为标准的开发提供了参考框架，也为理解通信协议的结构提供了一个普遍的背景。OSI 模型展现了极大的持久性，并且仍然是一个被广泛使用和参考的框架。

1.4.2　TCP/IP 模型

与 OSI 模型的七层结构相比，TCP/IP 模型通常被定义为四层或五层。其起源可以追溯到 20 世纪 60 年代，当时美国国防高级研究计划局（DARPA）启动了互联网计算机网络的研究。

OSI 模型与 TCP/IP 模型之间的对应关系如图 1.7 所示。TCP/IP 模型使用类似的封装和解封装 PDU（协议数据单元）方法，当数据向下移动到发送侧的层时，会添加协议信息，而在接收侧则提取并利用这些协议信息。

术语"TCP/IP"还指实现这一模型的一套与互联网相关的协议。主要包括以下几种协议，这些协议在其主要层中提供不同的功能，其中最重要的包括 TCP 和 IP（顾名思义）以及用户数据报协议（UDP）。这些协议可以简单总结如下。

（1）TCP：TCP 传输层协议提供了有保证的数据传输。它对生成的数据包进行编号，通过网络发送，并在目的地节点重新排序。通过分组响应、超时重传以及选择性重传等机制，从数据丢失中恢复，尽管这增加了系统的复杂性，但保证了数据的可靠传递。

（2）UDP：UDP 也是一种传输层协议，但与 TCP 不同，它不提供数据传输成功的保证。这使得 UDP 协议更为简单，消息只在一个方向上传输，并且没有响应和重传机制。UDP 适用于对数据丢失有一定容忍度且需要低延迟的应用场景，例如音频和视频通话。

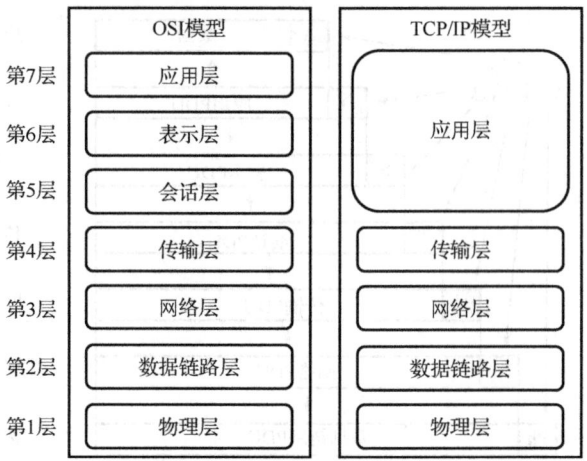

图 1.7 OSI 模型和 TCP/IP 模型之间的对应关系

（3）IP：TCP 和 UDP 都假设网络层实现了 IP 协议。IP 协议使得数据可以从一个网络上的源节点传输到可能在另一个网络上的目的地节点，这可能需要经过多个中转网络，因此形成了"互联网"这一概念。IPv6 取代了 IPv4，主要扩展了地址空间，以适应互联网设备的快速增长，为更多端点提供了地址。

TCP/IP 模型设计为与底层物理介质无关，因此它能够兼容各种传输方式，包括无线、有线或光传输。这一设计理念使得 TCP/IP 模型能够适应不同的传输介质，同时保持网络协议的功能一致性。在实现 TCP/IP 模型时，数据链路层及其下的物理层通常由协议特定于目标传输介质、功能和性能属性的标准来定义。例如，有线局域网（LAN）是基于 ISO/IEC 88022 标准[用于数据链路层的逻辑链路控制（LLC）子层]和 IEEE 802.3 标准[用于定义数据链路层和物理层的媒体访问控制（MAC）子层]来实现的。这些标准分别定义了数据链路层和物理层的具体实现细节，确保了局域网中设备之间的有效通信。

TCP/IP 模型和 OSI 模型的一个主要共同特征是它们都使用了层次化的结构来表示协议的"堆栈"。每一层处理不同的抽象级别，这种层次结构被称为"协议栈"。这一层次化的方法使得每一层可以专注于其特定的功能，而与其他层的实现细节相对独立，从而提高了系统的灵活性和可扩展性。在实际的数据通信系统中，大多数标准和实现都反映了这种层次化的堆栈思想。每个层次负责处理特定的功能，协同工作以完成网络通信的整体任务。在本章的后续内容中，将进一步介绍一些具有代表性的无线通信系统，这些系统同样遵循类似的层次化协议栈结构，以实现无线环境中的有效数据传输。

1.5 无线通信标准

软件无线电导论（三）

在现代社会，互联互通已不再是奢望，而是日常生活的一部分。无论是浏览网页、观看流媒体内容，还是与亲友保持联系，互联网的速度和可靠性对我们的日常活动产生了深远的影响。

1.5.1 通信标准的定义和重要性

大多数无线通信都遵循一个标准，这意味着传输的协议、模式和参数都有文件记录并广泛可用。无线通信标准在革命性的连接、更快的速度、更广泛的覆盖范围和更高的可靠性方面发挥了重要的作用。

1．标准的定义

标准是一种规定通信协议所有方面的文件，这个文件可以长达数千页，代表了数百人的共同努力。通过标准，可以提供一些更重要的细节，其中包括：

（1）协议栈每一层的消息格式；

（2）物理层中使用的波形和调试方案；

（3）物理层的信道配置；

（4）媒体访问控制层协议（如重新发送丢失包的机制）；

（5）管理功能。

标准文档规定了必须实现的内容，但没有规定应该如何实现。例如，一个标准可以指定数据帧的波特率和构成、调制格式、应用于发送信号的脉冲整形滤波器，以及由传输引起的最大允许相邻信道干扰。然而，该标准没有具体说明如何设计发射机以实现这些规范；相反，许多决定是系统开发人员的责任。

2．典型的无线通信标准

无线技术自诞生以来已经经历了长足的发展，多年来涌现出了多种无线通信标准，每种通信标准都致力于提高通信速度、范围和可靠性。以下是一些广为人知的无线通信标准。

（1）Wi-Fi（802.11系列）：1999年，Wi-Fi的引入使无线互联网连接成为可能。最初的Wi-Fi标准在2.4GHz频段工作，提供最高2Mbps的传输速率。随着技术的发展，Wi-Fi标准不断演进，最新的Wi-Fi 6（802.11ax）能够提供高达10Gbps的传输速率。

（2）蓝牙（Bluetooth）：蓝牙技术诞生于20世纪90年代末，实现了设备之间的短距离无线通信。它迅速普及，用于连接耳机、扬声器、键盘等外设。蓝牙5.2提供了更高的速度、更长的范围和更高的能效。

（3）蜂窝网络（Cellular Networks，包含3G、4G、5G）：21世纪初，3G网络的出现彻底改变了移动连接，使得用户可以通过手机访问互联网。4G网络进一步提升了传输速率，为高清视频流和其他高带宽应用奠定了基础。5G的到来则将连接能力推向新的高度，下载速度可达10Gbps。

（4）紫蜂（ZigBee）：紫蜂是一种基于IEEE 802.15.4标准的高级通信协议，专为小型、低功耗的无线个人局域网络设计。它广泛应用于家庭自动化、医疗设备数据收集等场景，具有低功耗、低传输速率和近距离通信的特点。

（5）LoRa：LoRa（Long Range，长距离）是一种专有的无线通信技术，基于线性调频扩频（Chirp Spread Spectrum，CSS）技术。由法国Cycleo公司（后被Semtech收购）开发，并于2014年获得专利（专利号9647718-B2）。LoRa广域网（LoRaWAN）定义了通信协议和系统架构，并由非营利的LoRa联盟持续开发。LoRaWAN旨在通过低功耗广域网（LPWA）协议，将电池供电的设备无线连接到区域、国家或全球网络中，满足物联网（IoT）的双向通信、端到端安全、移动和本地化服务等关键需求。LoRaWAN在每个信道上的传输速率为0.3～50kbps。

3．标准的优势

无线通信标准的引入带来了许多显著的优势，并深刻地影响了人们的日常生活，主要体现在以下几个方面。

（1）增强连接性：无线通信标准使个人和企业能够在任何时间、任何地点保持连接。通过

Wi-Fi 和蜂窝网络，信息和通信的访问不再受限于物理线路。这种无缝连接性极大地方便了远程工作、社交交流和即时信息获取，推动了全球化和信息化进程。

（2）无缝集成：标准化的无线协议允许来自不同制造商的设备之间进行无缝协作。不同品牌和类型的无线设备可以通过遵循统一的标准进行互操作，使用户能够自由组合各种设备，创建个性化且高效的连接生态系统。这种互操作性提升了设备的兼容性和灵活性，减少了用户的技术障碍。

（3）高效数据传输：无线通信标准的进步显著提高了传输速率和网络效率。更快的互联网连接和优化的传输协议使得流媒体播放、高质量视频会议和大文件共享等活动能够更加顺畅。这种改进提升了用户体验，支持了更多高带宽应用和服务的发展。

（4）技术进步的催化剂：无线通信标准的演进推动了各个行业的技术创新。从智能家居设备、可穿戴技术到自动驾驶汽车和物联网应用，无线连接为这些领域带来了创新解决方案。无线技术不仅改善了生活质量，还提升了工作效率，推动了新兴技术的发展和应用。

1.5.2 Wi-Fi 的发展历程

本小节将详细介绍 Wi-Fi 标准的主要发展历程。

（1）802.11b/Wi-Fi 1（1999 年）：工作在 2.4GHz 频段，信号带宽为 20MHz，采用直接序列扩频（Direct Sequence Spread Spectrum，DSSS）技术，最大传输速率可达 11Mbps。由于频段较低，传输距离较远，容易受到干扰。

（2）802.11a/Wi-Fi 2（1999 年）：工作在 5GHz 频段，信号带宽为 20MHz，采用正交频分复用（Orthogonal Frequency-Division Multiplexing，OFDM）技术，最大传输速率可达 54Mbps。由于频段较高，不易受到干扰，因此传输速率较高，但传输距离较短。

（3）802.11g/Wi-Fi 3（2003 年）：工作在 2.4GHz 频段，信号带宽为 20MHz，采用混合工作模式（OFDM+DSSS），既能确保与 802.11b 的兼容性，又实现了更高的传输速率（最大为 54MHz）。

（4）802.11n/Wi-Fi 4（2009 年）：工作在 2.4GHz 和 5GHz 两个频段，信号带宽为 20MHz 和 40MHz，采用了正交频分复用（Orthogonal Frequency-Division Multiplexing，OFDM）和多输入多输出（Multiple Input Multiple Output，MIMO）相结合的技术，最大传输速率达到 600Mbps。它具有更强的抗干扰能力和更远的传输距离。

（5）802.11ac/Wi-Fi 5（2013 年）：工作在 5GHz 频段，带宽从 802.11n 的最大 40MHz 增加到如今的 80MHz，甚至 160MHz。采用了更加先进的调制编码技术，如更高吞吐量（Very High Throughput，VHT）和自适应调制和编码（Adaptive Modulation and Coding，AMC），以及更为高效的 MIMO 技术，最大传输速率为 6.93Gbps。

（6）802.11ax/Wi-Fi 6（2019 年）：工作在 2.4GHz 和 5GHz 两个频段，它引入了正交频分多址（Orthogonal Frequency-Division Multiple Access，OFDMA）和目标唤醒时间（Target Wake Time，TWT），以提高繁忙环境中的性能。最大传输速率可达到 10Gbps。

IEEE 802.11 用于数据链路层（MAC 子层）和物理层，如表 1.3 所示。

表 1.3 Wi-Fi 通信栈

层	OSI 模型	TCP/IP 模型	Wi-Fi 栈
7	应用层		
6	表示层	应用层	
5	会话层		

续表

层	OSI 模型	TCP/IP 模型	Wi-Fi 栈
4	传输层	传输层	
3	网络层	网络层	
2	数据链路层	数据链路层	LLC 子层：IEEE/ISO/IEC 8802 MAC 子层：IEEE 802.11
1	物理层	物理层	IEEE 802.11

1.5.3 蜂窝网络的发展历程

（1）1G——无线通信的诞生：第一代无线通信，通常称为 1G，出现在 20 世纪 80 年代。这个时代标志着移动时代的开始。在这个时代，手机体积大且笨重，主要用于语音通话。1G 中使用的主要是模拟技术，可以实现有限距离的无线通信。

（2）2G——数字通信时代：第二代无线通信（2G），出现在 20 世纪 90 年代，并带来了无线通信的重大转变。引入了数字技术，提高了语音质量和传输短信的能力。

（3）3G——移动互联网成为现实：第三代无线通信（3G）标志着无线通信的一个重要里程碑，使移动互联网成为现实。有了 3G，用户可以在移动设备上访问互联网，从而提供电子邮件、网络浏览和视频流等服务。

（4）4G——高速数据时代：第四代无线通信（4G）将无线通信带入了一个新的高度。使用 4G 技术，实现了无缝视频流、在线游戏和其他数据密集型应用。这个时代也见证了智能手机的兴起，应用商店、社交媒体和其他以移动为中心的服务成为我们生活中不可或缺的一部分。

（5）5G——新时代的曙光：第五代无线通信，即 5G NR，它承诺提供超低延迟、极快的下载速度，以及 IoT 和自动驾驶汽车等变革性技术。有了 5G，人们就可以体验更快的连接、更高的网络容量，以及更可靠、更高效的无线体验。

5G NR 针对三种用例：大规模机器对机器类型通信（Massive Machine-to-Machine type Communication，MMMC）和超可靠低延迟通信（Ultra Reliable Low Latency Communication，URLLC），以及增强型移动宽带（Enhanced Mobile Broadband，eMBB）。尽管 5G 是一套新的标准，但它构建并发展了 4G 的设计和架构。从 5G 到 6G 的演变现在也在进行，6G 标准、应用和新范式也正在向前发展，并建立在 5G 的 SDR 设计之上。

5G NR 定义了三个层（表示为第 1 层到第 3 层），其中第 2 层和第 3 层由子层构成。这些 5G NR 层和子层到 OSI 模型的映射，如表 1.4 所示。

表 1.4 5G NR 通信栈

层	OSI 模型	5G NR 栈（层）	5G NR 栈（子层）
7	应用层		
6	表示层		
5	会话层		
4	传输层		
3	网络层		网络协议（Internet Protocol，IP）-用户平面
		第 3 层	无线资源控制（Radio Resource Control，RRC）-控制平面

层	OSI 模型	5G NR 栈（层）	5G NR 栈（子层）
2	数据链路层	第 2 层	服务数据适配协议（Service Data Adaption Protocol，SDAP）
			分组数据汇集协议（Packet Data Convergence Protocol，PDCP）
			无线链路控制（Radio Link Control，RLC）
			媒体访问控制（Medium Access Control，MAC）
1	物理层	第 1 层	物理层（Physical layer，PHY）

1.6 SDR 实现通信协议栈

在设计 SDR 时，必须考虑如何实现通信协议栈，特别是如何将栈的不同层映射到目标平台的设施。在基于本书所使用的 Zynq-7000 SoC 异构架构和 AD9361 所构成的 SDR 平台上，参考 OSI 模型的各层，给出了一个通用的无线收发器模型，如图 1.8 所示。本书后面将详细介绍 Zynq-7000 SoC 的主要特性。下面简要介绍一下 Zynq-7000 SoC 的框架。

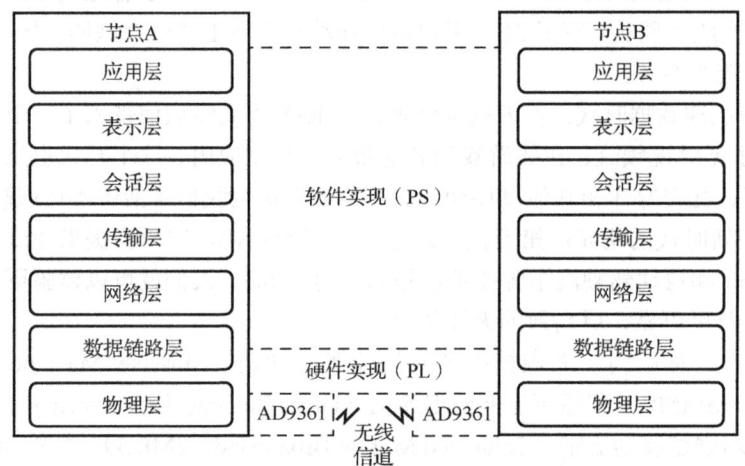

图 1.8 基于 Zynq-7000 SoC 的 SDR 实现架构中的软件和硬件划分

Zynq-7000 SoC 内集成了 Arm Cortex-A9 双核处理器，以及现场可编程门阵列（Field Programmable Gate Array，FPGA）。以双核处理器为核心，构成了 Zynq-7000 SoC 内的处理系统（Processing System，PS）。显然，在 PS 中运行软件代码。在 Zynq-7000 SoC 中，将 FPGA 称为可编程逻辑（Programmable Logic，PL）部分，在 PL 中实现"硬件逻辑"，我们通常将其称为"硬件"。因此，Zynq-7000 SoC 内既包含软件，也包含硬件。

从图 1.8 可知，物理层的实现应该包含 Zynq-7000 SoC 内的 PL 以及 AD9361 捷变收发器。

1.6.1 MAC 和 PHY

基于 OSI 模型及相关的数据封装和解封装，可以看出物理层需要处理大量的数据，因为它涵盖了所有来自上层的协议信息。物理层的计算需求是所有层中最具挑战性的，这不仅由于数据量大，还因为需要在物理无线电信道上传输数据并在接收机处恢复数据所需的复杂算法和操作。这包括滤波、同步、编码/解码等处理阶段。

物理层要求高吞吐量和确定性信号处理，即处理阶段具有一致的延迟并保持数据路径的相对时序，这对成功实现设计的 DSP 算法至关重要。因此，物理层可以有效映射到 Zynq-7000 SoC 的 PL 部分和 AD9361。

MAC 层（数据链路层的较低子层）同样需要处理高吞吐量的数据。在此层，数据被划分为帧，并且在某些标准中，帧可能与上层的不同逻辑信道（如用户数据和控制信道）相关联。因此，MAC 层的任务包括帧的复用和解复用，以确保数据的有效管理和传输。

MAC 层还必须确定何时访问无线信道以传输数据。例如，在 Wi-Fi 网络中，通常使用载波侦听多路访问/冲突避免（Carrier Sense Multiple Access with Collision Avoidance，CSMA/CA）算法。这种算法通过"感测"无线信道来检查是否有其他用户正在传输数据，然后在信道空闲时尝试发送数据帧。在 Wi-Fi 中，信道是共享的，这意味着多个设备可能会尝试同时传输数据，从而导致冲突。无论是在共享频带还是许可频带中操作，MAC 层通常会根据帧传输失败的情况来实施有选择的重传策略。这通常通过自动重复请求（Automatic Repeat reQuest，ARQ）机制实现。ARQ 包括对成功接收的帧进行确认，对丢失或损坏的帧进行未确认处理，并通过超时机制来重新传输这些帧。此外，混合 ARQ（Hybrid-ARQ，HARQ）是一种 ARQ 的改进版本，它结合了前向纠错（Forward Error Correction，FEC）技术。HARQ 通过在重传中包含纠错码来提高数据传输的可靠性，从而减少重传次数。这种方法在增加一定冗余的情况下，能有效降低重传需求，提高系统的整体性能。

1.6.2 上层

从前面对无线通信标准的讨论中可以看出，无线通信堆栈的上层具有显著的变异性，并且它们处理数据的速率通常较低（相对于堆栈的底层）。图 1.6 展示了 PDU（协议数据单元）的生成过程。

在最上层实现的功能通常是在软件中完成的。例如，应用层和表示层的协议，如 Web 浏览器和其他图形用户界面（Graphic User Interface，GUI），以及超文本传输协议（HyperText Transfer Protocol，HTTP）和 XML 等协议，都主要通过软件实现。传输层和网络层的任务也更适合用软件来处理，如 TCP 协议和路由协议的实现。因此，总的来说，上层功能更适合映射到运行软件的处理器，而不是可编程逻辑（PL）中的硬件架构。

然而，一些上层任务可以通过硬件处理器进行适当的加速。例如，数据的编码和解码过程可以利用硬件加速，以提高处理效率。这种硬件加速不仅提升了性能，还能有效减轻处理器的负担，从而优化整体系统的表现。

1.6.3 无线物理层

关于无线电物理层的内容，可以通过图 1.9 展示的正交幅度调制（Quadrature Amplitude Modulation，QAM）发射机和接收机架构的基本模型进行描述，这为本书后续内容奠定了基础。从图中可知，发射机架构主要包括：基带调制（位到符号映射）、脉冲整形、插值和载波调制；接收机架构主要包括：载波解调、抽取、匹配滤波、基带解调（符号到位解映射），以及同步（载波和时序）。

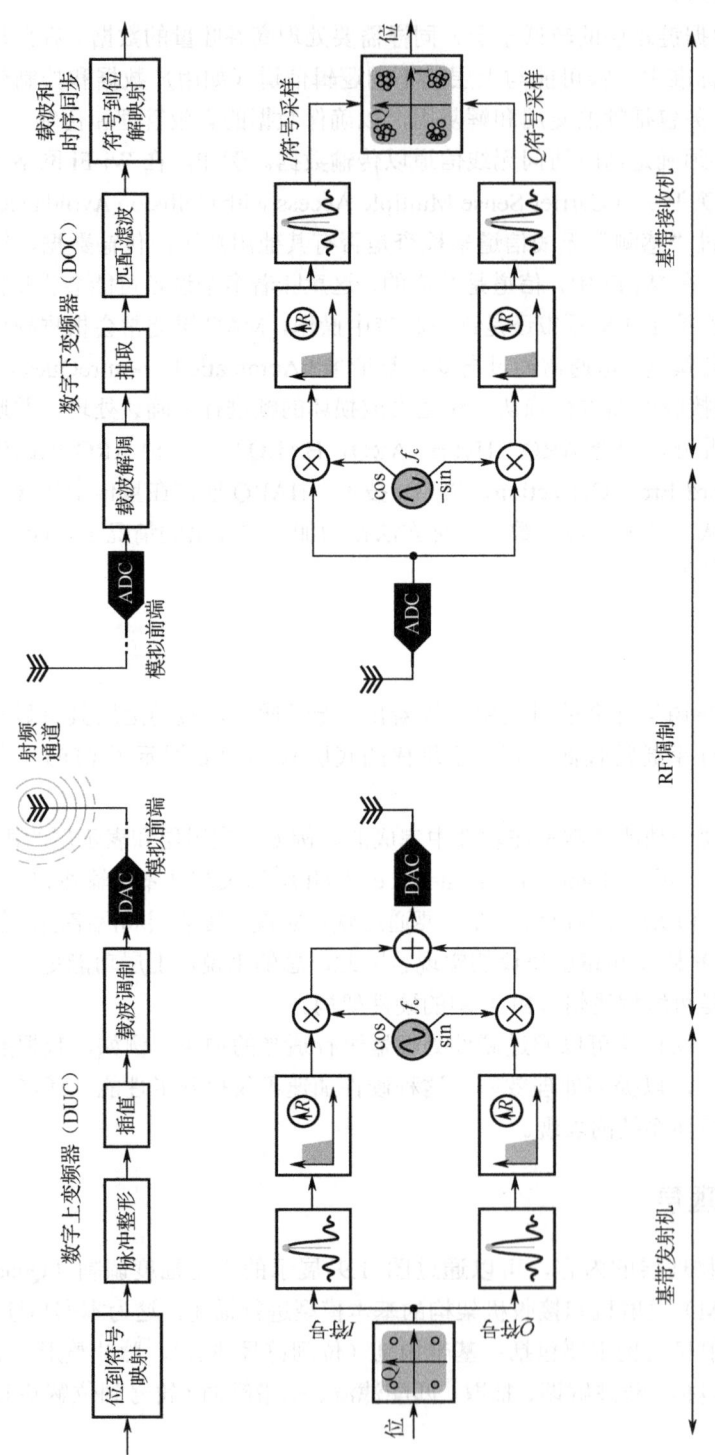

图 1.9 QAM 发射机和接收机架构的基本模型

第 2 章

软件定义无线电平台硬件和软件架构

本节介绍软件定义无线电平台硬件和软件架构,主要内容包括软件定义无线电架构的演进、可重构软件定义无线电硬件平台架构、使用软件无线电框架的必要性、ADI 的 IIO 子系统、GNU Radio 软件无线电开发框架、MathWorks 软件无线电开发框架,以及动态可重配置软件无线电开发框架。

2.1 软件定义无线电架构的演进

自从"软件无线电"(Software Radio,SR)到"软件定义无线电"(Software Defined Radio,SDR)的概念出现以来,DAC/ADC 采样技术有了长足的发展。这就导致了 SDR 的许多不同架构的"代"。早期的 SDR 使用专用的数字信号处理器(Digital Signal Processor,DSPs)芯片来生成 kHz 带宽的基带信号,并且对 RF 的所有调制(以及随后的 RD 滤波和 RF 放大等)都使用离散模拟元件进行。

采用 Zynq-7000 SoC 和 ADI AD9361 射频收发器组成的 SDR 平台,通过 Zynq-7000 SoC 内的可编程逻辑实现基带信号的调制和解调,然后送给射频收发器,这意味着上变频、滤波、数字预失真(Digital Pre-Distortion,DPD)甚至对 RF 载波的调制都可以数字化执行。

2.1.1 基带采样/模拟中频基带采样 SDR

早在 20 世纪 90 年代末,以 100ksps(即每秒 100 000 个采样)和 16 位分辨率运行的 A/D 转换器是最新的(也是相当昂贵的)技术。如图 2.1 和图 2.2 所示,在这些第一代"数字无线电"中,模拟部分使用模拟本地振荡器(Local Oscillator,LO)在一个或两个级对来自 RF 载波的信号进行下变频。如图 2.2 所示,两级版本具有中频(Intermediate Frequency,IF)级,并使用第二个模拟 LO 将 IF 信号进一步下变频到基带。从历史上看,由于 DAC 和 ADC 技术的限制(尤其是可实现的采样率),这些方法是 A/D 接口唯一可行的位置。

然后使用 ADC 对基带信号进行采样和数字化,并使用 DSP 操作来执行最终处理阶段以恢复传输的信息。20 世纪 90 年代的第二代手机——那些接收 GSM 信号的手机——很可能使用了这种架构。

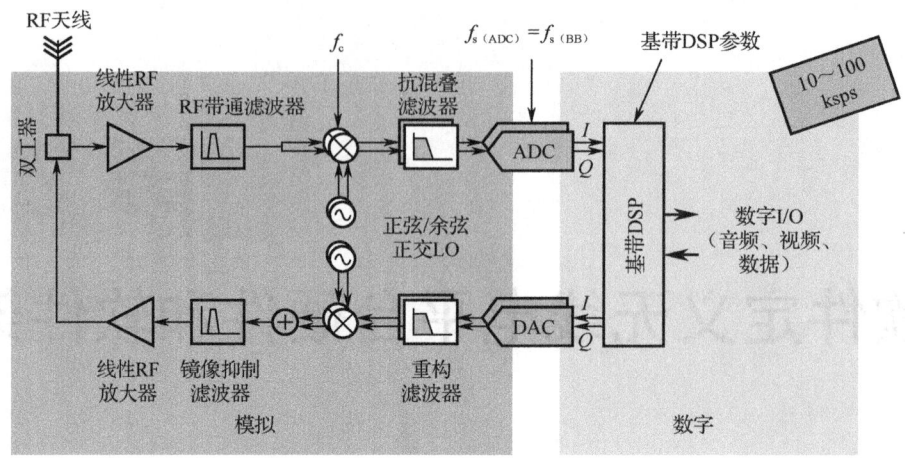

图 2.1 基带采样软件定义无线电高级架构

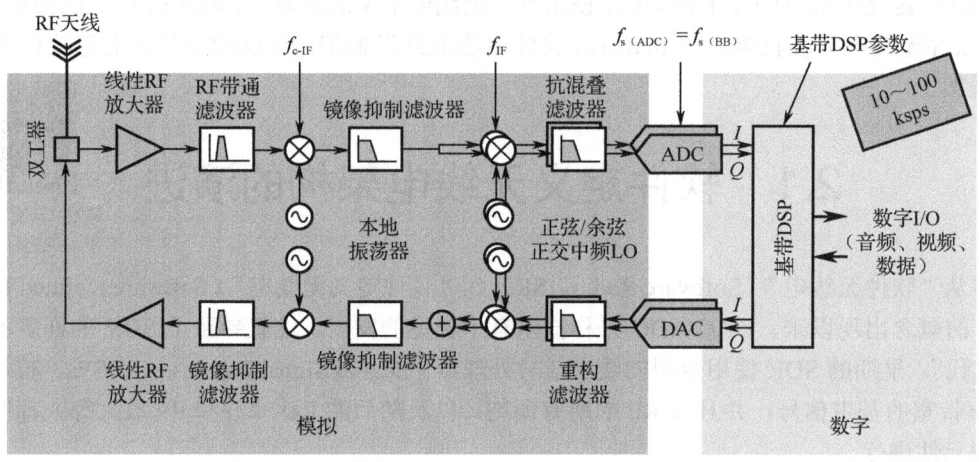

图 2.2 模拟中频基带采样软件定义无线电的高级架构

2.1.2 数字中频采样 SDR

随着 A/D 接口的采样率逐渐提高到 Msps 范围,下一代数字无线电的采样和数字化过程是在 IF 而不是基带上执行的。例如,大约 40MHz 的 IF 可以由以 125MHz 采样的 ADC 支持。该架构的第一个 DSP 阶段涉及使用直接数字下变频器(Direct Digital Downconverter,DDC),通过解调和抽取滤波将 IF 信号转换到基带,如图 2.3 所示。一旦信号处于基带,就进行进一步的 DSP 处理。在这种架构中,在数字域中实现了更多的功能,为 SDR 提供了更大的灵活性。

2.1.3 带可调谐 RF 的基带采样 SDR

随着 SDR 的使用越来越广泛,IC 制造商开始开发将一些模拟和数字级结合在一起的单片 SDR 前端。这样,就为模拟振荡器、滤波和放大器级带来数字/软件可调谐性,如图 2.4 所示。这使得 SDR 更加灵活,并首次能够在宽频率范围内工作。A/D 接口现在能够达到 100Msps 的采样率,将可实现的基带信号带宽增加到 10MHz,这意味着 SDR 可以用于原型设计和实现日常使用的流行无线电标准,如 Wi-Fi 和 LTE。

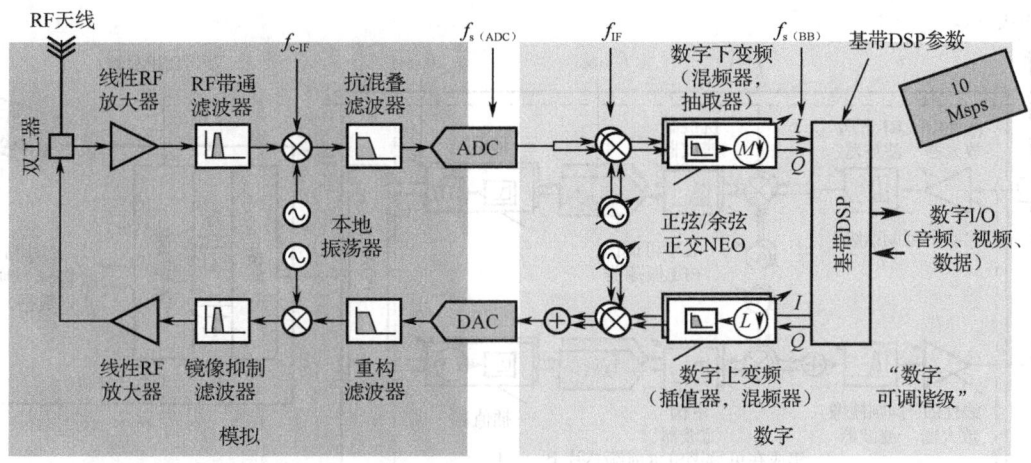

图 2.3　数字中频采样软件定义无线电高级架构

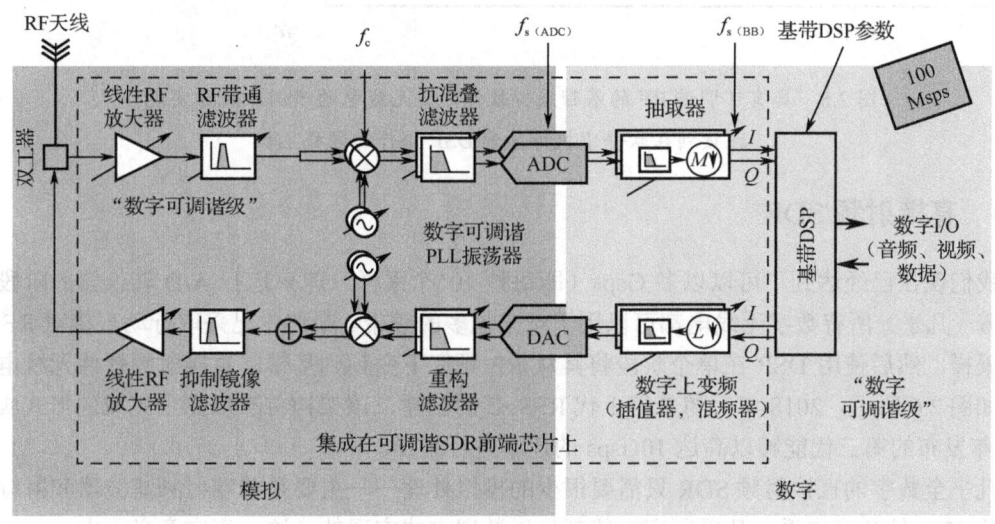

图 2.4　具有可调谐 RF 的基带采样软件定义无线电的高级架构

到 2010 年，通用计算机的能力也变得更强，CPU 时钟速度更高，RAM 容量更大。专用 DSP 或 FPGA 硬件不再是实现 SDR 系统最终 DSP 操作的必要条件。相反，这些可以在主机上的软件（如 MATLAB 或 GNU Radio）中实现。为了将 SDR 前端芯片连接到计算机，SDR 主板上需要 USB、吉比特以太网和 PCI-E 等接口。FPGA 在这里成为关键，成为计算机接口和 SDR 前端芯片之间的互连枢纽，如图 2.5 所示。

这两个主要步骤首次向更广泛的社区——爱好者、生产消费者和学生研究人员——开放了 SDR 市场，因为以前 SDR 解决方案实际上只用于高级研究和军事应用。规模经济将这种 SDR 收发器硬件的成本降低到 1000 美元以下，SDR 革命真正开始。这些类型的无线电包括 USRP™B210（相当于图 2.5 中所示的"SDR 主板"）和 Zynq SDR［基于 AMD Zynq 的开发板（如 ZedBoard 等）和第三方 SDR 前端的组合］。

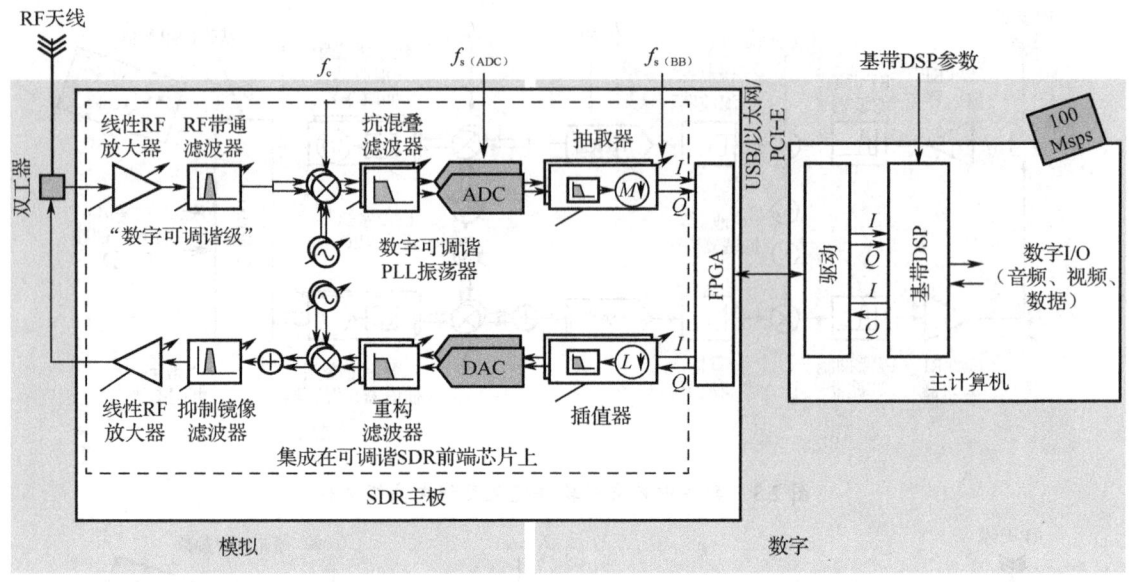

图 2.5　具有可调谐 RF 的基带采样软件定义无线电的示例系统级实现，
连接到在软件中执行基带 DSP 操作的远程主机

2.1.4　直接射频 SDR

我们现在在已经达到了可以以多 Gsps（即每秒 10^9 个采样）速率运行 A/D 转换器的阶段，这意味着（几乎）所有数字无线电都可以用于越来越多的频带。最终，已采取行动直接对 RF 信号进行采样，然后使用 DSP 在单个阶段将其从 RF 频率下变频到基带。直接射频软件无线电高级架构如图 2.6 所示。2018 年，随着第 1 代 RFSoC 的创建，该架构首次以完全集成的形式实现。2022 年发布的第三代能够以高达 10Gsps 的速率进行采样。

几乎全数字的直接射频 SDR 只需要很少的模拟处理——主要是前端射频滤波器和射频放大器。从 SDR 的角度来看，几乎所有功能都是以数字方式实现的，这一事实意义重大——这意味着无线电的操作可以在运行时使用软件进行控制，甚至动态更新，如图 2.6 所示。虽然许多（但还不是所有）5G 网络都使用直接 RF SDR 前端，但我们可以预测，对于未来的 6G 实现，所有无线电都将是这种形式。

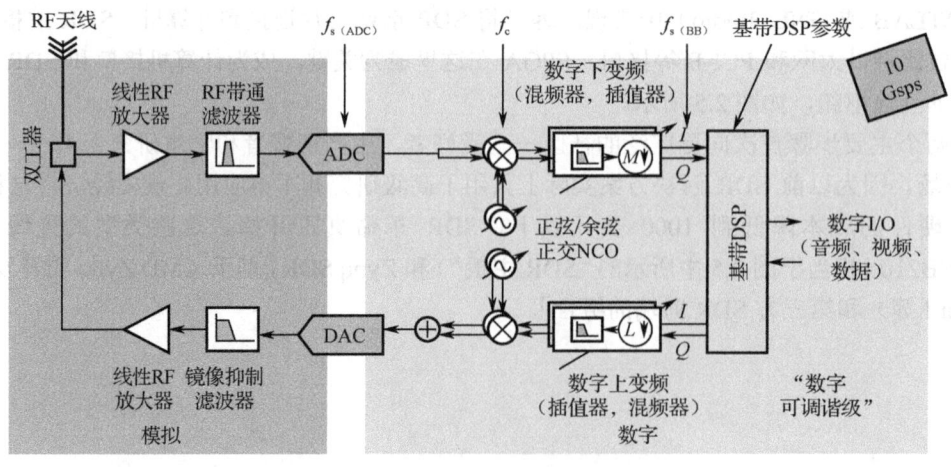

图 2.6　直接射频软件无线电高级架构

2.2 可重构软件定义无线电平台硬件架构

软件定义无线电平台架构（二）

数十年来，对于构建无线系统模型一直没有一个完整规范的设计方法，直到全可编程片上系统（System on Chip，SoC）的出现，才出现了针对现场可编程门阵列（Field Programmable Gate Array，FPGA）的完整设计流程，该流程覆盖了从模型构建到硬件实现。其中，典型代表是 Xilinx 的 Zynq-7000 系列全可编程 SoC。

2.2.1 Xilinx Zynq-7000 异构架构 SoC

近年来，随着全可编程 SoC 的出现，进一步推动了 SDR 技术的发展。比如，美国赛灵思公司［英文名为 Xilinx，已经被美国超威半导体（英文名为 AMD）公司收购］推出的 Zynq 系列全可编程 SoC，将中央处理单元（Central Processing Unit，CPU）的灵活性与 FPGA 超强的并行处理能力进行融合，因此开发人员可将 SDR 系统的数据处理功能和其他处理任务融合在一个器件中。在这种架构中，可以将数据的调制/解调算法放在 SoC 的 PL 部分实现，将数据解码和渲染、系统监控和诊断以及图形用户界面（Graphic User Interface，GUI）等任务延缓至处理单元进行。

SDR 平台要求具有强大的数据处理能力，并具有高度的灵活性，同时还要有系统扩展能力。Xilinx Zynq-7000 全可编程 SoC 很好地满足了这些需求，其内部结构如图 2.7 所示。这种结构的优势就在于兼顾了软件的灵活性，以及 PL 硬件的超强并行处理能力。

Zynq-7000 SoC 分为处理系统（Processing System，PS）和可编程逻辑（Programmable Logic，PL）两个部分。在 PS 中包含 Arm Cortex-A9 双核处理器和 NEON 协处理器，以及浮点处理单元。在双核处理器上可以运行"裸机"应用程序、实时操作系统（Real-Time Operating System，RTOS）和面向桌面应用的操作系统 Ubuntu。该处理器可以独立使用，与 PL 无关，即可以在不配置 PL 的情况下使用，这点对软件开发人员非常重要，因为软件的开发和 PL 内硬件逻辑的开发可以同时进行。

基于 Zynq-7000 SoC 的 SDR 开发，进一步融合了软件和硬件的协同设计、协同仿真和协同调试功能。在设计所使用的 XC7Z100 SoC 中，逻辑单元数为 444K，块随机存取存储器（BRAM）的容量为 26.5KB、DSP 块个数为 2020。

2.2.2 ADI 的 AD9361 射频收发器

AD9361 是美国亚德诺半导体（Analog Devices, Inc，ADI）公司推出的用于实现 SDR 的高性能、高集成度的射频（Radio Frequency，RF）收发器集成电路（Integrated Circuit，IC），适合于无线通信基础架构、军用电子系统、RF 测试设备，以及通用 SDR 平台等应用。

1. 通用特性

该器件集 RF 前端与灵活的混合信号基带部分为一体，内部集成了频率合成器（Frequency Synthesizer），为处理器或 FPGA 提供可编程数字接口，从而简化了设计导入。该芯片工作频率范围为 70MHz～6GHz，涵盖了大部分的特许执照和免执照频段。通过对 AD9361 器件编程，可以改变采样速率、数字滤波器和抽取参数，使该芯片支持的通道带宽范围为 200kHz～56MHz。AD9361 的内部结构如图 2.8 所示。

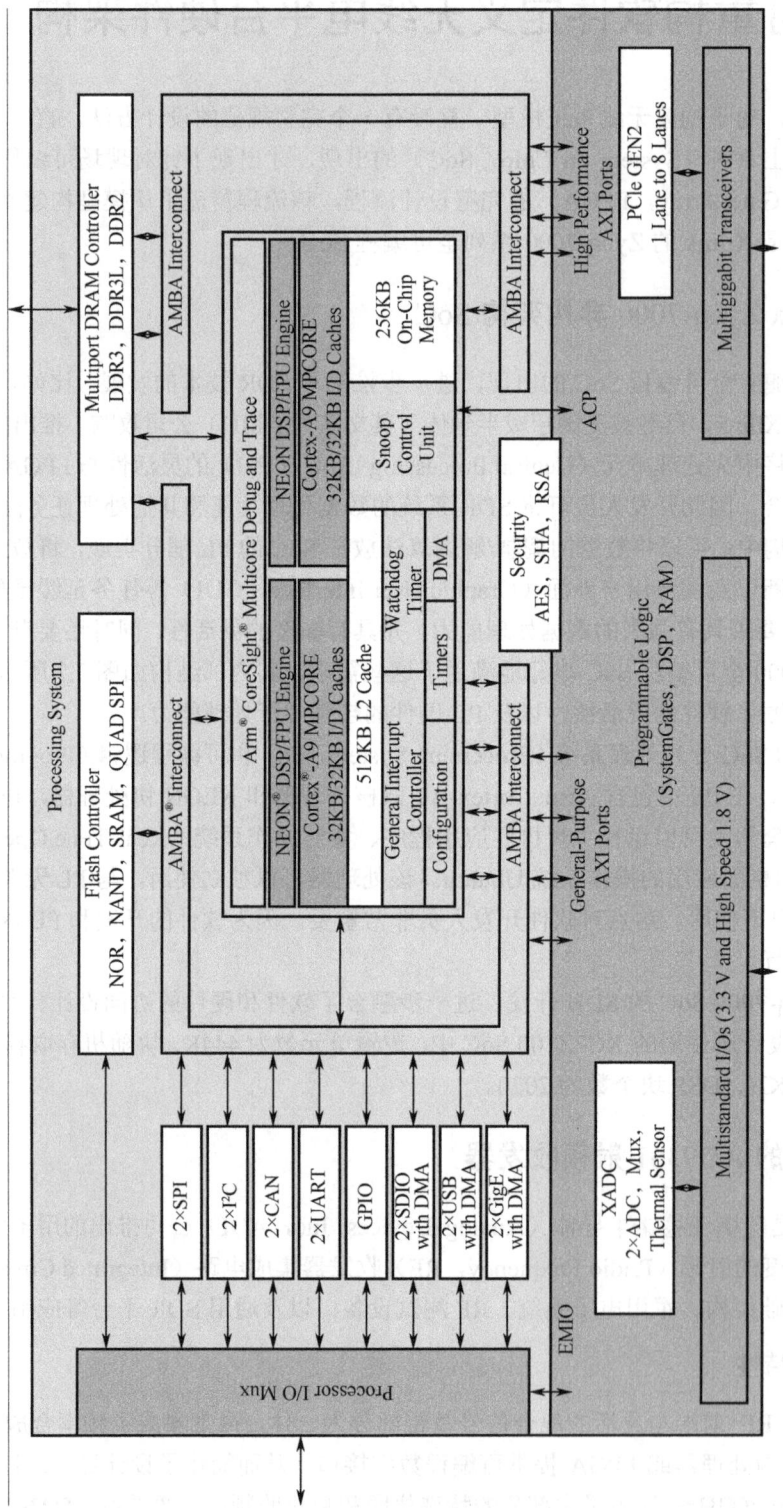

图 2.7 Zynq-7000 SoC 内部结构

第 2 章 软件定义无线电平台硬件和软件架构

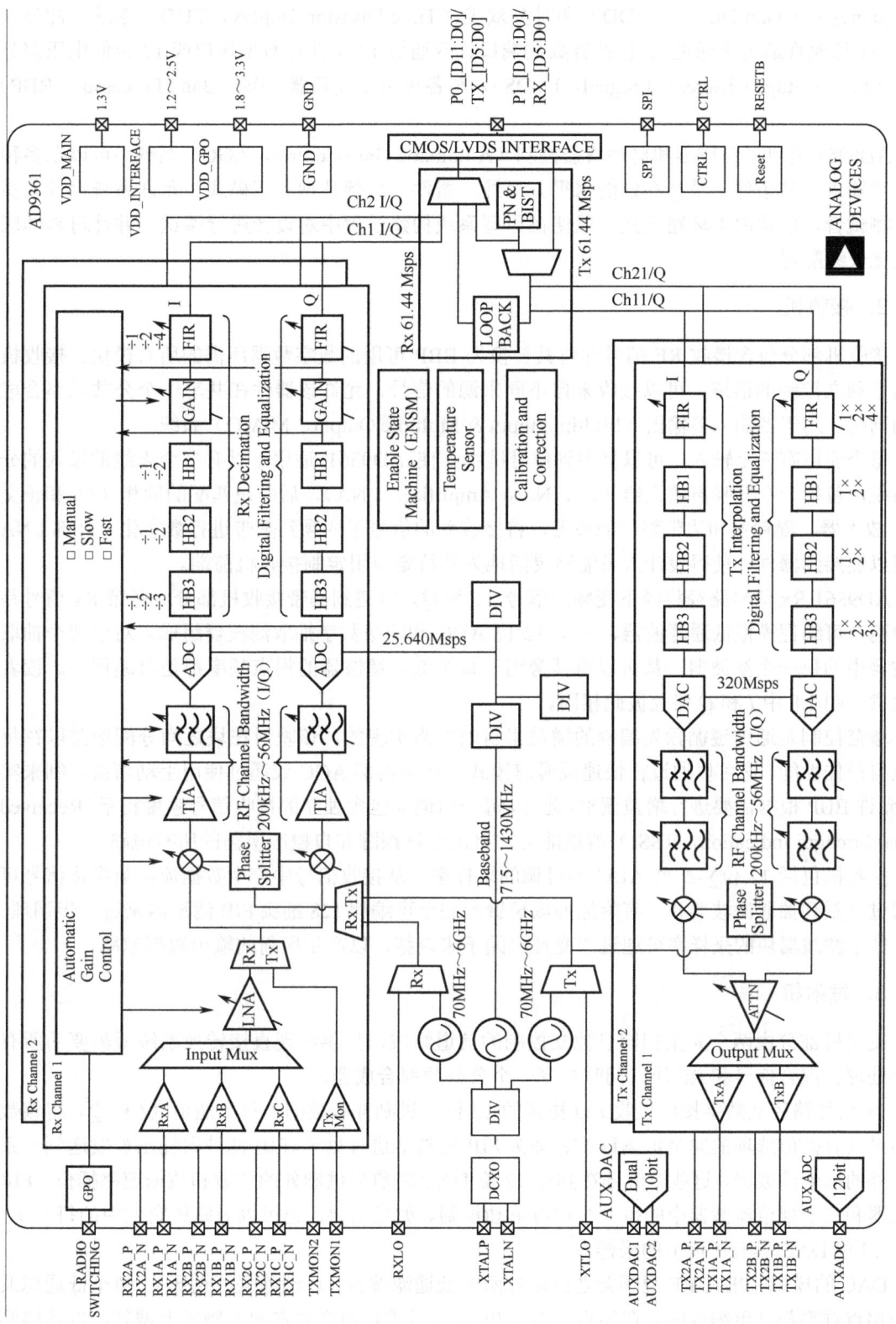

图 2.8 AD9361 的内部结构

AD9361 提供的可编程能力，使得该款宽带收发器可适用于多种通信标准，包括频分双工（Frequency Division Duplex，FDD）和时分双工（Time Division Duplex，TDD）系统。此外，AD9361 还允许通过单通道 12 位并行数据端口、双通道 12 位并行数据端口或 12 位低电压差分信号（Low Voltage Differential Signal，LVDS），与各种基带处理器（Base Band Processor，BBP）连接。

AD9361 提供了自校准和自动增益控制（Automatic Gain Control，AGC）系统，可以在多种温度和输入信号条件下维持高性能水平。另外，器件还包括几种测试模式，允许系统设计人员插入测试音，创建内部环路模式，以便在原型系统构建过程中对设计进行调试，并针对具体应用优化天线配置。

2．接收机

接收机部分包含接收 RF 信号并将其转换为 BBP 可用的数字数据所需的所有模块。接收机有两个独立控制的信道，可以接收来自不同来源的信号，允许该器件在共享一个公共频率合成器的同时，用于多输入多输出（Multiple Input & Multiple Output，MIMO）系统。

每个通道有三个输入，可以复用到信号链中，使 AD9361 适用于具有多个天线的输入的分集系统，包括一个低噪声放大器（Low Noise Amplifier，LNA），后面是匹配的同相（I）和正交（Q）放大器、混频器和边带整形滤波器，将接收到的信号下变频到基带进行数字化。外部 LNA 也可以连接到器件，使得设计人员能够灵活地为其特定应用定制接收机前端。

AD9361 Rx 信号路径将经下变频的信号（I 和 Q）传递到基带接收机部分。基带 Rx 信号路径由两个可编程模拟低通滤波器、一个 12 位 ADC 和四级数字抽取滤波器组成。对于四个抽取滤波器中的每一个滤波器，都可以将其旁路。每个低通滤波器的拐点频率都是可编程的。读者请注意，图 2.8 中 I 和 Q 路径彼此相同。

增益控制是通过遵循预先编程的增益索引映射来实现的，该映射在块之间分配增益以在每级获得最佳性能。这可以通过在快速或慢速模式下启用内部 AGC 或通过使用手动增益控制来实现，允许 BBP 根据需要进行增益调整。此外，每个信道都包含独立的接收信号强度指示（Received Signal Strength Indication，RSSI）测量能力、直流偏移跟踪和自校准所需的所有电路。

接收机包括 12 位 Σ-Δ 型 ADC 和可调的采样率，从接收信号中产生数据流。数字化信号可以通过一系列抽取滤波器和具有附加抽取设置的完全可编程 128 抽头 FIR 滤波器来进一步调理。每个数字滤波器块的采样率可通过改变抽取因子来调整，以产生所需的输出数据速率。

3．发射机

发射机部分由两个完全相同且独立控制的信道组成，提供实现直接转换系统所需要的所有数字处理、混合信号和 RF 块，同时共享一个公共频率合成器。

Tx 信号路径从数字接口接收 I-Q 格式的 12 位二进制补码数据，每个通道（I 和 Q）将该数据通过具有插值选项的完全可编程 128 抽头 FIR 滤波器进行处理。FIR 滤波器输出被发送到一系列额外的插值滤波器，这些滤波器在到达 12 位 DAC 之前提供额外的滤波和数据速率插值。FIR 滤波器和三个插值滤波器中的每一个均可单独控制。如果需要，也可以旁路掉它们中的每一个。每个 12 位 DAC 具有可调节的采样率。

DAC 的模拟输出在 RF 混频器之前通过两个低通滤波器（以消除采样伪影）。每个低通滤波器的拐点频率都是可编程的。在该点，将 I 和 Q 信号重新组合并在载波频率上调制，以传输到输出级。组合后的信号还通过提供额外频带整形的模拟滤波器，将信号传输到输出放大器。每个发射信道提供具有细粒度的宽衰减调整范围,以帮助设计者优化信噪比(Signal-to-Noise Radio,SNR)。图 2.8 中 I 和 Q 路径彼此相同。

自校准电路内置在每个传输通道中,以提供自动实时调整。发射机块还为每个信道提供 Tx 监视块。该块监视发射机的输出,并通过未使用的接收机信道将其路由回 BBP 进行信号监视。Tx 监视块仅在接收机空闲时的 TDD 模式操作中可用。

4. Rx 和 Tx 滤波

在接收链和发送链中,都有:

(1)模拟低通滤波器,用于去除 Tx 一侧的采样伪影或者用于频带整形以减少 Rx 一侧上的相邻信道干扰;

(2)数字插值/抽取滤波器,用于从数字基带速率(最大 64.11Msps)上/下转换为实际 ADC(640Msps)或 DAC(320Msps)速率。

无论实现方式(模拟或数字)如何,这些滤波器都会影响通带中的幅度和相位。这必须在系统的某个地方得到补偿。它可以在 128 抽头 FIR 滤波器内部容易地完成(因此通常是这样做的)。FIR 滤波器不仅用于实现低通滤波器,还用于补偿模拟和数字半带滤波器在感兴趣的基带区域中产生的幅度和相位影响。

这些滤波器取决于采样率、时钟和数据速率(设置数字半带滤波器)以及 RF 带宽(设置模拟滤波器)。加载滤波器,更改系统中的任何内容,都会对整体基带性能产生负面影响。

5. 时钟选项

AD9361 使用小数-n 相位锁相环(Phase Locked Loop,PLL)来生成发射机和接收机的本地振荡器(Local Oscillator,LO)频率以及用于数据转换器、数字滤波器和 I/O 端口的振荡器(基带 PLL)。这些 PLL 都需要参考时钟输入,包括数控晶体振荡器(DCXO)和片上可编程/可变电容。该电容可以将晶体频率变化调谐到系统之外,从而产生更准确的参考时钟,所有其他频率信号都由该参考时钟生成。DXCO 的输入可以由两个不同源提供:

(1)将外部振荡器或时钟分配设备(如 AD9548)连接到 XTALN 引脚(XTALP 引脚保持未连接)。如果使用外部振荡器,频率可以在 10~80MHz 之间变化。这适用于无线基站等需要参考时钟锁定到系统主时钟的应用。

(2)使用连接在 XTALP 和 XTALN 引脚之间的频率在 19~50MHz 之间的专用晶体。这通常用于无线用户设备(User Equipment,UE),其通常不需要锁定到主时钟,但它们确实需要周期性地调整 LO 频率以维持与基站(Base Station,BTS)的连接。BTS 偶尔向 UE 通知其相对于 BTS 的频率误差,并且基带处理器可以根据需要调整参考时钟频率,从而调整 LO 频率。

2.2.3 软件无线电硬件开发平台

在本书所介绍的软件无线电开发中,采用了本书作者自研/定制的 SDR-AI-Z7 硬件开发平台,该平台提供的硬件和软件资源是目前国内同类 SDR 平台中软件和硬件功能最强大的一款平台。

1. 硬件开发平台的框架

该平台的核心采用美国赛灵思公司(英文为 Xilinx,已经被 AMD 公司收购)的 Zynq-7000 SoC

和美国 ADI 公司的 AD9361 射频收发器芯片，其框架如图 2.9 所示。该硬件平台上的其他主要资源包括：

（1）搭载了 OV5460 摄像头（连接到 SoC 器件的可编程逻辑一侧）和音频接口。
（2）搭载了可用于连接外部 USB 鼠标和键盘的 USB 芯片和 Micro USB 接口。
（3）搭载了用于通过 JTAG 调试 Zynq-7000 SoC 的板载仿真器。
（4）搭载了用于通过串口查看操作系统运行的 UART 接口。
（5）搭载了用于连接外部 HDMI 显示器的 HDMI 接口。
（6）搭载了光传输模块，可连接单模/多模光纤与其他设备通过光网络传输。此外，通过平台外部的光转 RJ45 转换器转换为以太网后与计算机网络进行连接。
（7）搭载了 Mini-SD 卡槽，可以保存运行操作系统的镜像。

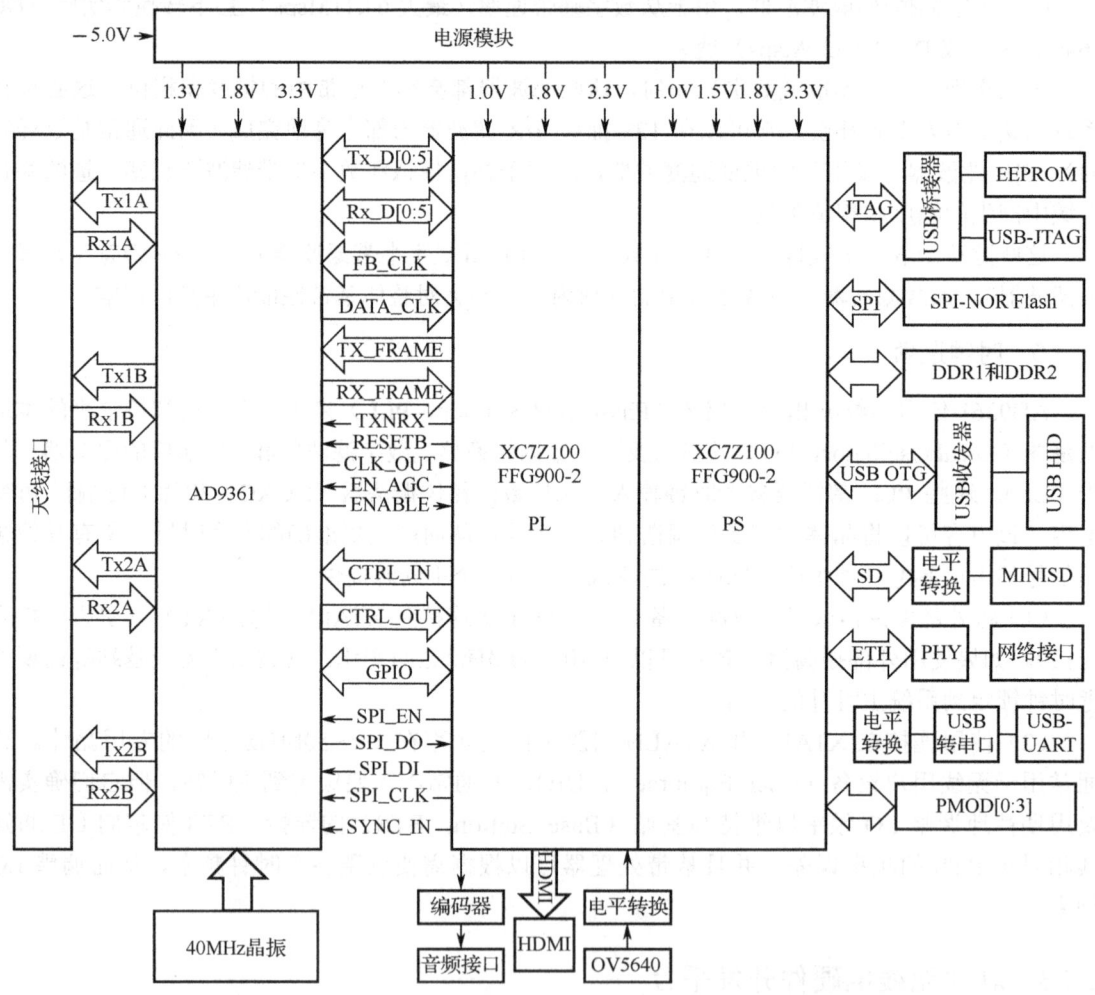

图 2.9 SDR-AI-Z7 硬件开发平台框架

2. 硬件开发平台外观

该硬件开发平台的实物外观如图 2.10 所示。

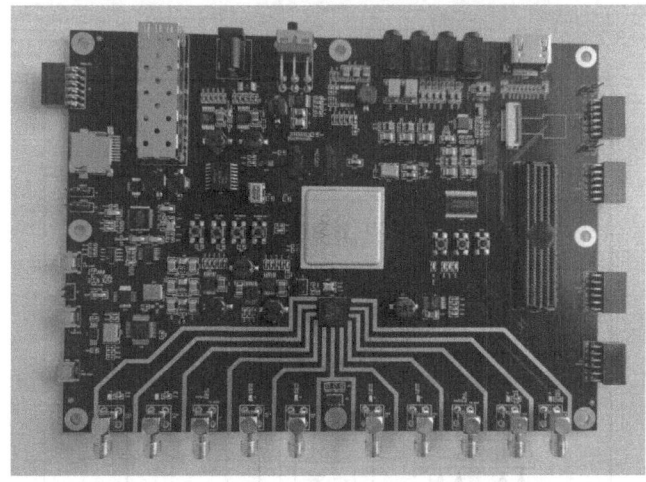

图 2.10　SDR-AI-Z7 硬件开发平台实物外观

2.2.4　Vivado 底层硬件框架

基于 Xilinx 公司 Vivado 设计套件中的集成开发环境（Integrated Development Environment，IDE），ADI 公司和 MathWorks 公司各自为基于 Zynq-7000 SoC 和 AD9361 的软件无线电"硬件"构建了实现 SDR 通信功能的硬件框架。两者除了在一些硬件外设的描述上有一些差异，对于实现 SDR 通信功能的结构基本保持一致。本节以 MathWorks 公司提供的硬件框架为版本，介绍该硬件框架的具体组成。这里需要说明的是，Vivado IDE 中提供的硬件框架用于实现 Zynq-7000 SoC 和 AD9361 进行数据交换，以及实现 Zynq-7000 SoC 对 AD9361 进行配置的功能。

在 Vivado IDE 的 IP INTEGRATOR（IP 集成器）中通过调用和连接不同类型的知识产权（Intellectual Property，IP）核生成了 SDR 的硬件框架，如图 2.11 所示。从图可知，硬件框架由下面几个部分构成。

（1）数字接口

该接口由 12 位双数据速率数据（Dual Data Rate，DDR）组成，支持高达 2×2 的所有配置中的全双工操作。发送和接收数据路径共享单个时钟。根据配置（可编程），数据从单独的传输链路发送或接收到单独的接收链。

（2）发送

在发射方向上，为每个 RF 生成复数 I 和 Q 信号。数字源可以是内部 DDS，也可以通过 VDMA 从外部 DDR 获得。内部 DDS 相位和频率是可编程的。

（3）接收

在接收方向上，所描绘数据的每个分量都被传递到 PN 监视器。监视器验证数字接口信号捕获和定时。然后，数据可选择进行直流滤波，校正 I/Q 偏移和相位失配，并通过 DMA 写入外部 DDR 存储器。可选的离线 FFT 核可用于生成频谱图。

（4）控制和 SPI

设备的控制和监视信号连接到 GPIO 模块。串行外设接口（Serial Peripheral Interface，SPI）信号由单独的基于高级可扩展接口（Advanced eXtended Interface，AXI）的 SPI 核控制。

图 2.11 中可编程逻辑区域中的两个虚线方框中包含用户逻辑模块、直通连线和多路选择器模块。这种设计结构为软件无线电的实现提供了更加灵活便捷的方式，主要体现在：

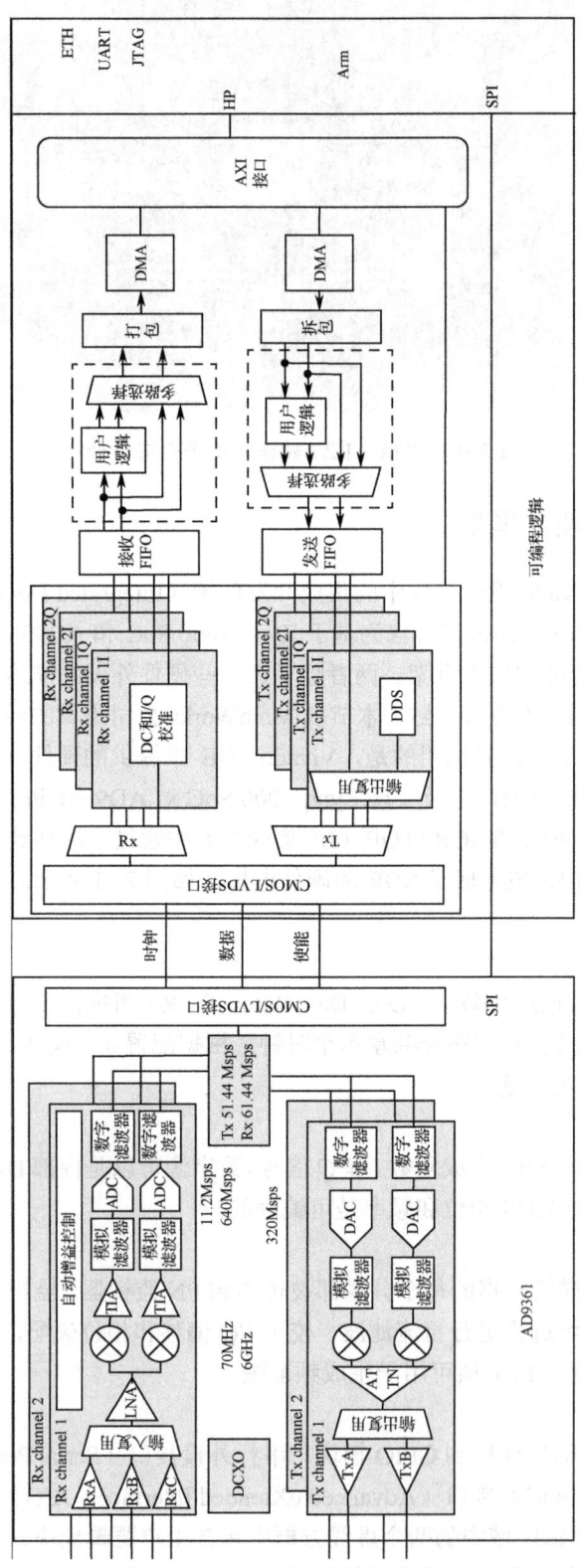

图 2.11 Vivado IDE 中通过调用和连接 IP 生成的硬件框架

（1）当使用外部软件（如台式电脑/笔记本电脑）实现基带信号的调制和解调算法时，使用直通连线。即对于接收一侧来说，通过多路选择器模块的选择，接收 FIFO 直接连接到打包模块；对于发送一侧来说，通过多路选择器模块的选择，将拆包模块直接连接到发送 FIFO。

（2）当使用 PL 内的硬件逻辑资源实现基带信号的调制和解调算法时，使用用户逻辑模块。即对于接收一侧来说，通过多路选择器的选择，接收 FIFO 连接到用户逻辑（实现基带解调算法），用户逻辑再连接到打包模块；对于发送一侧来说，通过多路选择器的选择，拆包模块连接到用户逻辑（实现基带调制算法），用户逻辑再连接到发送 FIFO。

因此，Zynq-7000 系列 SoC 在实现 SDR 通信系统时，可根据性能、成本和功耗的不同需求，在"软件"和"硬件"实现基带调制和解调算法方面进行更加灵活的选择。

> 注：要在 Vivado 设计套件中查看硬件框架的具体内容，读者需要预先安装 Xilinx 公司的 Vivado 设计套件。关于安装 Vivado 设计套件的方法，请读者参考本书第 3 章 3.1 节的内容。

在 Xilinx Vivado IDE 中，查看 MathWorks 公司提供硬件开发框架的主要步骤包括：

（1）在 Windows 11 操作系统桌面底部，找到并单击"开始"按钮，出现浮动菜单。在浮动菜单中，单击"所有应用"按钮。弹出浮动菜单，在浮动菜单中，定位到标题"X"。在该标题窗口中，找到并展开"Xilinx Design Tools"文件夹。在该文件夹中，找到并单击 Vivado 2023.1 Vivado 2023.1 ；或者，在 Window11 操作系统桌面上，找到并双击名字为 Vivado 2023.1 的图标。

（2）弹出名字为 Vivado 2023.1 的界面。在该界面中，定位到 Quick Start 标题窗口，如图 2.12 所示。在界面中，单击"Open Project>"条目。

图 2.12 Vivado 2023.1 主界面下的 Quick Start 标题窗口

（3）弹出 Open Project 对话框界面。在该界面中，将路径定位到本书配套资源的下面路径 \SDR_example\MW_Vivado_Refprj\3_Framework_TxRx。在该路径下，选择名字为 Framework_TxRx.xpj 的文件。

（4）单击该对话框右下角的"OK"按钮，退出 Open Project 对话框界面。

（5）自动打开 Vivado 2023.1 集成开发环境主界面。在 Vivado 集成开发环境主界面中，找到并展开 IP INTEGRATOR 条目。在展开项中，找到并单击 Open Block Design 条目。

（6）在 Vivado 当前工程主界面右侧的 BLOCK DESIGN-system 窗口中，打开块设计，如图 2.13 所示。该设计描述了 Zynq-7000 SoC 内的各个模块的功能，以及与 AD9361 射频收发器的数据接口和配置接口之间的连接关系。

下面对实现 SDR 相关的模块/IP 核的功能进行简要说明，以帮助读者理解在 Zynq-7000 SoC 内构建用于实现 SDR 的"硬件"通道。这里需要强调，"硬件"是指 Zynq-7000 SoC 内具有不同功能的 IP 核，既包括 Zynq-7000 SoC 内的 PS 也包含 Zynq-7000 SoC 内的 PL。

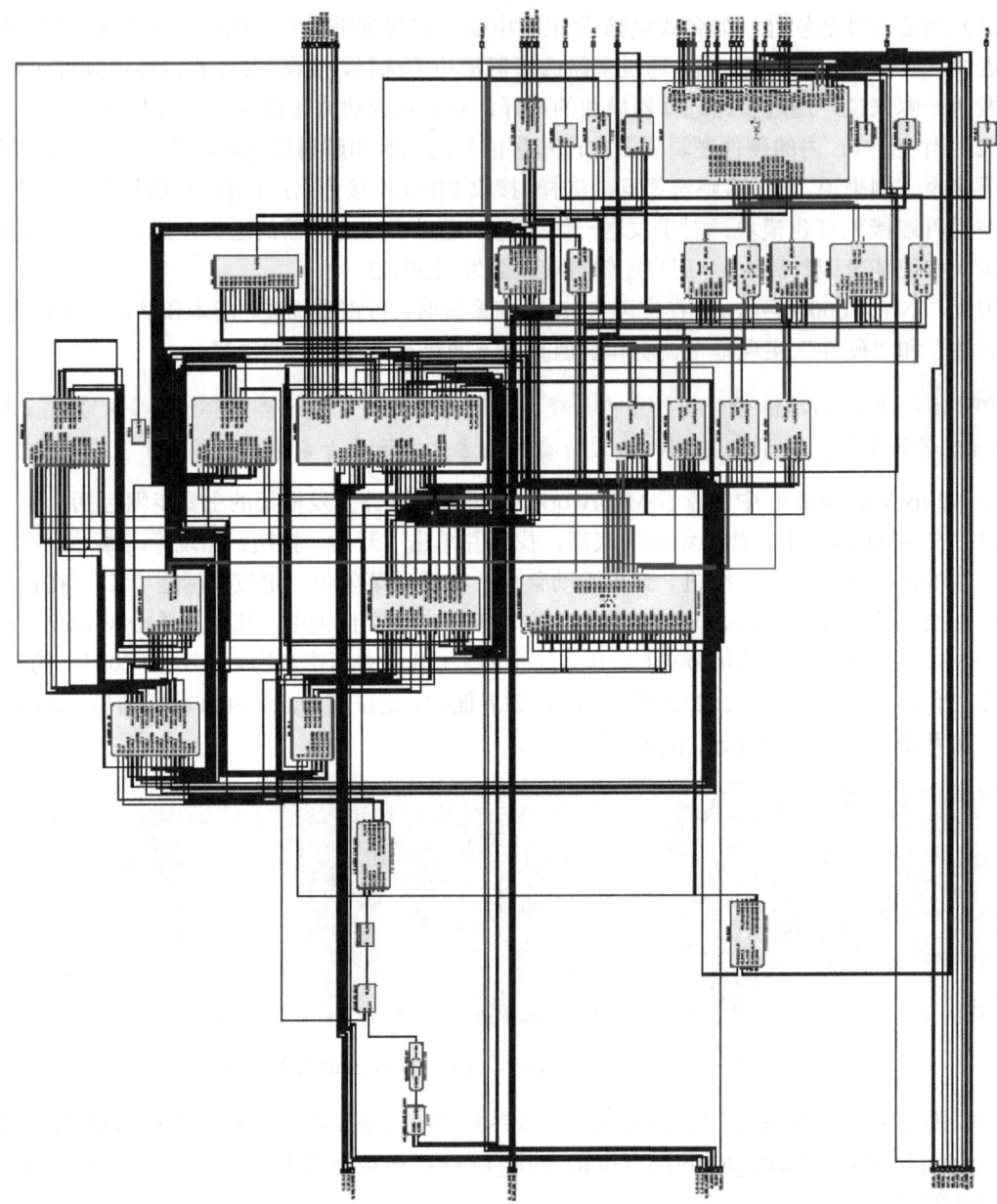

图 2.13 Zynq-7000 SoC 内的设计结构

1. axi_ad9361 核

该 IP 核与 AD9361 射频收发器连接，其内部结构如图 2.14 所示。从图中可知，axi_ad9361 核架构包含：

（1）接口模块。用于 Intel 或 Xilinx 器件的 CMOS 双端口全双工或低电压差分信号（Low Voltage Differential Signaling，LVDS）模式。

（2）接收模块。其中包含：

① ADC 通道处理模块，每个通道一个，包括：数据处理模块（DC 滤波器、IQ 校正和数据格式控制）；用于接口验证的 ADC PN 监视器；ADC 通道寄存器映射。

② 延迟控制和 ADC 公共寄存器映射。

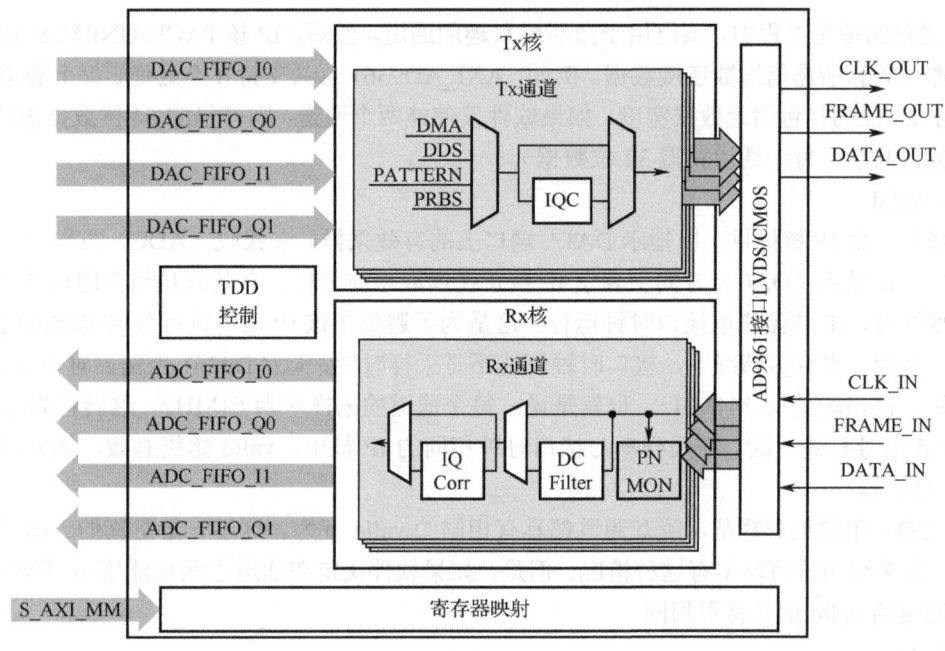

图 2.14 axi_ad9361 IP 核的内部结构

（3）发送模块。其中包含：

① DAC 通道处理模块，每个通道一个，包括：不同数据生成器（DDS、模式和 PRBS）；IQ 校正；DAC 通道寄存器映射。

② 延迟控制和 DAC 公共寄存器映射。

（4）TDD 模式的 TDD 控制模块。

（5）AXI 控制和状态模块。

1）设备（AD9361）接口说明

该 IP 核支持 LVDS 和 CMOS 双端口全双工接口（可配置）。实际上，该接口非常简单，即，在 LVDS 模式下，采样需要两个活动时钟边沿，在 CMOS 模式下需要一个边沿。然后，使用 FRAME 信号按顺序描述采样。这适用于双数据速率（DDR）和单数据速率（Single Data Rate，SDR）模式。但是有一个限制，该 IP 核不支持在 CMOS 模式下交换数据端口。留下该选项作为约束。作为一个例子，PZSDR 工程根据电路板布局在某些电路板上使用 SWAP。

让我们考虑两收两发（2R2T）配置，每个帧在每个方向上由 4 个采样组成。在 LVDS-DDR 模式下，由 8'b11110000 帧模式标识 8 个时钟沿（4 个完整时钟周期）。IP 接口逻辑简单地使用 FRAME 信号收集连续 8 条边沿和解帧上的数据，并输出采样。该设备在传输方向上也会执行相同的操作。在 CMOS 模式下，在 4 个时钟边沿上也会进行同样的操作。

该接口还为整个核提供了一个时钟树。该时钟使用全局缓冲区，在整个芯片上具有最小的偏斜。在 Xilinx 的 FPGA/SoC 上，这是通过全局时钟缓冲区 BUFG 完成的，内核和接口以相同的时钟频率运行。

2）内部接口说明

所有（包括该）ADI IP 核的主要目的是在 FPGA/SoC 内提供一个通用的、定义良好的内部接口，该接口由以下信号构成：

（1）enable

使能信号严格用于软件使用，由相应的寄存器位控制。IP 核只是将编程位反映为输出端口。

在 ADI 提供的参考工程中，该位用于激活感兴趣的通道。然后，IP 核 PACK/UNPACK 使用它来根据信道总数和所选信道数连接数据。例如，AXI_AD9361 总共支持 4 个通道，每个通道 16 位。这对应于 64 位的打包信道数据宽度。如果软件仅使能两个通道，则打包的 64 位数据由使用的 2 个通道独占共享（每个通道获得 32 位数据）。

（2）valid

有效信号由 IP 核提供，以指示 DATA 端口上的有效采样。在接收（ADC）方向上，这表示有效采样，在发送（DAC）方向上表示 IP 核正在读取当前采样。有效只是简单地反映采样率。这里需要注意，IP 核始终以接口时钟运行。这是为了避免在该 IP 核内进行任何定制的时钟处理或传输。然而，在许多情况下，接口时钟可能不是采样时钟。以 AD9361 为例，对于 61MHz 的采样时钟，接口时钟为 244MHz。也就是说，每个通道的采样率为 61MHz。这转化为每 4 个时钟使 valid 信号有效一次。在采样率与接口时钟相同的 IP 核中，valid 始终有效，因此可以安全地忽略该信号。

对此的一个常见解释是，所有通道都具有相同的 valid 行为。这不一定是真的。由于数据路径等效，大多数用例可能都有这种情况。但是，如果软件决定在通道之间使能/禁止不同的功能，则这些通道的 valid 信号将不相同。

（3）data

data 是原始的模拟采样。它遵循两个简单的规则。

无论 ADC/DAC 数据宽度如何，采样始终为 16 位。也就是说，源或目标旨在将采样处理为 16 位。在发送方向上，如果 DAC 数据宽度小于 16 位，则使用最高有效位。在接收方向上，如果 ADC 数据宽度小于 16 位，则对最高有效位进行符号扩展。这允许在不同的 ADC/DAC 数据宽度上携带相同的源或目标。换句话说，如果源正在生成 16 位音调，则信号在 12 位、14 位或 16 位 DAC 上看起来是相同的，只有相应的幅度变化。因此，源可以独立于 DAC 支持的位数。在接收方向上，对采样进行符号扩展。因此，目的地总是接收具有与 ADC 支持的位数相对应的不同幅度水平的 16 位采样。这似乎破坏了对称规则，但在大多数 DSP 功能中，将采样四舍五入到 MSB，因为只允许以牺牲 LSB 位为代价获得精度。MSB 位保留了信号的所有物理性质。

无论信道宽度如何，data 都以最新的有效采样进行接收和传输。换句话说，最重要的采样是"最新"的采样。如果总的通道宽度为 64 位，则每个时钟携带 4 个采样（16 位）。如果将这些采样命名为 S3（第 63 位到第 48 位）、S2（第 47 位到第 32 位）、S1（第 31 位到第 16 位）和 S0（第 15 位到第 0 位），则以下情况为真。在发送方向上，首先向 DAC 发送 S0，最后向 DAC 发送 S3。模拟采样是 S0、S1、S2 和 S3，其中 S0 是最早的采样，S3 是最新的采样。在接收方向上，S0 携带接收到的最早采样，S3 携带来自 ADC 的最新采样。

3）参数

该 IP 核的参数含义，如表 2.1 所示。

表 2.1 axi_ad9361 IP 核的参数含义

名　字	功　能
ID	系统中每个 AD9361 IP 的核 ID 都应该是唯一的
DEVICE_TYPE	用于在 Xilinx 器件的 7 系列（0）、Virtex 6（1）和 Ultrascale（2）之间进行选择
MODE_1R1T	用于在 2Rx2Tx（0）和 1Rx1Tx（1）模式之间进行选择
TDD_DISABLE	设置该参数后，在该 IP 核中将不会实现 TDD 控制

续表

名 字	功 能
CMOS_OR_LVDS_N	定义物理接口类型，为 CMOS 设置 1 以及为 LVDS 设置为 0
ADC_DATAPATH_DISABLE	如果设置，则 Rx 路径中不会生成数据路径处理逻辑，原始数据将直接推送到 DMA 接口
ADC_USERPORTS_DISABLE	禁止接收路径中的用户控制端口
ADC_DATAFORMAT_DISABLE	禁止数据格式控制模块
ADC_DCFILTER_DISABLE	禁止 DC 过滤器模块
ADC_IQCORRECTION_DISABLE	禁止接收路径中的 IQ 校正模块
DAC_DATAPATH_DISABLE	如果设置，则不在 Tx 路径中生成数据路径处理逻辑，而是将原始数据直接推送到物理接口
DAC_IODELAY_ENABLE	设置发送路径中的 IO_DELAY 控制
DAC_DDS_DISABLE	禁止发送路径中的 DDS 模块
DAC_USERPORTS_DISABLE	禁止发送路径中的用户控制端口
DAC_IQCORRECTION_DISABLE	禁止发送路径中的 IQ 校正模块
IO_DELAY_GROUP	为延迟控制器设置的延迟组名称

4）I/O 接口

该 IP 核的 I/O 接口含义，如表 2.2 所示。

表 2.2 axi_ad9361 IP 核的 I/O 接口含义

接 口	引 脚	类 型	描 述
LVDS Rx 接口			
	rx_clk_in_*	input	LVDS 输入时钟
	rx_frame_in_*	input	LVDS 输入帧信号
	rx_data_in_*	input[5:0]	LVDS 输入数据线
CMOS Rx 接口			
	rx_clk_in	input	CMOS 输入时钟
	rx_frame_in	input	CMOS 输入帧信号
	rx_data_in	input[11:0]	CMOS 输入数据线
LVDS Tx 接口信号			
	tx_clk_in_*	output	LVDS 输出时钟
	tx_frame_in_*	output	LVDS 输出帧信号
	tx_data_in_*	output[5:0]	LVDS 输出数据线
CMOS Tx 接口信号			
	tx_clk_in	output	CMOS 输出时钟
	tx_frame_in	output	CMOS 输出帧信号
	tx_data_in	output[11:0]	CMOS 输出数据线
TDD 控制接口			
	enable	output	ENSM 控制信号
	txnrx	output	ENSM 控制信号

续表

接 口	引 脚	类 型	描 述
TDD 同步接口			
	tdd_sync	input	TDD 模式中，用于帧同步的 SYNC 输入
	tdd_sync_cntr	output	TDD 模式中，用于帧同步的 SYNC 输出
延迟时钟			
	delay_clk	input	IO_Delay 控制的延迟时钟输入，200MHz（7 系列）或 300MHz（Ultrascale）
发送 主/从			
	dac_sync_in	input	从设备发送路径的同步信号（ID>0）
	dac_sync_out	output	主设备发送路径的同步信号（ID==0）
核时钟和复位			
	l_clk	output	该时钟应用于进一步的数据处理
	clk	input	必须由 l_clk 驱动
	rst	output	核复位信号
DMA_Rx 接口			
	adc_enable_*	output	如果设置，使能通道（每个通道一个）
	adc_valid_*	output	指示当前通道的有效数据（每个通道一个）
	adc_data_*	output[15:0]	接收数据的输出（每个通道一个）
	adc_dovf	input	数据上溢，必须连接到 DMA
	adc_dunf	input	数据下溢，必须连接到 DMA
	adc_r1_mode	output	如果设置，核将以单通道模式运行（一个 I/Q 对）
DMA_Tx 接口			
	dac_enable_*	output	如果设置，使能通道（每个通道一个）
	dac_valid_*	output	指示当前通道的有效数据请求（每个通道一个）
	dac_data_*	output[15:0]	发送数据的输出（每个通道一个）
	dac_dovf	input	数据上溢，必须连接到 DMA
	dac_dunf	input	数据下溢，必须连接到 DMA
	dac_r1_mode	output	如果设置，核将以单通道模式运行（一个 I/Q 对）
AXI_S_MM 接口			
	s_axi_*		标准 AXI 从设备存储器映射接口
GPIO 接口			
	up_enable	input	当禁止 HDL TDD 控制时，TDD 模式下 ENABLE 线的 GPI 控制
	up_txnrx	input	当禁止 HDL TDD 控制时，TDD 模式下 TxNRx 线的 GPI 控制
	up_dac_gpio_in	input[31:0]	GPI 端口连接到 AXI 存储器映射以供定制使用
	up_dac_gpio_out	output[31:0]	GPI 端口连接到 AXI 存储器映射以供定制使用
	up_adc_gpio_in	input[31:0]	GPI 端口连接到 AXI 存储器映射以供定制使用
	up_adc_gpio_out	output[31:0]	GPI 端口连接到 AXI 存储器映射以供定制使用

2. util_rfifo 核

util_rfifo 核旨在降低 Tx 数据路径的时钟速率。在某些情况下，设备时钟（接口时钟）过高（高于 200MHz），由于时序裕量较小，在设备内核和 UPACK/DMA 之间集成任何处理内核都是一个挑战。通过降低数据路径的时钟速率，开发人员可以轻松地将任何自定义处理核集成到设计中。

要定义正确的配置，需要回答以下问题：

（1）设备核心数据接口的时钟频率是多少？（dout_clk）

（2）设备核心数据接口的数据速率是多少？(dout_valid@dout_clk)

（3）数据路径（din_clk）的目标时钟速率是多少？如何实现？（遵守主要经验法则：输入数据速率必须等于输出数据速率。）

如果设备时钟速率等于设备数据速率，那么降低时钟速率的唯一解决方案是增加 FIFO 输出端口的数据宽度。目前，util_rfifo 支持四种数据宽度比：1∶1/1∶2/1∶4/1∶8。

该 IP 核的内部结构如图 2.15 所示。该 IP 核的操作时序如图 2.16 所示。

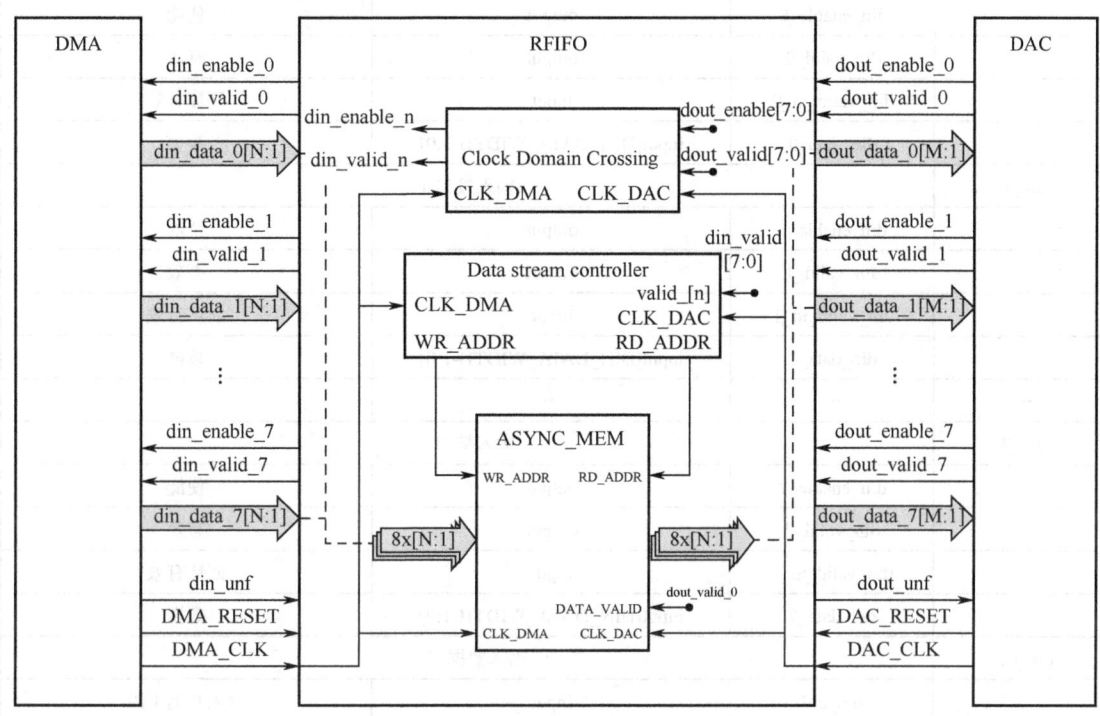

图 2.15　util_rfifo IP 核的内部结构

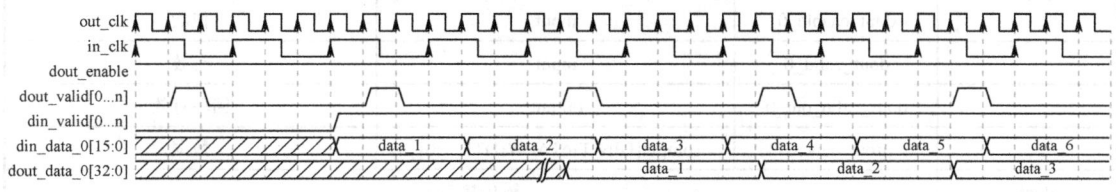

图 2.16　util_rfifo IP 核的操作时序

1）参数

该 IP 核的参数含义如表 2.3 所示。

表 2.3　util_rfifo IP 核的参数含义

名　字	功　能	默认值
NUM_OF_CHANNELS	设备的通道数量	4
DIN_DATA_WIDTH	输入数据的总线宽度（DMA 总线宽度）	32
DOUT_DATA_WIDTH	输出数据的总线宽度（设备内核数据接口总线宽度）	64
DIN_ADDRESS_WIDTH	FIFO 内部存储器的地址宽度	8

2）I/O 接口

该 IP 核的 I/O 接口含义如表 2.4 所示。

表 2.4　util_rfifo IP 核的 I/O 接口含义

接　口	引　脚	类　型	描　述
din_0		输入接口 0	
	din_enable_0	output	使能
	din_valid_0	output	有效
	din_valid_in_0	input	回环有效
	din_data_0	input[DIN_DATA_WIDTH-1:0]	数据
din_1		输入接口 1	
	din_enable_1	output	使能
	din_valid_1	output	有效
	din_valid_in_1	input	回环有效
	din_data_1	input[DIN_DATA_WIDTH-1:0]	数据
...	...	...	...
din_7		输入接口 7	
	din_enable_7	output	使能
	din_valid_7	output	有效
	din_valid_in_7	input	回环有效
	din_data_7	input[DIN_DATA_WIDTH-1:0]	数据
din_unf		输入数据下溢	
	din_unf	input	输入数据下溢
dout_0		输出接口 0	
	dout_enable_0	input	使能
	dout_valid_0	input	有效
	dout_valid_out_0	output	回环有效
	dout_data_0	output[DIN_DATA_WIDTH-1:0]	数据
dout_1		输出接口 1	
	dout_enable_1	input	使能
	dout_valid_1	input	有效
	dout_valid_out_1	output	回环有效
	dout_data_1	output[DIN_DATA_WIDTH-1:0]	数据

续表

接口	引脚	类型	描述
...	...	...	...
dout_7		输出接口 7	
	dout_enable_7	input	使能
	dout_valid_7	input	有效
	dout_valid_out_7	output	回环有效
	dout_data_7	input[DIN_DATA_WIDTH-1:0]	数据
dout_unf		输出数据下溢	
	dout_unf	output	输出数据下溢

3. util_wfifo 核

util_wfifo IP 核旨在降低 Rx 数据路径的时钟速率。在某些情况下，设备时钟（接口时钟）过高（高于 200MHz），由于时序裕量较小，在设备内核和 CPACK/DMA 之间集成任何处理内核都是一个挑战。通过降低数据路径的时钟速率，开发人员可以轻松地将任何自定义处理核集成到设计中。

要定义正确的配置，需要回答以下问题：

（1）设备核心数据接口的时钟频率是多少？（dout_clk）

（2）设备核心数据接口的数据速率是多少？（dout_valid@dout_clk）

（3）数据路径（din_clk）的目标时钟速率是多少？如何实现？（遵守主要经验法则：输入数据速率必须等于输出数据速率。）

如果设备时钟速率等于设备数据速率，那么降低时钟速率的唯一解决方案是增加 FIFO 输出端口的数据宽度。目前，util_wfifo 支持四种数据宽度比：1∶1/1∶2/1∶4/1∶8。

该 IP 核的内部结构如图 2.17 所示。该 IP 核的操作时序如图 2.18 所示。

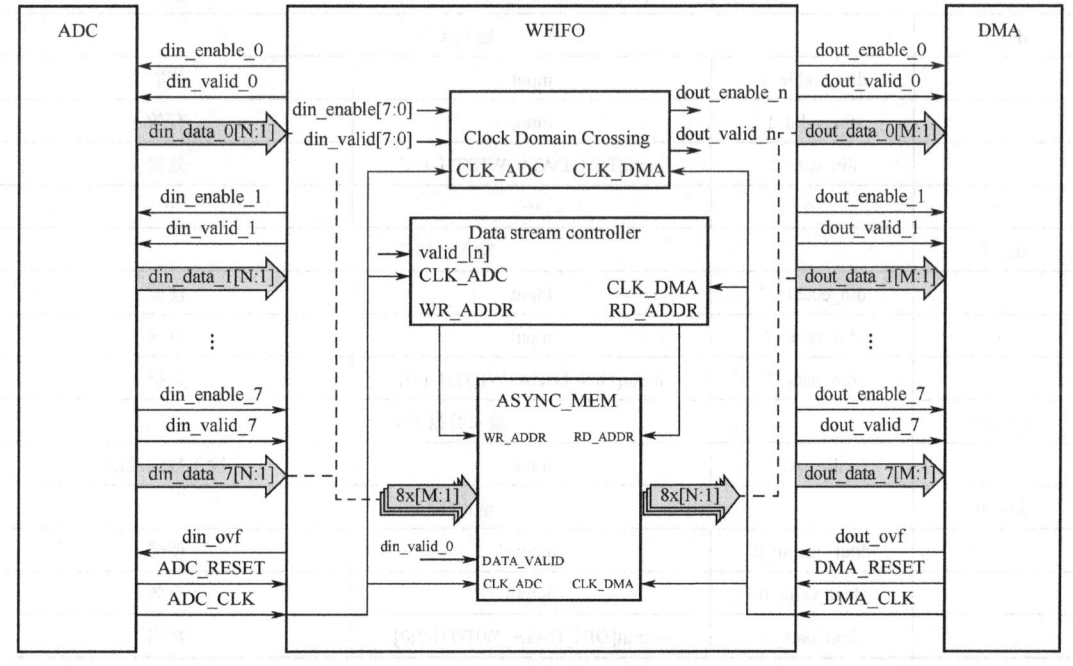

图 2.17 util_wfifo IP 核的内部结构

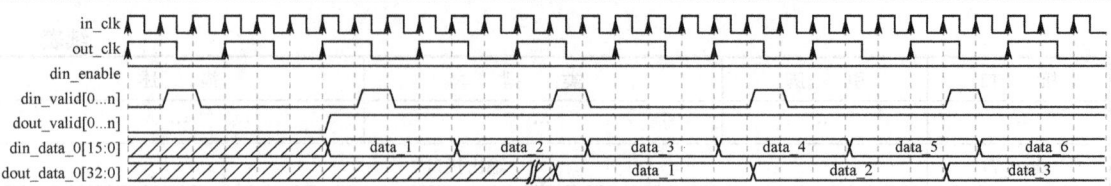

图 2.18 util_wfifo IP 核的操作时序

1）参数

该 IP 核的参数含义如表 2.5 所示。

表 2.5 util_wfifo IP 核的参数含义

名 字	功 能	默 认 值
NUM_OF_CHANNELS	设备的通道数量	4
DIN_DATA_WIDTH	输入数据的总线宽度（DMA 总线宽度）	32
DOUT_DATA_WIDTH	输出数据的总线宽度（设备内核数据接口总线宽度）	64
DIN_ADDRESS_WIDTH	FIFO 内部存储器的地址宽度	8

2）I/O 接口

该 IP 核的 I/O 接口含义如表 2.6 所示。

表 2.6 util_wfifo IP 核的 I/O 接口含义

接 口	引 脚	类 型	描 述
din_0		输入接口 0	
	din_enable_0	input	使能
	din_valid_0	input	有效
	din_data_0	input[DIN_DATA_WIDTH-1:0]	数据
din_1		输入接口 1	
	din_enable_1	input	使能
	din_valid_1	input	有效
	din_data_1	input[DIN_DATA_WIDTH-1:0]	数据
...	...	...	...
din_7		输入接口 7	
	din_enable_7	input	使能
	din_valid_7	input	有效
	din_data_7	input[DIN_DATA_WIDTH-1:0]	数据
din_unf		输入数据下溢	
	din_ovf	input	输入数据溢出
dout_0		输出接口 0	
	dout_enable_0	output	使能
	dout_valid_0	output	有效
	dout_data_0	output[DIN_DATA_WIDTH-1:0]	数据

续表

接口	引脚	类型	描述
dout_1		输出接口 1	
	dout_enable_1	output	使能
	dout_valid_1	output	有效
	dout_data_1	output[DIN_DATA_WIDTH-1:0]	数据
…	…	…	…
dout_7		输出接口 7	
	dout_enable_7	output	使能
	dout_valid_7	output	有效
	dout_data_7	output[DIN_DATA_WIDTH-1:0]	数据
dout_unf		输出数据下溢	
	dout_ovf	output	输出数据溢出

4．util_cpack 核

util_cpack 核旨在允许软件使能一个或多个通道，而无须任何填充。这允许在没有任何开销的情况下充分利用 DMA 带宽。该 IP 核通常与 ADC 和 DMA 模块配合使用。ADC 接口基于通道（每个 ADC 通道一个接口），由使能、有效和数据信号组成。DMA 接口是由有效信号和数据信号组成的单个 FIFO 接口。使能信号通常由软件控制。该 IP 核只是将单个通道的 ADC 数据打包到单个数据总线中，如 ADC 使能所定义的。

1）功能描述

该 IP 核从 ADC 接口收集采样并将其传递给 DMA（或任何其他接收模块），数据流由 ADC 控制。下面通过一些例子来解释。考虑一个通道数据宽度为 32 位的 4 通道 ADC。当 valid 有效时，ADC 核在其输出上为所有通道提供两个 16 位采样。在这种情况下，DMA 接口是一个交织的 8 个采样（128 位）流。这是因为无论 ADC 通道数据宽度如何，软件总是将数据看作"交织采样"。DMA 核可以以 128 位或 16 位的通道宽度接收相同的数据集。

（1）四通道有效（4'b1111），其交织结构如图 2.19 所示。

（2）三通道有效（4'b1110），其交织结构如图 2.20 所示。

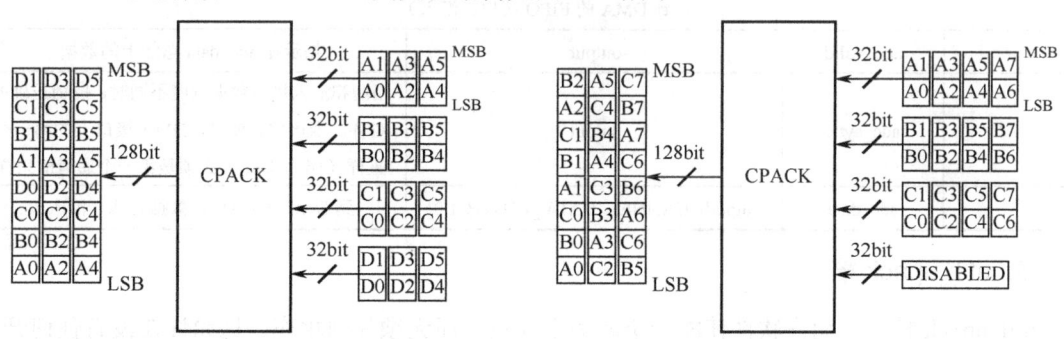

图 2.19　四通道有效时的数据交织结构　　图 2.20　三通道有效时的数据交织结构

（3）两通道有效（4'b1100），其交织结构如图 2.21 所示。

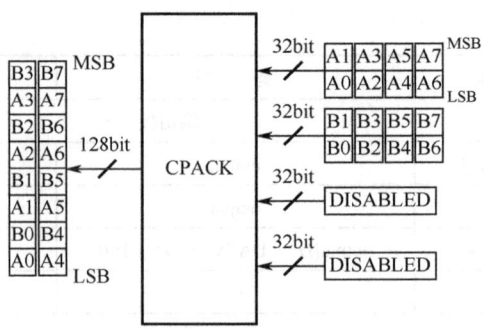

图 2.21 两通道有效时的数据交织结构

2）参数

util_cpack IP 核的参数含义如表 2.7 所示。

表 2.7 util_cpack IP 核的参数含义

名 字	功 能	默 认 值
CHANNEL_DATA_WIDTH	通道的数据宽度	32
NUM_OF_CHANNELS	通道的个数，最大数量为 8	8

3）接口

该 IP 核的 I/O 接口含义如表 2.8 所示。

表 2.8 util_cpack IP 核的 I/O 接口含义

接 口	引 脚	类 型	描 述
	adc_clk	input	ADC 接口时钟（核时钟）。模块运行在该时钟
	adc_rst	input	来自 ADC 核的复位信号
来自 ADC 核的 FIFO 接口			
	adc_enable_*	input	指示通道的状态。如果有效，通道是有效的
	adc_valid_*	input	指示在 adc_data_* 总线上的有效数据
	adc_data_*	input[CHANNEL_DATA_WIDTH-1:0]	来自 ADC 核的 ADC 数据总线
到 DMA 的 FIFO 接口（汇入）			
	adc_valid	output	指示在 adc_data 总线上的数据
	adc_sync	output	当源和汇入接口数据宽度不同时，控制正确的对齐。当该位有效时，DMA 接口上的第一个采样（16 位 LSB）必须是第一个通道的采样
	adc_data	output[CHANNEL_DATA_WIDTH-1:0]	到 DAC 核的 DAC 数据总线（汇入）

5．util_upack 核

util_upack 核旨在允许软件使能一个或多个通道，而无须任何填充。这允许在没有任何开销的情况下充分利用 DMA 带宽。该 IP 核通常与 DAC 和 DMA 模块配合使用。DAC 接口基于通道（每个 DAC 通道一个接口），由使能、有效和数据信号组成。DMA 接口是由有效信号和数据信号组成的单个 FIFO 接口。使能信号通常由软件控制。该 IP 核只需将 DMA 数据拆包到 enables 定义的各个通道中。

1）功能描述

该 IP 核从 DMA 接口（或任何其他源）收集采样，并在 DAC 的每个有效请求时将其传递给 DAC。下面通过一些例子来解释。考虑一个通道数据宽度为 32 位的 4 通道 DAC。当 valid 有效时，DAC 核需要在其输入端为所有通道提供两个 16 位采样。在这种情况下，DMA 接口是一个交织的 8 个采样（128 位）流。这是因为无论 DAC 通道数据宽度如何，软件总是将数据看作"交织采样"。同一数据集可以驱动信道宽度为 128 位或 16 位的 DAC 核。

（1）四通道有效（4'b1111），其交织结构如图 2.22 所示。

（2）三通道有效（4'b1110），其交织结构如图 2.23 所示。

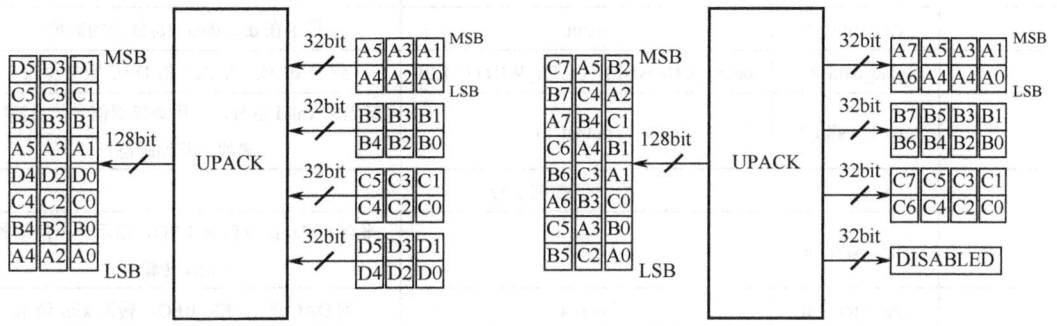

图 2.22　四通道有效时的数据交织结构　　　图 2.23　三通道有效时的数据交织结构

（3）两通道有效（4'b1100），其交织结构如图 2.24 所示。

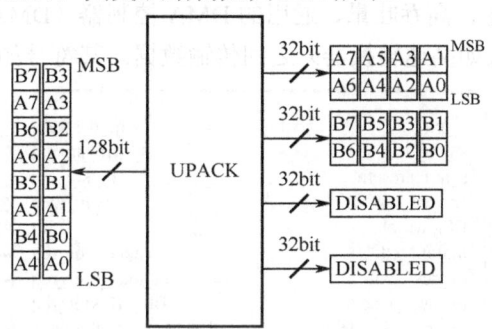

图 2.24　两通道有效时的数据交织结构

2）参数

util_upack IP 核的参数含义如表 2.9 所示。

表 2.9　util_upack IP 核的参数含义

名　字	功　能	默　认　值
CHANNEL_DATA_WIDTH	通道的数据宽度	32
NUM_OF_CHANNELS	通道的个数，最大数量为 8	8

3）接口

该 IP 核的 I/O 接口含义如表 2.10 所示。

表 2.10　util_upack IP 核的 I/O 接口含义

接　　口	引　　脚	类　型	描　　述
	dac_clk	input	DAC 接口时钟（核时钟）。模块运行在该时钟

续表

接口	引脚	类型	描述
FIFO 接口到源			
	dac_valid	output	DAC 有效，请求来自源的下一个有效数据
	dac_data	input[CHANNEL_DATA_WIDTH-1:0]	来自源的 DAC 数据总线
	dac_sync	output	到 DMA 的 DAC 同步信号（可选）
FIFO 接口到 DAC			
	dac_enable_*	input	指示通道的状态。如果有效，通道是活动的
	dac_valid_*	input	指示在 dac_data_*总线上的数据
	dac_data_*	output[CHANNEL_DATA_WIDTH-1:0]	到 DAC 核（汇入）的 DAC 数据总线
	upack_valid_*	output	延迟的 valid 信号，使用该控制信号，将滤除模块的初始瞬态
控制信号			
	dma_xfer_in	input	来自 DMA 的 XFER_REQ，指示一个活动的 DMA 传输
	dac_xfer_out	output	到 DAC 的 XFER_REQ，转发 xfer 请求

6. axi_dmac 核

axi_dmac 核是一个高速、高吞吐量、通用的 DMA 控制器（DMA Controller，DMAC），用于在系统内存核其他外设（如高速转换器）之间传输数据。其符号如图 2.25 所示。

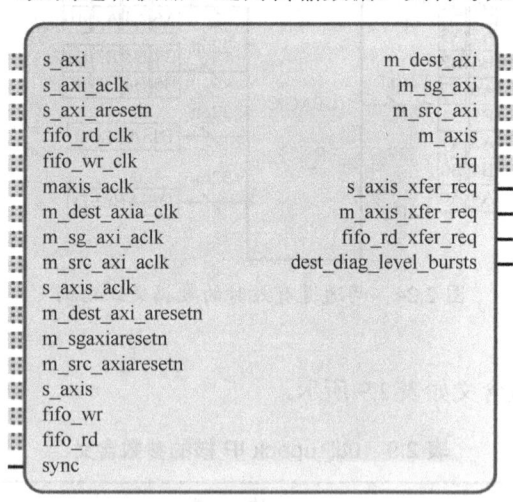

图 2.25 axi_dmac 核的符号

axi_dmac 核的主要功能包括：
（1）支持多种接口类型，包括 AXI3/4 存储器映射、AXI4 流和 ADI FIFO 接口；
（2）零延迟传输切换架构；
（3）循环传输；
（4）2D 传输；
（5）分散-聚集传输。

axi_dmac 核的内部结构如图 2.26 所示。

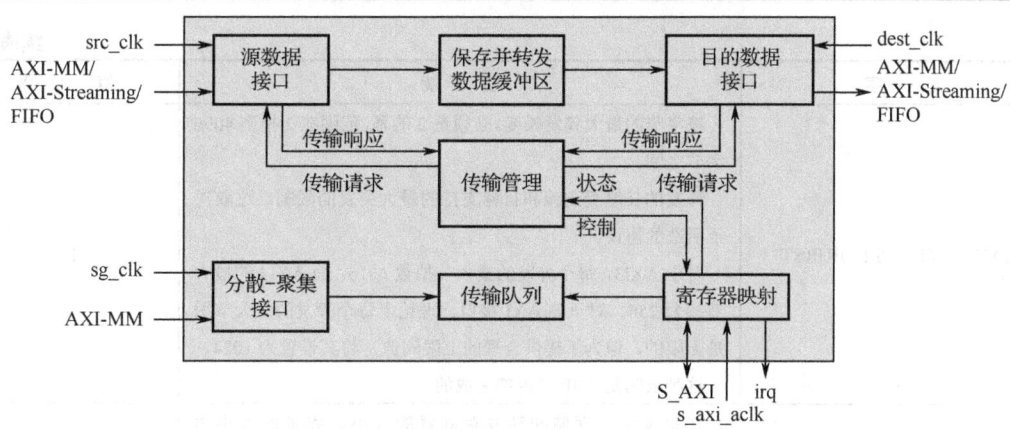

图 2.26 axi_dmac 核的内部结构

axi_dmac IP 核的参数含义如表 2.11 所示。

表 2.11 axi_dmac IP 核的参数含义

名 字	功 能	默 认 值
ID	实例识别号	0
DMA_DATA_WIDTH_SRC	源接口的数据路径宽度(位)	64
DMA_DATA_WIDTH_DEST	目的接口的数据路径宽度(位)	64
DMA_DATA_WIDTH_SG	分散-聚集接口的数据路径宽度(位)	64
DMA_LENGTH_WIDTH	传输长度控制寄存器的宽度(位)。将传输长度限制为 $2^{DMA\_length\_WIDTH}$	24
DMA_2D_TRANSFER	使能支持 2D 传输	0
DMA_SG_TRANSFER	使能支持分散-聚集传输	0
ASYNC_CLK_REQ_SRC	请求和源时钟域是否异步	1
ASYNC_CLK_SRC_DEST	源和目的时钟域是否异步	1
ASYNC_CLK_DEST_REQ	目的和请求时钟域是否异步	1
ASYNC_CLK_REQ_SG	请求和分散-聚集时钟域是否异步	1
ASYNC_CLK_SRC_SG	源和分散-聚集时钟域是否异步	1
ASYNC_CLK_DEST_SG	目的和分散-聚集时钟域是否异步	1
AXI_SLICE_DEST	在源数据路径上是否参数一个额外的寄存器切片	0
AXI_SLICE_SRC	在目的数据路径上是否参数一个额外的寄存器切片	0
SYNC_TRANSFER_START	使能传输开始同步功能	0
CYCLIC	使能支持循环传输	1
DMA_AXI_PROTOCOL_SRC	源接口的 AXI 协议版本(0=AXI4,1=AXI3)	0
DMA_AXI_PROTOCOL_DEST	目的接口的 AXI 协议版本(0=AXI4,1=AXI3)	0
DMA_AXI_PROTOCOL_SG	分散-聚集接口的 AXI 协议版本(0=AXI4,1=AXI3)	0
DMA_TYPE_SRC	源接口的接口类型(0=AXI-MM,1=AXI-Stream,2=ADI-FIFO)	2
DMA_TYPE_DEST	目的接口的接口类型(0=AXI-MM,1=AXI-Stream,2=ADI-FIFO)	0
DMA_AXI_ADDR_WIDTH	AXI 接口的最大地址宽度	32

名 字	功 能	默 认 值
MAX_BYTES_PER_BURST	按字节的最大猝发长度。必须是 2 的幂，范围在 2 拍到 4096 字节之间。 猝发的长度受到源和目标支持的最大突发的限制。这取决于所选的协议。 对于 AXI3，每个猝发的最大节拍数为 16，而 AXI4 的最大节拍为 256。对于非 AXI 接口，理论上每个猝发的最大节拍是无限的，但为了提供合理的上限阈值，将其设置为 1024。这种限制是在 IP 核内部完成的	128
FIFO_SIZE	在猝发中，存储和转发存储器的大小。猝发的大小由 MAX_BYTES_PER_burst 参数定义。必须是 2 到 32 范围内的 2 的幂	4
DISABLE_DEBUG_REGISTERS	禁止调试寄存器	0
ENABLE_DIAGNOSTICS_IF	添加对 IP 核内部操作的观察，仅用于调试目的	0

axi_dmac 核的接口和引脚定义如表 2.12 所示。

表 2.12 axi_dmac 核的接口和引脚定义

名 字	类 型	功 能
s_axi_aclk	时钟	所有 s_axi 信号和 irq 与这个时钟同步
s_axi_aresetn	同步活动低复位	复位外设的内部状态
s_axi	AXI_Lite 总线从设备	存储器映射的 AXI-Lite 总线，提供对模块寄存器映射的访问
irq	活动高中断	模块的中断输出。当至少有一个模块中断处于挂起状态并使能时有效
m_src_axi_aclk	时钟	m_src_axi 接口与这个时钟同步。只有当 DMA_TYPE_SRC 参数设置为 AXI-MM（0）时，才出现
m_src_axi_aresetn	同步活动低复位	对 m_src_axi 接口的复位。只有当 DMA_TYPE_SRC 参数设置为 AXI-MM（0）时，才出现
m_src_axi	AXI3/AXI4 总线主设备	只有 DMA_TYPE_SRC 参数设置为 AXI-MM（0）时，才出现
m_dest_axi_aclk	时钟	m_dest_axi 接口与该时钟同步。只有当 DMA_TYPE_DEST 参数设置为 AXI-MM（0）时，才出现
m_dest_axi_aresetn	同步活动低复位	复位 m_dest_axi 接口。只有当 DMA_TYPE_DEST 参数设置为 AXI-MM（0）时，才出现
m_dest_axi	AXI3/AXI4 总线主设备	只有 DMA_TYPE_DEST 参数设置为 AXI-MM（0）时，才出现
m_sg_axi_aclk	时钟	m_sg_axi 接口与该时钟同步。只有设置 DMA_SG_TRANSFER 参数时，才出现
m_sg_axi_aresetn	同步活动低复位	复位 m_sg_axi 接口。只有设置 DMA_SG_TRANSFER 参数时，才出现
m_sg_axi	AXI3/AXI4 总线主设备	只有设置 DMA_SG_TRANSFER 参数时，才出现
s_axis_aclk	时钟	s_axis 接口与该时钟同步。只有当 DMA_TYPE_SRC 参数设置为 AXI-Streaming（1）时，才出现
s_axis	AXI-Stream 总线从设备	只有当 DMA_TYPE_SRC 参数设置为 AXI-Streaming（1）时，才出现

续表

名字	类型	功能
m_axis_aclk	时钟	m_axis 接口与该时钟同步。只有当 DMA_TYPE_DEST 参数设置为 AXI-Streaming（1）时，才出现
m_axis	AXI-Stream 总线主设备	只有当 DMA_TYPE_DEST 参数设置为 AXI-Streaming（1）时，才出现
fifo_wr_clk	时钟	fifo_wr 接口与该时钟同步。只有当 DMA_TYPE_SRC 参数设置为 FIFO（2）时，才出现
fifo_wr	FIFO 写接口	只有当 DMA_TYPE_SRC 参数设置为 FIFO（2）时，才出现
fifo_rd_clk	时钟	fifo_rd 接口与该时钟同步。只有当 DMA_TYPE_DEST 参数设置为 FIFO（2）时，才出现
fifo_rd	FIFO 读接口	只有当 DMA_TYPE_DEST 参数设置为 FIFO（2）时，才出现
dest_diag_level_bursts	诊断接口	只有设置了 ENABLE_DIAGNOSTICS_IF 参数时，才出现

7. util_mw_bypass_user_logic 核

util_mw_bypass_user_logic IP 核的符号，如图 2.27 所示，该 IP 核实现了数据选择功能。

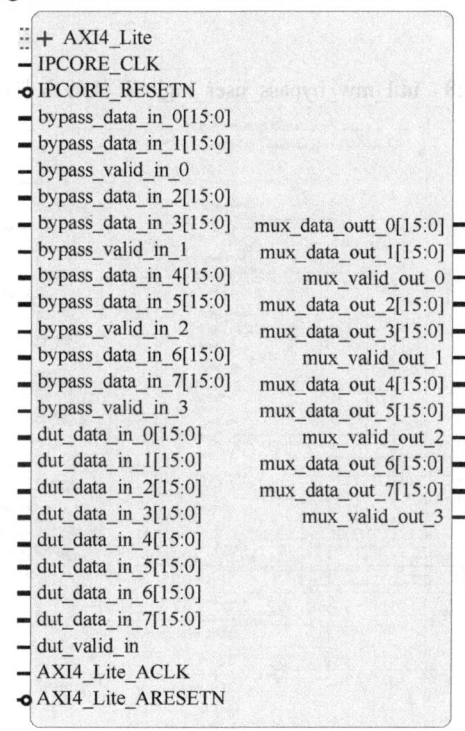

图 2.27　util_mw_bypass_user_logic IP 核的符号

1）主要功能

该 IP 核提供了数据的多路选择功能，该 IP 核的内部结构如图 2.28 所示。其中，util_mw_bypass_user_logic_axi_lite 模块的功能是通过 AXI_lite 读写该模块内部寄存器，并生成相应的控制信号来控制 util_mw_bypass_user_logic_dut 模块内的逻辑，如图 2.29 所示。从图中可知，util_mw_bypass_user_logic_dut 模块内部由多个二选一多路选择器后面连接 D 触发器构成。显然，该 IP 核内部的 util_mw_bypass_user_logic_axi_lite 模块生成的 write_sel 信号控制

util_mw_bypass_user_logic_dut 模块内部多路选择器的选择端。

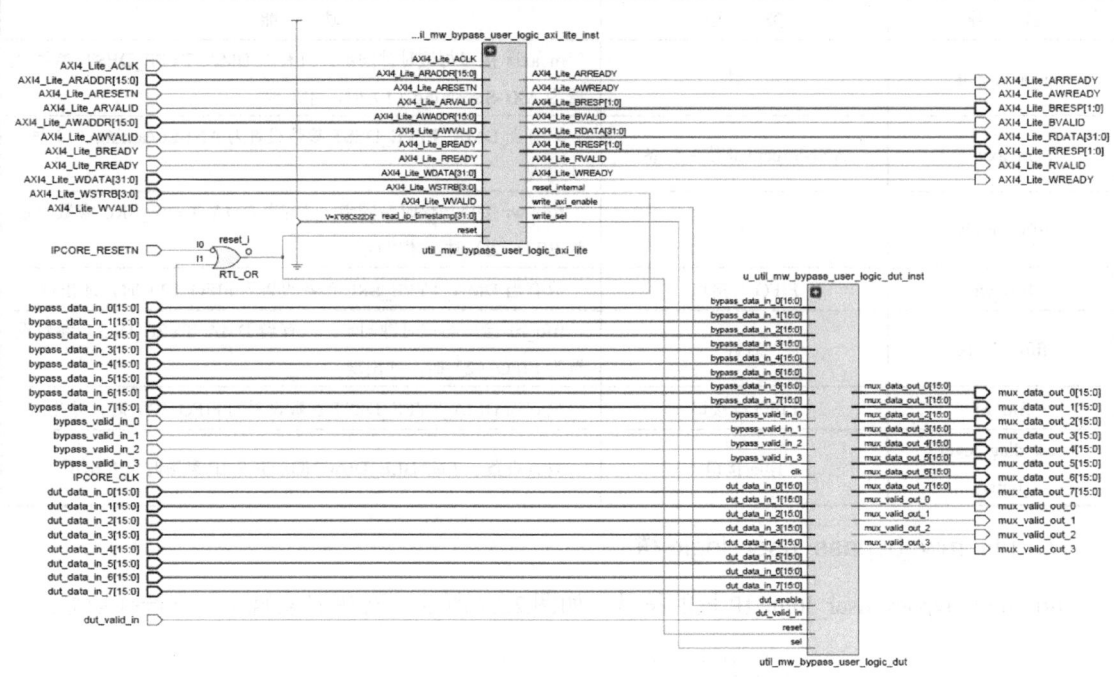

图 2.28 util_mw_bypass_user_logic IP 核的内部结构

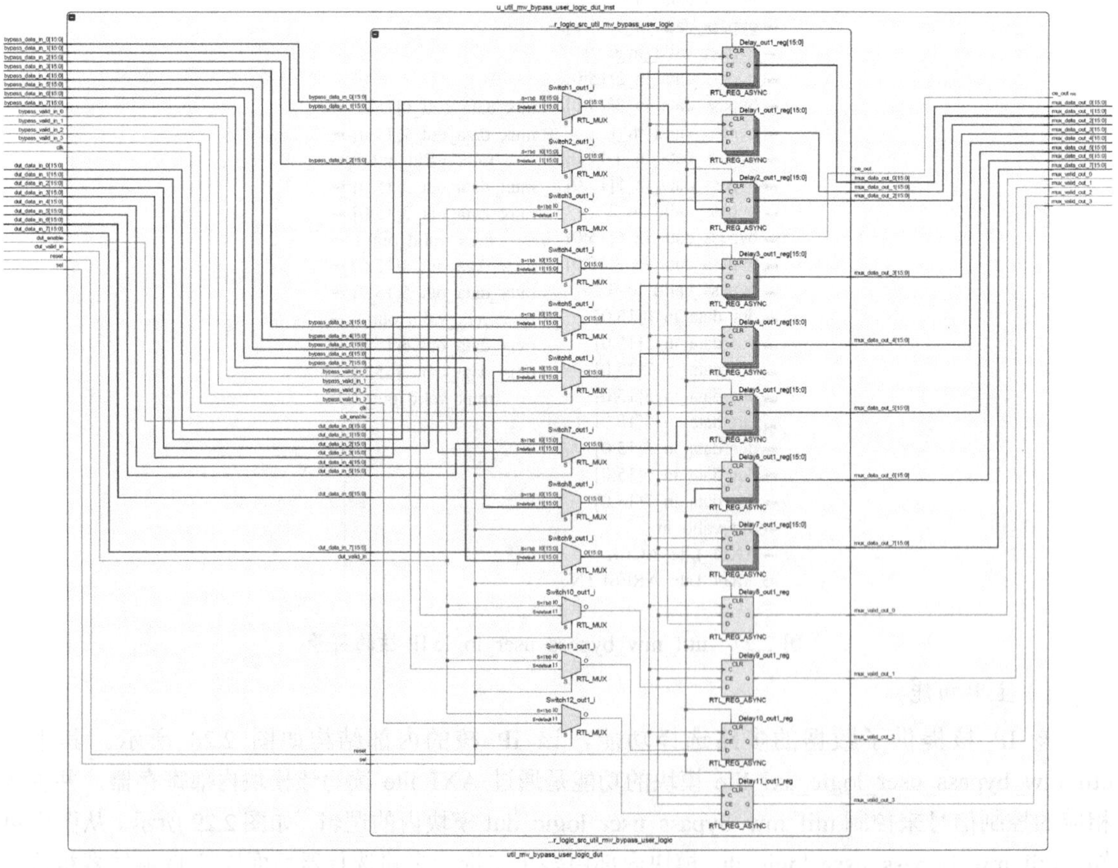

图 2.29 util_mw_bypass_user_logic_dut 模块的内部结构

该 IP 核内部的 util_mw_bypass_user_logic_axi_lite 模块生成的 write_axi_enable 信号控制 util_mw_bypass_user_logic_dut 模块内部 D 触发器的使能端 CE。

进一步观察该 IP 核的内部结构可知，bypass_data_in_x[15:0] 和 dut_data_in_x[15:0]（x=0,1,2,3,4,5,6,7）构成内部二选一多路选择器的输入；dut_valid_in 和 bypass_valid_in_x（x=0,1,2,3）构成内部二选一多路选择器的输入。

2）参数配置

util_mw_bypass_user_logic 核的参数含义如表 2.13 所示。

表 2.13 util_mw_bypass_user_logic 核的参数含义

名字	功能	默认值
DATA_WIDTH	数据宽度	16
Num Chan	通道个数	8

8. ZYNQ7 Processing System 核

ZYNQ7 Processing System IP 核是整个 Vivado 底层硬件框架的核心，用于对 Zynq-7000 SoC 内 PS 各种资源（包括 Arm Cortex-A9 双核处理器、存储器系统、时钟等）的配置和功能设置，该 IP 核的内部结构如图 2.30 所示。

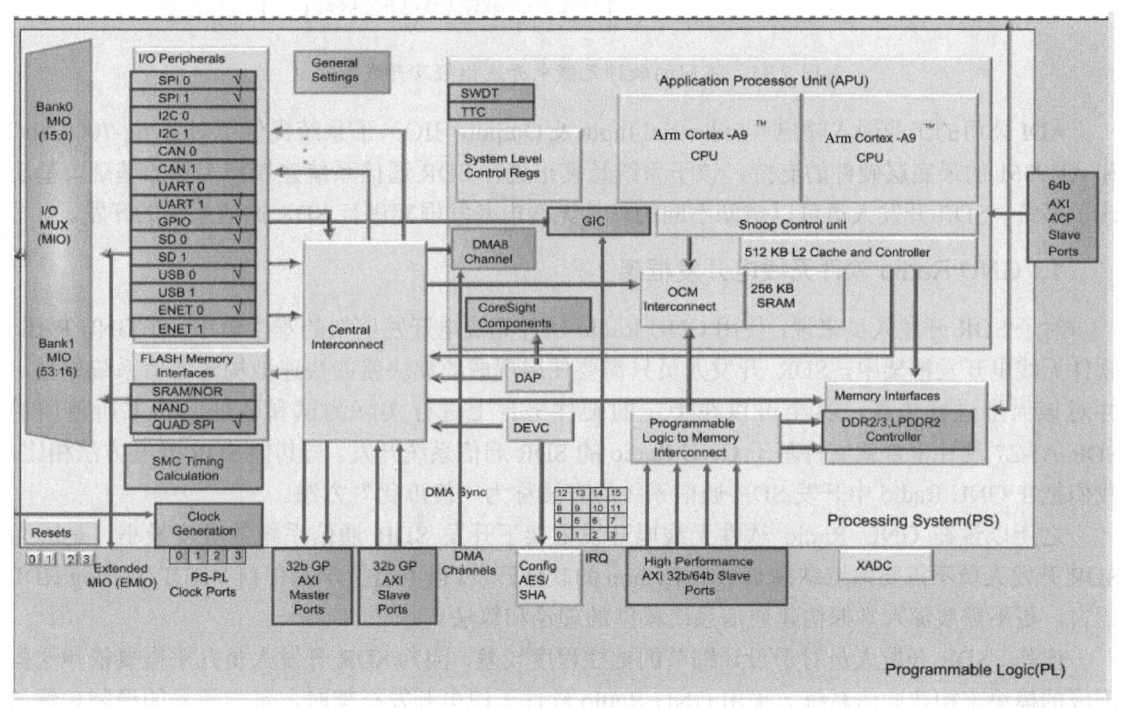

图 2.30 ZYNQ7 Processing System IP 核的内部结构

2.3 使用软件无线电框架的必要性

软件定义无线电平台架构（三）

历经几十年的发展，不同组织和公司为基于 SDR 技术的通信系统开发提供了大量的设计资源，以降低 SDR 通信系统的整体开发难度。基于 Xilinx Zynq-7000 SoC 和 AD9361 射频收发器所构成的硬件开发平台，本节介绍了开发 SDR 通信系统的过程中使用软件框架的必要性。

前面已经介绍了 Zynq-7000 SoC 内部集成了以 Arm Cortex-A9 双核处理器为核心的 PS 和以可编程逻辑为核心的 PL。显然，对于 Zynq-7000 SoC 内的 PS，需要使用 C/C++ 语言开发软件代码，以运行在 Cortex-A9 双核处理器上；对于 Zynq-7000 SoC 内的 PL，需要使用 VHDL/Verilog 硬件描述语言（Hardware Description Language，HDL）实现硬件逻辑。

显然，采用 Zynq-7000 SoC 的 SDR 实现技术对 SDR 开发人员提出了极高的要求，即他们需要熟练使用 C/C++ 语言和 VHDL/Verilog HDL。此外，SDR 开发人员还需要掌握通信理论和算法，这样才具备对通信系统建模的能力。显然，这对于绝大多数的 SDR 开发人员来说是不现实的，因为在实际开发过程中，很难找到这样的开发人员。

因此，借助一些成熟的 SDR 开发框架是必然的，因为这会显著降低 SDR 的开发难度。下面将介绍工业输入输出子系统中的 GNU Radio 软件无线电开发框架、MathWorks 软件无线电开发框架，以及嵌入式软件无线电开发框架，如图 2.31 所示。

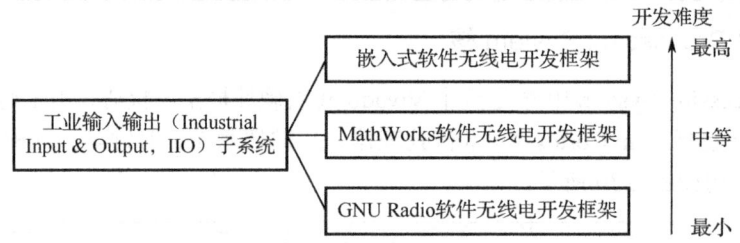

图 2.31　不同的软件无线电开发框架及开发难度

ADI 公司的工业输入输出（Industrial Input & Output，IIO）子系统提供了对 Zynq-7000 SoC 和 AD9361 的最底层硬件的支持，该子系统是真正进行 SDR 通信系统建模和实现的基础。基于该子系统，SDR 开发人员可以借助不同的软件无线电开发框架进行 SDR 通信系统的开发。

1．GNU Radio 软件无线电开发框架

对于 SDR 开发人员来说，使用 GNU Radio 软件无线电开发框架的难度最小。在 GNU Radio 软件无线电开发框架中，SDR 开发人员只需要使用现成的模块就能快速地构建通信系统原型，并对该原型进行仿真，甚至可以在指定的硬件平台上进行实际测试和验证。本书所使用的 SDR-AI-Z7 硬件平台就支持基于 GNU Radio 的 SDR 通信系统开发。与其他 SDR 开发方法相比，我们把在 GNU Radio 中开发 SDR 通信系统的方法称为"傻瓜化"方法。

之所以说在 GNU Radio 软件无线电开发框架下开发 SDR 通信系统的难度最小，是因为 SDR 开发人员不需要熟练掌握 C/C++/Python 的软件开发，也不需要学习任何 VHDL/Verilog HDL 语言，更不需要深入掌握构建通信系统模型的理论和算法。

但是，SDR 开发人员对于设计细节的把控程度较差，因为 SDR 开发人员几乎需要依赖这些现成的模块来构建通信系统。采用 GNU Radio 软件无线电开发框架时，基带信号的调制和解调是使用纯"软件"实现的。

2．MathWorks 软件无线电开发框架

对于 SDR 开发人员来说，使用 MATLAB Simulink 软件无线电开发框架开发 SDR 通信系统的难度比使用 GNU Radio 软件无线电开发框架开发 SDR 通信系统的难度要大，这是因为 SDR 开发人员必须熟练掌握构建通信系统模型的必要基础理论和算法。在 MATLAB Simulink 环境中使用模块化方法开发 SDR 通信系统时，一些很细小的问题也会导致 SDR 通信系统设计的失败。此外，

SDR 开发人员需要具备 C/C++语言的基础编程知识，甚至需要了解硬件逻辑的一些基础知识。

虽然 MATLAB Simulink 环境下也采用与 GNU Radio 软件开发框架类似的模块化设计方法，但与 GNU Radio 软件开发框架中采用纯"软件"实现 SDR 通信系统不同的是，在 MATLAB Simulink 环境下需要 SDR 开发人员根据开发要求能够合理划分实现 SDR 通信系统的"软件"和"硬件"边界。

为了降低在 MATLAB Simulink 环境下软件无线电通信系统的开发难度，MATLAB Simulink 环境提供了通过模块的代码自动生成技术，一方面，通过 MathWorks 指定的模块自动生成 C/C++代码；另一方面，通过指定的模块自动生成 HDL 代码。

根据本章前面介绍的知识，自动生成的 C/C++代码要运行在 Zynq-7000 SoC 内 PS 的 Arm Cortex-A9 双核处理器上；自动生成的 HDL 代码要在 Zynq-7000 SoC 内 PL 区域生成硬件逻辑电路。这里需要注意，生成的硬件逻辑电路主要是用来实现基带调制和解调算法的。

3. 嵌入式软件无线电开发框架

这里的嵌入式软件无线电开发框架涉及两个方面。

（1）在 Xilinx Vivado IDE 中，使用 HDL 实现寄存器传输级（Register Transfer Level，RTL）描述，并对该设计执行行为级仿真，然后对该设计执行设计综合，生成用于基带调制和解调的 IP 核，并将生成的 IP 核连接到 Vivado 底层硬件框架结构中，构成 SDR 通信系统的完整硬件结构。

> 注：读者也可以借助 MATLAB Simulink 环境中的 HDL 模型，生成 RTL 描述。

（2）非操作系统/操作系统环境下的软件开发。当在非操作系统环境下进行软件开发时，由 Vivado 设计套件中的 Vitis SDK 工具自动生成底层的驱动，并基于底层的驱动使用 C/C++语言开发应用程序；当在操作系统环境（如 Ubuntu 操作系统环境）下进行软件开发时，需要事先构建包含 U-boot、操作系统内核、设备树和文件系统的镜像。基于该镜像，在 Qt Creator 环境下，使用 C++语言开发面向桌面的应用程序。

因此，嵌入式软件无线电开发框架对 SDR 开发人员的难度要求最高，因为开发人员必须具备软件和硬件知识，既要熟练掌握 C/C++语言，又要熟练掌握 VHDL/Verilog HDL，此外还必须熟练掌握通信原理和数字信号处理等基本理论知识。

上面介绍的三个软件无线电开发框架和开发方法，对应不同层次的 SDR 开发人员。显然，基于 GNU Radio 软件无线电框架开发难度最低，但是 SDR 开发人员的灵活性最差；基于嵌入式软件无线电开发框架开发难度最高，但是 SDR 开发人员的灵活性最好，因为 SDR 开发人员可以在性能、成本和功耗等方面进行很好的权衡，以达到最佳的设计效率。当然，基于 MathWorks 软件无线电开发框架的开发难度处于上述两个 SDR 开发框架之间，SDR 开发人员的灵活性也处于上述两个 SDR 开发框架之间。

2.4 ADI 的 IIO 子系统

Linux 内核具有一个工业输入输出（Industrial Input & Output，IIO）子系统（也称为 I^2O 子系统），它为客户端应用程序提供了一个与用户空间的标准接口。IIO 的目的是将不同的驱动程序与不同的 IIO 设备进行接口，并通过 IIO 子系统注册。因此，所有支持的设备都可以由具有相同接口的用户空间应用程序使用。

这是理论，现实情况更为复杂。该接口提供了不同的读取或写入设备的方法，每个驱动程序通常只实现最旧和最慢的方法。各种驱动程序还将在 Linux 的 sysfs 文件系统中创建略有不同的文件，其中存在用于配置接口的所有虚拟文件。

在 libiio 出现之前，使用 IIO 设备的应用程序通常只设计为支持一个特定的设备，这是因为一次支持多个设备工作量太大。因此，许多应用程序都有自己的代码与内核的 IIO 子系统进行交互，从而导致维护问题。此外，客户很难创建应用程序来使用他们的硬件，因为他们必须不断重写接口代码或从预先存在的应用程序中调整它。

libiio 背后的目标是通过让新库成为程序和内核之间的中介，简化使用 IIO 设备的应用程序的开发过程。

通过巧妙地识别设备，可用的输入或输出通道，libiio 允许一个应用程序支持各种设备。例如，如果应用程序请求一个具有捕获通道的设备而不指定其名字，那么它将于目前存在的至少一个捕获通道的所有 IIO 设备以及尚未发明的未来硬件兼容。

除了解决问题，libiio 还宣布了新功能。计划中的主要改进功能是网络后端，这将扩展可能性；以单个用户身份运行应用程序，从不同的应用程序中读取一个 IIO 设备，当然还可以在应用程序中使用网络内任何位置的设备。

该网络后端也引发了关于其他可能改进的问题。例如，在 Windows 等不同操作系统上运行的应用程序中使用 IIO 设备，在 GNU Radio、MATLAB 或 Simulink 等环境中使用这些设备。

从一开始，libiio 库就被设计为支持多个后端。当前的 0.1 版本具有三个不同的后端，包括可扩展标记语言（eXtensible Markup Language，XML）、本地后端和网络后端。具体地说，后端被 iio_context 对象同化。对于每个后端，公共 API 中的一个函数允许创建相应的 iio_context 对象。

1. XML 后端

libiio 库中实现的第一件事是 XML 后端。使用该后端，可以从具有特定结构的预先存在的 XML 文件生成 libiio 上下文。这个后端在开发过程的开始非常方便，原因很简单，它简化了验证代码模型的任务：使用 iio_context_get.XML 公共函数从代码模型生成的 XML 文件必须是可解析的，可供 XML 后端使用，并导致完全相同的对象被重新创建。

XML 后端是最简单的后端。例如，它不提供任何读取或写入属性或流数据的底层功能。这个后端的完整 C 代码大约可以容纳 360 行，所以它非常小。它使用 libxml2 库来验证和解析 XML 文件，该库可在 UNIX 和 Windows 操作系统下使用，并具有兼容的许可证（LGPL）。

2. 本地后端

libiio 库的核心和最复杂的部分是本地后端。这可能是该库中最重要的部分，因为它是唯一一个通过 Linux 内核的 sysfs 接口与硬件实际交互的部分，其交互机制如图 2.32 所示。

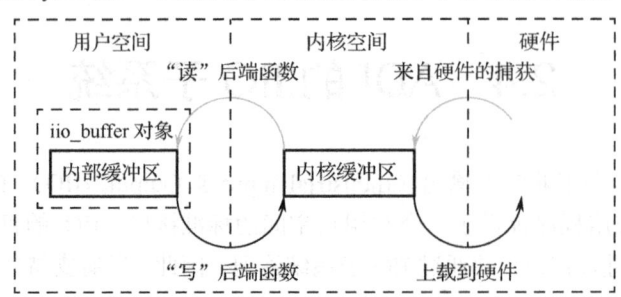

图 2.32　本地后端的交互机制

3. 网络后端和守护进程

下面介绍网络后端和守护进程。

1）使用网络后端的原因

在 libiio 出现之前，已经决定库必须有一个网络后端，这有几个原因。

（1）第一个原因显然是允许使用 libiio 的应用程序将网络上的样本流式传输到任何连接的设备。这有一些好处，特别是出于调试目的，它使开发更容易，因为不再需要交叉编译 libiio 驱动的应用程序。

（2）以前，ADI 公司开发的使用 IIO 子系统的应用程序在很大程度上是直接在目标板上运行的，与常规工作站相比，这些板配备的 CPU 通常较弱。虽然这些目标在传输样本时可以完成工作，但它们不适合处理样本，尤其是在高速下。这可能看起来违反直觉，但通过网络将样本流式传输到更强大的工作站，可以在不丢失样本的情况下使用更高的采样率。

（3）即使在本地使用，通过 "lo" 虚拟网络接口，网络后端也是有意义的。虽然使用本地后端会导致更高的吞吐量和更少的资源使用，但 Linux 内核的 IIO 接口不允许多个进程或线程同时访问同一设备。通过将两个客户端连接到服务于网络请求的 IIO 守护进程，它们都可以接收样本流的副本。这变得非常有趣，因为现在可以使用 IIO 示波器软件（或任何其他合适的工具）监视给定应用程序接收到的输入流。

（4）最后，网络后端带来了安全性。对于高级功能，使用 libiio 及其本地后端的应用程序需要超级用户权限，但这可能不合适。当使用网络后端时，相同的功能在没有超级用户权限的情况下可用：应用程序连接到 IIO 守护进程并与之对话，IIO 守护进程拥有超级用户权限，并向其客户端正确公开高级功能。

2）网络后端

与 IIO 守护进程（IIO Daemon，IIOD）服务器的复杂性相比，该库的网络后端非常简单。每次调用其后端函数之一都会导致向 IIOD 服务器发送一个命令。"open" 后端函数将发送 OPEN 命令，"read" 函数将发送 READBUF 等。传递给后端函数的参数将根据 IIOD 理解的模式正确转换为 ASCII。服务器返回的代码将用作后端函数的返回值。网络后端的调用机制如图 2.33 所示。

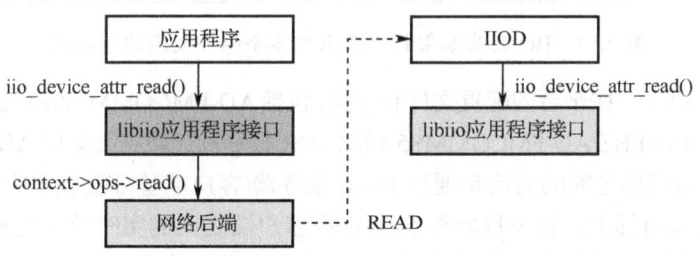

图 2.33　网络后端的调用机制

考虑到 IIOD 也使用了 libiio 的公共 API，网络后端是完全透明的：后端功能的行为与本地后端功能类似。理论上，完全有可能让 IIOD 使用网络后端，并将两个 IIOD 服务器连接在一起！

> 注：本书所使用的 GNU Radio 软件和 MATLAB/Simulink 软件均使用了 IIO 的网络后端。本节内容有助于读者理解在 MATLAB/Simulink 环境下的相关网络参数的设置。

4. IIO 的应用实例：IIO 示波器

ADI 的 IIO 示波器是一个跨平台的图形用户界面（Graphic User Interface，GUI）应用程序，它演示了如何在 Windows/Linux 操作系统中连接不同的评估板。此外，该应用程序还允许查看和修改评估板设备的设置。此外，IIO 示波器还支持多种不同模式（时域、频域、星座图和互相关）绘制捕获的数据。

> 注：如果将本书作者自研的 SDR-AI-Z7 硬件开发平台与 ADI 提供的 IIO 示波器连接，则需要在台式电脑/笔记本电脑的 Windows/Linux 操作系统中安装 IIO 示波器应用程序。

5. IIO 的应用实例：MATLAB 与 SDR 平台的交互

ADI 公司提供了完整的软件基础设施来支持 MATLAB 和 Simulink 模型与 FMCOMMSx SDR 平台（其连接到运行 Linux 操作系统的 FPGA/SoC 系统）实时交互。之所以能实现这个交互能力，有赖于 ADI 的 IIO 系统对象，它设计用于 TCP/IP 与硬件系统交互数据，从而发送（接收数据）到（自）目标，控制目标的设置，并检测 RSSI 等不同目标参数。

图 2.34 给出了 IIO 的基本架构以及系统各个组件之间的数据流。IIO 系统对象基于 MathWorks 系统对象规范，其公开了数据和控制接口，MATLAB/Simulink 模型通过这些接口与基于 IIO 的系统通信。这些接口在一个配置文件中指定，配件文件将系统对象接口连接到 IIO 数据通道或 IIO 属性。这样，便可实现通用型 IIO 系统对象，只需修改配置文件，它便能配合任何 IIO 平台工作。

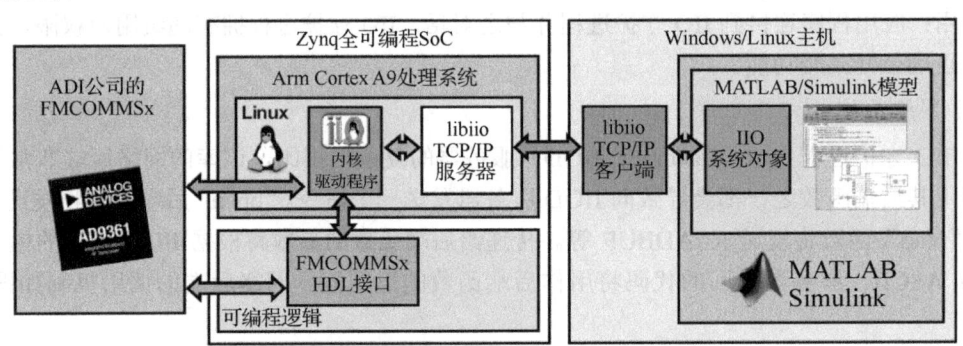

图 2.34 IIO 的基本架构以及系统各个组件之间的数据流

ADI GitHub 库供了一些平台的配置文件和示例，包括 AD-FMCOMMS2-EBZ/AD-FMCOMMS3-EBZ/AD-FMCOMMS4-EBZ/AD-FMCOMMS5-EBZ SDR 板和高速数据采集板 AD-FMCDAQ2-EBZ。

IIO 系统对象与目标之间的通信是通过 libiio 服务器/客户端基础设施来完成的。服务器运行于 Linux 下的嵌入式目标上，管理目标与本地/远程客户端之间的实时数据交换。libiio 库是硬件低层细节的抽象，提供了简单但完整的编程接口，可用于绑定各种语言（C、C++、C#、Python）的高级工程。

> 注：对于本书后续介绍的 802.11a，就属于图 2.34 的这种架构。

6. IIO 的应用实例：SDR 硬件平台的独立运行

完成上述步骤（将设计划分为不同功能以在 Zynq 的可编程逻辑和处理系统上运行，针对 HDL 和 C 语言代码生成优化设计，以及通过仿真验证优化后的设计能够有效工作且满足性能标准）之后，现在便需要将设计部署到实际 SDR 硬件平台上，并验证系统在实际条件下的功能，因此使用了定制的硬件平台 SDR-AI-Z7。在定制硬件平台上运行 SDR 模型的 IIO 的基本架构如图 2.35 所示。

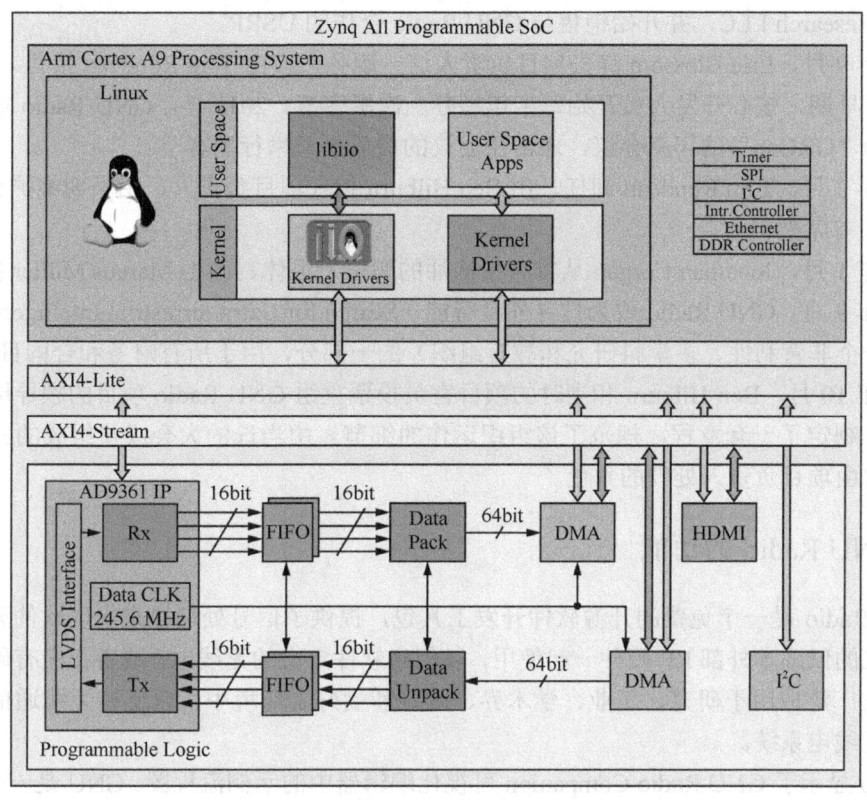

图 2.35 在定制硬件平台上运行 SDR 模型的 IIO 的基本架构

> 注：对于书后续介绍的 BPSK/QPSK、OFDM 和 ADS-B 的设计实例，就属于图 2.35 的这种架构。

2.5 GNU Radio 软件无线电开发框架

软件定义无线电平台架构（四）

本节介绍 GNU Radio 软件无线电开发框架。GNU Radio 软件无线电开发框架显著降低了基于 SDR 的通信系统开发难度，成为一个主流的 SDR 开发框架。正如许多技术都存在有利就有弊的两面性一样，过度依赖"软件"的 SDR 开发也会带来一些问题，如系统总成本的增加、系统总功耗的增加，以及不利于 SDR 系统小型化部署等方面的问题。

2.5.1 GNU Radio 的发展历史

GNU Radio 于 2001 年首次发布，是一个官方的 GNU 软件包。慈善家 John Gilmore 向 Eric Blossom 提供了 32 万美元（美国）的资金，用于代码创建和项目管理职责，从而发起了 GNU Radio。最早的应用之一是在软件中构建 ATSC 接收机。

GNU Radio 软件最初是由麻省理工学院（MIT）的 SpectrumWare 项目开发的 Pspectra 的代码的一个分支。2004 年，其重新编写了 GNU Radio，因此今天的 GNU Radio 不再有任何原始的 Pspectra 代码。

Matt Ettus 作为首批开发人员之一加入了该项目，并创建了通用软件无线电外设（Universal Software Radio Peripheral，USRP），为 GNU Radio 软件提供了一个硬件平台。2004 年，Matt 创立了 Ettus Research LLC，并开始销售与 GNU Radio 合作的 USRP。

2010 年 9 月，Eric Blossom 辞去项目负责人这一职务，改由 Tom Rondeau 接替。

在项目早期，核心开发人员开始每半年举办一次黑客节。2011 年，GNU Radio 项目开始举行一次名为"GRCon"的年度会议，通常在会议的最后一天举行黑客节。

2016 年 3 月，Tom Rondeau 卸任，由 Ben Hilburn 担任项目负责人，由长期维护者 Jonathan Corgan 担任首席架构师。

2018 年 1 月，Jonathan Corgan 从首席架构师的职位上退休，改由 Marcus Müller 接替。

2020 年 9 月，GNU Radio 成为搜寻外星智能（Search for Extra-terrestrial Intelligence，SETI）研究所（一个非营利性、多学科研究和教育组织）的一部分，用于所有财务和合同目的。

2020 年 10 月，Ben Hilburn 和当时的项目官员投票重组 GNU Radio 项目的领导层，成立了一个大会，制定了一套章程，规范了该组织运作的细节。由当选的大会成员组成的三人董事会接管了以前由项目负责人处理的角色。

2.5.2　GNU Radio 的功能

GNU Radio 是一个免费的开源软件开发工具包，提供了信号处理块来实现软件无线电。它可以与现成的低成本外部 RF 硬件一起使用，以创建软件定义的无线电，或者在没有硬件的仿真环境中。它广泛应用于研究、工业、学术界、政府和爱好者环境中，以支持无线通信研究和现实世界的无线电系统。

图 2.36 显示了 GNU Radio Companion 可视化编辑器中的示例流程图。GNU 是一个框架，使用户能够设计、仿真和部署功能强大的真实世界无线电系统。它是一个高度模块化的、面向"流程图"的框架，附带了一个全面的处理块库，可以很容易地组合起来构建复杂的信号处理应用程序。GNU Radio 已经被用于大量现实世界的无线电应用，包括音频处理、移动通信、跟踪卫星、雷达系统、GSM 网络、世界数字广播等，所有这些都在计算机软件中。它本身并不是与特定硬件对话的解决方案，也没有为特定的无线通信标准（如 802.11、ZigBee、LTE 等）提供开箱即用的应用程序，但它可以（并且已经）用于开发基本上任何带限通信标准的实现。

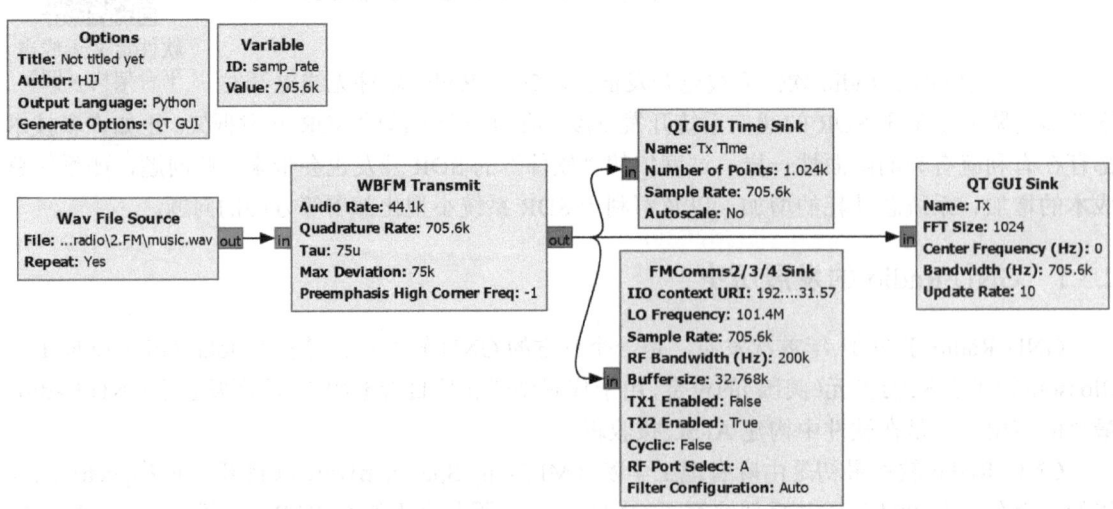

图 2.36　GNU Radio Companion 可视化编辑器中的示例流程图

2.5.3 GNU Radio 的初衷

本节介绍的内容均来自 GNU Radio 官方文档，请读者辩证地看待本节给出的一些观点。

以前在开发软件无线电通信设备时，设计人员必须开发一种用于检测特定信号类别的特定电路，设计一种能够译码或编码特定传输的特定集成电路，并使用昂贵的设备对其进行调试。

SDR 采用模拟信号处理，并在物理和经济上可行的情况下，使用软件中的算法在计算机上处理无线电信号。

当然，你可以在从头开始编写的程序中使用自己的计算机连接的无线电设备，根据需要连接算法，并自己进出数据。但这很快会变得很麻烦，为什么要实现标准滤波器？为什么必须关心数据如何在不同的处理块之间移动？使用高度优化和同行评审的实现，而不是自己写东西，这样不是更好吗？你如何让自己的程序在多核架构上扩展良好，同时在只消耗几瓦功率的嵌入式设备上运行良好？你真的想自己写所有的图形用户界面（Graphic User Interface，GUI）吗？

GNU Radio 是一个专门为商用计算机编写信号处理应用程序的框架。GNU Radio 将功能封装在易于使用的可重用块中，提供出色的可扩展性，提供广泛的标准算法库，并针对各种常见平台进行了大量的优化。它还附带了大量的例子，以帮助开发者入门。

本页的其余部分简要介绍了数字信号处理（Digital Signal Processing，DSP），如果你已经熟悉 DSP，则忽略下面的内容。

作为一个软件框架，GNU Radio 使用通用计算机对数字化信号进行处理，以生成通信功能。在软件中进行信号处理所需的信号是数字的。什么是数字信号？

为了更好地理解，看一个常见的"信号"场景，使用手机录制语音并进行传输。

一个人用身体说话会产生一个声音信号，在这种情况下，这个信号是由人类声带产生不同空气压力的波组成的。信号是一个时变的物理量，就像气压一样，声音在空气中传播如图 2.37 所示。

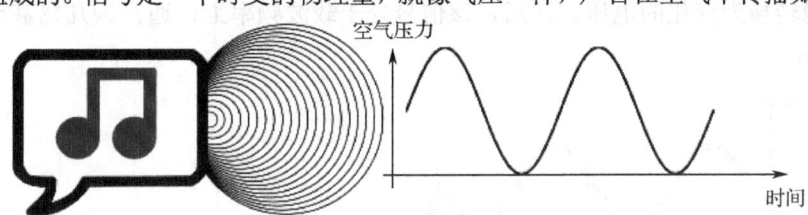

图 2.37　声音在空气中传播

当声波到达麦克风（传声器）时，它将变化的空气压力转换为电信号，即可变电压，如图 2.38 所示。

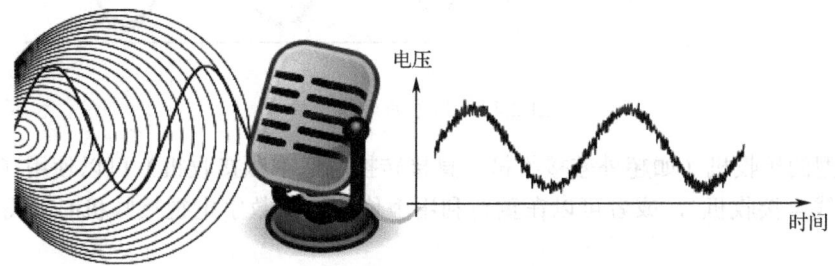

图 2.38　声波转换为电压信号

现在是电信号，可以对其进行处理。此时，音频信号是模拟的，计算机还不能处理它；计算处理的信号必须是数字的，这意味着两件事情：

（1）它只能是有限数量的值之一。

信号可以随时间变化，但对于每个时刻，它只需要一个值，而这个值不是来自某个"连续体"，而是来自某些有限集合。

（2）它只存在于一组离散的时间点。

信号不是为任何时间点定义的，时间点是分开的，是可计数的。你可以说"这是信号取特定值的第一个时间点，这是第二个时间点……"。

因此，这个数字信号可以用一系列称作样本的数字来表示。采样之间的固定时间间隔导致信号采样率。

获取物理量（电压）并将其转换为数字样本的过程由模数转换器（Analog-to-Digital Convertor，ADC）完成，如图 2.39 所示。互补的器件是数模转换器（Digital-to-Analog Convertor，DAC），它从数字计算机中获取数字并将其转换为模拟信号。

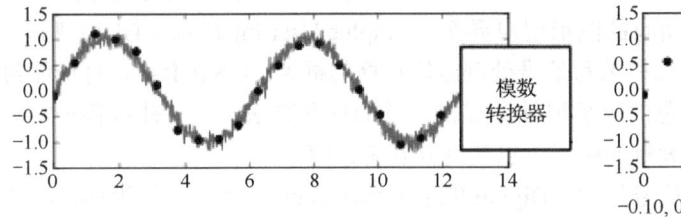
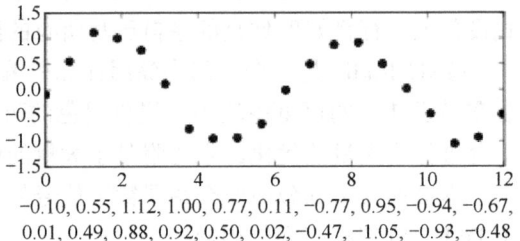

−0.10, 0.55, 1.12, 1.00, 0.77, 0.11, −0.77, 0.95, −0.94, −0.67, 0.01, 0.49, 0.88, 0.92, 0.50, 0.02, −0.47, −1.05, −0.93, −0.48

图 2.39　通过 ADC 将模拟信号转换为离散时间信号

现在我们有了一个数字序列，我们的计算机就可以用它做任何事情了。例如，数字滤波器、压缩序列、识别语音或使用数字链路传输信号。

下面将数字信号处理用于无线发送。该原理也可以用于无线电波。此处，信号是电磁波，可以使用天线转换为变化的电压。然后，该信号处于载波频率上，通常为几兆甚至千兆赫兹，如图 2.40 所示。

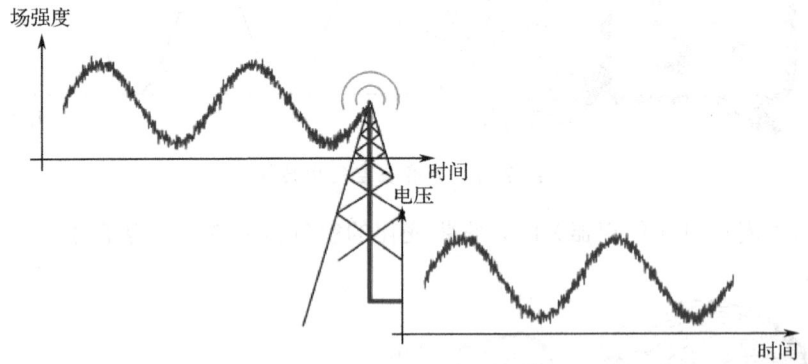

图 2.40　信号的无线传输

不同类型的接收机（如超外差接收机、直接转换、低中频接收机）可以使用（如连接到声卡的业余无线电接收机），或者可以在重新利用廉价的消费数字电视接收机时获得（RTL-SDR 项目）。

对于上面的这个过程，可以使用模块化流程图的数字信号处理方法。为了处理数字信号，可以直接将各个处理阶段（滤波、校正、分析、检测等）看作处理块，使用简单的流程指示箭头连接，如图 2.41 所示。

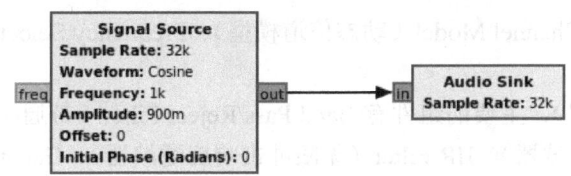

图 2.41　语音信号生成模块

在构建信号处理应用时，需要构建一个完整的块图。这样的图在 GNU Radio 中称为流程图，如图 2.42 所示。

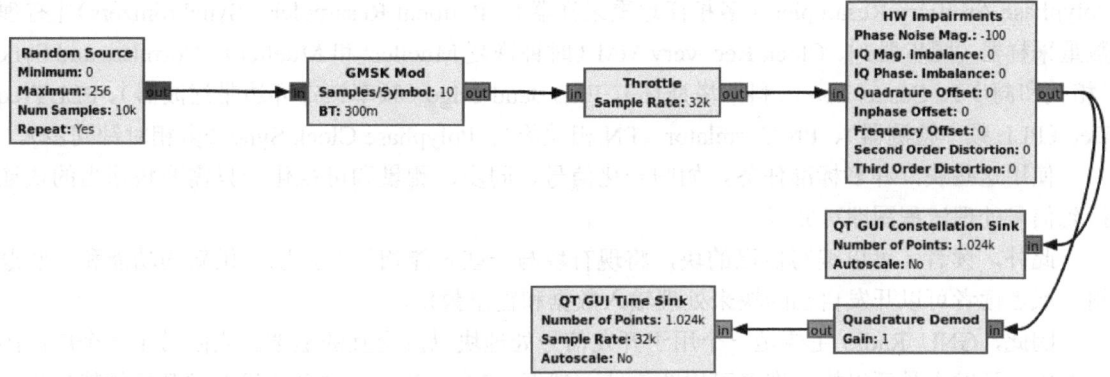

图 2.42　完整的信号处理流程图

GNU Radio 是一个开发这些处理块并创建流程图的框架，其中包括无线电处理应用程序。

作为 GNU Radio 的使用者，可以将现有的块组合成一个高级流程图，该流程图可以完成接收数字调制信号等复杂任务，GNU Radio 将自动在这些块之间移动信号数据，并在数据准备好后对其进行处理。

2.5.4　GNU Radio 中的典型块

GNU Radio 附带了大量现有的块。所有这些文档都可以在 Block Docs 中找到。这里仅为读者提供标准安装中可用内容的一小部分摘要，这些是最受欢迎的块类别及其成员。

（1）Waveform Generators（波形发生器），主要的组件有 Constant Source（常数源）、Noise Source（噪声源）、Signal Source（信号源）。

（2）Modulators（调制器），主要的组件有 AM Demod（AM 解调）、Continuous Phase Modulation（连续相位调制）、PSK Mod/Demod（PSK 调制/解调）、GFSK Mod/Demod（GFSK 调制/解调）、GMSK Mod/Demod（GMSK 调制/解调）、QAM Mod/Demod（QAM 调制/解调）、WBFM Receive（WBFM 接收）、NBFM Receive（NBFM 接收）。

（3）Instrumentation（仪器），主要的组件有 Constellation Sink（星座槽）、Frequency Sink（频率槽）、Histogram Sink（直方图槽）、Number Sink（数字槽）、Time Raster Sink（时间光栅槽）、Time Sink（时间槽）、Waterfall Sink（瀑布槽）。

（4）Math Operators（数学运算符），主要的组件有 Abs（绝对值）、Add（加）、Complex Conjugate（复共轭）、Divide（除）、Integrate（积分）、Log10（以 10 为底的对数）、Multiply（乘）、RMS（均方根值）、Subtract（减）。

（5）Channel Models（信道模型），主要的组件有 Channel Model（信道模型）、Fading Model

（衰落模型）、Dynamic Channel Model（动态信道模型）、Frequency Selective Fading Model（频率选择衰落模型）。

（6）Filters（滤波器），主要的组件有 Band Pass/Reject Filter（带通/带阻滤波器）、Low/High Pass Filter（低通/高通滤波器）、IIR Filter（无限冲击响应滤波器）、Generic Filterbank（通用滤波器组）、Hilbert（希尔伯特）、Decimating FIR Filter（抽取 FIR 滤波器）、Root Raised Cosine Filter（根升余弦滤波器）、FFT Filter（FFT 滤波器）。

（7）Fourier Analysis（傅里叶分析），主要的组件有 FFT（快速傅里叶变换）、Log Power FFT（对数功率 FFT）、Goertzel（Resamplers）（重采样器）、Fractional Resampler（小数重采样器）、Polyphase Arbitrary Resampler（多相任意重采样器）、Rational Resampler（Synchronizers）[有理数重采样器（同步器）]、Clock Recovery MM（时钟恢复 Mueller 和 Mueller）、Correlate and Sync（相关和同步）、Costas Loop（科斯塔斯环）、FLL Band-Edge（频率锁定环边带滤波器）、PLL Freq Det（PLL 频率检测器）、PN Correlator（PN 相关器）、Polyphase Clock Sync（多相时钟同步）。

使用这些块，许多标准任务，如归一化信号、同步、测量和可视化，只需要将适当的块连接到信号处理流程图即可完成。

此外，读者还可以编写自己的块，将现有块与一些智能相结合，以提供新的功能和一些逻辑，或者读者可以开发自己的块来处理输入数据和输出数据。

因此，GNU Radio 主要是一个用于开发信号处理块以及交互的框架。它附带了一个广泛的标准库，开发人员可以构建许多可用的系统。然而，GNU Radio 本身并没有准备好做特定事情的软件，使用者的工作是从中构建有用的东西，尽管它已经提供了很多有用的工作例子。显然，使用者可以将其看作一组积木。

本质上，GNU Radio 为基于 SDR 技术的通信系统提供了"积木块"式的设计方法。

2.6 MathWorks 软件无线电开发框架

通过 Xilinx 公司、ADI 公司和 MathWorks 公司之间的合作，实现了基于 MATLAB 和 Simulink 等建模和仿真工具的 SDR 完整设计流程。该流程改变了开发人员从构建 SDR 模型到硬件实现的传统方法，使得这个过程的大部分工作都可以在计算机上完成。

现在，工程师可以对整个无线系统（如 SDR 系统）进行建模，从而可观察系统的表现，并在现场实际实施之前进行调整。这样做有很多好处，如加快系统集成、减少对设备的依赖。此外，完成 SDR 系统的 Simulink 模型之后，C 语言代码和 HDL 代码可自动生成，然后部署到 Zynq-7000 系列 SoC 上，从而节省时间并避免手动编码错误。将系统模型连接到快速原型制作环境可进一步降低风险，因为后者允许 SDR 系统在实际条件下运作。

下面介绍在 MATLAB 和 Simulink 中对 SDR 进行建模的不同方法。

2.6.1 AD9361 Simulink 模型

由于 AD9361 是一款集成式的 RF 收发器芯片，信号检测和监控芯片内部工作是不现实的。因此，MathWorks 和 ADI 公司合作开发了 RF Block Models for Analog Devices RF Transceivers（Analog Device RF 射频收发器 RF 块模型，以下简称 RFBM）支持包，如图 2.43 所示，该支持包可对芯片的工作状态进行仿真，以便开发人员能真正了解芯片内部所发生的事情，并知道在现实中难以重现的不同测试条件下芯片的性能。

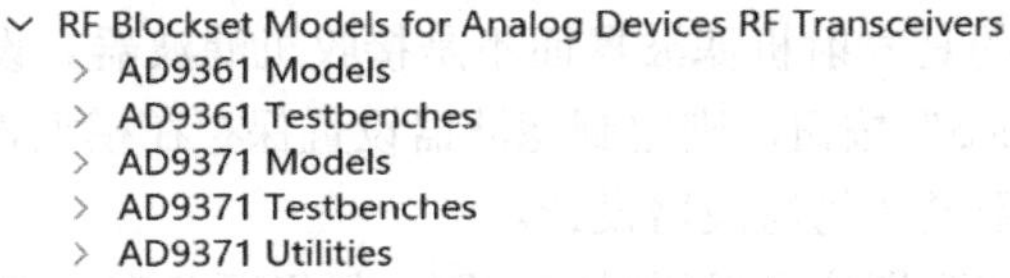

第 2 章 软件定义无线电平台硬件和软件架构

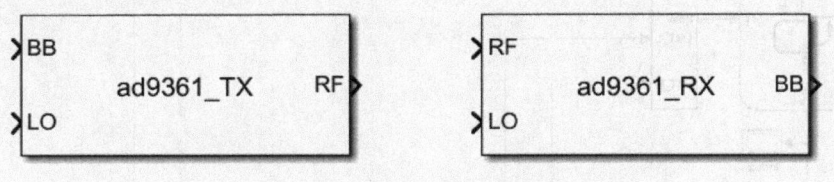

图 2.43 RF Blockset Models for Analog Devices RF Transceivers 支持包

> 注：这里需要强调，在 MATLAB Simulink 的 AD9361 模型中没有提供载波调制的功能，这一点要特别注意。这是因为该模型在仿真速度和精度之间进行了权衡，如果在类似 2.4GHz 的频率进行仿真，则仿真的速度会非常慢。

在 MATLAB 命令行提示符后面输入下面的命令

```
ad9361_models
```

并按回车键，该命令在 MATLAB Simulink 环境下打开 AD9361 的模型符号，如图 2.44 所示。

图 2.44 在 MATLAB Simulink 环境下打开 AD9361 的模型符号

1. ad9361_TX 模型

该模型的内部结构如图 2.45 所示，它对 ADI 的 AD9361 射频发射机进行建模。该模型可以预测热噪声、相位噪声、频谱增长、LO 载波泄露和镜像信号。

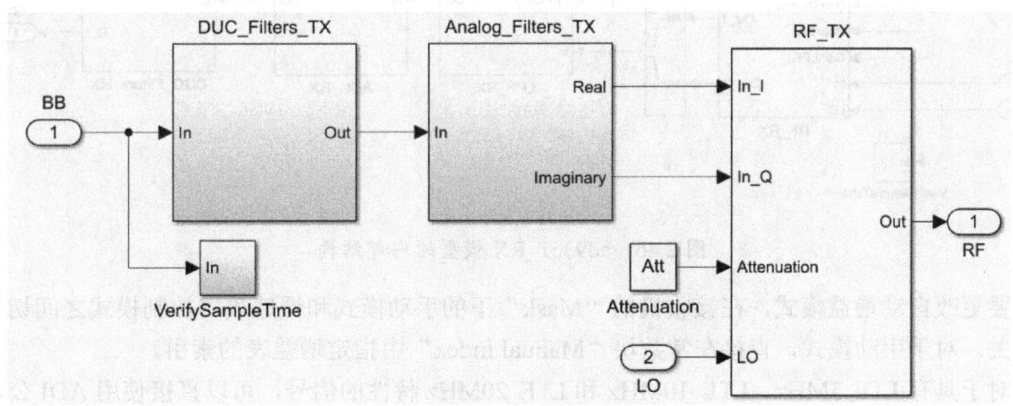

图 2.45 ad9361_TX 模型的内部结构

要改变 Attenuation（衰减）的值，在发射机的"Mask"下的"Attenuation"块中修改常数值。发射机衰减在 0~80dB 之间可调，步长为 0.25dB。

对于具有 LTE 5MHz、LTE 10MHz 和 LTE 20MHz 特性的信号，可以直接使用 ADI 公司推荐的默认配置。

该模型内的滤波器是可编程的。使用 ADI 公司向导应用程序自定义设计滤波器。在"Filter Configuration"菜单中选择"Custom"选项，然后单击"Design Filter"按钮。滤波器设计应用程序将自动打开。确保设计的是发射机滤波器而不是接收机滤波器。设计滤波器后，单击应用程序中的"Export to Workspace"按钮，则定制滤波器设置保存在模型设置中。下次使用定制滤波器配置设置仿真时，将使用最新的滤波器设计。

确保输入信号采样时间和预期信号采样时间相同。如果不匹配，则会产生错误。

2．ad9361_RX 模型

该模型的内部结构如图 2.46 所示，它对 AD9361 射频接收机建模。该模型预测了在手动和慢攻击控制模式下的热噪声、频谱增长、LO 载波泄露和镜像信号，以及量化噪声。

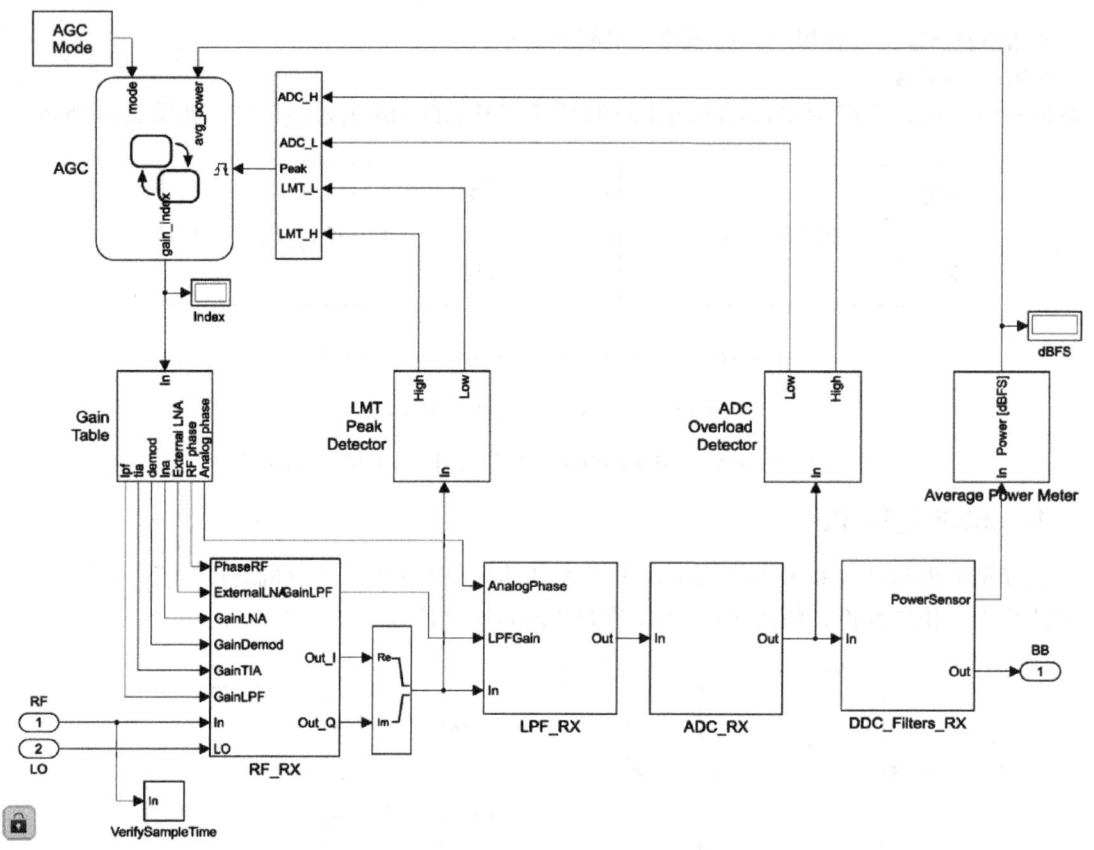

图 2.46　ad9361_RX 模型的内部结构

要更改自动增益模式，在接收机的"Mask"下的手动模式和慢速攻击控制模式之间切换手动开关。对于手动模式，直接在常数块"Manual Index"中指定增益表的索引。

对于具有 LTE 5MHz、LTE 10MHz 和 LTE 20MHz 特性的信号，可以直接使用 ADI 公司推荐的默认配置。

该模型内的滤波器也是可编程的，具体方法与 ad9361_TX 模型内的滤波器配置方法相同。

在 MATLAB 的命令行提示符后面输入下面的命令

open ad9361_testbenches

并按回车键，该命令打开 MATLAB 提供的测试实例，如图 2.47 所示。双击图 2.47 中的 ad9361_TX 模块符号，打开用于测试 ad9361_TX 的实例，如图 2.48 所示。双击图 2.47 中的 ad9361_RX 模块符号，打开用于测试 ad9361_RX 的实例，如图 2.49 所示。

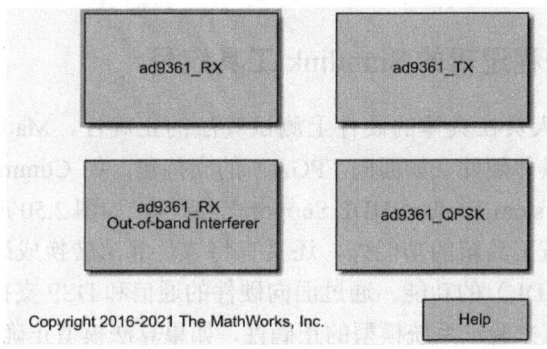

图 2.47　MATLAB 中提供的 AD9361 模型的测试实例

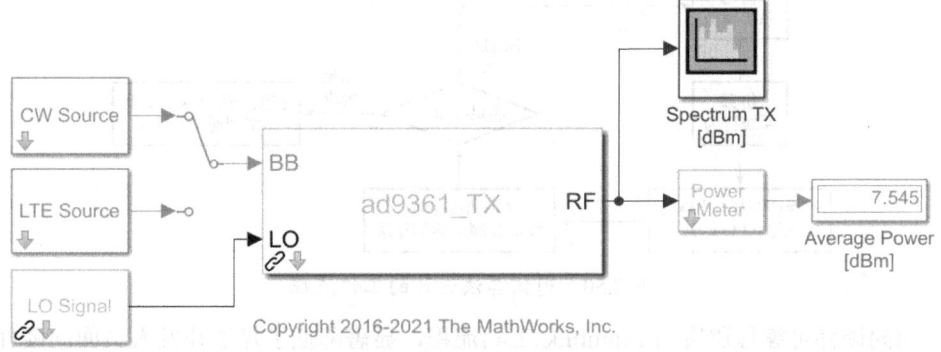

图 2.48　ad9361_TX 测试实例

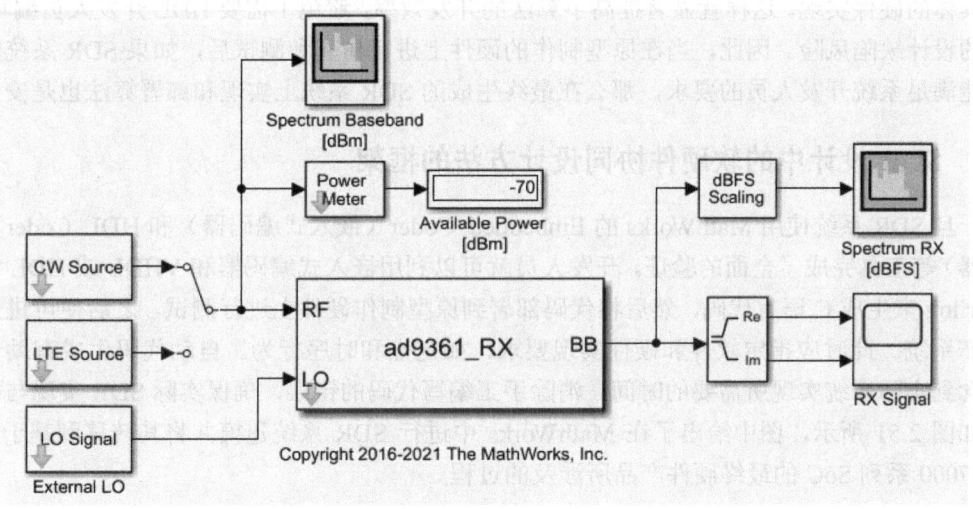

图 2.49　ad9361_RX 测试实例

2.6.2　通用的通信和 DSP 系统工具箱功能

MathWorks Simulink 中面向通信和数字信号处理（Digital Signal Processing，DSP）系统的通用库（如 Communications Toolbox、DSP System Toolbox、RFBM）具有业界标准算法和应用程序，这些通用支持包不依赖任何具体的硬件（如某个具体型号的 FPGA 或数字信号处理器）实现，可进行通用 SDR 系统的系统性分析、设计与调谐。所有这些工具均提供了创建高保真 SDR 模型的途径，可在进行真实物理部署前用来验证通信系统的表现和性能。

2.6.3 面向硬件可编程逻辑的 Simulink 工具流程

为了方便软件算法人员在具体的硬件上测试算法的正确性，MathWorks 的 MATLAB 和 Simulink 也提供了面向具体硬件（如面向 FPGA）的支持包，如 Communications Toolbox HDL Support 支持包和 DSP System Toolbox HDL Support 支持包。如图 2.50 所示，这些支持包除了具有通用通信和 DSP 系统工具箱的功能外，还具有将软件算法转换成硬件描述语言（Hardware Description Language，HDL）的功能。通过面向硬件的通信和 DSP 支持包，首先构建通信算法系统模型，然后通过仿真来验证系统模型的正确性，如果算法模型正确，则由 MATLAB 工具自动使用块图描述的算法模型转换为使用 HDL 描述的具体硬件实现。

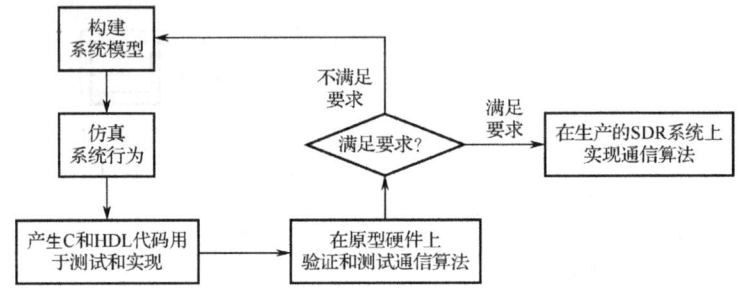

图 2.50 通信算法设计的工作流程

采用面向硬件可编程逻辑的 Simulink 工具流程，显著降低了算法开发人员面向硬件开发算法的难度，这是因为算法开发人员的主要精力聚焦在算法本身，很少去关注如何将软件算法转换为具体的硬件实现。这样就显著提高了算法的开发效率，避免了需要 HDL 开发人员编写 HDL 带来的设计缺陷风险。因此，当在原型制作的硬件上进行仿真和测试后，如果 SDR 系统的性能证明能满足系统开发人员的要求，那么在最终生成的 SDR 系统上实现和部署算法也是安全的。

2.6.4 SDR 设计中的软硬件协同设计方法的框架

一旦 SDR 系统使用 MathWorks 的 Embedded Coder（嵌入式编码器）和 HDL Coder（HDL 编码器）等工具完成了全面的验证，开发人员就可以利用嵌入式编码器和 VHDL 或 HDL 编码器的 Verilog 来生成 C 语言代码，然后将代码部署到原型制作硬件上进行测试，之后便可进入最终的生产系统。此时应指定软件和硬件实现要求，如定点和时序行为。自动代码生成有助于缩短从概念到实际系统实现所需的时间，消除手工编写代码的错误，确保实际 SDR 实现与模型相符。如图 2.51 所示，图中给出了在 MathWorks 中进行 SDR 系统建模并将其转移到基于 Xilinx Zynq-7000 系列 SoC 的最终硬件产品所涉及的过程。

1. 算法建模与分解阶段

在 MATLAB Simulink 环境下，对 SDR 系统中的信号处理算法进行建模，并将该算法分解为用于异构架构 SoC 中 PS 部分的软件算法模型以及用于生成 PL 部分 IP 核的硬件算法模型。

2. 代码生成阶段

工具链调用嵌入式编码器（Embedded Coder）和 HDL 编码器（HDL Coder）分别对上一阶段建立的软件和硬件模型进行预处理。嵌入式编码器将 Simulink 软件算法模型转换为 C 语言程序代码。对于硬件算法模型，HDL 编码器负责将硬件模型综合成寄存器传输级（Register Transfer Level，RTL）描述的 IP 核。

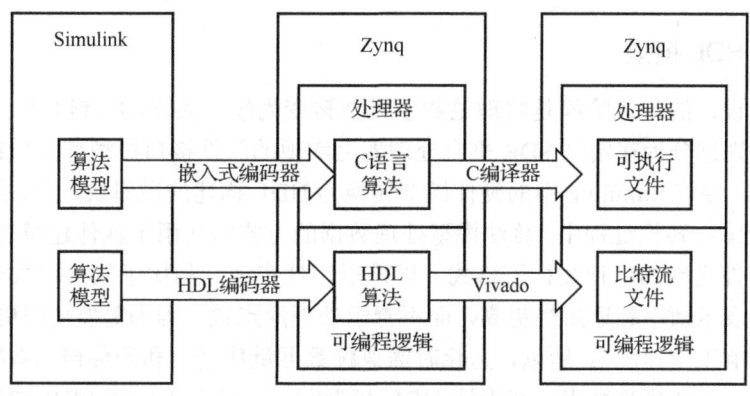

图 2.51 从仿真到最终产品的过程

3. 协同调试与硬件逻辑实现

工具链将调用 C 语言编译器对 C 语言代码进行交叉编译，生成可运行在 Zynq-7000 SoC 内 PS 部分的可执行文件。同时，工具链调用 Xilinx Vivado 内建的综合、实现和生成比特流工具，将生成的硬件算法 IP 核与预设的硬件设计框架中的各种接口进行绑定，形成完整的硬件设计，并最终编译为比特流文件。

MATLAB 软件通过网络将比特流文件与可执行文件发送到 SDR 平台。借助 IIO 软件框架和网络接口，实现对 Zynq-7000 SoC 内 PS 和 PL 的软件和硬件协同调试。

2.6.5 SDR 设计中的软硬件协同设计方法的实现

优化软硬件协同设计流程对提升 SDR 系统设计效率、缩短设计周期具有重要意义。软硬件协同设计流程如图 2.52 所示，该流程涉及从建立数学模型与理论验证到最终生成比特流文件与可执行文件的各个阶段。本节将系统地阐述整个设计流程中的关键步骤，为 SDR 设计与实现方法研究提供具体参考方案。

1. 构建算法模型

软硬件协同设计首先需要基于无线通信理论基础进行 SDR 系统的数学建模。该阶段需要使用 MATLAB 工具对定制 SDR 系统构建数学模型并进行仿真分析，验证设计理论的可行性与参数配置的合理性。具体地说，需要基于通信理论建立用于实现 SDR 系统关键技术的数学表达式，并在 MATLAB 环境中模拟系统行为、评估系统性能。若仿真结果符合预期，则表明 SDR 系统理论设计合理，可以进一步执行模型量化处理；否则，需调整模型优化 SDR 系统的理论设计。此过程确保 SDR 设计在理论上的可行性与有效性，为后续 SDR 系统的实现奠定了坚实的理论基础。

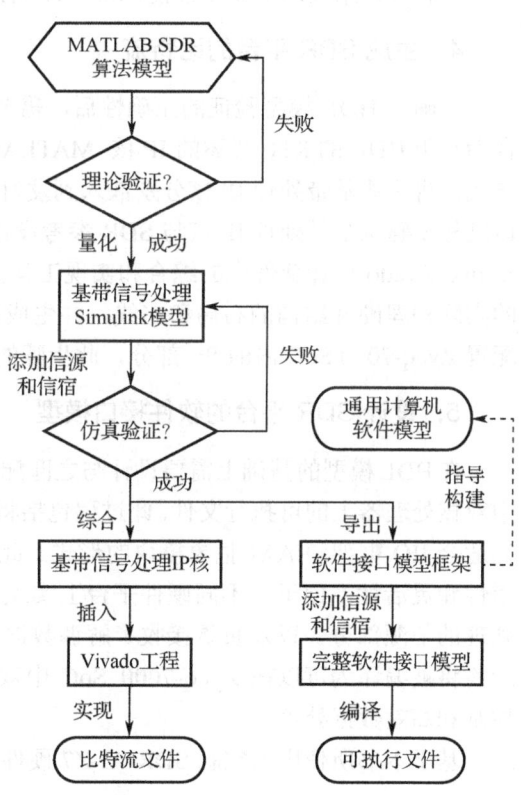

图 2.52 软硬件协同设计流程

2. 量化为 HDL 模型

软硬件协同设计的量化阶段是将理论数学模型转变为硬件实现的关键步骤。在此阶段，需要将数学模型分别划分为在定制 SDR 平台处理器上实现的软件接口模型部分与在 FPGA 中实现的硬件模型部分，并将 Simulink 中的硬件模型转换为 HDL 描述的逻辑块，为后续生成信号处理的 IP 核打下基础。在转换过程中，算法模型处理数据的方式需从用于软件建模与仿真的帧格式，调整为适用于硬件实现的串行数据流格式，以贴近硬件实现。相比于软件对数据的处理方式，硬件对定点数的表示效率和适用性更高，而不善于处理浮点数（因为需要使用更多的逻辑资源，并且会潜在地影响工作速度）。所以，量化时需兼顾数据量化精度和硬件传输效率，在信号的完整性与系统性能之间找到平衡点。在设计 HDL 模型时，必须深入理解 SDR 硬件平台的接口类型、时钟频率、采样率和基带传输速率等特性，并据此设置 SDR 系统参数。合理的参数配置有利于提升延迟和吞吐量等性能指标。综上所述，量化过程是实现算法模型硬件化的关键步骤，它影响着 SDR 系统的性能。

3. HDL 模型的仿真验证

在 Simulink 中完成 SDR 基带处理的 HDL 模型设计后，需要构建用于软件仿真的信源、模拟信道以及信宿，并进行仿真验证。该阶段的主要目的在于验证 HDL 模型能否在仿真环境中准确执行所期望的功能，为在真实的硬件上进行实现做好充分准备。该仿真平台用于生成测试信号、模拟频率偏移等真实信道条件并提供信号可视化功能。

通过此仿真平台，可以对 HDL 模型进行调试，确保其在虚拟环境中的准确率和性能符合要求。只有仿真结果满足系统性能标准，才能执行后续 SDR 系统设计与实现。

4. 生成 SDR 平台的比特流

在确认 HDL 模型验证的正确性后，需要利用 HDL 编码器工具将模型中的基带处理模块综合为基于 HDL 的 RTL 描述的 IP 核。MATLAB 的 Simulink 将通过调用软件支持包中预设脚本的方式，将这些基带处理 IP 核分别嵌入到发射机与接收机的设计框架中，构成完整的硬件设计。该过程要确保基带处理 IP 核与 SDR 参考设计中的 IP 核之间的接口匹配且数据流向正确。最终，Xilinx Vivado 设计套件中的综合和实现工具会将 SDR 的完整硬件描述转换为 Zynq-7000 SoC 内的实际物理硬件结构的布局和布线，并生成包含布局和布线信息的比特流文件，此文件将用于配置 Zynq-7000 SoC 内的 PL 部分，此步骤的具体实现过程如图 2.53 所示。

5. 设计 SDR 平台的软件接口模型

在 HDL 模型的基础上需要设计与之匹配的软件接口模型，以便生成可运行在 Zynq-7000 SoC 中双核处理器上的可执行文件。此过程包括将 HDL 模型的数据收发与 AXI 控制等主要接口封装为适合 IIO 框架和 AXI 抽象模块的形式。此封装简化了数据传输和控制接口的模型、增强了通用性和灵活性，便于在不同硬件平台上实现。此外，需要在此模型中设计用于数据生成与组帧处理的信源部分，以及负责接收、解调数据并进行远程传输的信宿部分。完整的软件接口模型最终将被编译为可以在 Zynq-7000 SoC 中双核处理器上运行的可执行文件，实现对硬件的精确控制和高效数据处理。

基于本书所使用的定制 SDR-AI-Z7 硬件开发平台的软件接口模型设计流程如图 2.54 所示。

第 2 章 软件定义无线电平台硬件和软件架构

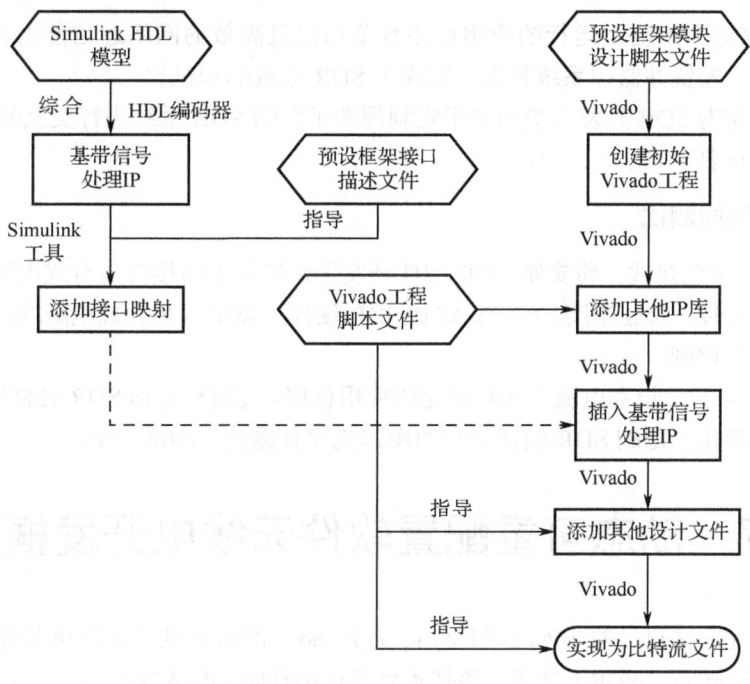

图 2.53 SDR 系统硬件设计流程

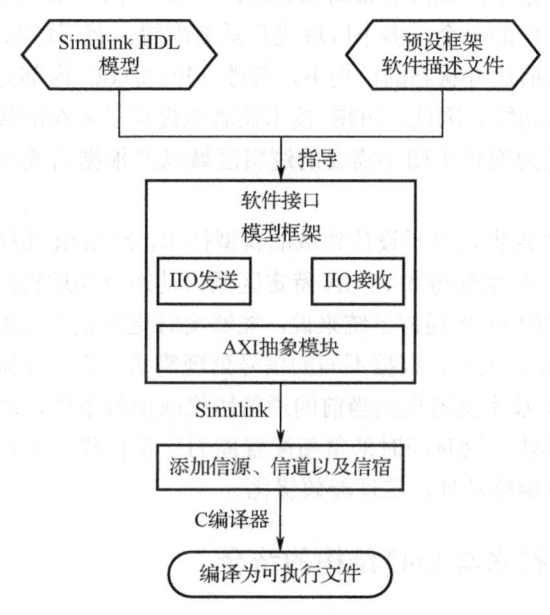

图 2.54 软件接口模型设计流程

该流程确保了 SDR 系统设计完整性和实用性,为 SDR 系统的最终实现提供了坚实的技术保障。

6. 设计台式电脑/笔记本电脑上运行的应用程序

面向定制 SDR 平台 SDR-AI-Z7 的软件接口模型设计与编译完成后,需要构建在台式电脑/笔记本电脑上运行的软件模型,实现台式电脑/笔记本电脑与定制 SDR 平台的通信。该模型主要通过台式电脑/笔记本电脑的网络接口向定制的 SDR-AI-Z7 硬件平台发送信源数据与控制信号,并接收该定制硬件平台上传的解调数据进行显示。

台式电脑/笔记本电脑上运行的应用程序具备稳定且高效的网络通信能力和友好的用户界面,从而可以轻松配置并监控系统状态,完成对 SDR 系统的调试。

此应用程序作为 SDR 开发人员与基于定制硬件平台的 SDR 系统进行交互的桥梁,对保障系统的可靠性至关重要。

7. 软硬件协同测试

通过 RJ45 网络连接线,将定制 SDR 硬件开发平台的以太网接口与台式电脑/笔记本电脑的以太网接口进行连接。通过连接,可以在定制 SDR 硬件开发平台和台式电脑/笔记本电脑之间执行文件传输和远程控制。

通过在台式电脑/笔记本电脑上运行特定的应用程序,实现与定制 SDR 硬件平台之间的数据交互,这种方法简化了定制 SDR 硬件平台的操作流程且提高了测试效率。

2.7 动态可重配置软件无线电开发框架

Xilinx 公司面向其自己的 FPGA 和 Zynq 系列 SoC 产品提供了部分动态可重配置(Partial Dynamic Reconfigurable,PDR)技术。该技术允许在不打断 FPGA/SoC 当前运行状态的情况下,动态地修改 FPGA/SoC 中某个区域内的布局和布线,以实现不同的逻辑功能。基于 PDR 技术,可以仅对 FPGA/SoC 芯片中的一个或多个区域进行重新配置,而不影响其他区域的功能。显然,这意味着在不打断系统当前运行状态的前提下,修改 FPGA/SoC 内部分区域的布局和布线,从而改变部分区域内的逻辑功能。因此,PDR 技术显著地提高了系统的灵活性和可用性。此外,这种部分动态可重配置能力通过关闭不需要的逻辑区域以及根据需要动态调整资源分配显著降低了系统功耗。

Xilinx 的 PDR 技术作为当代电子设计领域的新型技术,为 SDR 系统的灵活性提供了前所未有的技术支持。由于 PDR 技术使得在 FPGA 特定区域内动态更换逻辑配置而不影响周围电路的运行,因此对采用该技术的 SDR 通信系统来说,能够实时更新系统功能与通信协议,动态满足不同的通信需求。在 SDR 系统中,根据不同的信号处理需求,需要定制不同的信号处理算法和处理流程。Xilinx 的 PDR 技术支持根据当前的通信协议或信号条件,动态地切换 FPGA 内部编解码器、滤波器等逻辑模块。这种即时的重新配置能力,不仅优化了系统性能、降低了信号延迟,还可以根据需求动态调整功耗,实现能效优化。

2.7.1 动态可重配置技术与 SoC 结构的结合

将 Xilinx 的 PDR 技术与基于 SDR 技术的通信系统结合,为开发人员提供了一个功能更加强大以及灵活性更高的 SDR 通信系统实现方法。这样,开发人员就可以更加方便快捷地探索新的通信协议、算法和系统架构。这种技术的应用显著缩短了从理论概念到系统实现的时间、提高了设计效率、缩短了设计周期。此外,它还支持对现有系统的即时更新和升级,增强了 SDR 系统的长期可用性和适应未来技术发展的能力。

当采用 Xilinx PDR 技术时,Zynq-7000 SoC 内部的结构划分如图 2.55 所示。在 Zynq-7000 SoC 内的处理系统(PS)部分包括 Arm Cortex-A9 双核处理器、DDR3 内存控制器以及通用异步收发器(Universal Asynchronous Receiver & Transmitter,UART);在 Zynq-7000 SoC 的可编程逻辑区域(Programmable Logic,PL)内,根据所实现的功能将 PL 划分为静态逻辑部分和动态可重配

置逻辑部分。从图 2.55 中可知，处理器通过 AXI3 接口与 PL 部分相连以实现不同的 SDR 通信功能。作为 PS 与 PL 之间的桥梁，AXI 协议转换器将 PS 一侧的 AXI4 协议转换为 PL 内的 AXI3 协议，使得 PS 和 PL 能实现无障碍的信息交换。当 Zynq-7000 SoC 上电正常运行时，在不断电的情况下就可以通过动态修改/加载 PL 内动态可重配置逻辑区域内的逻辑功能来实现不同的基带信号调制和解调模式，再通过与 SoC 外的 AD9361 射频收发器的协同工作，就能实现不同的通信标准。

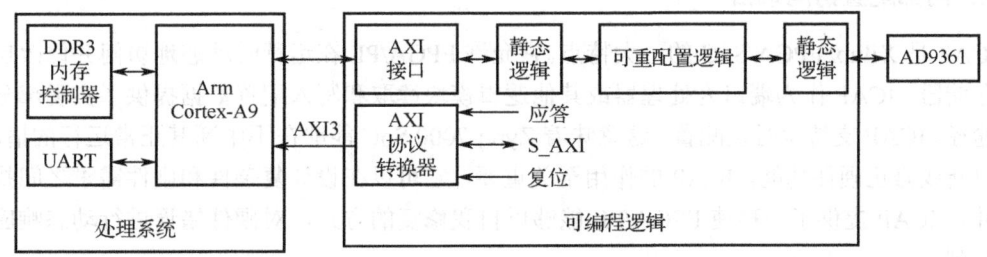

图 2.55 Zynq-7000 SoC 的内部结构划分

基于 PDR 技术在 Zynq-7000 SoC 内实现不同基带信号调制和解调功能的系统结构如图 2.56 所示，Zynq-7000 SoC 内的处理器子系统负责协调 Zynq-7000 SoC 内各个功能单元的正常运行，并且为不同的功能单元提供时钟信号（FCLK_CLK0）和复位信号（FCLK_RESET0_N）。Zynq-7000 SoC 内的基带信号处理模式控制器接收来自按键的触发信号，用于控制 PL 内的动态可重配置逻辑区域动态加载诸如 BPSK 和 QPSK 等不同的基带信号调制和解调逻辑功能，使得以 Zynq-7000 SoC 和 AD9361 为核心的 SDR 通信系统可以满足不同通信场景的需求，因此提供了最大的 SDR 通信系统的灵活性以及该系统的快速响应能力。通过 Zynq-7000 SoC 内的 S_AXI 接口，处理器子系统与部分重配置控制器（Partial Reconfiguration Controller，PRC）和集成逻辑分析仪（Integrated Logic Analyzer，ILA）模块连接。这种结构设计高效地结合了软件控制的灵活性与硬件性能，使得采用 PDR 技术的 SDR 通信系统能够适应广泛的操作环境和应用场景。

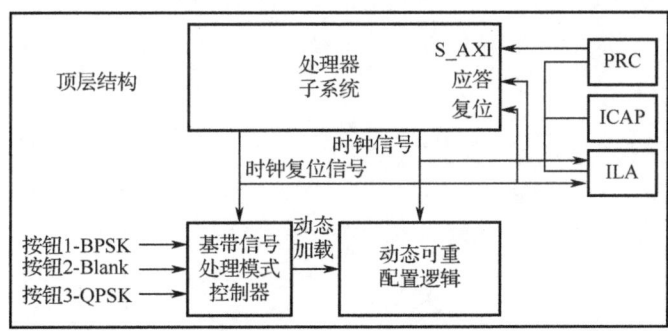

图 2.56 基于 PDR 技术在 Zynq-7000 SoC 内实现不同的基带信号调制和解调功能的系统结构

2.7.2 动态可重配置技术的核心单元

部分重配置控制器（PRC）、内部配置访问端口（Internal Configuration Access Port，ICAP）与集成逻辑分析仪（ILA）是实现 Zynq-7000 SoC 内 PL 部分动态可重配置的核心单元。

1．部分重配置控制器

PRC 是 Xilinx 提供的专门用于实现 PDR 技术的 IP 核。该 IP 核的主要功能是自动化管理

Zynq-7000 SoC 内 PL 的部分重配置过程，包括比特流的解压缩、传输以及激活。通过 PRC 的控制，Zynq-7000 SoC 的 PL 在不打断静态逻辑区域正常运行的情况下，实现对动态可重配置逻辑区域的更新和重新加载。它支持 Zynq-7000 SoC 根据实时需求调整硬件资源，提高资源利用率和系统适应性。PRC 利用高级触发机制，响应硬件触发或软件指令触发的重新配置。它直接与 ICAP 连接，控制配置数据流加载到适当的硬件区域。PRC 提高了部分重配置的安全性和可靠性。

2．内部配置访问端口

ICAP 是 Xilinx FPGA/SoC 的一大特点。它允许 FPGA/PL 在运行时动态地访问并修改自身的配置存储器。ICAP 作为端口为处理器或其他逻辑模块读取和写入配置数据提供了实现部分重配置的途径。ICAP 支持实时重配置，这意味着 Zynq-7000 SoC 能够在不中断其正常运行的情况下，快速更新或修正硬件功能。ICAP 的作用至关重要，它可以在设计复杂性和硬件需求之间找到平衡，并且 ICAP 提供了一种使 FPGA/PL 能够以自我修复的方式，对硬件错误进行动态响应和修复的机制。

3．集成逻辑分析仪

ILA 是 Xilinx 提供的一种用于监视 FPGA/PL 内部信号的 IP 核。ILA 提供了在 FPGA/PL 实时运行过程中无须借助外部测试仪器就可以捕获和分析信号的能力。ILA 的功能对于复杂的系统设计、验证、测试和调试至关重要。ILA 核可配置性强，支持边缘触发、级联触发等多种触发选项，并且可以自定义触发条件。在线逻辑分析功能已经集成到 Xilinx 的 Vivado 设计套件中，它提供用于设置触发条件、监视信号的逻辑状态以及查看波形结果的图形化界面。ILA 对于通过捕获内部信号状态信息来优化设计性能、快速诊断问题和验证系统行为都极其重要。

第 3 章

软件定义无线电平台开发环境的构建

在基于 Xilinx Zynq-7000 SoC 和 ADI AD9361 开发基于 SDR 技术的通信系统时,会使用到 Xilinx 的 Vivado 2023.1 设计套件、GNU Radio 软件和 MathWorks 的 MATLAB R2021B 软件。

本章将介绍下载和安装 Vivado 2023.1 设计套件、GNU Radio 软件和 MATLAB R2021B 软件的方法。

3.1 Vivado 设计套件的下载和安装

本节将介绍 Vivado 设计套件的设计流程,以及如何下载和安装 Vivado 设计套件。

Vivado 设计套件
的设计流程

3.1.1 Vivado 设计套件的设计流程

Vivado 设计套件是 Xilinx(现已被 AMD 收购)于 2012 年推出的系统级设计工具,其架构致力于提升 FPGA 和 SoC 设计的整体生产效率。Vivado 设计套件的各个功能模块如下所述。

(1) RTL 设计:开发人员通过指定 RTL 源文件创建工程,用于 RTL 代码开发、分析、综合和实现。Vivado 支持多种源文件类型,如 Verilog、VHDL、SystemVerilog 和 XDC,并提供推荐的 RTL 和约束模板库。

(2) IP 设计与系统级设计集成:提供环境来配置、实现、验证和集成 IP。IP 可以包括逻辑、嵌入式处理器、DSP 模块等,自定义 IP 按 IP-XACT 协议封装,通过 Vivado IP 目录访问,利用 AXI4 互联标准实现系统集成。

(3) IP 子系统设计:通过 Vivado IP Integrator,使用 AMBA AXI4 协议将 IP 拼接到子系统中。开发人员可以使用块设计界面配置和连接 IP,以确保设计的正确性,并可以共享块设计。

(4) I/O 和时钟规划:提供 I/O 引脚规划环境,帮助分配 I/O 引脚到 FPGA 引脚或内部焊盘,并进行 I/O DRC 和 SSN 分析,以验证分配的有效性。

(5) Xilinx 平台板支持:允许开发人员选择现有 Xilinx 评估平台作为设计目标,自动分配最终 IP 配置参数和物理板约束,简化设计过程中的 IP 配置和连接。

(6) 综合:Vivado 设计套件执行综合任务时,默认情况下使用脱离上下文(Out Of Context,OOC)或自底向上的设计流程来综合 IP 核及块设计。这意味着开发人员可以选择将设计中的特定模块单独综合为 OOC 模块,这样可以在不依赖顶层设计的情况下进行综合、实现和分析。这种方法可以提高综合效率并缩短运行时间,尤其适用于大型和复杂的设计。此外,Vivado 也支持使用第三方工具进行综合,如 EDIF 或结构化 Verilog,虽然 7 系列 FPGA 中的存储器有一些例外,但来自 Vivado IP 目录的 IP 核必须使用 Vivado 的内建综合工具进行综合。

(7)设计分析与仿真:Vivado 设计套件提供了丰富的分析工具,允许开发人员在设计的每个阶段进行详细分析和验证。这些工具包括设计规则检查、逻辑仿真、时序分析和功耗分析等,能够提高电路的性能和可靠性,支持在 RTL 级别、综合后和实现后进行多层次分析。

(8)布局和布线:网表经过综合后,Vivado 实现工具提供了布局和布线功能,以优化设计在目标器件上的实现。Vivado 实现工具致力于满足设计的逻辑、物理和时序约束,并且在面对复杂设计时,提供高级的布图规划功能,包括将特定逻辑约束到指定区域、手动布局设计元素,以及为后续实现修复这些元素。

(9)硬件调试和验证:实现后的设计可以使用 Vivado 逻辑分析仪或 Vivado Lab Edition 进行调试和验证。开发人员可以在 RTL 设计中识别调试信号,也可以在综合后或实现后添加调试核。Vivado 提供了工程变更指令(Engineering Change Order,ECO)流程,用于在设计中添加调试核和修改连接到调试探针的网络,或者将内部信号布线到封装引脚以进行外部探测。

(10)加速的内核流:Xilinx Vitis 软件平台引入了加速的内核流。这种设计方法将 Vivado 用于创建一个硬件平台,该平台随后由 Xilinx Vitis 软件平台进行加速内核的添加。最终比特流由 Vitis 创建,因为在 Vivado 中无法看到完整的设计。

(11)嵌入式处理器设计:嵌入式处理器设计需要与硬件设计流程一致的软件启动和运行支持。Vivado 设计套件通过 IP 集成器创建嵌入式处理器硬件设计,允许开发人员配置和组装处理器核及其接口,并且支持硬件和软件之间的数据交换和验证。硬件设计编译后可以导出到 Xilinx Vitis 软件平台中进行软件开发和验证。Vivado 设计套件提供了统一的软件开发环境,支持使用高级语言、开源库以及特定领域的开发工具。

(12)使用 Model Composer 进行基于模型的设计:Model Composer 是一个基于模型的图形设计工具,允许在 MathWorks MATLAB 和 Simulink 中进行快速设计探索。通过自动代码生成,Model Composer 可以加速将设计转移到 Xilinx 器件中。

(13)使用 Xilinx System Generator 的基于模型的设计:Xilinx System Generator 是 Vivado 设计套件的一部分,用于实现 DSP 功能。开发人员可以使用 System Generator 创建 DSP 功能,并将其封装为 Vivado IP 目录中的 IP 模块。这些生成的 IP 可以作为子模块被实例化到 Vivado 设计中。

(14)基于 C 的高级综合设计:HLS 工具允许开发人员以更高的抽象层次描述算法、数据类型和规范。通过这种方式,设计人员可以在算法级别进行优化,定义"假设"场景,以调优性能和资源使用。开发人员可以利用基于 C 的测试平台和仿真来验证生成的 RTL 设计。这使得设计人员在高级设计阶段能够发现并解决潜在的问题,从而提高设计的可靠性和准确性。HLS 生成的 RTL 模块可以作为更复杂的设计的一部分进行封装和实现,或者在 IP 集成器中实例化。这使得模块化设计更加灵活,能够与现有的 RTL 设计无缝集成。

(15)动态功能交换设计:动态功能交换(Dynamic Function eXchange,DFX)是一种允许在运行时实时重新配置 FPGA 的一部分以改变其功能的技术。必须对可重新配置的模块进行详尽的规划,以确保它们能够在运行时以最高性能执行。这包括合理配置模块输入、布局规划器件资源和引脚布局,以确保更新过程的平稳进行。DFX 流程要求严格遵循设计规范,以确保在进行部分比特流更新时,模块能够无缝运行。这包括减少进入可重新配置模块的信号数,进行布图规划,并遵守 DFX 设计规则检查(DRC)。需要对 FPGA 的编程方法进行适当规划,以确保配置 I/O 引脚的正确分配,从而支持动态配置操作。

(16)分层设计:分层设计允许 FPGA 开发人员将设计划分为多个模块,这些模块可以独立处理和优化。模块化设计使得设计团队能够对特定部分进行迭代，实现时间收敛和设计目标。分层设计要求正确设计模块接口、定义约束，并进行布图规划。通过这种方法，可以在模块级别应用约束来优化性能和验证模块的功能。Vivado 提供了多个功能来实现分层设计方法。例如，可以在顶层设计的上下文（OOC）之外综合逻辑模块。开发人员可以选择特定的模块或设计层次结构级别，将其综合为 OOC，应用模块级的约束以优化和验证性能。在实现过程中，通过使用设计检查点（Design Check Point，DCP）建立顶层网表，这不仅有助于减少顶层综合运行时间，还可以避免对已经完成模块的重新综合。

3.1.2 Vivado 设计套件的下载

下面介绍 Vivado 设计套件的下载方法，主要步骤如下所述。

（1）在 Windows 11 操作系统桌面上，双击 Microsoft Edge 图标，启动 Edge 浏览器。
（2）在 Edge 浏览器的地址栏中，输入 Xilinx 的官网地址，并按回车键。

注：由于 Xilinx 已经被 AMD 收购，因此会自动跳转到 AMD 的官网地址。

（3）在 AMD 官网主界面中单击 按钮，弹出浮动菜单，如图 3.1 所示。在浮动菜单中提供了"My Account"和"Create Account"选项。如果读者没有AMD/Xilinx的官网账号，则需要通过单击"Create Account"选项，进入"AMD Account Creation"界面，在该界面中填写相关信息并单击"Submit"按钮，需要等待 AMD/Xilinx 的审核批准后才能执行下面的步骤。

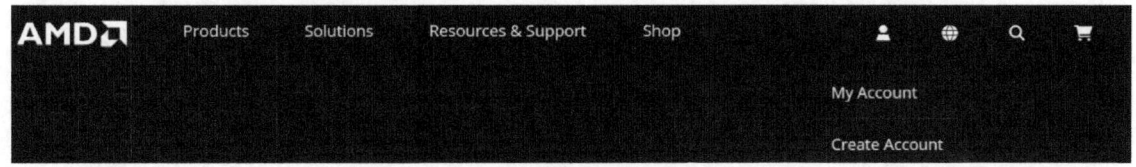

图 3.1 AMD 官网主界面

（4）如果读者已经拥有 AMD/Xilinx 的官网账号，则单击图 3.1 中的"My Account"选项。
（5）弹出登录界面，如图 3.2 所示。在该界面中，在"电子邮件地址"标题下的文本框中输入事先注册的电子邮件地址；在"密码"标题下的文本框中输入事先设置的密码。

图 3.2 登录界面

（6）单击"登录"按钮。
（7）如图 3.3 所示，在 AMD 官网主界面顶部的工具栏上，找到并单击"Resources & Support"

标签,弹出"Resources & Support"标签页。在该标签页中,找到标题"Adaptive SoCs & FPGAs"。在该标题下的窗口中,找到并单击"Vivado ML Developer Tools"选项。

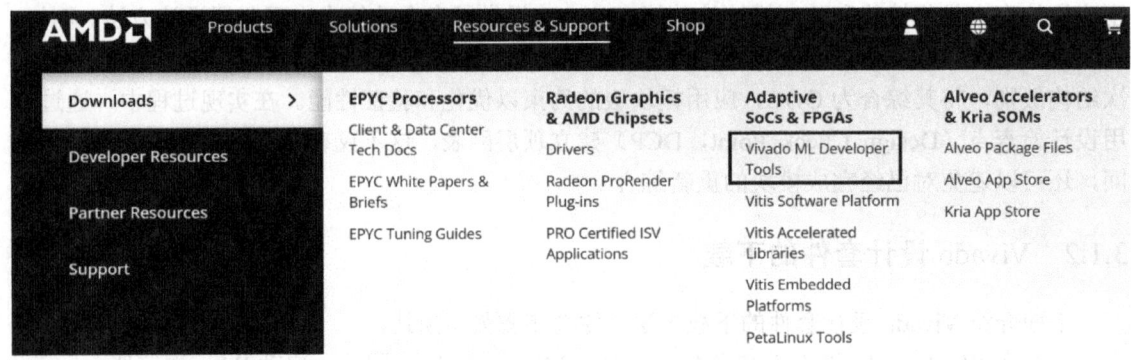

图 3.3 "Resources & Support"标签页

(8) 弹出新的界面,如图 3.4 所示。在该界面中,找到标题为"Version"的窗口。在该窗口中,找到并单击"2023.1"选项。

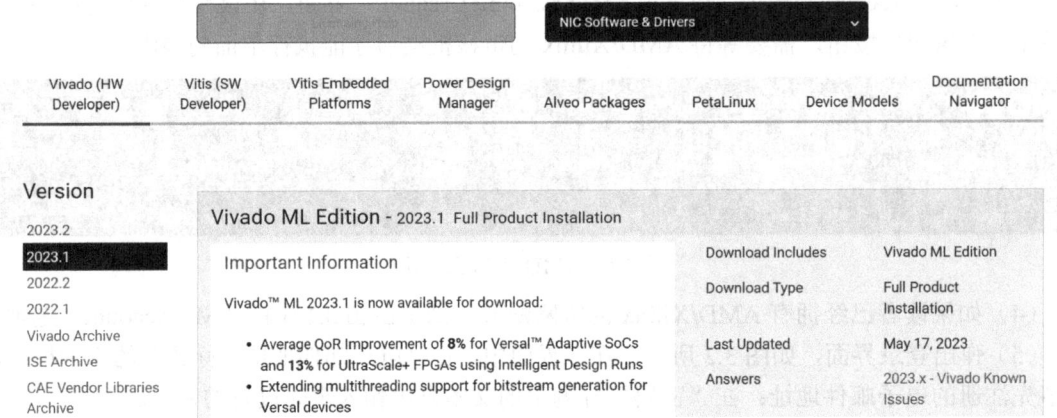

图 3.4 下载 Vivado 设计套件入口(一)

(9) 滚动鼠标滚轮,在该界面右侧窗口中找到下载入口,如图 3.5 所示。在该界面中,找到并单击名字为"AMD Unified Installer for FPGAs & Adaptive SoCs 2023.1:Windows Self Extracting Web Installer(EXE-199.47MB)"选项。

图 3.5 下载 Vivado 设计套件入口(二)

第 3 章 软件定义无线电平台开发环境的构建

（10）弹出"Download Center-Name and Address Verification"界面，如图 3.6 所示。

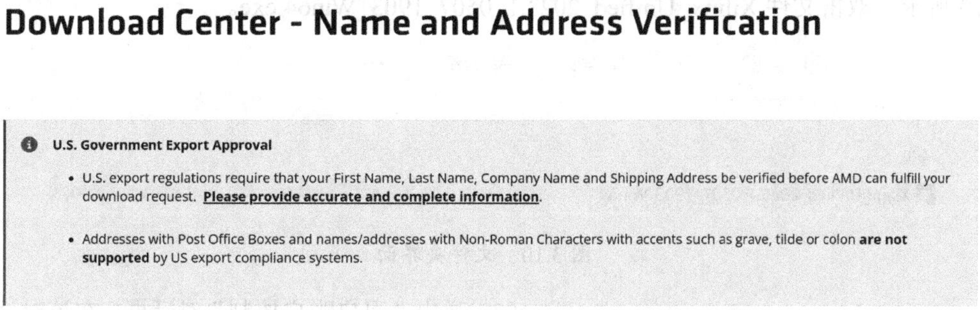

Download Center - Name and Address Verification

U.S. Government Export Approval
- U.S. export regulations require that your First Name, Last Name, Company Name and Shipping Address be verified before AMD can fulfill your download request. **Please provide accurate and complete information**.
- Addresses with Post Office Boxes and names/addresses with Non-Roman Characters with accents such as grave, tilde or colon **are not supported** by US export compliance systems.

图 3.6 "Download Center-Name and Address Verification"界面（一）

（11）通过操作鼠标滚轮，定位到该界面如图 3.7 所示的位置。找到并单击"Download"按钮。

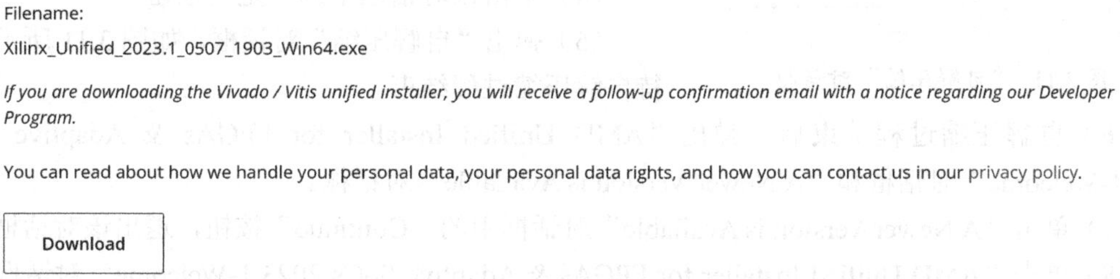

图 3.7 "Download Center-Name and Address Verification"界面（二）

（12）在 Edge 浏览器右上角弹出"下载"对话框，如图 3.8 所示。在该对话框中，进度条显示了下载软件的进度。

图 3.8 "下载"对话框

3.1.3 Vivado 设计套件的安装

下面介绍安装 Vivado 2023.1 设计套件的方法，主要步骤如下所述。

（1）单击"下载"对话框中文件名"Xilinx_Unified_2023.1_0507_1903_Win64.exe"后面的按钮，如图 3.9 所示。

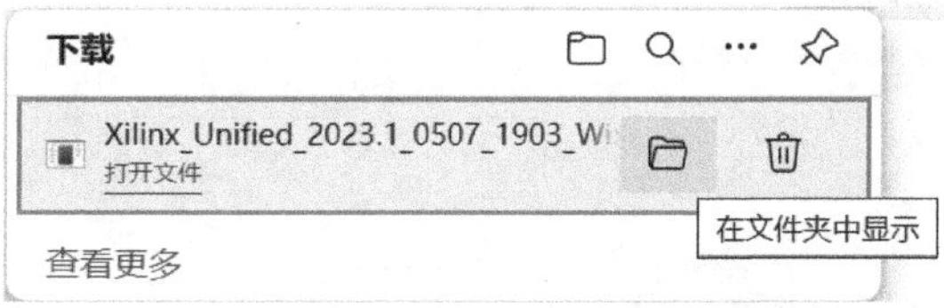

图 3.9 下载完成后的"下载"对话框

Vivado 设计套件的安装

（2）进入保存下载文件 Xilinx_Unified_2023.1_0507_1903_Win64.exe 的文件夹界面，如图 3.10 所示。双击文件 Xilinx_Unified_2023.1_0507_1903_Win64.exe。

图 3.10　文件夹界面

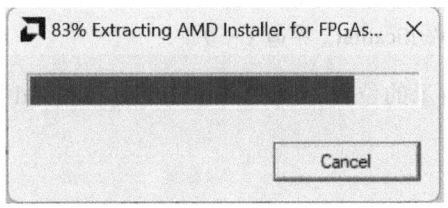

图 3.11　"自解压缩"对话框

（3）弹出"用户账户控制"对话框。在该对话框中，提示信息"你要允许此应用对你的设备进行更改吗？"。在该对话框下面的子窗口中，提示信息"AMD Installer for FPGAs & Adaptive SoCs"。

（4）单击该对话框中的"是"按钮。

（5）弹出"自解压缩"对话框，如图 3.11 所示，等待自解压缩过程结束。

（6）自解压缩过程结束后，弹出"AMD Unified Installer for FPGAs & Adaptive SoCs 2023.1-Welcome"对话框和"A Newer Version is Available"对话框。

（7）单击"A Newer Version is Available"对话框中的"Continue"按钮，退出该对话框。

（8）单击"AMD Unified Installer for FPGAs & Adaptive SoCs 2023.1-Welcome"对话框中的"Next"按钮。

（9）弹出"AMD Unified Installer for FPGAs & Adaptive SoCs 2023.1-Select Install Type"对话框，如图 3.12 所示。在该对话框中设置参数。

① 在"E-mail Address"右侧的文本框中输入注册 AMD/Xilinx 账户时提供的电子邮件地址。

② 在"Password"右侧的文本框中输入注册 AMD/Xilinx 账户时提供的密码。

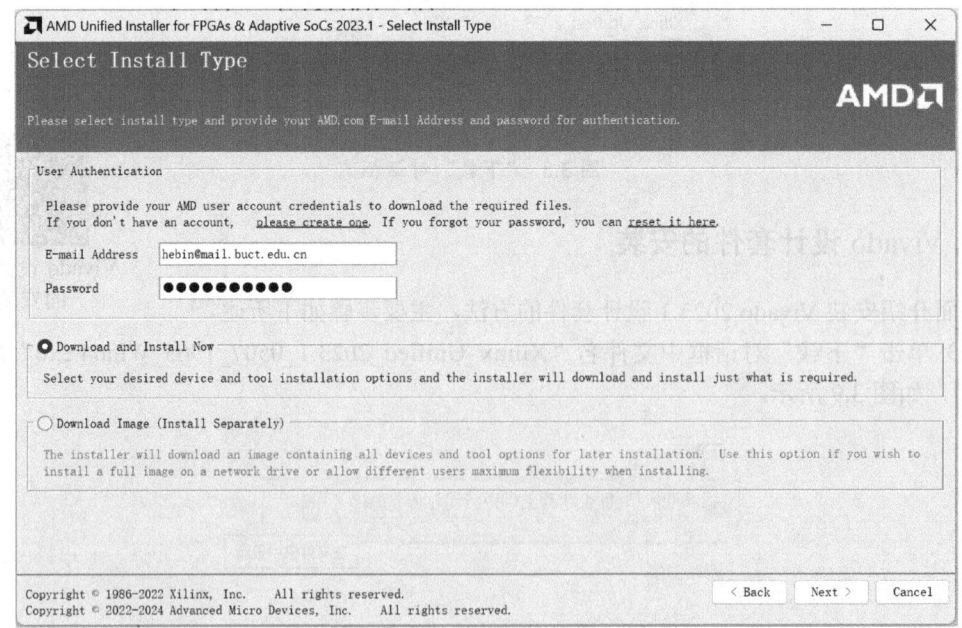

图 3.12　"AMD Unified Installer for FPGAs & Adaptive SoCs 2023.1-Select Install Type"对话框

（10）单击该对话框中的"Next"按钮。

（11）弹出"AMD Unified Installer for FPGAs & Adaptive SoCs 2023.1-Select Product to Install"对话框，如图 3.13 所示。在该对话框中，点选 Vitis 前面的单选按钮。

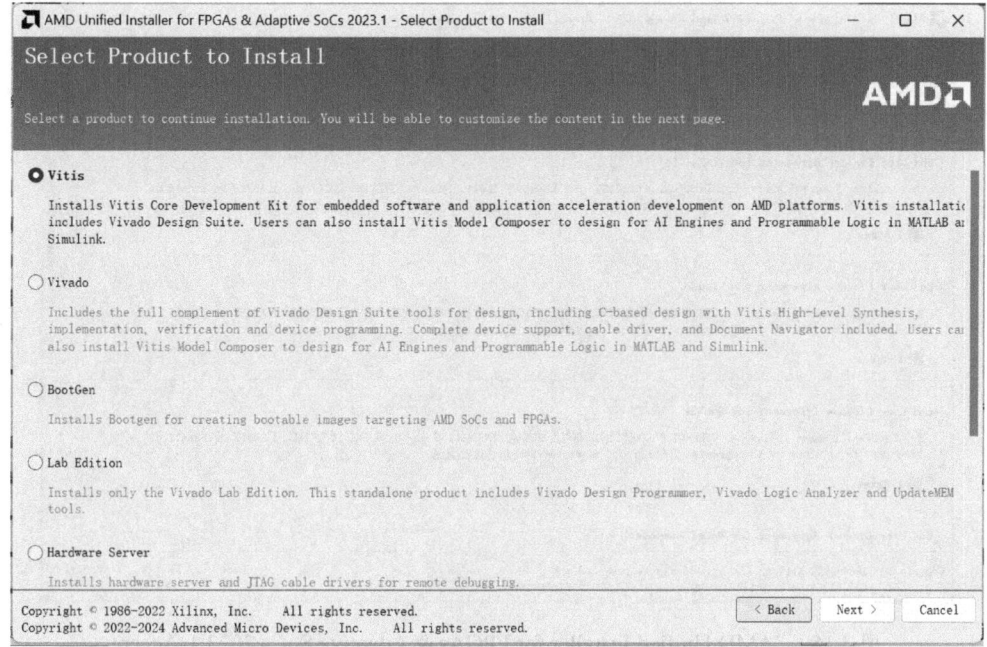

图 3.13　"AMD Unified Installer for FPGAs & Adaptive SoCs 2023.1-Select Product to Install"对话框

（12）单击该对话框中的"Next"按钮。

（13）弹出"AMD Unified Installer for FPGAs & Adaptive SoCs 2023.1-Vitis Unified Software Platform"对话框，如图 3.14 所示。保持默认的参数设置，不修改该对话框中的任何参数设置。

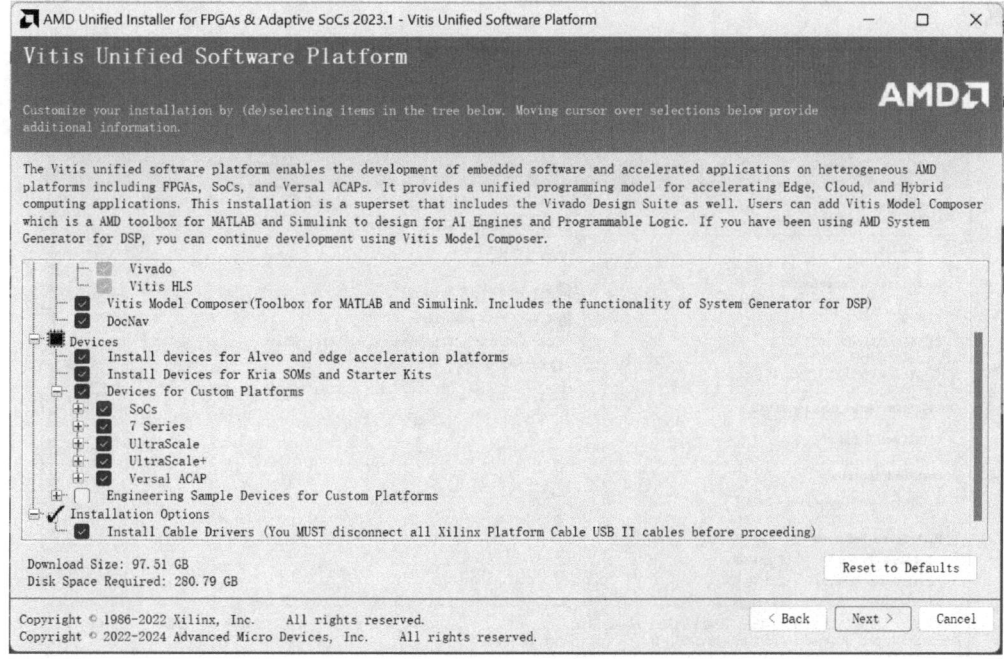

图 3.14　"AMD Unified Installer for FPGAs & Adaptive SoCs 2023.1-Vitis Unified Software Platform"对话框

（14）单击该对话框中的"Next"按钮。

（15）弹出"AMD Unified Installer for FPGAs & Adaptive SoCs 2023.1-Accept License Agreements"对话框，如图 3.15 所示。在该对话框中，勾选所有"I Agree"前面的复选框。

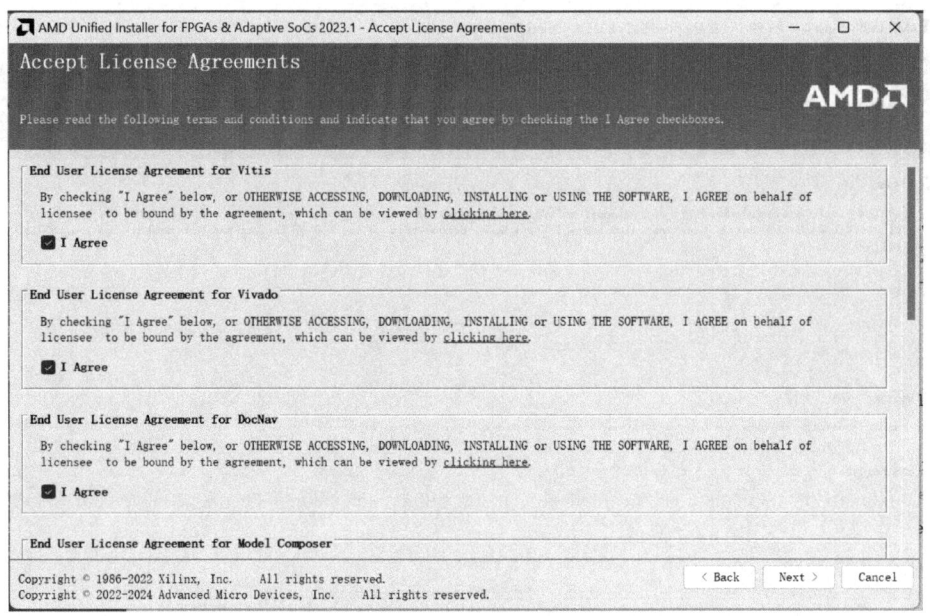

图 3.15 "AMD Unified Installer for FPGAs & Adaptive SoCs 2023.1-Accept License Agreements"对话框（部分内容显示）

（16）单击该对话框中的"Next"按钮。

（17）弹出"AMD Unified Installer for FPGAs & Adaptive SoCs 2023.1-Select Destination Directory"对话框，如图 3.16 所示。在本书中，保持默认的安装路径 C:\Xilinx 和其他默认的参数设置。

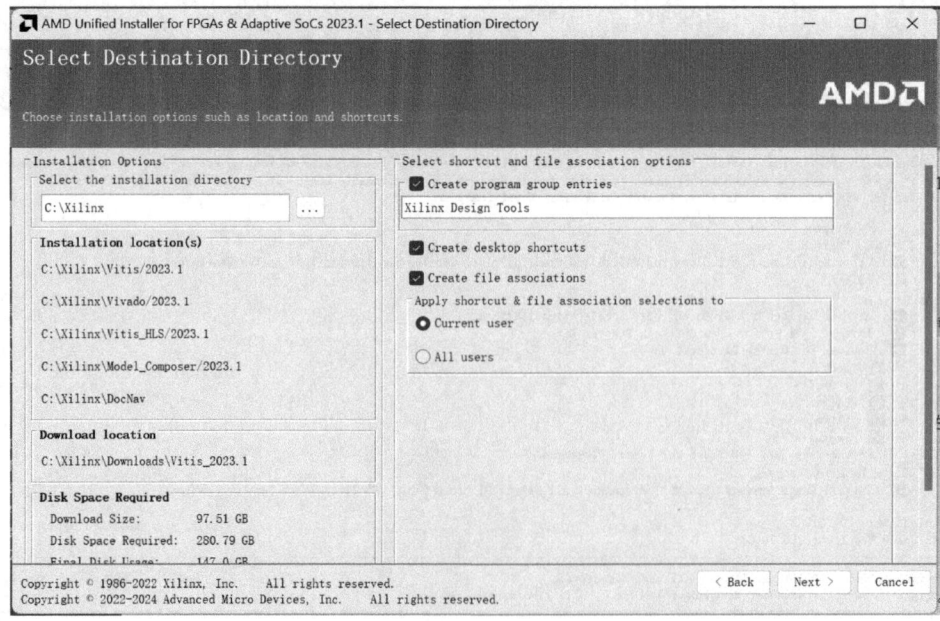

图 3.16 "AMD Unified Installer for FPGAs & Adaptive SoCs 2023.1-Select Destination Directory"对话框

第 3 章 软件定义无线电平台开发环境的构建

> 注：选择安装路径时，安装路径中不能有中文，不能有空格，建议使用 C:\Xilinx 或者 D:\Xilinx 等（安装到任意位置均可，不一定在 C 盘，但请确保对应位置有足够的空间。占用空间要求在 Disk Space Required 部分有提示）。

（18）单击该对话框中的"Next"按钮。

（19）弹出"AMD Unified Installer for FPGAs & Adaptive SoCs 2023.1-Installation Progress"对话框。

（20）单击该对话框中的"Install"按钮，开始安装，如图 3.17 所示。

图 3.17 "AMD Unified Installer for FPGAs & Adaptive SoCs 2023.1-Installation Progress"对话框

> 注：（1）整个安装过程需要持续几个小时才能完成。
> （2）若在安装的过程中弹出"WinPcap 4.1.3 Setup"对话框，则执行安装 WinPcap 4.1.3 的过程。

（21）安装过程结束后，弹出对话框以提示安装成功，如图 3.18 所示。单击该对话框中的"确定"按钮。

图 3.18 安装成功后的对话框

3.1.4 添加许可文件

下面介绍为 Vivado 设计套件添加许可文件的方法，主要步骤如下所述。

（1）在 Windows 11 操作系统的桌面上单击"开始"按钮。

（2）在弹出的浮动界面中找到并单击"所有应用"按钮。

(3）在弹出的浮动菜单中找到"X"标题。在该标题下，找到并展开"Xilinx Design Tools"选项。

(4）在展开项中，找到并单击"Manage Licenses 2023.1"选项。

(5）弹出"Vivado License Manager 2023.1"对话框，如图 3.19 所示。在该对话框中，找到并展开"Get License"选项。在其展开项中，找到并单击"Load License"选项，然后单击"Copy License"按钮。

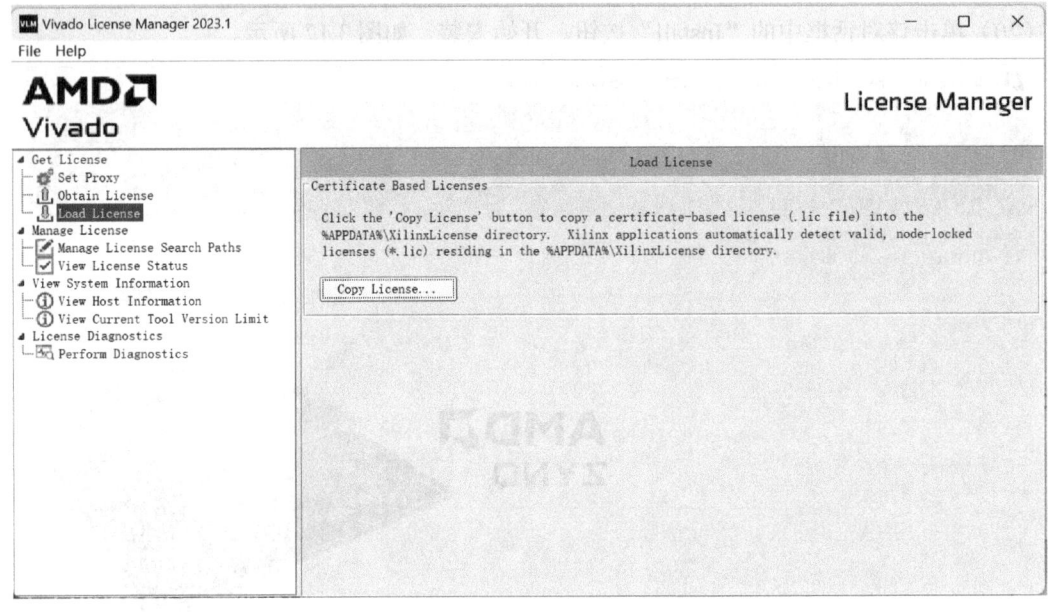

图 3.19 "Vivado License Manager 2023.1"对话框

(6）弹出"Select License File"对话框。在该对话框中，定位到保存 Vivado 设计套件许可文件（*.lic）的路径，并选中该许可文件（*.lic）。

注：读者需要事先在 Xilinx 官网的 Vivado 设计套件下载界面中申请 Vivado 设计套件的许可文件。

(7）单击该对话框中的"打开"按钮，退出"Select License File"对话框。

(8）弹出"Vivado License Manager"对话框，如图 3.20 所示。在该对话框中，提示信息"License installation was successful: C:\Users\hb\AppData\Roaming\XilinxLicense\Xilinx.lic"。

图 3.20 "Vivado License Manager"对话框

(9）单击"确定"按钮，退出"Vivado License Manager"对话框。

(10）单击图 3.19 右上角的关闭按钮 ×。

(11）弹出"Vivado License Manager"对话框。在该对话框中，提示信息"OK to exit Vivado License Manager?"。

(12）单击该对话框中的"是"按钮，退出"Vivado License Manager"对话框。

3.1.5 添加板支持包

为了方便读者在 Vivado 2023.1 设计套件中快速构建基于 SDR-AI-Z7 硬件开发平台的软件无线电设计工程，本书配套提供了面向 SDR-AI-Z7 硬件开发平台的板支持包。

将板支持包添加到 Vivado 2023.1 设计套件的主要步骤如下所述。

（1）在本书配套资源的\SDR_example 路径中，找到并选中名字为"SDR-AI_Z7"的文件夹。

（2）将该文件夹复制粘贴到下面的路径下：C:\Xilinx\Vivado\2023.1\data\xhub\boards\XilinxBoardStore\boards\Xilinx。

> 注：读者根据自己安装 Vivado 2023.1 设计套件的路径将 SDR-AI_Z7 文件夹复制到 Vivado 2023.1 设计套件的对应目录下。

3.2 GNU Radio 软件的下载和安装

GNU Radio 软件的下载和安装

本节将介绍 GNU Radio 软件的下载和安装方法。

3.2.1 GNU Radio 软件的下载

下面介绍如何下载 GNU Radio 软件，主要步骤如下所述。

（1）在 Windows 11 操作系统中，进入 Edge 浏览器界面。

（2）在浏览器的地址栏中，输入"gnuradio"，自动打开 Microsoft Bing 搜索引擎。在该搜索引擎给出的列表中，找到 GNU Radio 的官网地址，如图 3.21 所示。

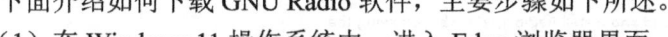

图 3.21 GNU Radio 的官网地址

（3）单击图 3.21 中的"GNU Radio"标题，自动进入 GNU Radio 官网主界面。

（4）如图 3.22 所示，在 GNU Radio 官网主界面的顶部工具栏中，找到并单击"DOCUMENTATION"按钮，弹出浮动菜单。在浮动菜单内，单击"INSTALLATION"选项。

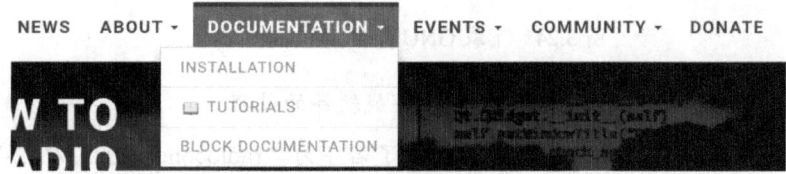

图 3.22 下载 GNU Radio 的入口（一）

（5）弹出新的界面，如图 3.23 所示。在该界面中，找到“Quick Start”标题，在该标题下面列表窗口左侧的“Platform”一列中，找到名字为“Windows”的一行。在其右侧有相应的提示信息。其中，文字“Radioconda”为超链接，单击该文字。

Quick Start

Platform	Method	GNU Radio version
Debian ≥12 Ubuntu ≥22.04 Linux Mint ≥21.1 Raspberry Pi OS 64-bit ≥2021-10-30	sudo apt-get install gnuradio	Ubuntu 24.04: v3.10.9.2 Ubuntu 22.04: v3.10.1.1 Debian 12: v3.10.5.1
Fedora ≥39	sudo dnf install gnuradio	Fedora 39: v3.10.6.0 Fedora 40: v3.10.9.2
Ubuntu 20.04 Consider upgrading your Ubuntu Ubuntu 22.04	sudo add-apt-repository ppa:gnuradio/gnuradio-releases sudo apt-get update sudo apt-get install gnuradio python3-packaging	v3.10.7.0
Other Linux Distros	sudo {apt, dnf, yay, emerge, …} install gnuradio	See this table
Windows	Download and install Radioconda by following the instructions at the link and launch "GNU Radio Companion" from the Start menu	v3.10.10.0
macOS	Download and install Radioconda by following the instructions at the link	

图 3.23　下载 GNU Radio 的入口（二）

（6）自动跳转到 GitHub 的网址，并打开新的界面。在该界面中，通过滚动鼠标滚轮，找到“Download”标题，如图 3.24 所示。在该标题下面列表窗口左侧的“OS”一列中，找到名字为“Windows”的一行。单击右侧的“radioconda-Windows-x86-64.exe”。

Download

Radioconda installers are available here:

OS	Architecture	Installer Type	Download
Linux	x86_64 (amd64)	Command-line	radioconda-Linux-x86_64.sh
Linux	aarch64 (arm64)	Command-line	radioconda-Linux-aarch64.sh
Linux	ppc64le (POWER8/9)	Command-line	radioconda-Linux-ppc64le.sh
macOS	x86_64 (Intel)	Command-line	radioconda-MacOSX-x86_64.sh
macOS	x86_64 (Intel)	Graphical	radioconda-MacOSX-x86_64.pkg
macOS	arm64 (Apple Silicon)[1]	Command-line	radioconda-MacOSX-arm64.sh
macOS	arm64 (Apple Silicon)[1]	Graphical	radioconda-MacOSX-arm64.pkg
Windows	x86_64 (amd64)	Graphical	radioconda-Windows-x86_64.exe

图 3.24　下载 GNU Radio 的入口（三）

注：（1）通过代理服务器，才能完成下载软件的过程。

（2）为了方便读者，本书配套资源中提供了名字为“radioconda-2022.09.22-Windows-x86_64.exe”的安装包文件。

3.2.2 GNU Radio 软件的安装

下面介绍如何安装 GNU Radio 软件，主要步骤如下所述。

（1）双击名字为"radioconda-2022.09.22-Windows-x86_64.exe"的安装包，启动 GNU Radio 软件的安装过程。

（2）弹出"radioconda 2022.09.22 (64-bit) Setup-Welcome to radioconda 2022.09.22(64-bit) Setup"对话框，如图 3.25 所示。

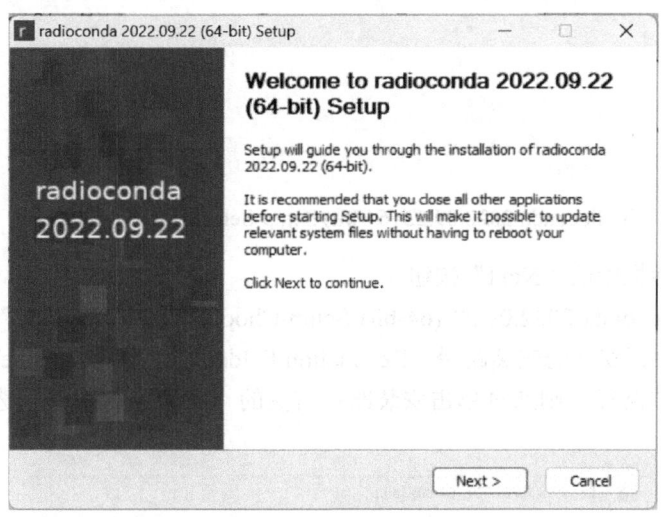

图 3.25　"radioconda 2022.09.22 (64-bit) Setup-Welcome to radioconda 2022.09.22 (64-bit) Setup"对话框

（3）单击该对话框中的"Next"按钮。

（4）弹出"radioconda 2022.09.22 (64-bit) Setup-License Agreement"对话框，如图 3.26 所示。

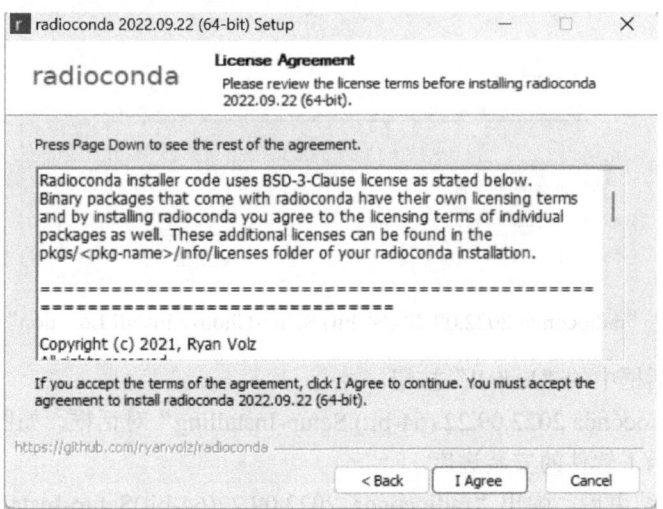

图 3.26　"radioconda 2022.09.22 (64-bit) Setup-License Agreement"对话框

（5）单击该对话框中的"I Agree"按钮。

（6）弹出"radioconda 2022.09.22 (64-bit) Setup-Select Installation Type"对话框，如图 3.27 所示。在该对话框中，默认点选"Just Me(recommended)"前面的单选按钮。

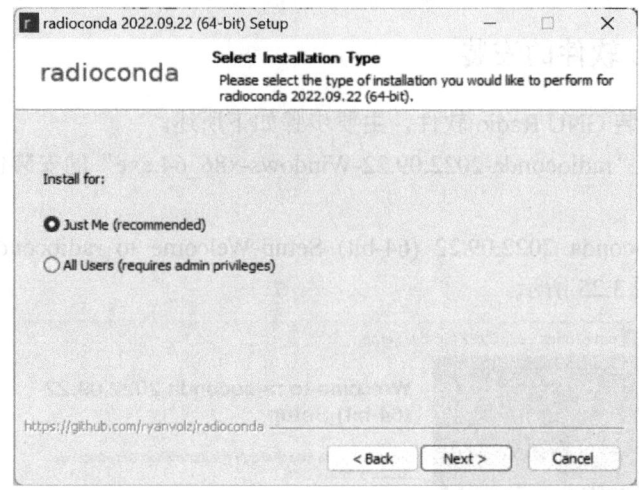

图 3.27 "radioconda 2022.09.22 (64-bit) Setup-Select Installation Type"对话框

（7）单击该对话框中的"Next"按钮。

（8）弹出"radioconda 2022.09.22 (64-bit) Setup-Choose Install Location"对话框，如图 3.28 所示。在该对话框中，默认的安装路径（Destination Folder）是"C:\Users\hebin\radioconda"。如果读者选择其他安装路径，则通过单击安装路径右侧的"Browse"按钮来选择读者指定的安装路径。

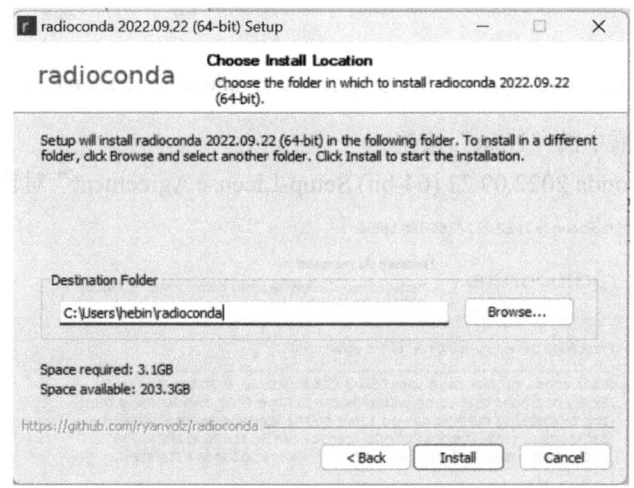

图 3.28 "radioconda 2022.09.22 (64-bit) Setup-Choose Install Location"对话框

（9）单击该对话框中的"Install"按钮。

（10）弹出"radioconda 2022.09.22 (64-bit) Setup-Installing"对话框，如图 3.29 所示。在该对话框中，进度条显示了软件的安装进度。

（11）安装过程结束后，弹出"radioconda 2022.09.22(64-bit)Setup-Installation Complete"对话框，如图 3.30 所示。

（12）单击该对话框中的"Next"按钮。

（13）弹出"radioconda 2022.09.22 (64-bit) Setup-Completing radioconda 2022.09.22 (64-bit) Setup"对话框，如图 3.31 所示。

（14）单击该对话框中的"Finish"按钮。

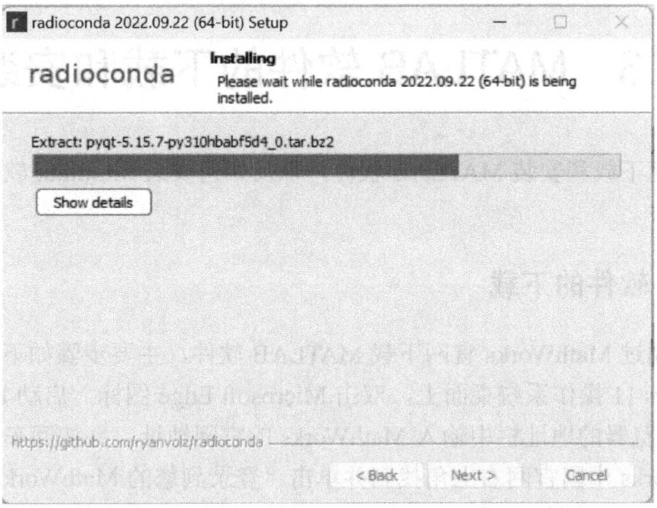

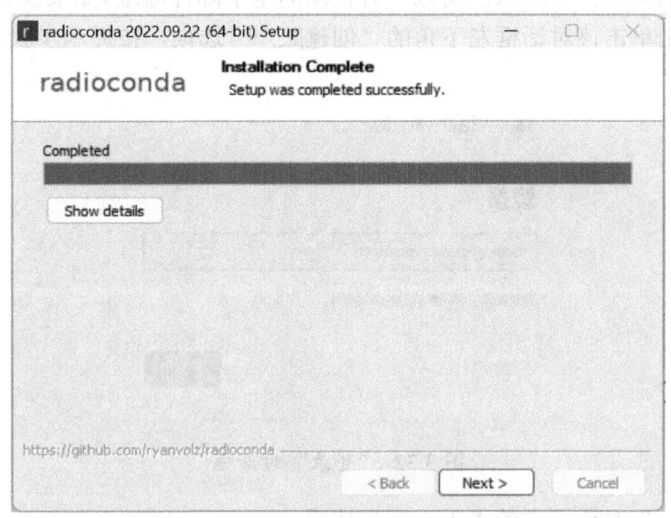

图 3.29 "radioconda 2022.09.22 (64-bit) Setup-Installing" 对话框

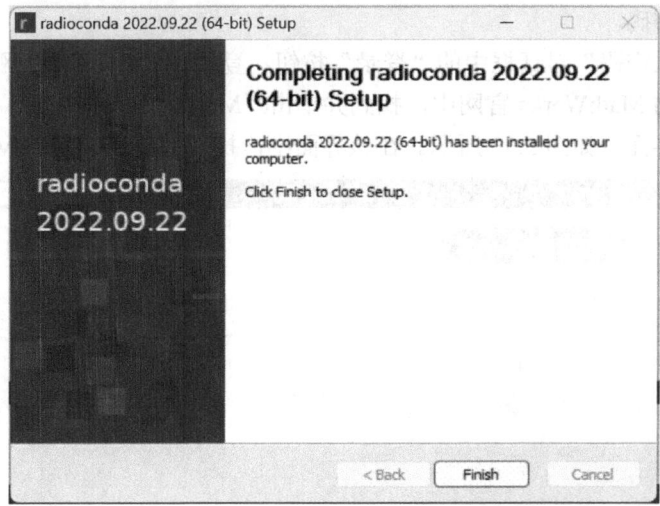

图 3.30 "radioconda 2022.09.22 (64-bit) Setup-Installation Complete" 对话框

图 3.31 "radioconda 2022.09.22 (64-bit) Setup-Completing radioconda 2022.09.22 (64-bit) Setup" 对话框

3.3 MATLAB 软件的下载和安装

MATLAB 软件的
下载和安装

本节将介绍如何下载和安装 MATLAB 软件,以及如何安装 Simulink 软件支持包。

3.3.1 MATLAB 软件的下载

下面介绍如何通过 MathWorks 官网下载 MATLAB 软件,主要步骤如下所述。

(1) 在 Windows 11 操作系统桌面上,双击 Microsoft Edge 图标,启动 Edge 浏览器。

(2) 在 Edge 浏览器的地址栏中输入 MathWorks 的官网地址,并按回车键。

(3) 在 MathWorks 中国官网右上角找到并单击"登录到您的 MathWorks 账户"按钮。

(4) 弹出"登录"对话框,如图 3.32 所示。如果读者已经在 MathWorks 官网上注册了账号,则在"登录"标题下的文本框中输入注册账号时使用的电子邮件地址。如果读者还未在 MathWorks 官网上注册账号,则单击该对话框左下角的"创建账户"选项,按提示步骤,完成账号的注册。

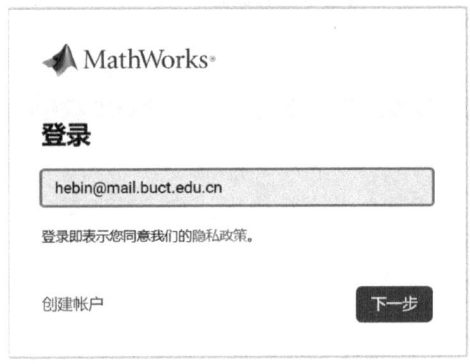

图 3.32 "登录"对话框

(5) 单击"登录"对话框中的"下一步"按钮。

(6) 弹出"输入密码"对话框。在该对话框中,在"输入密码"标题下面的文本框中输入注册账号时使用的密码。

(7) 单击"输入密码"对话框中的"登录"按钮,登录 MathWorks 官网。

(8) 在登录后的 MathWorks 官网中,找到并单击"MATLAB"按钮。

(9) 弹出新的界面,如图 3.33 所示。在该界面中,找到并单击"安装 MATLAB"按钮。

图 3.33 MATLAB 下载界面入口(一)

（10）弹出新的界面，如图 3.34 所示。在该界面中，通过"选择版本"标题下面的下拉框选择"R2021b"。

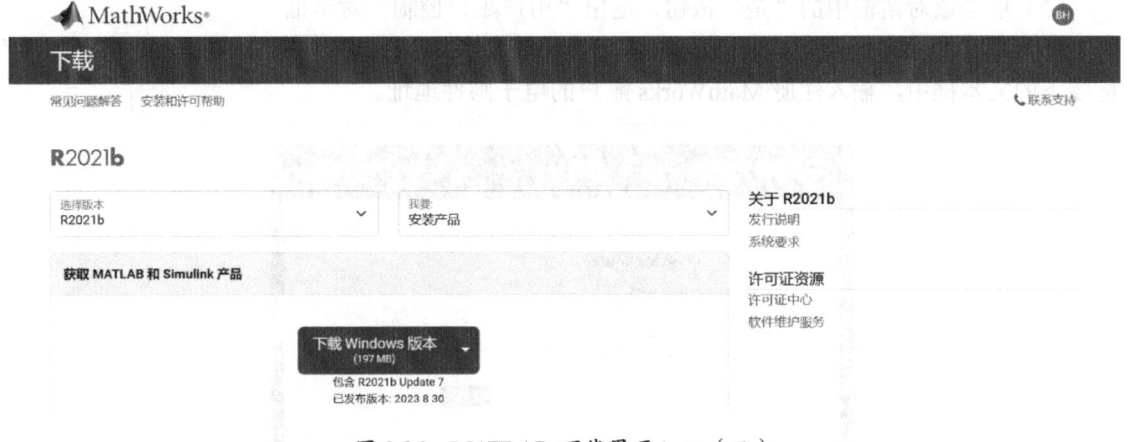

图 3.34　MATLAB 下载界面入口（二）

（11）单击"下载 Windows 版本(197MB)"按钮。

（12）在 Edge 浏览器右上角弹出"下载"对话框，如图 3.35 所示。在该对话框中，进度条显示了下载 MATLAB 软件的进度，等待下载过程的结束。

图 3.35　"下载"对话框

3.3.2　MATLAB 软件的安装

下面介绍如何安装 MATLAB 软件，主要步骤如下所述。

（1）在下载 MATLAB 软件过程结束后，在"下载"对话框中，单击 matlab_R2021b_win64.exe 右侧的"在文件夹中显示"按钮，如图 3.36 所示。

（2）进入保存 matlab_R2021b_win64.exe 的目录，双击 matlab_R2021b_win64.exe。

（3）弹出"WinZip Self-Extractor-matlab_R2021b_win64.exe"对话框，如图 3.37 所示。在该对话框中，进度条指示自解压缩文件的过程，同时默认将解压缩的文件保存在当前文件夹下的子目录_temp_matlab_R2021b_win64 中。

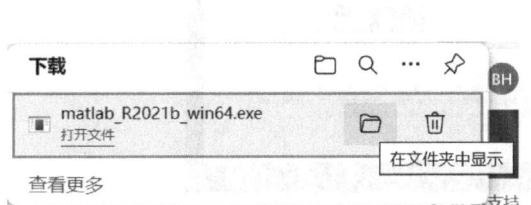
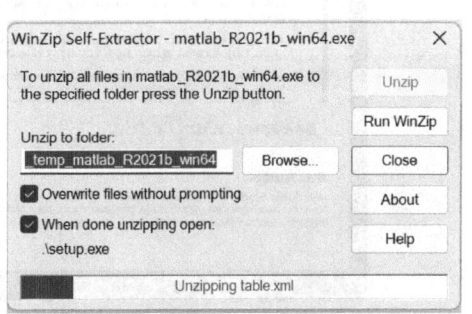

图 3.36　"在文件夹中显示"按钮　　图 3.37　"WinZip Self-Extractor-matlab_R2021b_win64.exe"对话框

（4）当解压缩过程结束后，弹出"用户账户控制"对话框。在该对话框中，提示信息"你要允许此应用对你的设备进行更改吗？"。

（5）单击该对话框中的"是"按钮，退出"用户账户控制"对话框。

（6）弹出"MathWorks Product Installer"对话框，如图3.38所示。在该对话框的"电子邮件"标题下的文本框中，输入注册MathWorks账户的电子邮件地址。

图3.38 "MathWorks Product Installer"对话框（一）

（7）单击该对话框中的"下一步"按钮。

（8）弹出"MathWorks Product Installer"对话框，在该对话框的"密码"标题下的文本框中，输入注册MathWorks账户的密码。

（9）单击该对话框中的"登录"按钮。

（10）弹出"MathWorks Product Installer"对话框，如图3.39所示。在该对话框中，提示信息"The MathWorks, Inc. Software License Agreement"。在该对话框底部"是否接受许可协议的条款？"的后面，点选"是"前面的单选按钮。

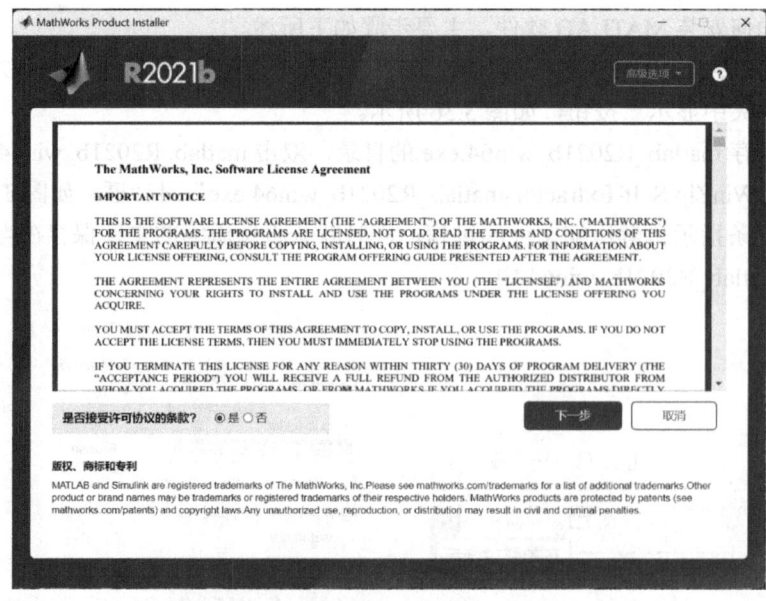

图3.39 "MathWorks Product Installer"对话框（二）

（11）单击该对话框中的"下一步"按钮。

（12）弹出"MathWorks Product Installer"对话框。在该对话框的"选择许可证"标题下，默认点选"许可证"前面的单选按钮。

（13）单击该对话框中的"下一步"按钮。

（14）弹出"MathWorks Product Installer"对话框。在该对话框中会显示"确认用户"的详细信息。

（15）单击该对话框中的"下一步"按钮。

（16）弹出"MathWorks Product Installer"对话框，如图3.40所示。在该对话框的"选择目标文件夹"标题下，默认安装文件的路径为"C:\Program Files\MATLAB\R2021b"。如果读者需要将MATLAB软件安装在其他路径下，则单击"选择目标文件夹"右侧的"浏览"按钮，然后指定其他安装路径。

图3.40 "MathWorks Product Installer"对话框（三）

（17）单击该对话框中的"下一步"按钮。

（18）弹出"MathWorks Product Installer"对话框，如图3.41所示。在该对话框中，提示"选择产品"信息。在"选择产品"标题下的窗口中，找到并勾选"全选"前面的复选框。

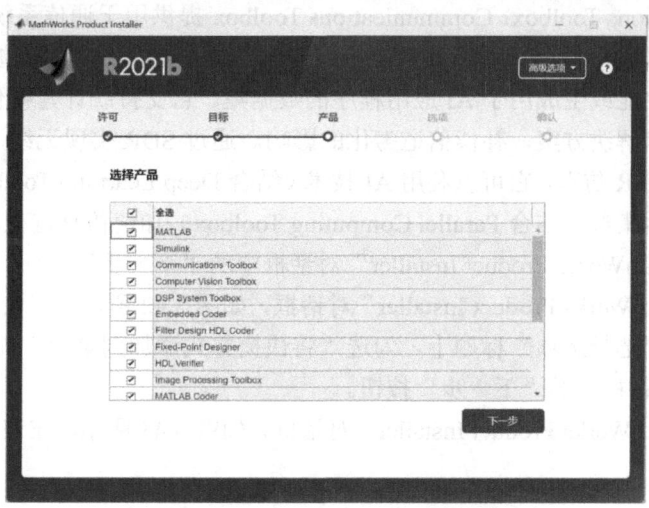

图3.41 "MathWorks Product Installer"对话框（四）

> 注：在后面安装Simulink软件支持包中，需要用到RF Blockset、Communications Toolbox、Embedded Coder和HDL Coder，因此请读者确保在图3.41中的产品列表中，已经包含上述4个产品。若在产品列表中没有包含这4个产品，则需要向MathWorks申请上述4个产品的许可授权。

下面对RF Blockset、Communications Toolbox、Embedded Coder和HDL Coder的功能进行简要说明。

① HDL Coder：HDL Coder是一种用于从MATLAB函数、Simulink模型和Stateflow图表中生成可移植、可综合的Verilog、SystemVerilog和VHDL代码的工具。它支持高级设计的FPGA、SoC和ASIC开发，允许开发人员将生成的HDL代码用于FPGA编程、ASIC原型设计和生产设计。HDL Coder包含一个工作流顾问（Workflow Advisor），能够自动生成适用于AMD、Intel和Microchip设备的原型代码。这里需要注意的是，AMD收购了Xilinx，Intel收购了Altera，Microchip收购了Actel，这三家公司均是知名的FPGA制造商。用户可以优化速度和面积，突出关键路径，并在综合之前生成利用率估计，以提高设计的性能和效率。HDL Coder提供了Simulink模型与生成的Verilog、SystemVerilog和VHDL代码之间的可追溯性，支持符合DO-254等高完整性标准的代码验证。

② Embedded Coder：Embedded Coder用于为大规模生产的嵌入式处理器生成高效、紧凑的C和C++代码。它基于MATLAB Coder和Simulink Coder，允许精确控制生成的函数、文件和数据，提升代码效率，并促进与传统代码、数据类型和校准参数的集成。Embedded Coder内置对AUTOSAR、MISRA C和ASAP2软件标准的支持，确保代码的规范性和兼容性。Embedded Coder提供可追溯性报告、代码文档和自动软件验证，支持DO-178、IEC 61508和ISO 26262等软件开发标准。此外，生成的代码可以在任何处理器上编译和执行，具有高级优化和特定硬件设备驱动程序的软件包。

③ RF Blockset：RF Blockset提供了用于设计RF通信和雷达系统的Simulink模型库和仿真引擎。RF Blockset可以模拟非线性RF放大器和存储效应，以估计增益、噪声、偶数阶和奇数阶互调失真。它支持RF混频器的建模，预测镜像抑制、互易混频、本振相位噪声和直流偏移，可以模拟频率相关的阻抗失配，以精确模拟自适应架构，包括自动增益控制（AGC）和数字预失真（DPD）算法。它支持对具有任意拓扑的网络进行高保真多载波仿真，适用于RF系统的预算分析和测试平台生成。

④ Communications Toolbox：Communications Toolbox提供用于通信系统设计、端到端仿真、分析和验证的算法和应用程序。通过图形化应用程序生成自定义或标准的波形，可以创建测试向量以验证接收机性能或生成用于AI应用程序的数据集。它支持统计建模传播信道，使用地形和建筑物的射线追踪解决方案，补偿信道劣化的影响。通过SDR实现无线（OTA）测试验证所开发的设计，加速BER仿真。它可以利用AI技术（结合Deep Learning Toolbox）解决通信问题。它可以使用云或本地集群（结合Parallel Computing Toolbox）加速仿真过程。

（19）单击"MathWorks Product Installer"对话框中的"下一步"按钮。

（20）弹出"MathWorks Product Installer"对话框，如图3.42所示。在该对话框中，提示"选择选项"信息。在"选择选项"标题下，勾选"将快捷方式添加到桌面"前面的复选框。

（21）单击该对话框中的"下一步"按钮。

（22）弹出"MathWorks Product Installer"对话框，如图3.43所示。在该对话框中，提示"确认选择"信息。

图 3.42 "MathWorks Product Installer"对话框(五)

图 3.43 "MathWorks Product Installer"对话框(六)

(23)单击该对话框中的"开始安装"按钮。

(24)弹出"MathWorks Product Installer"对话框,如图 3.44 所示。在该对话框中,进度条指示下载和安装 MATLAB 产品的进度。

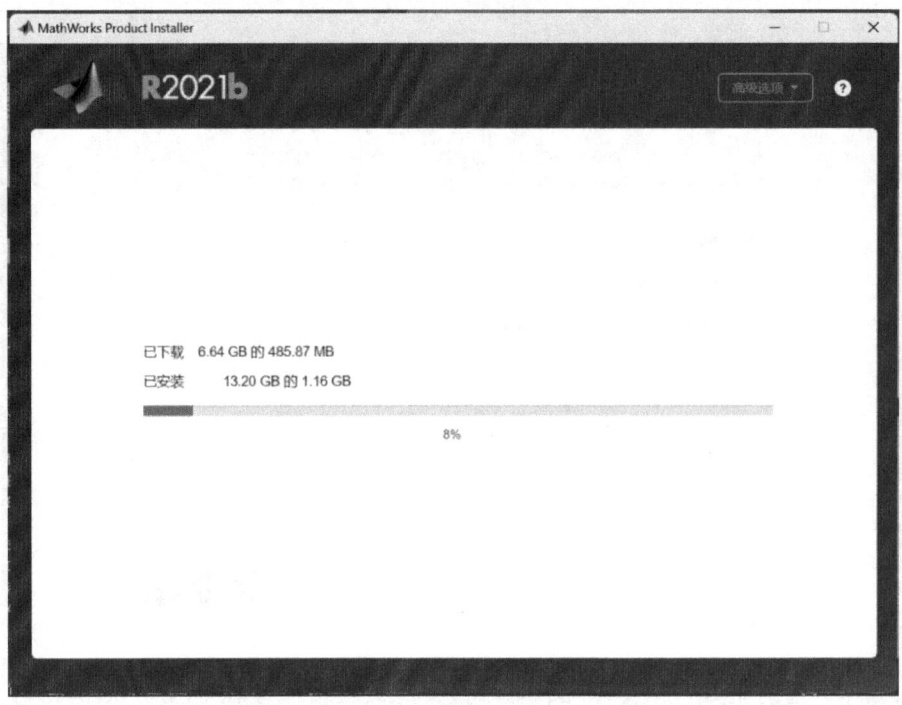

图 3.44 "MathWorks Product Installer"对话框(七)

(25)弹出"MathWorks Product Installer"对话框,如图 3.45 所示。在该对话框中,提示"安装完毕"信息。

图 3.45 "MathWorks Product Installer"对话框(八)

(26)单击该对话框中的"关闭"按钮。

3.3.3 安装 Simulink 软件支持包

前面介绍了 MATLAB 软件的安装过程。在 MATLAB 中集成了 Simulink 工具。Simulink 是一个基于"模块图"的设计环境，专用于多域仿真及基于模型的设计。它支持系统级设计、仿真、自动代码生成，以及嵌入式系统的持续测试和验证。

Simulink 提供了一个图形化编辑器、可自定义的模块库和求解器，能够进行动态系统的建模和仿真。通过与 MATLAB 的紧密集成，用户不仅可以在 Simulink 中将 MATLAB 算法融入模型，还能够将仿真结果导出到 MATLAB 进行进一步的分析和处理。

1. 软件支持包功能说明

Simulink 中提供了大量的用于支持基于 Zynq-7000 SoC 和 AD9361 硬件的 SDR 系统开发的软件支持包。在本书所使用的 SDR-AI-Z7 硬件平台中，需要以下软件支持包。

（1）HDL Coder Support Package for Xilinx Zynq Platform：为 Zynq SoC 的 FPGA 部分生成代码，并支持将 IP 核集成到 FPGA 设计中。它结合 Embedded Coder Support Package 进行硬件/软件协同设计。

（2）Embedded Coder Support Package for Xilinx Zynq Platform：为 Zynq SoC 的 ARM 部分（也称为处理器系统）生成代码。Embedded Coder Support Package for Xilinx Zynq Platform 支持为 Xilinx Zynq SoC 的 ARM 部分生成 ANSI C 代码。与 HDL Coder Support Package for Xilinx Zynq Platform 结合使用时，该解决方案可以使用 C 和 HDL 代码生成对 Xilinx Zynq SoC 进行编程。它支持硬件/软件协同设计。

（3）Embedded Coder Support Package for ARM Cortex-A Processors：生成针对 Cortex A 处理器优化的代码。Embedded Coder Support Package for ARM Cortex-A Processor 允许开发人员使用 NEON 库生成用于数学运算的 NEON 优化代码。将该生成的代码用于 ARM Cortex-A 处理器。对于 DSP 滤波器的支持，可以使用 DSP System Toolbox 的 ARM Cortex A Ne10 库。

（4）Embedded Coder Interface to QEMU Emulator：QEMU 是一个仿真器和虚拟机，允许开发人员在计算机上运行跨平台应用程序。设计人员可以使用 QEMU 仿真器来验证和确认生成的代码，这些代码用于 ARM Cortex-M 或 ARM Cortex-A 硬件处理器平台，设计人员可以在计算机上使用 Embedded Coder Support Package for ARM Cortex-M Processors 或 Embedded Coder Support Package for ARM Cortex-A Processors，而不需要实际的基于 ARM Cortex-M 或 Cortex-A 的处理器。QEMU 仿真器的 Embedded Coder 接口可作为附加组件提供。它将在 QEMU 仿真器上部署生成的应用程序。但是，该附加组件不支持任何代码生成。 Embedded Coder 接口到 QEMU 仿真器的安装程序文件仅在安装了 Embedded Coder Support Package for ARM Cortex-M Processors 或 Embedded Coder Support Package for ARM Cortex-A Processors 时才有效。

（5）Communications Toolbox Support Package for Xilinx Zynq-Based Radio：使用 Communications Toolbox Support Package for Xilinx Zynq-Based Radio 设计和验证实际的 SDR 系统。使用该支持包，开发人员可以将带有 RF FMC 子板的 Xilinx Zynq-7000 SoC 硬件开发平台和作为独立的外设用于实时 RF 数据 I/O。当与 HDL Coder 配对时，该支持包可帮助设计人员使用 HDL 代码生成在定制 Zynq-7000 SoC 硬件开发平台上运行的算法。

（6）RF Blockset Models for Analog Devices RF Transceivers：用于 ADI 公司 RF 捷变收发器 RF Blockset Models 的安装程序文件，包含的型号如下所述。

① 芯片 AD9361 的发射机和接收机（也适用于 AD9364 和 AD9363）。

② 芯片 AD9371 的发射机、接收机、观察器和嗅探器。

2. 离线支持包的安装

下面介绍如何安装离线支持包，主要步骤如下所述。

（1）在 Windows 11 操作系统桌面上，单击"开始"按钮 ▦。

（2）出现浮动窗口，如图 3.46 所示。在搜索框中输入"cmd"，并按回车键。

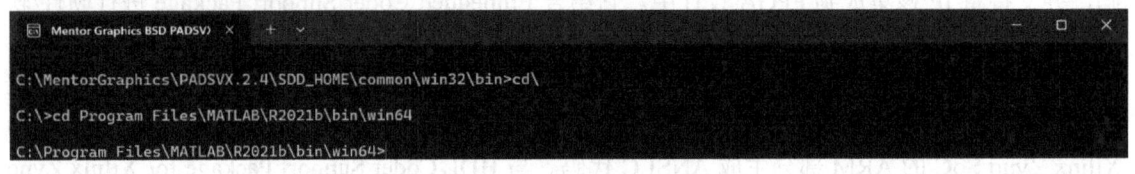

图 3.46 浮动窗口中的搜索框

（3）进入"cmd"窗口，如图 3.47 所示。在命令行提示符>后面依次输入下面的命令：
① cd\，按回车键；
② cd Program Files\MATLAB\R2021b\bin\win64，按回车键。

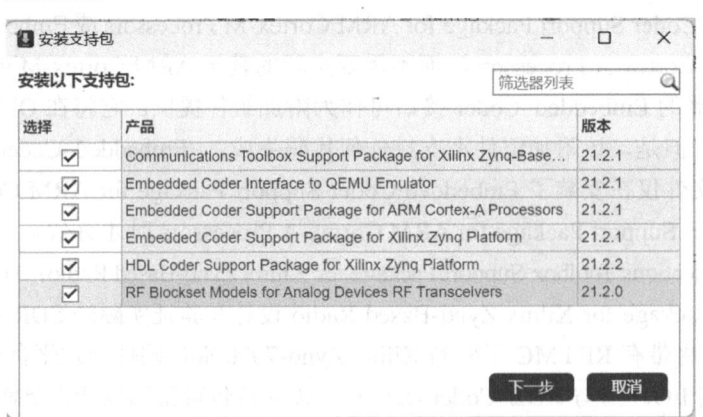

图 3.47 "cmd"窗口

执行上面的命令后，进入目录 C:\Program Files\MATLAB\R2021b\bin\win64。

（4）在命令行提示符>后面输入下面的命令并按回车键。

install_supportsoftware.exe -archives E:\SDR_example\usrlib_6 -matlabroot "C:\Program Files\MATLAB\R2021b"

注：因为在 MATLAB 安装路径的 Program Files 中间出现空格，因此将目标路径用双引号括起来。

（5）弹出"安装支持包-安装以下支持包"对话框，如图 3.48 所示。在该对话框中，勾选全部软件支持包前面的复选框。

图 3.48 "安装支持包-安装以下支持包"对话框

（6）单击该对话框中的"下一步"按钮。

（7）弹出"安装支持包-MathWorks 辅助软件许可协议"对话框，如图 3.49 所示。

第 3 章 软件定义无线电平台开发环境的构建

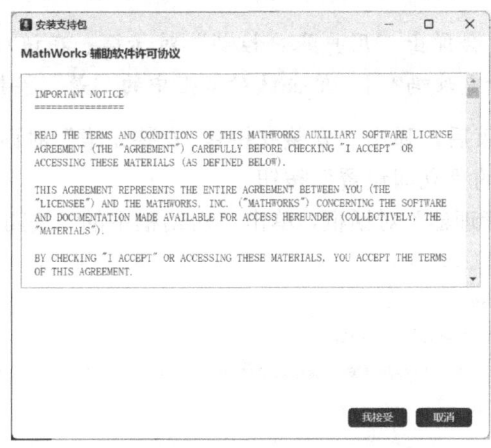

图 3.49 "安装支持包-MathWorks 辅助软件许可协议"对话框

(8) 单击该对话框中的"我接受"按钮。
(9) 弹出"安装支持包-第三方软件"对话框,如图 3.50 所示。

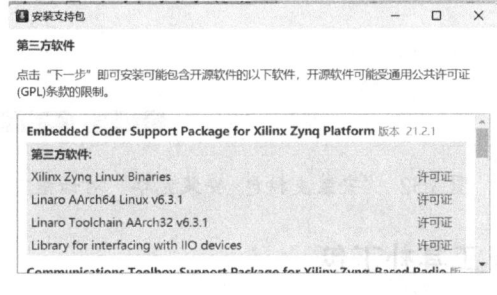

图 3.50 "安装支持包-第三方软件"对话框

(10) 单击该对话框中的"下一步"按钮。
(11) 弹出"安装支持包-安装进度"对话框,如图 3.51 所示。

图 3.51 "安装支持包-安装进度"对话框

注：在安装过程中会弹出"用户账户控制"对话框。在该对话框中，提示信息"你要允许此应用对你的设备进行更改吗？"。单击该对话框中的"是"按钮。

（12）等待安装过程结束后，弹出"安装支持包-安装完毕"对话框，如图 3.52 所示。
（13）单击该对话框中的"立即设置"按钮。
（14）弹出"附加功能管理器"对话框，单击该对话框中的"关闭"按钮 ×，退出该对话框。

图 3.52 "安装支持包-安装完毕"对话框

3.3.4 添加 HDL Coder 工具补丁包

针对该版本 MATLAB 软件的 HDL Coder 工具存在无法生成 IP 核的问题，MathWorks 提出了相应的解决方法，即为 HDL Coder 添加补丁。

注：为了方便读者，本书配套资源提供了补丁文件。这些补丁文件保存在配套资源 SDR_example\HDL_Coder 补丁包路径下。对于 MATLAB 软件的每个版本，在补丁包路径下都建立了一个单独的目录，如对 MATLAB R2021b 来说，其补丁包保存在 SDR_example\HDL_Coder 补丁包\R2021b 目录下。

为 MATLAB R2021b 添加补丁的主要步骤如下所述。

（1）进入 MATLAB 当前的安装路径，如 MATLAB R2021b 安装在以下路径中：
C:\Program Files\MATLAB\R2021b。
（2）定位到下面的子目录中，即完整路径为：
C:\Program Files\MATLAB\R2021b\toolbox\hdlcoder\hdlcommon\+hdlturnkey\+ip。
（3）在该路径中，找到名字为"IPEmitterVivado.p"的文件，并修改该文件的文件名，如将文件名改为"IPEmitterVivado1.p"。

注：该步骤是将原来的文件进行备份，以便在必要的时候恢复该文件。该步骤不是必要的，但是推荐读者执行该步骤。

（4）定位到本书配套资源的以下路径中：
\SDR_example\HDL_Coder 补丁包\R2021b。

将该路径下的文件 IPEmitterVivado.p 复制粘贴到步骤（2）指定的路径中，用该补丁文件代替原来的文件 IPEmitterVivado.p。

3.3.5 安装定制硬件平台的软件支持包

下面介绍如何在 MATLAB R2021b 中安装面向本书所使用定制硬件平台 SDR-AI-Z7 的软件支持包（该支持包对应于 Vivado 2023.1 版本），主要步骤如下所述。

（1）修改 C 盘属性，显示隐藏的文件夹 ProgramData。通过文件资源管理器，进入 C 盘，如图 3.53 所示。在工具栏中，找到并单击"查看"按钮，出现浮动菜单。在浮动菜单内，选择"显示→隐藏的项目"。

图 3.53　通过文件资源管理器进入 C 盘

（2）定位到 C:\ProgramData\MATLAB\SupportPackages\R2021b\toolbox\hdlcoder\supportpackages\zynq7000 路径。在该路径下，找到并用写字板打开名字为"hdlcoder_board_customization.m"的文件。

（3）在该文件中，按图 3.54 所示，添加一行描述："'SDR AI Z7.plugin board', ..."。

```
r = { ...
    'ZCU102.plugin_board', ...
    'ZynqZC702.plugin_board', ...
    'ZynqZC706.plugin_board', ...
    'ZedBoard.plugin_board', ...
    'SDR_AI_Z7.plugin_board', ...
};
```

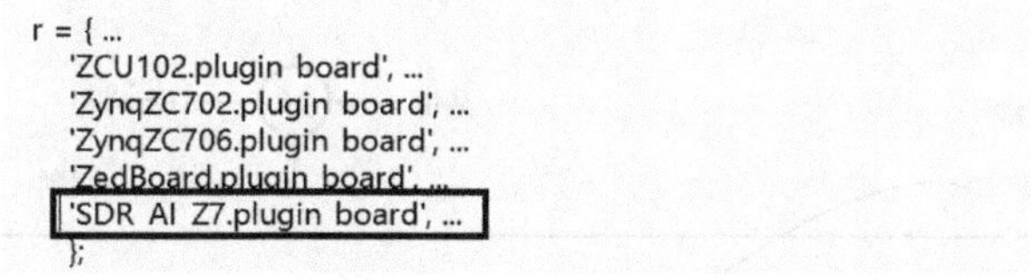

图 3.54　在文件 hdlcoder_board_customization.m 中添加一行描述

（4）按 Ctrl+S 组合键，保存对该文件的修改。

（5）定位到本书配套资源的\SDR_example\SDR-AI-Z7 路径。在该路径下，找到并选中文件夹 SDR_AI_Z7。

（6）将该文件夹复制粘贴到以下路径中：
C:\ProgramData\MATLAB\SupportPackages\R2021b\toolbox\hdlcoder\supportpackages\zynq7000。

第 4 章

通信信号处理的基础知识

本章介绍与通信信号处理相关的基础知识,这些知识对建立 SDR 系统的基本理论至关重要。本章的主要内容包括调制和解调、射频术语和参数、多速率信号处理、基带调制(位到符号)、基带解调(符号到位)。

4.1 调制和解调

调制通常是将信号的频率向上移动或混合到载波频率,解调是将信号的频率向下移动,如图 4.1 所示。

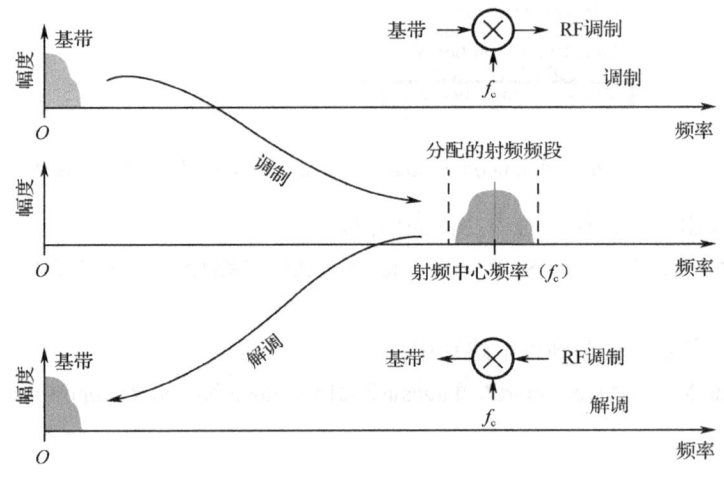

图 4.1　调制和解调

本章的后面将详细讨论与调制和解调相关的数学问题。在每种情况下,信号都与射频中心频率(f_c)的余弦波相乘或"混频"。f_c 的值可能在很宽的范围内变化。

4.2 射频术语和参数

1. RF 带宽

RF 带宽描述了无线电收发器可以生成或捕获的频率范围。在 SDR(软件定义无线电)以及一般的数字无线电中，RF 带宽是 ADC（模数转换器）和 DAC（数模转换器）采样率的函数。如图 4.2 所示，RF 带宽等于 ADC 和 DAC 采样率的一半。这种情况下，假设使用的是单个 ADC 和 DAC 处理实数信号（与复数信号相对）。如果使用复数的输入/输出，RF 带宽可以加倍到全采样率，但这需要配备一对 ADC 和 DAC。

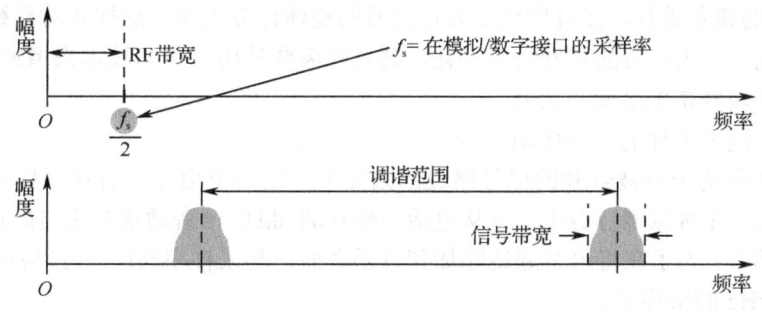

图 4.2　与射频术语和参数有关的表示方法

2．信号带宽

当涉及无线电信号时，带宽指的是发射信号中存在的频率范围。图 4.2 给出了信号带宽的表示。当使用 SDR 时，信号带宽是设计实现的一个特性，可以在软件中定义。例如，根据配置，发射机可以生成带宽为 10kHz 或 100MHz 的信号。一般来说，更大的带宽信号可以以更快的速率传输数据。然而，更大的信号带宽受到 SDR 的 RF 带宽限制，这取决于实现 SDR 的物理硬件设备的特性。

3．调谐范围

术语"调谐范围"指的是在使用中频（IF）或基带采样架构时，RF 带宽可以偏移的频率范围，此时部分或全部调制/解调过程在模拟域中进行。调谐范围的适用性取决于模拟电路的特性。因此，包含调谐级的 SDR 数据表通常会指定较低和较高的调谐频率。对于直接射频结构，由于调制和解调完全在数字域中进行，不涉及模拟调谐，因此没有调谐范围的限制。

4.3　多速率信号处理

在数字信号处理（DSP）系统中，常常需要进行多速率操作以调整采样率。例如，如果信号以 20MHz 的采样率进行采样，则可以通过多速率操作将采样率提高到 80MHz（内插因子为 4），或者通过 2 倍的抽取因子将采样率降低到 10MHz。

对于需要更复杂的采样率变换的情况，如果将采样率按有理分数的比值（如 5/2）进行调整，则需要使用其他类型的多速率操作。这些操作适用于比率无法轻易表示为有理分数的情况（如任意因子，1.18345），甚至在某些情况下，重新采样的比值可能需要随时间动态变化。

4.3.1　多速率采样的原因

改变系统中的采样率是非常有意义的，因为在不同的应用场合中常常会有这种需求。然而，一个最重要的需求是优化计算效率，并降低数字/模拟接口处对模拟滤波器的设计要求。这可以通过多速率操作来实现，使得系统在处理不同频率范围的信号时更加高效，同时减少对高精度模拟滤波器的依赖。多速率处理通常用于保持采样率，即采样率 f_s 不会比奈奎斯特定义的最小速率大很多：

$$f_s > 2f_{\max}$$

式中，$f_{\max}$ 为信号中最高的频率分量。以这种方式设置采样率，处理信号所涉及的计算以最小（或接近最小）的速率进行，并且优化了处理信号的整体计算工作。这样做对系统的设计成本和功耗都非常有利。如果信号的带宽发生变化，则可能需要使用多速率技术来增加或降低采样率，以维持采样率和信号带宽之间的关系。

下面给出多速率采样的一些应用场合。

（1）为了匹配两个将被合并的信号路径的采样率，这两个信号只有在采样率相同的情况下才能相加。例如，在音频混音台中，将从电话中捕获的 8kHz 语音通话与来自媒体文本的 48kHz 高质量音乐相结合。为在将语音通话添加到音乐之前使其采样率匹配，可以将语音通话插值 6 倍，以达到 48kHz 的采样率。

（2）当信号带宽发生变化时，可以调整采样率以接近奈奎斯特采样率。在无线通信中，接收信号的带宽在解调到基带后可以降低，因为不需要更高频率的分量（如噪声和其他频段的信号），所以可以显著降低计算速率。

（3）为了匹配外部接口（如 DAC）的采样率，可能需要进行速率转换，以适应 DAC 或其他外部接口的指定采样率。如果本地系统的采样率与接口采样率不易关联，则需要使用速率因子进行转换。在无线通信中，常见的情况是在上变频过程中通过整数因子进行插值，将信号调制到载波上。

（4）为了满足模拟抗混叠或镜像抑制滤波器的要求，通常希望 DAC 或 ADC 的采样率高于实际需要的采样率（过采样），以降低抗混叠或抗镜像滤波器的设计要求。这意味着在数字域中可能需要额外的速率变化，从而将采样率降低到更接近奈奎斯特速率，为后续 DSP 任务提供更高效的设计。

4.3.2 过采样 ADC 和 DAC

以模拟到数字转换为例，如果信号频率范围为 0～480MHz，而 ADC 以 1GHz 的采样率工作，那么 520MHz～1GHz 之间的频率带会混叠到感兴趣的频带中，如图 4.3（a）所示。因此，需要一个具有非常窄的过渡带的模拟抗混叠滤波器，该滤波器需要在 480～520MHz 之间有明显的截止，这种滤波器的设计可能非常困难且成本较高。

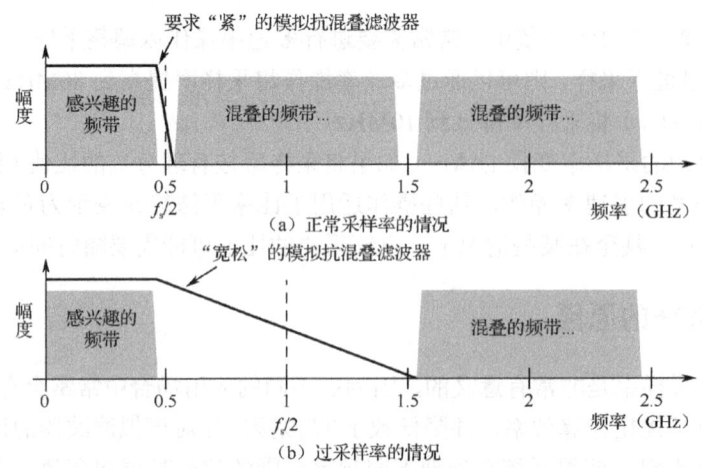

图 4.3 替代 ADC 采样率和模拟抗混叠滤波器要求

作为替代方案，使用 2GHz 的 ADC 采样率可以简化模拟抗混叠滤波器的设计，如图 4.3（b）所示。在这种情况下，可以采用更宽松的模拟抗混叠滤波器，因为频率带宽的分离变得更加"宽松"。在 ADC 之后，通过引入多速率操作（如以 2 为基数进行抽取），将采样率降低到 1GHz，并在数字域中执行剩余的抗混叠任务。需要注意的是，在这种情况下，1~1.5GHz 之间的频率分量会混叠到 0.5~1GHz 的频带中。

在 DAC 中，类似的基本原理也适用。DAC 的过采样可以降低对模拟镜像抑制滤波器的要求。通过在 DAC 之前进行插值，可以获得更高的采样率，从而减轻对后续模拟滤波器的设计要求。

4.3.3 抽取

抽取是降低采样率的过程。在最简单和最常见的情况下，它是通过整数抽取因子来完成的，通常用 M 表示。例如，抽取因子用于将采样率从 300MHz 降低到 100MHz。

抽取涉及两个过程：抗混叠低通滤波器和降采样（也称为下采样）器，如图 4.4 所示。图中，f_s 为采样率，f_d 为抽取 M 后的新采样率。构成抽取的两个过程可以概括如下。

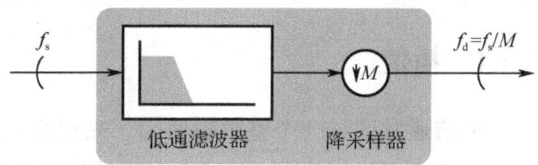

图 4.4 抽取因子为 M 的抽取器

抽取因子 $M=3$ 的抽取过程的时域和频域表示如图 4.5 所示。在该图的最上方，原始信号 $x[k]$ 的大部分能量都聚集在低频处，但是也有一些分量延伸到 $f_s/2$（原始采样率的一半）。这些高于新采样率或新采样率一半 $f_d/2$ 的较高频率分量被低通抗混叠滤波器衰减。

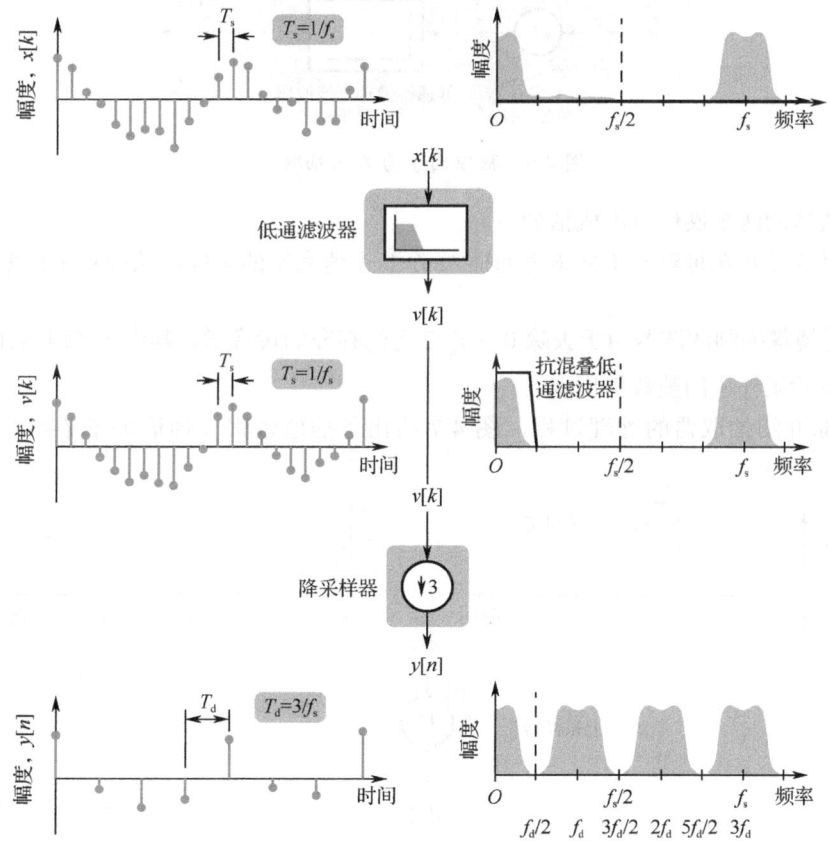

图 4.5 抽取因子 $M=3$ 的抽取过程的时域和频域表示

当信号通过滤波去掉可能混叠的项后,就可以通过降采样器来降低采样率了。在时域中,由于降采样器丢弃了每三个采样中的两个采样,采样之间的周期增加了 3 倍。在图 4.5 中,使用了不同的索引项 n 表示降采样后的采样索引,而不是使用 k,以反映采样的减少。在这种情况下,只保留每三个采样中的一个,即

$$y[n]=v[3n]$$

在频域中,由于降采样,频谱之间靠得更近。然而,由于低通滤波器成功去除了高于 $f_d/2$ 的频率分量,因此没有发生混叠。

在实现方面,图 4.5 中所示的"直接"抽取方法虽然直观,但在计算上浪费资源。降采样器会立即丢弃滤波器输出 M 个采样中的 $M-1$ 个采样,因此生成这些丢弃采样所需要的计算是多余的。此外,冗余计算的比例也会随着抽取率的增大而增加。

为了解决这个问题,抽取器通常以多相形式实现,它利用 Noble 恒等式对计算进行重新排序并消除冗余,同时产生与直接方法相同的输出。

4.3.4 插值

插值通常通过一个整数插值因子来提高采样率,该因子用 L 表示。例如,插值器可以将采样率从 200MHz 提高到 600MHz。在插值过程中,与抽取类似,也需要使用低通滤波器和速率变化操作,尽管这两个操作的顺序相反。插值器首先通过升采样(也称为上采样)器,然后通过低通镜像抑制滤波器(通常为 FIR 滤波器)来完成滤波,如图 4.6 所示。

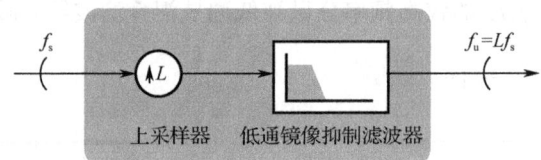

图 4.6 插值因子为 L 的抽取器

构成插值器的两个操作可以概括如下。

(1)上采样涉及在每对原始样本之间插入 $L-1$ 个值为零的采样,从而将采样率提高到原来的 L 倍。

(2)低通镜像抑制滤波器用于去除 $0 \sim f_u/2$ 之间存在的镜像谱,其中 f_u 为上采样的采样率。这些镜像以原始采样率的整数倍出现。

类似前面介绍抽取器的处理过程,图 4.7 给出了插值过程(插值因子 $L=3$)的时域和频域表现。

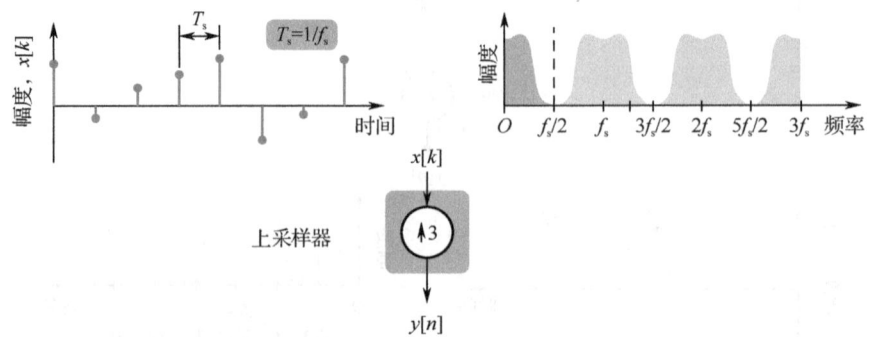

图 4.7 插值因子 $L=3$ 的插值过程的时域和频域表示

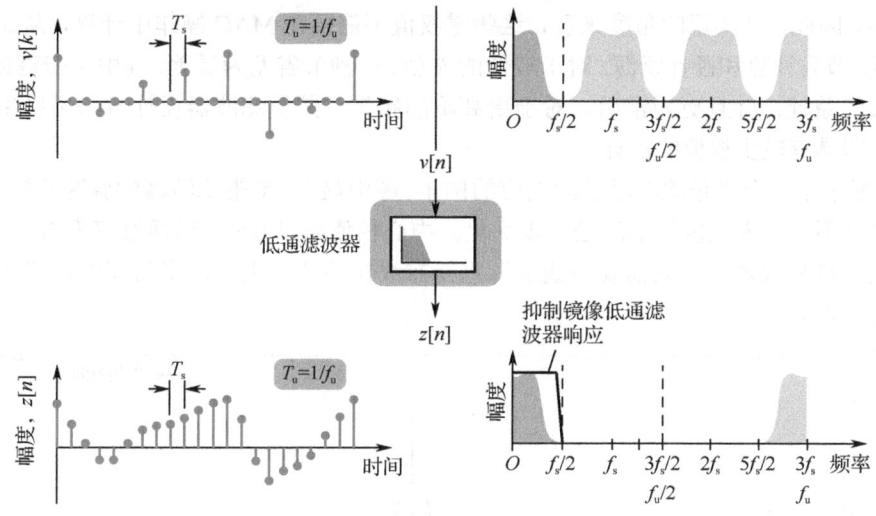

图 4.7 插值因子 L=3 的插值过程的时域和频域表示（续）

对于抽取器，可以进行一系列优化来开发多相形式的插值器，它会产生与这里描述的直接形式相同的结果，但是消除了冗余的计算。

对于插值和抽取，多相方法的前提是"只计算你需要的东西"。没有拒绝使用多相方法的任何理由，这是因为它与实现抽取器和插值器的直接方法相比计算量明显降低，并产生相同的结果。

4.3.5 半带和 L 带滤波器

在高效实现的主题上，有一种滤波器特别值得强调，这类滤波器特别适合多速率应用。读者应注意，整数因子 R 引起的速率变化要求通过 $1/R$ 频带的低通滤波器，这与速率是增加还是减少无关。例如，无论是因子为 2 的抽取器还是插值器，都需要通过 1/2 频带的低通滤波器。

奈奎斯特滤波器也称为 L 带滤波器，满足通过 $1/R$ 频带的要求。图 4.8 展示了奈奎斯特滤波器的幅频响应特性，按从右到左的顺序，分别对应 2 带滤波器（半带滤波器）、3 带滤波器、4 带滤波器、5 带滤波器和 6 带滤波器。

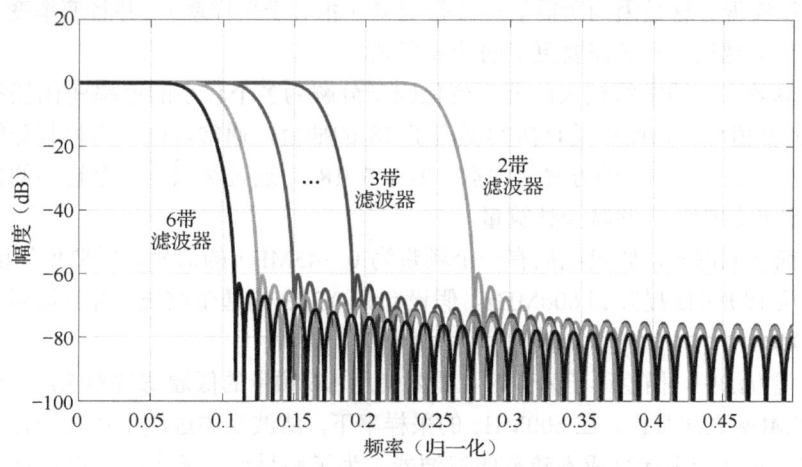

图 4.8 奈奎斯特滤波器幅频响应特性（归一化）

奈奎斯特滤波器的设计具有特征脉冲响应，其中除中心权值（其值为 1/R）外，每个 1/R 权值正好为零。因此，从实现的角度来看，这些零权值不需要在 MAC 操作中计算，从而可以优化滤波器实现，节省计算和硬件资源。对于较低的 R 值，这种节省尤为显著，其中半带滤波器（$R=2$）提供了最大的益处，并且更为常用。对于更高阶的频带，其他滤波器设计方法可以生成成本较低的设计，即具有较少权值的设计。

图 4.9 展示了一个半带滤波器脉冲响应的例子。图中显示，半带滤波器的脉冲响应是对称的，并且可以通过不计算零权值的乘法进一步优化。中心权值乘以 0.5 可以通过算术右移一位实现，这几乎不需要额外成本——只需要布线资源重新布线比特位。因此，半带滤波器可以以更"廉价"的方式实现。

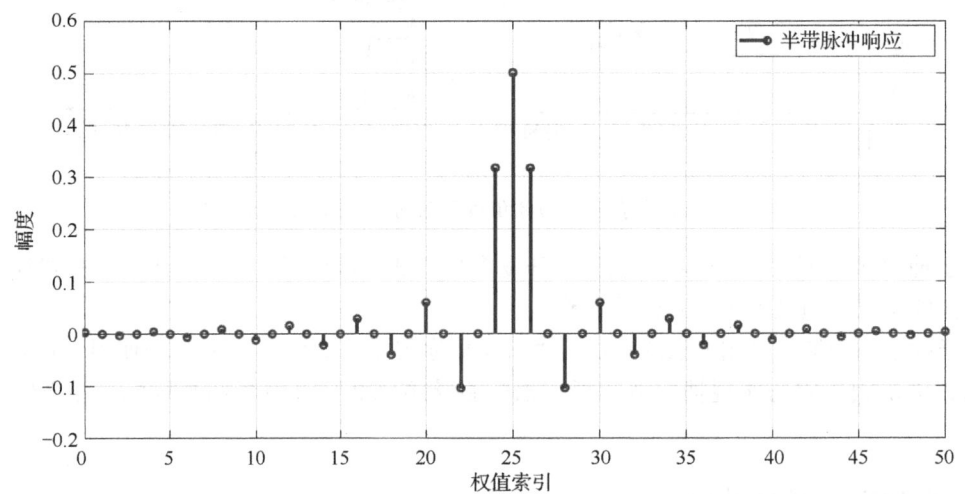

图 4.9 一个半带滤波器脉冲响应的例子

这里频繁出现按因子 2 进行插值或抽取的要求（尤其是当大插值和抽取任务可以作为较小任务的级联有效实现时），并且 2 是任何偶数值速率变化的因子。

4.3.6 抽取和插值级联

当抽取或插值任务涉及较大的整数因子时，抗混叠滤波器或镜像抑制滤波器所需的低通响应可能变得难以实现。这是因为所需的过渡带变窄（相对于采样率），并且速率变化因子越高，滤波器的长度也会越长，从而需要更多的计算资源。

为提高计算效率，通常将较大的速率变化因子分解为多个较小的速率变化任务。例如，对于因子为 18 的插值任务，而不是直接实现因子 18 的插值，通常可以采用将其分解为多个较小的插值因子（如 2、3 和 3）的方案（注意，2×3×3=18）。通过级联这三个较小的插值器，可以使滤波器的设计更加简化，并减少计算量。

作为一个简单的例子，假设我们有一个频带为 0～45MHz 的信号，需要使用因子为 6 的插值，将采样率从 100MHz 提升到 600MHz。假设允许 0.2dB 的通带纹波，并且阻带衰减（镜像抑制）至少为 60dB。

在单级实现方法中，插值因子为 6 时，需要使用 1/6 频带的低通滤波器响应，这意味着滤波器应在 45～55MHz 之间截止。在 600MHz 的采样率下，滤波器的过渡带在归一化意义上相对较窄，这导致需要实现一个计算成本较高的滤波器。为了满足这一要求，可以设计一个具有 151 个权值的对称滤波器。滤波器在 600MHz 的采样率下工作的计算速率为 45.6GMAC/s（利用系数对称性）。这一过程可以通过图 4.10 进行说明。

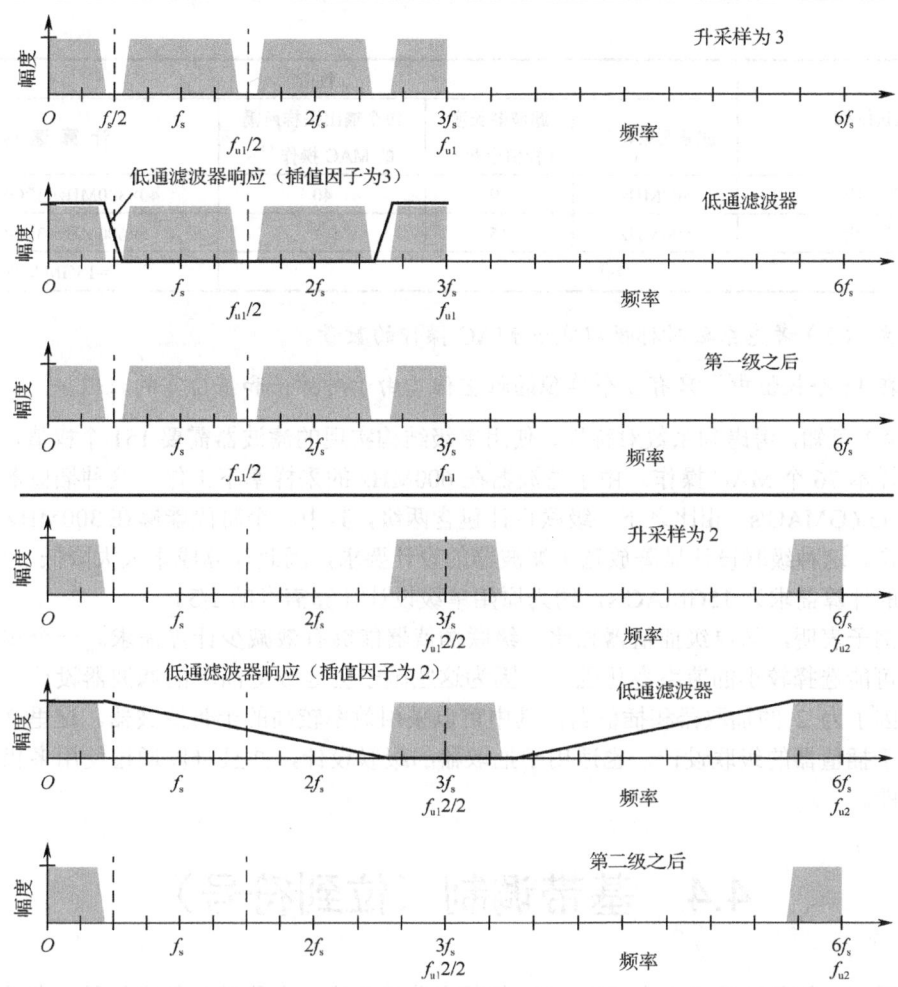

图 4.10 插值过程的两级结构实现（第一级插值因子为 3，第二级插值因子为 2）

前面提到，将单个滤波器实现分解为多个滤波器的级联实现，即将单个速率变化分解为 2 和 3（按任意顺序），使得总插值比为 6。例如，第一级设计为插值因子为 3，第二级设计为插值因子为 2。这一过程可以通过图 4.10 进行说明。图中的上半部分表示插值因子为 3，而下半部分表示插值因子为 2。

从图 4.10 所示的滤波器设计中可以看出，第二级滤波器的设计复杂度显著降低。这是因为第一级滤波器通过去除由升采样器产生的频谱镜像，创建了大量"空"的频谱。因此，第二级滤波器的过渡带可以显著宽化，从 45MHz 扩展到 255MHz，从而实现了成本更低的滤波器设计。

因此，读者可以根据需求设计滤波器，以满足单个插值器或两个插值器级联的要求。

然后，比较所涉及的计算。所有滤波器都用到前面提到的参数（0.2dB 的通带纹波和 60dB 的阻带衰减）指定，频率规格从频谱镜像的位置导出，如表 4.1 所示。

表 4.1 插值因子为 6 的单级和多级滤波器实现结果的比较

实现结构	性能			
	滤波器采样率	滤波器长度（权值个数）	每个输出采样所需的 MAC 操作[1]	计算速度
单极	600MHz	151	76	76×600MHz=45.6GMAC/s

续表

实现结构	性能			
	滤波器采样率	滤波器长度（权值个数）	每个输出采样所需的 MAC 操作[1]	计 算 速 度
第一级	300MHz	79	40	40×300MHz=12GMAC/s
第二级	600MHz	15	5[2]	5×600MHz=3GMAC/s
级联				=15GMAC/s

注：（1）考虑系数对称性以减少 MAC 操作的数量。
（2）在 15 个权值中，只有 5 个单独的权重值（由于对称性和值为零的权值）。

由表 4.1 可知，考虑到系数对称性，使用单级结构实现的滤波器需要 151 个权值，这转化为每个输出样本 76 个 MAC 操作。由于滤波器在 600MHz 的采样率下工作，这种插值器选项的计算速率为 45.6GMAC/s。相比之下，级联设计包含两级，其中一个阶段能够在 300MHz 的中间采样率下工作。这种级联设计显著放宽了滤波器的设计要求，因此计算成本大大降低。具体地说，级联设计的计算需求为 15GMAC/s，约为原始单级设计计算需求的 1/3。

这个例子表明，与单级插值器相比，级联插值器能够有效减少计算需求。一个实用的经验法则是尽可能选择较小的速率变化因子，因为这些因子会导致更简单的滤波器设计，并最大限度地利用因子为 2 的抽取器和插值器，其中可以采用效率较高的半带滤波器。这里介绍的概念不仅适用于插值器的级联设计，也适用于抽取器的级联设计，并且可以通过使用多相方法进一步优化性能。

4.4 基带调制（位到符号）

前面提到，如果通信信号由接近 0Hz 的频率分量构成，则称其为基带信号。在无线链路的发射端，这意味着信号尚未用载波调制形成以 IF 或 RF 为中心的带通信号。在接收端，信号在从 IF 或 RF 载波解调后，也会恢复为基带信号，接近 0Hz。

为了在物理无线信道上发送数字数据，必须在载波调制之前，首先使用基带调制将数据从比特转换为符号。这个过程称为基带调制。调制方案定义了符号映射，即符号的数量、它们的幅度电平或相位，以及如何将比特组转换为这些符号。由此产生的符号模式通常称为星座图。同样重要的是，基带调制和对载波信号的调制是两个不同的过程（基带调制也可以称为比特到符号映射，这样表达更为清晰）。

下面介绍将比特映射到符号的基带调制方案。数字调制方案可以通过改变信号的幅度、相位或频率来传输数据。

4.4.1 正交调制与符号空间维度

首先，简要说明符号星座所占的符号空间，符号空间可以描述为一维或二维。大多数的 SDR 架构是将数据同时调制到正弦和余弦载波上（正交调制），而不是单个余弦载波。这样做的目的是考虑带宽效率，即如果使用正弦/余弦正交载波，那么在相同的带宽内可以携带两倍多的信息。

下面介绍如何将比特/位映射到符号：对于正交方案，在二维空间定义符号，如图 4.11 所示。x 轴表示同相分量（也称为实分量）的幅度，而 y 轴表示正交相位分量（或虚分量）的幅度。因此，所得到的二位空间通常称为同相-正交平面。如果不存在正交相位，则信号空间是一维的，

并且所有符号都由 x 轴上的一个位置来传送。

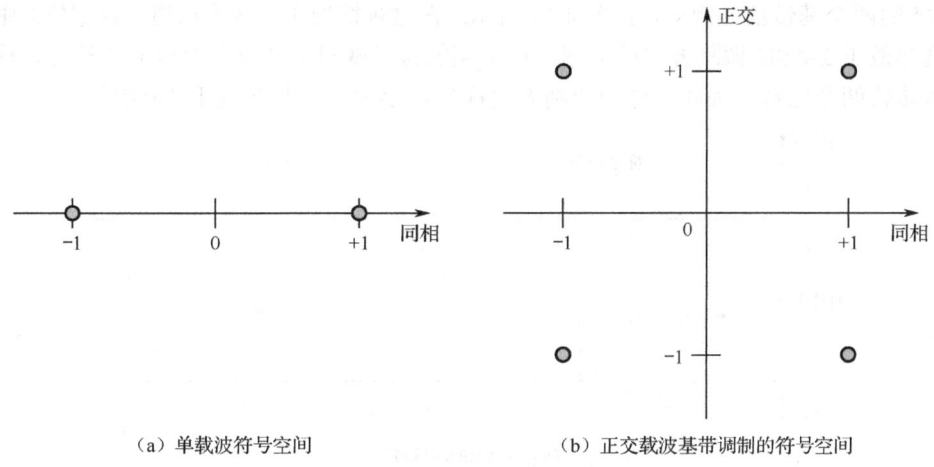

（a）单载波符号空间　　　　　（b）正交载波基带调制的符号空间

图 4.11　单载波和正交载波调制符号空间

4.4.2　幅移键控

幅移键控（Amplitude Shift Keying，ASK）通过将基带信号的幅度映射到来自定义集合的离散电平在单个相位（假设存在单个余弦载波）上传输数据。在最简单的情况下，ASK 使用两个电平（如+1V 和-1V），这种调制方式称为 2-ASK。使用四个电平的 ASK 称为 4-ASK，典型电平包括+1V、+1/3V、-1/3V 和-1V，以此类推。

以 2-ASK 为例，每个位映射到两个符号之一，对应于+1V 和-1V 的幅度，如图 4.12 所示。

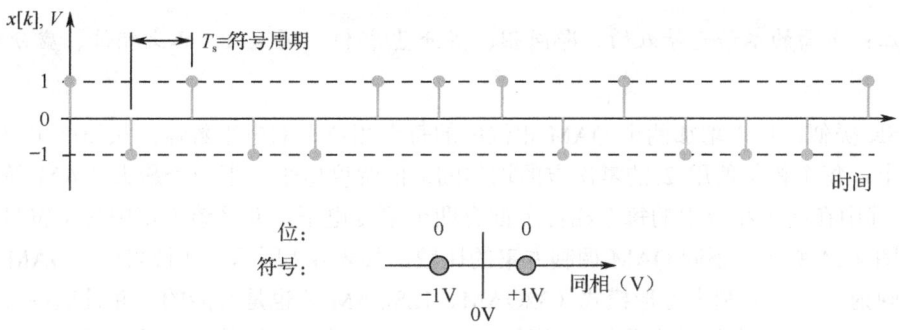

图 4.12　2-ASK 的波形和位的映射

在 4-ASK 中有四个可能的幅度电平，因此需要两个比特位来表示每个符号。换句话说，一个符号传递两位信息，如图 4.13 所示。对于给定的波特率（符号速率），支持的比特率是 2-ASK 的两倍。

如果考虑 2-ASK 的两个平行信道，并设想一个信道对应于符号映射图的 x 轴，另一个对应于 y 轴，则可以得到正交幅度调制（Quadrature Amplitude Modulation，QAM）的概念。

4.4.3　正交幅度调制

在正交振幅调制（Quadrature Amplitude Modulation，QAM）中，使用两个基带信道：一个表示同相或实信道，另一个表示正交或虚信道。分别将这两个信道调制到同一频率的正弦和余弦载波上，由于正弦和余弦信号在同一频率下相隔 90°，所以它们彼此正交。这种正交性确保了在两个信道上发送的数据能够保持分离,并且能够完全恢复,避免了一个信道对另一个信道的干扰。

QAM 的两个基带信号例子,如图 4.13 所示。在这种情况下,两个信道(或相位)中的每一个都发送等效于 2-ASK 调制方案的数据。在得到的符号映射中共有四个可能的符号,这意味着每个符号传输两个比特。因此,这种调制方式称为 4QAM(并且等效于 4-PSK)。

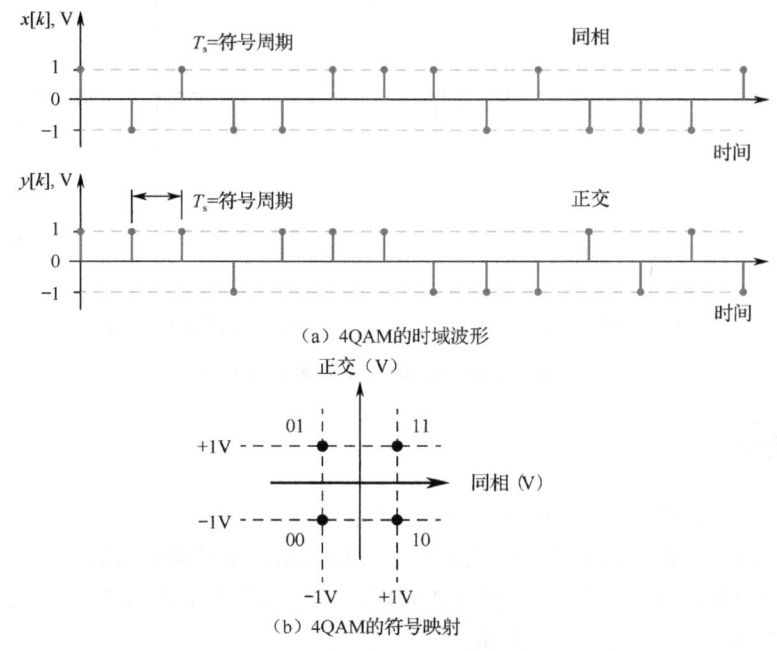

图 4.13　4QAM 的时域波形和符号映射

注:下面的术语是等效的,即同相、实分量/相位、通道 1,正交相位、虚分量/相位、通道 2。

与 ASK 类似,可以增加两个 QAM 相位中的每个相位上的电平数量,从而产生更大的符号集。传统上,每个相位使用 2 的幂次方的均匀间隔的幅度电平。下一个最大 QAM 符号映射是 16QAM,其中在两个相位中的每个相位上都有四个幅度电平,并且该方案中每个符号传输四个比特,如图 4.14 所示。不同 QAM 调制方案的比较,如表 4.2 所示。在该表中,QAM 扩展到更大的符号映射,并且限制为方形模式(32QAM、128QAM 等也是可能的,并且这些方案产生非方形形状)。显然,较大的星座图每个符号可以传送更多数量的比特。因此,对于任何给定的符号率,选择更大的 QAM 方案将导致更高的比特率。

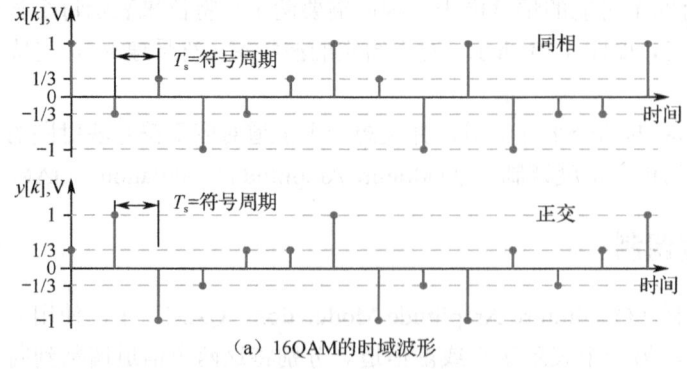

图 4.14　16QAM 的时域波形和符号映射

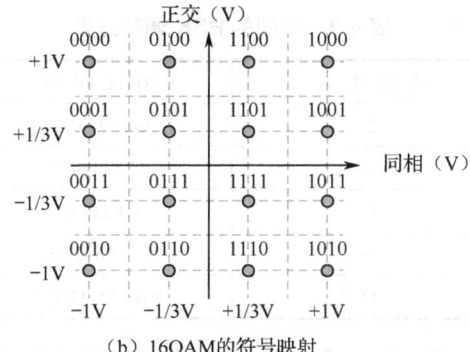

(b) 16QAM 的符号映射

图 4.14　16QAM 的时域波形和符号映射（续）

表 4.2　不同 QAM 调制方案的比较

调 制 方 式	每个相位的电平数	每个相位的比特数	每个符号的总比特数
4QAM	2	$\log_2(1)=1$	1+1=2
16QAM	4	$\log_2(4)=2$	2+2=4
64QAM	8	$\log_2(8)=3$	3+3=6
256QAM	16	$\log_2(16)=4$	4+4=8
1024QAM	32	$\log_2(32)=5$	5+5=10
4096QAM	64	$\log_2(64)=6$	6+6=12

由 QAM 的位到符号的映射方法可知，较大的 QAM 方案的缺点是，它们的性能更容易由于噪声而退化。因此，在噪声环境中，如 4QAM 和 16QAM 之类的较小 QAM 方案是较优的。

4.4.4　相移键控

另一种数字调制方法是调制信号的相位，称为相移键控（Phase Shift Keying，PSK）。对于多相移键控（MPSK），数据位/比特由放置在 360°范围内的一组均匀间隔的相位处的符号编码。两种低阶 PSK 方案，即 4-PSK（也称四进制相移键控或 QPSK）和 8-PSK，如图 4.15 所示。

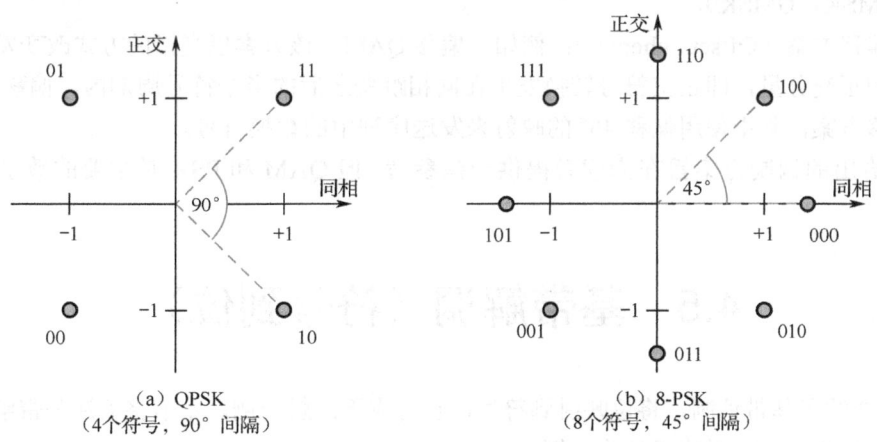

图 4.15　QPSK 和 8-PSK 的位到符号映射

不同的 PSK 调制方案，如表 4.3 所示。从该表中可知，较大和较小的 PSK 符号映射也是可能的；二进制 PSK（BPSK）是一种没有正交分量的特殊变种（其两个符号位于同相轴上的-1 和+1 处）。

表 4.3 不同的 PSK 调制方案

方　案	相位个数	相位间隔	每个符号的比特数
BPSK（二进制 PSK）	2	360°/2=180°	$\log_2(2) = 1$
4-PSK	4	360°/4=90°	$\log_2(4) = 2$
8-PSK	8	360°/8=45°	$\log_2(8) = 3$
16-PSK	16	360°/16=22.5°	$\log_2(16) = 4$
32-PSK	32	360°/32=11.25°	$\log_2(32) = 5$

与前面提到的 QAM 方案类似，高阶 PSK 方案每个符号传递更多的比特位。缺点是符号之间的间隔变小，因此在有噪声的情况下很难区分它们。较大的 QAM 方案通常比较大的 PSK 方案更可取，因此它们在噪声条件下表现更好，这是因为符号相距更远，对于任何给定水平的加性高斯白噪声（Additive White Gaussian Noise，AWGN），遇到的错误更少。

使用 PSK 方案将比特转换为符号的过程包括生成所需的同相和正交振幅。

4.4.5 其他调制方案

除前面介绍的 QAM 和 PSK 调制方案外，还有几种其他类型的数字调制方案，具体如下所述。

（1）开关键控（On Off Keying，OOK）：这是一种非常简单的方案，其中载波信号与"0"或"1"相乘，取决于比特值，以传输每个符号的一个比特。顾名思义，OOK 具有打开或关闭载波信号的效果。OOK 的一个缺点是急剧变化的功率包络，这可能会对发射机和接收机的模拟部分造成挑战，如功率放大和有源增益控制。

（2）频移键控（Frequency Shift Keying，FSK）：符号被映射到定义集合中的离散频率。例如，4-FSK 包括四个符号，对应四个不同频率的集合，并且每个符号传送两个比特。由于功率包络是恒定的，所以避免了 OOK 的问题。然而，符号之间可能存在尖锐的相变，与调制方案定义的频率相比，FSK 可以显著扩展所占用的带宽。

（3）最小频移键控（Minimum Shift Keying，MSK）：MSK 是 FSK 的一种形式，它通过确保符号之间的跳变过零点来解决 FSK 中出现的相位不连续问题。MSK 的变种包括高斯 MSK（Gaussian MSK，GMSK）。

（4）偏移方案（Offset Schemes）：例如，偏移 QAM。该方案以交错的方式改变发射符号的同相分量和正交分量，即正交符号转换发生在同相跳变之后的半个符号周期内。偏移 QPSK 是另一种偏移方案，其中使用偏移 45°的映射来发送序列中的替换符号。

这里给出的调制方案旨在为读者提供一些参考。但 QAM 和 PSK 是主要的数字基带调制技术。

4.5 基带解调（符号到位）

4.4 节介绍了基带调制，将位映射到符号，它对应于发射一侧。本节将关注基带解调，即如何将符号还原为位，它对应于接收一侧。

在二维同相-正交平面中绘制的接收符号样本通常称为接收符号星座。术语星座也可以用于描述原始符号映射，如参考星座。

4.5.1 符号判决

首先,考虑在理想条件下的符号到位的解映射过程,假设无线电信道不会使信号质量变差。接收机确定哪个符号最接近接收到的样本。在理想条件下,发送和接收的符号是相同的,因此这个过程很简单。

在原始映射中,可以设想符号之间存在一种符号决策边界。这条边界的作用是使得每个接收到的符号样本与最接近的可能符号之间的假设关系得以建立。通过这种方式,我们能够有效地定义和分类不同的符号,使其在数据处理和识别中更加精确。QPSK 和 8-PSK 的符号到位的判决边界如图 4.16 所示。

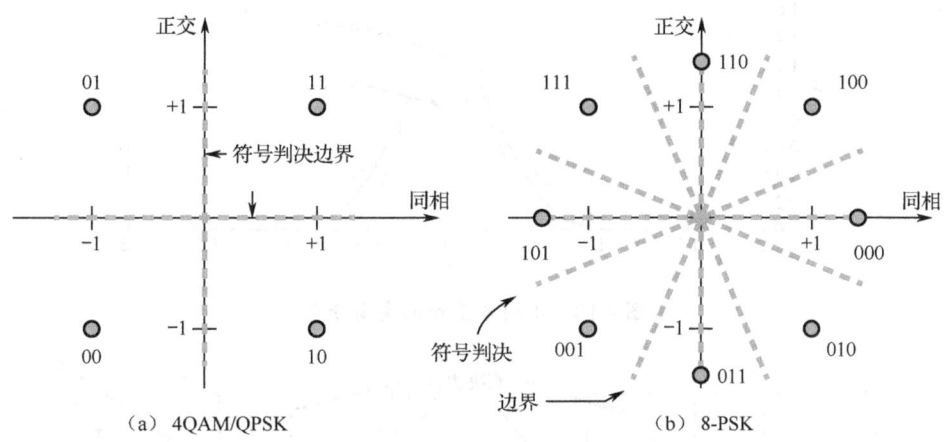

图 4.16　QPSK 和 8-PSK 的符号到位的判决边界

4.5.2 加性高斯白噪声信道

在理想信道中,发射机和接收机之间的信号不会出现质量下降的情况。然而,在实际应用中,这种理想情况是不可能实现的。即使在信号质量较好的信道中,也必须尽量将热噪声的电平降到最低。加性高斯白噪声(Additive White Gaussian Noise,AWGN)就是这一噪声模型的典型代表。在这里,"白色"一词指的是噪声在所有频率上均包含近似相等的能量。

为了研究 AWGN 信道的影响,我们建立了一个通信链路的简化模型,如图 4.17 所示。在该模型中,我们对调制和解调过程(基带和载波频率之间)进行了抽象。这是合理的,因为在理论上,可以在输出端完美地重构调制信号。图 4.17 中,在基带上建模信道,其中假设在接收机的输入处引入 AWGN,并且在理想时刻进行采样。

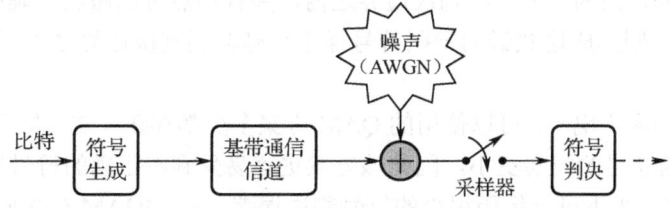

图 4.17　包含 AWGN 信道在基带上建模的通信链路

可以使用信噪比(Signal to Noise Radio,SNR)来表示接收到的信号条件,即

$$\text{SNR} = 10\log_{10}\left\{\frac{P_{信号}}{P_{噪声}}\right\}$$

式中，$P_{信号}$ 和 $P_{噪声}$ 分别表示信号和噪声的功率。

对于某个任意功率的接收信号，则引入 AWGN 的量越大，SNR 就越低。显然，正确判决所发送的信号就会越困难。

在时域中，AWGN 具有高斯概率密度函数（Probability Density Function，PDF），这意味着最有可能出现小幅度误差（正和负的误差）。AWGN 的标准差（σ）描述了传播的程度，即具有较大标准差的 AWGN 具有较大幅度误差的可能性。如图 4.18 和图 4.19 所示为不同方差 σ 的高斯分布和接收符号星座。

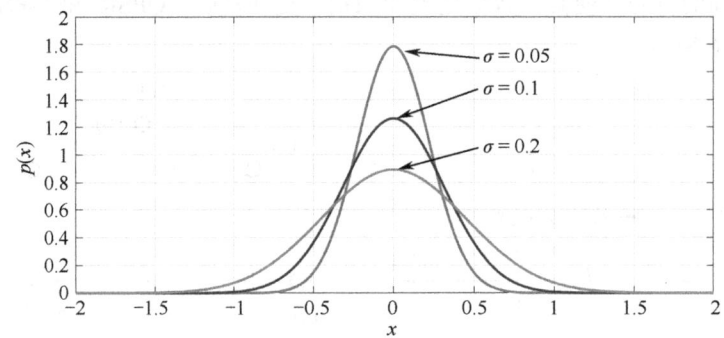

图 4.18 不同方差 σ 的高斯分布

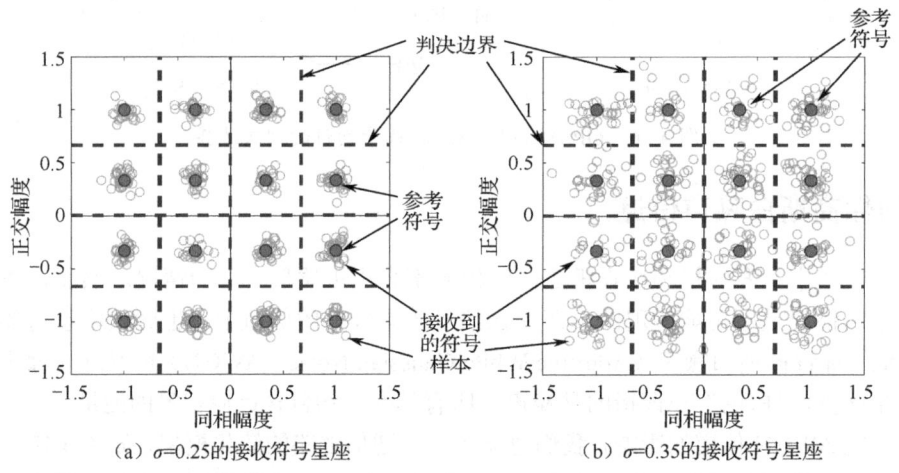

（a）$\sigma=0.25$ 的接收符号星座　　　（b）$\sigma=0.35$ 的接收符号星座

图 4.19 不同方差 σ 的接收符号星座

AWGN 的功效就是传播接收到的符号样本，使它们在理想位置周围形成"云"。在某种程度上，这是可以容忍的，因为"云"在判决边界之内，并且仍然可以做出正确的符号判决。然而，如果噪声电平过高，则形成这些云的一些符号样本会延伸到判决边界之外，从而导致不正确的符号判决。

对于任何给定的噪声电平，可以使用的 QAM 方案多少都存在一些实际限制，因为对于较大的 QAM 模式，参考符号的间隔更小，因此该方案更容易受到不正确的符号判决的影响。例如，16QAM 在某个噪声电平下可能经历很少的符号判决误差。而 64QAM 在相同的噪声条件下将遭遇不能容忍的符号判决误差。因此，一些通信标准支持多种基带调制方案，并根据经验环境在它们之间切换。低噪声环境意味着可以采用更高阶的调制方案，从而实现更高的数据速率，因为每个符号可以传输更多的位。相反，当噪声水平较高时，需要使用低阶调制方案，以确保系统的稳健性能，但这会导致数据速率的降低。

4.5.3 误差矢量幅度

在参考符号点周围，接收符号的扩展程度是一个重要的指标。传统上，这种扩展程度是通过误差矢量幅度（Error Vector Magnitude，EVM）来度量的。对于单个符号，EVM 定义为接收符号点与参考符号点之间的距离，在 I-Q 符号空间中，EVM 作为相对于参考采样点幅度的比值进行表示。图 4.20 展示了计算接收样本与参考点之间 EVM 的过程，这可以表示为：

$$\text{EVM} = \frac{\sqrt{(I_{rx} - I_0)^2 + (Q_{rx} - Q_0)^2}}{\sqrt{I_0^2 + Q_0^2}}$$

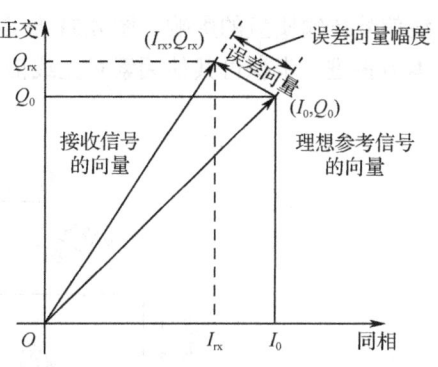

图 4.20　计算接收样本与参考点之间 EVM 的过程

当用于度量信号质量时，EVM 通常表示为峰值信号电平的百分比，并计算为某个时间窗口（N 个样本）上的 RMS 值，即

$$\text{EVM} = \frac{\sqrt{\frac{1}{N}\sum_{n=1}^{N}\{[I_{rx}(n) - I_0(n)]^2 + [Q_{rx}(n) - Q_0(n)]^2\}}}{\sqrt{I_0^2 + Q_0^2}} (\%)$$

> 注：在 16QAM 或更高阶调制方案中，用于计算参考信号功率和幅度的值是星座图中的拐点值，因为这些拐点值对应峰值信号电平。

从上式可知，EVM 值越大，表示接收星座中的噪声程度越大。

4.5.4 比特错误率

尽管 EVM 是衡量接收符号星座受噪声影响程度的有用指标，但它并不能直接反映无线信道中数据传输成功的准确性（尽管二者是相关联的）。

对于衡量传输成功与否，更有用的指标是比特错误率（Bit Error Rate，BER）和符号错误率（Symbol Error Rate，SER）。SER 与前面提到的内容相关：当接收到的样本更接近不同的参考符号时（如受到 AWGN 影响），可能会做出错误的符号判决，从而导致符号错误。SER 简单地表示这种错误发生的频率，相对于传输符号的总数。BER 则关注接收的符号转换为比特后出现的比特错误率。

对于任何给定的 SER，都可以通过更合理地分配符号来将 BER 降至最低，以减少星座图中相邻符号所表示的比特组之间的差异（即最小化汉明距离）。这通常通过使用格雷码来实现。如图 4.14 所示，相邻符号所表示的比特序列仅相差一个比特，因此每个符号错误只导致最少数量的比特错误。

BER 是评估链路质量的重要指标。接下来将进一步讨论真实信道对通信系统信号质量和 BER 的影响。

4.6　无线信道

第 1 章简单介绍了自由空间无线信道的损耗。然而，在实际情况中，当信号在无线信道上传输时，它可能会受到多种不同因素的影响和退化，这些因素取决于物理环境，以及信号的载波频率和发射机与接收机之间的相对移动性。第 4.5.2 节讨论了加性高斯白噪声（AWGN）对无线信号传输质量的影响。图 4.21 展示了在无线传输中，信道对信号传输质量的主要影响因素。本节将进一步探讨其他因素对无线信道信号传输质量的影响。

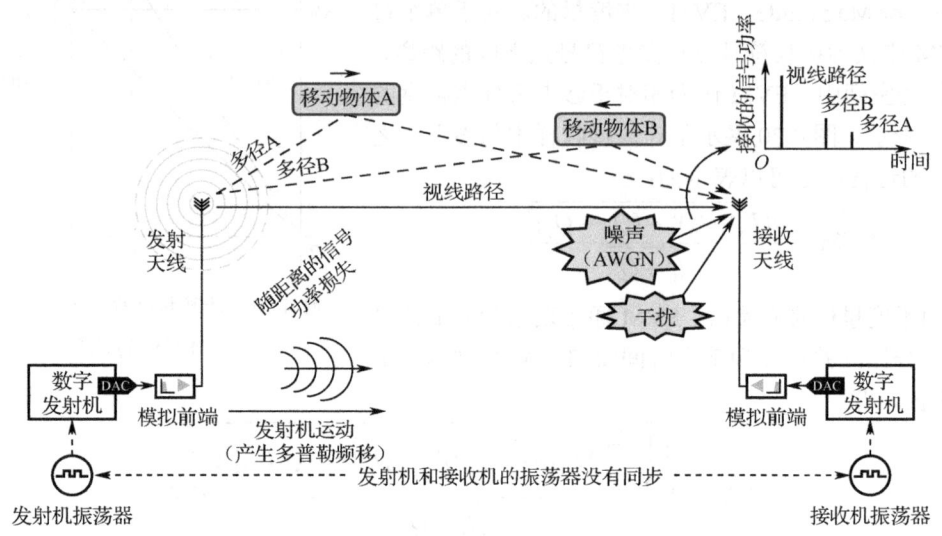

图 4.21 实际无线信道的模型

4.6.1 信道效应

1. 干扰和塞入

除了低电平背景干扰（如前面所述建模为噪声）外，无线电频谱中的其他用户也可能导致更显著的干扰。这一点在未经许可的频带中尤为重要，因为对同时使用这些频带的其他无线电数量没有限制，尽管如此，所有无线电都必须遵守发射功率限制。由于共享未经许可的频带，用户必须争夺无线电频谱的访问权，通常通过媒体访问控制（Medium Access Control，MAC）协议来实现，如载波侦听多路访问/冲突避免（Carrier Sense Multiple Access with Collision Avoidance，CSMA/CA）。

干扰还可能来自其他设备，如另一台无线电出现故障或未在其带外发射限制范围内运行，甚至可能在许可频带内非法发射。非无线电设备也可能产生射频干扰，如微波炉。干扰的特性可能在一个或多个频带内变化，并且随着时间的推移而变化（如果另一个用户间歇性地发送信号，则可能会发生干扰突发）。因此，这种特性可能与加性高斯白噪声（AWGN）不同，然而，在模拟模型中，它通常被以相同的方式处理，即被视为接收机处的附加信号。

塞入（Jamming）是一种蓄意干扰，指的是恶意发射无线电信号以干扰其他无线电频谱传输和用户的行为。其信号特性非常显著，包括非常宽的带宽或高功率。塞入通常与军事无线电应用相关，本书对此不做详细介绍。

2. 多普勒效应

当无线电链路的发射机和接收机处于相对运动时，就会出现多普勒效应。例如，当移动用户在火车上面向轨道旁的基站方向行进时，无线电波行进的距离不断减小。接收机经历这一点是因为载波信号的波前更频繁地到达，或者换言之，它以比其发射频率更高的频率感知到接收信号。因此，在接收机处，在期望信号频率和实际信号频率之间存在误差，这被称为多普勒频移。多普勒频移可以表示为：

$$\Delta f = \frac{f \cdot \Delta v}{c}$$

式中，f 是发射的信号频率；c 是无线电信号在空气中的传播速度（c 的值约为光速）；Δv 表示发射机和接收机的相对运动（当两者相互靠近时为正值，当两者分开时为负值）。

在基于 QPSK/4QAM 的无线通信中，多普勒效应导致接收符号的星座图发生旋转。它还会影响接收信号的时序参数，即符号周期可能会稍微偏短或偏长，导致时序上的误差。

最具挑战性的多普勒条件出现在相对运动速率极高、环境动态变化频繁，或者在有多条信号路径的情况下，每条路径可能会经历不同的多普勒频移，这种现象被称为多普勒扩展。在一些情况下，最大的多普勒频移发生在卫星通信系统中，尤其是当卫星不是静止的时。此时，发射机和接收机之间的相对运动可能导致数千赫兹的多普勒频移。

3．衰落

衰落通常指信道中信号功率的损失。如前所述，这种损失是由于与距离相关的路径损耗（即使在自由空间中）引起的。另一个可能的原因是阴影效应，即山丘、建筑物等大型物体的存在会导致到达接收机的信号功率减少。在动态环境中，如发射机和接收机相对移动的情况下，信号功率的损失也会随着时间的变化而变化。衰落在星座图上表现为点的移动更加接近，尽管形状保持不变。

从广义上讲，这种影响可以分为"慢衰落"和"快衰落"。慢衰落是指信道特性随时间缓慢变化，而快衰落则是指接收信号功率发生快速的时间变化。接收功率水平的波动通常可以通过接收机中动态变化的放大器增益（有源增益控制，AGC）来补偿，或者部分补偿。然而，深度的快速衰落可能导致接收信号能力的丧失，如在穿过铁路隧道时可能会暂时失去信号。

4．多径传播与衰落

如果传播环境是复杂的，它可能包含各种物体，则这些物体会反射或衍射无线信号。这种情况会导致多径传播，其中发射信号的不同分量在发射机和接收机之间沿着多条路径传播，每个分量在到达时具有不同的时间延迟和信号功率损失，这取决于行进的距离和物体的反射率。

在发射机和接收机之间存在视线（Line of Sight，LoS）路径的情况下，接收到的信号主要由一个主要信号分量和其他低功率的多径分量组成。当信道被称为非视线（Non Line of Sight，NLoS）时，接收机只能接收多路径分量的集合，情况则更加复杂。

多径传播的影响可能各不相同，但通常会导致多径衰落，这种衰落可以是"平坦的"或"频率选择性的"。在平坦衰落的情况下，整个信号带宽经历相同的一般效果，因此在任何时刻，接收功率在信号带宽上相对恒定，尽管衰落程度仍可能随着时间的推移而变化。这种类型的衰落可以用简单的增益（相当于一个抽头滤波器）来补偿。

相较之下，当信号带宽超过相干带宽时，频率选择性衰落的影响更具挑战性。在这种情况下，不同频率的信号可能经历不同的衰落程度，从而对接收信号的质量造成更复杂的影响，它被定义为

$$W_c = \frac{1}{2T_d}$$

式中，T_d 是信道的延迟扩展（多径信道产生的重要能量的信号分量之间的最大时间差）。

在这种情况下，信道表现出频率选择性衰落，即接收信号功率随频率变化，因此其响应无

法仅由单抽头滤波器来表示或补偿。从信号接收的角度来看，这种情况要困难得多——在时域中，频率选择性衰落表现为接收符号星座的失真。如果失真足够严重且不加以处理，则可能会导致无法正确接收发送的数据。由于多径传播产生的模式可以显著变化，所以这种影响更为复杂。

另一个挑战是，多径效应通常是时变的。例如，由于发射机和/或接收机在复杂环境中的移动而引起的变化。幸运的是，自适应数字信号处理（DSP）技术以及人工智能（Artificial Intelligence，AI）可以有效地补偿多径信道的影响，从而提高信号的接收质量。

5. 发射机和接收机端的影响

虽然这不是严格意义上的无线电信道的一部分，但在对发射机和接收机实现中，特别是发射机和接收机的模拟前端部分产生的一些可能的缺陷进行建模是有用的。

根据所采用的架构，一些无线电具有模拟调制和解调阶段，如图 4.22 所示。在该结构中，在发射机端，从基带调制到中频，再从中频调制到射频；在接收机端，从射频解调到中频，然后从中频解调到基带。本书使用的 AD9361 捷变收发器采用的是 0 中频架构，因为它不需要图 4.22 中给出的中频调制和解调过程，并且通过与 Zynq-7000 SoC 的组合，实现数字调制和解调，前提是 RF 信号位于第一或第二奈奎斯特区内。对于非常高的带宽、高频信号，需要正交（I/Q）模拟调制和解调，这是使用载波频率 f_c 下的正弦和余弦载波来实现的。

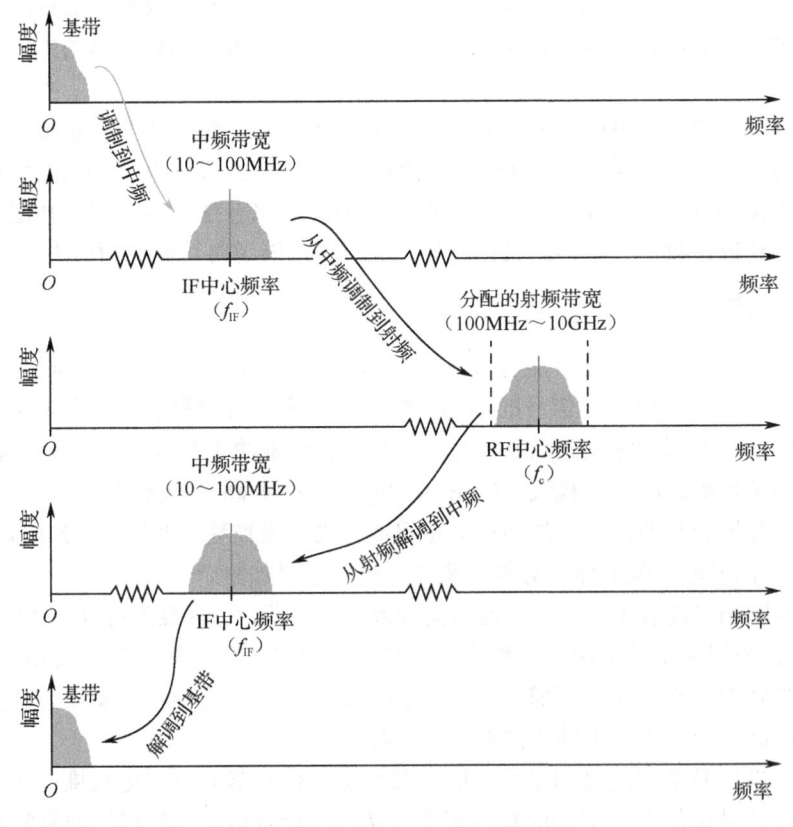

图 4.22 使用中频级的调制和解调

为了完美地进行调制和解调，振荡器必须提供振幅完全相等的正弦波和余弦波，并且它们必须在相位上精确地分离 90°。如果不是这种情况，则产生信号星座失真。

直接射频无线电架构在这里特别有益，因为所有调制和解调都是在数字域中执行的，在数字域中可以精确地控制正弦/余弦幅度和相位。然而，模拟振荡器可能具有一定程度的幅度和/

或相位不平衡。基于 AD9361 的无线电的一个好处是，它们只需要用于极高频率的外部调制和解调级，因此可以在很大程度上避免 I/Q 不平衡。

另一个问题（几乎是不可避免的）是，发射机和接收机中的振荡器受制于芯片的制造误差，并且不能产生完全相同的频率。在无线系统中，发射机和接收机不以任何方式连接，因此不共享公共的频率参考，从该公共频率参考生成采样和符号定时参数，或者用于调制和解调的载波信号。

这意味着，例如，发射机认为它正在以 1M 符号/s（sps）的速率产生符号，但实际速率是 1.00083M 符号/s；同时，接收机期望符号到达 1M 符号/s 的速率，但实际上速率是 0.99936M 符号/s。类似地，标称 RF 载波频率是 2.45GHz，但发射机实际上将信号调制到 2.45203GHz，并且接收机认为接收的信号应该位于 2.44843GHz。这个问题甚至在直接射频系统中也会发生，因为所有无线电都依赖于振荡器提供的频率参考。

幸运的是，如果为无线电设计指定了高质量的振荡器，那么所产生的定时和频率参数的偏差往往相对较小。它们也产生与多普勒引起的时间和频率偏移相同的效果。多普勒和振荡器误差的组合效应可以在无线电接收机中使用同步技术进行补偿。

4.6.2 解决方法

在介绍了无线信号在信道中传播时可能引入的问题后，下面将给出一些用于在物理层解决这些问题的方法。值得注意的是，除物理层外，更高层协议通常对数据丢失等采用进一步的解决措施，如错误编码、缓冲和选择性重传。

1．模拟接收机前端滤波

在无线通信系统中，缓解信道效应的一种显著方法是在感兴趣的信号周围实施带通滤波。这一过程的目的是尽可能去除加性高斯白噪声（AWGN）和其他干扰，以提高信号的信噪比（SNR）。

当在相邻或附近的频带上存在高功率信号时，模拟前端滤波尤其有用，否则这些信号可能会使 ADC 饱和。

2．正交调制校准

前面提到，当信号受到不完美的正交调制器的调制和解调时，星座图中的符号会出现失真现象，因此可能需要在接收机中对这些影响进行校正。这可以通过以下两种方式实现。

（1）I/Q 增益不平衡：I/Q 增益不平衡是指 I（同相分量）和 Q（正交分量）的幅度不相等。这种不平衡会导致接收信号的失真，影响解调性能。可以通过将补偿增益应用于接收机中的 I 和/或 Q 分支来校正。

（2）I/Q 相位误差：如果两个相位之间的间隔不是所需的 $90°$，信号不正交，则在两个相位间发生混频。这可以通过将接收到的 Q 信号的标定版本添加到 I 信号来校正。

AD9361 接收机正交校准使用非频率相关算法来分析接收到的整个数据频谱，从而在整个带宽上创建平均校正。对于发送信号路径，AD9361 使用初始化校准来减少优化硬件设计提供的正交不平衡。

3．前向纠错

前向纠错（Forward Error Correction，FEC）是无线通信中防止误码的关键技术之一。通过应用向发送的数据添加冗余的编码方案，接收机能够检测何时发生了比特错误（达到某个极限），并且在大多数情况下也能够校正它们（再次达到某个限制）。保护程度取决于所使用的编码方案及其参数。

4. 同步

由图 4.22 可知，发射机和接收机没有共同的频率或时序参考。因此，到达接收机的信号的频率和定时参数几乎是肯定不对应于接收机所期望的标称值的。多普勒效应将增加这些偏移，并且实际和预期的信号特性可能存在相当大的偏差。

在接收机中使用同步系统来估计频率和定时偏移，并应用调整来校正它们。这里主要涉及两个同步任务。

（1）载波同步：接收机必须调整其本地振荡器的频率和相位，以匹配接收信号中载波的频率和相位。成功的载波同步的结果是符号星座停止旋转。

（2）符号定时同步：接收机必须以正确的速率对输入符号进行采样，这是根据对输入信号的观测确定的。理想情况下，它应该将它们定位在最大效应点，即最佳时序时刻，以实现尽可能好的 SNR。

根据传输数据的结构，在接收机 MAC 层中还需要帧同步，以确定每帧的开始时间，并正确提取有效载荷。

5. 均衡

前面提到，多径传播引起的衰落可能使接收到的符号在星座内失真。

在频率选择性衰落的情况下，信道的作用类似于滤波器，导致信号带宽内的增益变化。在补偿这种影响时，我们需要考虑基带等效信道，它包括从发射机应用输入符号到接收机检索输出符号之间的整个信号链。这意味着基带等效信道涵盖了发射机和接收机架构的所有方面，以及无线信道本身的特性。

为了解决频率选择性衰落带来的问题，自适应数字信号处理（DSP）技术可以用于生成基带信道的逆。通过将基带信道的输出信号经过该逆信道处理，可以实现均衡，确保在整个信号带宽上近似恒定的增益。在此过程中，可以校正星座图中出现的失真，从而提高解调的准确性。

在信道引入平坦衰落时，均衡过程变得相对简单，因为它仅涉及应用增益调整，因此其复杂性较低。然而，当信道表现出频率选择性衰落时，均衡任务会变得更具挑战性。在这种情况下，流行的正交频分复用（OFDM）技术提供了一种有效的方法，将宽带信号转换为一组较小的子信道。这种方法有助于简化均衡任务，因为在每个子信道中，信号的频率响应通常是平坦的，从而可以更容易地实现均衡。

4.7 脉冲整形与匹配滤波

在前面的讨论中，我们首先探讨了基带调制过程，即比特到符号的转换；随后讨论了如何将符号值映射回比特。然而，前面内容并未涉及如何将符号表示为用于跨信道传输的物理信号，或者如何从接收信号中恢复符号。在本节中，我们将重点解决这些问题，探讨符号如何在物理信道中传输，以及如何从接收到的信号中检索出符号。

4.7.1 符号作为脉冲

从无线电信道的物理信号传输角度来看，将符号表示为脉冲存在一些问题。主要原因是脉冲信号包含所有频率成分，导致通过无线电信道传输脉冲时，会生成带宽极宽的无线电信号。这种宽带信号可能会干扰相邻频带及更远频带的其他用户，从而对无线电频谱造成影响。

这个问题的解决方案是应用脉冲整形——相当于使每个脉冲通过滤波器。

4.7.2 脉冲整形要求和实现

通过对符号波形进行上采样，并使其通过具有所需滤波器响应的 FIR 滤波器，可以在数字域中实现脉冲整形。脉冲整形滤波器的设计要求必须仔细规定，这里有两个关键要求：

（1）滤波器应适当地将信号能量包含在所需带宽内；
（2）滤波器应能使符号在理想时刻采样时准确恢复。

反过来考虑这些要求，通常需要将信号能量控制在特定带宽内，以符合频谱许可证和/或无线标准规定的频谱屏蔽。频谱屏蔽规范的例子如图 4.23 所示。无线电发射机实现相对于该屏蔽的性能可以通过实验来测量：相邻信道泄露率（Adjacent Channel Leakage Radio，ACLR），即在相邻频带中抑制发射的程度，通常被引用为优值。

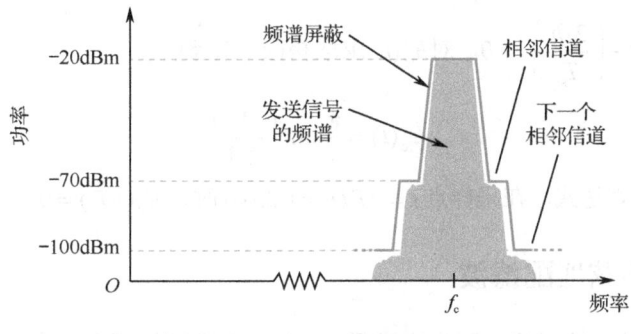

图 4.23 频谱屏蔽规范的例子

在这两种情况下，都对在分配的频带内以及在相邻频带和下一个相邻频带中可以发射的功率进行了限制。通常需要在相邻频带中实现高度抑制，从而保护无线电频谱的其他用户免受干扰。

第二个要求是指在接收符号的最大效应点，即达到最佳 SNR 的时刻，对其进行采样的时域过程，该时刻对应于成形脉冲的中心。所选择的脉冲形状不应在这些理想采样点的连续符号之间产生任何干扰（称为符号间干扰）。实现这一点的最可靠的方法是使用脉冲形状，其脉冲响应是一个符号周期（或更短）；然而，这种约束限制了脉冲整形过程的频域性能。可能的脉冲形状包括矩形、半正弦、高斯，以及升余弦（Raised Cosine，RC）。

RC 滤波器能最大限度地消除码间串扰（Intersymbol Interference，ISI），广泛应用于数字通信系统的整形滤波过程中。RC 滤波器设计充分利用了频域和时域的对称性，其频率响应特性 $H_{rc}(f)$ 如下式所示。

$$H_{rc}(f) = \begin{cases} T_s, & 0 \leqslant |f| \leqslant \dfrac{1-\beta}{2T_s} \\ \dfrac{T_s}{2}\left\{1+\cos\left[\dfrac{\pi T_s}{\beta}\times\left(|f|-\dfrac{1-\beta}{2T_s}\right)\right]\right\}, & \dfrac{1-\beta}{2T_s} < |f| \leqslant \dfrac{1+\beta}{2T_s} \\ 0, & |f| > \dfrac{1+\beta}{2T_s} \end{cases}$$

式中，滚降因子 β 为[0,1]之间的实数，其确定频谱的带宽。因为对于 $|f| > \dfrac{1+\beta}{2T_s}$ 的频谱为 0，所以基带脉冲的带宽为 $\dfrac{1+\beta}{2T_s}$。对于带通 QAM 调制，带宽 BW 为基带脉冲带宽的两倍，即

$$\text{BW} = \frac{1+\beta}{T_s} = (1+\beta)R_s$$

式中，R_s 为发送符号的速率。理想低通矩形谱是滚降系数 $\beta=0$ 的一种特殊情况，此时带通的带宽等于符号速率。

RC 滤波器对应的时域表达式 $h_{rc}(t)$ 为

$$h_{rc}(t) = \frac{\sin\left(\dfrac{\pi t}{T_s}\right)}{\dfrac{\pi t}{T_s}} \times \frac{\cos\left(\dfrac{\pi \beta t}{T_s}\right)}{1-\left(\dfrac{2\beta t}{T_s}\right)^2} = \operatorname{sinc}\left(\frac{t}{T_s}\right) \times \frac{\cos\left(\dfrac{\pi \beta t}{T_s}\right)}{1-\left(\dfrac{2\beta t}{T_s}\right)^2}$$

式中，$\operatorname{sinc}\left(\dfrac{t}{T_s}\right) = \dfrac{\sin\left(\dfrac{\pi t}{T_s}\right)}{\dfrac{\pi t}{T_s}}$。

当 $t = \pm\dfrac{T_s}{2\beta}$ 时，$1-\left(\dfrac{2\beta t}{T_s}\right)^2 = 0$，对 $h_{rc}(t)$ 求取极限，得到

$$h_{rc}(t) = \frac{\pi}{4}\operatorname{sinc}\left(\frac{1}{2\beta}\right)$$

观察 $h_{rc}(t)$ 的通用表达式，在采样点 $t = nT_s (n = 1, 2, \cdots)$ 时，$h_{rc}(nT_s) = 0$，有效抑制了码间串扰。

4.7.3 平方根升余弦匹配滤波

RC 是一种理想的脉冲形状，因为它满足 4.7.2 节中规定的两个要求。然而，没有必要完全通过发射滤波来实现这种响应；相反，重要的一点是在链路上应用脉冲形状。因此，可以将滤波任务分为两部分，并在发射机和接收机中各实现一部分。这实际上是优选的，因为它使接收侧滤波器也能够滤除在信道中引入的一些噪声。

RC 滤波器响应可以分割为两个平方根升余弦（RRC）滤波器，它们以级联形式对应于 RC 响应。当以这种分离的形式实现时，滤波器被称为脉冲整形滤波器（在发射机中）和匹配滤波器（在接收机中）。

RRC 的脉冲形状为 $h_{rrc}(t)$，它的傅里叶变换 $H_{rrc}(f)$ 表示为

$$H_{rrc}(f) = |H_{rc}(f)|^{1/2}$$

RRC 滤波器对应的时域表达式 $h_{rrc}(t)$ 为

$$h_{rrc}(t) = \frac{2\beta}{\pi\sqrt{T_s}} \frac{\cos\left[(1+\beta)\pi\dfrac{t}{T_s}\right] + \dfrac{\sin\left[(1-\beta)\pi\dfrac{t}{T_s}\right]}{4\beta\dfrac{t}{T_s}}}{\left[1-\left(4\beta\dfrac{t}{T_s}\right)^2\right]}$$

当设计 RC 滤波器（或等效地，RRC 滤波器）时，需要指定三个参数：

（1）过采样率（或升采样率，即每个符号周期的采样数）；

（2）滤波器跨度，以符号周期为单位；

（3）过滤器滚降参数，通常用 β 表示。这控制了多余的带宽，即当脉冲成形时信号占用了多少额外的带宽。在时域中，它决定 RC 脉冲响应的"尾部"减少的速度。

4.7.4 最大效果点

尽管 RC 脉冲持续几个符号周期，但它避免了符号间干扰（Inter-Symbol Interference，ISI），前提是在理想的时刻，即最大效应点对信号进行采样，以便检索符号。参考图 4.24，它显示了连续脉冲产生的 RC 响应。显然，在最大效应点（每个脉冲响应的峰值，其中振幅最大），所有其他脉冲的振幅贡献恰好为零。因此，如果采样是理想定时的，则不会出现 ISI。

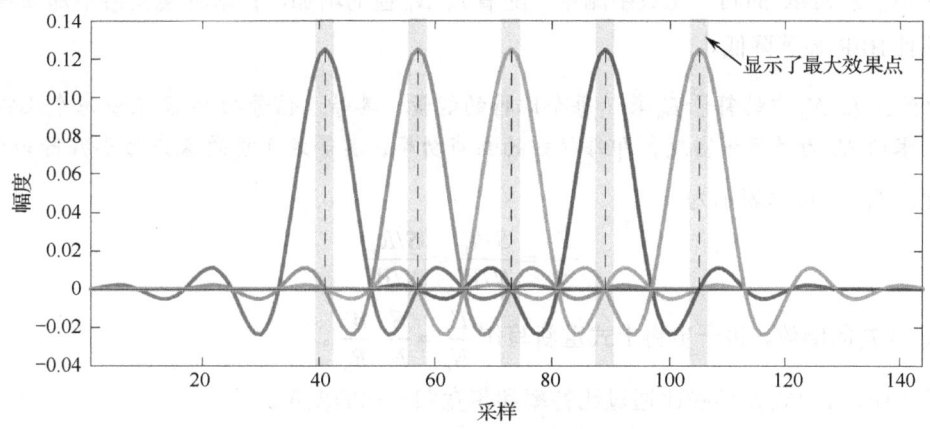

图 4.24 连续脉冲产生的 RC 响应，在最大效应点处显示零 ISI

理想总是美好的，而面临的困难就是如何在这些精确的时刻正确地对样本进行定时，特别是前面讨论定时频率偏移的问题，这可能由发射机和接收机中的振荡器失配和/或信道中的多普勒效应引起。在接收机中，需要符号定时同步来调整符号采样器的定时参数，使采样尽可能接近最大效果点。

如果符号样本没有被正确地定时，就会导致对总体误差的增加，换句话说，这会对接收到的符号样本在参考星座点周围的扩展产生不利影响。如前面所述，扩展是根据 EVM 来测量的，较大的 EVM 会导致不正确的符号判决（从而导致比特误差），而更高阶的调制方案更容易受到影响。因此，符号定时同步器是接收机的重要组成部分。

4.8 比特错误率分析

比特错误率（Bit Error Rate，BER）是用于量化通信链路将数据准确地从发射机传输到接收机的能力的指标。它表示测量错误的平均发生率，或者期望错误的比率。例如，BER 可以表示为每 1000 个比特中有一个比特出错。这意味着，如果传输过程中出现大量比特错误，则无法通过该链路可靠地传递高质量的视频、音频或其他数据。

在前面的讨论中，我们提到加性高斯白噪声（AWGN）电平的增加使得准确接收发送的符号变得更加困难。这是因为接收到的符号在参考星座点周围扩展，开始跨越判决边界，从而导致对接收符号的错误判决。

不正确的符号判决直接导致比特的不正确接收，因为每个符号传递一个或多个比特。因此，直观地说，随着 AWGN 电平的增加，BER 也会增加。

来自无线电信道的其他"真实世界"效应也会影响接收到的符号星座，如多普勒效应、多径传输等。然而，接收机通常包括补偿这些效应的电路（以载波和定时同步电路、均衡器的形式）。因此，所经历的 BER 成为无线电信道环境和接收机减轻信道影响的能力的函数。

许多通信系统中都结合了 FEC 方案，并且这些方法可以校正某个定义最大阈值的比特误差，该阈值取决于编码方案的参数。在这种情况下，未编码的 BER（没有纠错）和编码的 BER（在 FEC 解码之后）可能都是感兴趣的。例如，如果编码 BER 达到 1e-4 的 BER，则 1e-2 的未编码 BER 是可接受的。这是因为后者对于接收机处理的后期阶段是有效的。

BER 性能通常使用 BER 曲线来表征和可视化；绘制 y 轴上的 BER 相对于 x 轴上 E_b/N_0 的二维图。E_b/N_0 是 SNR 的归一化数字测量。随着 E_b/N_0 值的增加，传输环境变得不那么具有挑战性了，并且 BER 显著降低。

> 注：E_b/N_0 中的符号 E_b 表示每个比特的能量，其等于信号功率 S 乘以每个比特的时间周期 T_b。术语 N_0 为噪声谱密度，即每赫兹的噪声功率，其等效于总的噪声功率 N 除以带宽 W。

因此，E_b/N_0 可以表示为

$$\frac{E_b}{N_0} = \frac{S \cdot T_b}{N/W} = \frac{S/R_b}{N/W}$$

式中，R_b 是 T_b 的倒数。进一步将上式重新写作 $\frac{E_b}{N_0} = \frac{S}{N} \cdot \frac{W}{R_b}$。

上式表明，E_b/N_0 是信噪比通过比特率和带宽归一化的度量。

常用的调制方案（BPSK、QPSK、16QAM、64QAM 等）存在理论上的 BER 曲线，如图 4.25 所示。注意，与在星座中具有更多符号的调制方案相比，在星座中符号较少的调制方案可以在 E_b/N_0 更低水平（更大的噪声条件）下实现任何目标 BER。

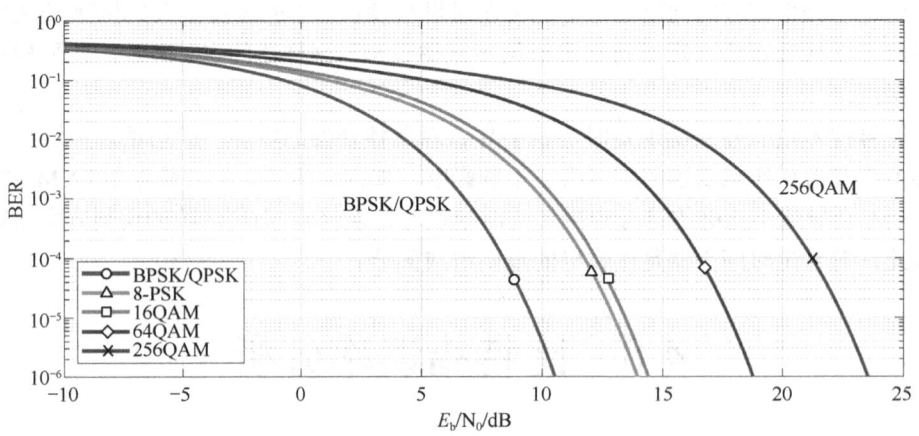

图 4.25 BER 曲线的实例

第 5 章

正交调制和复指数的基础知识

在通信系统中，通常会遇到将信号描述为复数信号（包括实部和虚部的分量）的情况。此时，通信系统往往以复数指数（复指数）的形式呈现，而不是使用调制的实正弦波和余弦波。在本章中，我们将探讨复数信号的本质，特别是它们在表示正交调制器的 I（同相）和 Q（正交）信道方面的应用，以及这些信号如何与通信中的正交信号的混合（或调制/解调）相关联。在讨论相关知识时，我们将采用标准的三角函数符号（正弦和余弦）以及复指数数学来阐释正交混合或调制/解调的过程。这两种表示方式在数学上是完全等效的——它们只是描述相同信号处理的不同方法。

5.1 信号的表示

作为分析调制和解调的初步步骤，本节首先复习用于表示信号的方法。

5.1.1 模拟和数字信号

在本章中，我们将基于连续实时信号来描述相关问题，而不是采样的离散数字信号。这种方法旨在最大限度地减少所需的数学符号，使得正交调制、解调、混合等原理能够更加清晰地呈现。例如，随着时间的推移，幅度为 5 的 100Hz 正弦波由下式给出：

$$x(t) = 5\cos(2\pi 100 t)$$

如果对该信号进行采样，其采样频率为 $f_s = 10000\text{Hz}$，则信号 $x(t)$ 应该表示为：

$$x(nT) = 5\cos\left(\frac{2\pi 100 n}{f_s}\right)$$

式中，n 是离散采样索引，且 $t = nT$，$T = 1/f_s$。

5.1.2 实数和复数信号

复信号由"实"信号和"虚"信号分量组成。在与正交调制器或混频器一起工作时，发射机和接收机中的同相信号路径与正交相位信号路径可以被表示为复数信号。从数学理论的角度来看，由于正交振荡器路径与同相振荡器路径之间存在 90°的偏移（或正交），所以一个信道可以表示为实信号路径，另一个信道可以表示为虚信号路径。因此，在使用两个实信号的正交调制版本时，可以将其中一个信号描述为实信号，另一个信号描述为虚信号。这种表示方式的目的是简化后续涉及频谱"移位"的数学运算。如果调制和解调的三角方程能够使用复指数（有时被称为复正弦曲线）来表示，那么，正如读者稍后将看到的，相较于直接使用正交正弦和余弦来表示，这种方法在数学上更容易处理。

作为使用复指数（或复正弦曲线）的"便利性"的一个非常简单的例子，假设读者希望表达两个余弦的乘积，即 $\cos(A)\cos(B)$，作为正弦项和余弦项的总和。读者可能记得或通过查阅相关书籍，得到下面的计算过程：

$$\cos(A)\cos(B) = 0.5\cos(A+B) + 0.5\cos(A-B)$$

很难实现上面的预期结果。

另外，如果要求将两个复指数项（和）的乘积表示为一个单指数，那么这个任务就容易得多，只需要添加指数，即

$$e^{jA} \cdot e^{jB} = e^{j(A+B)}$$

因此，可以预期这种简单性是能够利用的。事实上，如果可以用复指数代替正交调制和解调的三角符号，那么使用复数来描述信号以及调制和解调过程可能是最方便的。

5.1.3 欧拉公式

在实现无线通信系统时，天线发送和接收的信号是随时间变化的实际电压，这些信号可以呈现为正值或负值。为了更方便地表示这些信号，我们经常选择在接收机中采用复数信号的形式，即包括实部和虚部的信号。这种信号表示被称为解析信号，主要用于分析目的。

通过使用复数作为符号，我们能够更便捷地描述正交调制器和解调器的操作，从而简化相关的数学运算。这种方法不仅使得信号处理更为直观，也便于理解和实现复杂的调制和解调过程。利用复数表示法，我们可以有效地处理相位和幅度的变化，使得无线通信系统的设计和优化更加高效。

这种转换方法的基础是欧拉公式，即

$$e^{j\omega t} = \cos(\omega t) + j\sin(\omega t)$$

式中，e 是自然对数的底（近似等于 2.71828…的常数）；ω 是角频率，且 $\omega = 2\pi f$；$j = \sqrt{-1}$；t 表示时间。

当出现负指数 $e^{-j\omega t}$ 时，可以将其写作：

$$e^{-j\omega t} = \cos(\omega t) - j\sin(\omega t)$$

对上面两个公式分别求和和求差，可以得到：

$$2\cos(\omega t) = e^{j\omega t} + e^{-j\omega t}$$
$$2j\sin(\omega t) = e^{j\omega t} - e^{-j\omega t}$$

通过进一步重组，可以用正幂和负幂复指数来表示正弦和余弦项，即

$$\cos(\omega t) = \frac{e^{j\omega t} + e^{-j\omega t}}{2}$$

$$\sin(\omega t) = \frac{e^{j\omega t} - e^{-j\omega t}}{2j}$$

现在返回前面提到的 $\cos(A)\cos(B)$，可以用复指数项计算它的结果，即

$$\cos(A)\cos(B) = \left[\frac{e^{jA} + e^{-jA}}{2}\right]\left[\frac{e^{jB} + e^{-jB}}{2}\right]$$

$$= \frac{e^{jA}}{2}\left[\frac{e^{jB} + e^{-jB}}{2}\right] + \frac{e^{-jA}}{2}\left[\frac{e^{jB} + e^{-jB}}{2}\right]$$

$$= \frac{1}{2}\left\{\frac{e^{j(A+B)}}{2} + \frac{e^{j(A-B)}}{2} + \frac{e^{-j(A-B)}}{2} + \frac{e^{-j(A+B)}}{2}\right\}$$

$$= \frac{1}{2}\left\{\frac{e^{j(A+B)}}{2} + \frac{e^{-j(A+B)}}{2}\right\} + \frac{1}{2}\left\{\frac{e^{j(A-B)}}{2} + \frac{e^{-j(A-B)}}{2}\right\}$$

$$= \frac{1}{2}\cos(A+B) + \frac{1}{2}\cos(A-B)$$

事实上，使用欧拉公式，由正交系统的标准三角分析产生的所有正弦和余弦项都可以用指数表示。

如前所述，三角表示和复数表示都是等效的，并且同样有效——复数表示法的使用是完全可选的，并且停留在实数域中是完全有效的（换句话说，只使用实数和三角表示）。

下面将直观地展示信号频谱的"正弦"和"余弦"表示（所谓的实频谱，有时是单边频谱）与复指数（复频谱或双侧频谱）之间的关系。

5.1.4 使用复数频谱在频域中查看实信号

如本章前面所述，在频域中查看和分析信号是非常有用的，实际上是不可或缺的。对于复杂信号，特别是在通信中，同时包含同相部分和正交相部分的信号，理解复数的频谱表示显得尤为重要。

接下来，我们将分析一组信号，以引入复数频谱表示的方法。我们将从正弦波（以余弦形式表示）的简单求和开始讲解，为理解实际信号的频谱特性奠定基础。通过对这些信号进行频域分析，我们可以更深入地了解其频谱特性及其在通信系统中的应用。

1．频域中的简单实信号：三个音调的总和（单侧频谱）

这里讨论由 3 个余弦项（它们的频率分别为 100Hz、200Hz 和 300Hz，幅度分别是 10、1 和 4）构成的实信号（单侧频谱），表示为：

$$s_1(t) = 10\cos(2\pi 100t) + \cos(2\pi 200t) + 4\cos(2\pi 300t)$$

该信号的时域波形如图 5.1 所示。显然，该信号是周期性的，并且可以找出最低频率项具有 0.01s（100Hz）的周期，然而很难分析信号的频率信息。

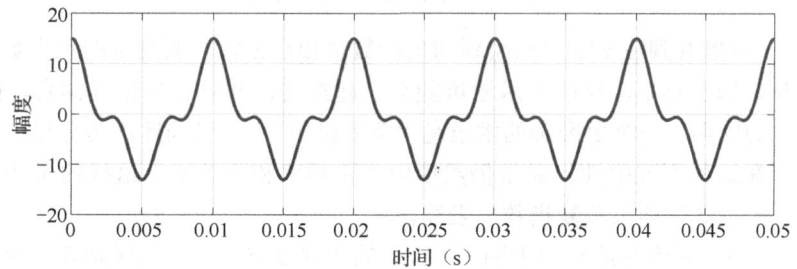

图 5.1 信号的时域波形（一）

显示信号的另一种方法是使用幅度谱和相位谱，如图 5.2 所示。这种表示方式能够方便地解释正弦频率分量。由于图 5.2 中仅显示余弦频率值（正频率部分），因此这种表示方式被称为单边谱。在这个简单的例子中，我们可以清楚地知道所需的信息，但相同的原理同样适用于任何信号。

更普遍地说，信号分析通常涉及计算快速傅里叶变换（FFT），以生成所需的幅频响应和相频响应特性图。这些特性图提供了信号在频域中的详细信息，有助于我们更深入地理解信号的频谱特性及其在实际应用中的表现。

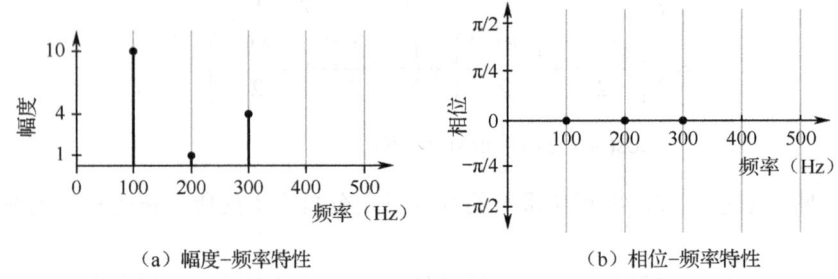

图 5.2　信号的频域特性（一）

2. 复频域中的三个音调信号求和（双侧频谱）

下面将在复频域中分析上面的信号 $s_1(t)$，该信号通过上面给出的欧拉公式，以及衍生的公式能转换到复指数表示。下面给出具体的转换过程：

$$s_1(t) = 10\cos(2\pi 100 t) + \cos(2\pi 200 t) + 4\cos(2\pi 300 t)$$

$$= 10\left(\frac{e^{j2\pi 100 t} + e^{-j2\pi 100 t}}{2}\right) + 1\left(\frac{e^{j2\pi 200 t} + e^{-j2\pi 200 t}}{2}\right) + 4\left(\frac{e^{j2\pi 300 t} + e^{-j2\pi 300 t}}{2}\right)$$

$$= 5e^{j2\pi 100 t} + 5e^{-j2\pi 100 t} + \frac{1}{2}e^{j2\pi 200 t} + \frac{1}{2}e^{-j2\pi 200 t} + 2e^{j2\pi 300 t} + 2e^{-j2\pi 300 t}$$

将上式中正的复指数和负的复指数进行分组，这些项可以绘制在复频域中，作为复指数项的振幅，如图 5.3 所示。从图中可知，正轴和负轴上都有重要的分量，并且将其作为双侧谱。

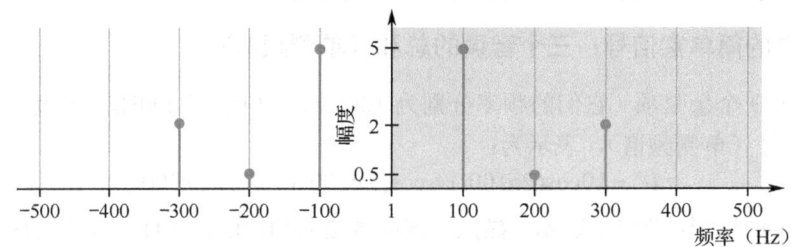

图 5.3　信号在复频域中的表示

在图 5.3 中，可以看到在 x 轴左侧绘制的负指数项和在 x 轴右侧绘制的正指数项。这些频率有时被称为正频率和负频率，这两个术语可能会引起混淆，并且容易误导读者，因为频率通常指的是每秒变化的周期。一个更准确的术语是"负复指数"，用以描述这类分量。然而，在实际应用中，尽管存在这种不准确性，通常仍然使用"正频率和负频率"这样的说法，而不是使用更为精确的"正复指数"和"负复指数"表述。

注意，图 5.3 中复频谱右侧对应于图 5.2（a）的实幅度谱，唯一的区别就是幅度的大小。再次注意 $\cos(\omega t) = (e^{j\omega t} + e^{-j\omega t})/2$，复频谱的对称性意味着，比如分量-200Hz 和 200Hz，加在一起构成了在 200Hz 的真实余弦。因此，这个双侧频谱是实信号的复数符号表示，因为它在 0Hz 附近是对称的。

信号的相位，以前被明确显示为相位谱图，如图 5.2（b）所示，现在被捕获在实分量和虚分量的复谱图中（尽管在这个特定的例子中没有虚谱）。当引入远离标准余弦的相移时，事情会变得有点复杂，我们将同时具有实振幅复指数和虚振幅复指数。

3. 复频域中的三个音调信号求和（带有相移）

到目前为止，前面的例子已经考虑了由余弦项组成的信号，所有余弦项的相位项都为零（标准余弦波没有相移）。这里将相位偏移引入这些余弦分量。现在定义一个新的信号，即

$$s_2(t) = 10\cos\left(2\pi 100 t + \frac{\pi}{4}\right) + \cos\left(2\pi 200 t + \frac{\pi}{6}\right) + 4\cos(2\pi 300 t)$$

该信号在 100Hz 和 200Hz 的分量处有相移。图 5.4 给出了该信号的时域波形，图 5.5 给出了该信号的频域特性。

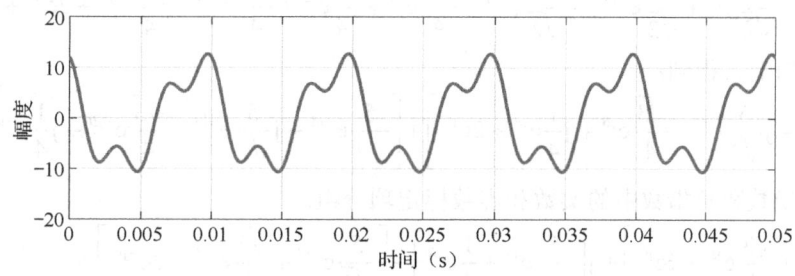

图 5.4 信号的时域波形（二）

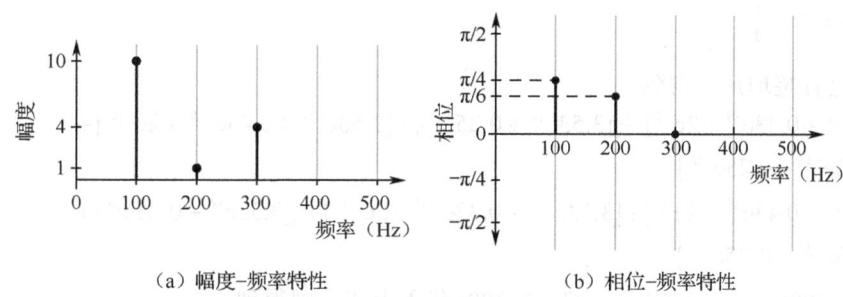

（a）幅度-频率特性　　　　　　　　（b）相位-频率特性

图 5.5 信号的频域特性（二）

在比较图 5.1 和图 5.4 的时域波形时，可以明显看到两者的不同。这种差异主要源于信号中频率为 100Hz 和 200Hz 的余弦项具有不同的相位。

进一步比较图 5.2（a）和图 5.5（a），可以看出它们的幅度-频率特性是相同的。这是预料之中的，因为这两个信号包含相同振幅的相同余弦项。然而，在图 5.2（b）和图 5.5（b）的相位-频率特性中则表现出不同的特征，此时显示的是 100Hz 和 200Hz 项的非零相位。

此外，通过前面给出的欧拉公式以及相关的衍生公式，我们可以将信号转换为复指数表示。下面详细介绍这一转换过程：

$$s_2(t) = 10\cos\left(2\pi 100 t + \frac{\pi}{4}\right) + \cos\left(2\pi 200 t + \frac{\pi}{6}\right) + 4\cos(2\pi 300 t)$$

现在，令 $A = 2\pi 100 t$，$B = 2\pi 200 t$，$C = 2\pi 300 t$，则上式变成：

$$\begin{aligned}
s_2(t) &= 10\cos\left(A + \frac{\pi}{4}\right) + \cos\left(B + \frac{\pi}{6}\right) + 4\cos(C) \\
&= 10\left[\frac{e^{j(A+\pi/4)} + e^{-j(A+\pi/4)}}{2}\right] + 1\left[\frac{e^{j(B+\pi/6)} + e^{-j(B+\pi/6)}}{2}\right] + 4\left[\frac{e^{jC} + e^{-jC}}{2}\right] \\
&= 5[e^{j(A+\pi/4)} + e^{-j(A+\pi/4)}] + 0.5[e^{j(B+\pi/6)} + e^{-j(B+\pi/6)}] + 2[e^{jC} + e^{-jC}] \\
&= 5e^{j(\pi/4)}e^{jA} + 5e^{-j(\pi/4)}e^{-jA} + 0.5e^{j(\pi/6)}e^{jB} + 0.5e^{-j(\pi/6)}e^{-jB} + 2e^{jC} + 2e^{-jC}
\end{aligned}$$

$$= 5\left[\cos(\pi/4) + j\sin(\pi/4)\right]e^{jA} + 0.5\left[\cos(\pi/6) + j\sin(\pi/6)\right]e^{jB} + 2e^{jC} +$$
$$2e^{-jC} + 5[\cos(\pi/4) - j\sin(\pi/4)]e^{-jA} + 0.5[\cos(\pi/6) - j\sin(\pi/6)]e^{-jB}$$

因为，$\cos(\pi/4) = 1/\sqrt{2}$，$\sin(\pi/4) = 1/\sqrt{2}$，$\cos(\pi/6) = \sqrt{3}/2$，$\sin(\pi/6) = 1/2$

所以，上式化简为：

$$= 5\left[\frac{1}{\sqrt{2}} + j\frac{1}{\sqrt{2}}\right]e^{jA} + 5\left[\frac{1}{\sqrt{2}} - j\frac{1}{\sqrt{2}}\right]e^{-jA} + 0.5\left[\frac{\sqrt{3}}{2} + j\frac{1}{2}\right]e^{jB} + 0.5\left[\frac{\sqrt{3}}{2} - j\frac{1}{2}\right]e^{-jB} + 2e^{jC} + 2e^{-jC}$$

$$= \frac{5}{\sqrt{2}}e^{jA} + j\frac{5}{\sqrt{2}}e^{jA} + \frac{5}{\sqrt{2}}e^{-jA} - j\frac{5}{\sqrt{2}}e^{-jA} + \frac{\sqrt{3}}{4}e^{jB} + j\frac{1}{4}e^{jB} + \frac{\sqrt{3}}{4}e^{-jB} - j\frac{1}{4}e^{-jB} + 2e^{jC} + 2e^{-jC}$$

将上式分组后，得到：

$$= \left[\frac{5}{\sqrt{2}}e^{jA} + j\frac{5}{\sqrt{2}}e^{jA} + \frac{\sqrt{3}}{4}e^{jB} + j\frac{1}{4}e^{jB} + 2e^{jC}\right] + \left[\frac{5}{\sqrt{2}}e^{-jA} - j\frac{5}{\sqrt{2}}e^{-jA} + \frac{\sqrt{3}}{4}e^{-jB} - j\frac{1}{4}e^{-jB} + 2e^{-jC}\right]$$

现在将正指数和负指数中的实数和虚数标定项分组：

$$= \left[\frac{5}{\sqrt{2}}e^{jA} + \frac{\sqrt{3}}{4}e^{jB} + 2e^{jC}\right] + j\left[\frac{5}{\sqrt{2}}e^{jA} + \frac{1}{4}e^{jB}\right] + \left[\frac{5}{\sqrt{2}}e^{-jA} + \frac{\sqrt{3}}{4}e^{-jB} + 2e^{-jC}\right] +$$
$$j\left[-\frac{5}{\sqrt{2}}e^{-jA} - \frac{1}{4}e^{-jB}\right]$$

将上式进行整理后，得到

$$= [3.53e^{jA} + 0.43e^{jB} + 2e^{jC}] + j[3.53e^{jA} + 0.25e^{jB}] + [3.53e^{-jA} + 0.43e^{-jB} + 2e^{-jC}] +$$
$$j[-3.53e^{-jA} - 0.25e^{-jB}]$$

$$= [3.53e^{jA} + 0.43e^{jB} + 2e^{jC}] + [3.53e^{-jA} + 0.43e^{-jB} + 2e^{-jC}] + j[3.53e^{jA} + 0.25e^{jB}] +$$
$$j[-3.53e^{-jA} - 0.25e^{-jB}]$$

将 $A = 2\pi 100t$，$B = 2\pi 200t$，$C = 2\pi 300t$ 代入上式，则得到：

$$s_2(t) = [3.53e^{j2\pi 100t} + 0.43e^{j2\pi 200t} + 2e^{j2\pi 300t}] + [3.53e^{-j2\pi 100t} + 0.43e^{-j2\pi 200t} + 2e^{-j2\pi 300t}] +$$
$$j[3.53e^{j2\pi 100t} + 0.25e^{j2\pi 200t}] + j[-3.53e^{-j2\pi 100t} - 0.25e^{-j2\pi 200t}]$$

注意，最终的复数表达式 $s_2(t)$ 包含虚部幅度分量，而 $s_1(t)$ 只有实部分量。对 $s_2(t)$ 的实部和虚部频谱分别进行绘制，如图 5.6 所示。

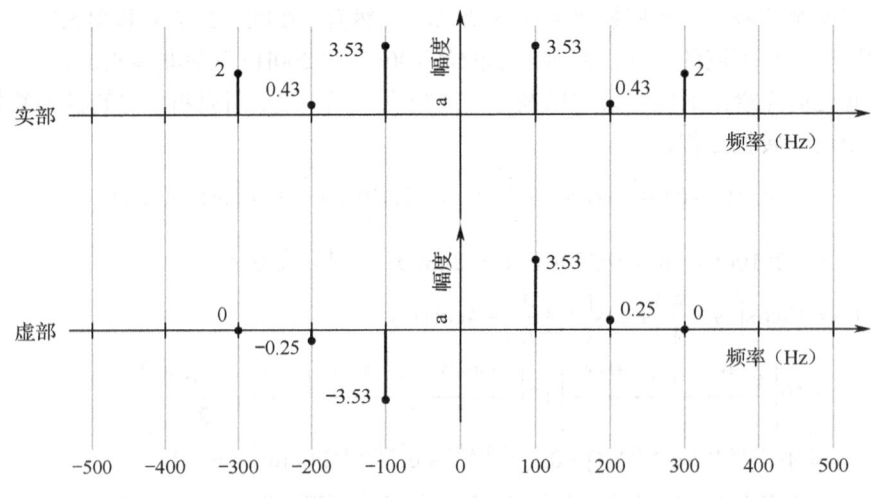

图 5.6　信号 $s_2(t)$ 的复数谱

此外，这里不需要生成相位谱，因为相位本质上被捕获在实部/虚部谱中。如果需要，可以通过函数 $\tan^{-1}()$ 提取相位信息。

需要注意的一个关键点是，如果一个信号仅为实值（它不是复数，并且没有虚值或分量），则其双侧频谱也是偶对称的（这是由信号中存在的任何余弦项构成的），并且其虚部频谱总是奇对称的（这是由信号中存在的任意正弦项构成的）。因此，我们可以通过检查图 5.7 中的复数（双侧）频谱来确认所解析的信号 $s_2(t)$ 是实数（显然，它是由真实世界的实值正弦波之和组成的真实信号）。

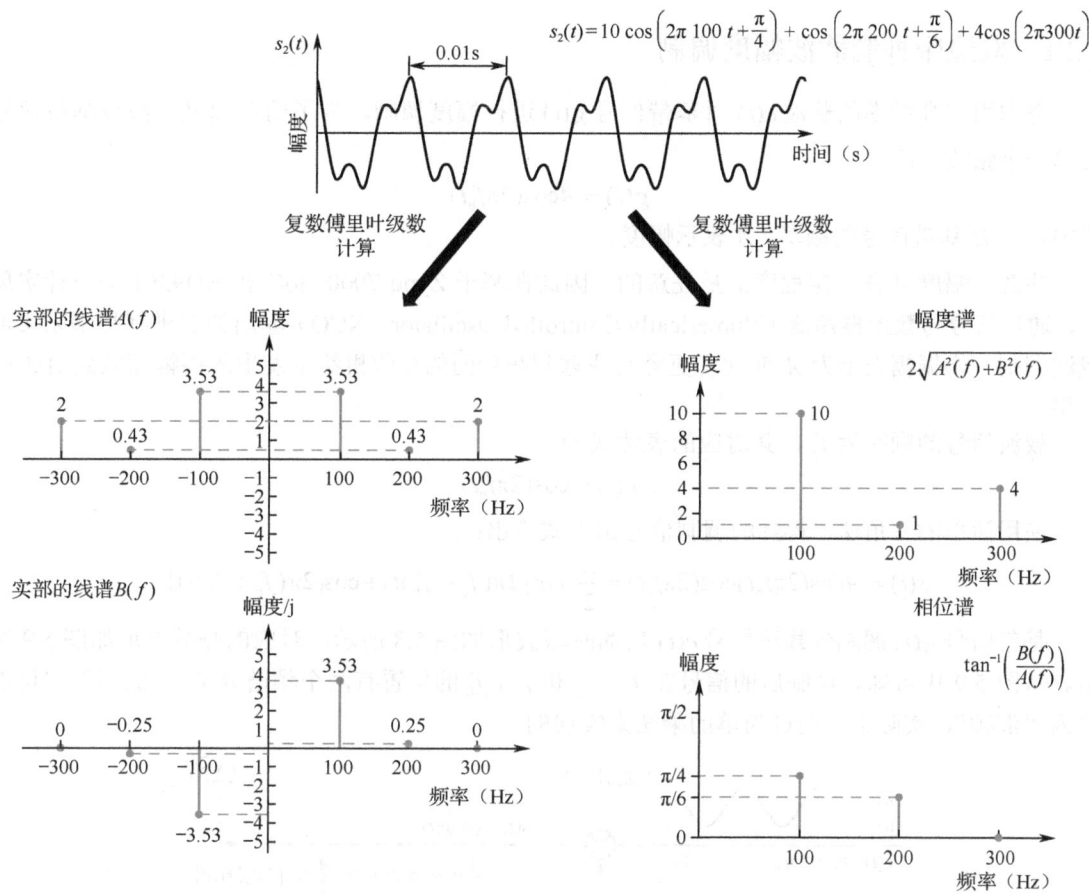

图 5.7 复数（双侧）频谱（左侧）和幅度谱及相位谱（右侧）的实信号

使用幅度谱更加方便，它绘制了每个复指数值处分量的幅度，如图 5.7 所示。这实际上又回到了图 5.5 中的幅度/相位谱，当时只关注了频率轴的右侧。正如前面所说的，对于实部信号，幅度谱总是偶数对称的，因此常规上仅绘制正频率值。

在后面读者会看到，当使用正交通信信号时，使用复数表示法和查看复数频谱变得非常有用。使用复数指数的数学分析和复数（双侧）频谱的查看将使接收机设计在使用正交混频器/解调器将正确的信号混合到基带方面更加简单。

5.2 幅度调制和解调

复数信号表示法与正交调制密切相关，其中两个独立的基带数据流或信道被调制到同一载波上。正交载波指的是，当这两个基带信息信号被调制到相同频率（即相位相差90°）的余弦和正弦载波上时，它们能够在同一频带内共存而不互相干扰。正如读者将在本章后面的内容中看到的那样，考虑到一个通道是实部，另一个是虚部，使用复数符号来表示这些信号是更合适的。

作为正交调制或混频（有时称为正交幅度调制，Quadrature Amplitude Modulation，QAM）的前奏，本节将回顾标准幅度调制（Amplitude Modulation，AM）的调制器和解调器的实值三角分析。我们将首先回顾使用单载波信号的AM过程，接着讨论如何将这一过程扩展到正交调制，最后引入复指数表示。

5.2.1 双边带抑制载波幅度调制

考虑用较高频率的载波 $c(t)$ 对基带信号 $g(t)$ 进行幅度调制。为了简单起见，假设基带信号是单个余弦波，即

$$g(t) = A\cos(2\pi f_b t)$$

式中，f_b 是基带信号的频率，A 表示幅度。

注意，幅度 A 在一定程度上是任意的，因此在基于 Zynq-7000 SoC 和 AD9361 的设计实现中，通过信号与数控振荡器（Numerically Controlled Oscillator，NCO）输出的二进制相乘来实现载波调制。将振幅表示为 A 使读者更容易注意到在后面的接收机级中发生的振幅缩放到 $A/2$ 的结果。

载波信号的频率为 f_c，其对应的表达式为：

$$c(t) = \cos(2\pi f_c t)$$

使用简单的三角法，得到的调制信号由下式给出：

$$s(t) = A\cos(2\pi f_b t)\cos(2\pi f_c t) = \frac{A}{2}\{\cos[2\pi(f_c - f_b)t] + \cos[2\pi(f_c + f_b)t]\}$$

基带信号 $g(t)$ 调制到载波信号 $c(t)$ 后的时域波形如图5.8所示，对应的频域波形如图5.9所示。从图5.9中可知，调制后的信号在 $f_c - f_b$ 和 $f_c + f_b$ 的位置有两个频谱分量。"调制"也可以称为"混频"，实际上是通过简单的乘法来实现的。

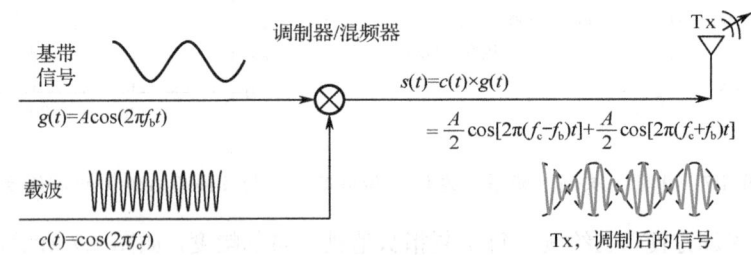

图5.8 将基带信号调制到载波信号后的时域波形

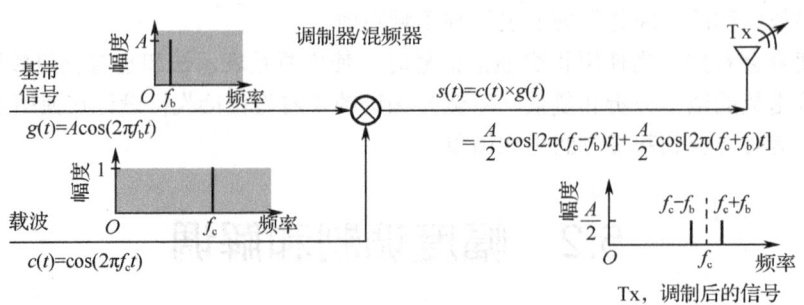

图5.9 将基带信号调制到载波信号后的频域波形

通常，基带信号并不是简单的余弦波，而是占据从 0Hz 到某一频率（如 f_b）的频谱丰富的信号。将这样的信号表示为 $G(f)$。将这种更真实的基带信号调制到频率为 f_c 的载波信号后的结果如图 5.10 所示。可以看出，调制后的信号生成了上下两个边带（上边带和下边带）。在这一层面上，读者可以很容易理解频谱的效率较低，因为射频（RF）发送的带宽需求是基带信号带宽（f_b）的两倍（$2f_b$）。这种低效率在实际应用中可能会导致带宽资源的浪费，因此在设计通信系统时需要考虑改进的方法。

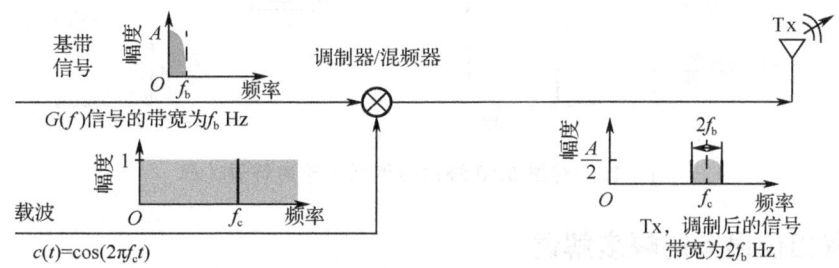

图 5.10　将基带信号调制到载波信号后的结果

5.2.2　幅度解调

解调简单的幅度调制（AM）信号的过程是直接的。假设在接收机中产生的载波信号（用于解调信号）具有与输入信号完全相同的频率和相位，解调过程包括将接收到的信号与本地生成的载波信号相乘（或混频）。这一操作会产生两组频率分量：一组位于基带频率，另一组位于载波频率的两倍。这些高频分量可以通过低通滤波器方便地去除，如图 5.11 所示。可以看出，在接收机一侧通过与本地生成的载波信号 $c(t) = \cos(2\pi f_c t)$ 相乘实现了"完美"的解调。

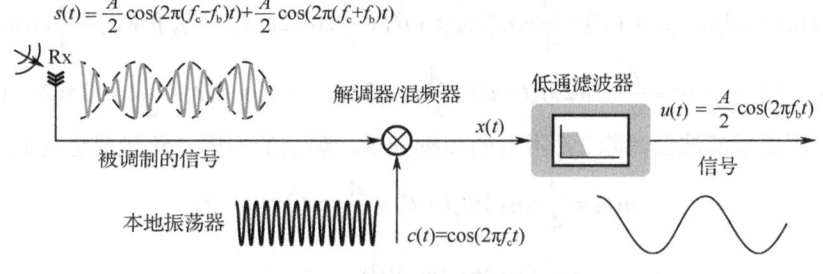

图 5.11　解调后信号的时域波形

解调过程的输出，由下式确定：

$$x(t) = c(t) \times s(t)$$

$$= \frac{A}{2}\cos(2\pi f_c t)\{\cos[2\pi(f_c - f_b)t] + \cos[2\pi(f_c + f_b)t]\}$$

$$= \frac{A}{2}\cos(2\pi f_c t)\cos[2\pi(f_c - f_b)t] + \frac{A}{2}\cos(2\pi f_c t)\cos[2\pi(f_c + f_b)t]$$

$$= \frac{A}{4}\cos[2\pi(2f_c - f_b)t] + \frac{A}{4}\cos(2\pi f_b t) + \frac{A}{4}\cos[2\pi(2f_c + f_b)t] + \frac{A}{4}\cos(2\pi f_b t)$$

$$= \frac{A}{2}\cos(2\pi f_b t) + \frac{A}{4}\cos[2\pi(2f_c - f_b)t] + \frac{A}{4}\cos[2\pi(2f_c + f_b)t]$$

上式中的后两项可以通过低通滤波器过滤，则最终的输出 $u(t)$ 为：

$$u(t) = \frac{A}{2}\cos(2\pi f_b t) = \frac{g(t)}{2}$$

上述给出了对简单余弦波的完美调制和解调。但是对于图 5.10 给出的真实的基带信号如何调制和解调呢？实际上，相同的解调过程是产生原始发送信号的两个副本，其中一个在基带，另一个在 $2f_c$ 中心，后者可以通过低通滤波器去除，图 5.12 给出了解调该信号的过程。

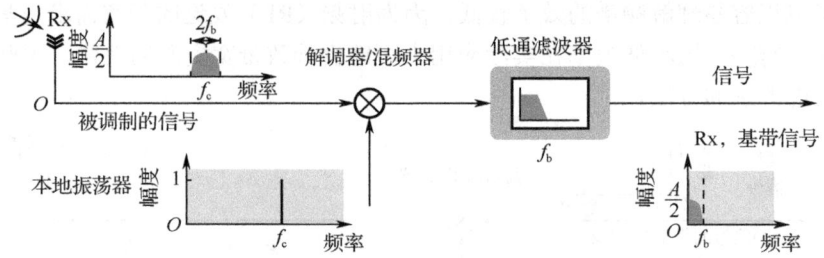

图 5.12　对图 5.10 给出的调制信号的解调过程

5.2.3　带有相位误差的幅度解调

作为对前面分析的扩展，现在考虑用于解调信号的本地振荡器与接收信号之间存在相位偏移的情况。如前所述，在实际应用中，更常见的是在两个载波信号之间存在相位误差，甚至频率误差。如果这种误差存在，则将导致接收信号与理想接收信号之间产生偏差。

为了说明载波相位误差的影响，给本地振荡器的输出添加相位偏移项 θ，即

$$\begin{aligned}
x(t) &= c(t) \times s(t) \\
&= \frac{A}{2}\cos(2\pi f_c t + \theta)\{\cos[2\pi(f_c - f_b)t] + \cos[2\pi(f_c + f_b)t]\} \\
&= \frac{A}{2}\cos(2\pi f_c t + \theta)\cos[2\pi(f_c - f_b)t] + \frac{A}{2}\cos(2\pi f_c t + \theta)\cos[2\pi(f_c + f_b)t] \\
&= \frac{A}{4}\cos[2\pi(2f_c - f_b)t + \theta] + \frac{A}{4}\cos(2\pi f_b t + \theta) + \frac{A}{4}\cos[2\pi(2f_c + f_b)t + \theta] + \frac{A}{4}\cos(2\pi f_b t - \theta) \\
&= \frac{A}{4}\cos(2\pi f_b t + \theta) + \frac{A}{4}\cos(2\pi f_b t - \theta) + \frac{A}{4}\cos[2\pi(2f_c - f_b)t + \theta] + \frac{A}{4}\cos[2\pi(2f_c + f_b)t + \theta]
\end{aligned}$$

类似地，用低通滤波器滤除 $2f_c$ 附近的高频分量，剩余的项用三角运算进行简化，即

$$\begin{aligned}
u(t) &= \frac{A}{4}\cos(2\pi f_b t + \theta) + \frac{A}{4}\cos(2\pi f_b t - \theta) \\
&= \frac{A}{4}\cos(2\pi f_b t)\cos(\theta) \\
&= \frac{A}{2}g(t)\cos(\theta)
\end{aligned}$$

显然，解调器的最终输出由 $\cos(\theta)$ 项标定，该项的取值范围为 $[-1,1]$。当 $\theta = \pm\dfrac{\pi}{2}$ 时，$u(t) = 0$。

任何时变相位误差都可以表示为相位的函数，并且在相位误差以恒定速率增加或减少的情况下，存在频率偏移误差（注意，频率是相位的导数）。在时域中，这种误差将导致接收信号的幅度波动。因此，为了补偿此类误差，需要实现同步。在后续内容中，将具体介绍不同的同步方法。

在介绍了基本 AM 信号的幅度调制和解调之后，下一步是探讨正交幅度调制（QAM）。首先要理解使用 QAM 的基本原理，然后分析 QAM 的调制和解调过程（最初使用三角法，然后采用复数表示法）。这将揭示 QAM 的一个关键原理，即其优越的频谱效率。在前面的 AM 传输示例中，所需的带宽是基带信号频率的两倍，而 QAM 则能够提高传输效率，从而在相同的带宽下

传输更多的信息。

5.3 正交幅度调制和解调

本节开始介绍正交幅度调制（QAM），也称为正交调制，并采用复指数的表示形式（包含实部和虚部）。与使用单个载波的传统方法不同，QAM 的目的是改善带宽效率。

如前所述，发射标准的调制 AM 信号时，其带宽是基带信号带宽的两倍，因此 AM 的频谱效率仅为 50%。而 QAM 则可以显著提高这一效率，甚至能够达到 100%。这主要得益于 QAM 使用两个正交载波在相同频率上同时传输信号，从而占用相同的带宽。

在 QAM 中，两个信号的载波相位相隔 90°（正交），如正弦波和余弦波。这种正交特性使得两个信号在频谱上互不干扰，能够在接收机中完全分离并有效恢复。通过这种方式，QAM 能够在有限的带宽内传输更多的信息，显著提升了频谱的利用率。

5.3.1 正交调制的三角表示

两个独立基带信号的正交调制如图 5.13 所示。从该图中可知，正弦载波的幅度为负，即 $-\sin(2\pi f_c t)$，这是为了数学符号的方便，因为正交调制和解调使用正交的载波 $\{\cos(2\pi f_c t), -\sin(2\pi f_c t)\}$，与载波 $\{\cos(2\pi f_c t), \sin(2\pi f_c t)\}$ 等效。

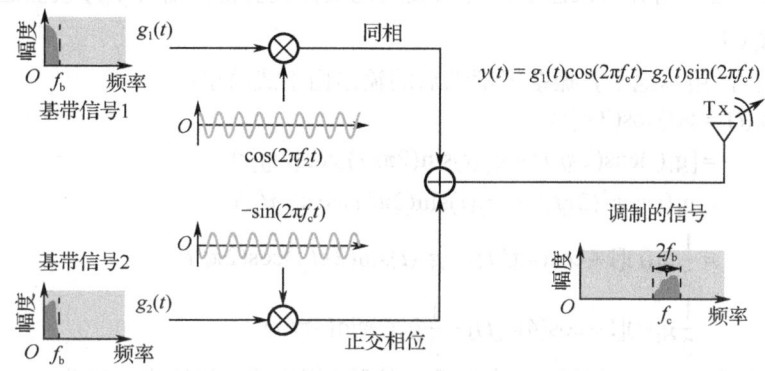

图 5.13 两个独立基带信号的正交调制

显然，如果载波是 $\{\cos(2\pi f_c t), \sin(2\pi f_c t)\}$，则需要将 Q 通道输入取反，即 $-g_2(t)$，它与载波 $\{\cos(2\pi f_c t), -\sin(2\pi f_c t)\}$，以及 $g_2(t)$ 实现相同的效果。

因此，无须担心振荡器振幅的负/正设置；在下面的例子中，当呈现调制器/混频器的正交和复指数版本时，将幅度设置为实现调制输出的相同极性。

在这个正交调制模型中，表示两个独立的基带信号 $g_1(t)$ 和 $g_2(t)$。按照惯例，将由余弦载波调制的基带信道称为同相，或者 I 路/I 通道、实部通道；而把由正弦载波调制的信道称为正交相位，或者 Q 路/Q 通道、虚部信道。如上所述，之所以使用"正交"这个术语，是因为负正弦载波与余弦载波相差 90°，即一个象限的相位差。

当基带信号 $g_1(t)$ 和 $g_2(t)$ 调制到余弦和正弦载波时，最终正交调制的信号由下式给出：
$$y(t) = g_1(t)\cos(2\pi f_c t) - g_2(t)\sin(2\pi f_c t)$$

5.3.2 正交解调的三角表示

在接收端，QAM 解调器同样使用两个本地载波来解调两个相隔 90°的信号，如图 5.14 所示。假设在理想情况下，信道中没有信号退化。

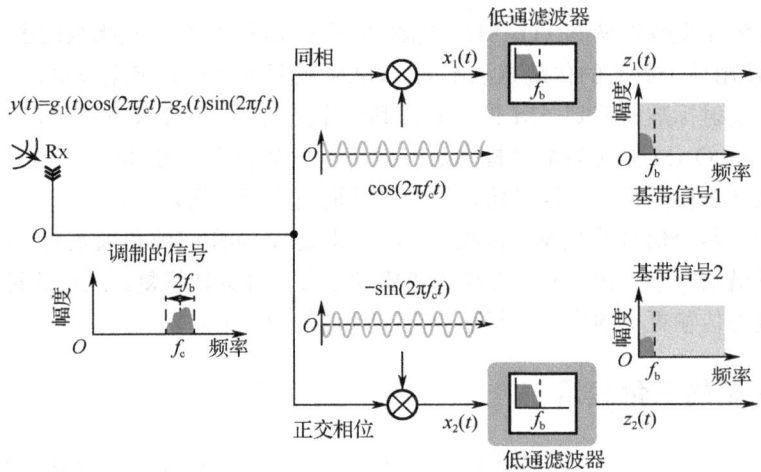

图 5.14 对正交调制的信号进行解调

下面将通过一些三角分析来证明，可以成功地从接收机处的信号 $y(t)$ 恢复出发送的基带信息信号 $g_1(t)$ 和 $g_2(t)$。

首先取 I 相位，用本地余弦振荡器解调后的输出由下式给出：

$$\begin{aligned}
x_1(t) &= y(t)\cos(2\pi f_c t) \\
&= [g_1(t)\cos(2\pi f_c t) - g_2(t)\sin(2\pi f_c t)]\cos(2\pi f_c t) \\
&= g_1(t)\cos^2(2\pi f_c t) - g_2(t)\sin(2\pi f_c t)\cos(2\pi f_c t) \\
&= \frac{1}{2}g_1(t)[1+\cos(4\pi f_c t)] - g_2(t)\sin(2\pi f_c t)\cos(2\pi f_c t) \\
&= \frac{1}{2}g_1(t)[1+\cos(4\pi f_c t)] - \frac{1}{2}g_2(t)\sin(4\pi f_c t)
\end{aligned}$$

上面的输出信号 $x_1(t)$ 经过低通滤波器后，得到 I 相位的最终输出 $z_1(t)$ 为：

$$z_1(t) = \frac{1}{2}g_1(t)$$

等效过程适用于对 Q 相位的解调，其中输入到正弦波解调器的输入与提供给余弦波解调器的相同。正弦波解调器的输出由下式给出：

$$\begin{aligned}
x_2(t) &= y(t)[-\sin(2\pi f_c t)] \\
&= [g_1(t)\cos(2\pi f_c t) - g_2(t)\sin(2\pi f_c t)][-\sin(2\pi f_c t)] \\
&= -g_1(t)\cos(2\pi f_c t)\sin(2\pi f_c t) + g_2(t)\sin^2(2\pi f_c t) \\
&= -\frac{1}{2}g_1(t)\sin(4\pi f_c t) + \frac{1}{2}g_2(t)[1-\cos(4\pi f_c t)]
\end{aligned}$$

上面的输出信号 $x_2(t)$ 经过低通滤波器后，得到 Q 相位的最终输出 $z_1(t)$ 为：

$$z_2(t) = \frac{1}{2}g_2(t)$$

因此，可以确认，经过正交载波的调制和解调，基带信号 $g_1(t)$ 和 $g_2(t)$ 都得到了完美的恢复。发射信号和接收信号之间的唯一差异是存在标定因子 0.5，显然这可以很容易地进行补偿。

5.3.3 带相位移动的正交解调

上一节的分析假设了完美的情况,其中发射和接收振荡器之间没有相移。现在,在接收机的本地振荡器中存在相移 θ 的情况下,重新分析解调过程。正如将要证明的那样,这会导致 I 和 Q 通道混合在一起(严重程度根据 θ 值而变化)。

引入相移后,接收机 I 通道通过本地振荡器后的输出 $x_1(t)$ 为:

$$\begin{aligned}x_1(t) &= y(t)\cos(2\pi f_c t + \theta) \\ &= [g_1(t)\cos(2\pi f_c t) - g_2(t)\sin(2\pi f_c t)]\cos(2\pi f_c t + \theta) \\ &= g_1(t)\cos(2\pi f_c t)\cos(2\pi f_c t + \theta) - g_2(t)\sin(2\pi f_c t)\cos(2\pi f_c t + \theta) \\ &= \frac{1}{2}g_1(t)[\cos(-\theta) + \cos(4\pi f_c t + \theta)] - \frac{1}{2}g_2(t)[\sin(-\theta) + \sin(4\pi f_c t + \theta)] \\ &= \frac{1}{2}g_1(t)[\cos(\theta) + \cos(4\pi f_c t + \theta)] - \frac{1}{2}g_2(t)[-\sin(\theta) + \sin(4\pi f_c t + \theta)]\end{aligned}$$

对输出 $x_1(t)$ 通过低通滤波器后,得到 I 相位的最终输出 $z_1(t)$ 为:

$$z_1(t) = \frac{1}{2}[g_1(t)\cos(\theta) + g_2(t)\sin(\theta)]$$

从上式可知,解调后的信号包含 $g_2(t)$ 信号分量和 $g_1(t)$ 信号分量。

类似地,接收机 Q 通道通过本地振荡器后的输出 $x_2(t)$ 为:

$$\begin{aligned}x_2(t) &= y(t)[-\sin(2\pi f_c t + \theta)] \\ &= [g_1(t)\cos(2\pi f_c t) - g_2(t)\sin(2\pi f_c t)][-\sin(2\pi f_c t + \theta)] \\ &= -g_1(t)\cos(2\pi f_c t)\sin(2\pi f_c t + \theta) + g_2(t)\sin(2\pi f_c t)\sin(2\pi f_c t + \theta) \\ &= -\frac{1}{2}g_1(t)[-\sin(-\theta) + \sin(4\pi f_c t + \theta)] + \frac{1}{2}g_2(t)[\cos(-\theta) - \cos(4\pi f_c t + \theta)] \\ &= -\frac{1}{2}g_1(t)[\sin(\theta) + \sin(4\pi f_c t + \theta)] + \frac{1}{2}g_2(t)[\cos(\theta) - \cos(4\pi f_c t + \theta)]\end{aligned}$$

输出 $x_2(t)$ 通过低通滤波器后,得到 I 相位的最终输出 $z_2(t)$ 为:

$$z_2(t) = \frac{1}{2}[-g_1(t)\sin(\theta) + g_2(t)\cos(\theta)]$$

从上式可知,解调后的信号包含 $g_2(t)$ 信号分量和 $g_1(t)$ 信号分量。

综上所述,当接收机的本地振荡器有相移 θ 时,解调后的 I 和 Q 通道都混入了信号 $g_1(t)$ 和 $g_2(t)$,并且被标定因子 0.5 标定,即

$$z_1(t) = \frac{1}{2}[g_1(t)\cos(\theta) + g_2(t)\sin(\theta)]$$

$$z_2(t) = \frac{1}{2}[-g_1(t)\sin(\theta) + g_2(t)\cos(\theta)]$$

下面将 $z_1(t)$ 和 $z_2(t)$ 用矩阵表示为:

$$\begin{bmatrix}2z_1(t)\\2z_2(t)\end{bmatrix} = \begin{bmatrix}\cos\theta & \sin\theta\\-\sin\theta & \cos\theta\end{bmatrix}\begin{bmatrix}g_1(t)\\g_2(t)\end{bmatrix}$$

进一步观察上面的公式,如果 $[g_1(t), g_2(t)]$ 表示在给定采样时刻笛卡儿(x-y)平面上的一个点,则解调后恢复的点为 $[2z_1(t), 2z_2(t)]$。从上式给出的矩阵来看,就是 $[g_1(t), g_2(t)]$ 围绕原点旋转 θ 度,如图 5.15 所示。

这代表了无线通信中的经典问题之一,其中符号星座被旋转,并且必须由接收机中的同步器"去旋转"。

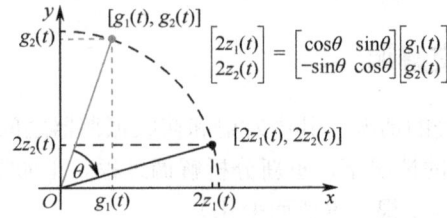

图 5.15 笛卡儿平面旋转应用于发送的信号 $[g_1(t), g_2(t)]$

考虑数字通信链路的例子,其中接收机存在相移。如果相移是恒定的,那么接收到的星座图将发生旋转。例如,在 4QAM(也称为 QPSK)情况下,接收到的星座点将按照特定的角度旋转。

5.4 复数符号的正交调制和解调

在上一节中讨论的 QAM 系统模型仅使用实数信号,这使得模型相对简单,并且不涉及复数或符号。然而,引入复数算术来表示该模型可以带来显著的优势,因为它使数学处理更加便捷。本节将使用复指数表示法重新定义之前介绍的 QAM 系统模型。

5.4.1 复指数表示法的正交调制

如图 5.16 所示,图中描述了在载波频率下使用复指数对复数基带信号进行调制的过程。注意,复数信号的路径由双箭头 ⟹ 表示。图 5.16 中,首先将基带信号设置为实数和虚数,然后与复指数载波混合。在混合器之后,我们仅保留真实分量以作为真实世界的信号进行传输。

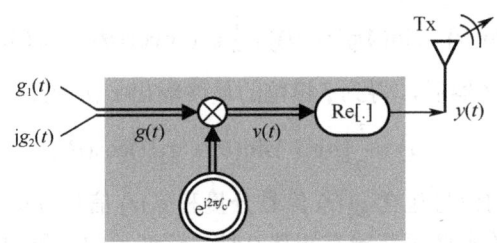

图 5.16 在载波频率下使用复指数对复数基带信号进行调制的过程

为了分析方便,两个基带信号 $g_1(t)$ 和 $g_2(t)$ 现在由单个复数信号表示,它由实部 $g_1(t)$ 和虚部 $jg_2(t)$ 构成,即

$$g(t) = g_1(t) + jg_2(t)$$

类似地,正交载波对由另一个复数信号表示,但这一次以其复指数形式表示:

$$e^{j2\pi f_c t} = \cos(2\pi f_c t) + j\sin(2\pi f_c t)$$

调制器产生一个由实部分量和虚部分量构成的信号,因此它是一个复数,即

$$\begin{aligned} v(t) &= g(t)e^{j2\pi f_c t} = [g_1(t) + jg_2(t)]e^{j2\pi f_c t} \\ &= [g_1(t) + jg_2(t)][\cos(2\pi f_c t) + j\sin(2\pi f_c t)] \\ &= g_1(t)\cos(2\pi f_c t) + jg_2(t)\cos(2\pi f_c t) + jg_1(t)\sin(2\pi f_c t) - g_2(t)\sin(2\pi f_c t) \\ &= [g_1(t)\cos(2\pi f_c t) - g_2(t)\sin(2\pi f_c t)] + j[g_1(t)\sin(2\pi f_c t) + g_2(t)\cos(2\pi f_c t)] \end{aligned}$$

在调制器之后,仅保留实部而丢掉虚部。因此,只发射信号 $v(t)$ 的实部。在发射之前的最

后一级可用数学公式表示：

$$\begin{aligned}\operatorname{Re}\{v(t)\} &= \operatorname{Re}\{[g_1(t)\cos(2\pi f_c t) - g_2(t)\sin(2\pi f_c t)] + \mathrm{j}[g_1(t)\sin(2\pi f_c t) + g_2(t)\cos(2\pi f_c t)]\} \\ &= g_1(t)\cos(2\pi f_c t) - g_2(t)\sin(2\pi f_c t) \\ &= y(t)\end{aligned}$$

> 注：可以通过将复数基带信号 $g(t) = g_1(t) - \mathrm{j}g_2(t)$ 与负复指数 $\mathrm{e}^{-\mathrm{j}2\pi f_c t}$ 进行混频，实现与上面公式相同的输出。

再次观察图 5.13，当使用三角法时，$y(t)$ 也是正交调制的输出。因此，我们已经成功地使用复指数表示法创建了用于真实世界发送的最终实信号。

正如本章前面多次提到的，复指数表示法和使用复指数的好处是，它只需更简单的数学运算，降低了使用并记忆三角恒等式的要求。

5.4.2 复指数表示法的正交解调

复指数表示法同样可以用于描述解调过程，复数解调模型如图 5.17 所示。在该模型中，复数解调器的输入是从天线接收到的实信号，这个信号源自真实世界，并与图 5.16 所示生成的信号相同。正如之前讨论的那样，我们假设无线信道是理想的，这意味着接收到的信号与发射的信号完全相同，没有任何衰减或失真。

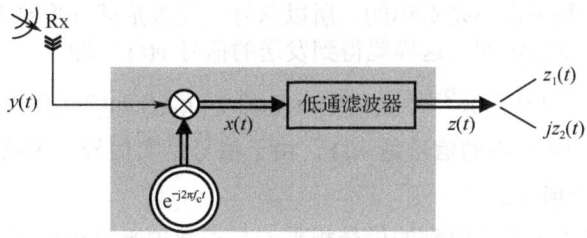

图 5.17 复数解调模型

当接收的信号 $y(t)$ 与复指数 $\mathrm{e}^{-\mathrm{j}2\pi f_c t}$ 相乘后（注意，要求是负的，以等效于前面的正交解调器），信号 $x(t)$ 为：

$$\begin{aligned}x(t) &= y(t)\mathrm{e}^{-\mathrm{j}2\pi f_c t} \\ &= [g_1(t)\cos(2\pi f_c t) - g_2(t)\sin(2\pi f_c t)]\mathrm{e}^{-\mathrm{j}2\pi f_c t} \\ &= [g_1(t)\cos(2\pi f_c t) - g_2(t)\sin(2\pi f_c t)][\cos(2\pi f_c t) - \mathrm{j}\sin(2\pi f_c t)]\end{aligned}$$

为了便于推导，进行下面的替换，$A = g_1(t)$，$B = g_2(t)$，$\phi = 2\pi f_c t$，则：

$$\begin{aligned}x(t) &= [A\cos(\phi) - B\sin(\phi)][\cos(\phi) - \mathrm{j}\sin(\phi)] \\ &= A\cos(\phi)[\cos(\phi) - \mathrm{j}\sin(\phi)] - B\sin(\phi)[\cos(\phi) - \mathrm{j}\sin(\phi)] \\ &= A\cos^2(\phi) - \mathrm{j}A\cos(\phi)\sin(\phi) - B\sin(\phi)\cos(\phi) + \mathrm{j}B\sin^2(\phi) \\ &= A\cos^2(\phi) + \mathrm{j}B\sin^2(\phi) - \mathrm{j}A\cos(\phi)\sin(\phi) - B\sin(\phi)\cos(\phi) \\ &= \frac{A}{2}[1 + \cos(2\phi)] + \mathrm{j}\frac{B}{2}[1 - \cos(2\phi)] - \mathrm{j}\frac{A}{2}\sin(2\phi) - \frac{B}{2}\sin(2\phi) \\ &= \frac{A}{2} + \frac{A}{2}\cos(2\phi) + \mathrm{j}\frac{B}{2} - \mathrm{j}\frac{B}{2}\cos(2\phi) - \mathrm{j}\frac{A}{2}\sin(2\phi) - \frac{B}{2}\sin(2\phi) \\ &= \frac{A}{2} + \mathrm{j}\frac{B}{2} + \frac{A}{2}\cos(2\phi) - \mathrm{j}\frac{B}{2}\cos(2\phi) - \mathrm{j}\frac{A}{2}\sin(2\phi) - \frac{B}{2}\sin(2\phi)\end{aligned}$$

使用 $A = g_1(t)$，$B = g_2(t)$，$\phi = 2\pi f_c t$ 进行回代：

$$x(t) = \frac{1}{2}[g_1(t) + jg_2(t)] + \frac{1}{2}g_1(t)\cos(4\pi f_c t) - j\frac{1}{2}g_2(t)\cos(4\pi f_c t) - j\frac{1}{2}g_1(t)\sin(4\pi f_c t) - \frac{1}{2}g_2(t)\sin(4\pi f_c t)$$

经过低通滤波器后，正交解调器的输出 $z(t)$ 为：

$$z(t) = \frac{1}{2}[g_1(t) + jg_2(t)]$$

这与从标准正交（余弦正弦振荡器）解调器中获得的信号相同。

5.5 复指数解调的频谱表示

描述"复数"调制和解调过程的复数频谱是有信息的，如图 5.18 所示。两个将要发送的独立信号由 $g_1(t)$ 和 $g_2(t)$ 表示。因此，将它们表示为：

$$g(t) = g_1(t) + jg_2(t)$$

显然，$g(t)$ 是复数信号，通过傅里叶变换可以在复频率域表示。因为它不是实信号，因此频谱不是对称的，如图 5.18（b）中的 A 点所示。在图 5.18（a）中的 B 点处，给出了复数基带信号被复数载波调制后的信号，即 $v(t) = g(t)e^{2\pi f_c t}$，其具有将基带信号频谱移动到中心频率 f_c 的效果。由于在 B 点的两侧频谱不是对称的，所以信号是复数形式（实部分量和虚部分量）。

使用 Re[] 运算符，取出实部，这样就得到发送的信号 $y(t)$，即

$$\text{Re}\{g(t)e^{j2\pi f_c t}\} = g_1(t)\cos(2\pi f_c t) - g_2(t)\sin(2\pi f_c t)$$

因此，图 5.18（a）中 C 点的信号是 $y(t)$，由于信号是实信号，因此两侧的频谱是对称的，如图 5.18（b）中的 C 点所示。

在接收端，解调器通过与接收到的信号相乘的复指数项来进行解调。在频域中，这种操作相当于将信号的正频谱和负频谱进行平移，从而在 D 点生成可分析的复数信号频谱，如图 5.18（b）所示。因此，再次强调，这两侧的频谱并不是对称的，因此在 D 点的信号为复数信号，包含实部和虚部的分量。

最后，在 D 点的两个复数信号会经过低通滤波器处理，这个滤波器仅为实值滤波器。可以在每个通道上实现单独的低通滤波器，或者将复数信号通过单个实值低通滤波器处理，结果将产生相同的输出。这种灵活性使得解调器能够有效地从复数信号中提取出有用的信息，从而保证信号的准确恢复。

在过滤级的输出，即在 E 点，得到复数基带接收的信号 $z(t)$。理想的模型中，在发送机和接收机之间存在载波频率和相位，以及高质量的滤波器之间的完美对应关系，因此可以确定输出 $z(t)$ 为：

$$z(t) = 0.5g(t) = 0.5g_1(t) + j0.5g_2(t)$$

因此，通过复指数结构，成功接收了发送的信号。

现在将给出一个数值例子来证实到目前为止所涵盖的复数解调的概念。在这个例子中，考虑在 800Hz 到 1220Hz 范围内的带通信号，它由频率为 800Hz、900Hz、1080Hz 和 1220Hz 的四个音调（余弦波）组成。信号 $y(t)$ 由下式给出：

$$y(t) = 8\cos(2\pi 800t) + 6\cos(2\pi 900t) + 4\cos(2\pi 1080t) + 2\cos(2\pi 1220t)$$

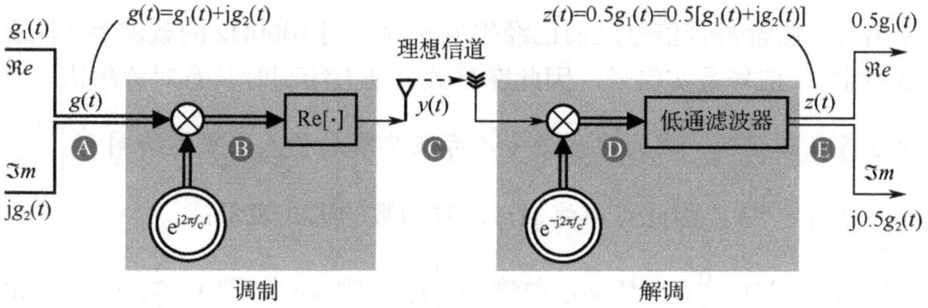

第 5 章 正交调制和复指数的基础知识

(a) 用复指数调制和解调的结构

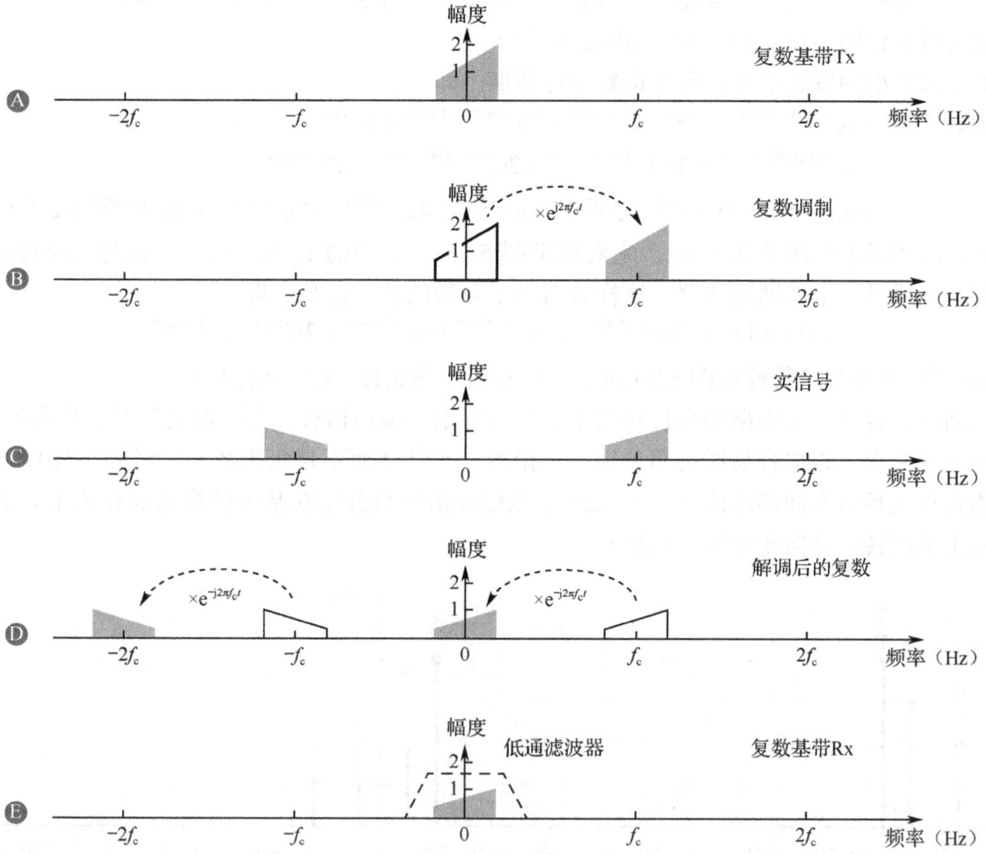

(b) 用复指数表示的信号频谱

图 5.18 复指数调制和解调过程的频谱

其幅度-频谱响应特性如图 5.19 所示。

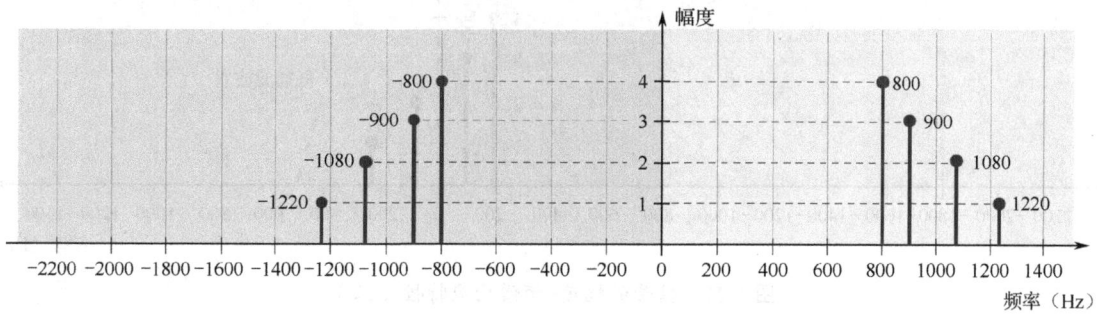

图 5.19 信号的幅度-频谱响应特性（一）

为了生成这个信号，假设基带信号之前已经生成并调制到 1000Hz 的载波上（注意，这些都是人为设置的较低数字）。信号是实信号，因此在复频率轴上绘制时具有对称频谱。

> 注：由于不存在正弦项，因此在虚谱中不存在非零分量，这里不绘制它。

因为 $\cos(\omega) = \frac{1}{2}(e^{j\omega} + e^{-j\omega})$，因此可以将 $y(t)$ 用复指数的形式表示：

$$y(t) = \frac{8}{2}(e^{j2\pi 800t} + e^{-j2\pi 800t}) + \frac{6}{2}(e^{j2\pi 900t} + e^{-j2\pi 900t}) + \frac{4}{2}(e^{j2\pi 1080t} + e^{-j2\pi 1080t}) + \frac{2}{2}(e^{j2\pi 1220t} + e^{-j2\pi 1220t})$$

$$= 4e^{j2\pi 800t} + 3e^{j2\pi 900t} + 2e^{j2\pi 1080t} + e^{j2\pi 1220t} + 4e^{-j2\pi 800t} + 3e^{-j2\pi 900t} + 2e^{-j2\pi 1080t} + e^{-j2\pi 1220t}$$

并且这可以看作图 5.18（b）中 C 点的发送信号。

对上式给出的发送信号使用复指数进行解调，即

$$y(t)e^{-j2\pi 1000t} = 4e^{j2\pi(800-1000)t} + 3e^{j2\pi(900-1000)t} + 2e^{j2\pi(1080-1000)t} + e^{j2\pi(1220-1000)t} +$$

$$4e^{-j2\pi(800+1000)t} + 3e^{-j2\pi(900+1000)t} + 2e^{-j2\pi(1080+1000)t} + e^{-j2\pi(1220+1000)t}$$

$$= 4e^{-j2\pi 200t} + 3e^{-j2\pi 100t} + 2e^{j2\pi 80t} + e^{j2\pi 220t} + 4e^{-j2\pi 1800t} + 3e^{-j2\pi 1900t} + 2e^{-j2\pi 2080t} + e^{-j2\pi 2220t}$$

其对应的频谱如图 5.20 所示。它对应于图 5.18（b）中的 D 点。最后，信号（所有的实部和虚部）都通过一个低通滤波器，这样就得到了复数的基带信号，即

$$z(t) = \text{LPF}\{y(t)e^{-j2\pi 1000t}\} = 4e^{-j2\pi 200t} + 3e^{-j2\pi 100t} + 2e^{j2\pi 80t} + e^{j2\pi 220t}$$

其幅度-频谱响应特性如图 5.20 所示，它对应于图 5.18（b）中的 E 点。

后面的内容将考虑根据频率反转基带信号的要求（换句话说就是"翻转"基带信号）。从复指数的角度来看，这很容易通过简单地与正指数 $e^{j2\pi 1000t}$（而不是负指数 $e^{-j2\pi 1000t}$）混频来实现，该正指数在正频率方向移动信号。图 5.21 中双侧频谱的负分量在基带转换为 0Hz 左右，基带的频谱发生了翻转，并向相反的方向倾斜。

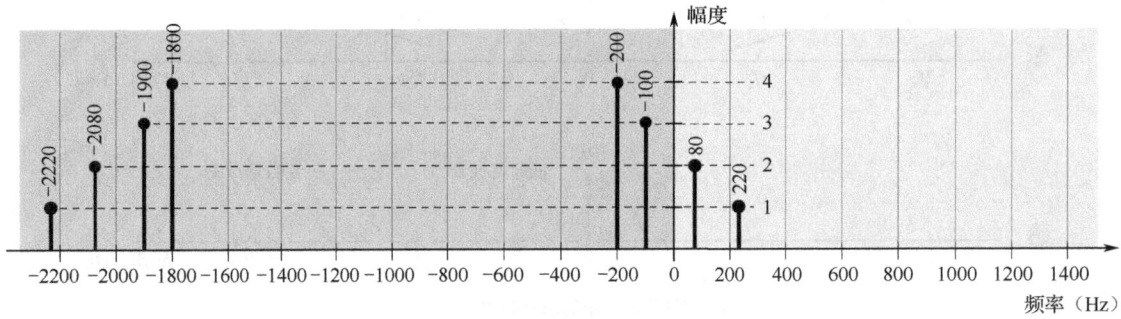

图 5.20 信号的幅度-频谱响应特性（二）

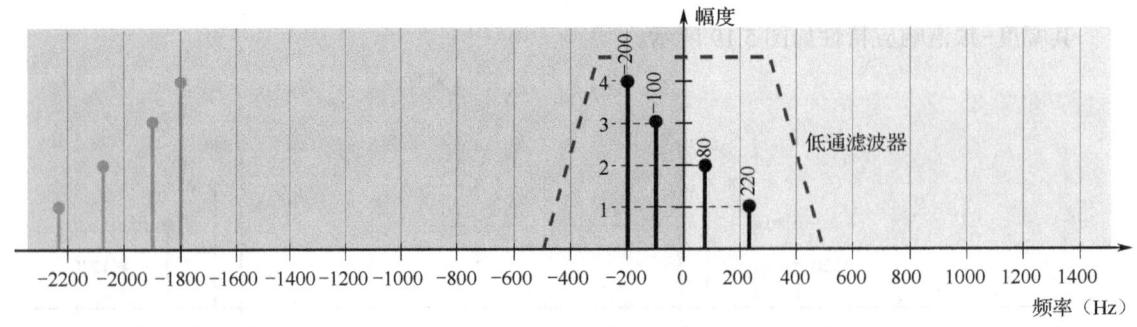

图 5.21 信号的幅度-频谱响应特性（三）

5.6 接收机的频率偏移和校正

本章前面的内容提到，发送载波频率设置为 f_c，接收机本地振荡器频率应该也设置为 f_c。但是，实际上它们之间存在误差 f_Δ，其表示在发射和接收本地振荡器中实际合成的频率之间的频率偏差（作为元件容差等的结果）。因此，用于解调信号的载波频率表示为 $f_c + f_\Delta$，而不是所希望的 f_c。

根据技术和实际载波频率（100kHz 等），f_Δ 可以是几赫兹，或者是非常小的值，如 0.0001Hz，但不会是 0！因此，在某种程度上，接收载波将偏离发送载波，并且需要频率锁定。

如果将频率误差 f_Δ 看作载波的连续变化相位，则接收机处的载波频率是瞬时的 $f_c + f_\Delta = f_c + \theta$。因此，对于较小的 f_Δ，接收到的符号星座将出现旋转。因此，如果读者看到一个星座在旋转，则表明频率尚未实现锁定，或者不起作用。

在图 5.22 中，从输入 P 点与复指数载波混合（相乘）以创建输出 Q 点的基带解调结果可以用数学公式表示：

$$z(t) = y(t)e^{-j2\pi(f_c+f_\Delta)t}$$
$$= [g_1(t)\cos(2\pi f_c t) - g_2(t)\sin(2\pi f_c t)] \cdot e^{-j2\pi f_c t} \cdot e^{-j2\pi f_\Delta t}$$

与理想的解调相比，这里有一个频率误差 f_Δ。然后，低通滤波器带限信号在 R 点。当在复频谱或双侧频谱中观察时，该 f_Δ 的影响只是将解调频谱相对于 0Hz 额外偏移 f_Δ（如果为正，则向左偏移；如果为负，则向右偏移），如图 5.22 所示。

如果完美地锁定频率，则混频到基带趋向于 $e^{-j2\pi f_c t}$（向左移动 f_c）；然而，在接收载波 $e^{-j2\pi(f_c+f_\Delta)t}$ 的 f_Δ 将感兴趣的信号移动额外的 f_Δ。因此，不像图 5.18 那样，感兴趣的信号中心点是 0Hz，而在图 5.22 中，位置从 0Hz 中心点偏移了 f_Δ。

这种类型的效应在用于调制和解调信号的频率之间存在差异，在实际的无线通信系统中几乎是不可避免的。这有各种原因，如用于产生发射和接收载波的振荡器不完全匹配，因此将受到元件容差的影响。另一种可能性是发射机和接收机在空间中相对于彼此移动，因此产生多普勒频移，其表现为频率偏移。好消息是这样的误差可以在接收机中使用同步技术进行校正。

当使用在 $f_c + f_\Delta$ 处的载波频率接收复数信号时，可以在进入频谱 R 点处通过乘以 $e^{j2\pi f_\Delta t}$，以使用频率校正，如图 5.22 所示，以得到 S 点的输出。如果 f_Δ 是固定的，则这是一个简单的复数乘法；如果 f_Δ 的值变化（很可能），则必须通过同步方法跟踪变化的值。

无论 f_Δ 是固定的还是变化的，都必须以某种方式计算它，这是无线电接收机中进行的同步的一部分，也是 Zynq-7000 SoC 和 AD9361 的一部分。在本章的简化分析中，假设频率误差 f_Δ 是已知的。然而，正如这个例子所表明的，重要的一点是，用于解调信号的频率中的 f_Δ 此后可以通过与复指数项（其同样只是单个复数）的进一步相乘来补偿。

注意三角模型与复模型之间的等效性，尤其在这两种模型中，频率校正方法的有效性是一致的。

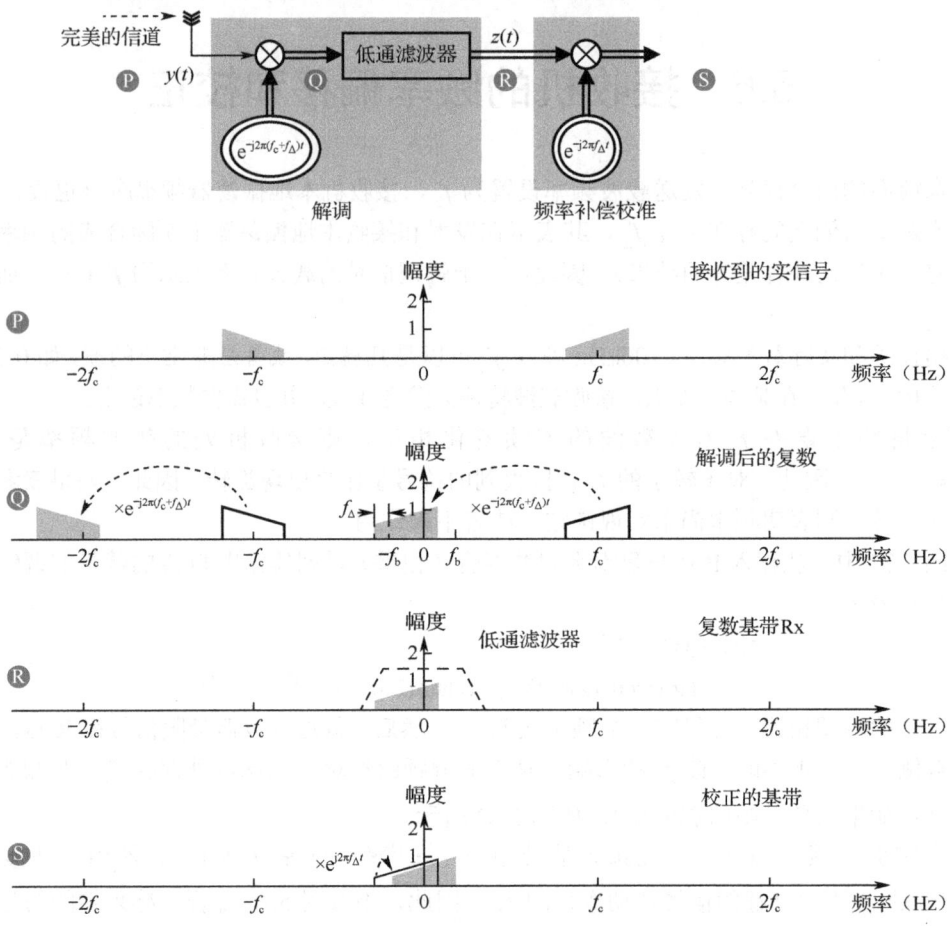

图 5.22 复数接收机中频率误差的影响

第 6 章

前向纠错的基本原理和实现

前向纠错（Forward Error Correction，FEC）是一种用于检测和纠正错误的技术，旨在提高通信系统的稳健性和可靠性。本章将介绍 FEC 在数字通信中的基础作用，以及它在当前无线标准中的设计与实现。本章特别讨论了汉明码、循环码、卷积码、Turbo 码和低密度奇偶校验（Low Density Parity Check，LDPC）码。

6.1 前向纠错概论

错误检测和校正方案在确保数字信息的可靠通信和存储中发挥着至关重要的作用。在实际环境中，通信和存储系统常常会受到各种噪声和其他退化源的影响，这些因素可能会导致错误率上升，进而降低系统的性能和可靠性。

6.1.1 前向纠错的背景

具体地说，FEC 指的是在不明确要求重新传输的情况下，能够纠正传输错误的技术。这种检测和纠正错误的能力是数字通信系统相对于传统模拟通信系统的主要优势之一。自适应调制和编码方案（Modulation and Coding Scheme，MCS）的使用使得系统能够在不同的信噪比（Signal Noise Ratio，SNR）条件下实现稳健性，尽管这可能以降低频谱效率为代价，表现为数据速率的损失或带宽的增加。然而，FEC 方案的实施要求发射机和接收机进行额外的处理，这意味着资源使用和功耗的增加。因此，实际应用中所选择的编码方案必须在提供良好纠错性能的同时，尽量减少处理的复杂性。这一平衡是设计高效、可靠的通信系统的关键所在。

香农定理指出，对于给定的信道带宽和信噪比，在保持任意小的比特错误概率下，数字通信系统所能实现的最大频谱效率被称为香农极限，超过这一极限就不可能实现无差错通信。该理论暗示存在一种或多种可以达到香农极限的纠错码，但并未具体说明如何构建这些码。

近年来，人们开发出几种接近香农极限的实用编码方案，包括 Turbo 码和 LDPC 码。在现代无线标准中，不同种类的 FEC 技术得到了广泛应用，包括 4G 长期演进（Long Term Evolution，LTE）、5G 新无线电（New Radio，NR）和 Wi-Fi 6（IEEE 802.11ax）等。

6.1.2 前向纠错的基本原理

在无线数字通信系统中，信息以比特的形式传输，即 0 和 1。比特被分组为离散符号，并通过调制到射频载波上发送到无线信道中。这种数字通信系统的离散性具有显著优势,因为接收机仅需在有限数量的可能符号值之间进行区分,从而在存在噪声的情况下更容易成功解码信息。相较之下,在模拟系统中,接收机必须能够区分潜在的无限数量的信号值,这使得在噪声环境中可靠地解码信息变得更加困难。

尽管数字通信系统确实比模拟通信系统具有更好的抗噪声性,但仍有可能出现比特错误。错误接收的比特数与接收信号的 SNR 成比例。在数字通信的上下文中,SNR 定义为:

$$\text{SNR} = \frac{E_b}{N_0} \frac{R_b}{B}$$

式中,R_b 为比特率,B 是带宽,E_b 是每个比特的能量,N_0 是每 1Hz 带宽的噪声功率。显然,E_b/N_0 是"口语中"所说的每位 SNR,因为它与比特率和带宽无关,所以可以用于比较不同调制方案的误码率性能。对于每个调制方案,在比特错误概率 P_{be} 和 E_b/N_0 之间存在一个定义的数学关系,如图 6.1 所示,图中给出了在 AWGN 通道中,对于二进制相移键控(Binary Phase Shift Keying,BPSK)、四进制相移键控(Quaternary Phase Shift Keying,QPSK)和 16 正交幅度调制(Quadrature Amplitude Modulation,QAM)调制方案的理论 P_{be} 和 E_b/N_0 之间的关系。请注意,E_b/N_0 以 dB 表示,并且 BPSK 和 QPSK 曲线实际上位于彼此之上。

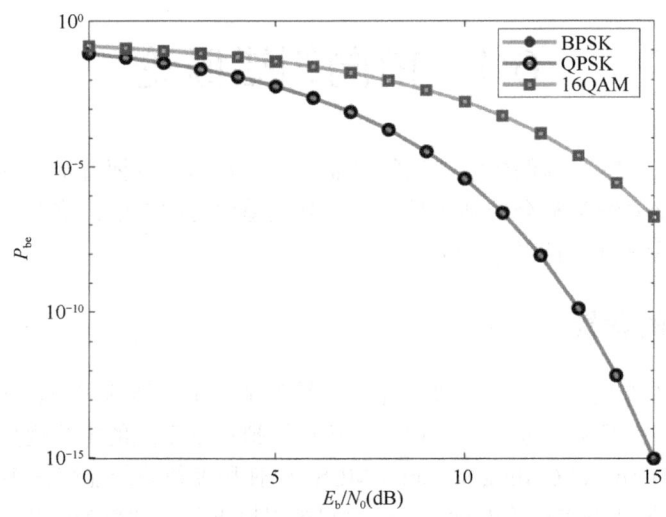

图 6.1　不同调制方案中 P_{be} 和 E_b/N_0 之间的关系

每个调制方案的理论关系为给定 E_b/N_0 的可实现错误率设置了下限。换句话说,对于特定 E_b/N_0,平均错误率不会低于某个值。比如,考虑 BPSK 在 E_b/N_0 为 5dB 时,P_{be} 大约为 0.006,这意味着平均每 10000 比特将有大约 60 个错误。在 16QAM 的情况下,平均每 10000 比特将有大约 400 个错误。16QAM 错误率性能比 BPSK/QPSK 要差,这是因为有一个更大的符号字母表,这使得在有噪声的情况下接收机更难区分符号。

FEC 方案包括从 k 个数据比特生成 n 个编码比特,其中 n 个比特组称为码字。编码方案被设计为确保比特码字之间的最小距离大于原始 k 个数据比特的情况。这意味着,当出现错误时,一个码字被混淆为另一码字的可能性降低,从而允许接收机确定最有可能被发送的码字,以便校正错误。比值 $r = \dfrac{k}{n}$ 称为码率,并且随着更多冗余的增加而减小。参考最基本的检错码,$n-k$ 个冗余比特被称为"奇偶校验"比特,该检错码将单个奇偶校验比特添加到 k 个比特块中,以指示数据块中数字"1"的偶数性或奇数性。

FEC 提供的性能相对提高被称为编码增益，将其定义为在保持给定的 P_{be} 的同时可以减少的 E_b/N_0 量，以 dB 为单位测量。为了说明编码增益，图 6.2 比较了未编码 BPSK 和具有硬判决解码（Hard Decision Decoding，HDD）的汉明码 BPSK 的 P_{be} 和 E_b/N_0 之间的关系。查看图 6.2 中汉明码的 BPSK 例子，当 $P_{be} <\sim 10^{-3}$ 时，编码增益是正的。比如，在较低 E_b/N_0 的情况下，汉明码的 BPSK 信号实现了与未编码 BPSK 信号相同的 P_{be}。然而，对于高于这个门槛的错误率，编码增益实际为负。比如，对于编码的信号要求较高的 E_b/N_0，实现与未编码信号相同的错误率。

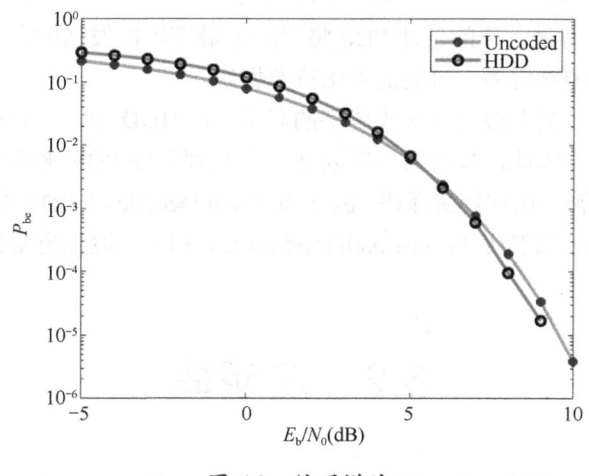

图 6.2 编码增益

编码增益不是均匀的，这是因为编码导致 E_b/N_0 的损失。编码过程包括向发送的信号添加冗余比特。尽管这使得能够在接收机中校正误差并实现编码增益，但由于比特能量分布在多个冗余比特上，所以会导致 E_b/N_0 的损失。E_b/N_0 的损失与码率成正比，较低的码率意味着由于添加了更多的冗余，E_b/N_0 的损耗更大。

由于码的有限纠错能力，在较低的 SNR 和较高的错误率下，与未编码的情况相比，不可能补偿 E_b/N_0 中的损失并且仍然可以实现正的编码增益。在较高的错误率下提高编码增益不是很重要，因为通信本质上是不可靠的。然而，在 P_{be} 较低值（如 10^{-5}）的情况下改善编码，可以确保在逐渐降低的 E_b/N_0 值下实现可靠和稳健的通信。

香农定理表明，以越来越低的 E_b/N_0 值实现无差错通信（或接近无差错通信）意味着牺牲频谱效率。频谱效率的损失表现为数据速率的降低或带宽的相应增加。为了说明这一点，让我们假设特定信道允许的比特率是 R_b 比特每秒（bps）。在一个未编码的系统中，最大的数据速率应该等于 R_b，这是因为所有的比特对应于数据。然而，当包含编码时，最大数据速率降低到 rR_b，比如，它降低了因子 $\frac{k}{n}$，以提供冗余位；或者，可以保持相同的数据速率，但是这意味着将整体的比特率从 R_b 提高到 $\frac{R_b}{r}$ bps，从而增加所需要的带宽。通常优先接受降低数据速率，因为带宽是昂贵的资源。

有时可以联合设计编码和调制以实现编码增益，而不必降低数据速率或增加所需带宽。共同设计代码和调制的过程被称为编码调制，其中最突出的例子是 20 世纪 80 年代初开发的网格编码调制。

在介绍了支持前向纠错的基本思想后，后面将继续讨论几种重要码的编码和解码过程的细节，包括汉明码、循环码、卷积码、Turbo 码和 LDPC 码。

6.1.3 最大似然译码

解码器/译码器的目标是在给定接收到的码字的情况下找到最有可能发送的码字。在数学意义上这对应于最大化条件概率密度函数（Probability Density Function，PDF）的码字：

$$P(C_i|R) \quad i=0,1,\cdots,2^{k-1}$$

式中，P 表示 PDF，R 是接收到的并可能被破坏的码字，C_i 是第 i 个可能的码字。接收机将计算 2^k 个条件 PDF，并且具有最大值的条件 PDF 将对应于最有可能发送的码字。在找到最有可能传输的码字之后，将有可能确定最有可能的 k 比特数据块。

最大似然码字是在距离上最接近接收码字的码字。在 HDD 中，它对应于与接收到的码字具有最小汉明距离的码字。因此，接收机不需要计算一系列条件 PDF 来确定最有可能的码字，而是需要计算一组汉明距离。在软判决译码（Soft Decision Decode，SDD）中，使用原始接收信号，因此欧几里得距离或对数似然比（Log-Likelihood Ratio，LLR）度量更常见。所有这些解码度量将在后面详细讨论。

6.2 汉明码

汉明码是一种线性分组码，由理查德·汉明（Richard Hamming）于 1950 年提出，能够纠正单个错误的线性编码方案，也是第一个提出的纠错码。由于其编码和解码过程相对简单，汉明码在通信系统和数据存储系统中得到了广泛应用。为了帮助读者更好地理解汉明码，首先需要介绍线性分组码的概念。

6.2.1 汉明码的参数

在线性块编码中，线性变换被连续地应用于 k 比特的块以产生一系列 n 比特码字。该变换被设计为从 2^n 个可能的码字的每一个码字中保留总共 2^k 个码字。2^k 个码字中的每一个对应于特定的 k 比特输入块。通常，将块码表示为 (n,k) 块码，简称为 (n,k) 线性码，其中 $r=n-k$，为监督位的个数。比如，信息分组长度 $k=3$，在每一组信息组后加上 4 个监督位，构成 $(7,4)$ 线性分组码。

通过编码过程，码字之间的最小距离已经增加，以允许纠正一个或多个错误。前面提到汉明码是线性分组码的一种编码形式。因此，对于 $m \geq 3$ 的任意整数，存在下面参数的汉明码，如表 6.1 所示。

表 6.1 汉明码的参数

参　　数	值
码长 n（位）	2^m-1
原始信息位 k（位）	2^m-m-1
监督位数 m（位）	$n-k$
码的最小距离 $d_{\min}$	3

6.2.2 最小距离的定义及其和纠错检错能力的关系

(n,k)线性码能发现或纠正接收码组中错误码元的个数,叫作码的纠错检错能力。码的纠错检错能力取决于码的最小距离。码的最小距离越大,码的抗干扰能力越强,表征码能发现或纠正接收码组中错误码元的个数越多,码的纠错检错能力就越强。下面首先介绍最小距离 $d_{\min}$ 的定义,然后再给出纠错检错能力与最小距离 $d_{\min}$ 之间的关系。

1. 最小距离 $d_{\min}$ 的定义

对于诸如汉明码之类的二进制码,使用汉明距离来测量最小距离,汉明距离 $d(U,V)$ 被定义为两个码字不同的位置的总数。例如,(7,3)线性分组码的两个码字 $U=0011101$,$V=0100111$,它们之间第 2、3、4 和 6 位不同,因此两个码字 U 和 V 的距离为 4。

在二元线性码中,对于给定的两个码字 U 和 V,$U=(U_{n-1},U_{n-2},\cdots,U_0)$,$V=(V_{n-1},V_{n-2},\cdots,V_0)$,其中 $U_i \in GF(2)$,$V_i \in GF(2)$,$i=0,1,\cdots,n-1$,那么它们的距离可以用下式计算,即

$$d(U,V) = \sum_{i=0}^{n-1}(U_i \oplus V_i)$$

在 (n,k) 线性码的码字集合中,任意两个码字间的最小距离叫作码的最小距离 $d_{\min}$,若 $C^{(i)}$ 和 $C^{(j)}$ 是任意两个码字,则码的最小距离为:

$$d_{\min} = \min_{i \neq j}\{d(C^{(i)}, C^{(j)})\} \qquad i,j=0,1,\cdots,2^k-1$$

2. 纠错检错能力与最小距离 $d_{\min}$ 的关系

(n,k) 线性码能纠 t 个错误的充分必要条件是码的最小距离为:

$$d_{\min} = 2t+1 \text{ 或 } t = \left\lfloor \frac{d_{\min}-1}{2} \right\rfloor$$

这种关系是直观的,因为 $d_{\min}$ 越大,一个码字与另一个码字混淆所需的错误就越多。

(n,k) 线性码能够发现接收字中 l 个错误的充分必要条件是码的最小距离为:

$$d_{\min} = l+1 \text{ 或 } l = d_{\min}-1$$

因此,对于汉明码 (7,4) 来说,因为其 $d_{\min}=3$,因此它能纠正码字中的一个错误,并发现码字中的两个错误。

6.2.3 一致监督矩阵

假设,信息分组长度 $k=3$,在每一信息组后加上 4 个监督位,构成(7,3)线性分组码。假设该码的码字为 $C=(c_6,c_5,c_4,c_3,c_2,c_1,c_0)$。其中,$c_6,c_5,c_4$ 为原始的信息位,c_3,c_2,c_1,c_0 为监督位,码字 C 中的每个位 c_i($i=0,1,2,3,4,5,6$)的取值为"0"或"1",即 $c_i \in GF(2)$。监督位可按下面等式进行模 2 加法运算:

$$c_3 = c_6 + c_4$$
$$c_2 = c_6 + c_5 + c_4$$
$$c_1 = c_6 + c_5$$
$$c_0 = c_5 + c_4$$

显然,上面的等式确定了由原始信息得到监督位的规则,所以称之为监督方程或校验方程。由于所有码字都按同一规则确定,因此将上面的等式称为一致监督方程或一致校验方程,所以

得到的监督位称为一致监督位或一致校验位。由于一致监督方程是线性的，也就是监督位和原始位是线性运算关系，所以由线性监督方程所确定的分组码是线性分组码。

根据上面给出的等式，可以得到(7,3)线性分组码原始信息和对应码字之间的关系，如表 6.2 所示。

表 6.2 (7,3)线性分组码中原始信息和对应码字之间的关系

原始信息			对应的码字 $C = (c_6, c_5, c_4, c_3, c_2, c_1, c_0)$						
0	0	0	0	0	0	0	0	0	0
0	0	1	0	0	1	1	1	0	1
0	1	0	0	1	0	0	1	1	1
0	1	1	0	1	1	1	0	1	0
1	0	0	1	0	0	1	1	1	0
1	0	1	1	0	1	0	0	1	1
1	1	0	1	1	0	1	0	0	1
1	1	1	1	1	1	0	1	0	0

为了方便，将上面的等式写成矩阵的形式，即

$$\begin{bmatrix} 1 & 0 & 1 & 1 & 0 & 0 & 0 \\ 1 & 1 & 1 & 0 & 1 & 0 & 0 \\ 1 & 1 & 0 & 0 & 0 & 1 & 0 \\ 0 & 1 & 1 & 0 & 0 & 0 & 1 \end{bmatrix} \begin{bmatrix} c_6 \\ c_5 \\ c_4 \\ c_3 \\ c_2 \\ c_1 \\ c_0 \end{bmatrix} = \begin{bmatrix} 0 \\ 0 \\ 0 \\ 0 \end{bmatrix}$$

令 $C = [c_6, c_5, c_4, c_3, c_2, c_1, c_0]$，$\mathbf{0} = [0\ 0\ 0\ 0]$，$H = \begin{bmatrix} 1 & 0 & 1 & 1 & 0 & 0 & 0 \\ 1 & 1 & 1 & 0 & 1 & 0 & 0 \\ 1 & 1 & 0 & 0 & 0 & 1 & 0 \\ 0 & 1 & 1 & 0 & 0 & 0 & 1 \end{bmatrix}$，则存在下面的关系，即 $HC^T = \mathbf{0}^T$ 或 $CH^T = \mathbf{0}$。

推广到一般情况，对于 (n,k) 线性码，每个码字中的 $r(r = n-k)$ 个监督位与原始信息之间的关系由下面的线性方程组确定：

$$\begin{cases} h_{11}c_{n-1} + h_{12}c_{n-2} + \cdots + h_{1n}c_0 = 0 \\ h_{21}c_{n-1} + h_{22}c_{n-2} + \cdots + h_{2n}c_0 = 0 \\ \vdots \\ h_{r1}c_{n-1} + h_{r2}c_{n-2} + \cdots + h_{rn}c_0 = 0 \end{cases}$$

令上式的系数矩阵为 H，即 $H = \begin{bmatrix} h_{11} & h_{12} & \cdots & h_{1n} \\ h_{21} & h_{22} & \cdots & h_{2n} \\ & & \vdots & \\ h_{r1} & h_{r2} & \cdots & h_{rn} \end{bmatrix}$

码字矩阵为 $C = [c_{n-1}\ c_{n-2}, \cdots, c_0]$，则上面的线性方程组可以写成 $HC^T = \mathbf{0}^T$ 或 $CH^T = \mathbf{0}$。如果对 H 进行初等变换，将后面的 r 列化为单位子阵，则得到：

$$H = \begin{bmatrix} q_{11} & q_{12} & q_{1k} & 1 & 0 & \cdots & 0 \\ q_{21} & q_{22} & q_{2k} & 0 & 1 & \cdots & 0 \\ & & & & \vdots & & \\ q_{r1} & q_{r2} & q_{rk} & 0 & 0 & \cdots & 1 \end{bmatrix} = [Q\ I_r]$$

这种形式称为监督矩阵 H 的标准形式。

显然，H 的每一行都代表一个监督方程，它表示与该行中"1"对应的码元的模 2 和为 0。因此 H 的标准形式还说明了相应的监督位是由原始信息中的哪些位决定的。比如，(7,3)线性分组码的 H 阵的第一行为 1011000，则说明该码的第一个监督位等于原始信息中的第一位和第三位的模 2 和，以此类推。

6.2.4 生成矩阵

在由 (n,k) 线性码构成的线性空间 V_n 的 k 维子空间中，一定存在 k 个线性独立的码字：$g_1, g_2, \cdots, g_k$。那么，码 C_i 中的任何其他码字 C 都可以表示为这 k 个字的一种线性组合，即

$$C = m_{k-1}g_1 + m_{k-2}g_2 + \cdots + m_0 g_k$$

式中，$m_i \in \text{GF}(2), i=0,1,\cdots,k-1$。将上式写成矩阵形式，得到：

$$C = [m_{k-1}\ m_{k-2}\ \cdots\ m_0] \begin{bmatrix} g_1 \\ g_2 \\ \vdots \\ g_k \end{bmatrix} = mG$$

式中，$m = [m_{k-1}, m_{k-2}, \cdots, m_0]$ 是待编码的信息组，G 是一个 $k \times n$ 阶的矩阵，即

$$G = \begin{bmatrix} g_1 \\ g_2 \\ \vdots \\ g_k \end{bmatrix} = \begin{bmatrix} g_{11} & g_{12} & \cdots & g_{1n} \\ g_{21} & g_{22} & \cdots & g_{2n} \\ & & \vdots & \\ g_{k1} & g_{k2} & \cdots & g_{kn} \end{bmatrix}$$

而 G 中的每一行 $g_i = [g_{i1}, g_{i2}, \cdots, g_{in}]$ 都是一个码字。对于每个信息组 m，由矩阵 G 都可以求得 (n,k) 线性码对应的码字。因而矩阵 G 生成了 (n,k) 线性码，因此也称矩阵 G 为 (n,k) 线性码的生成矩阵。类似地，通过初等变换，也可以得到 G 的标准形式，即 $G = [I_k\ P]$。

(n,k) 线性码的 G 和 H 之间也有着非常密切的关系。由于生成矩阵 G 的每一行都是一个码字，所以 G 的每一行都需要满足 $HC^T = 0^T$，所以存在下面的关系，即

$$HC^T = 0^T \text{ 或 } GH^T = 0$$

因此，线性码的生成矩阵 G 和监督矩阵 H 的行矢量彼此正交。

$$GH^T = [I_k P][QI_r]^T = [I_k P]\begin{bmatrix} Q^T \\ I_r \end{bmatrix} = Q^T + P = 0$$

因此，$P = Q^T$ 或 $P^T = Q$，进一步得到：

$$G = [I_k P] = [I_k Q^T] \text{ 或 } H = [QI_r] = [P^T I_r]$$

6.2.5 线性分组码的编码

汉明码(7,4)的生成矩阵 G 的一个例子是：

$$G = \begin{bmatrix} 1 1 1 0 0 0 0 \\ 1 0 0 1 1 0 0 \\ 0 1 0 1 0 1 0 \\ 1 1 0 1 0 0 1 \end{bmatrix}$$

在该例子中，G 具有 $k = 4$ 行和 $n = 7$ 列。码字 $U = [u_3, u_2, u_1, u_0]$ 被生成为 $C = [c_6, c_5, c_4, u_3, c_2, c_1, c_0]$：

$$C = \text{mod}(UG, 2) = \text{mod}\left\{[u_3, u_2, u_1, u_0]\begin{bmatrix} g_1 \\ g_2 \\ g_3 \\ g_4 \end{bmatrix}, 2\right\} = \text{mod}\{[u_3 g_1 + u_2 g_2 + u_1 g_3 + u_0 g_4], 2\}$$

这里，C 是 1×7 的码字，U 是 1×4 的数据块，且 $\text{mod}(,2)$ 表示模 2 的操作。

$$[c_6, c_5, c_4, u_3, c_2, c_1, c_0]$$
$$= \text{mod}\{[u_3 \cdot (1 1 1 0 0 0 0) + u_2 \cdot (1 0 0 1 1 0 0) + u_1 \cdot (0 1 0 1 0 1 0) + u_0 \cdot (1 1 0 1 0 0 1)]\}$$

则存在下面的关系：

$$c_0 = u_0$$
$$c_1 = u_1$$
$$c_2 = u_2$$
$$c_3 = (u_2 + u_1 + u_0) \text{ mod } 2 = u_2 \oplus u_1 \oplus u_0$$
$$c_4 = u_3$$
$$c_5 = (u_3 + u_1 + u_0) \text{ mod } 2 = u_3 \oplus u_1 \oplus u_0$$
$$c_6 = (u_3 + u_2 + u_0) \text{ mod } 2 = u_3 \oplus u_2 \oplus u_0$$

其中，$\oplus$ 表示逻辑异或运算。因此，在码字 U 上添加了 3 位奇偶位，分别为 c_3、c_5 和 c_6。

上面的汉明码是非系统码的一个例子，因为原始数据不会显式地出现在生成的码字中，除非输入块全为零。这与包括编码输出中的原始比特的系统码形成对比。汉明码可以是系统的，也可以是非系统的。

> 注：在系统编码中，只要看到编码器的输出，就可以将数据和冗余位（也称为奇偶校验位）分离。在非系统编码中，冗余比特和数据比特穿插在一起。

6.2.6 线性分组码的译码

译码是编码的反变换。通过译码纠正码字在传输过程中的错误，从而求出发送信息的估值。

1. 错误检测

对于上面的汉明码 (7,4)，奇偶校验矩阵/监督矩阵 H 为：

$$H = \begin{bmatrix} 1 0 1 0 1 0 1 \\ 0 1 1 0 0 1 1 \\ 0 0 0 1 1 1 1 \end{bmatrix}$$

奇偶校验矩阵/监督矩阵 H 的维数为 $(n-k, n)$，每一行表示不同的奇偶校验等式。必须满足这些等式中的每一个等式，码字才能属于编码。

如果码字属于编码，则下面的等式成立，即

$$\text{mod}(CH^T, 2) = 0 \text{ 或 } \text{mod}(HC^T, 2) = \mathbf{0}^T$$

式中，$\mathbf{0}$ 表示一个 $(n-k)\times1$ 的向量，该向量的所有元素都等于 0，T 表示转置。$\mathbf{CH}^\mathrm{T}$ 称为 $\mathbf{C}$ 的伴随式（或监督子或检验子），这在伴随式译码方案中是有用的。在伴随式译码方案中，译码器计算：

$$\mathbf{x}^\mathrm{T} = \mathrm{mod}(\mathbf{CH}^\mathrm{T}, 2)$$

式中，$\mathbf{x}$ 为 $(n-k)\times1$ 的伴随式，$\mathbf{C}$ 为接收到的可能存在潜在被破坏的码字。如果 $\mathbf{x}$ 为一个全零的向量，则接收机判决码字没有错误。然而，如果它不是全零，则块中有错误。该解码方法具有与在距接收到的码字具有最小汉明距离的码中找到码字等效的性能。

假设发送的码字 $\mathbf{C} = [0\,1\,0\,0\,1\,0\,1]$，讨论如下。

（1）如果接收到的码 $\mathbf{C} = [0\,1\,0\,0\,1\,0\,1]$，则

$$\mathrm{mod}(\mathbf{CH}^\mathrm{T}, 2) = \begin{bmatrix} 1010101 \\ 0110011 \\ 0001111 \end{bmatrix} \begin{bmatrix} 0 \\ 1 \\ 0 \\ 0 \\ 1 \\ 0 \\ 1 \end{bmatrix} = \begin{bmatrix} 0 \\ 0 \\ 0 \end{bmatrix}$$

因为，$\mathrm{mod}(\mathbf{CH}^\mathrm{T}, 2) = \mathbf{0}^\mathrm{T}$，因此接收到的码字中没有位错误。

（2）如果接收到的码 $\mathbf{C} = [0\,1\,0\,1\,1\,0\,1]$，则

$$\mathrm{mod}(\mathbf{CH}^\mathrm{T}, 2) = \begin{bmatrix} 1010101 \\ 0110011 \\ 0001111 \end{bmatrix} \begin{bmatrix} 0 \\ 1 \\ 0 \\ 1 \\ 1 \\ 0 \\ 1 \end{bmatrix} = \begin{bmatrix} 0 \\ 0 \\ 1 \end{bmatrix}$$

因为 $\mathrm{mod}(\mathbf{CH}^\mathrm{T}, 2) = \begin{bmatrix} 0 \\ 0 \\ 1 \end{bmatrix}$，它对应于 $\mathbf{H}$ 矩阵中的第 4 列，与发送和接收的码字进行比较，也说明第 4 位接收错误。

当接收字中存在两个错误时，伴随式是 $\mathbf{H}$ 矩阵中与错误对应的两列之和。为了能发现两个错误的错误模式，$\mathbf{H}$ 矩阵中的任意两列之和不应等于其他的任何列，这就要求 $\mathbf{H}$ 矩阵的任何三列线性无关，因此码的距离应为 4。为此，将汉明码再增加一个监督位，该位对原汉明码的所有位进行监督，使扩展码的码字含"1"的个数为偶数。$\mathbf{H}$ 矩阵需要增加一个全"1"的行和一个 $00\cdots01$ 的列，从而构成扩展汉明码的监督矩阵。因此，扩展汉明码的码长为 2^m，监督位数为 $m+1$。

2. 纠错译码

如前所述，HDD 涉及在解码器之前决定接收的符号对应 0 还是 1。这涉及将接收的符号通过判定设备，该判定设备通常将接收的符号与阈值进行比较，以判定发送的比特是 0 还是 1。该过程如图 6.3 所示，适用于具有汉明编码的通用 BPSK 收发器。

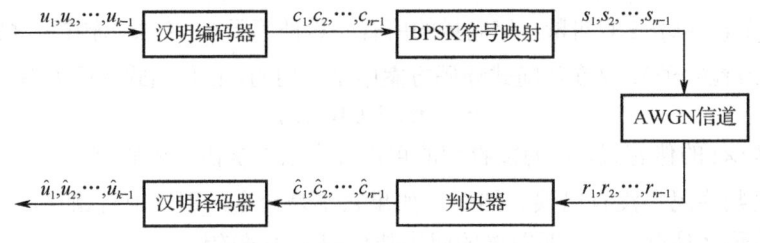

图 6.3 BPSK 调制的 HDD 过程

在许多情况下,判决器不会做出正确的决策。因此,通过 HDD 过程将引入额外的错误。然而,在 SDD 方案中,在汉明译码器之前不进行硬判决,从而消除了这种不想要的错误源。

最简单的 SDD 方案依赖于计算接收到的噪声码字和可能传输的码字之间的欧几里得距离。选择与接收的码字具有最小欧几里得距离的码字作为最有可能发送的码字。欧几里得距离定义为:

$$d_e = \sqrt{\sum_{i=1}^{L}(r_i - s_i)^2}$$

式中,r_i 是第 i 次接收的符号,s_i 是第 i 次发送的符号,L 是与单个码字相对应的符号的数量。通常,有必要结合使用欧几里得距离度量的调制来设计编码方案。

替代 SDD 度量的是对数似然比(Log-Likelihood Radio,LLR),即

$$LLR = \ln\left[\frac{P(b=1|r_i)}{P(b=0|r_i)}\right]$$

式中,$P(b=1|r_i)$ 是给定符号 r_i 时,发送比特/位为"1"的概率;$P(b=0|r_i)$ 是给定符号 r_i 时,发送比特/位为"0"的概率。$\ln()$ 为自然对数。在 BPSK 的情况下,由于每个符号代表一个比特,因此只计算一个 LLR。对于更高级别的调制方案,由于每个符号代表多个比特,所以需要为每个符号计算多个 LLR。

在 AWGN 信道中的 BPSK 的情况下,符号以不同的平均值正态分布,这取决于原始符号表示 0 还是 1。通过观察有噪声的 BPSK 星座,可以更清楚地理解这一点,如图 6.4 所示。

很明显,表示 1 的符号以平均值 1 为中心,表示 0 的符号以平均值-1 为中心。通过计算 LLR,接收机尝试确定给定符号最有可能属于哪个分布,即平均值为 1 的分布或平均值为-1 的分布。在这两种情况下,概率密度函数(PDF)都具有以下形式:

$$P(x) = \frac{1}{\sqrt{2\pi}\sigma}e^{-\frac{1}{2}\left(\frac{x-\mu}{\sigma}\right)^2}$$

式中,x 是随机变量(在这种情况下表示单个接收符号),μ 表示分布的均值,σ 表示标准差,e 是自然对数的底。正如前面提到的那样,μ 为-1 或者 1,这取决于正在测试的概率。

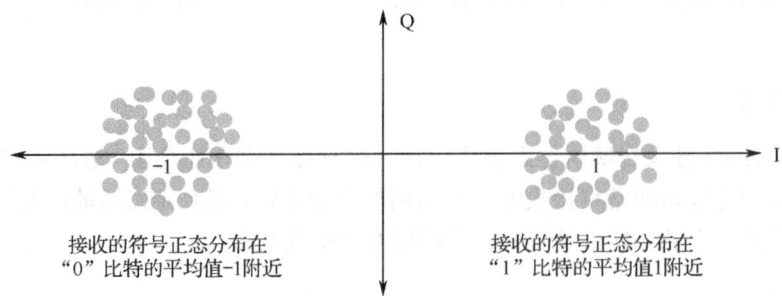

图 6.4 噪声 BPSK 星座的例子

LLR 中的似然比减少到形式 e^x，这对于在接收机中进行直接计算是不方便的。因此，在表达式中使用自然对数，这样就消除了 e 项且仅留下指数，这就是 LLR 名字的来源。用于 BPSK 的 LLR 表达式减少为：

$$L(\widehat{c_i}) = \frac{2r_i}{\sigma^2}$$

式中，$L(\widehat{c_i})$ 为第 i 次接收的编码比特 $\widehat{c_i}$ 的 LLR，σ^2 为对噪声方差的估计。LLR 表达式用于更高级的调制方案，如 16QAM 和 64QAM。如果接收的符号更有可能表示 1，则似然比将大于 1，并且由于任何大于 1 的值的自然对数产生正结果的事实，LLR 是正的。相反，如果接收的符号更有可能表示 0，则 LLR 是负的。LLR 的幅度给出了所接收符号表示 1 或 0 的置信水平的指示。

图 6.5 给出了 4 种不同情况下，P_{be} 和 E_b/N_0 之间的关系。这 4 种情况包括：(1) 未编码的 BPSK；(2) 带有 HDD 汉明码(7,4)的 BPSK；(3) 基于欧几里得带有 SDD 汉明码(7,4)的 BPSK；(4) 基于 LLR 带有 SDD 汉明码(7,4)的 BPSK。

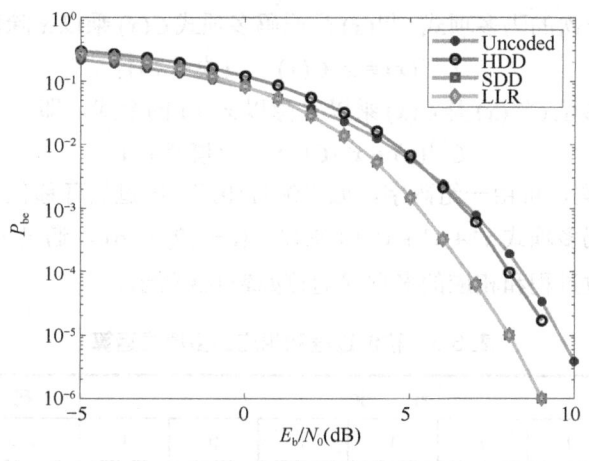

图 6.5 P_{be} 和 E_b/N_0 之间的关系

很明显，当在接收机中采用 SDD 而不是 HDD 时，可以实现更显著的编码增益。这是因为 SDD 技术考虑了给定比特是 0 或 1 的相对可能性，而不是在解码器之前做出有时不正确的决定。因此，它们能够以比 HDD 更高的精度来确定正确传输的码字，尽管这是以增加计算成本为代价的。LLR 和欧几里得距离方法之间没有性能差异，因此 LLR 是优选的——该方法也大量用于卷积码、Turbo 码和 LDPC 码的解码中。

在衰落信道中，由于深度衰落，可能会出现突发错误，导致编码增益方面的性能显著下降，即使在高 SNR 下也是如此。因此，为了减轻突发错误对纠错性能的影响，人们已经开发了诸如交织和级联编码之类的技术。

6.3 循环码

循环码是线性分组码的一个重要子类。它具有循环的特性和优良的代数结构，使得编码和译码过程可以通过简单的反馈移位寄存器实现，并且可以采用多种简单而有效的译码方法。因此，循环码在实际应用中表现出色。由于其优良的特性，循环码已经成为研究最深入、理论最成熟、应用最广泛的一类线性分组码。

6.3.1 循环码的定义和生成多项式

如果 (n,k) 线性码的任意码字 $C=(c_{n-1},c_{n-2},\cdots,c_0)$ 的 i 次循环移位，所得矢量 $C^{(i)}=(c_{n-1},c_{n-2},\cdots,c_0)$ 仍然是一个码字，则称此线性码为 (n,k) 循环码。

为了运算方便，可将码字的各个分量作为多项式的系数，而把码字表示为多项式，称为码多项式。其一般表达式为：

$$C(x)=c_{n-1}x^{n-1}+c_{n-2}x^{n-2}+\cdots+c_0$$

C 循环 i 次所得到的 $C^{(i)}$ 的码多项式为

$$C^{(i)}(x)=c_{n-1-i}x^{n-1}+c_{n-2-i}x^{n-2}+\cdots+c_0x^i+c_{n-1}x^{i-1}+\cdots+c_{n-i}$$

将 $C(x)$ 乘以 x，再除以 x^n+1，得到

$$\frac{xC(x)}{x^n+1}=c_{n-1}+\frac{c_{n-2}x^{n-1}+c_{n-3}x^{n-2}+\cdots+c_{n-1}}{x^n+1}=c_{n-1}+\frac{C^{(i)}(x)}{x^n+1}$$

上式表明，码字循环一次的码多项式 $C^{(1)}(x)$ 是原码多项式 $C(x)$ 乘以 x 除以 x^n+1 的余式，即

$$C^{(1)}(x)\equiv x\cdot C(x) \quad (\text{模 } x^n+1)$$

对于 $C(x)$ 的 i 次循环移位 $C^{(i)}(x)$ 是 $C(x)$ 乘以 x^i 除以 x^n+1 的余式，即

$$C^{(i)}(x)\equiv x^i\cdot C(x) \quad (\text{模 } x^n+1)$$

例如，(7,3) 循环码，可由一组码字，如 "0011101"，经过循环移位，得到其他 6 个非 0 的码字，也可由相应的码多项式 $x^4+x^3+x^2+1$ 乘以 $x^i(i=1,2,\cdots,6)$，通过模 x^7+1 运算得到其他 6 个非 0 码多项式，移位过程和相应的多项式运算如表 6.3 所示。

表 6.3 移位过程和相应的多项式运算

移位次数	码字							码多项式	
0	0	0	1	1	1	0	1	$x^4+x^3+x^2+1$	(模 x^7+1)
1	0	1	1	1	0	1	0	$x^5+x^4+x^3+x$	(模 x^7+1)
2	1	1	1	0	1	0	0	$x^6+x^5+x^4+x^2$	(模 x^7+1)
3	1	1	0	1	0	0	1	$x^6+x^5+x^3+1$	(模 x^7+1)
4	1	0	1	0	0	1	1	x^6+x^4+x+1	(模 x^7+1)
5	0	1	0	0	1	1	1	x^5+x^2+x+1	(模 x^7+1)
6	1	0	0	1	1	1	0	$x^6+x^3+x^2+x$	(模 x^7+1)

根据循环码的循环特性，可由一个码字的循环移位得到其他非 0 码字。在 (n,k) 循环码的 2^k 个码字中，取前 $k-1$ 位皆为 0 的码字 $g(x)$（其次数 $r=n-k$），再经过 $k-1$ 次循环移位，共得到 k 个码字：$g(x),xg(x),\cdots,x^{k-1}g(x)$。这 k 个码字显然是相互独立的，可作为码生成矩阵的 k 行，于是得到 (n,k) 循环码的生成矩阵 $G(x)$：

$$G(x)=\begin{bmatrix} x^{k-1}g(x) \\ x^{k-2}g(x) \\ \vdots \\ xg(x) \\ g(x) \end{bmatrix}$$

然而码生成矩阵一旦确定，码就确定了。也就是说，(n,k) 循环码可由它的一个 $(n-k)$ 次码多项式 $g(x)$ 来确定，所以说 $g(x)$ 生成了 (n,k) 循环码。因此，称 $g(x)$ 为码的生成多项式，即

$$g(x) = x^{n-k} + g_{n-k-1}x^{n-k-1} + \cdots + g_1 x + g_0$$

它有以下重要的性质。

（1）在 (n,k) 循环码中，生成多项式 $g(x)$ 是唯一的 $n-k$ 次码多项式，且次数是最低的。

（2）在 (n,k) 循环码中，每个码多项式 $C(x)$ 都是 $g(x)$ 的倍式，而每个是 $g(x)$ 倍式且次数小于或等于 $n-1$ 的多项式，必是一个码多项式。

假设 $\boldsymbol{m} = (m_{k-1}, m_{k-2}, \cdots, m_0)$ 为任一原始信息，$\boldsymbol{G}(x)$ 为该 (n,k) 循环码的生成矩阵，则相应的码多项式为：

$$C(x) = \boldsymbol{m} \cdot \boldsymbol{G}(x) = (m_{k-1}, m_{k-2}, \cdots, m_0) \begin{bmatrix} x^{k-1}g(x) \\ x^{k-2}g(x) \\ \vdots \\ xg(x) \\ g(x) \end{bmatrix} = (m_{k-1}x^{k-1} + m_{k-2}x^{k-2} + \cdots + m_0)g(x)$$

令 $m(x) = m_{k-1}x^{k-1} + m_{k-2}x^{k-2} + \cdots + m_0$，则 $C(x) = m(x) \cdot g(x)$

（3）(n,k) 循环码的生成多项式 $g(x)$ 是 x^n+1 的因式，即 $x^n+1 = h(x) \cdot g(x)$

（4）若 $g(x)$ 是一个 $n-k$ 次多项式，且为 x^n+1 的因式，则 $g(x)$ 生成一个 (n,k) 循环码。

根据上面给出的性质，求 $(7,3)$ 循环码的生成多项式。

分解多项式 $x^7+1 = (x+1)(x^3+x^2+1)(x^3+x+1)$，可将一次和任一个三次多项式的乘积作为生成多项式，因而可选取下面多项式中的一个作为生成多项式：

$$g_1(x) = (x+1)(x^3+x^2+1) = x^4+x^2+x+1$$

或

$$g_2(x) = (x+1)(x^3+x+1) = x^4+x^3+x^2+1$$

为了方便读者理解，表 6.4 给出了当 n 为 1～31 时 x^n+1 的因式分解关系。

表 6.4 n 为 1～31 时 x^n+1 的因式分解

n	x^n+1 的因式分解
1	$(x+1)$
2	$(x+1)^2$
3	$(x+1)(x^2+x+1)$
4	$(x+1)^4$
5	$(x+1)(x^4+x^3+x^2+x+1)$
6	$(x+1)^2(x^2+x+1)^2$
7	$(x+1)(x^3+x+1)(x^3+x^2+1)$
8	$(x+1)^8$
9	$(x+1)(x^2+x+1)(x^6+x^3+1)$
10	$(x+1)^2(x^4+x^3+x^2+x+1)^2$
11	$(x+1)(x^{10}+x^9+x^8+x^7+x^6+x^5+x^4+x^3+x^2+x+1)$
12	$(x+1)^4(x^2+x+1)^4$
13	$(x+1)(x^{12}+x^{11}+x^{10}+x^9+x^8+x^7+x^6+x^5+x^4+x^3+x^2+x+1)$
14	$(x+1)^2(x^3+x+1)^2(x^3+x^2+1)^2$
15	$(x+1)(x^2+x+1)(x^4+x+1)(x^4+x^3+1)(x^4+x^3+x^2+x+1)$

续表

n	x^n+1 的因式分解
16	$(x+1)^{16}$
17	$(x+1)(x^8+x^5+x^4+x^3+1)(x^8+x^7+x^6+x^4+x^2+x+1)$
18	$(x+1)^2(x^2+x+1)^2(x^6+x^3+1)^2$
19	$(x+1)(x^{18}+x^{17}+x^{16}+\cdots+x+1)$
20	$(x+1)^4(x^4+x^3+x^2+x+1)^4$
21	$(x+1)(x^2+x+1)(x^3+x+1)(x^3+x^2+1)(x^6+x^4+x^2+x+1)(x^6+x^5+x^4+x^2+1)$
22	$(x+1)^2(x^{10}+x^9+x^8+x^7+x^6+x^5+x^4+x^3+x^2+x+1)^2$
23	$(x+1)(x^{11}+x^9+x^7+x^6+x^5+x+1)(x^{11}+x^{10}+x^6+x^5+x^4+x^2+1)$
24	$(x+1)^8(x^2+x+1)^8$
25	$(x+1)(x^4+x^3+x^2+x+1)(x^{20}+x^{15}+x^{10}+x^5+1)$
26	$(x+1)^2(x^{12}+x^{11}+x^{10}+x^9+x^8+x^7+x^6+x^5+x^4+x^3+x^2+x+1)^2$
27	$(x+1)(x^2+x+1)(x^6+x^3+1)(x^{18}+x^9+1)$
28	$(x+1)^4(x^3+x+1)^4(x^3+x^2+1)^4$
29	$(x+1)(x^{28}+x^{27}+\cdots+x+1)$
30	$(x+1)^2(x^2+x+1)^2(x^4+x+1)^2(x^4+x^3+1)^2(x^4+x^3+x^2+x+1)^2$
31	$(x+1)(x^5+x^2+1)(x^5+x^3+1)(x^5+x^3+x^2+x+1)(x^5+x^4+x^2+x+1)(x^5+x^4+x^3+x+1)(x^5+x^4+x^3+x^2+1)$

6.3.2 监督多项式和监督矩阵

根据前面介绍的性质，$x^n+1=h(x)\cdot g(x)$，因为
$$x^7+1=(x^3+x+1)(x^4+x^2+x+1)$$
则
$$g(x)=x^4+x^2+x+1=g_4x^4+g_3x^3+g_2x^2+g_1x+g_0$$
$$h(x)=x^3+x+1=h_3x^3+h_2x^2+h_1x+h_0$$

比较等式两边的系数，得到下面的关系：

（1）x^3 的系数，得到 $g_3h_0+g_2h_1+g_1h_2+g_0h_3=0$

（2）x^4 的系数，得到 $g_4h_0+g_3h_1+g_2h_2+g_1h_3=0$

（3）x^5 的系数，得到 $g_4h_1+g_3h_2+g_2h_3=0$

（4）x^6 的系数，得到 $g_4h_2+g_3h_3=0$

将上面的关系式用矩阵表示：

$$\begin{bmatrix} 0 & 0 & 0 & h_0 & h_1 & h_2 & h_3 \\ 0 & 0 & h_0 & h_1 & h_2 & h_3 & 0 \\ 0 & h_0 & h_1 & h_2 & h_3 & 0 & 0 \\ h_0 & h_1 & h_2 & h_3 & 0 & 0 & 0 \end{bmatrix} \begin{bmatrix} 0 \\ 0 \\ g_4 \\ g_3 \\ g_2 \\ g_1 \\ g_0 \end{bmatrix} = \begin{bmatrix} 0 \\ 0 \\ 0 \\ 0 \end{bmatrix}$$

即 $\boldsymbol{H} = \begin{bmatrix} 0 & 0 & 0 & h_0 & h_1 & h_2 & h_3 \\ 0 & 0 & h_0 & h_1 & h_2 & h_3 & 0 \\ 0 & h_0 & h_1 & h_2 & h_3 & 0 & 0 \\ h_0 & h_1 & h_2 & h_3 & 0 & 0 & 0 \end{bmatrix}$。从该矩阵中可知，监督矩阵的第一行是码的监督多项式 $h(x)$ 的反序排列，而第二行、第三行和第四行是第一行的移位。因此，可由监督多项式的系数来构造监督矩阵。用 $h^*(x)$ 表示 $h(x)$ 的反多项式。

$$\boldsymbol{H} = \begin{bmatrix} h^*(x) \\ xh^*(x) \\ x^2 h^*(x) \\ x^3 h^*(x) \end{bmatrix} = \begin{bmatrix} 0 & 0 & 0 & 1 & 1 & 0 & 1 \\ 0 & 0 & 1 & 1 & 0 & 1 & 0 \\ 0 & 1 & 1 & 0 & 1 & 0 & 0 \\ 1 & 1 & 0 & 1 & 0 & 0 & 0 \end{bmatrix}$$

因为 $x^n + 1 = h(x) \cdot g(x)$，所以 $h_0 = h_k = 1$，将上式推广到一般形式，得到 (n,k) 的监督矩阵为：

$$\begin{bmatrix} h^*(x) \\ xh^*(x) \\ \vdots \\ x^{n-k-1} h^*(x) \end{bmatrix} = \begin{bmatrix} 0 \cdots 0 1 \, h_1 \cdots h_{k-1} 1 \\ 0 \cdots 1 \, h_1 \cdots h_{k-1} 1 \, 0 \\ \vdots \\ 1 \, h_1 \cdots h_{k-1} 1 \, 0 \cdots 0 \end{bmatrix}$$

6.3.3 (n,k) 循环码的编码

下面介绍 (n,k) 循环码的编码方法。对 (n,k) 循环码来说，也有系统码和非系统码两种编码方式。

1. 非系统码编码电路

前面提到 $C(x) = m(x)g(x)$，则 $C(x)$ 为：

$$C(x) = (m_{k-1} x^{k-1} + m_{k-2} x^{k-2} + \cdots + m_0)(x^{n-k} + g_{n-k-1} x^{n-k-1} + \cdots + g_1 x + g_0)$$

又因为：

$$C(x) = c_{n-1} x^{n-1} + c_{n-2} x^{n-2} + \cdots + c_0$$

得到：

$$c_{n-1} x^{n-1} + c_{n-2} x^{n-2} + \cdots + c_0 = $$
$$(m_{k-1} x^{k-1} + m_{k-2} x^{k-2} + \cdots + m_0)(x^{n-k} + g_{n-k-1} x^{n-k-1} + \cdots + g_1 x + g_0)$$

比较等式两边，得到：

$$c_0 = m_0 g_0$$
$$c_1 = g_1 m_0 + g_0 m_1$$
$$c_2 = g_2 m_0 + g_1 m_1 + g_0 m_2$$
$$c_i = g_i m_0 + g_{i-1} m_1 + \cdots + m_i g_0$$

该编码方式对应的电路结构如图 6.6 所示。图中，方框符号表示触发器。当 g_i = "0" 时，表示无连接关系；当 g_i = "1" 时，表示有连接关系。加法器表示逻辑异或运算。图 6.6 中的编码电路非常简单，但它并不是系统码的。然而，可以为任何循环码设计一个系统码移位寄存器编码器，它只比非系统码的稍微复杂一点。

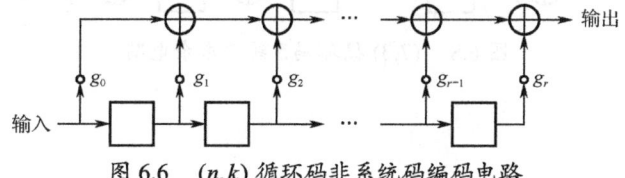

图 6.6 (n,k) 循环码非系统码编码电路

2. 系统码编码电路

(n,k) 循环码的编码包含两步：求生成多项式 $g(x)$；利用 $g(x)$ 设计编码电路。

1）求生成多项式 $g(x)$

分解多项式 x^n+1，取 $n-k$ 次因式做生成多项式 $g(x)$，一般可通过查表法完成。

2）利用 $g(x)$ 实现编码

设信息多项式为：

$$m(x) = m_{k-1}x^{k-1} + m_{k-2}x^{k-2} + \cdots + m_0$$

且设监督字多项式为：

$$r(x) = r_{r-1}x^{r-1} + r_{r-2}x^{r-2} + \cdots + r_0$$

(n,k) 循环码的码多项式为：

$$C(x) = c_{n-1}x^{n-1} + c_{n-2}x^{n-2} + \cdots + c_{n-k}x^{n-k} + c_{n-k-1}x^{n-k-1} + \cdots + c_0$$

式中，前 k 项系数为信息数字，后 $r=n-k$ 项为监督字，因此有：

$$c_{n-1}x^{n-1} + c_{n-2}x^{n-2} + \cdots + c_{n-k}x^{n-k} = x^{n-k}(m_{k-1}x^{k-1} + m_{k-2}x^{k-2} + \cdots + m_0) = x^{n-k}m(x)$$

$$c_{n-k-1}x^{n-k-1} + \cdots + c_0 = r_{r-1}x^{r-1} + r_{r-2}x^{r-2} + \cdots + r_0 = r(x)$$

所以，$C(x) = x^{n-k}m(x) + r(x)$，因为 $C(x)$ 为 $g(x)$ 的倍式，令 $C(x) = q(x) \cdot g(x)$，则

$$q(x) \cdot g(x) = x^{n-k}m(x) + r(x)$$

得到 $\dfrac{x^{n-k}m(x)}{g(x)} = q(x) + \dfrac{r(x)}{g(x)}$，该式说明，循环码的编码可以通过将信息多项式 $m(x)$ 乘以 x^{n-k} 再除以生成多项式 $g(x)$ 来求取余式，即得到码组的监督数字多项式 $r(x)$，即

$$r(x) \equiv x^{n-k}m(x) \quad (\text{模 } g(x))$$

$r(x)$ 的系数即监督数字。这样，得到 $C(x) = x^{n-k}m(x) + r(x)$。

其对应的电路结构如图 6.7 所示。图中，方框符号表示触发器。当 $g_i =$ "0" 时，表示无连接关系；当 $g_i =$ "1" 时，表示有连接关系。加法器表示逻辑异或运算。

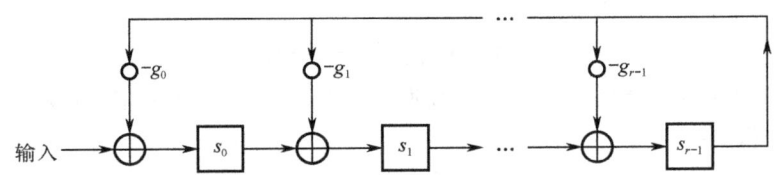

图 6.7　(n,k) 循环码系统码求余电路

比如，在由 $g(x) = x^4 + x^3 + x^2 + 1$ 生成的 $(7,3)$ 循环码中，求信息组 $m = (101)$ 对应的码多项式。$x^{7-3}m(x) = x^4(x^2+1) = x^6 + x^4$，将该式对 $g(x)$ 求模后，得到余式 $r(x) = x+1$，如图 6.8 所示，完整的循环码系统码编码电路如图 6.9 所示。

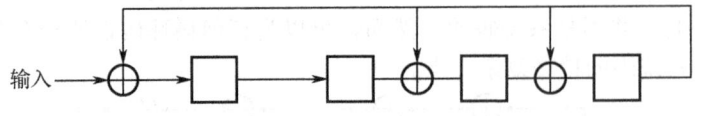

图 6.8　$(7,3)$ 循环码系统码求余电路

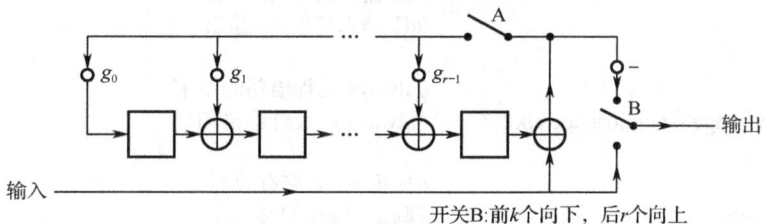

图 6.9 (n,k) 循环码系统码编码电路

注：根据前面所介绍的知识，多项式 x^6+x^4 对应于二进制 (1010000)（作为除法运算的被除数），生成多项式 $g(x)$ 对应于二进制 (11101)（作为除法运算的除数）。注意，在该除法运算中，做的是模 2 运算，也称为逻辑异或运算，而不是传统二进制除法做的减法运算。

于是，得到码多项式为 $C(x)=x^4m(x)+r(x)=x^6+x^4+x+1$。因此，得到的码字为 $C=(1010011)$，如图 6.10 所示。

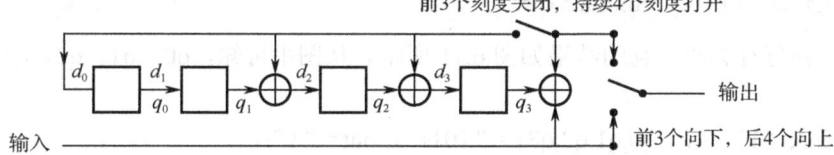

图 6.10 (7,3) 循环码系统码编码电路

使用 Verilog HDL 对图 6.10 给出的电路进行描述，如代码清单 6-1 所示。

代码清单 6-1 (7,3)循环码系统码编码的 Verilog HDL 描述

```verilog
module top(                         //module 关键字定义模块 top
    input clk,                      //定义输入端口 clk，时钟信号
    input rst,                      //定义输入端口 rst，复位信号
    input valid,                    //定义输入端口 valid，与输入原始数据同步
    input in,                       //定义输入端口 in，输入的 3 位原始串行数据
    output reg out                  //定义输出端口 out，输出编码后的串行数据
    );
wire d0,d1,d2,d3;                   //定义 wire 类型 d0、d1、d2 和 d3
reg q0,q1,q2,q3;                    //定义 reg 类型 q0、q1、q2 和 q3

assign d0= valid ?(in ^ q3): 1'b0;  //定义触发器输入 d0 的源
assign d1= q0;                      //定义触发器输入 d1 的源
assign d2= valid ? (q1 ^ d0) : q1;  //定义触发器输入 d2 的源
assign d3= valid ? (q2 ^ d0) : q2;  //定义触发器输入 d3 的源
always @(posedge rst or posedge clk)//always 定义过程语句
begin
  if(rst)                           //如果 rst 为高有效
    begin
      {q0,q1,q2,q3}<=4'b0000;       //4 个触发器的输出清零
    end
  else                              //时钟上升沿有效
    begin
      q0<=d0;                       //d0 输入送给 q0 输出
      q1<=d1;                       //d1 输入送给 q1 输出
```

```
        q2<=d2;                              //d2 输入送给 q2 输出
        q3<=d3;                              //d3 输入送给 q3 输出
      end
    end                                      //always 过程语句的结束
    always @ (posedge rst or posedge clk)    //always 定义过程语句
    begin
      if(rst)                                //如果 rst 为高有效
        out<=1'b0;                           //则端口 out 清零
      else                                   //时钟上升沿有效
        if(valid==1'b1)                      //如果 valid 为高有效
          out<=in;                           //则端口 out 输出原始输入的串行数据 in
        else                                 //如果 valid 为低有效
          out<=q3;                           //则端口 out 输出添加的监督位
    end                                      //always 过程语句的结束
    endmodule                                //endmodule 标记模块的结束
```

注：读者可定位到本书配套资源的\SDR_example\CRC_reminder 目录下，用 Vivado 2023.1 打开设计工程 CRC_reminder.xpr。

对该设计执行行为级仿真的结果如图 6.11 所示。从图中可知，q0、q1、q2、q3 的初始状态均为"0"。

（1）当输入"1"时，{q0,q1,q2,q3}="1011"，out="1"；
（2）当输入"1"时，{q0,q1,q2,q3}="0101"，out="1"；
（3）当输入"0"时，{q0,q1,q2,q3}="1001"，out="0"；
（4）当输入"0"时，{q0,q1,q2,q3}="0100"，out="1"；
（5）当输入"0"时，{q0,q1,q2,q3}="0010"，out="0"；
（6）当输入"0"时，{q0,q1,q2,q3}="0001"，out="0"；
（7）当输入"0"时，{q0,q1,q2,q3}="0000"，out="1"；

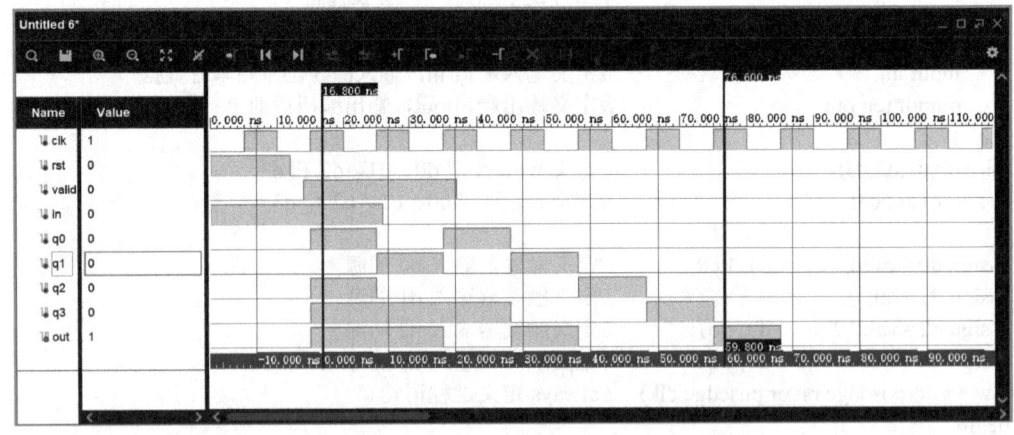

图 6.11 对(7,3)循环码编码执行行为级仿真的结果

根据线性码的监督方程 $HC^T = 0$，式中，$C = (c_{n-1}, \cdots, c_{n-k}, c_{n-k-1}, \cdots, c_0)$ 为任意码字，其中 $c_{n-1}, \cdots, c_{n-k}$ 为 k 位监督数字，$c_{n-k-1}, \cdots, c_0$ 为 $n-k$ 位监督数字，用 H 的标准形式得到：

$$\begin{bmatrix} 0\cdots 0\,1\,h_1\cdots h_{k-1}1 \\ 0\cdots 1\,h_1\cdots h_{k-1}1\,0 \\ \vdots \\ 1\,h_1\cdots h_{k-1}1\,0\cdots 0 \end{bmatrix} \begin{bmatrix} c_{n-1} \\ \vdots \\ c_{n-k} \\ c_{n-k-1} \\ \vdots \\ c_0 \end{bmatrix} = 0$$

由此得到 $n-k$ 个监督方程，进而得到 $n-k$ 个监督数字的表达式：

$$\begin{cases} c_{n-k-1} = c_{n-1} + h_1 c_{n-2} + \cdots + h_{k-1} c_{n-k} \\ c_{n-k-2} = c_{n-2} + h_1 c_{n-3} + \cdots + h_{k-1} c_{n-k-1} \\ \quad\vdots \\ c_0 = c_k + h_1 c_{k-1} + \cdots + h_{k-1} c_1 \end{cases}$$

由该式可知，每个监督码元都是由它前面的 k 个比特按同一规律确定的。具体地说，第一个监督位 c_{n-k-1} 是 k 个信息位与 $h(x)$ 的系数决定的，第二个监督位 c_{n-k-2} 是 $k-1$ 个信息位和一个监督元与 $h(x)$ 的系数决定的，以此类推，一直到最后一个监督位 c_0，都是按同一个规律确定的。其对应的编码电路如图 6.12 所示。图中，方框表示触发器，符号 ⊕ 表示模 2 加法运算（实际实现时为逻辑异或运算）。当 $h_i=1$ 时，有连接关系；当 $h_i=0$ 时，无连接关系。当门 1 闭合，门 2 断开时，k 位信息串行送入 k 级移位寄存器，并同时送入信道；当门 1 断开，门 2 闭合时，每移位一次输出一位监督字，并同时送入移位寄存器一次。

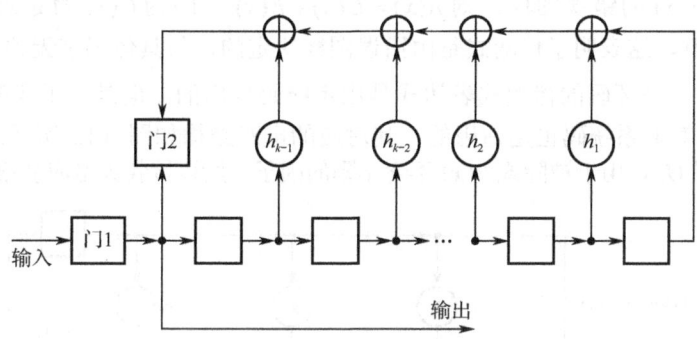

图 6.12 用 $h(x)$ 构造的循环码编码电路

6.3.4 (n,k) 循环码的译码

在介绍汉明码时，我们提到线性码的译码是基于接收字多项式的伴随式与可纠正错误图样之间的一一对应关系，通过伴随式得到错误图样。循环码作为线性码的一个特殊子类，其译码过程与线性码的译码步骤基本一致，但由于循环码的循环特性，使得其译码更加简单易行。

循环码的译码过程仍然包括 3 个步骤，即接收多项式的伴随式计算、循环码的检错，以及循环码的译码电路。

1. 接收多项式的伴随式计算

根据伴随式定义 $\boldsymbol{S}^T = \boldsymbol{H}\boldsymbol{R}^T$ 计算伴随式 $\boldsymbol{S}$。式中，$\boldsymbol{C}$ 为接收到的码字向量，$\boldsymbol{H}$ 为监督矩阵，设 $\boldsymbol{H} = (\boldsymbol{h}_{n-k-1}, \boldsymbol{h}_{n-k-2}, \cdots, \boldsymbol{h}_0)^T$，其中，$\boldsymbol{h}_i\,(i=n-k-1, n-k-2, \cdots, 0)$ 表示 $\boldsymbol{H}$ 的行矢量，设 $\boldsymbol{S} = (S_{n-k-1}, \cdots, S_0)$，于是得到伴随式的各分量的表达式为：

$$S_{n-k-1} = \boldsymbol{h}_{n-k-1}\boldsymbol{C}^T$$

$$S_{n-k-2} = h_{n-k-2}C^{T}$$
$$\dots$$
$$S_0 = h_0 C^{T}$$

这是本章前面介绍过的由接收矢量相应分量直接求和计算伴随式的方法，对所有线性码都是适用的。

电路是 $n-k$ 个多输入的奇偶校验器，每个奇偶校验器的输入端由 H 矩阵相应行 h_i 中的"1"决定。

在二元线性系统码中，接收矢量 R 的伴随式 S 等于对 C 的信息部分所计算的监督字（相对于对 R 的信息部分重新编码）与接收的监督字的矢量和。假设接收矢量 $R = (R_I R_p)$，R_I 是 R 的信息部分，它是长度为 k 的矢量；R_p 是 R 的监督数字部分，它是长度为 $r = n-k$ 的矢量，监督矩阵为 $H = (QI_r)$，Q 为 $r \times k$ 阶子阵，I_r 为 $r \times r$ 阶单位子阵。

因此，$S = RH^T = (R_I R_p)(QI_r)^T = R_I Q^T + R_p I_r = R_I Q^T + R_p$，因为 Q 是 H 中除单位子阵外 $r \times k$ 阶子阵，所以 $R_I Q^T$ 是把 R_I 作为信息源重新编码计算的监督元，而 R_p 为接收的监督元。

下面介绍使用 $n-k$ 级移位寄存器的伴随式计算电路的实现方法。

设接收多项式为 $R(x)$，它的信息部分为 $R_I(x)$，监督部分为 $R_p(x)$，则 $S(x) = r'(x) + R_p(x)$，并且前面提到码组的监督数字多项式 $r(x)$ 可通过将信息项 $m(x)$ 乘以 x^{n-k} 再除以生成多项式 $g(x)$ 得到，即 $r(x) = x^{n-k}m(x)$（模 $g(x)$）。因此，$S(x) = R_p(x)$（模 $g(x)$）。

假设 $E(x)$ 为 $R(x)$ 的错误图样，则 $R(x) = C(x) + E(x)$，因为 $C(x)$ 为 $g(x)$ 的倍式，因此，$S(x) \equiv E(x)$（模 $g(x)$），这表明了伴随式是由错误图样决定的，与具体码字无关。

这里需要注意，循环码的伴随式表达式是由系统码导出的，但是由于伴随式的计算仅与错误图样有关，因而对非系统码也是适用的，其对应的电路结构如图 6.13 所示。该电路结构与编码器电路结构不同的是，由于被除式 $R(x)$ 不含 x 幂的因子，所以接收矢量应从第一级前加入。

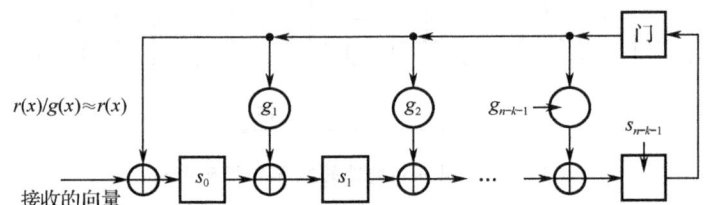

图 6.13　$n-k$ 级移位寄存器的伴随式计算电路

由于循环码的循环位移特性，即码多项式 $C(x)$ 乘以 x 的任意一次幂 x^i，进行模 x^{n+1} 运算，结果仍然是一个码多项式。与此相对应，伴随式 $S(x)$ 也有循环性质。设 $S(x)$ 为接收多项式 $R(x)$ 的伴随式，则 $R(x)$ 的循环移位 $xR(x)$（模 x^{n+1}）的伴随式 $S^{(1)}(x)$ 等于伴随式 $S(x)$ 的循环移位 $xS(x)$（模 $g(x)$）。

例如，考虑 (7,4) 循环码，由生成多项式 $g(x) = 1 + x + x^3$ 生成。假设接收到的向量 $R = (r_0, \cdots, r_6) = (1011011)$，则其伴随式计算电路如图 6.14 所示。

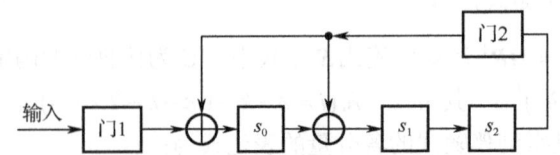

图 6.14　(7,4) 循环码的三级移位寄存器的伴随式计算电路

因为 $S(x) \equiv R(x)(模 g(x))$，所以 $R(x) = x^6 + x^5 + x^3 + x^2 + 1$。因此，$S(x) = R(x) \bmod g(x) = x^2$，则 **S** = (0 0 1)。下面对图 6.14 所示的电路工作原理进行简单说明，如表 6.5 所示。

表6.5 (7,4)循环码的三级移位寄存器的工作原理

移位（次数）	输 入	寄存器内容
0	—	0 0 0（初始）
1	1	1 0 0
2	1	1 1 0
3	0	0 1 1
4	1	0 1 1
5	1	0 1 1
6	0	1 1 1
7	1	0 0 1（$S^{(0)}$）
断开门 1 继续移位		
8	—	1 1 0（$S^{(1)}$）
9	—	0 1 1（$S^{(2)}$）
10	—	1 1 1（$S^{(3)}$）
11	—	1 0 1（$S^{(4)}$）

根据上面的定理可知：

$S^{(1)}(x) = xS(x) = (x^3) \bmod g(x) = x+1$，它是 **R** = (1 1 0 1 1 0 1) 的伴随式。

$S^{(2)}(x) = x^2 S(x) = (x^4) \bmod g(x) = x^2 + x$，它是 **R** = (1 1 1 0 1 1 0) 的伴随式。

$S^{(3)}(x) = x^3 S(x) = (x^5) \bmod g(x) = x^2 + x + 1$，它是 **R** = (0 1 1 1 0 1 1) 的伴随式。

$S^{(4)}(x) = x^4 S(x) = (x^6) \bmod g(x) = x^2 + 1$，它是 **R** = (1 0 1 1 1 0 1) 的伴随式。

2. 循环码的检错

本部分将讨论 (n,k) 循环码的检错能力。假设错误图样 $E(x)$ 的长度为 $n-k$ 或更小（错误限制在 $n-k$ 或更小的连续位置），使用多项式表示，一串长度为 l 的错误，有下面的表示形式：

$$E(x) = x^i(1 + e_{i+1}x + e_{i+2}x^2 + \cdots + e_{i+l-2}x^{l-2} + x^{l-1})$$

式中，x^i 和 x^{i+l-1} 分别是一串错误开始和结束的位置。

对于 $l \leq n-k$，没有一串错误能被 $g(x)$ 整除，所以它的伴随式不为零。因此，一个 (n,k) 循环码可以检测任何长度为 $n-k$ 或更小的一串错误。对于一个循环码，一个将错误限制在 i 高位和 $l-i$ 低位的错误图样，也认为串长度为 l 或者比这个值小。这个猝发或串称为"环绕结束的猝发"。比如：

$$E = (\overline{1}0\overline{1}000000000\overline{1}\overline{1}0\overline{1})$$

其中，数字上面标记短横线表示错误。该环绕结束错误的长度为 7。一个 (n,k) 循环码能够检测所有串长度为 $n-k$（或者比这个长度小）的环绕结束错误。

事实上，可以检测到长度为 $n-k+1$ 或更长的大百分比的一串错误。考虑长度为 $n-k+1$ 的"猝发"，起始于第 i 个数字位，结束于第 $(i+n-k)$ 位（错误限制在 $e_i, e_{i+1}, \ldots, e_{i+n-k}$，且 $e_i = e_{i+n-k} = 1$），因此有 2^{n-k-1} 个错误串。在这些错误串中，只有 $E(x) = x^i g(x)$ 不能被检测到。因此，对起始于第 i 位长度为 $n-k+1$ 的猝发长度不能检出错误的比例为 $2^{-(n-k-1)}$。

对于 $l > n-k+1$，从第 i 位开始到第 $i+l-1$ 位结束，有 2^{l-2} 个错误图样。在这些猝发中，不

能检测的图样必须是下面的格式，即

$$E(x) = x^i a(x) g(x)$$

式中，$a(x) = a_0 + a_1 x + \cdots + a_{l-(n-k)-1} x^{l-(n-k)-1}$，且 $a_0 = a_{l-(n-k)-1} = 1$。这种猝发的个数为 $2^{l-(n-k)-2}$，因此，对起始于第 i 位长度为 l 的猝发长度（包括环绕结束的情况）不能检出错误的比例为 $2^{-(n-k)}$。

例如，对于由 $g(x) = 1 + x + x^3$ 生成的 $(7,4)$ 循环码，最小距离为 3。它能检测两个或更少的随机错误的任意组合或者任何猝发长度为 3 或更少的错误。它也能检测任何猝发长度大于 3 的错误。

3. 循环码的译码电路

前面已经介绍了循环码的伴随式可以通过除法电路进行计算。该电路的复杂度与校验位 ($n-k$) 的个数是成比例的。显然，我们可以通过一个查找表（Look Up Table，LUT）实现伴随式与错误图样之间的对应关系。但是，这种方法使用的限制在于随着码长度的增加以及需要纠错数量的增加，其复杂度呈指数级增加。前面已经介绍，循环码有很多代数和几何属性，如果能正确使用这些属性，则可以简化译码电路。

循环码的循环结构允许对接收到的串行多项式 $R(x) = r_0 + r_1 x + r_2 x^2 + \cdots + r_{n-1} x^{n-1}$ 进行译码，一次对接收到的一位数字进行译码，并且用相同的电路对每个数字进行译码。只要计算出伴随式，则译码电路就检查伴随式 $S(x)$ 是否对应于错误图样 $E(x) = e_0 + e_0 x + \cdots + e_{n-1} x^{n-1}$，其错误在最高位 x^{n-1}（$e_{n-1} = 1$）。如果 $S(x)$ 不对应于 $e_{n-1} = 1$ 的错误图样，则保存在接收缓冲区中的接收多项式和伴随式寄存器同时移位一次。这样，得到 $r^{(1)}(x) = r_{n-1} + r_0 x + r_1 x^2 + \cdots + r_{n-2} x^{n-1}$，且伴随式寄存器中新的内容构成了 $r^{(1)}(x)$ 的伴随式 $S^{(1)}(x)$。这样，$r(x)$ 的第 2 位变成了 $r^{(1)}(x)$ 的第一位。相同的译码电路将检查是否 $S^{(1)}(x)$ 对应于在位置 x^{n-1} 的错误图样。

如果 $r(x)$ 的伴随式 $S(x)$ 对应于最高位置 x^{n-1}（$e_{n-1} = 1$），则第一个接收到的数字 r_{n-1} 是错误位，且必须被校正。通过 $r_{n-1} \oplus e_{n-1}$ 运算，实现纠错。这个纠错导致对接收的多项式进行了修改，表示为 $R_1(x) = r_0 + r_1 x + r_2 x^2 + \cdots + (r_{n-1} \oplus e_{n-1}) x^{n-1}$。通过将 $E'(x) = x^{n-1}$ 的伴随式添加到 $S(x)$，在多项式错误位 e_{n-1} 的影响将从伴随式 $S(x)$ 中去除。现在，$R_1(x)$ 和伴随式寄存器同时循环移动一次。这个移动产生一个对应的多项式 $R_1^{(1)}(x) = (r_{n-1} \oplus e_{n-1}) + r_0 x + \cdots + r_{n-2} x^{n-1}$。$R_1^{(1)}(x)$ 的伴随式 $S_1^{(1)}(x)$ 是 $x[S(x) + x^{n-1}]$ 除以生成多项式 $g(x)$ 的余数。由于余数是 $xS(x)$ 和 x^n 与 $g(x)$ 相除，分别得到 $S^{(1)}(x)$ 和 1，即 $S_1^{(1)}(x) = S^{(1)}(x) + 1$。因此，如果在移位时将 1 加到伴随式寄存器的最左侧，则得到 $S_1^{(1)}(x)$。译码电路继续译码接收到的数字 r_{n-2}。译码 r_{n-2} 且其他接收到的数字与译码 r_{n-1} 相同。当检测到并纠正了一个错误时，它在伴随式中的影响就消除了。当经过 n 次移位后，译码过程就结束了。如果 $E(x)$ 是可纠正的错误图样，在译码操作结束时伴随式寄存器的内容就为零，并且接收多项式 $R(x)$ 也被正确译码。如果在译码过程中伴随式寄存器的内容不是全零，则检测到不可纠正的错误图样。

根据前面介绍的伴随式计算、错误图样对应和纠正的方法，得到通用的循环码译码电路，如图 6.15 所示。该电路也称为梅吉特译码器，其具体工作过程如下。

步骤一：将整个接收的向量移入伴随式寄存器构成伴随式，同时，将接收的向量保存到缓冲寄存器中。

步骤二：将伴随式读入检测器，并测试对应的错误图样。该检测器是组合逻辑电路，其被设计为当且仅当伴随式寄存器中的伴随式对应于在最高阶位置 x^{n-1} 处具有错误的可纠正错误图样时，其输出为"1"。即，如果"1"出现在检测器的输出，则推断在缓冲寄存器最右侧所接收的符号有错误，且必须纠正；如果"0"出现在检测器的输出，则推断在缓冲寄存器最右侧所接收的符号无错误，且不需要纠正。因此，检测器的输出是要从缓冲寄存器中输出的符号的估计错误值。

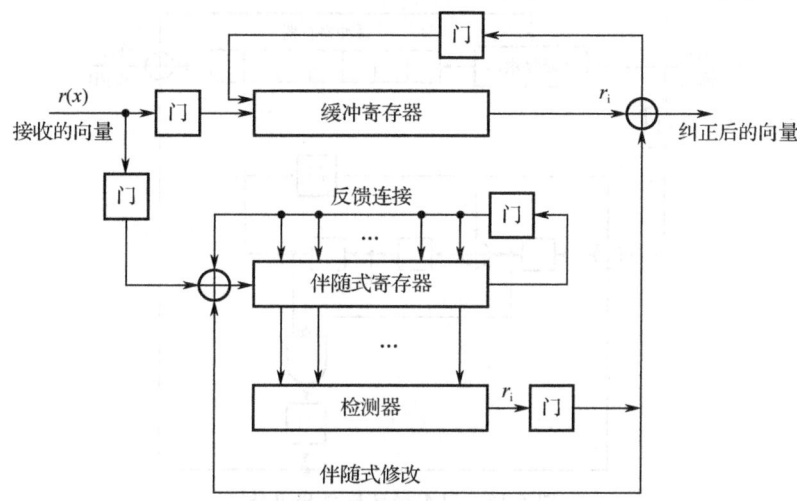

图 6.15　通用的循环码译码电路

步骤三：首先，从缓冲寄存器读取接收符号。同时，伴随式寄存器进行一次移位。如果第一个接收的符号被检测为错误符号，则根据检测器的输出进行纠错。检测器的输出随后返回到伴随式寄存器，以修改伴随式（去掉错误的影响）。这一操作会生成一个新的伴随式，反映接收矢量向右移动一个位置后的状态。

步骤四：新生成的伴随式用于检测接收的第二个符号（此时为缓冲寄存器的最右侧符号）是否存在错误。译码电路将重复步骤三的过程。第二个接收到的符号会以与第一个符号相同的方式进行纠错。

步骤五：译码电路以概述的方式逐符号解码接收的向量，直到从缓冲寄存器中读取出整个接收的向量为止。这个过程确保所有符号都经过有效检测和纠错，从而提高数据传输的可靠性。

对于由 $g(x) = 1 + x + x^3$ 生成的 $(7,4)$ 循环码，由于 $S(x) \equiv E(x)(\bmod g(x))$，因此得到错误图样和伴随式之间的关系，这个关系反映了在接收该码中出现一个错误图样和伴随式之间的关系，如表 6.6 所示。

表 6.6　$(7,4)$ 循环码中出现一个错误图样和伴随式之间的关系

错误图样 $E(x)$	伴随式 $S(x)$	伴随式向量 (s_0, s_1, s_2)
$E(x) = x^6$（第 6 位出现错误）	$S(x) = 1 + x^2$	(1 0 1)
$E(x) = x^5$（第 5 位出现错误）	$S(x) = 1 + x + x^2$	(1 1 1)
$E(x) = x^4$（第 4 位出现错误）	$S(x) = x + x^2$	(0 1 1)
$E(x) = x^3$（第 3 位出现错误）	$S(x) = 1 + x$	(1 1 0)
$E(x) = x^2$（第 2 位出现错误）	$S(x) = x^2$	(0 0 1)
$E(x) = x^1$（第 1 位出现错误）	$S(x) = x$	(0 1 0)
$E(x) = x^0$（第 0 位出现错误）	$S(x) = 1$	(1 0 0)

从表 6.6 中可知，$E(x) = x^6$ 是唯一的在位置 x^6 的错误图样。当发生这个错误图样时，在整个接收的多项式 $R(x)$ 都进入伴随式寄存器之后，该寄存器中的伴随式是 (1 0 1)。假设，单个错误发生在位置 x^i（$E(x) = x^i$，其中 $0 \leq i < 6$）。在整个接收的多项式移动到伴随式寄存器之后，该寄存器中的伴随式不是 (1 0 1)。然而，在 $6-i$ 个移位之后，伴随式寄存器中的内容是 (1 0 1)，并且下一个接收的要输出缓冲寄存器的数字位是错误的。因此，只需要检测伴随式 (1 0 1)，这可以使用单个三输入逻辑"与门"完成，其译码电路如图 6.16 所示。

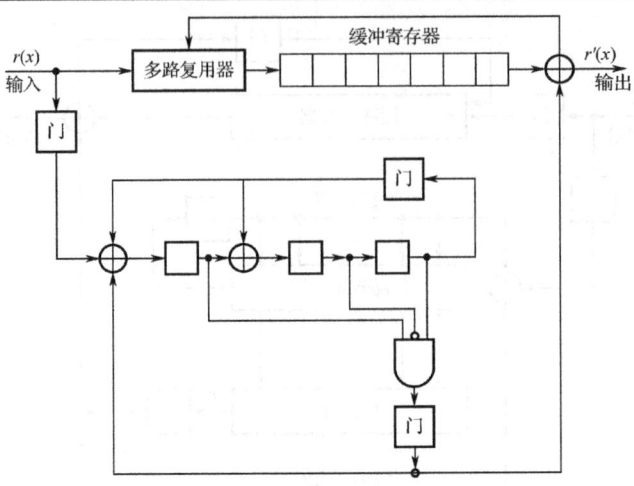

图 6.16　(7,4)循环码译码电路

图6.17给出了译码过程。假设发送的码字为 $C = (1\,0\,0\,1\,0\,1\,1)$，其对应的码多项式为 $C(x) = 1 + x^3 + x^5 + x^6$；接收的码字为 $R = (1\,0\,1\,1\,0\,1\,1)$，其对应的码多项式为 $R(x) = 1 + x^2 + x^3 + x^5 + x^6$。显然，在位置 x^2 处出现了一个错误。当接收多项式移入伴随式寄存器和缓冲寄存器时，伴随式寄存器内容为 $S = (0\,0\,1)$。该图中，在每次移位后，记录伴随式寄存器和缓冲寄存器中的内容。此外，图中有一个指针用于指示每次移位后的错误位置。从该图中可知，在移位四次之后，伴随式寄存器中的内容变成 $(1\,0\,1)$，而且错误的数字 r_2 是从缓冲寄存器输出的下一个数字。

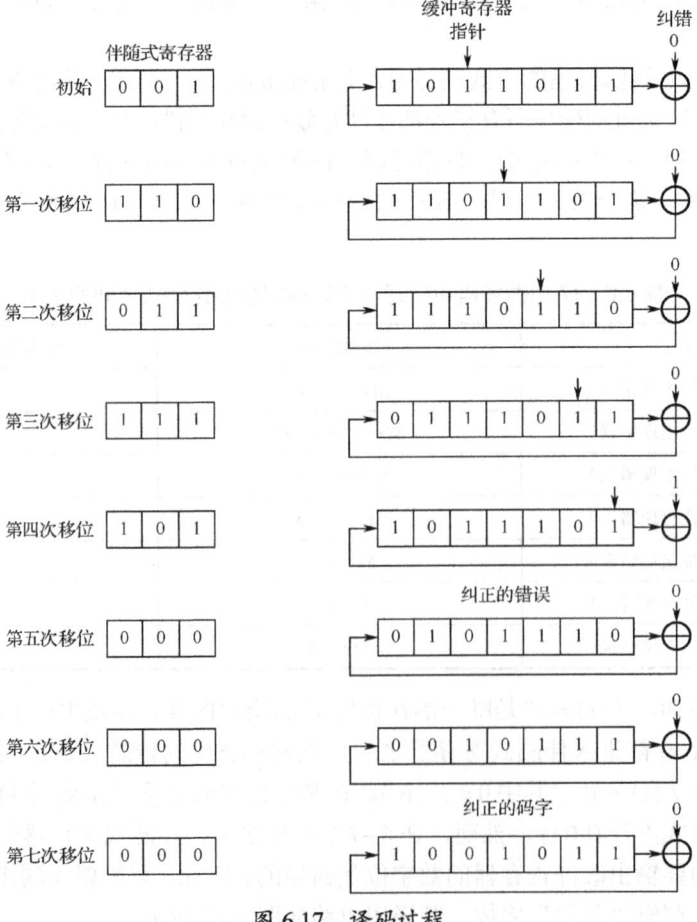

图 6.17　译码过程

6.4 卷积码

下一类重要的线性纠错码是卷积码。顾名思义，卷积码通过卷积生成码字，即当前比特和有限数量的先前输入比特的模 2 和。简单地说，卷积码不同于分组码的是：在任意给定时刻，编码器输出的 n_0 个码元中，每个码元不仅和当前时刻输入的 k_0 个信息元有关，还与前面连续 m 个时刻输入的信息元有关。m 称为编码存储。卷积码通常用 (n_0, k_0, m) 表示。

卷积码最早于 20 世纪 50 年代由麻省理工学院的埃里亚斯（Elias）提出。卷积码的理论发展与三种主要的译码方法密切相关，包括门限译码、序列译码和维特比译码。门限译码是一种代数译码方法，主要特点是算法简单且易于实现。其译出每个信息元所需的译码运算时间是常数，因此译码延迟是固定的。序列译码和维特比译码都是概率译码方法。序列译码的延迟是随机的，受信道干扰情况影响。而维特比译码的运算时间是固定的，其译码复杂性（无论是硬件实现还是软件实现）随着输入序列长度 m 的增加而呈指数增长。然而，随着大规模集成电路技术的发展，这一复杂性并未成为维特比译码广泛应用的障碍。

1967 年，安德鲁·维特比（Andrew Viterbi）证明了可以以中等复杂度实现最大似然解码，从而使得卷积码在无线通信系统中得到了广泛应用。自从最早在深空通信中使用以来，卷积码已被广泛应用于许多无线标准，如数字视频广播-地面（Digital Video Broadcasting-Terrestrial，DVB-T）、4G 和 Wi-Fi 系列标准。此外，卷积码也是更高级编码方案（如 Turbo 码）的基础，进一步推动了编码理论的发展与应用。

对于卷积码，滤波器结构的特定设计决定了码的纠错性能。与块码不同，卷积码不使用定义的块长度，因此输入数据流的长度可能是无限的。然而，在实践中，如在 Wi-Fi 的基于分组的通信协议中，输入数据流将具有定义的长度。图 6.18 给出了卷积编码器的例子。

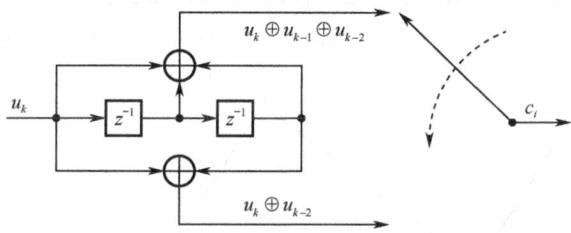

图 6.18 $r=1/2$, $K=3$ 且 $[7,5]_8$ 的卷积编码器的例子

关于卷积编码器，首先要注意的是移位寄存器，其长度决定了对当前输出有贡献的过去比特的数量。在图 6.18 中，卷积码的 $r=1/2$，意味着每一个输入位产生两个输出位。该码是非系统码，因此输入位不会直接出现在编码输出中。

输出位是通过对当前和过去的输入进行模 2 相加（或等效地异或）生成的。卷积码通过其约束长度（等于移位寄存器的长度加 1）及其生成器多项式进行参数化，生成器多项式定义了移位寄存器中的不同位如何组合以产生输出。在这种情况下，限制长度 $K=3$，生成器多项式为 $G_1(x) = x^2 + x + 1$ 和 $G_2(x) = x^2 + 1$。

生成器多项式可以表示为二进制向量 [1 1 1] 和 [1 0 1]，用八进制数分别表示为 7 和 5。八进制格式通常用作描述生成器多项式的简写方法。因此图 6.18 的卷积码可以参数化为 $K=3$，$[7,5]_8$，项 u_k 和 c_i 分别表示第 k 个数据位和第 i 个编码的位。卷积码的纠错性能与一个称为自由距离的概念有关，这将在后面详细介绍。由于卷积码基于移位寄存器的结构，所以它具有存储器或"状态"。因此，可以使用状态图来描述编码。状态的数量为 2^{K-1}，在这里 $K=3$，因此状态的数量为 4，这是因为在移位寄存器中有 2 个比特/位。因此，可能的状态是 00、01、10 和 11，图 6.18 所示的结构对应的卷积码状态图如图 6.19 所示。

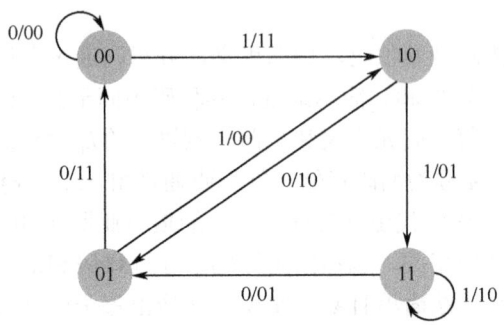

图 6.19　$r=1/2$, $K=3$ 且 $[7,5]_8$ 的卷积码状态图

状态图显示了编码器在单个时刻的行为，结合图 6.18 的卷积码编码器结构，在图 6.19 中，如果编码器处于状态"00"，输入为"0"，则编码器将保持在状态"00"，输出为"00"。相反，如果输入是"1"，则编码器将从状态"00"转换到状态"10"，并且输出是"11"。状态图中描述的可能的状态转换和输出是时不变的，即它们在未来的任何时刻都是相同的。

状态图没有显示状态转换是如何响应给定的输入序列随时间演变的。为了实现这一点，采用了网格图。网格图非常重要，因为它形成了译码方法的基础，即后面介绍的维特比译码器和最大后验概率（Maximum A-Posteriori Probability，MAP）译码器。

图 6.20 给出了在 6 位输入序列 $U = [1\ 0\ 0\ 1\ 1\ 1]$ 的卷积码网格图。图中，编码器状态用圆圈表示，每个时间步长都会复制圆圈，以反映编码器在每个时刻都可能处于任何一种状态。沿着网格顶部的 2 比特值是每个时间步长的编码比特。这些比特一起形成与输入序列 U 相对应的传输编码序列 C。对于这个例子，输出码字是 $C = [11\ 10\ 11\ 11\ 01\ 10]$。

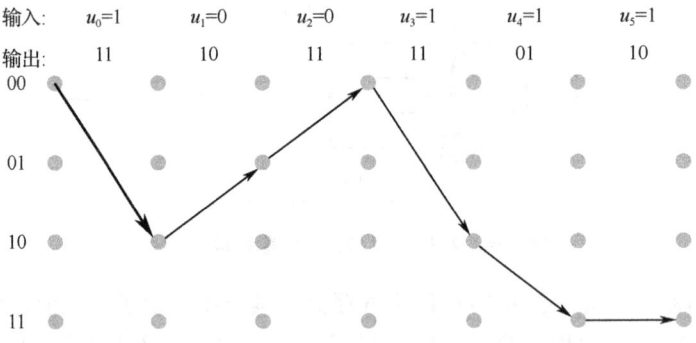

图 6.20　输入序列 $U = [1\ 0\ 0\ 1\ 1\ 1]$ 的卷积码网格图

在这种情况下，假设编码器开始于"00"状态。因此，给定一个输入"1"，下一个状态为"10"，编码器输出为"11"。在 $k=1$ 时，将从状态"00"到状态"10"的跳变绘制为连接这两个状态的一条线。这条线称为网格的一个分支。在该例子中，共有 6 个分支对应于每个时间步长的跳变。各个分支组合在一起形成一条穿过网格的路径。每个可能的输入序列 U 产生通过网格的唯一路径，译码算法的目标是在给定编码器结构和接收到可能损坏的编码序列 $\hat{C}$ 的知识的情况下找到最可能的路径。如前所述，从技术上讲，U 的长度没有限制，这意味着可能有无限多条路径。译码器考虑通过网格的所有可能路径是不可行的。然而，维特比译码器通过在每个时间步长仅保留最可能的路径，并从去除不太可能的路径来解决这个问题。

6.5 维特比译码器

为了理解维特比译码器如何避免考虑所有可能的路径，可以在单个时间步长检查网格和相应输出的所有可能的跳变或分支。如图 6.21 所示，该图是为 6.4 节介绍的卷积编码器在单个时间步长上网格的所有可能分支。

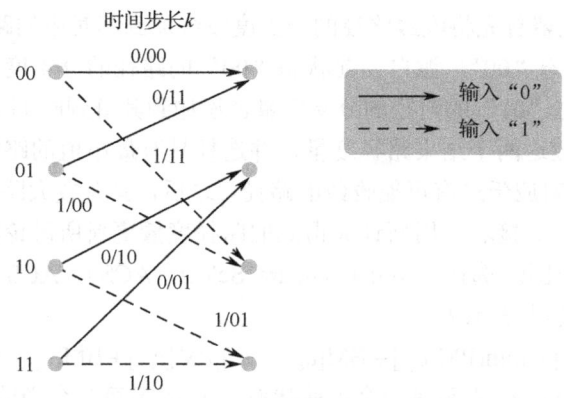

图 6.21 卷积编码器在单个时间步长上网格的所有可能分支

在初始瞬态或预热期之后，编码器可以在时间步长 k 时刻处于 4 种状态中的任何一种，如图 6.21 所示。在过渡期之后，编码器应处于稳定状态。显然，一些编码器状态是不可能的，这是因为编码器在 $k=0$ 时刻只能处于一个状态，并且需要一个最短的时间才能达到所有可能的状态。编码器在某一时刻 k，即在 $k-1$ 的过渡期之后达到稳定状态。

如前所述，从一种状态到另一种状态的可能跳变或分支是不变的，即它们不会改变。例如，如果编码器处于状态 "00"，则它只能在输入为 "0" 的情况下跳变到状态 "00"，或者在输入为 "1" 的情况下跳变到状态 "10"。这意味着在每个时间步长有 8 个相同的分支需要考虑（每个状态有两个分支）。在通常情况下，在每个时间步长（假设 $r=\dfrac{1}{2}$ 的编码器）有 $2 \times 2^{k-1}$ 个分支。注意，这一假设是有效的，因为在实际中更容易使用基本速率为 1/2 的卷积编码器，并使用打孔来实现更高的码率。

在这里，读者可能最想问的问题是：维特比译码器是如何选择每一级最可能的分支的呢？首先，如图 6.21 所示，左侧为每个状态分配了一个路径度量。每个状态都有一个路径度量就足够了，因为所有路径都必须源自 4 个可能状态中的任何一个。在每个时间步长，维特比译码器会计算每个分支的分支度量（Branch Metric，BM）。不同的译码方法使用的具体分支度量可能有所不同，但通常假设是基于汉明距离的。因此，维特比译码器会计算接收的编码比特与每个可能分支的输出之间的汉明距离。假设在某个时间步长接收的比特是 "01"，在这种情况下，每个分支的汉明距离如图 6.22 所示。为了解析该图，需要结合图 6.21 中的状态图进行分析。例如，对于状态 "00" 到状态 "00" 的分支，当编码器的输入为 "0" 时，编码器的输出为 "00"，

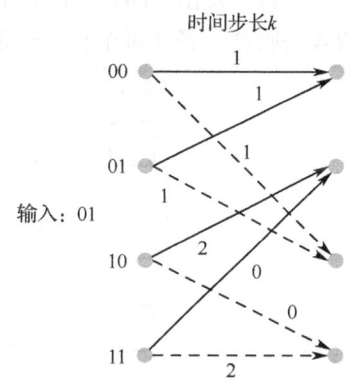

图 6.22 假设输入为 01，每个分支的汉明距离

而接收到的码为"01",因此其汉明距离为1;对于状态"10"到状态"01"的分支,当编码器的输入为"0"时,编码器的输出为"10",因此汉明距离为2;而对于状态"11"到状态"01"的分支,当编码器的输入为"0"时,编码器的输出为"01",因此汉明距离为0;以此类推。

可以看出,对于每个状态,从当前状态到下一个状态有两个可能的分支。例如,为了到达状态"00",分支可能起源于状态"00"(对应于编码器输入为"0")或状态"01"(也对应于编码器输入为"0")。显然,对于每个下一个状态,都有两个来自当前状态的汇聚分支。

维特比译码器利用一个关键事实,通过仅选择收敛路径中最有可能的路径来消除不必要的路径。为此,维特比译码器首先将收敛路径的分支度量添加到其对应的路径度量(Path Metrics,PM)中。例如,对于状态"00",源自当前状态"00"的路径的分支度量会被添加到其路径度量中。同时,将源自状态"01"的路径的分支度量也添加到其直到时刻 k 的路径度量中。接下来,维特比译码器会比较这两个结果路径度量,并选择具有最小值的路径度量(假设使用汉明距离度量),该路径度量对应于最有可能收敛的路径。之后,具有较大路径度量的另一条路径将被排除在进一步考虑之外。接着,用新计算得到的路径度量更新所讨论路径的路径度量。这里描述的过程被称为添加-比较-选择(Add Compare Select,ACS),ACS算法的硬件结构描述如图6.23所示,并且在数学上表示为:

$$PM[n_s] = \min(PM[c_{s1}] + BM[c_{s1} \rightarrow n_s], PM[c_{s2}] + BM[c_{s2} \rightarrow n_s])$$

式中,n_s 表示下一个状态,c_{s1} 表示第一个当前状态,c_{s2} 表示第二个当前状态,BM 表示分支度量,PM 表示路径度量。

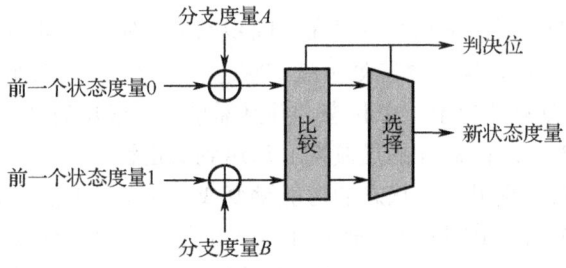

图6.23 ACS算法的硬件结构描述

注意,ACS 等式也可以使用 max 算子,这取决于所使用的分支度量。直观地,所选择的收敛路径对应于到目前为止在汉明距离上最接近所接收码字的编码序列。

为了论证,让我们假设到时间步长 k 为止,其输入的接收位为"01"。对于从状态"00""01""10""11"发出的路径,PM 分别为5、7、6和8,如图6.24所示。将 ACS 应用于该示例,保留4条收敛路径(每个状态一条),放弃其他4条路径,如图6.25所示。

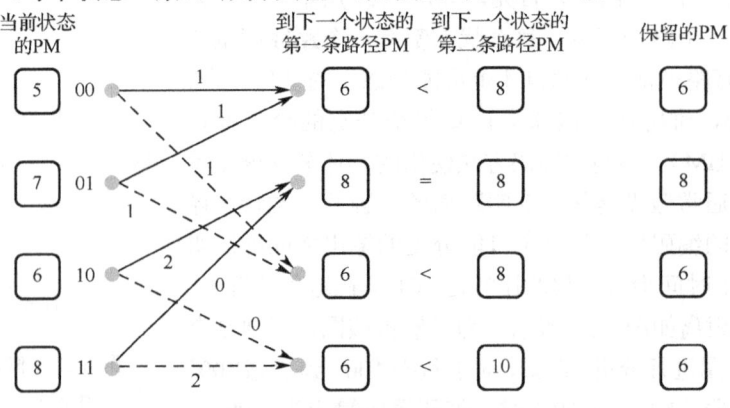

图6.24 将 ACS 算法运用于筛选路径的过程

从图 6.25 中可以看出，将具有最低更新 PM 的收敛路径选为幸存路径。然而，如图 6.24 所示，对于状态"01"，两个收敛路径都具有 8 的 PM。在两个路径具有相同 PM 的情况下，幸存路径是随机选取的。

ACS 之后的剩余路径称为幸存路径，并且这些路径保存在矩阵中。数组做的维度为 $2^{k-1} \times N$，这里 N 为正在考虑的最后时间步长。因此，在每个时间步长，将 2^{k-1}（在这种情况下为 4）个幸存路径保存在幸存路径矩阵中的一列。幸存路径被记录为幸存路径在时间 k 起源的状态。在时间 N 观察到完整编码序列之后，维特比译码器简单地选择具有最小总路径度量的幸存路径（再次假设汉明距离）。维特比译码器判断该路径对应于在汉明距离上最接近接收码字的编码序列，因此对应于最大似然序列。对于欧几里得距离和对数似然比（Log-Likelihood Ratio，LLR）等软判决译码（Soft Decision Decode，SDD）技术，度量不同，但适用相同的原则。

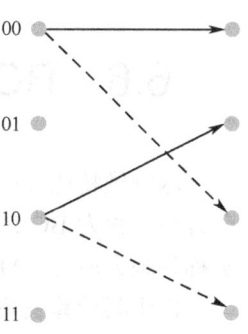

图 6.25　用 ACS 算法筛选完路径后的结果

维特比译码器的最后阶段是估计原始输入数据序列。为了做到这一点，维特比译码器使用了一种称为回溯的方法。该方法开始于在最后一列（对应于时间）和对应于最有可能路径结束的状态的行对幸存路径矩阵进行索引。例如，假设最终状态被确定为"00"，对应于幸存路径矩阵的第 1 行。然后假设条目（1, N）的值为"01"，这告诉维特比译码器路径来自状态"01"。由于维特比译码器知道编码器的结构，所以它知道这种跳变一定是由输入"1"触发的。因此，它估计输入序列中的最后一个比特是"1"。最后，维特比译码器继续遍历幸存路径矩阵的每一列，直到它已经估计了整个输入序列为止。

应该注意的是，N 的值不一定必须等于原始输入序列的长度。这是因为当 N 的值较大时，幸存路径矩阵可能非常大，可能会导致存储器的成本过高。相反，指定了小于输入序列长度的回溯深度。

确定最可能路径结束的状态需要找到所有路径度量中的最大值，这可能会增加等待时间。此外，存在两个路径可能具有相同的最终路径度量的可能性，这可能导致维特比译码器对原始输入序列做出错误的决定。这些问题可以通过一种称为零终止的技术来解决，该技术涉及在数据序列的末尾向编码器输入序列，从而确保编码器以全零状态结束。因此，这意味着解码器将始终选择在译码过程结束时以状态"00"结束的路径。该技术适用于基于分组的通信系统，其中有限长度的输入序列通过卷积编码器。零终止包括添加额外的冗余，以使编码器在输入序列结束后返回到全零状态，但这并不总是可接受的，该问题可以用咬尾（Tail Biting）的方法来解决。

与汉明码一样，维特比译码器可以使用硬判决和软判决分支度量。软判决的使用避免了由硬判决译码引入的误差，从而提高了编码增益。假设 $r=\frac{1}{2}$ 编码器，LLR 分支度量是通过将每个时间步长的两位 LLR 与长度为 2 的矢量相关来计算的，该长度为 2 的矢量取决于与特定分支相关联的编码输出。因此，LLR 方法找到其相应输出与所接收的 LLR 序列最佳相关的路径。

在实践中，直接使用原始的 LLR 在维特比译码器中计算密集且成本高昂，因为它们需要用较大的字长进行表示。因此，LLR 在被传递到维特比译码器之前，通常通过模数转换器（ADC）被量化为 3 或 4 比特值。这一处理显著提高了维特比译码器的计算和资源效率。

接下来，我们将进一步探讨具有硬判决和软判决度量的维特比译码性能。在进行讨论之前，首先介绍用于卷积码的几种重要解码器：MAP/BCJR、Log-MAP 和 Max-Log-MAP。这些解码器在 Turbo 码中具有基础性的重要性。

6.6 BCJR、Log-MAP 和 Max-Log-MAP 算法

尽管维特比译码器是卷积码最常见的解码算法之一，但还有另一种应用后验概率概念的竞争方法，称为 BCJR 算法。BCJR 算法于 1976 年首次提出，以其 4 位发明者的名字命名，它也被称为最大后验（MAP）解码算法。

由于其计算复杂性和与维特比译码器相比缺乏性能优势，所以 BCJR 算法通常不被选择用于对卷积码进行译码。然而，与维特比译码器相比，它确实有一个明显的优势，即它为原始序列生成软判决估计，为每个输入位生成一系列后验 LLR。由于它接受软输入（接收的编码序列生成一系列 LLR）并生成软输出（原始位序列生成一序列 LLR），因此被称为软输入软输出（Soft Input Soft Output，SISO）算法。相反，传统的维特比译码器接受软输入并产生硬输出，这意味着它是软输入硬输出（Soft Input Hard Output，SIHO）算法。哈根瑙尔（Hagenauer）于 1989 年开发了一种称为软输出维特比算法（Soft Output Viterbi Algorithm，SOVA）的维特比算法的 SISO "变种"。此外，在 20 世纪 90 年代出现了 BCJR 算法的简化版本，称为 Log-MAP 和 Max-Log-MAP 算法。Turbo 码的迭代译码导致接近容量实现的性能，将在本章后面进行详细讨论。

6.6.1 BCJR 算法

在所有情况下，BCJR 及其 "变种" 为每个输入比特 u_k 计算一系列 N 个后验 LLR，注意原始输入序列中共有 N 个比特。这与在接收的编码比特 $\hat{c}_i$ 上计算的输入 LLR（先前引入）形成对比。因此，SISO 算法接受 LLR 输入并产生 LLR 输出。后验 LLR 为：

$$L(u_k | \hat{\boldsymbol{C}}) = \ln\left[\frac{P(u_k = 1 | \hat{\boldsymbol{C}})}{P(u_k = 0 | \hat{\boldsymbol{C}})}\right]$$

它被称为 "后验" LLR，因为它测量给定比特 u_k 是完整接收编码序列的 "1" 或 "0" 给定观测值的概率。在卷积码的译码中，后验 LLR 的符号用于确定原始比特序列。

为了深入了解这种算法是如何工作的，首先考虑如何估计条件概率 $P(u_k = 1 | \hat{\boldsymbol{C}})$，将条件概率重新写为：

$$P(u_k = 1 | \hat{\boldsymbol{C}}) = \frac{P(u_k = 1, \hat{\boldsymbol{C}})}{P(\hat{\boldsymbol{C}})}$$

式中，$(u_k = 1, \hat{\boldsymbol{C}})$ 是 $u_k = 1$ 和 $\hat{\boldsymbol{C}}$ 的联合概率，即 $u_k = 1$ 且接收到的编码序列是 $\hat{\boldsymbol{C}}$ 的概率。相同的方法也能用于 $P(u_k = 0, \hat{\boldsymbol{C}})$，因此，$L(u_k | \hat{\boldsymbol{C}})$ 可以以联合概率的方式表示：

$$L(u_k | \hat{\boldsymbol{C}}) = \ln\left[\frac{P(u_k = 1, \hat{\boldsymbol{C}})}{P(u_k = 0, \hat{\boldsymbol{C}})}\right]$$

为了计算 $P(u_k = 1, \hat{\boldsymbol{C}})$，需要考虑对应于输入为 "1" 的所有分支，如图 6.26 所示。

如前所述，每个分支都对应于从一种状态到另一种状态的跳变。由于有 4 个可能的跳变对应于输入为 "1"，并且其中任何一个发生的概率只是每个状态跳变的联合概率的总和，即

$$P(u_k = 1, \hat{\boldsymbol{C}}) = \sum_i P(c_s, n_s, \hat{\boldsymbol{C}})$$

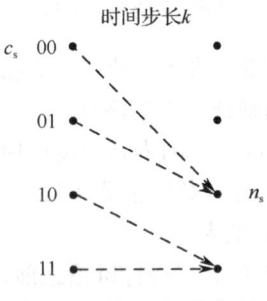

图 6.26　输入为 "1" 的所有分支

式中，$P(c_s, n_s, \hat{C})$ 是编码器从状态 c_s 跳变到 n_s 的联合概率，$\hat{C}$ 是接收的序列，i 索引与输入为"1"的一个相关联的可能跳变。同样，可以为 $P(u_k = 0, \hat{C})$ 导出相同的表达式。

已经推出了上面的表达式，现在问题是在每个时间步长 k 如何为每个可能的分支估计 $P(c_s, n_s, \hat{C})$ 项，支撑这一点的基本思想是考虑接收序列 $\hat{C}$，该序列由 3 个子序列组成：一个表示 $\hat{C}$ 过去的值，一个表示 $\hat{C}$ 现在的值，最后一个表示 $\hat{C}$ 将来的值。因此，将 $P(c_s, n_s, \hat{C})$ 进一步分解为：

$$P(c_s, n_s, \hat{C}) = P(c_s, n_s, \hat{C}_p, \hat{C}_k, \hat{C}_f)$$

式中，$\hat{C}_p$、$\hat{C}_k$ 和 $\hat{C}_f$ 分别表示 C 的过去、现在和将来的值。通过进一步推导，这个表达式可以减少为 3 个子项的乘积：

$$P(c_s, n_s, \hat{C}) = \alpha_k(c_s)\zeta_k(c_s, n_s)\beta_{k+1}(n_s)$$

式中，α、ζ 和 β 项分别与 $\hat{C}$ 的过去、现在和将来子序列相关。

首先，$\alpha_k(c_s)$ 在数学上可以表示为：

$$\alpha_k(c_s) = P(c_s, \hat{C}_p)$$

它是编码器处于当前状态 c_s，在时间 k，$\hat{C}$ 过去的值是 $\hat{C}_p$ 的联合概率。因此，在每个时间步长，有 2^{k-1} 个 α 项（每个可能的状态有一个）。

$\zeta_k(c_s, n_s)$ 项是：

$$\zeta_k(c_s, n_s) = P(\hat{C}_k, n_s | c_s)$$

这是条件联合概率，即 $\hat{C}$ 在时间 k 的值为 $\hat{C}_k$，且编码器在给定当前状态 c_s 跳变到状态 n_s。注意，$\hat{C}_k$ 的值表示两个比特位，这是因为对于每个时间步长 k 有两个编码的位。

$\beta_{k+1}(n_s)$ 项是：

$$\beta_{k+1}(n_s) = P(\hat{C}_f | n_s)$$

这是给定编码器在时间 $k+1$ 跳变到状态 n_s，序列 $\hat{C}$ 具有未来值 $\hat{C}_f$ 的概率。根据定义，测量这种概率需要从时间 k 的角度了解在时间 $k+1$ 发生的事情。这显然是不可能的，所以算法在计算 $\beta_{k+1}(n_s)$ 之前，必须等待 $\hat{C}$ 的所有元素被接收。α 和 ζ 在网格的前向通过时计算，β 在后向通过时（一旦接收整个序列）计算。因此，BCJR 算法有时被称为前向-后向算法。$P(u_k = 1, \hat{C})$ 现在可以写成：

$$P(u_k = 1, \hat{C}) = \sum_i \alpha_k(c_s)\zeta_k(c_s, n_s)\beta_{k+1}(n_s)$$

对于 $P(u_k = 0, \hat{C})$ 也能得到一个相同的表达式，除了索引 j 经过与输入"0"相关联的所有分支之外

$$P(u_k = 0, \hat{C}) = \sum_j \alpha_k(c_s)\zeta_k(c_s, n_s)\beta_{k+1}(n_s)$$

因此，对于每位 u_k，LLR 表达式可以写成：

$$L(u_k | \hat{C}) = \ln\left[\frac{\sum_i \alpha_k(c_s)\zeta_k(c_s, n_s)\beta_{k+1}(n_s)}{\sum_j \alpha_k(c_s)\zeta_k(c_s, n_s)\beta_{k+1}(n_s)}\right]$$

现在有了后验 LLR 的表达式，最后一步是推导 α、ζ 和 β 的最终表达式。这里，不再进行详细推导。在 AWGN 信道的情况下，$\zeta_k(c_s, n_s)$ 可以简化为：

$$\zeta_k(c_s, n_s) = e^{u_k \frac{L(u_k)}{2} + \frac{L_c}{2}\sum_{q=1}^n C_{kq}\hat{C}_{kq}}$$

式中，$L(u_k)$ 是比特 u_k 的先验 LLR，C_{kq} 是在时间 k 处与所讨论的分支相关联的第 q 个期望输出比特/位，$\hat{C}_{kq}$ 是在时间 k 接收的第 q 个编码的比特/位，L_c 为信道的可靠性值。注意，在 Turbo 译码中，$L(u_k)$ 项变得重要，其中每个译码器在几次迭代中将 $L(u_k)$ 的改进估计传递给另一个译码器。可以观察到，ζ 项具有类似于正态概率密度函数的形式，这是 AWGN 信道所期望的。右侧的相关性与用于计算 LLR 输入的维特比译码器中的分支度量的相关性相同。因为这里存在 $2 \times 2^{k-1}$ 个 $P(c_s, n_s, \hat{C})$ 项，即每个可能的分支一个，在每个时间步长 k，这里有 $2 \times 2^{k-1}$ 个 $\zeta_k(c_s, n_s)$ 项需要计算。

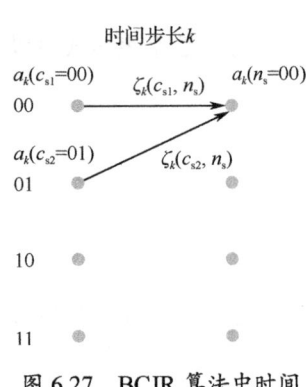

图 6.27 BCJR 算法中时间步长 k 处的 α 计算

可以使用以下的递归公式计算 α 的值，即

$$\alpha_k(n_s) = \sum_{i=1}^{2} \alpha_k(c_{si}) \zeta_k(c_{si}, n_s)$$

对于 $n_s =$ "00" 的示例编码器，计算 $\alpha_k(n_s)$ 的过程如图 6.27 所示。

可以观察到，α 项是在向前的方向上计算的，即 $\alpha_k(n_s)$ 是从之前的值 $\alpha_k(c_{s1})$ 和 $\alpha_k(c_{s2})$ 计算得到的。显然，收敛到状态 "00" 的分支是互斥的（在给定时间只能出现一个）。这样，$\alpha_k(n_s)$ 由两个乘积 $\alpha_k(c_{s1})\zeta_k(c_{s1}, n_s)$ 和 $\alpha_k(c_{s2})\zeta_k(c_{s2}, n_s)$ 求和得到。由于存在共 2^{k-1} 个可能的状态，在每个时间步长 k，要计算 2^{k-1} 个 $\alpha_k(n_s)$ 的值。与 α 类似，β 计算如下：

$$\beta_k(c_s) = \sum_{j=1}^{2} \alpha_k(n_{si}) \zeta_k(c_s, n_{si})$$

正如前面提到的那样，必须等到译码器接收整个序列 $\hat{C}$ 才能计算 β 的值。因此，它们是在向后通过网格时计算的，使用当前时间步长的 β 值来计算前一时间步长的 β 值。要初始化 β，必须知道编码器的最终状态，这可以使用零终止来实现。一旦通过网格的前向和后向通道计算出所有的 α、β 和 ζ 值，就可以使用上面的公式计算后验 LLR，并且 BCJR 算法就完成了。通常对 α 和 β 项进行归一化，以解决数值稳定性问题。

6.6.2 Log-MAP 和 MAX-Log-MAP 算法

BCJR 算法在计算上非常复杂，需要大量的乘法运算，并且计算每个时间步长的 α、β 和 ζ 值。为了降低这种复杂性并使算法更适用于软件和硬件实现，提出了 Log-MAP 和 Max-Log-MAP 算法。在 Turbo 译码器的实现中，这些算法通常优于 BCJR 算法。

这两种简化算法都是基于乘法和除法在对数域中等效于加法和减法的事实。α、β 和 ζ 值用 A、B 和 Γ 代替。自然对数也消除了上面公式中的 e 项，这样就简化了 Γ 项的计算。通过对等式两侧取自然对数，计算 Γ 项，即

$$\Gamma_k(c_s, n_s) = \frac{u_k L(u_k)}{2} + \frac{L_c}{2} \sum_{q=1}^{n} C_{kq} \hat{C}_{kq}$$

类似地，对 $\alpha_k(n_s)$ 等式两侧取自然对数，得到 A 项为：

$$A_k(n_s) = \ln\left[\sum_{i=1}^{2} \alpha_k(c_{si}) \zeta_k(c_{si}, n_s) \right]$$

因为 $ab = e^{\ln a + \ln b}$，上式可以重新写成：

$$A_k(n_s) = \ln\left[\sum_{i=1}^{2} e^{A_k(c_{si}) + \Gamma_k(c_{si}, n_s)} \right]$$

上式构成了 $\ln(e^a + e^b)$ 的形式，其等效于：

$$\ln(e^a + e^b) = \max(a,b) + \ln(1+e^{|a-b|})$$

式中，a 和 b 只是一般的指数。在 Log-MAP 算法中，上式中的 a 和 b，直接使用下面的等式：

$$a = A_k(c_{s1}) + \Gamma_k(c_{s1}, n_s)$$
$$b = A_k(c_{s2}) + \Gamma_k(c_{s2}, n_s)$$

式中，c_{s1} 和 c_{s2} 是能在时间 k 跳变到状态 n_s 的第 1 个和第 2 个状态。类似的方法可用于推导 B 项，其是在向后通过网格上进行计算的。在 Max-Log-MAP 算法中，将 $\ln(1+e^{|a-b|})$ 项丢弃，这样就简化了计算，这是因为只计算 $\max(a,b)$。用于 Log-MAP 和 Max-Log-MAP 算法的 LLR 计算为：

$$L(u_k | \hat{C}) = \max_{S_1}[A_k(c_s) + \Gamma_k(c_s, n_s) + B_{k+1}(n_s)] - \max_{S_0}[A_k(c_s) + \Gamma_k(c_s, n_s) + B_{k+1}(n_s)]$$

式中，S_1 表示对应于输入为"1"的所有跳变或分支，S_0 表示对应于输入为"0"的所有转变。如前面所述，在 Log-MAP 和 Max-Log-MAP 译码器之间，max 运算符不同。在 Log-MAP 的情况下，max 运算涉及两个以上的变量，因此无法直接计算。然而，它可以通过递归来估计。很明显，与 BCJR 算法相关的所有乘法和除法都被加法和减法所取代，因此计算复杂度显著降低，这就是这些算法的目的。

由于 Max-Log-MAP 算法使用了没有校正项的近似，因此在 Turbo 译码中，它的性能比 Log-MAP 算法稍差，因为它会导致有偏差的外部信息。Log-MAP 和 BCJR 算法在译码性能方面是不可区分的。在 Turbo 译码的实际实现中，Max-Log-MAP 通常是优选的算法。

6.7 卷积码的性能

在本节中，将评估卷积码的性能及其各种译码方法。如前所述，卷积码的纠错能力由自由距离的量决定。可以校正的错误的个数由下式决定：

$$t = \left\lfloor \frac{f_d - 1}{2} \right\rfloor$$

式中，f_d 表示自由距离。自由距离定义为全零码字与对应于在未来全零状态中开始和到达的路径码字之间的最小汉明距离。根据定义，在未来时刻离开然后返回到全零状态的路径是最接近对应于全零码字路径的路径。输出码字在汉明距离上最接近全零码字的一个码字要求与全零码字混淆的最小数量的错误，并且因此定义了码的纠错能力。

> 注：其码字与全零码字具有最小汉明距离的路径并不总是对应于全零状态下在未来时间开始和到达的最短路径，实例编码器中的自由距离如图 6.28 所示。

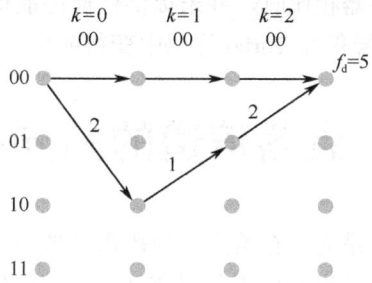

图 6.28 实例编码器中的自由距离

从图 6.28 中可知，路径沿着"00"→"10"→"01"→"00"前进，即路径有 3 个分支对应于 6 个编码的输出位。在这种情况下，具有最小汉明距离的路径是在全零状态下离开然后返回的最短可能路径。到全零码字的汉明距离，或者可替换的，该路径的路径度量（假设 HDD）是 5，因此，$f_d = 5$。根据上面给出的纠错公式，得到在每 6 个编码比特中卷积码可以纠正 $t = 2$ 个错误。只要每 6 个编码比特中不超过 2 个错误，卷积码就可以纠正编码序列中的所有错误。因此，卷积码往往不能很好地处理突发错误。

卷积码的设计过程通常始于定义 K 的最大值（定义编码器和译码器所需的资源和计算量）。假设 $r=1/2$ 和 K 的特定值，多项式 G_1 和 G_2 的可能值的个数有限。因此，编码的设计者将搜索 G_1 和 G_2 的值，以最大化自由距离，从而最大化码的纠错能力。

在描述了定义卷积码性能的因素之后，接下来将评估具有不同译码度量和算法的示例编码器 P_{be} 与 E_b/N_0 的性能，具体包括具有汉明距离和对数似然比（LLR）度量的维特比译码器，以及 BCJR、Log-MAP 和 Max-Log-MAP 译码器。如前所述，在所有情况下假设采用 BPSK 调制，卷积码不同译码方法的性能比较如图 6.29 所示。

对于具有硬判决解码器（HDD）的维特比译码器，当 E_b/N_0 值大于 4dB 时，实现了正编码增益，且其最大值恰好超过 1dB。相反，采用对数似然比（LLR）的维特比译码器在 E_b/N_0 值超过 1dB 时，开始表现出更高的性能，并且相较于 HDD 解码器，提供了约 2dB 的正编码增益。这清楚地表明了使用软判决解码所固有的性能优势。

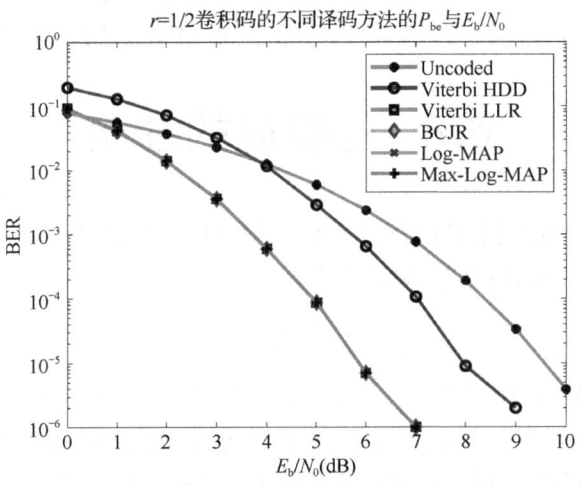

图 6.29　卷积码不同译码方法的性能比较

此外，可以观察到，基于对数似然比（LLR）的译码器，包括 BCJR、Log-MAP 和 Max-Log-MAP，其性能达到了与维特比译码器相同的水平。这与早期的论述一致，即 BCJR 及其变体在与卷积码的维特比译码器相比时，并未提供任何性能优势。值得注意的是，Log-MAP 和 Max-Log-MAP 之间的性能差异仅在 Turbo 译码中变得明显。

6.8　衰落信道的前向纠错

在大多数情况下，码的设计是为了在给定时间段内处理特定数量的错误。这种方法非常适用于加性高斯白噪声（AWGN）信道和较高信噪比（SNR）条件，在这些情况下，特定比特出错的概率与任何先前的比特无关，因此错误突发的可能性较小。然而，在多径衰落信道中，由于信号路径受到干扰而导致的深度衰落，会引发长时间的错误爆发，从而显著降低性能。这种情况在慢衰落信道中尤其明显，因为深度衰落可能持续较长时间。可以通过交织和级联编码等技术来增强编码方案对深度衰落的弹性。

交织的基本思想是将编码比特在时间上扩展，这样当错误突发时，影响的比特在原始比特流中不会彼此相邻。这样，在接收机中进行解交织后，错误比特在时间上被有效分离，使得译码器能够更有效地纠正它们。交织器的最简单形式是块交织器，专为块码设计。块交织器实际上是一个具有列和行的矩阵，其中交织器的深度被定义为行数。图 6.30 展示了 $d=4$ 的海明码 (7,4) 的块交织器。

在图 6.30 的左侧，编码比特由海明码 (7,4) 产生。正如前面所介绍的那样，单个码字由 7 个比特组成，如 $c_0 \sim c_6$。一旦块交织器满了，就按列而不是按行读出比特。因此，在码字中的每个比特之间存在 $d-1=3$ 比特的间隙，如码 c_0 和 c_1 之间就被码 c_7、c_{14} 和 c_{21} 隔开。因此，假设 d 个比特周期的错误突发，码字中只有 1 个比特受到影响，而不是 4 个比特没有交织。只留下一个错误供码纠正，而不是 4 个，这是不可能的。通常，如果交织器被设计为 $dT_s > T_c$，其中 T_s 是比特周期，T_c 是信道相干时间，则码字中的每个单独比特将经历独立的衰落信道，从而在存在深度衰落的情况下导致性能大大提高。设计用于实现 $dT_s > T_c$ 的交织器称为深度交织器。

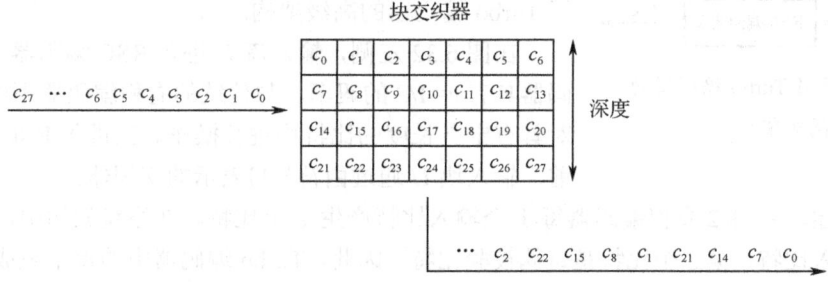

图 6.30　$d=4$ 的海明码 (7,4) 的块交织器

在衰落环境中提供弹性的另一种方法是级联码。在级联码中，编码器由两个组合编码器组成——内部编码器和外部编码器。它们通常由交织器分开，以提供针对错误突发的额外保护。级联码的通用架构如图 6.31 所示。

图 6.31　级联码的通用架构

级联码的早期例子之一是旅行者号无人飞船的深空应用。之所以选择该码，是因为它在 10^{-6} 的错误率下提供了比替代的非级联方案更好的编码增益，这被认为是支持图像压缩算法所必需的。经研究发现，解压缩算法对比特误差特别是突发误差非常敏感。在原始系统中，选择了 $K=7$ 和 $r=1/2$ 的卷积编码器。尽管卷积码具有良好的性能，但它们仍然会产生译码错误，并且这些错误往往会突发。由于 RS 码具有突发纠错能力，因此选择 RS 码作为外部码。在衰落信道中，外部编码和交织过程可以用于补偿内部编码器对突发误差的敏感性，从而提高深度衰落信道中的编码器弹性。

6.9　Turbo 码

在前几节奠定必要基础后，现在就可以引入 Turbo 码了。Turbo 码最早由克劳德·贝鲁（C.

Berrou)等人在其具有里程碑意义的 1993 年论文 *Near Shannon Limit Error Correcting Coding and Decoding: Turbo Codes*（近香农极限纠错编码和解码：Turbo 码）中提出。结果表明，并行级联卷积编码方案和迭代解码过程可以在 0.7dB 的 E_b/N_0 下实现 10^{-5} 的 P_{be}，这比香农极限（对于 $r=1/2$ 的二进制调制方案，香农极限指定了 0dB 的 P_{be}）低 0.7dB。

如前所述，Turbo 编码器通常由两个并行卷积编码器组成，它们分别对数据序列和交织版本进行操作。这种方法与 6.8 节中描述的串行级联方案形成对比，在该方案中，将第一编码器的输出交织，然后传递到第二编码器。

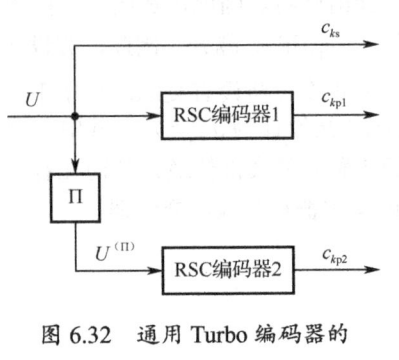

图 6.32 通用 Turbo 编码器的高级架构

由 Turbo 编码器的组成编码器通常是相同的，在这种情况下，Turbo 码是对称的，并且是递归系统卷积（Recursive Systematic Convolutional，RSC）码。回想一下，系统编码器直接在编码输出中使用数据位，递归编码器具有无限冲击响应（Infinite Impulse Response，IIR）结构。RSC 编码器通常比非递归和非系统编码器具有更强的纠错能力。图 6.32 显示了通用 Turbo 编码器的高级架构。

在图 6.32 左侧，输入流 U 进入 RSC 编码器 1，假定该编码器具有 $r=1/2$ 的码率。与传统的卷积编码器不同，Turbo 码对具有定义长度的比特块进行操作。在进入 RSC 编码器 2 之前，输入块 U 通过由符号 $\prod$ 表示的交织器。

如前所述，$r=1/2$ 卷积编码器每 1 个输入比特产生 2 个比特。在系统架构中，第一个比特只是原始输入比特，第二个比特是奇偶校验比特。因此，Turbo 编码器中的每个组成编码器产生一个系统比特和一个奇偶校验比特，导致每个输入比特共有四个输出比特。然而，丢弃 RSC 编码器 2 的系统比特，只保留奇偶校验比特。丢弃 RSC 编码器 2 的系统比特的原因是它可以使用接收机处的交织器从 RSC 编码器 1 的系统比特导出（RSC 编码器 2 输出处的系统比特只是原始比特序列的交织版本）。

已经丢弃了 RSC 编码器 2 的系统比特/位，在时间 k，Turbo 编码器的 3 个输出是系统位 c_{ks}、第一个奇偶校验位 c_{kp1} 和第二个奇偶校验位 c_{kp2}。因此，编码器的基本速率是 $r=1/3$。与标准卷积码一样，可以对输出进行打孔以实现更高的码率。

像往常一样，假设两个编码器都以全零状态开始。编码器也是零端接的，以确保它们按照 BCJR 算法及其变体的要求以全零状态结束。与非递归卷积编码器不同，由于存在反馈，不可能通过向输入传递零来终止码。在文献 *Turbo Codes for Deep-Space Communications* 中，推导了一种对递归卷积码进行零终止的方法，如图 6.33 所示，最好用一个例子来说明该方法。

当输入数据被传送到编码器时，开关保持在位置 A。在所有数据位都被处理后，开关移动到位置 B。因此，"输入"实际上是存储在移位寄存器中的最后 $k-1$ 位。一个比特与它自己在左手边的 XOR 运算导致输出为"0"，这最终导致移位寄存器的每个元素返回零（编码器终止于全零状态）。$k-1$ 个终止位导致附加在每个编码器输出端的附加 $2(k-1)$ 个位，因此在 Turbo 编码器的输出端共有 $4(k-1)$ 个附加位。一旦形成了输入块 U 的最终输出，就可以对比特进行串行化并准备在信道上传输。

由于每个编码器都是系统的，以及 $u_k=c_{ks}$ 这一事实，因此：

$$L(u_k | \hat{C}) = L(u_k) + L(\hat{c}_{ks}) + L_e(u_k)$$

式中，$L(u_k)$ 是比特位 u_k 的先验 LLR，$L(\hat{c}_{ks})$ 是接收的系统编码比特的 LLR，$L_e(u_k)$ 是关于比特位 u_k 的外在信息，它是通过译码过程获得的。外部信息是从奇偶校验位导出的附加知识。

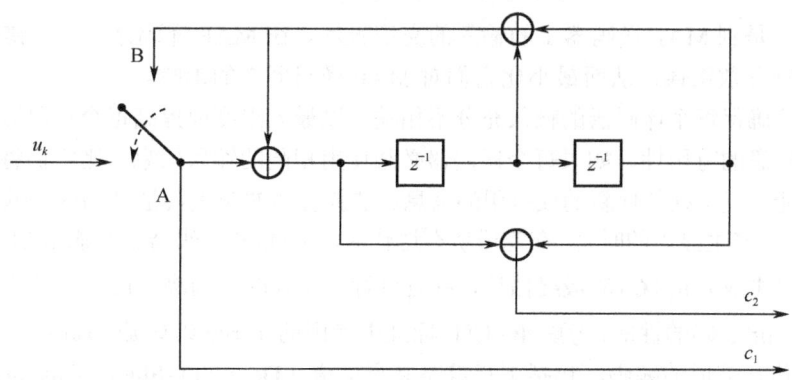

图 6.33 递归卷积码的终止

显然，$L(u_k|\hat{C})$（MAP 译码器的输出）是两个输入 $L(u_k)$ 和 $L(\hat{c}_{ks})$ 以及外在信息 $L_e(u_k)$ 的和。这意味着通过译码过程对 $L(u_k|\hat{C})$ 的估计做出贡献的唯一"新"信息是外在信息。因此，由于它表示额外的信息，所以在迭代译码的过程中在组成译码器之间传递的是 $L_e(u_k)$。

基本概念是，通过将在一个译码器的输出处获得的关于 $L(u_k|\hat{C})$ 的附加信息传递到另一个译码器的输入，这将导致在多次迭代中对估计 $L(u_k|\hat{C})$ 的逐步改进。然而，最终算法将收敛到一个解，并且译码器之间传递的信息将不再改善 $L(u_k|\hat{C})$ 的估计。Turbo 译码过程通常在固定次数的迭代之后或者当满足收敛标准时停止。注意，有时可能需要大量迭代才能收敛到一个解决方案，因此通常首选前一种方法来确保译码时间是确定的。在译码器之间传递外部信息的过程意味着 Turbo 译码器有时被称为消息传递算法。图 6.34 说明了 Turbo 译码器架构。

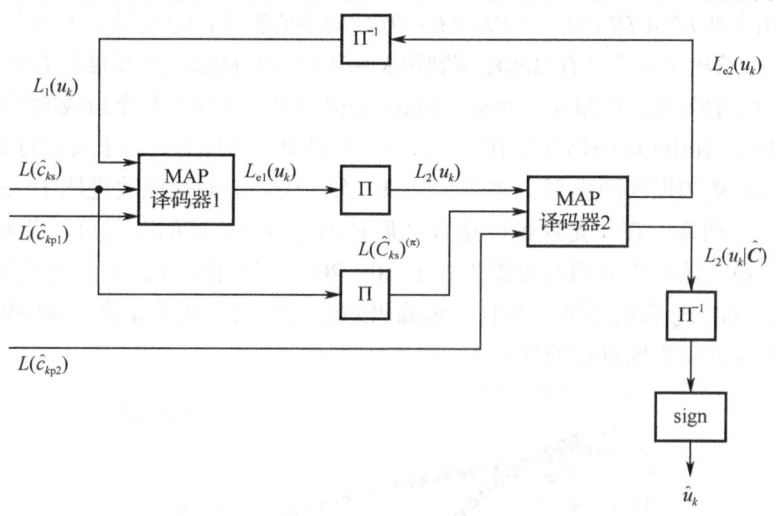

图 6.34 Turbo 译码器架构

从第一个译码器的视角来看，可以观察到输入是系统位的 LLR、$L(\hat{c}_{ks})$、第一个奇偶校验的 LLR、$L(\hat{c}_{kp1})$，以及 $L(u_k)$ 的改善估计 $L_1(u_k)$，它是从来自两个 MAP 译码器外在信息 $L_{e2}(u_k)$ 的解交织版本。

来自 MAP 译码器 1 的外在信息，用下式估计：

$$L_{e2}(u_k) = L_1(u_k|\hat{C}) - L(\hat{c}_{ks}) - L_1(u_k)$$

式中，$L_1(u_k|\hat{C})$ 是从 MAP 译码器 1 输出的 $L(u_k|\hat{C})$ 的估计。类似地，可以得到 MAP 译码器 2 的外在信息估计。

从图 6.34 中可知，$L_{e1}(u_k)$ 在作为 $L_2(u_k)$ 传递到 MAP 译码器 2 之前被交织。这是因为到 MAP

译码器 2 的输入是到 MAP 译码器 1 的输入的交织版本。在 MAP 译码器 1 产生错误突发的情况下，交织器能够分散错误，从而最小化它们对 MAP 译码器 2 的影响。

交织过程还确保每个译码器的输入充分不相关，以最大限度地提高每个译码器可以传递给另一个译码器的信息的有用性。如果每个译码器必须使用相同的输入信息，则它们将产生相同的输出，因此将不能相互交换任何新的或有用的信息。选择合适的交织器是 Turbo 码设计中最重要的方面，但这确实会产生显著的时延。在完成所有迭代后，对 MAP 译码器 2 的输出 LLR、$L_2(u_k|\hat{C})$，进行解交织，以生成 $L(u_k|\hat{C})$ 的最终估计，并且进行一系列的硬判决，也生成最终的数据位 $\hat{u}_k$。

为了评估 Turbo 码的性能，考虑 4G LTE 标准中使用的 Turbo 编码器。Turbo 编码器用于 LTE 标准中的几个传输信道的编码，包括下行链路共享信道（Downlink-Shared Channel，DL-SCH）、上行链路共享信道（Uplink-Shared Channel，UL–SCH）和寻呼控制信道（Paging Control Channel，PCH）。两个组成的 RSC 编码器的约束长度为 $K=4$，且总传输函数为：

$$G(D) = \left[1, \frac{g_1(D)}{g_0(D)}\right]$$

式中，"1"表示系统位。生成多项式 $g_0(D)$ 和 $g_1(D)$ 由下式确定，即

$$g_0(D) = D^3 + D^2 + 1$$
$$g_0(D) = D^3 + D^2 + 1$$

式中，$g_0(D)$ 是反馈多项式，$g_1(D)$ 是前馈多项式。使用八进制格式 $[1311]_8$ 表示码。Turbo 编码器给一组特定的长度为 K 的输入块定义，其最大长度等于 6144 比特。交织函数由下式给出，即

$$\prod(i) = \mathrm{mod}(f_1 \cdot i + f_1 \cdot i^2, K)$$

式中，f_1 和 f_2 由文献 *ETSI TS 136 212 V14.2.0 (2017-04)* 中的表 5.1.3-3 定义。i 是位索引，其范围为 $0 \sim K-1$。图 6.35 给出了对于具有 BPSK 调制和 $K=6144$ 比特的输入块长度的 LTE Turbo 编码器所实现的 P_{be} 与 E_b/N_0 的关系。从图 6.34 可知，Max-Log-MAP 算法用于每个组成的译码器。

图 6.35 给出了 Turbo 译码器在迭代 1、2、3、5 和 10 次时的 P_{be} 与 E_b/N_0 的关系。显然，纠错性能随着迭代次数的增加而提高。然而，5～10 次迭代之间的性能改进比 1～5 次迭代之间的性能改进小得多。通常，在一定次数的迭代之后对 $L(u_k|\hat{C})$ 估计的改善可以忽略，此时译码算法可以停止。该最大迭代次数通常设置为介于 10～20 之间的值。在 10 次迭代的情况下，在初始负编码增益之后，P_{be} 急剧下降，并且与未编码的情况相比实现了显著的编码增益。这证明了使用 Turbo 编码器可以实现卓越的性能。

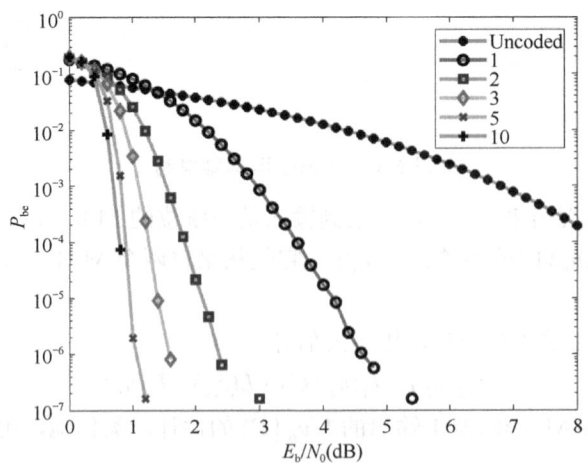

图 6.35　LTE Turbo 编码器的 P_{be} 与 E_b/N_0 的关系

6.10 LDPC 码

本节将介绍最后一类重要的编码——低密度奇偶校验（Low Density Parity Check，LDPC）码。近年来，LDPC 码已广泛应用于多种无线通信标准，包括最新的 5G NR 标准。与 Turbo 码类似，LDPC 码表现出优异的纠错性能（已有文献表明其与香农极限的差距仅为 0.0045dB），并且可以使用基于迭代图的算法进行近乎最优的译码，它具有中等的计算复杂度。通常，在更高的码率下，LDPC 码优于 Turbo 码，因此更适合于高吞吐量应用。

LDPC 码由罗伯特·G. 加拉赫（Robert G. Gallager）发现，并首次发表于 1960 年的博士论文 *Low Density Parity Check Codes* 中。因此，该码有时也被称为 Gallager 码。由于当时计算能力有限，无法证明其接近容量的性能，所以降低了 LDPC 码的影响力。此外，级联 RS 和卷积码被认为是最实用的纠错方法，这导致 LDPC 码在接下来的 30 年里基本上被遗忘。该领域的一个显著例外是坦纳（Tanner），他首次证明了 LDPC 码可以使用二分图表示，并发明了最小和及和积译码算法。因此，描述 LDPC 码的二分图也称为"Tanner 图"。

在 20 世纪 90 年代初，Turbo 码展示了通过迭代解码算法可以实现的优异性能，同时 Turbo 码获得专利的事实重新引发了人们对 LDPC 码的兴趣。早期的支持者之一是麦凯（Mackay）和尼尔（Neal），他们证明了低密度奇偶校验矩阵编码的优势，并表明伪随机生成的 LDPC 码在香农极限的 1.2dB 内运行。从那时起，人们对 LDPC 码的设计、构建和实现进行了大量研究与开发，LDPC 码也在许多无线标准中得以实现，其中最新的是 5G NR 标准。

6.10.1 编码

LDPC 码是一种线性块码，使用低密度的奇偶校验矩阵（或监督矩阵），因此得名"低密度奇偶校验"。在正式的术语中，这种奇偶校验矩阵/监督矩阵被设计为稀疏矩阵，即相较于"0"，其中"1"的数量较少。奇偶校验矩阵/监督矩阵的稀疏性具有许多优点，包括生成具有良好距离特性的编码，并实现复杂度合理的编码和译码算法。

在介绍 LDPC 码之前，简单地重新介绍一下奇偶校验矩阵/监督矩阵的概念。回想一下，奇偶校验矩阵/监督矩阵可以用来确定码字是否属于特定的码。这在数学上表示为：

$$\mathrm{mod}(c\boldsymbol{H}^\mathrm{T}, 2) = 0$$

式中，$\boldsymbol{H}$ 是 $(n-k, n)$ 奇偶校验矩阵/监督矩阵，c 是 $1\times n$ 的码字。如果满足上面的等式，则码字是码其中的一个成员。在译码中，这种关系可以用于确定是否接收到有错误的码字。接收机计算伴随式，如果结果非零，则可以检测并继续校正错误。此外，奇偶校验矩阵/监督矩阵可用于导出码的生成矩阵。

奇偶校验矩阵/监督矩阵的每一行对应于不同的奇偶校验方程，并且每个方程表示不同的位组合，如果码字属于该码，则该位组合必须逻辑"异或"为零。为了说明这一点，考虑以下 (8,4) 码的奇偶校验矩阵：

$$\boldsymbol{H} = \begin{bmatrix} 0&1&0&1&1&0&0&1 \\ 1&1&1&0&0&1&0&0 \\ 0&0&1&0&0&1&1&1 \\ 1&0&0&1&1&0&1&0 \end{bmatrix}$$

对于该矩阵：

$$c_1 \oplus c_3 \oplus c_4 \oplus c_7 = 0$$
$$c_0 \oplus c_1 \oplus c_2 \oplus c_5 = 0$$
$$c_2 \oplus c_5 \oplus c_6 \oplus c_7 = 0$$
$$c_0 \oplus c_3 \oplus c_4 \oplus c_6 = 0$$

第一个等式说明对于码字 $(c_0,c_1,c_2,c_3,c_4,c_5,c_6,c_7)$，码字的位 c_1、c_3、c_4 和 c_7 应该逻辑"异或"为"0"以属于码。剩余的等式指定位的不同组合必须也逻辑"异或"为"0"。比如，码字 (1,1,0,0,0,0,1,1) 是码的成员，这是因为满足奇偶校验矩阵/监督矩阵中上面等式的关系。

LDPC 码可以分为两类：规则 LDPC 码和不规则 LDPC 码。在规则 LDPC 码中，每列"1"的数量 w_c 对于 H 的每列是相同的。同样，每行"1"的数量 w_r 对于 H 的每行也是恒定的。相反，对于不规则 LDPC 码，每行和每列"1"的数量变化，因此 w_c 和 w_r 取决于行或列索引，可以表示为 $w_r(i)$ 和 $w_c(j)$，其中 i 和 j 分别是行索引和列索引。不规则 LDPC 码通常表现出比规则 LDPC 码更好的性能，尽管这是以增加编码复杂性为代价的。

为了满足稀疏性标准，需要有一个大的奇偶校验矩阵。然而，这不是一个问题，因为 LDPC 码的基本思想是使用大的输入块长度，因为这会导致码具有大的最小距离，从而提高纠错能力。在 Gallager 的最初公式中，提出了规则 LDPC 码，并表明对于 $w_c \geq 3$ 和 $w_r \geq 3$，LDPC 码具有优异的距离特性。

有各种编码 LDPC 码的方法，但广义上讲，它们要么涉及从奇偶校验矩阵/监督矩阵导出生成矩阵，要么直接从奇偶校验矩阵/监督矩阵进行编码。生成矩阵方法包括找到满足等式的生成矩阵 G：

$$GH^T = 0$$

解决这个问题的一种常见方法是使码系统化，通过对 H（行排列，必要时行和列排列的模 2 相加）执行一系列基本行运算（Elementary Row Operation，ERO），使其具有以下形式：

$$H = [P \mid I]$$

式中，I 表示 $n-k$ 单位阵，P 是 $(n-k) \times k$ 矩阵。将奇偶校验矩阵/监督矩阵简化为这种形式后，G 可以表示为：

$$G = [I \mid P^T]$$

式中，I 为 K 的单位阵。然后通过向量矩阵乘法生成码字 c，即 $c=uG$。事实上，G 的第一部分是 $k \times k$ 的单位阵，这样生成系统码，其中码字中的前 k 个比特是信息位，而后面 $n-k$ 个位是奇偶校验位。执行必要的 ERO 以将 H 减少到式 $H = [P \mid I]$ 中所表示的形式，其复杂度为 $O(n^3)$，并且由于 P 通常不再稀疏，因此生成码字的复杂度类似于矩阵乘法，即 $O(n^2)$。

在论文 *Efficient Encoding of Low-Density Parity-Check Codes* 中，作者给出了一种直接使用 H 进行编码的方法，即不导出生成矩阵 G。生成的码是系统的，包括将 H 划分为两部分，即系统部分和奇偶部分。系统部分 H_1 的大小为 $(n-k) \times k$，奇偶部分 H_2 的大小为 $(n-k) \times (n-k)$。因此，码是系统的，码字 C 可以表示为：

$$C = [u, p]$$

式中，u 是原始的大小为 $1 \times k$ 的位向量，p 是大小为 $1 \times (n-k)$ 的奇偶位向量。因此，编码的任务是找到奇偶/监督位 p。给定 H 已经拆分成 H_1 和 H_2，并且 $C = [u, p]$，则伴随式可以写成：

$$uH_1^T + pH_2^T = 0$$

注意，上式中的加法和前面一样也是模 2 加法。考虑一个事实，模 2 加法和减法是相同的，因此，上面的等式可写作：

$$uH_1^T = pH_2^T$$

为了求解 p，执行高斯消去，将 H_2 放到下三角形式，如图 6.36 所示。在此之后，可以使用前向替换来计算 $n-k$ 个奇偶校验位/监督位 p。以与生成矩阵类似的方式，通过高斯消去将 H 还原为图 6.36 所示结构的预处理步骤具有复杂度 $O(n^3)$。同样，矩阵 H 不再是稀疏的，因此编码具有复杂度 $O(n^2)$。然后，作者提出了一种将 H 置于"近似下三角"形式的算法，该算法将编码复杂度降低到 $O(n)$，即编码复杂度与块长度成线性比例。为了避免预处理步骤，可以根据算法的要求设计码，使得 H 具有近似的下三角形式。

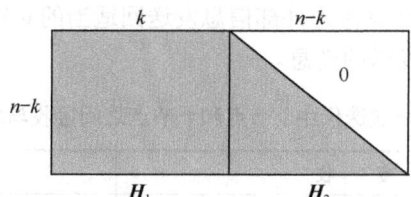

图 6.36 H 矩阵化简为下三角形式

6.10.2 译码

如前所述，奇偶校验矩阵/监督矩阵的稀疏性主要优点之一是它允许使用复杂度合理的迭代算法对 LDPC 码进行译码。与卷积码和 Turbo 码的译码过程类似，该过程通过图形方法实现。然而，在这种情况下，所使用的图不是网格，而是 Tanner 图。

Tanner 图是二分图的一个例子，它由 3 个分量组成：变量节点、检查节点和边。通常将变量节点称为 v 节点，并且每个节点表示码字中的不同位。类似地，将校验节点称为 c 节点，并且每个校验节点表示不同的奇偶校验方程。v 节点和 c 节点通过边交换信息或消息。图 6.37 显示了 $(8,4)$ 码奇偶校验/监督矩阵的 Tanner 图。

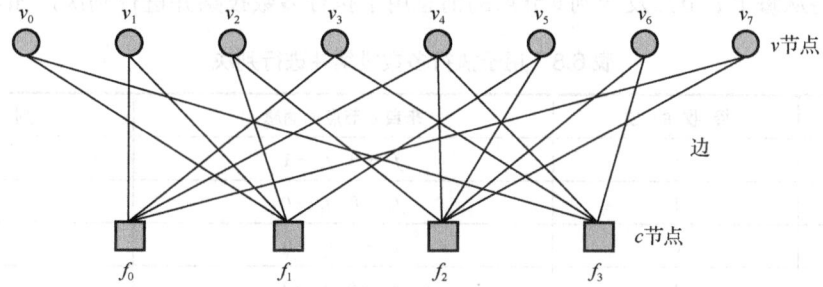

图 6.37 $(8,4)$ 码奇偶校验/监督矩阵的 Tanner 图

图 6.37 中有 8 个可变节点和 4 个校验节点，分别对应于 8 个编码比特和 4 个奇偶校验方程。首先，4 个边连接到校验节点 f_0，对应于映射到 c_1、c_3、c_4 和 c_7 位的 v 节点 v_1、v_3、v_4 和 v_7。因此，这表示前面奇偶校验矩阵/监督矩阵中的第一个奇偶校验方程。其次，4 个边连接到第二个校验节点 f_1，对应于映射到 c_0、c_1、c_2 和 c_5 位的 v 节点 v_0、v_1、v_2 和 v_5。这表示前面奇偶校验矩阵/监督矩阵中的第二个奇偶校验方程式。对其余的 c 节点重复该模式。

在译码过程中，v 节点和 c 节点都基于彼此之间的外部信息（类似于 Turbo 码）的交换来执行局部计算，即给定节点还不知道的信息。重复迭代，直到确定了原始码字的最佳估计。

译码器可以使用硬判决或软判决译码方法。但是，与先前编码方案的情况一样，后者由于其优越的性能而优先选择。然而，为了说明译码过程，我们将从考虑一种硬判决方法开始。

在第一次迭代中，对于 v 节点唯一可用的信息是 $\hat{c}_i$，即第 i 个接收的编码比特。为了理解检查节点的作用,现在从考虑第一个节点 f_0 开始。如前所述,f_0 连接到 v 节点 v_1、v_3、v_4 和 v_7。考虑每个 v 节点发送它们的外部信息(它仅是由第一次迭代的位 $\hat{c}_1$、$\hat{c}_3$、$\hat{c}_4$ 和 $\hat{c}_7$ 构成)到 f_0。对于每个位,f_0 计算它应该满足第一奇偶校验方程的值,假设所有其他贡献比特都是正确的。其他 c 节点也会发生相同的过程。

为了说明这一点,考虑已经发送了码字 (1,0,0,1,0,1,0,1),并且在 $\hat{c}_1$ 位处存在错误,导致接收的码字为 (1,1,0,1,0,1,0,1)。在译码过程开始时,将接收码字中的位发送到相关的校验节点。校验节点然后执行局部计算,这些计算作为外部信息发送回适当的 v 节点。表 6.7 给出了第一次迭代中 v 节点和 c 节点之间接收与发送的消息。

表 6.7 第一次迭代中 v 节点和 c 节点之间接收与发送的消息

c 节点	接　收	发　送
f_0	$v_1 \to 1$,$v_3 \to 1$,$v_4 \to 0$,$v_7 \to 1$	$0 \to v_1$,$0 \to v_3$,$1 \to v_4$,$0 \to v_7$
f_1	$v_0 \to 1$,$v_1 \to 1$,$v_2 \to 0$,$v_5 \to 1$	$0 \to v_0$,$0 \to v_1$,$1 \to v_2$,$0 \to v_5$
f_2	$v_2 \to 0$,$v_5 \to 1$,$v_6 \to 0$,$v_7 \to 1$	$0 \to v_2$,$1 \to v_5$,$0 \to v_6$,$1 \to v_7$
f_3	$v_0 \to 1$,$v_3 \to 1$,$v_4 \to 0$,$v_6 \to 0$	$1 \to v_0$,$0 \to v_3$,$0 \to v_4$,$0 \to v_6$

对于表 6.7 中发送的理解,这里进行简单说明。前面给出监督方程 $c_1 \oplus c_3 \oplus c_4 \oplus c_7 = 0$,也就是要保证 c_1、c_3、c_4 和 c_7 的模 2 和为零。对 c 节点 f_0 来说,当 $v_3 \to 1$、$v_4 \to 0$ 和 $v_7 \to 1$ 时,要保证监督方程模 2 和为零,则要求 $0 \to v_1$;当 $v_1 \to 1$、$v_4 \to 0$ 和 $v_7 \to 1$ 时,要保证监督方程模 2 和为零,则要求 $0 \to v_3$;当 $v_1 \to 1$、$v_3 \to 1$ 和 $v_7 \to 1$ 时,要保证监督方程模 2 和为零,则要求 $1 \to v_4$;当 $v_1 \to 1$、$v_3 \to 1$ 和 $v_4 \to 0$ 时,要保证监督方程模 2 和为零,则要求 $0 \to v_7$,这就是第一行发送一栏的推导过程。对 c 节点 f_1、f_2 和 f_3 来说也有类似的推导过程。

然后,将从每个 c 节点发送到 v 节点的消息用于执行多数投票并进行判决,如表 6.8 所示。

表 6.8 用于执行多数投票并进行判决

v 节点	接收的位	来自 c 节点的消息	判　决
v_0	1	$f_1 \to 0$,$f_3 \to 1$	1
v_1	1	$f_0 \to 0$,$f_1 \to 0$	0
v_2	0	$f_1 \to 1$,$f_2 \to 0$	0
v_3	1	$f_0 \to 0$,$f_3 \to 1$	1
v_4	0	$f_0 \to 1$,$f_3 \to 0$	0
v_5	1	$f_1 \to 0$,$f_2 \to 1$	1
v_6	0	$f_2 \to 0$,$f_3 \to 0$	0
v_7	1	$f_0 \to 1$,$f_2 \to 1$	1

从图 6.37 和表 6.8 中可知,v 节点 v_0 从 c 节点 f_1 和 f_3 接收输入比特 c_0 及外部信息"0"和"1"。这可以通过检查 Tanner 图来理解,Tanner 图显示 v_0 连接到 c 节点 f_1 和 f_3。因此,可以得出 v_0 将从 c 节点 f_1 和 f_3 接收其外部信息。v 节点 v_0 接收 [1 0 1](包括消息位和外部信息),这允许它通过多数投票来判决"1"是 c_0 位最可能的值。对所有其他 v 节点,重复相同的过程。

在 v 节点做出它们的判决之后,计算伴随式,并且如果结果为零,则译码器确定它已经纠正了接收码字中的所有错误。如果不是,译码器继续迭代,直到满足奇偶校验方程或者达到最大迭代次数。同样,通常采用固定次数的迭代来确保译码时间是确定的。表 6.8 显示,第一次迭

代后的比特判定为 (1,0,0,1,0,1,0,1)，这意味着已经纠正了 c_1 位中的错误。因此，在这种情况下，译码器在一次迭代后终止。通过在奇偶校验矩阵/监督矩阵上应用稀疏性约束，产生了稀疏 Tanner 图，即连接 v 节点到 c 节点的边很少的图。这意味着即使对于非常大的块（这对于实现接近香农极限的纠错能力是必要的），解码过程也可以在计算上高效。

尽管描述硬译码过程对于说明性目的是有用的，但由于与其他编码方案相同的原因，即硬判决引入了额外的错误源，因此在实践中没有实现硬解码过程。与先前的编码方案一样，LDPC 码也可以被软判决译码。最突出的软判决译码方法之一是和积算法。

在和积算法中，外在信息以概率而非二进制值的形式从 v 节点传递到 c 节点、从 c 节点传递到 v 节点。更具体地说，消息是作为 LLR 发送的，因为对数域中的处理简化了 v 节点和 c 节点的更新方程（乘法可以用加法代替）。将 v 节点 i 和 c 节点 j 之间发送的消息计算为：

$$L(q_{ij}) = L(\hat{c}_i) + \sum_{j' \in C_{i \backslash j}} L(r_{j'i})$$

式中，$L(q_{ij})$ 是在第 i 个 v 节点和第 j 个 c 节点之间交换的外在信息，$L(\hat{c}_i)$ 是接收编码比特 $\hat{c}_i$ 的 LLR，$L(r_{j'i})$ 是在第 j 个 c 节点和第 i 个 v 节点之间交换的外在信息。注意，上式中的总和包括来自连接到 v 节点 i 的所有 c 节点的贡献，除了作为接收信息的 c 节点的 c 节点 j。换句话说，它只包括所讨论的 c 节点未知的外在信息。连接到 v 节点 i 但不包括 c 节点 j 的所有 c 节点的集合由 $C_{i \backslash j}$ 表示，并且该集合由变量索引。

在 c 节点 j 和 v 节点 i 之间发送的消息的形式是：

$$L(r_{ji}) = \left[\prod_{i' \in V_{j \backslash i}} \alpha_{i'j} \right] \cdot \phi \left[\sum_{i' \in V_{j \backslash i}} \phi(\beta_{i'j}) \right]$$

c 节点计算仅包括外在信息，即来自所讨论的 v 节点以外的 v 节点的信息。除 v 节点 i 之外，连接到 c 节点 j 的所有 v 节点被定义为 $V_{j \backslash i}$，并且由变量 i' 索引，$\phi(x)$、α_{ij} 和 β_{ij} 由下式给出：

$$\phi(x) = -\log\left[\tanh\left(\frac{x}{2}\right)\right]$$

$$\alpha_{ij} = \text{sign}[L(q_{ij})]$$

$$\beta_{ij} = |L(q_{ij})|$$

在算法的每次迭代中，它计算每个编码比特的最终 LLR 的估计值，表示为 $L(Q_i)$，由下式确定：

$$L(Q_i) = L(\hat{c}_i) + \sum_{j \in C_i} L(r_{ji})$$

在最终决策中，来自连接到 v 节点 i 的所有 c 节点的输入被认为是对每个接收的编码比特的最终 LLR 的估计。这实际上与硬判决方法中使用的多数投票系统相同，只是用 LLR 取代了位。该算法本质上是在多次迭代中改进 $L(\hat{c}_i)$ 的估计。在每次迭代之后，在 $L(Q_i)$ 上执行硬判决：

$$\hat{c}_i = L(Q_i) > 0$$

如果在该判决之后，伴随式解析为零，则已经找到最有可能的码字，并且停止算法。否则，将继续该算法，直到达到最大迭代次数。和积算法这个名字来自这样一个事实，即 $L(q_{ij})$ 计算公式中的 v 节点更新方程涉及"和"运算，而 $L(r_{ji})$ 计算公式中的 c 节点更新方程包含"乘积"运算。

从 $\phi(x)$ 的计算公式可知，和积算法中的 c 节点运算涉及双曲 tanh 函数和对数函数的计算。这导致了较大的计算负担，而最小和算法利用简化的 c 节点更新方程来减轻这一负担。它是基于以下近似值导出的，即

$$\phi\left[\sum_{i' \in V_{j \setminus i}} \phi(\beta_{i'j})\right] \approx \min_{i' \in V_{j \setminus i}}(\beta_{i'j})$$

本质上，各种求和与乘积都被 min 算子取代，min 算子的计算密集度显著降低。与 Turbo 码中使用的最大对数 MAP 算法类似，最小和算法倾向于产生有偏差的外部信息，这降低了译码性能。归一化最小和算法的性能得到了改善，该算法在每次迭代时将缩放因子应用于 v 节点和 c 节点之间的外部信息。

6.10.3　5G NR 标准中的 LDPC 码

在 5G NR 标准中，LDPC 码用于下行共享信道（DL-SCH）、上行共享信道（UL-SCH）和寻呼信道（PCH）的编码。其他信道，如广播控制信道（Broadcast Control Channel，BCH）和下行链路/上行链路控制信息（Downlink/Uplink Control Information，DCI/UCI），则使用极化码，具体内容在本章中未做介绍。因此，5G NR 标准中 LDPC 码和极化编码的使用，与 4G LTE 标准中采用的 Turbo 码和卷积码有所不同。

在 5G NR 标准中使用的 LDPC 码被称为准循环 LDPC（Quasi-Cyclic LDPC，QC-LDPC）码。这些码的奇偶校验矩阵/监督矩阵由子矩阵阵列组成，这些子矩阵要么是稀疏循环置换矩阵（Circulant Permutation Matrices，CPM），要么是全零矩阵。在 CPM 中，每一行是前一行循环右移一位的结果，第一行则是最后一行的循环移位版本。QC-LDPC 码具有其码字彼此为循环移位的特性，这一特性有助于实现高效编码。

每个 CPM 的维度被称为码的提升大小，并且使用基图矩阵（Base Graph Matrix，BGM）来定义完整奇偶校验矩阵。BGM、H_{BG} 将 CPM 存储为定义其结构的整数值，并且通过用适当结构的 $Z_c \times Z_c$ 矩阵替换每个整数元素来找到奇偶校验矩阵/监督矩阵 H，其中 Z_c 是提升大小。基图矩阵的使用减少了用于存储奇偶校验矩阵/监督矩阵的存储器需求。

5G NR 标准中的 LDPC 码对比特块 B 进行编码，其中 $B > 0$。如果要编码的块大于指定的最大码块大小 K_{cb}，则将比特块 B 分割成更小的码块，将这些码块单独编码。该标准规定了两种可能的 LDPC 基图：LDPC 基图 1（简称基图 1）和 LDPC 基图 2（简称其图 2）。通常，基图 1 用于较大的输入块大小并因此有较高的码率，而基图 2 用于较小的块大小和较低的码率。

基图 1 和基图 2 的最大输入块的大小（K_{cb}）分别是 8448 和 3840，之后将块单独分割以及编码。代码块分割过程确保在接收机处检测到错误的情况下，来自 MAC 层的潜在非常大的传输块不必作为 HARQ 过程的一部分被重新发送，而只需要重新传输发生错误的相关块。每个分段的块包含数据位、用于在接收机检测错误的 24 位的循环冗余校验（Cyclic Redundancy Check，CRC）以及填充位，以确保基图 1 的块大小为 $22Z_c$ 和基图 2 的块大小为 $10Z_c$。数字 22 和 10 分别与基图 1 和基图 2 中对应于系统位的基图矩阵（BGM）的列数有关。

通过索引 LUT 来选择 Z_c 的值，以找到所有可能的提升大小的最小值：

$$K_b \times Z_c \geq \bar{K}$$

式中，$K_b = 22$（对于基图 1），$K_b = 10$、9、8 或 6（对于基图 2），这取决于块的大小以及 $\bar{K}$ 是包含数据位和 CRC 的码块的长度。对于基图 1，BGM 矩阵的大小为 46×68，将导致 H 的大小为 17664×26112，$Z_c = 384$。回想一下，奇偶校验矩阵/监督矩阵的大小 $(n-k, n)$，其中，k 是每个块的数据位数，n 是编码比特数。因此，对于输入块的大小为 8448 的情况，得到的编码块大小为 26112，这意味着添加了 17664 个奇偶校验位。通常将码打孔以实现特定的码率。例如，通过打孔到 $n = 25344$ 的码字大小来实现 $r = 1/3$。随后的速率匹配过程进一步修改码字以实现更高或更低的码率。

图 6.38 给出了基图 1 的 P_{be} 与 E_b/N_0 的曲线,块大小为 $K_{cb} = 8448$,$Z_c = 384$,$r = 1/3$。如前所述,假设 BPSK 调制,并使用比例因子为 $\alpha = 0.75$ 的归一化最小和算法执行译码。最大迭代次数为 25 次。可以观察到,与 Turbo 码的情况一样,在初始负编码增益之后,P_{be} 急剧下降。例如,在 10^{-3} 的 P_{be} 处,编码增益比未编码的 BPSK 大约为 5dB。这证明了 LDPC 码可以实现优异性能。

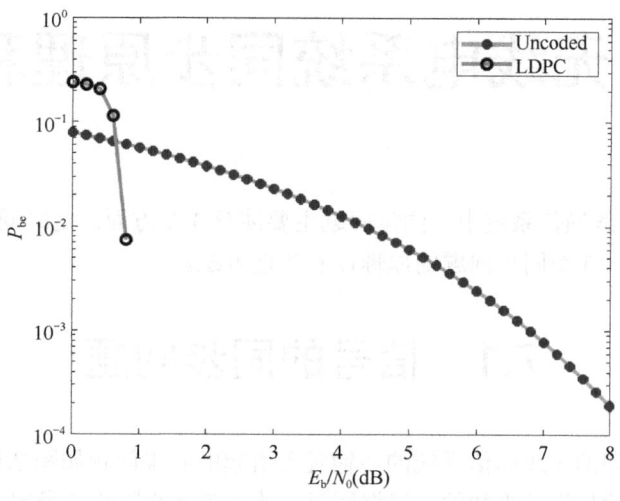

图 6.38 基图 1 的 P_{be} 与 E_b/N_0 的曲线

第 7 章

软件定义无线电系统同步原理和实现

在基于 SDR 的无线通信系统中,同步问题主要涉及 3 个方面:定时同步、载波同步和帧同步。本章将详细介绍这 3 个同步问题的原理以及实现方法。

7.1 信号的同步问题

卫星与地球站之间的无线通信系统的传输延迟引起的同步问题如图 7.1 所示。在该通信系统中,收发机之间的传输延迟是未知的。根据图示,传输延迟会影响符号定时和载波相位。因此,必须对符号定时和载波相位进行估计。如果能够准确估计传输延迟,就可以实现本地载波的同步以及符号的定时。

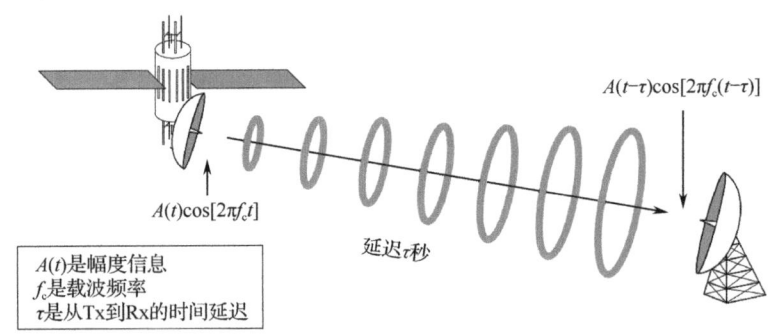

图 7.1 无线通信系统的传输延迟引起的同步问题

要求估计和跟踪的原因是,载波的周期远远小于符号的周期,即载波频率要远远高于符号频率,载波和符号的周期如图 7.2 所示。

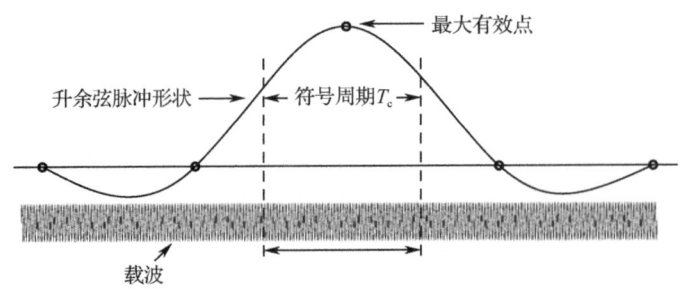

图 7.2 载波和符号的周期

与符号周期相比,发射机和接收机之间的延迟变化是很小的。因此,估计最优的符号定时和载波相位非常重要。

7.2 定时同步

本节将介绍定时同步,内容包括符号定时原理、符号定时恢复结构、定时误差检测器和定时分辨率。

7.2.1 符号定时原理

为了优化输出的信噪比,接收机需要使用匹配滤波器,如图 7.3 所示。此外,为了防止出现码间串扰,必须在最合适的有效点上采样匹配滤波器的输出。

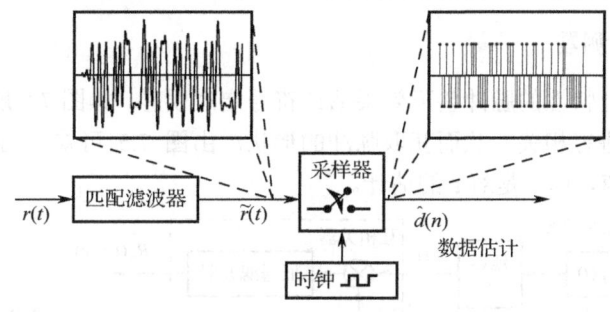

图 7.3 接收机的匹配滤波

当接收机中的匹配滤波器需要匹配脉冲形状时,通常使用脉冲形状,如升余弦脉冲。这样,就可以尽可能避免码间干扰了。然而,这主要取决于能否在正确的采样点上采样信号。在信号最优点上进行采样可以消除码间干扰。因此,这些点就被称为最大有效点。

当出现符号定时误差时,一些额外的噪声将出现在采样器的输出中。即使在通道和热噪声不明显的情况下,不正确的符号定时也会引起位错误。

7.2.2 符号定时恢复结构

定时符号的恢复如图 7.4 所示,定时误差检测器(Timing Error Detector,TED)使用接收信号的相关统计特性来估计定时误差;压控时钟(Voltage Controlled Clock,VCC)用于调整符号定时;环路滤波器(Loop Filter,LF)用于从 TED 的输出中去除噪声。

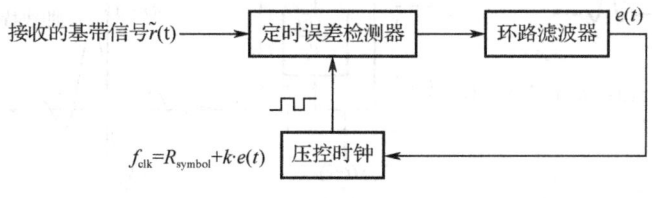

图 7.4 定时符号的恢复

一些流行的定时误差算法包括超前-滞后检测器、Gardner 环和 Mueller-Muller 检测器等。一般的定时恢复方法如下所述。

(1)非相干定时恢复:非相干定时恢复不依赖于载波相位的先验知识。这种方法的优势在于简化了同步过程，能够首先识别出最大有效点，然后基于这些最大有效点执行载波相位的恢复。

（2）相干定时恢复：相干定时恢复依赖于载波相位的先验知识。在未知符号边界位置的情况下，载波相位估计（以及信道估计）可能会变得困难。然而，相干技术通常比非相干技术具有更小的定时抖动。因此，一个有效的方法是先使用非相干技术获得符号定时的粗略估计，然后使用相干技术进行细致调整。如果相干环路的载波相位估计是通过环路输出处的采样点进行的，则这被定义为联合载波相位和符号定时恢复。

（3）非数据辅助：这意味着环路不使用来自接收机的训练序列或任何数据决策。

（4）决策指导：接收机内数据决策设备的输出用于辅助同步。

（5）数据辅助：来自决策设备或来自已知训练序列的数据用在同步算法中。

7.2.3 定时误差检测器

本小节将介绍几种定时误差检测器的结构。

1. 超前-滞后检测器

通过接收信号统计特性的脉冲整形效果估计符号定时误差，如图 7.5 所示。将脉冲整形之前的信号与接收的信号进行相关，从而获取脉冲的形状。由图 7.5 可知，当 $\hat{\tau}=\tau$ 时，e 等于 0，$R_{xy}(t;\tau-\hat{\tau})$ 达到最大值，即 $\hat{\tau}$ 是对 τ 的估计。

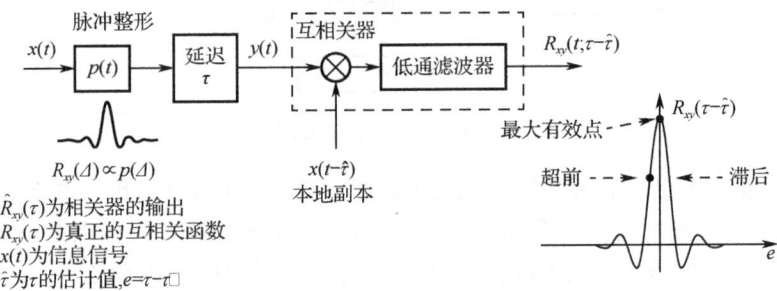

图 7.5 使用相关方法定时恢复

定时误差检测器（TED）执行两个相关操作：超前和滞后。理想的同步状态是超前与滞后相关，相互平衡。TED 的实现原理如图 7.6 所示。TED 的输出可用于控制符号时钟的频率。

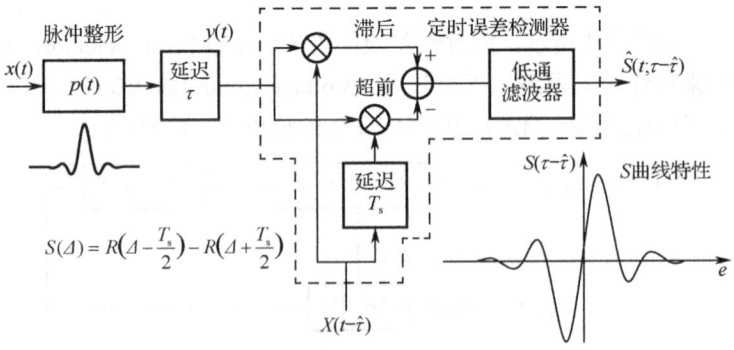

图 7.6 TED 的实现原理

通过检测超前和滞后的采样点的斜率来确定定时误差，如图 7.7 所示。斜率的符号表明定时调整的方向，用于减少定时误差。

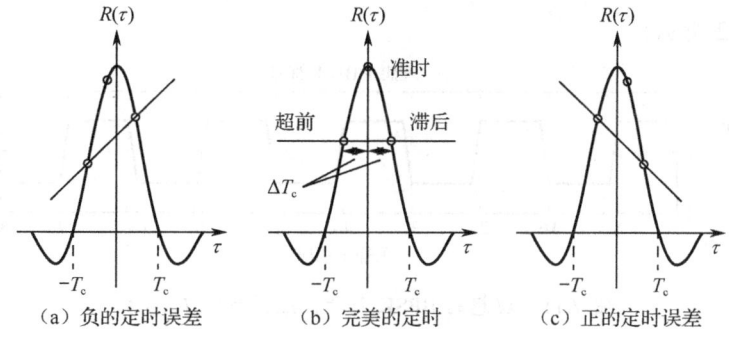

(a) 负的定时误差　　(b) 完美的定时　　(c) 正的定时误差

图 7.7　通过检测超前和滞后采样点的斜率来确定定时误差

但是在很多情况下，我们并不知道发送的序列，那么可以采用另一种方法，即超前采样 Δ 秒和滞后采样 Δ 秒，但需要满足 $\Delta < T_s$。未知符号的定时恢复如图 7.8 所示。

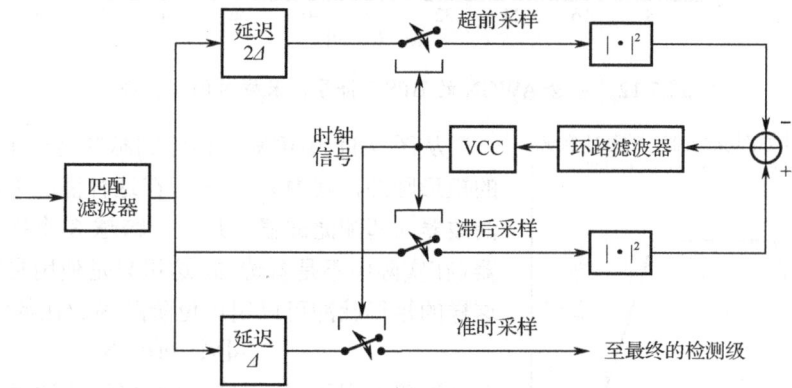

图 7.8　未知符号的定时恢复

超前/滞后符号同步器不假定任何发送符号的信息，它仅依靠已知的信号统计学特性。因为数据符号脉冲的整形序列有周期平稳的统计特性，所以这就意味着信号统计特性在 nT_s、$(n+1)T_s$、$(n+2)T_s$ 时刻是一样的。然而，在 nT_s 和 $nT_s + \tau$ 时刻的统计特性不必是相同的。一个典型由统计特性确定最大有效点的系统如图 7.9 所示，根据统计特性确定出最大的有效点，而不需要数据符号的知识。$p(\tau)$ 的波形如图 7.10 所示。

让我们以一个简单的 BPSK 发射机为例进行说明。

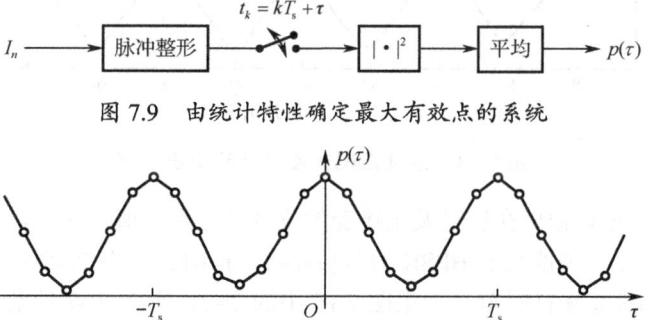

图 7.9　由统计特性确定最大有效点的系统

图 7.10　$p(\tau)$ 的波形

通过信道传输交替的数据符号。假设每个符号占用 $T_{sym} = 8$ 的采样时间，如图 7.11 所示。下面添加高斯白噪声（AWGN）。生成标准差为 0.25 的随机噪声，并将其与生成的 BPSK 符号相加,如图 7.12 所示。

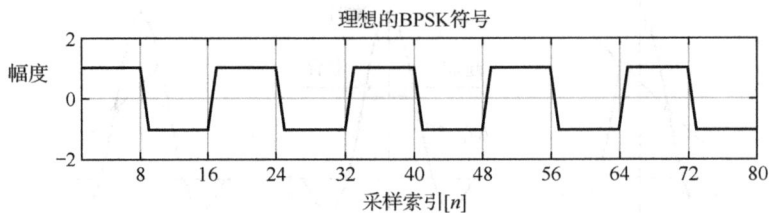

图 7.11 理想的 BPSK 符号,采样时间 $T_{sym}=8$

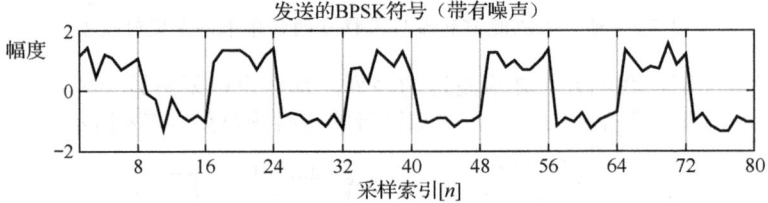

图 7.12 包含 AWGN 的 BPSK 符号,采样时间 $T_{sym}=8$

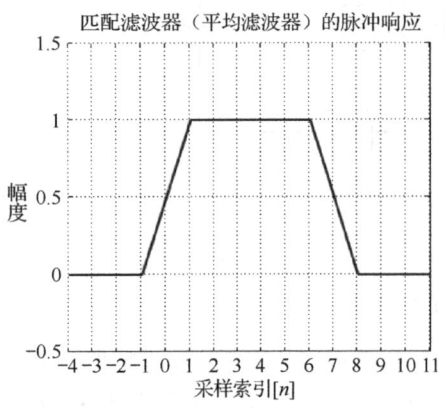

图 7.13 匹配滤波器的脉冲响应

从图 7.11 中可知,传输的脉冲是一个跨越 T_{sym} 采样的矩形脉冲,其中 $T_{sym}=8$。在这种情况下,最好的平均滤波器(匹配滤波器)是一个跨越 8 个样本的矩形滤波器(在实际中不是首选的,这里只是使用它来简化说明)。这样的矩形脉冲可以用单位阶跃函数在数学上表示:

$$u[n]-u[n-8]$$

这里实现了另一种类型的平均滤波器——"滑动平均滤波器"。

得到的矩形脉冲在采样时刻(索引 0 和 7)的边缘处的值为 0.5,在边缘之间的剩余索引处的值为 1。这样的矩形函数如图 7.13 所示。

输入信号与平均滤波器进行卷积,输出波形如图 7.14 所示。

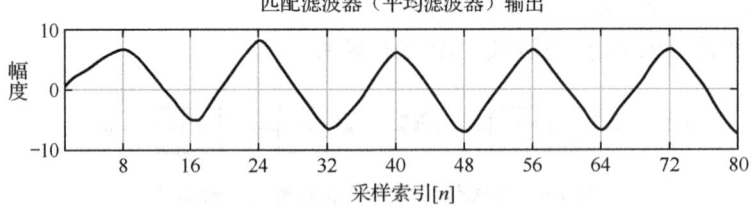

图 7.14 经过匹配滤波器后的输出波形

由图 7.14 可知,平均输出在符号发生跳变的位置处达到峰值。因此,当在这些理想位置对信号进行采样时,可以完美地恢复 BPSK 符号 $[+1,-1,+1,\cdots]$,如图 7.15 所示。

假设采样点偏离理想采样时刻,如果图 7.15 中的 $T=7$,则在 $T=7$ 的前后等间隔两点进行采样,得到负的定时误差;如果 $T=9$,则在 $T=9$ 的前后等间隔的两点进行采样,得到正的定时误差。

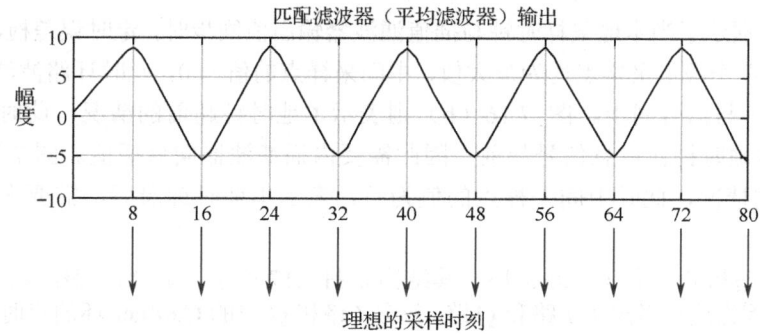

图 7.15 在理想时刻采样波形

2. Gardner 环

Gardner 算法可以视为对超前和滞后符号同步的一种改进。与标准的超前-滞后采样检测器要求每个符号至少进行 3 个采样点的做法相比,Gardner 算法则利用超前采样和滞后采样点进行工作,从而实现分离。这种算法仅需在一个符号上进行两次采样,也称为过零检测。

内插后的信号每个符号内需要两个重采样点,一个点对应信号的最佳采样点,另一个点为最佳采样点中间时刻的内插值,定时误差计算公式为:

$$e(n) = y\left(n - \frac{1}{2}\right) \cdot [y(n) - y(n-1)]$$

式中,n 表示第 n 个符号,$e(n)$ 为定时误差的检测值,$y(n)$ 为信号的采样值,$y(n-1)$ 表示延迟一个采样周期 T_s 的采样值,$y\left(n-\frac{1}{2}\right)$ 表示延迟 1/2 个采样周期 T_s 的采样值。

假设符号的周期为 T_i,根据 Gardner 算法,只需要每个符号周期内的两个采样值,因此 $T_s = \frac{T_i}{2}$,即采样率是符号周期的 2 倍。Gardner 算法的定时误差检测如图 7.16 所示。

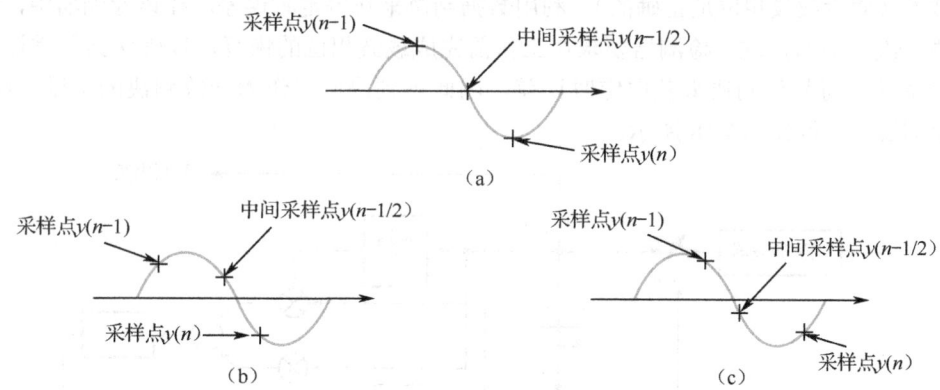

图 7.16 Gardner 算法的定时误差检测

该算法具有明显的物理意义。在没有定时误差时,如果有符号跳变,则平均的中间采样点应该为零。相反,中间采样点的值不为零,其大小取决于定时误差的大小,或者说中间采样点的值表示定时误差的大小,但它不能表示定时误差的方向(超前或滞后)。为了表示定时误差的方向,该算法考虑中间采样点两边判决点的差值。如果有符号跳变,则该插值的符号就表示定时误差的方向。这样,两者的乘积就完全表示定时误差的大小和方向。如果没有符号跳变,则两边采样点的差为零,此时不能获取定时信息。

图 7.16（a）展示了当本地采样时钟与插值滤波器输出值同步时，定时误差检测器的采样值。在同步状态下，两个极值采样点均为最大值，中间采样点的值为 0，此时环路滤波器的输出值为 0，表示本地时钟与信号同步。图 7.16（b）则表示本地时钟超前的情况，此时中间采样点的值为正，表明本地时钟比信息信号超前，因此需要内插滤波器向后插值。图 7.16（c）展示了本地时钟滞后的情况，此时中间采样点的值为负，表示本地时钟滞后，需要内插滤波器向前进行插值处理。

对于包含 I 路和 Q 路的 Gardner 环，其结构如图 7.17 所示。显然，该结构是对前面定时误差公式的扩展，因为这里考虑了 I 路和 Q 路。包含 I 路和 Q 路的 Gardner 环的定时误差 $e_{IQ}(n)$ 为：

$$e_{IQ}(n) = y_I(n) \cdot y_I\left(n - \frac{1}{2}\right) + y_Q(n) \cdot y_Q\left(n - \frac{1}{2}\right) - y_I(n-1) \cdot y_I\left(n - \frac{1}{2}\right) - y_Q(n-1) \cdot y_Q\left(n - \frac{1}{2}\right)$$

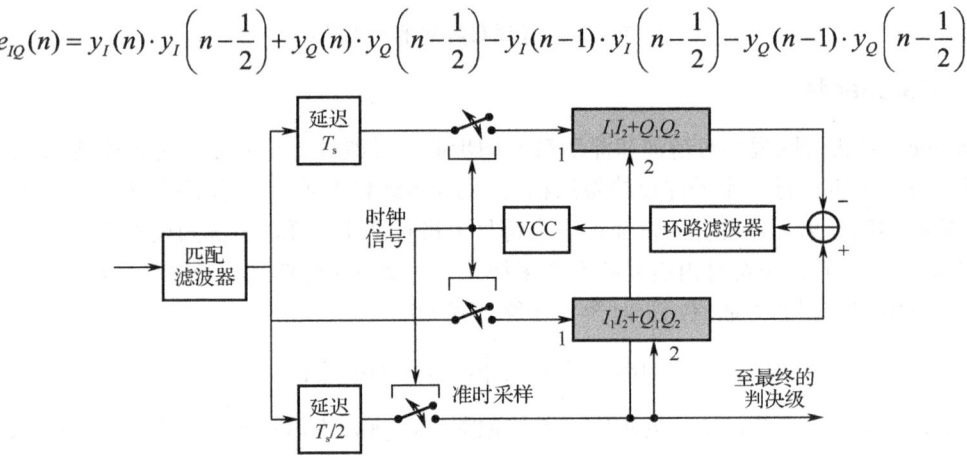

图 7.17　包含 I 路和 Q 路的 Gardner 环的结构

3. Mueller-Muller 检测器

与前面提到的检测器相比，Mueller-Muller 检测器仅使用准时分量来执行定时恢复。它通过一致性技术（假设载波相位是正确的），利用数据判决来获得定时误差。在该检测器中，每个符号只采样一次。然而，这一检测器要求在工作前完成载波相位的恢复，以确保其正常运行。这是因为它依赖于符号值判决来获取定时误差，因此该判决值将作为一致判决的基础。Mueller-Muller 检测器的结构如图 7.18 所示。

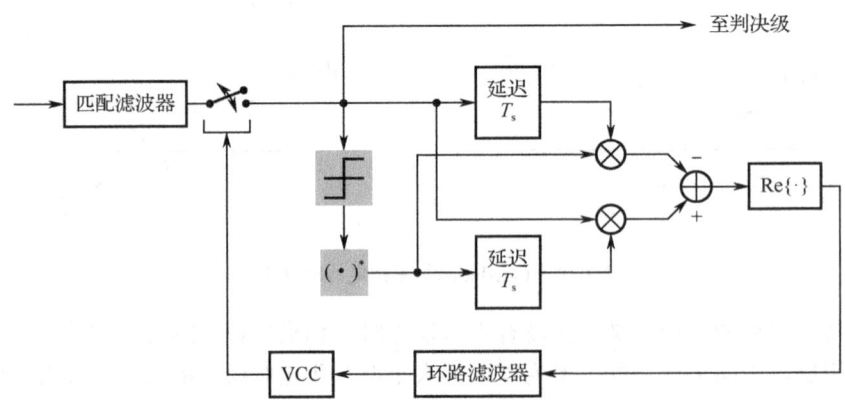

图 7.18　Mueller-Muller 检测器的结构

假设采样数据 $x(n-1)$ 被判决为符号 $a(n-1)$，采样数据 $x(n)$ 被判决为符号 $a(n-1)$，则 Mueller-Muller 算法定时误差输出为：

$$e(n) = a(n-1) \cdot x(n) - a(n) \cdot x(n-1) = a_{n-1} \cdot x_n - a_n \cdot x_{n-1}$$

式中，n 表示第 n 个时刻，$n-1$ 表示第 $n-1$ 个时刻。

对上式求取数学期望，即

$$E[e(n)] = E[a_{n-1} \cdot x_n - a_n \cdot x_{n-1}]$$
$$= E[a_{n-1} \cdot x_n] - E[a_n \cdot x_{n-1}]$$

假设 T 为符号周期（单个符号持续时间），a_k 表示输入的符号，$h(t)$ 表示系统冲击响应，$n(t)$ 表示加性高斯噪声，均值为零，则输入信号可以表示为：

$$x(t) = \sum_k a_k h(t-kT) + n(t)$$

假设在 $t = \tau + nT$ 时刻 $x(t)$ 的采样值为：

$$x(\tau + nT) = a_n h(\tau) + \sum_{i, i \neq n} a_{n-i} h(\tau + iT) + n(\tau + nT)$$

令 $h_0 = h(\tau)$，$h_i = h(\tau + iT)$，$x_n = x(\tau + nT)$，则：

$$x_n = a_n h_0 + \sum_{i, i \neq n} a_{n-i} h_i + n(\tau + nT)$$

$$E[e(n)] = E[a_{n-1} \cdot x_n] - E[a_n \cdot x_{n-1}]$$
$$= E[a_{n-1} \cdot x_n] - E[a_n \cdot x_{n-1}]$$

对于 $E[a_{n-1} \cdot x_n]$ 这一项，a_n 是随机数，h_i 是确定的数据，求期望实际上是对 a_n 求期望，并且数据位是互相独立的，因此得到：

$$E[a_{n-1} \cdot x_n] = E[a_{n-1} \cdot x_n] = E\left[a_{n-1} a_n h_0 + a_{n-1} \sum_{i, i \neq n} a_{n-i} h_i + n(\tau + nT)\right]$$

$$= E[a_{n-1} a_n h_0] + E\left[a_{n-1} \sum_{i, i \neq n} a_{n-i} h_i\right] + E[n(\tau + nT)]$$

$$= E[a_{n-1} a_n h_0] + E\left[a_{n-1} \sum_{i, i \neq n} a_{n-i} h_i\right]$$

$$= h_0 \cdot E[a_{n-1} a_n] + E\left[\sum_{i, i \neq n} a_{n-1} a_{n-i} h_i\right]$$

因为数据位互相独立，因此 $E[a_{n-1} a_n] = 0$。上式简化为：

$$E[a_{n-1} \cdot x_n] = \sum_{i, i \neq n} E(a_{n-1} a_{n-i} h_i) = \sum_{i, i \neq n} h_i \cdot E(a_{n-1} a_{n-i})$$

对于 $E(a_{n-1} a_{n-i}) = \begin{cases} 1, i = 1 \\ 0, i \neq 1 \end{cases}$，上式简化为

$$E[a_{n-1} \cdot x_n] = h_1$$

类似地，得到 $E[a_n \cdot x_{n-1}] = h_{-1}$，则得到定时误差函数：

$$f(\tau) = E[e(n)] = h_1 - h_{-1}$$

这就是 Mueller-Muller 算法的本质。

4．扩频延迟锁相环

直接序列扩频系统使用延迟环路来跟踪芯片的时序参数，在数字硬件中，延迟锁定环（Delay Lock Loop，DLL）可以高效地实现，频谱扩展 DLL 结构原理如图 7.19 所示。

首先，扩频序列由若干个 1 和 -1 构成，因此在数字硬件中可以高效实现延迟锁定环（DLL），这使得解扩器实际上不需要显式的乘法运算，只需要进行加法运算。其次，相同的解扩器可以

用于超前、滞后和准时信号分量的译码,从而减小了器件的尺寸。最后,扩频接收机需要大量解扩器以对多个信道或用户进行译码,并对 RAKE 接收机中的多个多径分量进行处理。考虑到 FPGA 的处理速度,相同的解扩器硬件也可以用于多个信道的译码或在多个 DLL 之间分布使用。

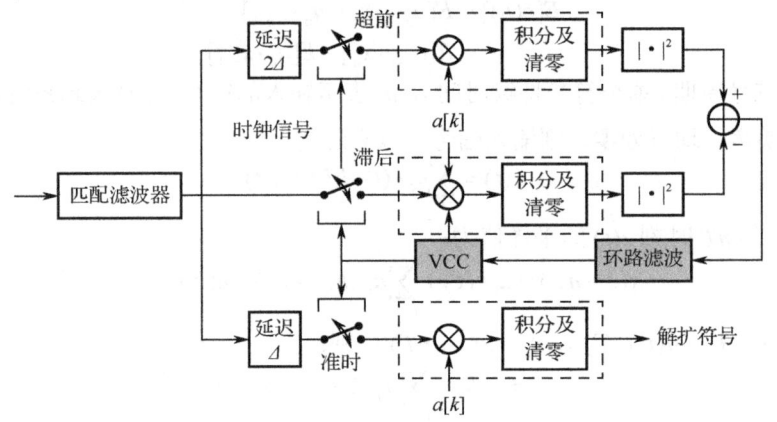

图 7.19 频谱扩展 DLL 结构原理

7.2.4 定时分辨率

数字接收机具有有限的定时分辨率。调整定时的方法主要有以下两种。

(1) 通过大的因子过采样,并选择最佳的采样序列。

(2) 通过较小的因子(如 2 倍的符号率),并使用内插技术。

这些技术可能导致有限的定时分辨率。因此,如果可能,应避免使用较高的采样率,因为较高的采样率会导致信号处理变得非常复杂。

图 7.20 展示了一个 BPSK 的升余弦眼图,信号采用了 8 倍的过采样率,并标出了可用的采样点。需要注意的是,没有任何一个采样点恰好位于最大有效点上,这导致在某些符号之间始终存在干扰。因此,定时分辨率必须足够精细,以确保符号间干扰在可接受范围内。

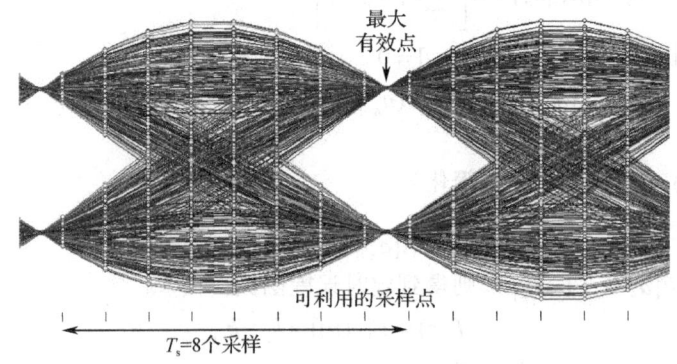

图 7.20 BPSK 的升余弦眼图

7.3 载波同步

7.2 节介绍了定时同步的概念及其实现方法,本节将讨论载波同步。由于发送节点和接收节点使用了两个独立的振荡器,因此存在频率和相位的偏移。这种偏移的校正能力显著影响无线链路的通信质量。通常，在完成定时同步后，接下来需要执行载波同步操作。

7.3.1 载波偏移

接收和发送节点通常是两个不同且空间上分离的单元。因此，由于杂质、电噪声和温差等自然原因，它们的本振（Local Oscillator，LO）之间存在相对频率偏移。这些差异可能是动态的，因此 LO 会互相漂移，导致随机相位噪声、频率偏移、频率漂移和初始相位失配。为了简化分析，这里将偏移量视为一个固定值，这在射频通信的时间尺度上是一个合理的假设。此外，信道周围移动的发射端（Tx）、接收端（Rx）或其他任何类型的移动都会产生多普勒频移，从而导致载波频率偏移。

在考虑商用振荡器时，频率偏移以百万分之一（Part Per Million，PPM）为单位，PPM 可以转换为对于给定频率的最大载波偏移。比如，对于一个 SDR 平台，内部 LO 的额定值为 25 个 PPM（标定以后为 2 个 PPM），因此可以用下式将最大频偏 Δf 和载波工作频率 f_c 进行关联：

$$f_{o,max} = \frac{f_c \times PPM}{10^6}$$

确定 $f_{o,max}$ 非常重要，这是因为该值为载波恢复提供了设计标准。

数学上，可以在基带 $s(k)$ 上使用载波频率偏移 f_o（或 ω_o）对畸变的源信号进行建模，即

$$r(k) = s(k)e^{j(2\pi f_o kT + \theta)} + n(k) = s(k)e^{j(\omega_o kT + \theta)} + n(k)$$

式中，$n(k)$ 为零均值高斯随机过程，T 是符号周期，θ 是载波相位，ω_o 是三角频率。

在字面上，载波恢复有时定义为载波相位恢复和载波频率恢复。通常，它们具有相同的目标，即在同步器的输出处提供稳定的星座。然而，理解频率和相位的关系是非常重要的，这是因为理解它们的关系将使得命名规则更加清晰。三角频率 ω（或等效的频率 $2\pi f$）纯粹是测量相位 θ 随时间的变化，即

$$\omega = \frac{d\theta}{dt} = 2\pi f$$

因此，恢复信号的相位本质上就是恢复信号的频率。利用这种关系是估计信号频率的常用方法，这是因为频率不像相位那样能直接进行测量。

由于载波存在频率偏移和相位偏移，所以在这里介绍两级频率补偿技术，包括粗频率校正和细频率校正。

7.3.2 粗频率校正

主要有两类粗频率校正方法：数据辅助（Data Aided，DA）和盲校正（Non-Data Aided，NDA）。

DA 方法利用相关结构，通过接收信号的知识（通常以前导码的形式）来估计载波偏移。尽管 DA 方法可以提供准确的估计，但其性能通常受到前导码长度的限制，且随着前导码长度的增加，系统吞吐量会降低。

盲校正（NDA）可以在信号的整个持续时间内运行，因此在实际系统中，NDA 方法通常优于 DA 方法。为了便于使用，粗频率校正通常以开环形式实现。下面介绍基于 NDA FFT 的粗频率校正技术。

从较大的频率偏移中恢复信号需要使用频率锁定环，该环路通过边带滤波器确定信号是否位于频率中心，如图 7.21 所示。然后，比较-ve 边带滤波器和+ve 边带滤波器输出的信号功率。

如图 7.22（a）所示，基带信号频率过高，较高边带的功率比较低边带的功率大。如图 7.22（b）所示，基带信号频率过低，较低边带的功率比较高边带的功率大。

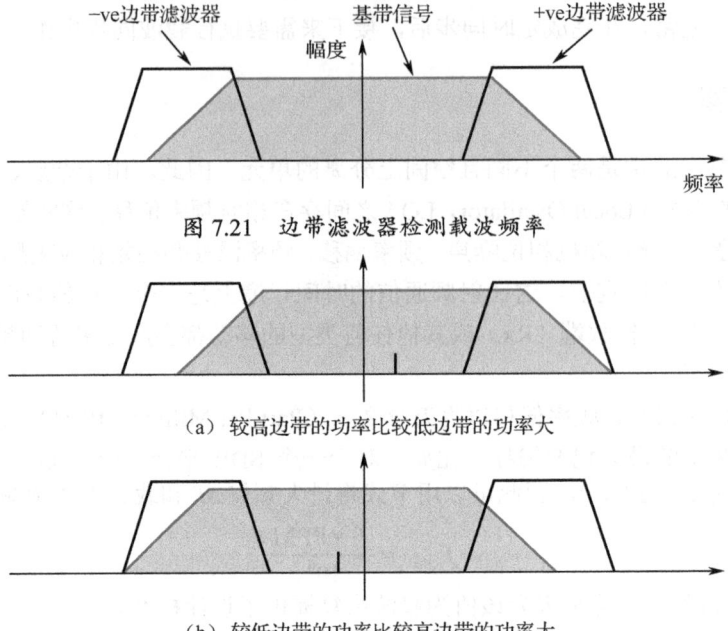

图 7.21　边带滤波器检测载波频率

（a）较高边带的功率比较低边带的功率大

（b）较低边带的功率比较高边带的功率大

图 7.22　信号频率偏移的判断

频率锁定环（Frequency Lock Loop，FLL）的工作原理如图 7.23 所示。通过测量+ve 边带滤波器和-ve 边带滤波器的功率差异，可以反映频率的偏移。误差的符号指示了调整频率的方向。

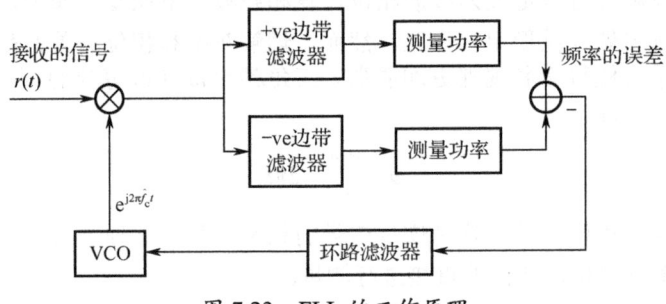

图 7.23　FLL 的工作原理

7.3.3　细频率校正

在粗频率校正（Coarse Frequency Correction，CFC）之后，仍然存在基于所选择配置分辨率的偏移。细频率校正（Fine Frequency Correction，FFC）也称为载波相位校正，将为最终解调提供稳定的星座图。其本质在于将接收的信号的剩余频率偏移驱动至零。

如图 7.24 所示，接收的信号与本地载波之间存在相位误差。这导致接收信号强度的降低，从而相应地降低了信噪比（SNR）。

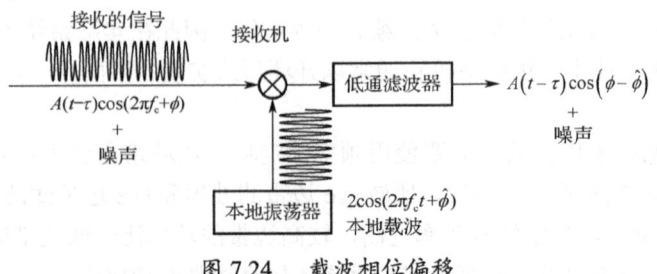

图 7.24　载波相位偏移

QAM 接收机内的同相和正交部分用于解调信号。当 QAM 信号中的载波相位与同相分量和正交分量存在误差时，可能导致更糟的结果。如果本地载波与接收的信号完美同步，则同相载波与接收信号的正交分量保持正交性。然而，当出现载波相位误差时，这种正交性会受到破坏，同相和正交部分会互相干扰，进一步降低系统性能，如图 7.25 所示。

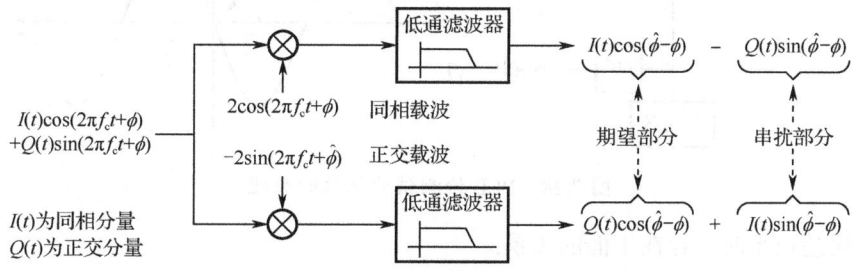

图 7.25 载波相位偏移产生的影响

如果从星座图分析，载波相位的偏移将导致 IQ 平面内点的旋转。一个存在 30°偏移的 16QAM 的星座如图 7.26 所示。

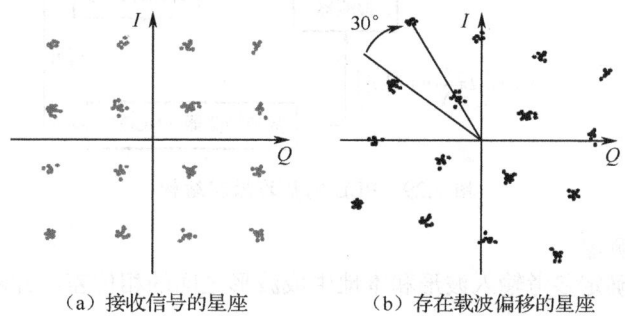

（a）接收信号的星座　　（b）存在载波偏移的星座

图 7.26 一个存在 30°偏移的 16QAM 的星座

1. 相位锁相环

相位调制系统使用相位锁相环（Phase Locked Loop，PLL）来跟踪载波相位。实际上，在这样的系统中，PLL 执行解调操作。PLL 用于解调系统的原理如图 7.27 所示。

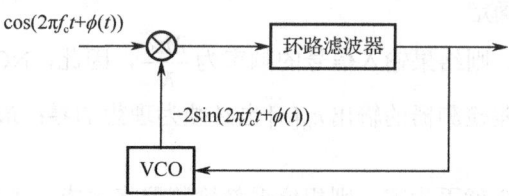

图 7.27 PLL 用于解调系统的原理

PLL 的工作基于一个事实，即 $\sin[\theta(t)]$ 和 $\cos[\theta(t)]$ 正交，这个关系可以表示为：

$$\int_{-\infty}^{\infty} \sin[\theta(t)]\cos[\theta(t)]\mathrm{d}t = 0$$

如果两个信号不是严格的 90°的关系，则将破坏正交关系。因此，可以用该特性来设计一个单元，用于估计两个载波信号的相位误差。PLL 检测信号相位的原理如图 7.28 所示。

注：本地振荡器有因子 2，用于简化运算。

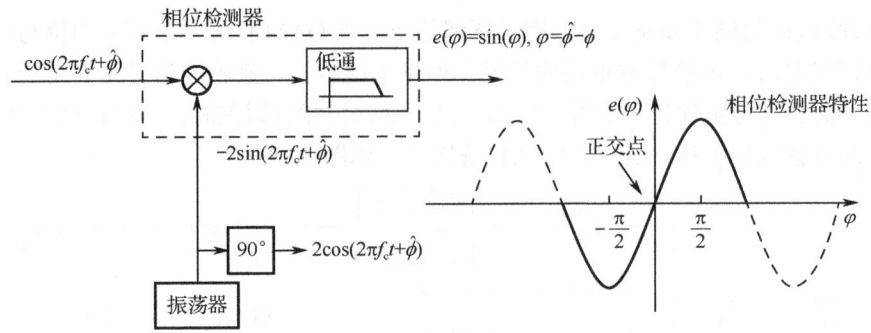

图 7.28　PLL 检测信号相位的原理

当相位误差很小时,存在下面的关系:

$$\sin[\theta(t)] \approx \theta(t)$$

PLL 完整的原理结构如图 7.29 所示。

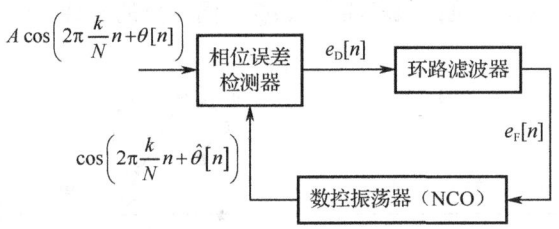

图 7.29　PLL 完整的原理结构

(1) 相位误差检测器。

相位误差检测器确定参考输入波形和本地生成波形之间的相位差,并表示为 $e_D[n]$。

(2) 环路滤波器。

环路滤波器设置 PLL 的动态性能限制。此外,它有助于滤除相位误差检测器中产生的噪声和不相关的频率分量,其输出表示为 $e_F[n]$。

(3) 数控振荡器 (Numerically Controlled Oscillator,NCO)。

NCO 生成局部离散时间离散值波形,其相位尽可能接近参考信号的相位。每步期间的相位调整量由环路滤波器输出确定。

首先,假设 $\theta[n]$ 为零,则结果输入信号的频率为 $\dfrac{2\pi k}{N}$,因此,NCO 工作在相同的频率,并且 θ_e 为零;随后,相位误差检测器的输出 $e_D[n]$ 也必须为理想的零;最终,导致环路滤波器的输出 $e_F[n]$ 也为零。

然而,如果在一开始 θ_e 就不为零,则相位误差检测器将生成一个非零的输出信号 $e_D[n]$,将根据 θ_e 上升或下降;随后,环路滤波器产生一个有限的信号 $e_F[n]$;最终,使得 NCO 将以 θ_e 再次为零的方向来改变它自己的相位。

PLL 典型的实现结构如图 7.30 所示。下面对该实现结构的原理进行详细说明。

1) 相位误差检测器

相位误差检测器是一个单元,它的输出是 PLL 输入相位 $\theta[n]$ 和 PLL 输出相位 $\hat{\theta}[n]$ 差值的函数 $f(\cdot)$。因此,相位误差检测器的输出 $e_D[n]$ 可写成:

$$e_D[n] = f\{\theta[n] - \hat{\theta}[n]\} = f\{\theta_e[n]\}$$

由于相位 $\theta[n]$ 嵌入输入正弦曲线中,并且不能直接访问,因此函数 $f(\cdot)$ 通常是非线性的。

这种 PLL 的相位等效表示可以通过考虑所有正弦曲线的相位并通过环路跟踪这些相位上的操作来绘制。相位误差检测器的内部结构如图 7.31 所示。

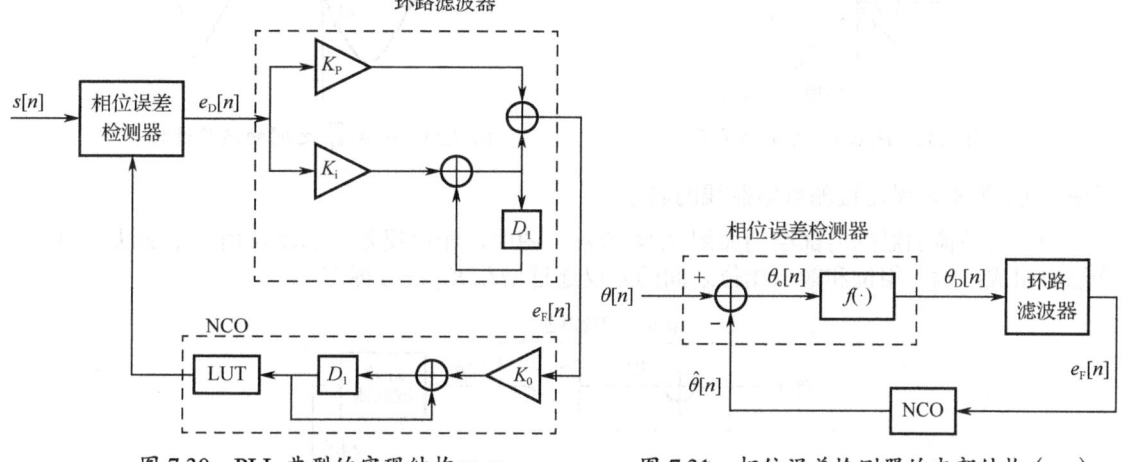

图 7.30 PLL 典型的实现结构　　图 7.31 相位误差检测器的内部结构（一）

如前所述，由于相位误差检测器不能直接访问正弦相位，所以 PLL 是非线性器件。尽管在现实中，输出通常是输入和输出正弦曲线之间相位差的非线性函数 $f(\cdot)$，但由于以下原因，锁定条件下的绝大多数 PLL 可以近似为线性。在平衡中，环路必须保持调整控制信号 $e_F[n]$，使得 NCO 的输出 $\hat{\theta}[n]$ 几乎等于输入相位 $\theta[n]$。因此，在正确的操作过程中，相位误差 $\theta_e[n]$ 应该为零。

$$\theta_e[n] = \theta[n] - \hat{\theta}[n] \to 0$$

为了实现这一点，相位误差检测器输出 $e_D[n] = f(\theta_e[n])$ 处的曲线形状应该是怎样的呢？为了找到答案，首先假设 $\theta_e[n]$ 是正的，看看怎样可以使它变为零。

$$\theta_e[n] > 0 => \theta[n] - \hat{\theta}[n] > 0$$
$$=> \theta[n] > \hat{\theta}[n]$$

所以，应该增加 $\hat{\theta}[n]$，则

$$=> e_F[n] > 0$$
$$=> e_D[n] > 0$$
$$=> f(\theta_e[n]) > 0$$

类似地，如果 $\theta_e[n] < 0$，则 $e_D[n] = f(\theta_e[n])$ 应该为负。

相位误差检测器的输入和输出之间的关系如图 7.32 所示。图中给出了相位误差 θ_e 和平均相位误差检测器输出平均值 $\{e_D[n]\} = \overline{e_D}$ 之间的关系。该关系称为 S 曲线，这是因为它的形状像英文字母 "S"。

如图 7.32 所示，在稳态条件下，$\theta_e[n]$ 在原点附近徘徊，因此 $e_D[n] = f(\theta_e[n])$ 也停留在图中椭圆区域内。在图 7.33 中，绘制了一条扩展的典型 S 曲线，其中可以观察到即使有更大的误差 $\theta_e[n]$，PLL 也能将其拉回来。$e_D[n]$ 随着 $\theta_e[n]$ 的增大而增大，因此 $\hat{\theta}[n]$ 增大，随后将 $\theta_e[n] = \theta[n] - \hat{\theta}[n]$ 拉回到零。然而，转向力取决于在线性区域之外不同的 $e_D[n]$ 的大小。可以推断，在线性操作区域（直线关系）中，零附近的正斜率产生稳定的锁定点，以及零附近的负斜率不会产生稳定的锁定点。

在小的线性操作范围内，可以使用线性技术来分析 PLL。对于小的 θ_e，在这个区域周围，进行非线性运算。非线性运算 $f(\cdot)$ 可以近似为

$$f\{\theta_e\} \approx K_D \cdot \theta_e$$

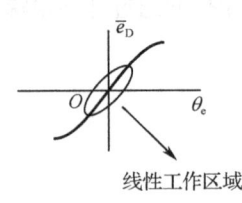

图 7.32 θ_e 和 $\overline{e_D}$ 之间的关系

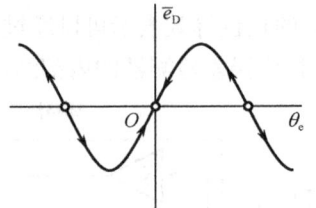

图 7.33 θ_e 和 $\overline{e_D}$ 之间的调整过程

式中，K_D 为相位误差检测器增益线的斜率。

相位误差检测器的内部结构如图 7.34 所示。图中，相位误差检测器仅由一个加法器和一个乘法器组成：输入相位和输出相位之间的差仅通过增益 K_D 进行标定。

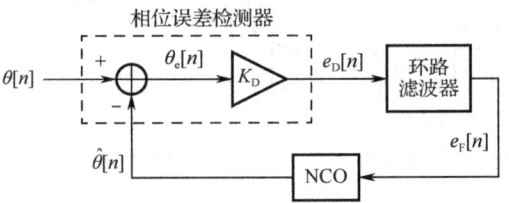

图 7.34 相位误差检测器的内部结构（二）

2）比例积分（Proportional Integrator，PI）环路滤波器

PLL 中的环路滤波器主要执行两个任务。

（1）向 NCO 传递合适的控制信号，并建立环路的动态性能。大多数 PLL 应用需要环路滤波器，该环路滤波器不仅能够将输入和输出正弦曲线之间的相位偏移驱动为零，而且能够在合理的范围内跟踪频率的偏移。

> 注：前面已经提到，对于较大的载波频率偏移，需要 PLL。

（2）抑制噪声和高频信号分量。

对于上述任务，在 PLL 中普遍使用 PI 环路滤波器。正如名字所表示的那样，PI 滤波器是一个比例和积分器元件。比例项是简单的增益 K_P。它向滤波器输出提供一个与滤波器输入成比例的信号：

$$e_{F,1}[n] = K_P \cdot e_D[n]$$

积分器是带有增益 K_i 的理想积分器。它向滤波器输出提供一个与输入信号的积分成比例的信号，或者在离散时间中：

$$e_{F,2}[n] = e_{F,2}[n-1] + K_i \cdot e_D[n]$$

可以推断，相位误差检测器执行前向差分积分来累积其输入。在存在频率偏移的情况下，累加元件对于将相位锁相环（PLL）输出处的稳态误差驱动至零是必不可少的。将比例分量和积分器分量组合得到环路滤波器输出 $e_F[n]$：

$$e_F[n] = e_{F,1}[n] + e_{F,2}[n]$$

当使用离散/数字方式实现 PI 环路滤波器时，图 7.30 给出了离散方式实现 PI 环路滤波器的内部结构。该图中的 D_1 表示延迟单元，物理上对应于触发器。

3）数控振荡器

信号 $e_F[n]$ 作为控制信号的输入，以设置振荡器的相位。数控振荡器这一名称源自其相位取决于输入控制信号的幅度。常见的数控振荡器包括电压控制振荡器（Voltage Controlled Oscillator，

VCO）和数字控制振荡器（Numerically Controlled Oscillator，NCO）。

VCO 的振荡频率由其电压输入控制，因此它是模拟 PLL 的重要组成部分。然而，随着收发器功能越来越多地向数字域转移，模拟 PLL 在波形同步中的使用越来越少。

NCO 则创建离散时间和离散值（即数字）表示的波形，其相位由输入的数字控制。在无线通信设备中，NCO 在生成数字版本的 PLL 以实现同步方面发挥着核心的作用，并且可应用于 FM 等模拟调制方案。NCO 主要由两个功能部件组成：相位累加器和查找表。

（1）相位累加器：NCO 根据输入信号 $e_F[n]$ 调整它的输出相位 $\hat{\theta}[n]$，即

$$\hat{\theta}[n] = K_0 \sum_{i=-\infty}^{n-1} e_F[i]$$

式中，K_0 是振荡器增益的比例常数。从这个表达式中可以看出，NCO 充当相位累加器。注意，输出也可以修改为：

$$\hat{\theta}[n] = K_0 \sum_{i=-\infty}^{n-1} e_F[i] = K_0 \sum_{i=-\infty}^{n-2} e_F[i] + K_0 \cdot e_F[n-1]$$
$$= \hat{\theta}[n-1] + K_0 \cdot e_F[n-1] \bmod 2\pi$$

可以推断，NCO 通过执行后向差分积分来累积其输入。与模拟 VCO 不同，相位累加器的增益 K_0 可以很容易地被设置为固定值，如 1，或一些其他归一化因子。

（2）查找表（Look-Up Table，LUT）：来自积分器的相位更新 $\hat{\theta}[n]$ 用作 LUT 的索引，该查找表存储所需采样波形（如正弦和余弦）的数值。因此输出可以计算为：

$$s_I[n] = \cos(\hat{\theta}[n])$$
$$s_Q[n] = \sin(\hat{\theta}[n])$$

显然，查找表的大小决定了对存储资源的需求以及 $\hat{\theta}[n]$ 的量化值，因此需要在存储资源和波形近似误差之间进行权衡。在大多数应用中，为了减少通过存储样本之间插值所产生的相位误差噪声，通常需要更精细的估计，因此不必改变查找表的大小。

2. 科斯塔斯环

科斯塔斯环（Costas Loop）是通用电气公司的约翰·科斯塔斯（John Costas）于 1956 年设计的一种载波相位同步解决方案。它对调制解调器信号处理，特别是载波同步产生了深远的影响。在此之前，通常需要发送导频音以实现载波同步，同时消耗大量功率的数据信号。约翰·科斯塔斯是最早证明载波相位可以在不需要导频音的情况下，从接收信号中可靠恢复的科学家之一。

科斯塔斯环可用于跟踪抑制载波幅度调制信号，其结构如图 7.35 所示。

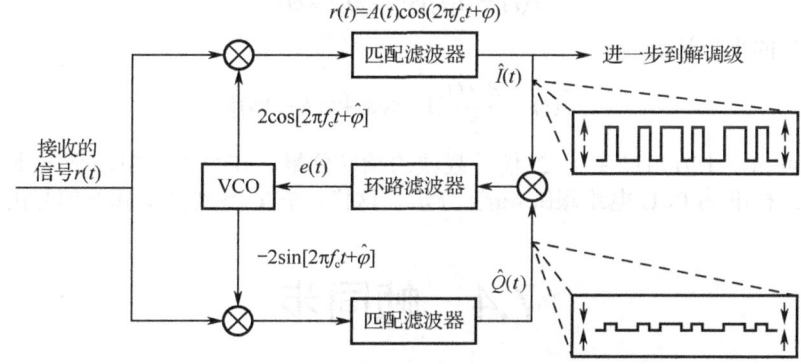

图 7.35 科斯塔斯环的结构

科斯塔斯环基于 $\sin[\theta(t)]$ 和 $\cos[\theta(t)]$ 正交的关系。信号 $A(t)\cos[2\pi f_c t+\varphi]$ 包含了同相分量。接收信号可以表示为：

$$r(t) = I(t)\cos(2\pi f_c t + \varphi) + Q(t)\sin(2\pi f_c t + \varphi)$$

式中，$I(t) = A(t)$，$Q(t) = 0$。

在实际应用中，VCO 并不与载波同步。因此，科斯塔斯环两臂接收的信号为

$$\hat{I}(t) = A(t)\cos(\varphi - \hat{\varphi})$$
$$\hat{Q}(t) = A(t)\sin(\varphi - \hat{\varphi})$$

科斯塔斯环的环路滤波器的输入为这两个信号的乘积：

$$e(t) = A^2(t)\cos(\varphi - \hat{\varphi})\sin(\varphi - \hat{\varphi}) = \frac{1}{2}A^2(t)\sin(2(\varphi - \hat{\varphi}))$$

通过环路滤波器后去除噪声部分，所以

$$e(t) \approx \frac{1}{2}\overline{A^2(t)}\sin(2(\varphi - \hat{\varphi}))$$

可以以符号率（最大有效点）采样匹配滤波器的输出，使用前面描述的类似方法来估计出相位误差的等式。

3．平方环

平方环的结构如图 7.36 所示。平方环是一种用于载波恢复的可选方法，特别适用于恢复抑制载波的调幅信号。通过将信号自身与其平方相乘，可以生成一个频率为载波频率两倍的信号分量。

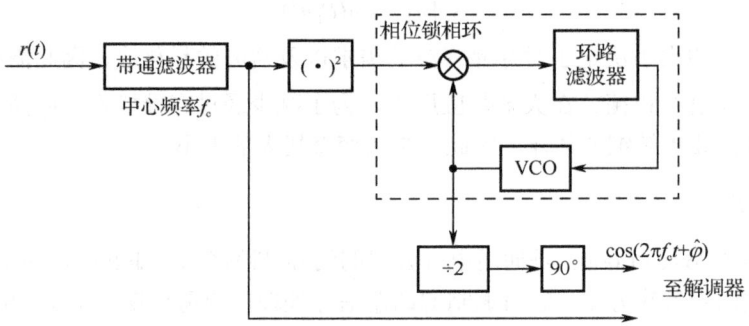

图 7.36 平方环的结构

该平方环能跟踪和估计载波的相位。假设接收信号为：

$$r(t) = A(t)\cos(2\pi f_c t + \varphi)$$

则对该信号的平方运算为：

$$r^2(t) = \frac{A^2(t)}{2}[1 - \cos(4\pi f_c t + 2\varphi)]$$

从上式中可知，平方后产生了 2 倍于载波的频率分量。在平方环中，平方律单元用于将接收的信号平方。标准的 PLL 电路跟踪 $4\pi f_c t$ 分量。这样，就能得到真实载波信号的频率。

7.4　帧同步

本章前面介绍了定时同步和载波同步，本节将介绍帧同步。

7.4.1 帧的常见格式

确定给定帧开始的常用方法是使用标记,这种方法即使在有线网络中也很常见。然而,在无线通信中,这个问题变得更加复杂。由于信号中含有大量噪声,因此在调制前,通常会在帧中添加专门设计的前导序列。这类序列在接收端是已知的,能够准确估计帧的起始位置。如图 7.37 所示,典型帧的结构按前导码、头部和载荷的顺序排列。在接收机中,头部和载荷是未知的,但它们会保持一定的结构,以便进行正确的译码。

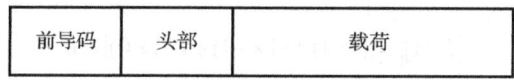

图 7.37 典型帧的结构

在讨论所使用的典型序列之前,首先介绍一种技术,用于估计从未知样本开始的已知序列的起始位置。考虑一组 N 个不同二进制序列集合 b_n,其中 $n \in [1, \cdots, N]$,每个集合长度为 L。给定一个额外的二进制序列 d,确定 d 与现有的 N 个序列的相似度,使用相关校正将提供更合适的估计,即

$$C_{d,b}(k) = \sum_m d^*(m) b_n(m+k)$$

该式除在第二项没有时间反转外,与卷积相同。对于给定的 n,当 $d = b_n$ 时,与其他 $n-1$ 个序列相比,$C_{d,b}$ 将达到最大,并且至少在第 L 个索引处产生一个峰值。因此,读者可以利用这个概念来构建帧起始的估计器,如前所述,该估计器将包含一个称为前导码的已知序列。

7.4.2 巴克码

窄带通信的前导码中常见的序列是巴克码。使用巴克码是因为它们具有独特的自相关特性,具有最小或理想的非峰值相关性。具体地说,这样的码或序列 $a(i)$ 的自相关函数定义为

$$c(k) = \sum_{i=1}^{N-k} a(i) a(i+k)$$

这样,$|c(v)| \leq 1$,$1 \leq v < N$。

然而,只有 9 个序列是已知的,如表 7.1 所示。

表 7.1 巴克码列表

长度 (N)	码		PSLR (dB)
2	+1,−1	+1,+1	−6.0
3	+1,+1,−1		−9.5
4	+1,+1,−1,+1	+1,+1,+1,−1	−12.0
5	+1,+1,+1,−1,+1		−14.0
7	+1,+1,+1,−1,−1,+1,−1		−16.9
11	+1,+1,+1,−1,−1,−1,+1,−1,−1,+1,−1		−20.8
13	+1,+1,+1,+1,+1,−1,−1,+1,+1,−1,+1,−1,+1		−22.3

1. 巴克码的自相关性

为了说明巴克码的自相关性,使用长度 $N=3$ 的码来计算一个例子,即+1,+1,−1。当 $\tau = 0$ 时,

两个信号将完美重叠，因此通过逐个元素相乘计算自相关，对结果求和并取幅度：
$$|R_x[0]| = |(1\times1)+(1\times1)+(-1\times-1)| = 3$$

其长度 $N=3$。

对于时间延迟 $\tau = -1$，一个信号延迟了一个采样，两个序列按下式相乘并求和，即
$$|R_x[-1]| = |(1\times0)+(1\times1)+(-1\times1)| = 0$$

对于时间延迟 $\tau = -2$：
$$|R_x[-2]| = |(1\times0)+(1\times0)+(-1\times1)| = 1$$

对于时间延迟 $\tau = 1$：
$$|R_x[1]| = |(1\times1)+(1\times-1)+(-1\times0)| = 0$$

对于时间延迟 $\tau = 2$：
$$|R_x[2]| = |(1\times-1)+(1\times0)+(-1\times0)| = 1$$

因此，$|R_x[\tau]|$ 的自相关序列为 1、0、3、0 和 1。

峰值旁瓣比（Peak Side Lobe Ratio，PSLR）定义为自相关函数中旁瓣中的绝对最大值与主峰的比值，其数学公式为
$$\text{PSLR(dB)} = 20\log_{10}\frac{\max[R(1),\cdots,R(N)]}{|R(0)|}$$

式中，$\max[R(1),\cdots,R(N)]$ 表示从 1 到 N 的自相关函数 $R(1),\cdots,R(N)$ 中的最大值。

长度为 2 的巴克码自相关幅度如图 7.38 所示。

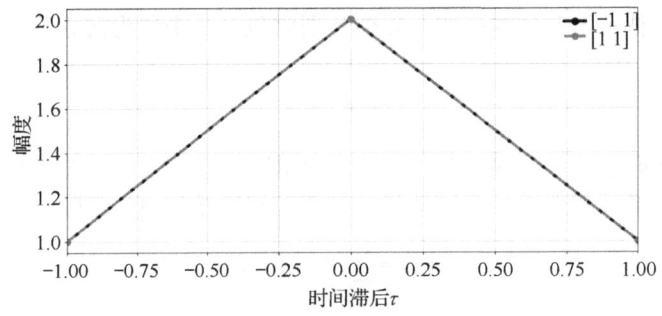

图 7.38　长度为 2 的巴克码自相关幅度

长度为 3 的巴克码自相关幅度如图 7.39 所示。

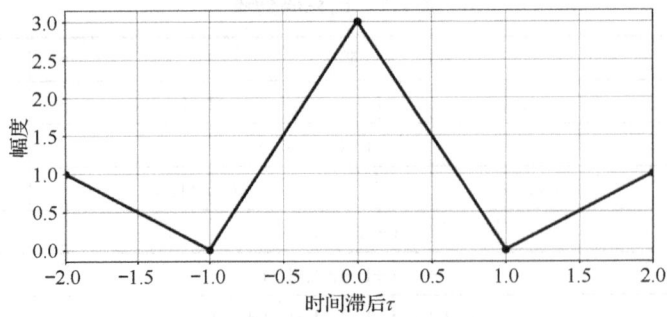

图 7.39　长度为 3 的巴克码自相关幅度

长度为 4 的巴克码自相关幅度如图 7.40 所示。

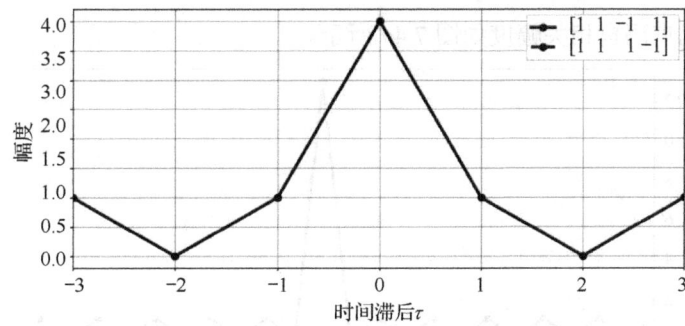

图 7.40 长度为 4 的巴克码自相关幅度

长度为 5 的巴克码自相关幅度如图 7.41 所示。

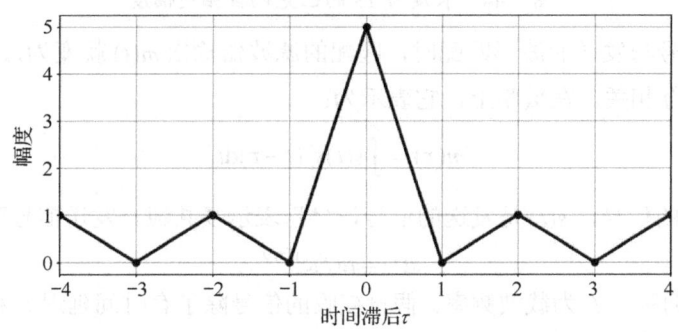

图 7.41 长度为 5 的巴克码自相关幅度

长度为 7 的巴克码自相关幅度如图 7.42 所示。

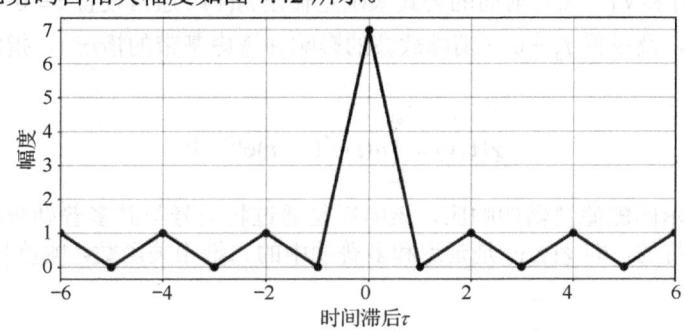

图 7.42 长度为 7 的巴克码自相关幅度

长度为 11 的巴克码自相关幅度如图 7.43 所示。

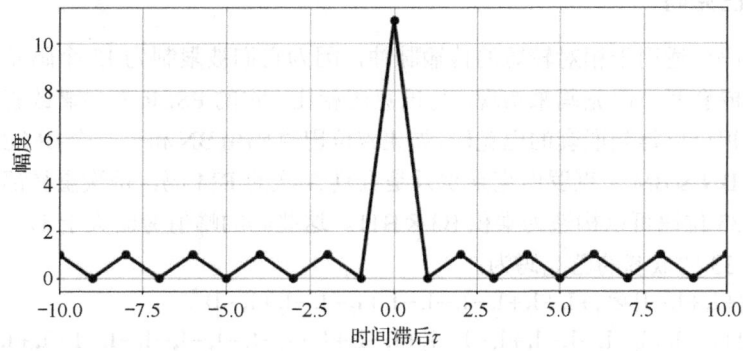

图 7.43 长度为 11 的巴克码自相关幅度

长度为 13 的巴克码自相关幅度如图 7.44 所示。

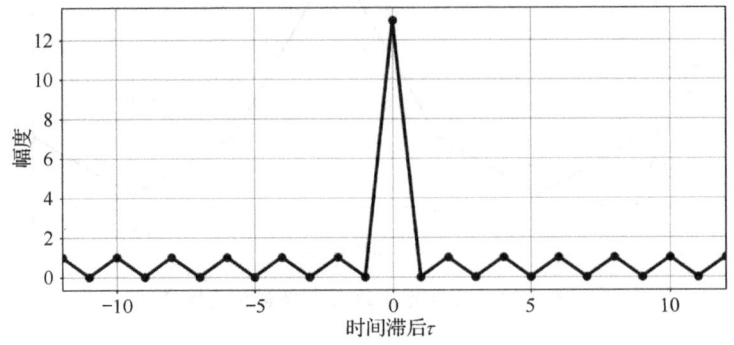

图 7.44　长度为 13 的巴克码自相关幅度

每当接收的信号与发送的波形匹配时，匹配的滤波器输出 $m(t)$ 就变为最大。这是接收信号和发送信号之间的互相关。在数学上，它表示为：

$$m(\tau) = \int_{-\infty}^{\infty} s(t) s_r^*(t-\tau) \mathrm{d}t$$

式中，$s_r(t)$ 是接收的信号，$s(t)$ 是发送的信号，"*"表示复共轭。发送信号可以表示为：

$$s(t) = u(t) \mathrm{e}^{\mathrm{j}2\pi f_0 t}$$

式中，$u(t)$ 是复数调制，f_0 为载波频率。假设接收的信号除了有时间延迟 τ_0 和多普勒频移之外，与发送信号相同，则接收信号

$$s_r(t) = u(t-\tau_0) \mathrm{e}^{\mathrm{j}2\pi(f_0+v)(t-\tau_0)}$$

可以通过将 $s(t)$ 和 $s_r(t)$ 代入前面的公式来确定输出 $m(\tau)$。通常设置 $\tau = 0$（将滤波器响应"居中"在目标延迟）以及设置 $f_0 = 0$（消除载波的影响并考虑基带的情况）。指定符号 χ 表示匹配的滤波器输出，即

$$\chi(\tau, v) = \int_{-\infty}^{\infty} u(t) u^*(t-\tau) \mathrm{e}^{\mathrm{j}2\pi v t} \mathrm{d}t$$

下面的公式表示匹配滤波器的响应，该响应是通过将信号与其多普勒频移和时间移位版本进行相关处理而获得的，即 $\chi(\tau, v)$ 是延迟和多普勒中的二维相关函数。幅度 $|\chi(\tau, v)|$ 被称为模糊函数，即

$$|\chi(\tau, v)| = \int_{-\infty}^{\infty} u(t) u^*(t-\tau) \mathrm{e}^{\mathrm{j}2\pi v t} \mathrm{d}t$$

2. 嵌套的巴克码

已知的巴克码仅适用于相对较短的传输脉冲，因为它们被限制为 13 个码元的长度。嵌套的巴克码可以通过嵌套两个巴克码来实现。与巴克码相比，它的 PSLR 有显著改善。使用两个巴克码的克罗内克乘积可以得到嵌套的巴克码。如果 N 位巴克码由 BN 和另一个 BM 表示，那么 $M \times N$ 位码可以构造为 $BN \otimes BM$。克罗内克乘积只是重复 N 次的 BM 码，每次重复都乘以 BN 码的相应元素。例如，33 位码可以构造为乘积 $B3 \otimes B11$。这些码的峰值旁瓣大于 1。

（1）长度为 33 的嵌套的巴克码为：

$B3 \otimes B11 = \{+1,+1,-1\} \otimes \{+1,+1,+1,-1,-1,-1,+1,-1,-1,+1,-1\}$
$= \{+1,+1,+1,-1,-1,-1,+1,-1,-1,+1,-1,+1,+1,+1,-1,-1,-1,+1,-1,-1,+1,-1,$
$\quad -1,-1,-1,+1,+1,+1,-1,+1,+1,-1,+1\}$

（2）长度为 77 的嵌套的巴克码为：

$B7 \otimes B11 = \{+1,+1,+1,-1,-1,+1,-1\} \otimes \{+1,+1,+1,-1,-1,-1,+1,-1,-1,+1,-1\}$
$= \{+1,+1,+1,-1,-1,-1,+1,-1,-1,+1,-1,+1,+1,+1,-1,-1,-1,+1,-1,-1,$
$+1,-1,+1,+1,+1,-1,-1,-1,+1,-1,-1,+1,-1,-1\}$

7.4.3 Zadoff-Chu 序列

Zadoff-Chu（ZC）序列也称 Chu 序列或 Frank-Zadoff-Chu（FZC）序列，是一个具有复数值的数学序列。当它应用于信号时，能产生恒定振幅的新信号。当在信号上施加 Zadoff-Chu 序列的循环移位版本时，在接收机处检测到的结果信号集彼此不相关。

Zadoff-Chu 序列广泛用于长期演进（Long Term Evolution，LTE）中的同步和信道探测操作。它们的优点在于具有恒定幅度、零循环自相关以及不同序列之间非常低的相关性。

由 M 参数化的 N 长度的 Zadoff-Chu 序列定义如下：

$$x_M[n] = \begin{cases} \exp\left(-j\dfrac{M\pi n^2}{N}\right), & N\text{为偶数} \\ \exp\left(-j\dfrac{M\pi n(n+1)}{N}\right), & N\text{为奇数} \end{cases}$$

式中，M 和 N 互质。

一个 $M=7$ 且 $N=353$ 的 Zadoff-Chu 序列如图 7.45 所示。

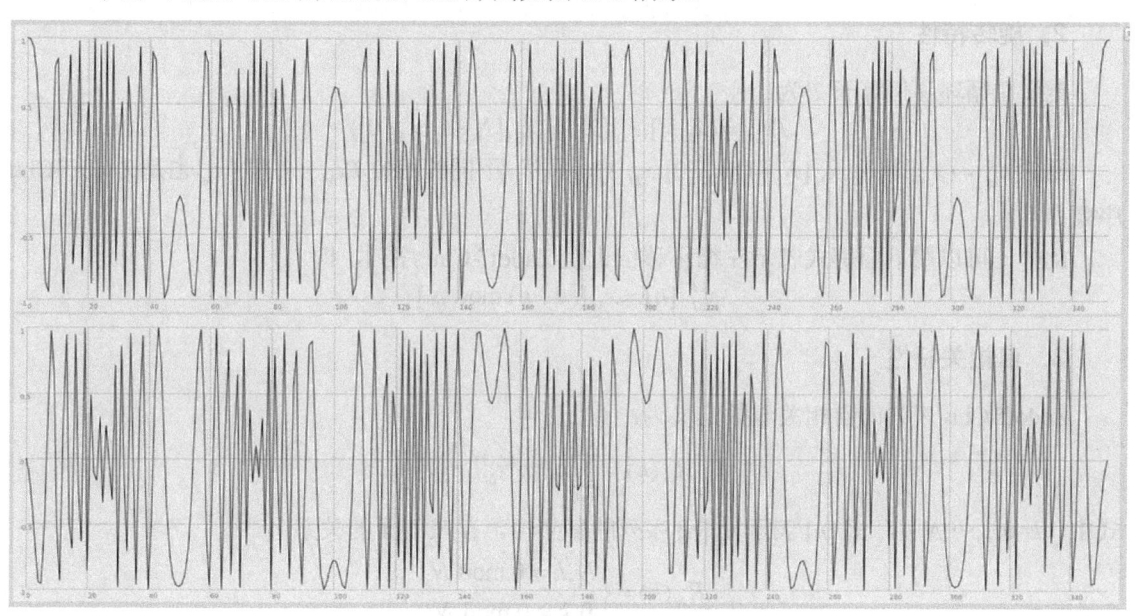

图 7.45　一个 $M=7$ 且 $N=353$ 的 Zadoff-Chu 序列

1．恒定幅度特性

例如，对于 $M=1$ 且 $N=5$ 的 Zadoff-Chu 序列，则：

$$x_1[0] = \exp(0) = 1.0000 + 0.0000i$$
$$x_1[1] = \exp(-j2\pi/5) = 0.3090 - 0.9511i$$
$$x_1[2] = \exp(-j6\pi/5) = -0.8090 + 0.5878i$$
$$x_1[3] = \exp(-j12\pi/5) = \exp(-j2\pi/5) = 0.3090 - 0.9511i$$

$$x_1[4] = \exp(-j4\pi) = 1.0000 + 0.0000i$$

显然，$|x_1[0]| = |x_1[1]| = |x_1[2]| = |x_1[3]| = |x_1[4]| = 1$，只是它们的相位不同而已。更进一步讲，$|x_M[n]| = 1$ 为恒定幅度。对 $M = 25$ 且 $N = 139$ 的 Zadoff-Chu 序列来说，其在复平面上的表示如图 7.46 所示。

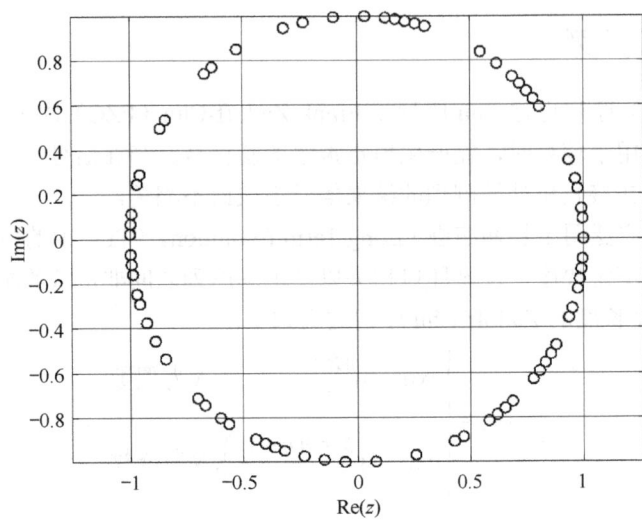

图 7.46 $M=25$ 且 $N=139$ 的 Zadoff-Chu 序列在复平面上的表示

2. 旋转特性

定义左循环移位算子 T 为：
$$Tx_M = (x_M[1], x_M[2], \cdots, x_M[N-1], x_M[0])$$

则 $T^2 x_M = (x_M[2], \cdots, x_M[N-1], x_M[0], x_M[1])$。显然，不同的相位 $Tx_M, \cdots, T^{N-1} x_M$ 也是 Zadoff-Chu 序列。

此外，可以用下面等式表示左循环移位也是 Zadoff-Chu 序列，即
$$x_M^{(K)}[n] = x_M[(n+k) \bmod N]$$

3. 自相关特性

Zadoff-Chu 序列的自相关函数定义为：
$$R_{xx}(k) = \sum_{n=0}^{N-1} x_M^*[n] x_M^{(k)}[n]$$

式中，$k = 0, 1, \cdots, N-1$，$x_M^*[n]$ 表示 $x_M[n]$ 序列的复共轭。存在下面的关系：
$$R_{xx}(k) = \begin{cases} N, k = 0 \bmod N \\ 0, k \neq 0 \bmod N \end{cases}$$

令 $\bar{R}_{xx}(k) = \frac{1}{N} R_{xx}(k)$，则：
$$\bar{R}_{xx}(k) = \begin{cases} 1, k = 0 \bmod N \\ 0, k \neq 0 \bmod N \end{cases}$$

将上面的结果组合在一起称为恒定振幅零自相关（Constant Amplitude Zero Autocorrelation, CAZAC）。因此，该序列是 CAZAC 序列。

4. 互相关特性

对于任何两个相同长度的不同 Zadoff-Chu 序列 $x_{M1}[n]$ 和 $x_{M2}[n]$ ——N 的值相同，但一个具有根索引 $q = M_1$，而另一个具有根号索引 $M_2 \neq M_1$。其互相关定义为：

$$R_{xy}(k) = \sum_{n=0}^{N-1} x_{M_1}^*[n] x_{M_2}^{(k)}[n]$$

式中，$k=0,1,\cdots,N-1$。归一化循环互相关恰好为 $1/\sqrt{N}$。这假设 N 是素数，或者更一般地说，$|M_1 - M_2|$ 是 N 的相对素数，即 N 和 $|M_1 - M_2|$ 的唯一正整数是 1。未规范化的循环互相关为 $\sqrt{N}$。这实际上是具有上面定义的最优自相关的任意两个序列的最优互相关。因此，值得注意的是，如果 N 是素数，则 Zadoff-Chu 序列可以提供此类序列的 $N-1$。

> 注：如果 N 不是素数，$|M_1 - M_2|$ 约束会减少"好"序列的数量，这就是为什么通常 N 首选素数的原因。

5. DFT 和 IDFT

由于序列 $x_M[n]$ 的离散傅里叶变换（Discrete Fourier Transform，DFT）是具有旋转相移的复指数的和，该旋转相移由序列 $x_M[n]$ 加权。如果序列 $x_M[n]$ 是 Zadoff-Chu 序列，其本身是相移的旋转序列，则结果也是 Zadoff-Chu 序列。类似地，Zadoff-Chu 序列的离散傅里叶反变换（Inverse Discrete Fourier Transform，IDFT）也是 Zadoff-Chu 序列。Zadoff-Chu 序列的 IDFT 或 DFT 的精确映射取决于序列的长度 N。

该特性的实现优点是可以直接在频域中生成 Zadoff-Chu 序列，而无须实际进行序列的 DFT。这对于利用频域进行信令的 OFDMA 或 SC-FDMA 波形特别有用。

> 注：计算素数长度序列的 FFT 是非常低效的，这使得该特性特别具有吸引力。

7.4.4 高莱互补序列

1. 互补序列定义

$(a_0, a_1, \cdots, a_{N-1})$ 和 $(b_0, b_1, \cdots, b_{N-1})$ 是一对双极序列，这意味着 a_k 和 b_k 的值为+1 或-1。设序列 x 的非周期自相关函数定义为：

$$R_x(k) = \sum_{j=0}^{N-k-1} x_j x_{j+k}$$

如果同时满足下面两个条件，则称序列 a 和 b 是互补的。

（1）当 $k = 0$ 时，$R_a(k) + R_b(k) = 2N$。
（2）当 $k = 1, \cdots, N-1$ 时，$R_a(k) + R_b(k) = 0$。

或者使用克罗内克 δ 函数，写成：

$$R_a(k) + R_b(k) = 2N\delta(k)$$

因此，可以说互补序列的自相关函数之和是 δ 函数，它是雷达脉冲压缩和扩频通信等许多应用领域的理想自相关函数。

下面给出同时满足上面两个条件的高莱互补序列的例子。

（1）有两个长度为 2 的序列 $(+1,+1)$ 和 $(+1,-1)$，它们的自相关函数分别是 $(2,1)$ 和 $(2,-1)$，加起来是 $(4,0)$。

（2）有两个长度为 4 的序列 (+1,+1,+1,−1) 和 (+1,+1,−1,+1)，它们的自相关函数分别是 (4,1,0,−1) 和 (4,−1,0,1)，加起来为 (8,0,0,0)。

（3）有两个长度为 8 的序列 (+1,+1,+1,−1,+1,+1,−1,+1) 和 (+1,+1,+1,−1,−1,−1,+1,−1)，它们的自相关函数分别是 (8,−1,0,3,0,1,0,1) 和 (8,1,0,−3,0,−1,0,−1)，加起来为 (16,0,0,0,0,0,0,0)。

（4）有两个长度为 10 的序列 (+1,+1,−1,+1,−1,+1,−1,−1,+1,+1) 和 (+1,+1,−1,+1,+1,+1,+1,+1,−1,−1)，它们的自相关函数分别是 (10,−3,0,−1,0,1,−2,−1,2,1) 和 (10,3,0,1,0,−1,2,1,−2,−1)，加起来为 (20,0,0,0,0,0,0,0,0,0)。

2. 互补序列属性

（1）互补的序列具有互补的谱。由于自相关函数和功率谱形成傅里叶对，所以互补序列也具有互补的谱。但由于 δ 函数的傅里叶变换是一个常数，因此可以写作：

$$S_a + S_b = C_s$$

式中，C_s 为常数。S_a 和 S_b 定义为序列的傅里叶变换的平方幅度。傅里叶变换可以是序列的直接 DFT，也可以是零填充序列的 DFT，或者可以是与 $e^{j\omega}$ 的 Z 变换等效的系列的连续傅里叶变换。

（2）C_s 是上界，由于 S_a 和 S_b 是非负值，因此：

$$S_a = C_s - S_b < C_s$$

同理

$$S_b = C_s - S_a < C_s$$

（3）如果将 C_s 对的任一序列反转（乘以 −1），则它们保持互补。更一般地，如果任何序列乘以 $e^{j\varphi}$，则它们将保持互补。

（4）如果将序列中的其中一个反转，则它们保持互补。

（5）如果将序列中的其中一个延迟，则它们保持互补。

（6）如果将序列互换，则它们保持互补。

（7）如果两个序列都乘以相同的常数（实数或复数），则它们保持互补。

（8）如果将两个序列的交替位反转，则它们保持互补。一般来说，对于任意复数序列，如果两个序列都乘以 $e^{j\pi kn/N}$（其中 k 是常数，n 是时间索引），则它们保持互补。

（9）一对新的互补序列可以形成 $[ab]$ 和 $[a-b]$，其中 $[..]$ 表示并置/连接，a 和 b 是一对 C_s。

（10）一对新的序列可以形成 $[ab]$ 和 $[a-b]$，其中 $[..]$ 表示序列的交织。

（11）一对新的序列可以形成 $a+b$ 和 $a-b$。

3. 高莱对

可以将互补对 a 和 b 编码为多项式 $A(z) = a(0) + a(1)z + \cdots + a(N-1)z^{N-1}$ 和 $B(z) = b(0) + b(1)z + \cdots + b(N-1)z^{N-1}$，序列的互补属性等效于条件：

$$|A(z)|^2 + |B(z)|^2 = 2N$$

对于单位圆上的所有 z，即 $|z| = 1$。如果是这样，A 和 B 就形成了一对高莱多项式。例如，Shapiro 多项式，它产生长度为二次幂的互补序列。

第 8 章

信道估计与均衡原理和实现

本章将详细介绍信道估计的必要性,并探讨通过信道均衡进一步提高信号传输质量的方法。我们将介绍简化的误差模型以及几种向通信系统添加均衡器的实用策略,具体包括基于决策方向和训练的均衡设计。均衡器是一种有效的工具,可用于处理环境中的多种失真源以及节点之间的不匹配。

8.1 多径干扰

在第 7 章中,我们详细介绍了发射机和接收节点之间的同步。通过同步方法的引入,帧恢复变得可行,因为成功译码帧的阈值已被达到。然而,在某些情况下,这仍然不够。假设接收信号的信噪比(Signal Noise Ratio,SNR)足够高,环境中剩下的挑战主要是多径效应和其他附加干扰。

多径(multipath)是由信道的色散特性引起的,它表现为传输信号沿不同路径到达接收机的缩放反射效果。由于这些反射沿不同路径传播,从接收机的角度来看,会观察到不同的衰减和延迟。这些缺陷可以视作传输信号的回声,并且可以通过有限冲激响应(Finite Impulse Response,FIR)滤波器进行有效建模。

第一个接收信号与最终接收回波之间的时间差被定义为信道的延迟扩展。图 8.1 和图 8.2 展示了多径的物理表示以及视线(Line of Sight,LoS)信号和两个散射体的时域表示。这些图反映了多径的射线追踪表示,但实际上,由于信号反射特性,多径可以视作一个连续体。射线追踪则是对该连续体的离散化,通常用于对多径进行建模,这是因为其理解和数学建模相对简单。

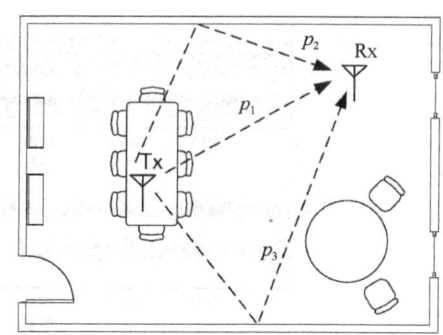

图 8.1 室内环境多径的例子

当延迟扩展相对于信号带宽持续时间较长时,多径效应会对接收到的信号造成严重失真,并导致符号间干扰(Inter-symbol Interference,ISI)。延迟扩展是环境的一个函数,因此在设计系统时必须考虑这一点。例如,在多径距离较大的室外环境中,将产生较大的延迟扩展。从数学上来说,可以将散射必须行进的距离 D 与该距离相关的采样延迟 t_s 关联起来,即

$$t_s = \frac{B \times D}{c}$$

式中，c 为光速。20MHz 的 Wi-Fi 信号必须额外传播大约 15m 后才能引起单次传播延迟采样。然而，由于信道距离较短，可能存在大量高功率散射体。由于路径损耗，干扰源的信号功率和延迟扩展通常呈反比。

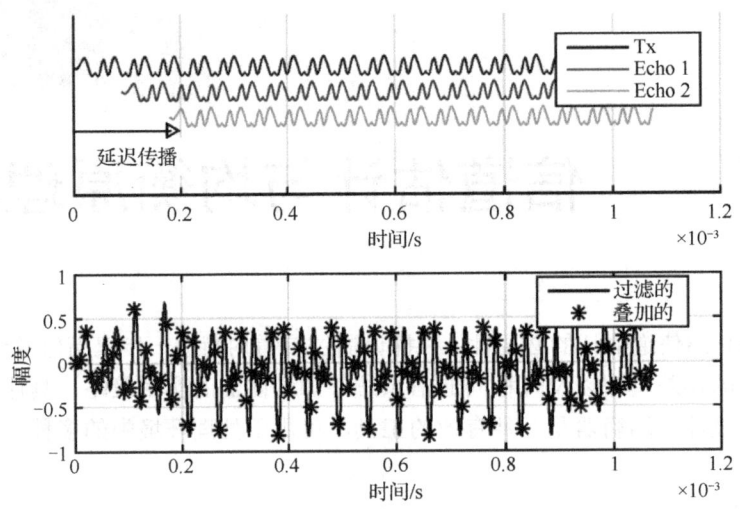

图 8.2 多径传播环境的物理特性

在数学上，可以将接收的多径信号 r 建模为在随机时间偏移 Δ_n 的脉冲串，包含对发送信号 x 的增益 α_n，即

$$r(t) = \mu(t) + \sum_{n=1}^{N} \alpha_n x(t - \Delta_n)$$

式中，有 $N-1$ 个散射，μ 是额外的干扰源或噪声，只要 μ 和 x 不相关，并且是周期性或自回归的，就可以从信号空间中对其进行滤波。在确实有多路径的情况下，将在接收端将其看作 ISI。图 8.3 给出了这种情况，其中观察到 QPSK 信号 r。在图 8.3 中，观察到符号随时间的拖尾效应，将其看作星座图中的符号漂移。基于上面的公式，可以使用 FIR 滤波器简单地对多径效应进行建模。

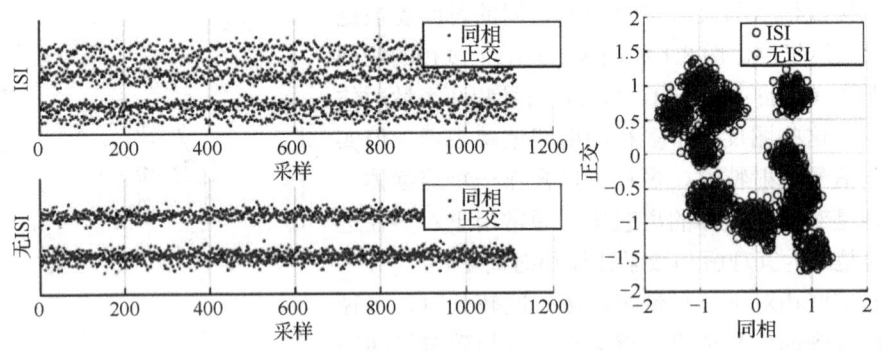

图 8.3 符号拖尾效应随时间的影响

8.2 信道估计

在考虑给定信道的校正效果之前，读者可以先关注未知信道的估计。与信道均衡不同，信道估计是一个理想的起点，因为在仿真中存在一个已知的解决方案可供测试，而均衡可能不会

根据信道和噪声条件产生唯一的方案。

为了进行信道估计，我们采用 Widrow 和 Hoff 开发的最小均方（Least Mean Square，LMS）算法。LMS 算法是一种梯度下降或牛顿类型的算法，被广泛认为是信号处理中的标准自适应滤波算法。该算法利用传输序列中的已知信息或符号来估计接收数据的"损坏"，并将其建模为有限冲激响应（FIR）滤波器。

图 8.4 展示了一个通用的信道估计模型，读者可以使用该模型来推导系统实现。此外，还存在其他自适应滤波算法，如递归最小二乘（Recursive Least Square，RLS）算法，在许多情况下，RLS 可以优于 LMS。

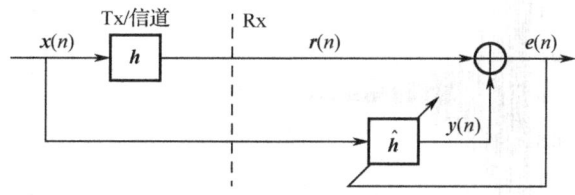

图 8.4 一个通用的信道估计模型

然而，当设计不当时，RLS 可能会出现稳定性问题，并且由于需要矩阵求逆，RLS 的计算更加复杂。

图 8.4 给出了信道估计系统的各个部分，其中我们有未知的静态信道 h，它会影响我们的训练数据（原始信号）$x(n)$。图 8.4 所示系统的目标是匹配 h 和 $\hat{h}$，这将使误差 $e(n)$ 减少为零。为了实现这一目标，自适应算法需要误差信号 $e(n)$ 和原始信号 $x(n)$。这里将利用 LMS 来估计未知信道滤波器 $h \in \{L \times 1\}$，其估计定义为 $\hat{h} \in \{M \times 1\}$，其中 $M \geq L$。对于通过信道滤波器 h 传输的原始信号 $x(n)$，可以使用以下递归算法来估计 h：

$$y(n) = \hat{h}^H(n)x(n)$$
$$e(n) = r(n) - y(n)$$
$$\hat{h}(n+1) = \hat{h}(n) + \mu x(n)e^*(n)$$

式中，$x(n) = [x(n), x(n-1), \cdots, x(n-M-1)]^T$。$\mu$ 是控制步长，它提供了对收敛速度和稳定性的控制。步长的选择因实现而不同，但应满足 $0 < \mu < \dfrac{2}{\lambda_{max}}$，其中 λ_{max} 是真信道 $R = E[hh^H]$ 自相关的最大特征值。或者，由于 h 是未知的，一个较为宽松和更安全的边界是 $M\sigma^2$，其中 σ^2 是 $r(n)$ 的方差。对于 LMS 算法稳定性的分析，读者可以查阅相关的文献。

信道长度 L 对单个环境来说是未知的，但通过测量以及根据信道环境的物理性质，可以对长度进行估计。这与之前关于延迟扩展的讨论有关，延迟扩展是信道长度的另一种描述。

上面的递归计算式使用 MATLAB 进行实现，如代码清单 8-1 所示。

代码清单 8-1 LMS 算法的 MATLAB 实现

```matlab
h = [0.5; 1; -0.6];              % Channel to estimate
mu = 0.01;                        % Stepsize
trainingSamples = 1000;
x = sign(randn(trainingSamples,1));  % Generate BPSK data
r = filter(h,1,x);                % Apply channel
L = length(h);
h_hat = zeros(L,1);
%% Estimate channel
for n = L:trainingSamples
```

```
    in = x(n:-1:n-L+1);              % Select part of training input
    y = h_hat' * in;                 % Apply channel estimate to training data
    e = r(n) -y;                     % Compute error
    h_hat = h_hat + mu * conj(e) * in;   % Update taps
end
```

根据上面的 MATLAB 代码可知,需要 $2L+1$ 次乘法和 $L+1$ 次加法。迭代计算过程中误差的变化趋势如图 8.5 所示。

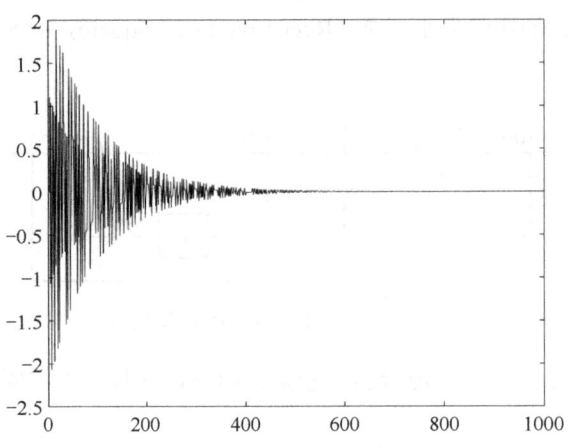

图 8.5 迭代计算过程中误差的变化趋势

可以进一步扩展代码清单 8-1 中给出的 MATLAB 代码,并通过可视化信道估计的形状来更好地理解所设计系统的准确性,如图 8.6 所示。在确定均衡器设计的参数时,检查响应,尤其是对于复杂或极端信道,可能非常有用。

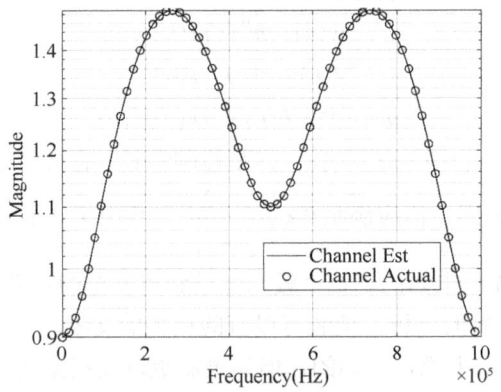

图 8.6 使用 LMS 算法的示例信道和相关估计

在代码清单 8-2 中,提供了一个如何可视化信道响应及其估计的示例。在该代码中,使用了 freqz 函数,利用 FFT 计算数字滤波器的频率响应。

代码清单 8-2 MATLAB 代码

```
%% Plot responses
Fs = 1e6; N = 64;
htrue=freqz(h,1,N,Fs,'whole');
[hb,we]=freqz(h_hat,1,N,Fs,'whole');
semilogy(we,abs(hb), 'b')
hold on;semilogy(we,abs(htrue), 'bo' ); hold off
```

```
grid on;xlabel('Frequency (Hz)');
    ylabel('Magnitude');
    legend('Channel Est','Channel Actual','Location','Best');
```

图 8.6 中提供的响应和估计得出了非常准确的结果。然而，随着将噪声引入系统，信道变得更加复杂，这种估计将变得更差。然而，假设 LMS 算法已经收敛，则误差应仅限于所选择的步长 μ 和信道噪声。

8.3 均衡器

与信道估计不同，均衡器的目标是消除信道的影响，并尽可能减少干扰。与信道估计类似，为了在接收机端训练均衡器以减轻信道影响，通常需要一些关于源数据的知识。这些信息通常来自帧的前导序列或报头部分，因为在逻辑操作中，我们总会传输一些已知数据，这些已知数据通常称作有效载荷。

在此，我们讨论几种自适应均衡器的实现方法。

8.3.1 线性均衡器

与 8.2 节不同，本节从另一个角度处理滤波器的演化问题。这里的目标不是使滤波器进化以匹配信道，而是使滤波器进化以补偿信道本身，并在滤波器的输出端精确地再现训练数据。这样的布局如图 8.7 所示，其中均衡器滤波器或前向滤波器被放置在接收数据的路径中。然后，使用已知的传输数据来调整该滤波器，以便有效地补偿信道的影响。为了解决这一问题，LMS 算法可用于求解滤波器 $f \in \{k \times 1\}$，使其能够均衡给定信道的影响。

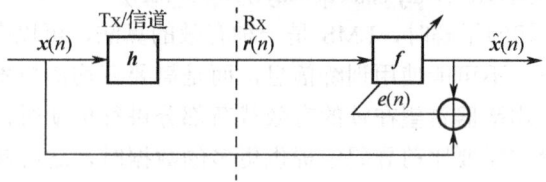

图 8.7　使用已知数据对 FIR 信道 h 进行自适应 FIR 均衡

这里需要将 8.2 节中的递归函数修改为以下形式：

$$\hat{x}(n) = f^H(n)r(n)$$

$$e(n) = x(n) - \hat{x}(n)$$

$$f(n+1) = f(n) + \mu e^*(n)r(n)$$

式中，$r(n) = [r(n), r(n-1), \cdots, r(n-K-1)]^T$。

在这种情况下，算法的目标是将接收的样本与发送的数据进行匹配。如果算法收敛，则组合滤波器的最终输出应仅包含延迟后的信号：

$$x(n) * h * f = \hat{x}(n - \delta)$$

式中，*表示卷积操作，δ 表示级联信道滤波器和均衡器的群延迟。因此，均衡器和信道的响应的组合应该是平坦的，其对应的 MATLAB 代码如代码清单 8-3 所示。

代码清单 8-3　更新后递归函数的 MATLAB 代码描述

```
h = [0.2; 1; 0.1; 0.02];              % Channel taps
mu = 0.001;                            % Stepsize
```

```
trainingSamples = 1e4;
x = sign(randn(trainingSamples,1));     % Generate BPSK data
r = filter(h,1,x);                       % Apply channel
K = length(h)+1;
f = zeros(K,1);
delta = 3;                               % Reference tap
%% Equalize channel
index = 1;
[e,x_hat]=deal(zeros(trainingSamples-K+1,1));
for n = K:trainingSamples
  in = r(n:-1:n-K+1);                    % Select part of training input
  x_hat(index) = f' *in;                 % Apply channel estimate to training data
  e = x(n-delta)-x_hat(index);           % Compute error
  f = f + mu*conj(e)*in;                 % Update taps
  index = index + 1;
end
```

δ 将训练序列进一步偏移到滤波器中,如果最早的滤波器抽头不能产生最大的增益,则它是有用的。可以说,这更有效地利用了均衡器信道长度的额外抽头优势。由于这个均衡器必须是因果的,$\delta > 0$,否则我们需要了解未来的样本(非因果)。此外,这种延迟会影响输出延迟,因此也必须对此进行补偿。要正确估计信号中的位错误,可以使用代码清单 8-4 给出的代码。

代码清单 8-4 估计信号中位错误的 MATLAB 代码

```
% Slice
x_bar = sign(x_hat);
% Calculate bit errors
eqDelay = K-delta;
fprintf('BER %2.4f n' ,mean(x(eqDelay:end-eqDelay-1) ~= x_bar));
```

当我们对源符号有确切的了解时,LMS 是一种有效的算法,可以在给定的信道上达到维纳解。然而,在很多情况下,不可能使用训练信息,而是需要盲均衡技术。当接收的信号不包含已知的前导码时,或者当均衡器希望在帧的有效载荷部分进行更新时,需要进行盲均衡。当信道具有较长的滤波器长度或需要比前导码中提供更多的数据时,这种实现是必要的。或者,对于信道相干性短于帧的高度动态信道,可能需要更新均衡器以保持所需要的 BER。在这里,我们将考虑一种决策导向(Decision Directed,DD)的 LMS 均衡器。虽然还存在其他实现。如恒模(Constant Modulus,CM)均衡器,有时也称之为色散最小化(Dispersion Minimization,DM)算法。

DD 均衡器通过对接收的数据做出硬判决来估计最可能的符号,并根据该估计更新均衡器,更新后的均衡器结构如图 8.8 所示,该图在均衡器输出后插入了一个决策块。因此,除调制方案外,接收机不知道 $x(n)$ 的有关知识。前面给出的误差项在 DD 的情况下被更新为:

$$e(n) = \hat{x}(n) - \bar{x}(n)$$

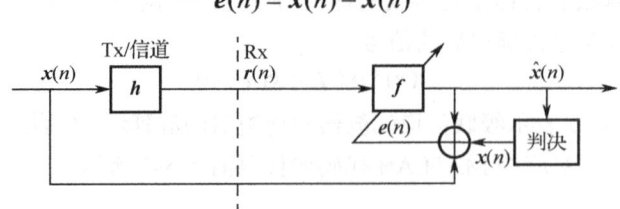

图 8.8 使用已知的决策导向数据对 FIR 信道 h 进行自适应 FIR 均衡

式中，$\hat{x}(n)$ 是均衡接收信号 $x(n)$ 的最大似然估计。对于 BPSK 和 QPSK 的情况，有下面的估计器：

$$\bar{x}(n) = \begin{cases} \text{sign}(y(n)) & \text{如果BPSK} \\ \text{sign}(\text{real}(x(n))) + i \times \text{sign}(\text{imag}(x(n))) & \text{如果QPSK} \end{cases}$$

当 $x(n)$ 和 $\hat{x}(n)$ 相对接近时，DD 均衡可以有效，但当其差异较大时，DD 均衡器的性能可能较差。或者，从眼图的观点来说，眼图的"眼睛"最初必须在一定程度上打开，以便 DD 均衡有效或者以合理的符号数量有效地反转信道。图 8.9（a）给出了具有 ISI 的接收信号，图 8.9（b）给出了 LMS 均衡后的信号，图 8.9（c）给出了 DD 均衡后的信号。LMS 实现在几百个采样后收敛，而 DD 均衡器大约需要 2000 个样本才能打开"眼睛"，但仍然具有大量的噪声。LMS 具有明显的优势，但与 DD 不同，它需要知道确切的源符号。注意，两个均衡器都使用了相同的 μ，均衡器的初始化：

$$f_{\text{LMS}} = f_{\text{DD}} = [1, 0, \cdots, 0] \varepsilon^{\{K \times 1\}}$$

f_{DD} 不能初始化为全零。

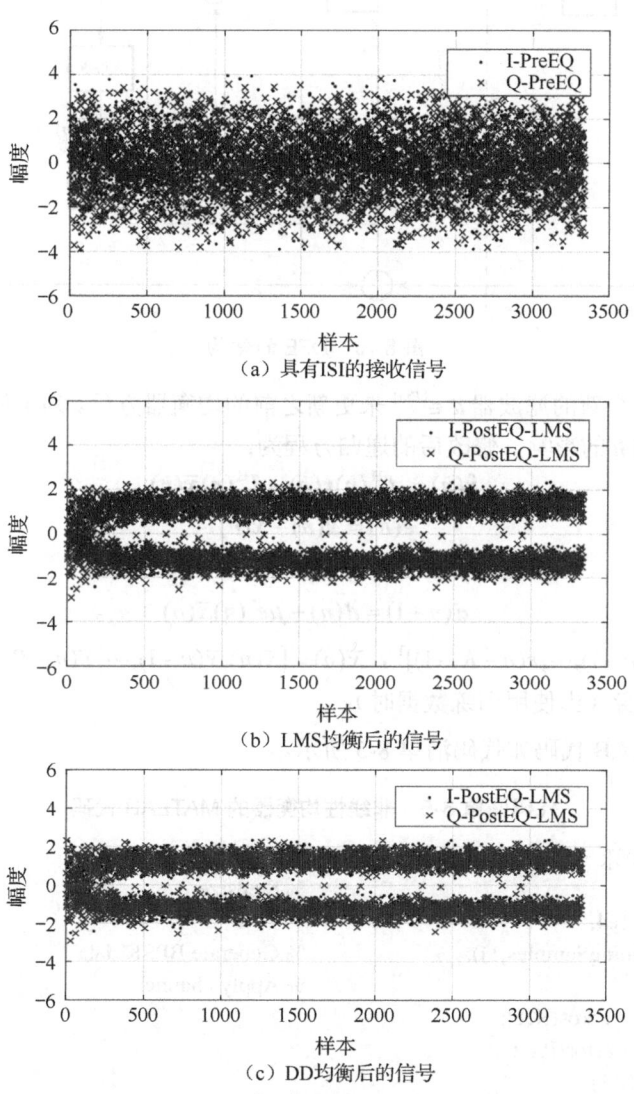

（a）具有ISI的接收信号

（b）LMS均衡后的信号

（c）DD均衡后的信号

图 8.9　使用互相关来查找具有较大数据序列的例子

8.3.2 非线性均衡器

前面只讨论了具有前向滤波器的均衡器,也称为线性均衡器。然而,除前馈滤波器外,还可以通过引入反馈和前馈滤波器的组合来实现均衡器,这种结构被称为决策反馈均衡器(Decision Feedback Equalizer,DFE)。在 DFE 中,反馈滤波器的输出将与前馈滤波器的输出相结合,从而减去不需要的成分。

在图 8.10 所示的 DFE 的结构中,包含了滤波器和更新路径。由于反馈滤波器只能估计已决策的符号,因此它需要与前馈滤波器结合使用。经过收敛后,反馈滤波器会包含对与前馈滤波器卷积的信道冲激响应的估计。由于反馈滤波器能够利用这种复合输出,DFE 能够有效补偿严重的幅度失真,同时避免在高噪声环境中增加额外的噪声放大。

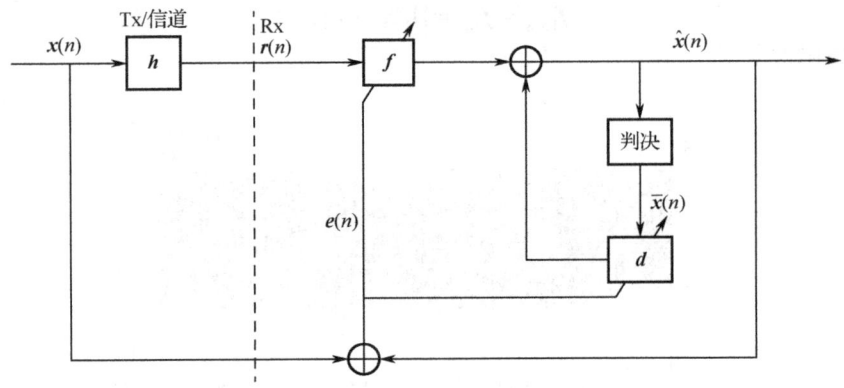

图 8.10 DFE 的结构

我们通过添加一个新的滤波器 $\boldsymbol{d} \in \mathbb{C}^{\{P \times 1\}}$ 来更新之前的均衡器方程。为了使用 LMS 求解滤波器 $\boldsymbol{d}$,以均衡给定信道 $\boldsymbol{h}$ 的影响,修改后的递归方程为:

$$\hat{x}(n) = \boldsymbol{f}^{\mathrm{H}}(n)\boldsymbol{r}(n) - \boldsymbol{d}^{\mathrm{H}}(n)\bar{\boldsymbol{x}}(n)$$
$$e(n) = \bar{x}(n) - \hat{x}(n)$$
$$\boldsymbol{f}(n+1) = \boldsymbol{f}(n) + \mu e^*(n)\boldsymbol{r}(n)$$
$$\boldsymbol{d}(n+1) = \boldsymbol{d}(n) + \mu e^*(n)\bar{\boldsymbol{x}}(n)$$

式中,$\boldsymbol{r}(n) = [r(n), r(n-1), \cdots, r(n-K-1)]^{\mathrm{T}}$,$\bar{\boldsymbol{x}}(n) = [\bar{x}(n), \bar{x}(n-1), \cdots, \bar{x}(n-P-1)]^{\mathrm{T}}$。$\bar{x}(n)$ 是 $x(t)$ 的 DD 版本或者 $x(t)$ 本身(当使用训练数据时)。

更新后的 MATLAB 代码如代码清单 8-5 所示。

代码清单 8-5 非线性均衡器的 MATLAB 代码

```
h = [0.2; 1; 0.1; 0.02];              % Channel taps
mu = 0.001;                            % Stepsize
trainingSamples = 1e4;
x = sign(randn(trainingSamples,1));    % Generate BPSK data
r = filter(h,1,x);                     % Apply channel
K = length(h)+2; f = zeros(K,1);
P = length(h)-1; d = zeros(P,1);
x_bar_vec = zeros(P,1);
delta = 4;                             % Reference tap
%% Equalize channel
index = 1;
```

```
[e,x_hat]=deal(zeros(trainingSamples-K+1,1));
for n = K:trainingSamples
    in = r(n:-1:n-K+1);                          % Select part of training input
    x_hat(index) = f'*in - d'*x_bar_vec;         % Apply channel estimate to training data
    e = x(n-delta)-x_hat(index);                 % Compute error
    f = f + mu*conj(e)*in;                       % Update taps
    d = d - mu*conj(e)*x_bar_vec;
    x_bar_vec = [x(n-delta);x_bar_vec(1:end-1)]; % Update feedback filter
    index = index + 1;
end
```

需要特别注意的是，DFE 的实现可能比传统的均衡器更难调节，因为它包含了两个滤波器。为了简化调节过程，DFE 的实现还可以在每次滤波器更新时使用不同的步长，这有助于更好地管理和优化均衡过程。

在实际的接收机结构中实现均衡器时，读者可以根据系统的具体需求选择不同的设计策略。一个合理的设计思路是根据所需的训练数据量来均衡给定的信号环境。这里有 3 个关键因素需要考虑：信道长度、均衡器的收敛性以及信道的动态性。

训练数据通常仅限于前导序列，而前导序列的长度通常根据最大信道长度 L 来选择，这也会影响均衡器的参数 M 的选择。当信道是动态的（信道在相对较短的时间内变化，且这种变化比帧长度快得多）时，有必要使用多个均衡器。例如，可以通过 LMS 均衡器利用前导序列初始化接收机的"眼睛"，然后利用决策导向均衡器（DD 均衡器）来保持"眼睛"处于开放状态，从而有效应对信道的变化。

如果没有第二级均衡器，则可能需要缩短帧长度以满足相同的比特错误率（BER）要求。然而，前导序列必须足够长，以便均衡器可以充分自适应，具体长度取决于均衡器的参数 M 和 L。对于更复杂的均衡器（如具有更大滤波器的均衡器），则需要更多的训练数据来确保均衡器收敛，从而导致前导序列的长度需要相应增加。

对于 BPSK 的情况，可以更新代码清单 8-3 中的源代码，进行一些简单的修改即可同时使用 LMS 和 DD。在代码清单 8-6 给出的 MATLAB 代码中，因为添加了一个条件，因此可在不同模式之间切换。

代码清单 8-6　包含 DD 和 LMS 模式的均衡器

```
for n = K+1:FrameLength
    % Apply equalizer to received data
    x_hat = f'*r(n:-1:n-K+1);
    % Estimate error
    if n<(PreambleLength-delta)
        e = x(i-delta) - x_hat;
    else
        e = sign(y) - x_hat;
    end
    % Update equalizer
    f = f + mu*conj(e)*r(n:-1:n-K+1);
end
```

均衡器在系统中不仅是用来补偿多路径效应的有用工具，它们还可以用来补偿频率偏移、定时不匹配，甚至帧同步误差。然而，为了有效处理这些问题，均衡器的配置必须能够适应和补偿这些额外的挑战。

例如，在处理载波频率偏移时，与第 7 章提到的条件相比，载波偏移通常较小，因此需要适当调整均衡器的设计来应对这种情况。由于均衡器本身仅是一个滤波器，处理频率偏移的基本方法是通过调整均衡器的抽头，使其复增益等于与载波相关的瞬时相位。这样，均衡器能够有效补偿频率偏移。

然而，频率偏移是一个动态变化的过程，因此均衡器必须持续更新其参数以适应这种变化。这意味着需要同时使用决策导向（DD）和训练数据来不断地调整和优化均衡器，以确保其能够及时补偿频率偏移及其他动态变化。

在考虑定时补偿时，实现分数均衡器可能很有用，因为分数均衡器在前面的前馈滤波器上消耗多个采样。这使得均衡器具有多速率，但也类似于前面介绍的定时补偿设计。在这种配置中，均衡器能够对符号进行加权或插值，以准确校正接收信号中的延迟。除分数定时偏移外，通过利用群延迟变量 δ，可以补偿帧同步过程中的采样误差。只要所期望的采样或帧开始采样在前馈滤波器内，就可以补偿不正确的初始估计。对于长度为 L 且 $\delta = \lfloor L/2 \rfloor$ 的前馈滤波器，应该能够补偿 $\pm \delta$ 的采样偏移。

第 9 章

FM 和 FSK 的 GNU Radio 实现

频率调制（Frequency Modulation，FM）是模拟通信技术的典型代表，而频移键控（Frequency Shift Keying，FSK）则是数字通信系统中的常见调制方式。

本章的前半部分主要介绍 FM 的基本原理、设计环境的支持，以及在 GNU Radio 软件框架中设计 FM 发射机和接收机的具体过程。同时，结合定制硬件平台 SDR-AI-Z7，对所设计的 FM 系统进行测试和验证。

本章的后半部分则重点讲解 FSK 的基本原理，并介绍了在 GNU Radio 软件框架中设计 FSK 发射机和接收机的具体过程。同样，利用定制硬件平台 SDR-AI-Z7，对所设计的 FSK 系统进行测试与验证。

9.1 FM 的原理和相关参数

FM 的原理和相关参数

本节将简单介绍 FM（也称为调频）的原理和相关参数。

9.1.1 FM 的原理

FM 系统是指利用频率调制（Frequency Modulation）来编码和传输信息的通信或信号处理系统。调频系统由多个部分组成，包括输入信号、载波、调制过程、传输、接收、解调以及输出信号。调制过程是指通过改变载波的频率来对信息进行编码的过程。

在 FM 调制过程中，载波的频率会根据调制信号的频率变化，而载波的振幅和相位则保持不变，如图 9.1 所示。

对于图 9.1（c），调频波的一般形式可以写成：

$$s(t) = A_c \cos\left(2\pi f_c t + k_\omega \int_{-\infty}^{t} m(\tau) \mathrm{d}\tau\right)$$

因为研究信号都是在大于或等于 0 的时刻开始的，因此上式的积分区间从 $[-\infty, t]$ 改为 $[0, t]$。式中，A_c 是载波信号的幅度，f_c 是载波信号的频

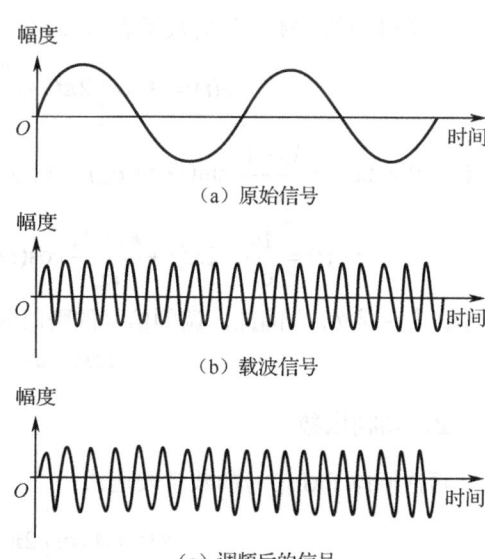

图 9.1 使用载波信号对原始信号进行频率调制

率，k_ω 是频率偏差灵敏度，$m(t)$ 是调制信号。

为了方便研究问题，这里设

$$m(t) = A_m\cos(\omega_m t + \theta_m)$$

将其代入上式，得到：

$$s(t) = A_c\cos\left(2\pi f_c t + k_\omega \int_0^t A_m \cos(\omega_m \tau + \theta_m)\mathrm{d}\tau\right)$$

$$= A_c\cos\left[2\pi f_c t + \frac{k_f \cdot A_m}{\omega_m}\sin(\omega_m t + \theta_m)\right]$$

FM 解调是从调制后的 FM 载波中提取原始信息的过程，通常是音频信号。解调是调频接收机中至关重要的步骤，确保能够准确恢复传输的信息，尤其是高质量的音频输出。FM 调制的目标是通过解调过程再现调频信号中编码的原始信息，从而保持音频的清晰和质量。

FM 技术广泛应用于广播和无线通信，具体的应用领域包括 FM 广播、磁带录音系统、脑电图（EEG）监测新生儿癫痫发作、雷达、地震勘探、声音合成、遥测、双向无线电系统以及视频传输系统等。

在 FM 中，有一个关键概念——频率调制偏差（Frequency Modulation Deviation）。它指的是载波频率随着调制信号幅度变化而偏离其中心频率的程度。频率调制偏差是频率调制系统中的一个重要参数，决定了调制过程中载波频率的偏移量，对 FM 信号的传输质量和解调精度有着直接影响。

9.1.2　FM 的相关参数

在频率调制（FM）中，载波信号的频率根据调制信号的瞬时幅度发生变化。与 FM 相关的关键参数包括：载波频率、调制信号频率、频率偏差、调制指数、边带频率和总带宽。

瞬时频率是指在任意时刻，调制后的载波信号的实际频率。其数学表达式可以根据调制指数、频率偏差以及调制信号的特性（信号带宽）进行表示。

1．瞬时频率

前文得到的 FM 信号的数学表达式：

$$s(t) = A_c\cos\left[2\pi f_c t + \frac{k_f \cdot A_m}{\omega_m}\sin(\omega_m t + \theta_m)\right] = A_c\cos\theta$$

式中，$\theta = 2\pi f_c t + \frac{k_f \cdot A_m}{\omega_m}\sin(\omega_m t + \theta_m)$，对 θ 求导得到瞬时角频率为：

$$\omega_f(t) = \frac{\mathrm{d}\theta}{\mathrm{d}t} = 2\pi f_c t + \frac{k_f \cdot A_m}{\omega_m}\cos(\omega_m t + \theta_m)\cdot\omega_m = 2\pi[f_c + k_f \cdot A_m\cos(\omega_m t + \theta_m)]$$

式中，$k_\omega = 2\pi k_f$。因此，调频信号的瞬时频率为：

$$f(t) = \omega_f(t)/2\pi = f_c + k_f \cdot m(t)$$

2．调制指数

再次回顾 FM 信号的数学表达式：

$$s(t) = A_c\cos\left[2\pi f_c t + \frac{k_f \cdot A_m}{\omega_m}\sin(\omega_m t + \theta_m)\right]$$

则调制指数 β 由下式定义：

$$\beta = \frac{k_\omega \cdot A_m}{\omega_m} = \frac{\text{最大频率偏移}}{\text{调制信号的频率}} = \frac{\Delta f_{\max}}{f_m}$$

3. 信号带宽

下面的公式,即卡森(Carson)规则,通常用于估计 FM 信号带宽:

$$B_T = 2(\Delta f + f_m)\text{Hz}$$

式中,Δf 为最大的频率偏移,f_m 是最大的基带消息频率分量。

假设 $\Delta f = 75\text{kHz}$,$f_m = 15\text{kHz}$,则根据上面给出的公式,可以估算出 FM 信号带宽为 $B_T = 2 \times (75+15) = 180\text{kHz}$。

9.2 系统设计环境支持

一个完整的 FM 无线传输系统应该包含发射机和接收机,其结构如图 9.2 所示。其中,一台独立的计算机和一个独立的 SDR-AI-Z7 硬件开发平台,通过它们各自的网络接口和网线连接在一起,可构成 FM 发射机。另外一台独立的计算机和另一个独立的 SDR-AI-Z7 硬件开发平台,通过它们各自的网络接口和网线连接在一起,可构成 FM 接收机。在 FM 发射机一侧的天线将 FM 信号发射到无线信道中,然后由 FM 接收机一侧的天线进行接收。

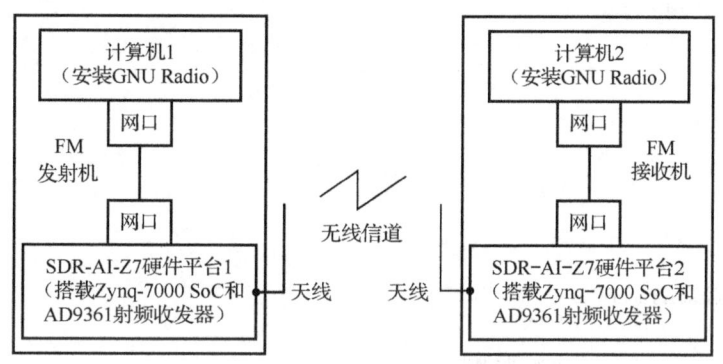

图 9.2 FM 无线传输系统的结构

通过前面对 GNU Radio 开发框架的介绍,计算机 1 实现了 FM 信号的基带调制功能,这就是基带信号调制的纯"软件"实现,然后通过网络将基带调制信号送到 SDR-AI-Z7 的射频收发器 AD9361 中,在 AD9361 中实现载波信号的调制;当 FM 接收机一侧的天线收到 FM 信号时,通过 SDR-AI-Z7 射频收发器 AD9361 对 FM 信号进行载波信号的解调,然后通过网络将解调后的信号送到计算机 2 进行基带信号解调的纯"软件"实现。

注:如果读者的计算机资源有限,可以将两个 SDR-AI-Z7 硬件平台通过路由器连接到一台计算机上,在一台计算机上分别为两个 SDR-AI-Z7 硬件平台设置不同的 IP 地址,这样就可以在一台计算机的 GNU Radio 软件中,通过两个设计文件,实现基带信号的调制和解调。因此,下面介绍调频信号调制系统的设计和调频信号解调系统的设计。

9.3 FM 发射系统的设计

FM 发射和接收系统的设计

本节将介绍如何在 GNU Radio Companion 软件中设计用于 FM 发射的系统。

9.3.1 启动 GNU Radio 软件

本小节将介绍启动 GNU Radio 软件的方法,主要步骤如下所述。

(1)在 Windows 11 操作系统的桌面上,选择开始→所有应用→GNU Radio→GNU Radio Companion。

(2)弹出如图 9.3 所示的界面。GRC(GNU Radio Companion)是一个用于创建和运行流程图的可视化编辑器。GRC 使用后缀名为.grc 的文件,然后将其转换为 Python.py 流程图。在图 9.3 中,默认提供了名字为 Options 的块符号和名字为 Variable 的块符号。

下面对这两个块符号的功能进行简要说明。

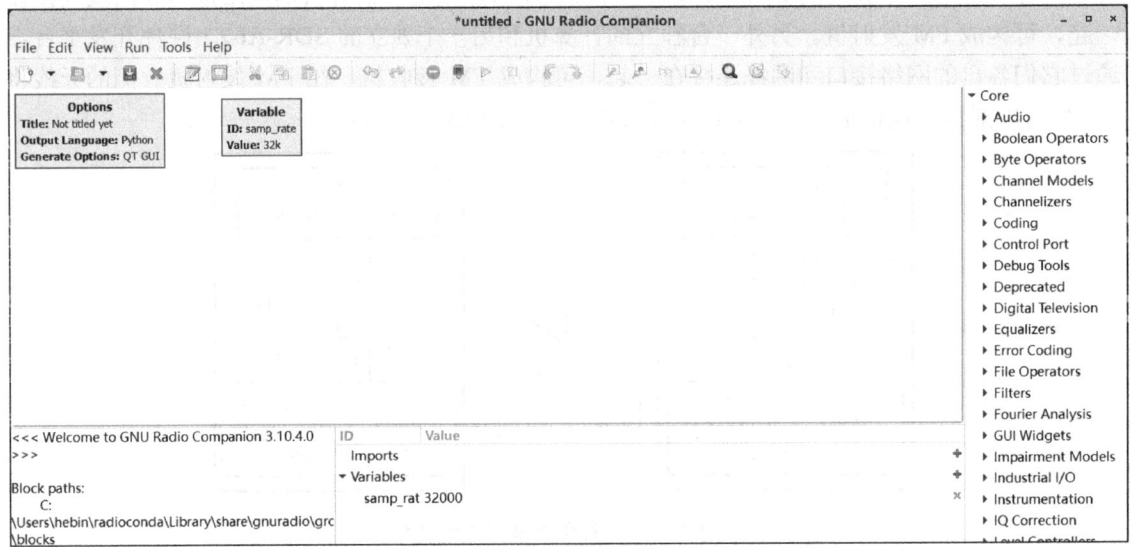

图 9.3 GNU Radio Companion 主界面

① Options(选项)块:该块为流程图设置特殊参数。
- 在该块的属性窗口中提供了诸如 Title(标题)、Author(作者)和 Description(描述)等参数,这些参数用于识别目的。
- 窗口大小控制流程图编辑器的尺寸。窗口大小(宽度、高度)必须在(300,300)和(4096,4096)之间。
- Generate 选项控制生成的代码类型。非图形流程图应避免使用图形化的汇聚点或图像化的变量控件。
- 在图形应用程序中,通过变量控制运行(run),以在运行时启动和停止流程图。
- 块的 ID 决定了生成的文件名和类的名字。例如,my_block 的 ID 将生成文件 my_block.py 和类 my_block。
- 类别参数决定块在块选择窗口中的位置。该类别仅在创建层次块时适用,要将层次块放入根类别,请在类别中输入/。

- Max Number of Output（最大输出数量）是流程图中任何块允许输出选项的最大个数，要禁止该设置，将 max_nout 设置为 0。使用该设置能够调整流程图可以显示的最大延迟。

② Variable 块：该块将值映射到唯一变量。只需要使用变量块的 ID，就可以在另一个块的参数字段中使用变量。

（3）找到并选中图 9.3 中的 Options 块符号，单击鼠标右键，出现浮动菜单。在浮动菜单中，选择 Properties...；或者，双击 Options 块符号。

（4）弹出"Properties：Options"对话框，如图 9.4 所示。按该图所示设置 Title、Author、Copyright、Description 等参数。

（5）单击该对话框右下角的"OK"按钮，退出"Properties：Options"对话框。

（6）找到并选中图 9.3 中的 Variable 块符号，单击鼠标右键，出现浮动菜单。在浮动菜单中，选择 Properties...；或者，双击 Variable 块符号。

（7）弹出"Properties：Variable"对话框，如图 9.5 所示。将变量 sample_rate 的值（value）设置为 44100*4*4（即 705.6k）。

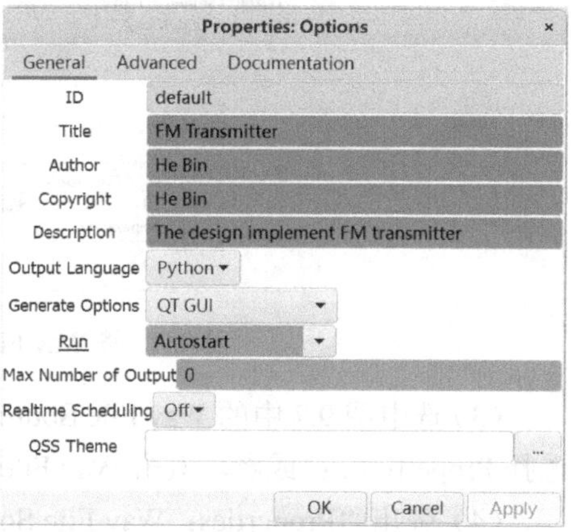

图 9.4 "Properties：Options"对话框

（8）单击该对话框右下角的"OK"按钮，退出"Properties：Variable"对话框。

9.3.2 添加 Wav File Source 块

本小节将介绍如何在流程图中添加 Wav File Source 块。该块从 Microsoft 脉冲编码调制（Pulse Code Modulated，PCM）（.wav）文件（所有版本的 GNU Radio）和 libsndfile 支持的所有其他文件格式（GNU Radio 3.9.0.0 以及更高版本）读取音频流。它的输出是浮动流。除非另有说明，否则这些在[-1:1]的范围内。

在图 9.3 中添加并配置 Wav File Source 块的主要步骤如下所述。

（1）在图 9.6 中，找到并展开 Core 选项。在展开项中，找到并展开 File Operators 选项。在展开项中，找到并选中 Wav File Source 选项。

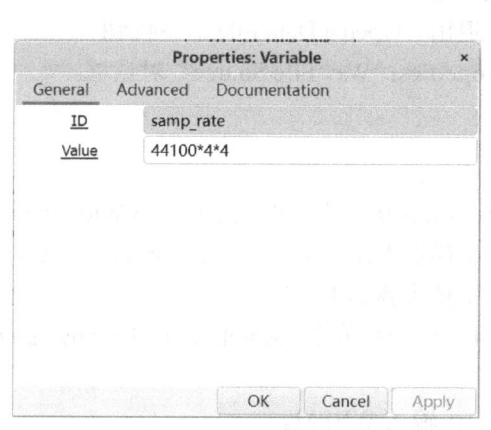

图 9.5 "Properties：Variable"对话框

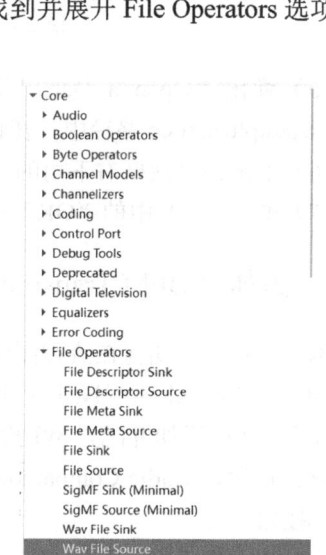

图 9.6 Wav File Source 块的位置

（2）将该块拖曳到流程图设计界面中，如图9.7所示。

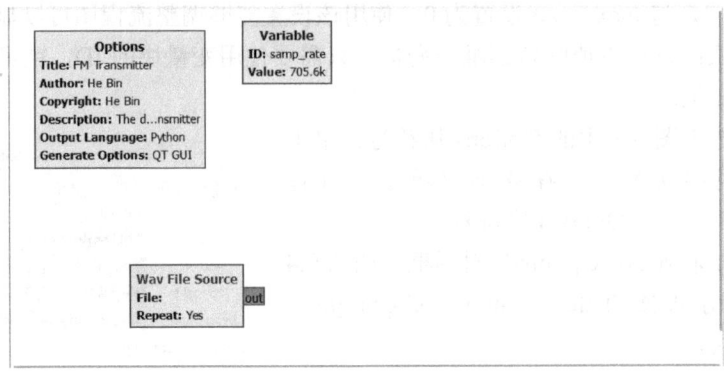

图9.7　将Wav File Source块拖曳到流程图设计界面中

（3）选中图9.7中的Wav File Source块符号，单击鼠标右键，出现浮动菜单。在浮动菜单中，选择Properties...；或者，双击Wav File Source块符号。

（4）弹出"Properties：Wav File Source"对话框，如图9.8所示。单击File标题文本框右侧的"浏览"按钮 … 。

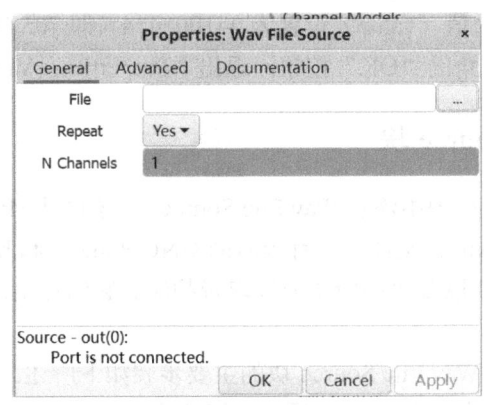

图9.8　"Properties: Wav File Source"对话框

（5）弹出"Open a Data File..."对话框。在该对话框中，将路径定位到本书配套资源\SDR_example\source路径中。在该路径中，找到并选中music.wav文件。

（6）单击该对话框右下角的"Open"按钮，退出"Open a Data File..."对话框。

（7）单击图9.8中的"OK"按钮，退出"Properties：Wav File Source"对话框。

9.3.3　添加WBFM Transmit块

本小节将介绍如何在流程图中添加WBFM Transmit块。宽带调频发射机（Wide Band FM，WBFM）发送块取[-1,+1]范围内的单个浮点音频采样输入流，并产生单个FM调制复基带输出。

在图9.7中添加并配置WBFM Transmit块的主要步骤如下所述。

（1）在GNU Radio Companion主界面工具栏中，找到并单击"Search for a block by name（and key）"按钮 。

（2）出现搜索框，如图9.9所示。在搜索框中，输入WBFM。

（3）选中图9.9中的WBFM Transmit块并将其拖曳到流程图设计界面中，如图9.10所示。

（4）选中图 9.9 中的 WBFM Transmit 块符号，单击鼠标右键，出现浮动菜单。在浮动菜单中，选择 Properties...；或者，双击 WBFM Transmit 块符号。

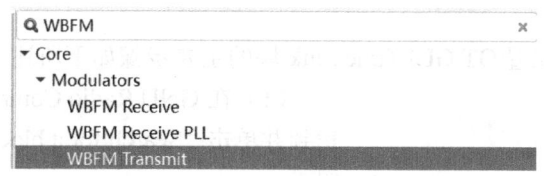

图 9.9　WBFM Transmit 块的位置

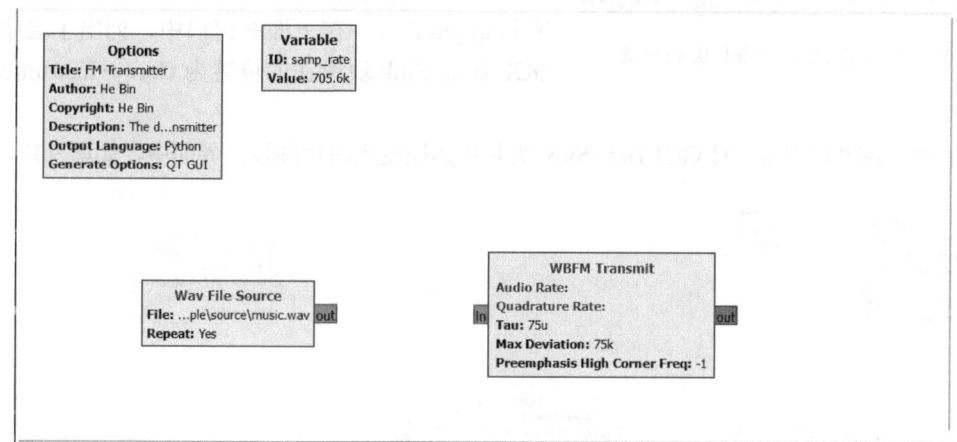

图 9.10　将 WBFM Transmit 块拖曳到流程图设计界面中

（5）弹出"Properties：WBFM Transmit"对话框，如图 9.11 所示，按该图所示设置参数。

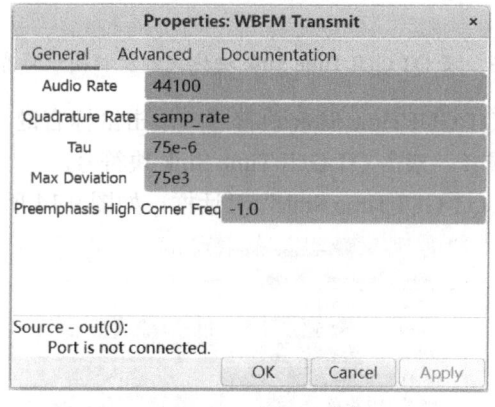

图 9.11　"Properties：WBFM Transmit"对话框

（6）单击该对话框右下角的"OK"按钮，退出"Properties：WBFM Transmit"对话框。

9.3.4　添加 QT GUI Time Sink 块

本小节将介绍如何在流程图中添加 QT GUI Time Sink 块，该块是一个图形接收机，用于实时显示多个信号。该块不支持 C++输出，因此当 GRC 中流程图的输入语言为 C++时，无法使用该块。这是一个基于 QT 的图形接收机，它接收一组浮点流或复杂流，并在时域中绘制它们。每个信号都用不同的颜色绘制，块的选项可以用于更改给定输入数字的标签和颜色。接收机支持绘制流式浮点数据、复杂数据或消息。消息端口名为 in。这两种模式不能同时使用，使用消息模式时，应设置为 0。GRC 通过提供可删除流端口的 Float Message 类型来处理此类问题。在该块的属性窗口中，General、Trigger 和 Config 三个不同的标签页中有许多参数，其中大多数是很容易理解的。

在图 9.10 中添加并配置 QT GUI Time Sink 块的主要步骤如下所述。

（1）在 GNU Radio Companion 主界面工具栏中，找到并单击"Search for a block by name（and key）"按钮。

（2）出现搜索框，如图 9.12 所示。在搜索框中，输入 qt gui time。在下面的窗口中，列出了名字为 QT GUI Time Sink 块所在的位置为 Core→Instrumentation→QT。

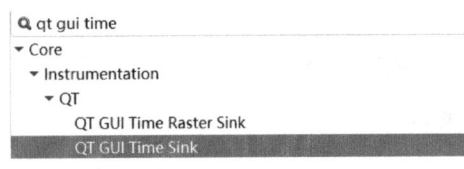

图 9.12　QT GUI Time Sink 块的位置

（3）选中图 9.12 中的 QT GUI Time Sink 块并将其拖曳到流程图设计界面中，如图 9.13 所示。

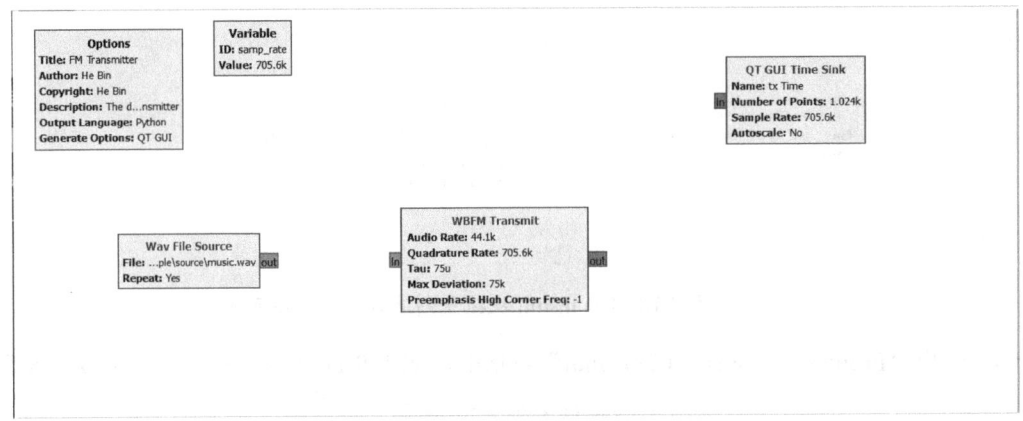

图 9.13　将 QT GUI Time Sink 块拖曳到流程图设计界面中

（4）选中图 9.13 中的 QT GUI Time Sink 块符号，单击鼠标右键，出现浮动菜单。在浮动菜单中，选择 Properties...；或者，双击 QT GUI Time Sink 块符号。

（5）弹出"Properties：QT GUI Time Sink"对话框，如图 9.14 所示，按该图所示设置参数。

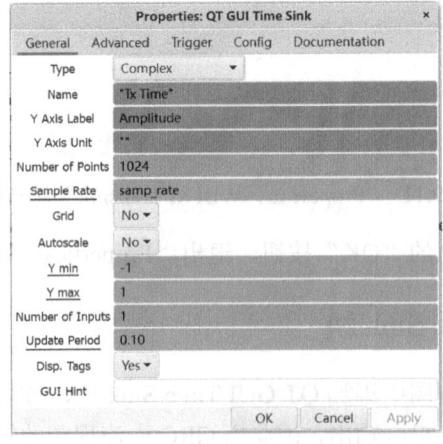

图 9.14　"Properties：QT GUI Time Sink"对话框

（6）单击该对话框右下角的"OK"按钮，退出"Properties：QT GUI Time Sink"对话框。

9.3.5 添加 QT GUI Sink 块

本小节将介绍如何在流程图中添加 QT GUI Sink 块。该块基本上只是以下 4 个 GUI 的组合，将每个 GUI 放在一个单独的选项卡中，这 4 个 GUI 包括 QT GUI Frequency Sink、QT GUI Waterfall Sink、QT GUI Time Sink 和 QT GUI Constellation Sink。该块还提供了一些额外的小部件（如窗口类型），这些小部件通常只能通过块参数或在窗口运行时单击鼠标来访问。

在图 9.13 中添加并配置 QT GUI Sink 块的主要步骤如下所述。

（1）在 GNU Radio Companion 主界面工具栏中，找到并单击"Search for a block by name（and key）"按钮 🔍 。

（2）出现搜索框，如图 9.15 所示。在搜索框中，输入 qt gui sink。在下面的窗口中，列出了名字为 QT GUI Sink 块所在的位置为 Core→Instrumentation→QT。

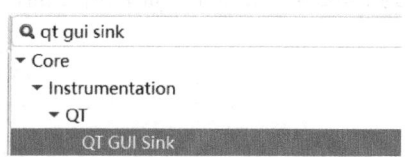

图 9.15 QT GUI Sink 块的位置

（3）选中图 9.15 中的 QT GUI Sink 块并将其拖曳到流程图设计界面中，如图 9.16 所示。

（4）选中图 9.16 中的 QT GUI Sink 块符号，单击鼠标右键，出现浮动菜单。在浮动菜单中，选择 Properties…；或者，双击 QT GUI Sink 块符号。

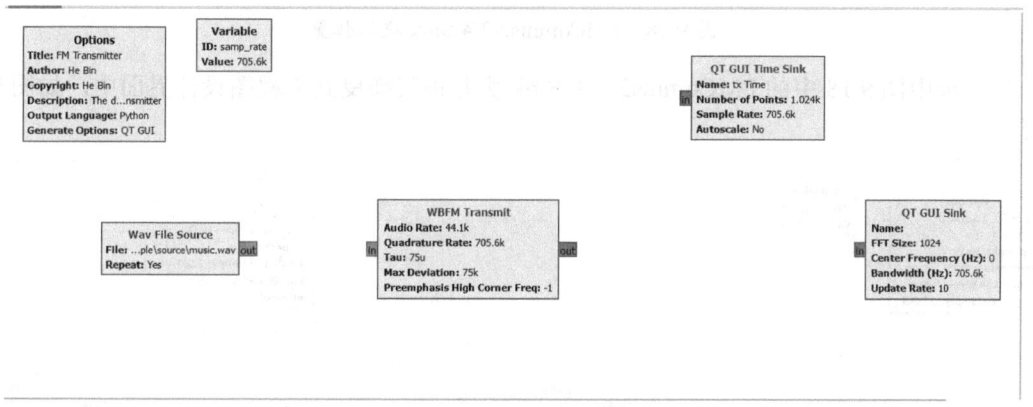

图 9.16 将 QT GUI Sink 块添加到流程图设计界面中

（5）弹出"Properties：QT GUI Sink"对话框，如图 9.17 所示，按该图所示设置参数。

（6）单击该对话框右下角的"OK"按钮，退出"Properties：QT GUI Sink"对话框。

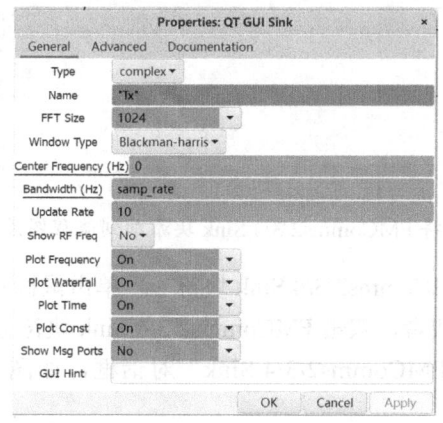

图 9.17 "Properties：QT GUI Sink"对话框

9.3.6 添加 FMComms2/3/4 Sink 块

本小节将介绍如何在流程图中添加 FMComms2/3/4 Sink 块,主要步骤如下所述。

> 注:FMComms2/3/4 是 ADI 公司提供的搭载 AD9361 射频收发器的 FMC 电路板。读者可以把该模块理解为定制硬件平台 SDR-AI-Z7 的发射机部分。

(1)在 GNU Radio Companion 主界面工具栏中,找到并单击"Search for a block by name(and key)"按钮 🔍。

(2)出现搜索框,如图 9.18 所示。在搜索框中,输入 fmc。在下面的窗口中,列出了名字为 FMComms2/3/4 Sink 块所在的位置为 Core→Industrial I/O→FMComms。

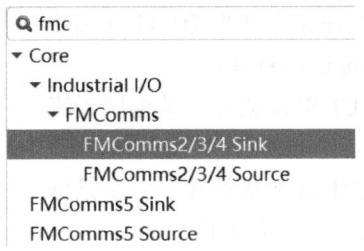

图 9.18　FMComms2/3/4 Sink 块的位置

(3)选中图 9.18 中的 FMComms2/3/4 Sink 块并将其拖曳到流程图设计界面中,如图 9.19 所示。

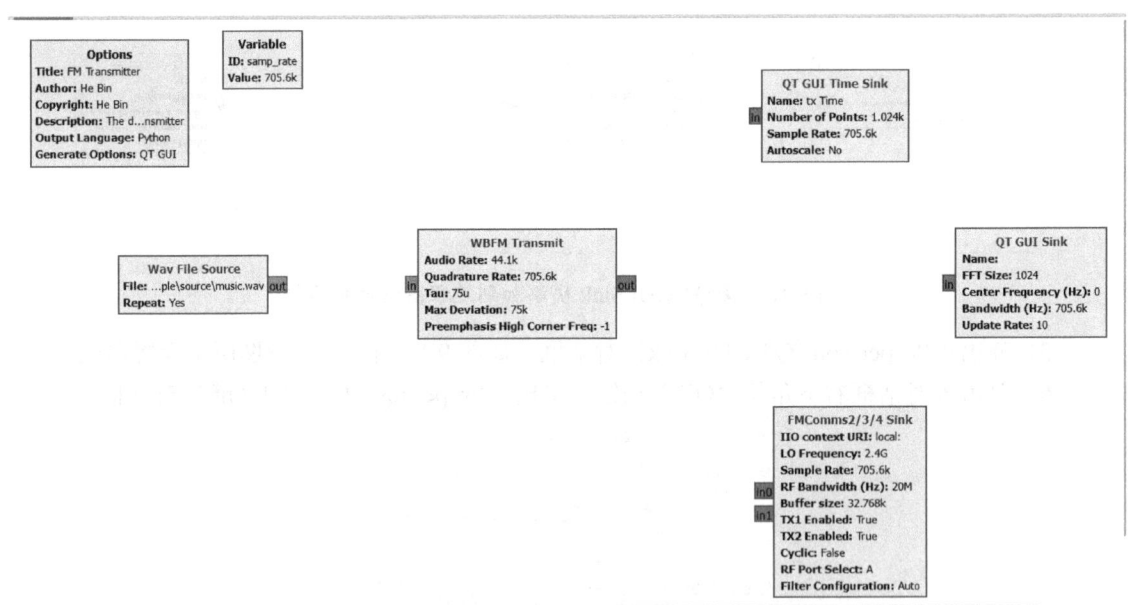

图 9.19　将 FMComms2/3/4 Sink 块添加到流程图设计界面中

(4)选中图 9.19 中的 FMComms2/3/4 Sink 块符号,单击鼠标右键,出现浮动菜单。在浮动菜单中,选择 Properties…;或者,双击 FMComms2/3/4 Sink 块符号。

(5)弹出"Properties:FMComms2/3/4 Sink"对话框,如图 9.20 所示,按该图所示设置参数。

第 9 章 FM 和 FSK 的 GNU Radio 实现

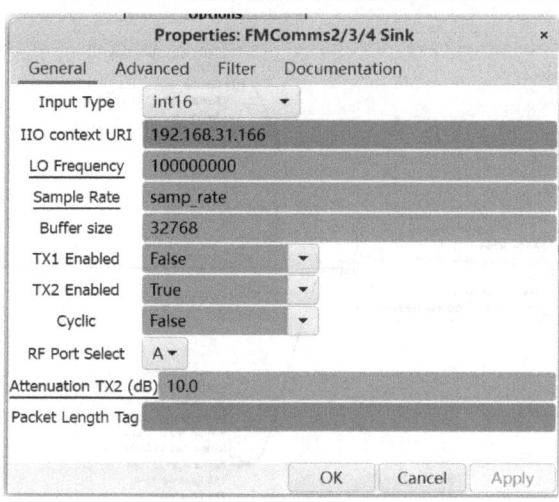

图 9.20 "Properties：FMComms2/3/4 Sink" 对话框

（6）单击该对话框右下角的 "OK" 按钮，退出 "Properties：FMComms2/3/4 Sink" 对话框。

9.3.7 连接流程图中的块

本小节将介绍如何将前面添加到流程图中的块连接到一起，以实现调频信号调制系统的完整设计。

如图 9.21 所示，将 Wav File Source 块的 out 端口通过连线连接到 WBFM Transmit 块的 in 端口。将光标放到 Wav File Source 块符号的 out 端口上，并且按下鼠标左键，此时从该块的 out 端口上伸出一根黑线，保持按下鼠标左键的状态，同时拖曳鼠标，将光标置于 WBFM Transmit 块符号的 in 端口上，然后释放鼠标左键。这样，就将 Wav File Source 块的 out 端口连接到 WBFM Transmit 块的 in 端口，如图 9.22 所示。

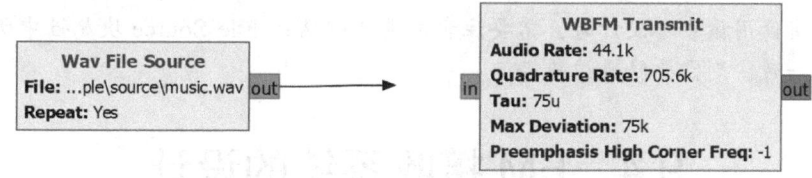

图 9.21 连接 Wav File Source 块和 WBFM Transmit 块

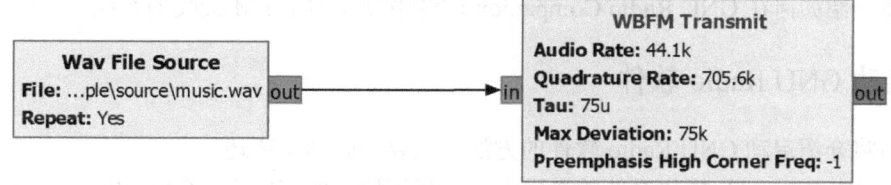

图 9.22 将 Wav File Source 块的 out 端口与 WBFM Transmit 块的 in 端口连接

使用相同的方法，将流程图中的其他块连接到一起，如图 9.23 所示。

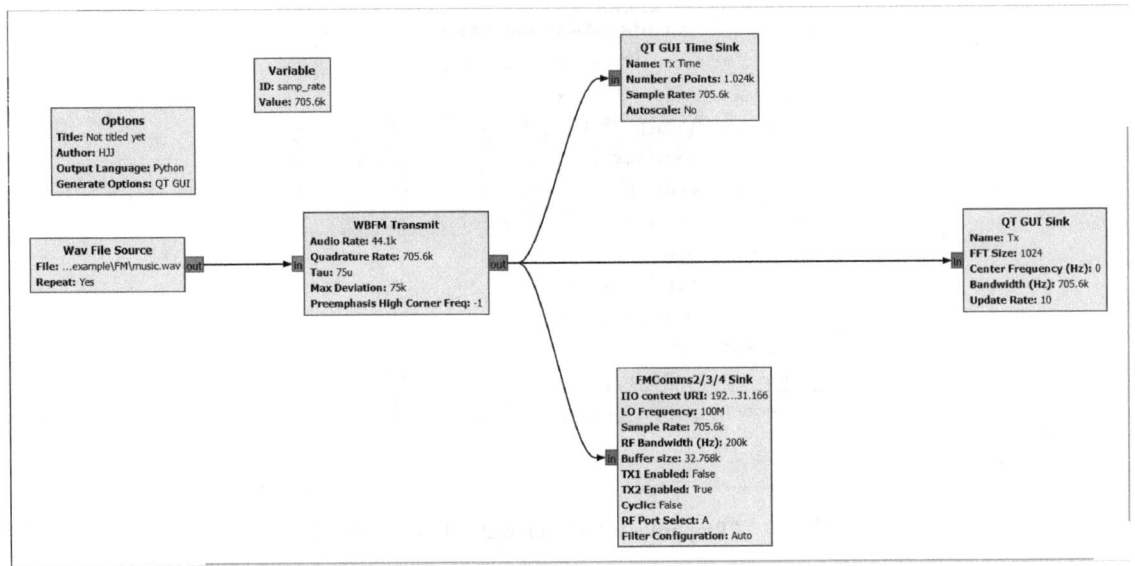

图 9.23　将流程图中的不同块连接到一起构成完整的调频信号调制系统

9.3.8　保存设计

本小节将介绍如何保存该设计文件，主要步骤如下所述。

（1）在 GNU Radio Companion 主界面主菜单下，选择 File→Save As...。

（2）弹出"Save a Flow Graph to a File..."对话框。在该对话框左上角的 Name 标题右侧的文本框中输入 FM_Tx.grc，并且定位到 E:\SDR_example\FM 路径下。

（3）单击该对话框右下角的"Save"按钮，退出"Save a Flow Graph to a File..."对话框。

注：（1）读者可以定位到本书配套资源的\SDR_example\FM 路径下，用 GNU Radio Companion 软件打开 FM_Tx.grc 文件。

（2）当读者使用该参考设计时，需要注意该设计中 Wav File Source 块属性中所设置的文件路径，如果不一致，则需要修改该路径。

9.4　FM 接收系统的设计

本节将介绍如何在 GNU Radio Companion 软件中设计用于 FM 接收的系统。

9.4.1　启动 GNU Radio 软件

本小节将介绍启动 GNU Radio 软件的方法，主要步骤如下所述。

（1）在 Windows 11 操作系统的桌面上，选择开始→所有应用→GNU Radio→GNU Radio Companion。

（2）弹出 GNU Radio Companion 主界面。在该界面中，默认提供了名字为 Options 的块符号和名字为 Variable 的块符号。

（3）找到并选中 GNU Radio Companion 主界面中的 Options 块符号，单击鼠标右键，出现浮动菜单。在浮动菜单中，选择 Properties...；或者，双击 Options 块符号。

（4）弹出"Properties：Options"对话框，按 9.3.1 节介绍的方法设置相同的 Option 块属性参数。

（5）单击该对话框右下角的"OK"按钮，退出"Properties：Options"对话框。

（6）找到并选中 GNU Radio Companion 主界面的 Variable 块符号，单击鼠标右键，出现浮动菜单。在浮动菜单中，选择 Properties...；或者，双击 Variable 块符号。

（7）弹出"Properties:Variable"对话框，按 9.3.1 节介绍的方法设置变量 sample_rate 的值（value）为 705.6k。

（8）单击该对话框右下角的"OK"按钮，退出"Properties：Variable"对话框。

9.4.2 添加 FMComms2/3/4 Source 块

本小节将介绍如何在流程图中添加 FMComms2/3/4 Source 块，主要步骤如下所述。

> 注：FMComms2/3/4 是 ADI 公司提供的搭载 AD9361 射频收发器的 FMC 电路板。读者可以把该模块理解为定制硬件平台 SDR-AI-Z7 的接收机部分。

（1）在 GNU Radio Companion 主界面工具栏中，找到并单击"Search for a block by name（and key）"按钮。

（2）出现搜索框，如图 9.24 所示。在搜索框中，输入 FMC。在下面的窗口中，列出了名字为 FMComms2/3/4 Source 块所在的位置为 Core→Industrial I/O→FMComms。

（3）选中图 9.24 中的 FMComms2/3/4 Source 块并将其拖曳到流程图设计界面中，如图 9.25 所示。

（4）选中图 9.25 中的 FMComms2/3/4 Source 块符号，单击鼠标右键，出现浮动菜单。在浮动菜单中，选择 Properties...；或者，双击 FMComms2/3/4 Source 块符号。

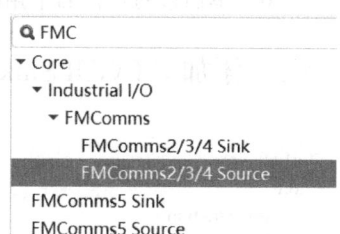

图 9.24 FMComms2/3/4 Source 块的位置

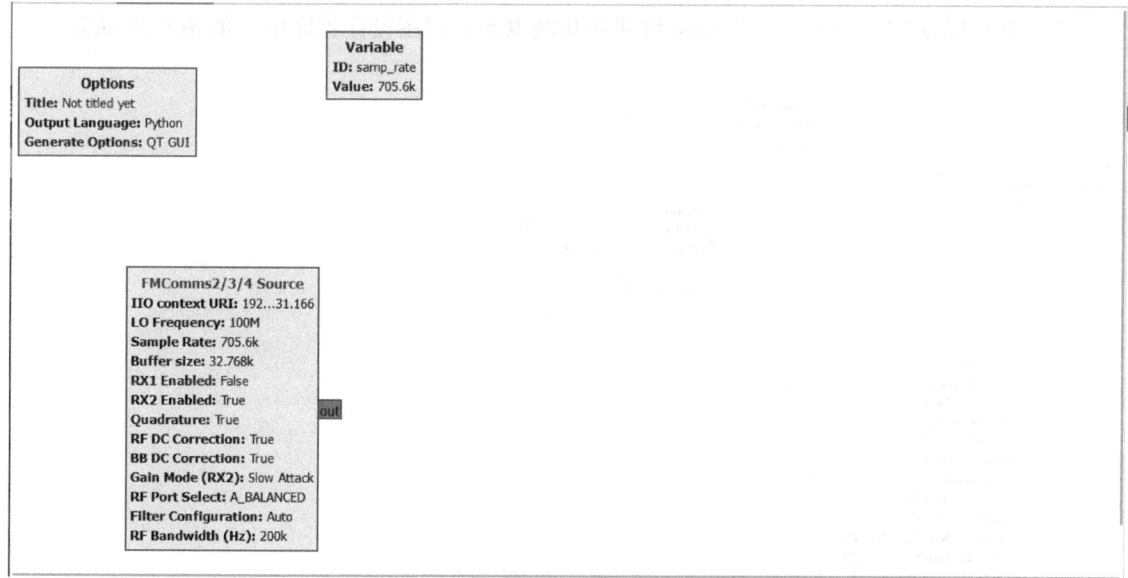

图 9.25 将 FMComms2/3/4 Source 块拖曳到流程图设计界面中

（5）弹出"Properties：FMComms2/3/4 Source"对话框，如图 9.26 所示，按该图所示设置参数。

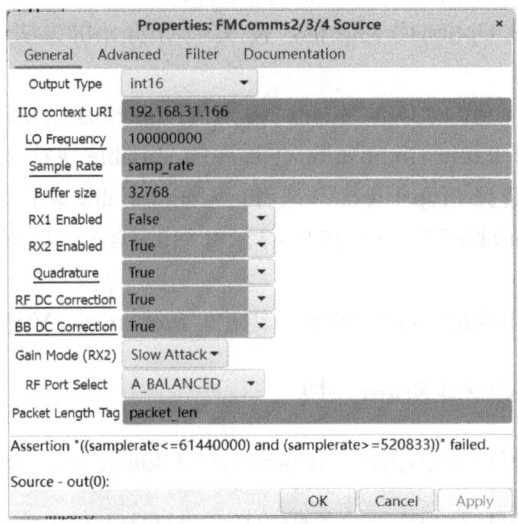

图 9.26 "Properties：FMComms2/3/4 Source" 对话框

（6）单击该对话框右下角的"OK"按钮，退出"Properties：FMComms2/3/4 Source"对话框。

9.4.3 添加 QT GUI Sink 块

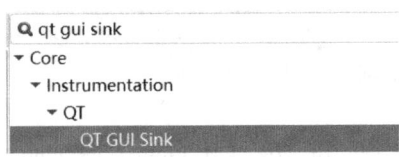

图 9.27 QT GUI Sink 块的位置

在图 9.25 中添加并配置 QT GUI Sink 块的主要步骤如下所述。

（1）在 GNU Radio Companion 主界面工具栏中，找到并单击"Search for a block by name（and key）"按钮。

（2）出现搜索框，如图 9.27 所示。在搜索框中，输入 qt gui sink。在下面的窗口中，列出了名字为 QT GUI Sink 块所在的位置为 Core→Instrumentation→QT 选项。

（3）选中图 9.27 中的 QT GUI Sink 块并将其拖曳到流程图设计界面中，如图 9.28 所示。

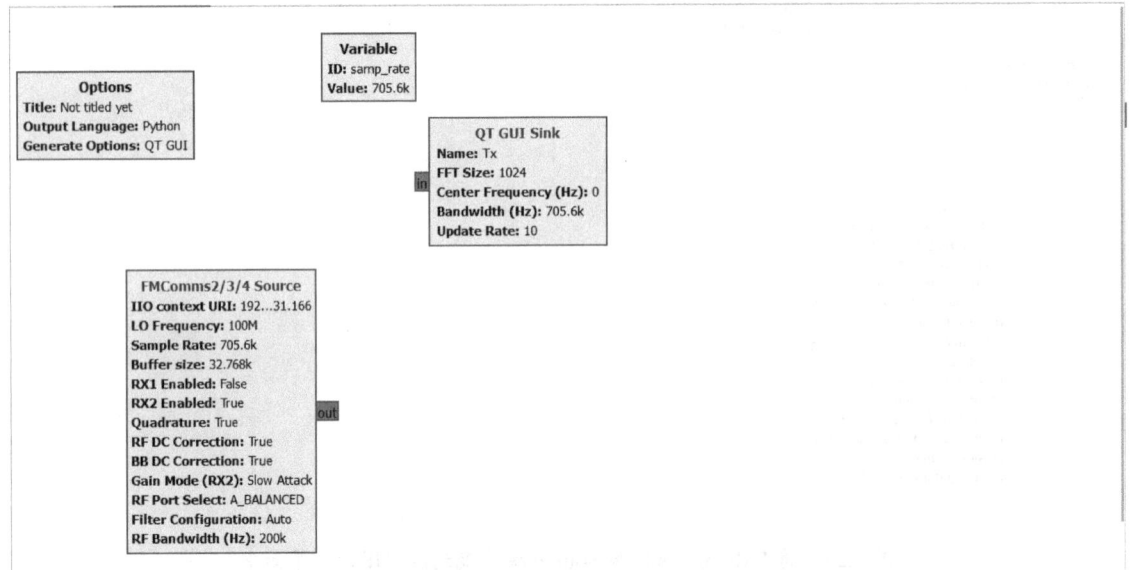

图 9.28 将 QT GUI Sink 块拖曳到流程图设计界面中

（4）选中图 9.28 中的 QT GUI Sink 块符号，单击鼠标右键，出现浮动菜单。在浮动菜单中，选择 Properties...；或者，双击 QT GUI Sink 块符号。

（5）弹出"Properties：QT GUI Sink"对话框，如图 9.29 所示，按该图所示设置参数。

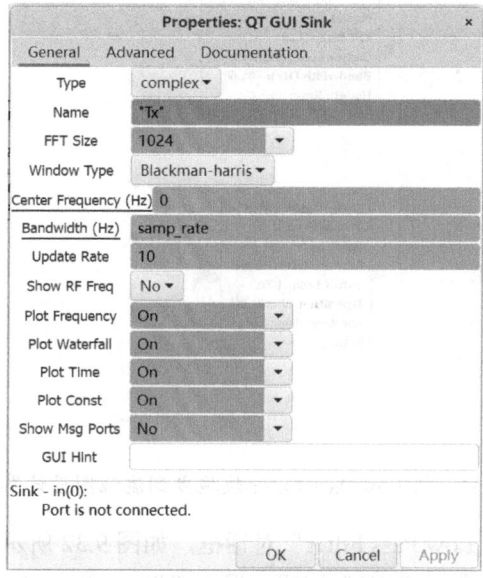

图 9.29 "Properties：QT GUI Sink"对话框

（6）单击该对话框右下角的"OK"按钮，退出"Properties：QT GUI Sink"对话框。

9.4.4 添加 Low Pass Filter 块（一）

本小节将介绍如何在流程图中添加 Low Pass Filter 块，该块是抽取有限冲激响应（Finite Impulse Response，FIR）滤波器和低通类型的 firdes 抽头生成函数的便利包裹器，即调用 firdes.low_pass()。

在图 9.28 中添加并配置 Low Pass Filter 块的主要步骤如下所述。

（1）在 GNU Radio Companion 主界面工具栏中，找到并单击"Search for a block by name（and key）"按钮 。

（2）出现搜索框，如图 9.30 所示。在搜索框中，输入 low。在下面的窗口中，列出了名字为 Low Pass Filter 块所在的位置为 Core→Filters。

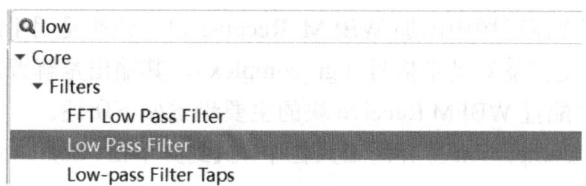

图 9.30 Low Pass Filter 块的位置

（3）选中图 9.30 中的 Low Pass Filter 块并将其拖曳到流程图设计界面中，如图 9.31 所示。

（4）选中图 9.31 中的 Low Pass Filter 块符号，单击鼠标右键，出现浮动菜单。在浮动菜单中，选择 Properties...；或者，双击 Low Pass Filter 块符号。

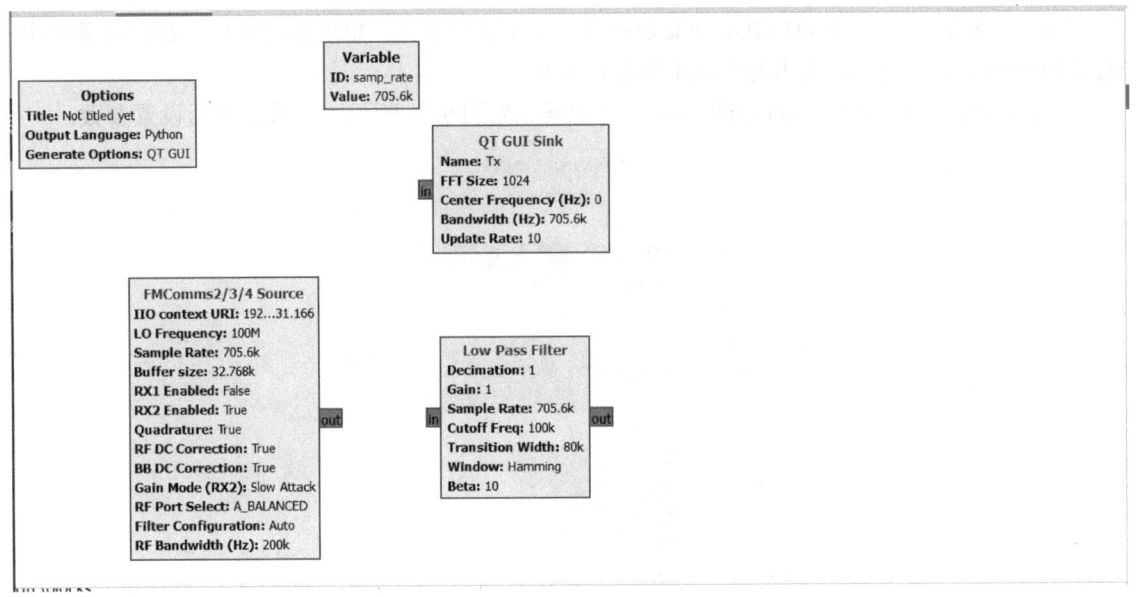

图 9.31 将 Low Pass Filter 块拖曳到流程图设计界面中

(5)弹出"Properties:Low Pass Filter"对话框,如图 9.32 所示,按该图所示设置参数。

(6)单击该对话框右下角的"OK"按钮,退出"Properties:Low Pass Filter"对话框。

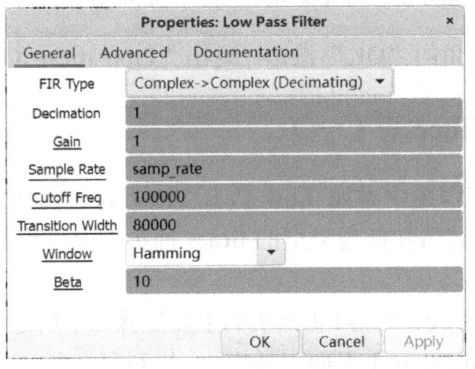

图 9.32 "Properties:Low Pass Filter"对话框

9.4.5 添加 WBFM Receive 块

本小节将介绍如何在流程图中添加 WBFM Receive 块,该块是用于解调广播 FM 信号的分层块。该块的输入是下变频复数基带信号(gr_complex),其输出是解调后的音频(浮点)。

在图 9.31 中添加并配置 WBFM Receive 块的主要步骤如下所述。

(1)在 GNU Radio Companion 主界面工具栏中,找到并单击"Search for a block by name(and key)"按钮。

(2)出现搜索框,如图 9.33 所示。在搜索框中,输入 wbfm。在下面的窗口中,列出了名字为 WBFM Receive 块所在的位置为 Core→Modulators。

(3)选中图 9.33 中的 WBFM Receive 块并将其拖曳到流程图设计界面中,如图 9.34 所示。

(4)选中图 9.34 中的 WBFM Receive 块符号,单击鼠标右键,出现浮动菜单。在浮动菜单中,选择 Properties...;或者,双击 WBFM Receive 块符号。

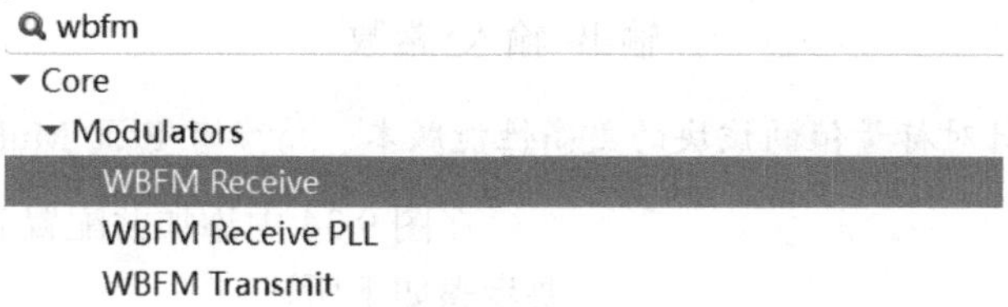

第 9 章 FM 和 FSK 的 GNU Radio 实现

图 9.33 WBFM Receive 块的位置

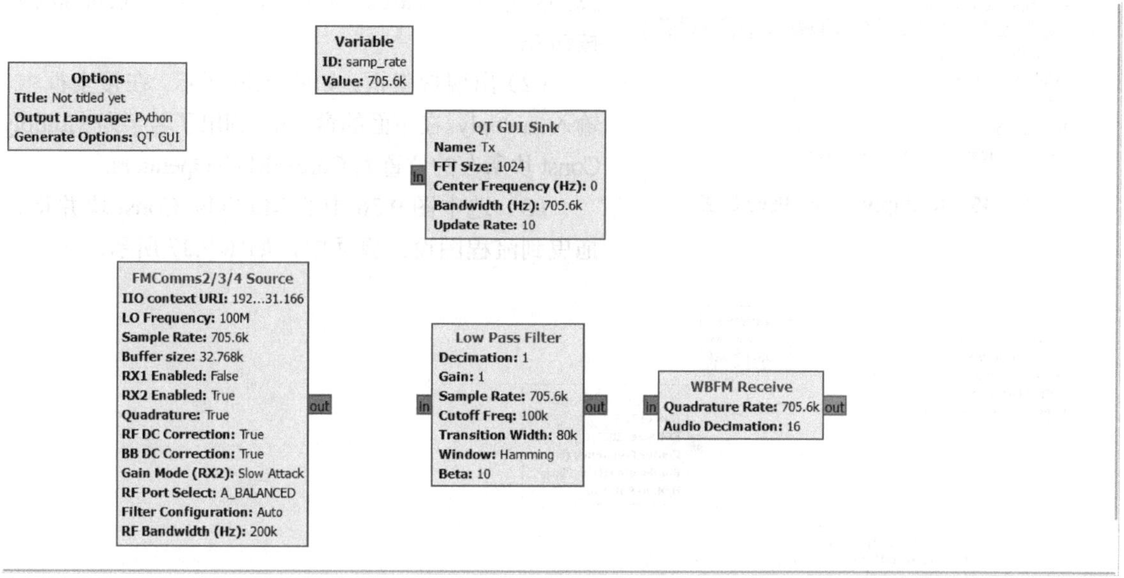

图 9.34 将 WBFM Receive 块拖曳到流程图设计界面中

（5）弹出"Properties：WBFM Receive"对话框，如图 9.35 所示，按该图所示设置参数。

（6）单击该对话框右下角的"OK"按钮，退出"Properties：WBFM Receive"对话框。

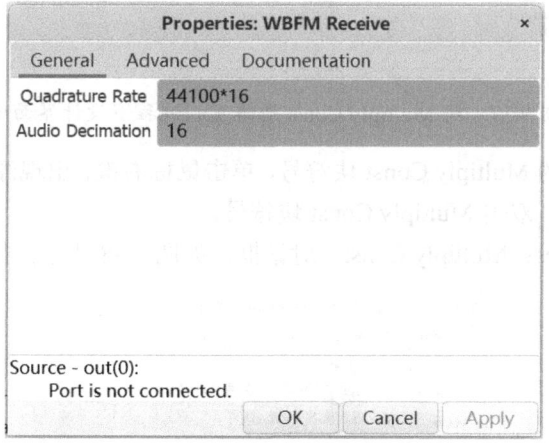

图 9.35 "Properties：WBFM Receive"对话框

9.4.6 添加 Multiply Const 块

本小节将介绍如何在流程图中添加 Multiply Const 块，该块将输入流乘以标量或向量常数（如果是向量，则按元素），即

输出=输入×常数

☛注：有关仅针对标量值的该块的更高性能版本，请参考 Fast_Multiple_Const 文档。

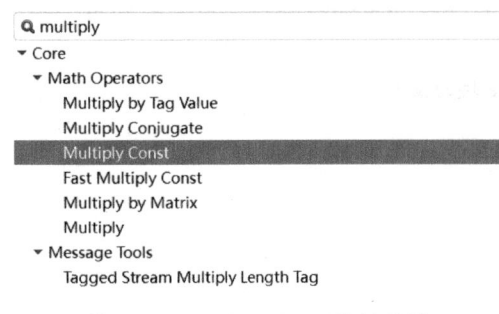

图 9.36　Multiply Const 块的位置

在图 9.34 中添加并配置 Multiply Const 块的主要步骤如下所述。

（1）在 GNU Radio Companion 主界面工具栏中，找到并单击"Search for a block by name（and key）"按钮🔍。

（2）出现搜索框，如图 9.36 所示。在搜索框中，输入 multiply。在下面的窗口中，列出了名字为 Multiply Const 块所在的位置为 Core→Math Operators。

（3）选中图 9.36 中的 Multiply Const 块并将其拖曳到流程图设计界面中，如图 9.37 所示。

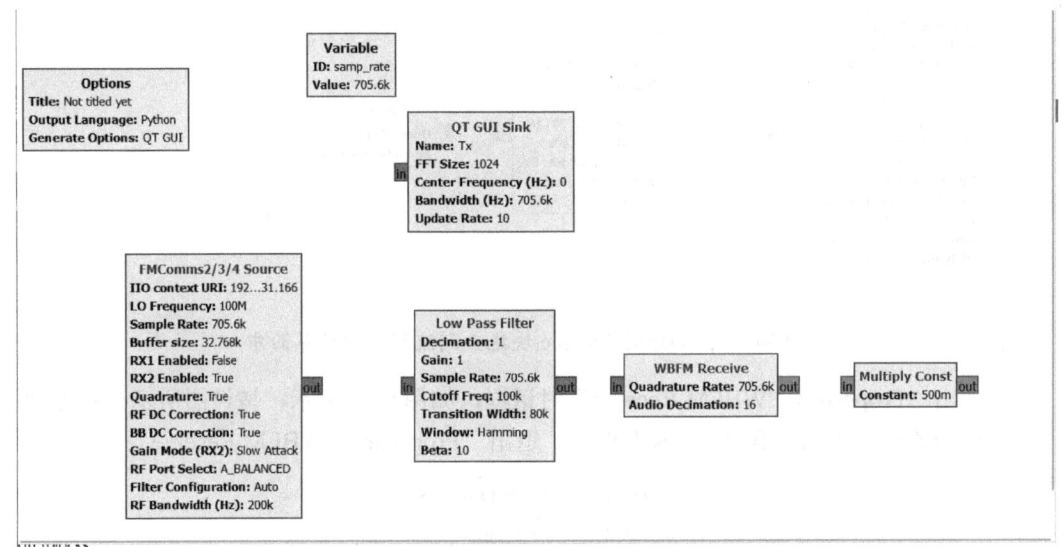

图 9.37　将 Multiply Const 块拖曳到流程图设计界面中

（4）选中图 9.37 中的 Multiply Const 块符号，单击鼠标右键，出现浮动菜单。在浮动菜单中，选择 Properties...；或者，双击 Multiply Const 块符号。

（5）弹出"Properties：Multiply Const"对话框，如图 9.38 所示，按该图所示设置参数。

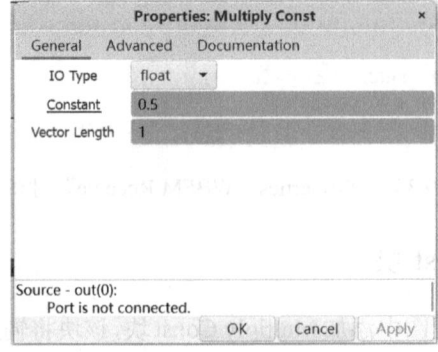

图 9.38　"Properties：Multiply Const"对话框

（6）单击该对话框右下角的"OK"按钮，退出"Properties：Multiply Const"对话框。

9.4.7 添加 Low Pass Filter 块（二）

在图 9.37 中添加并配置第二个 Low Pass Filter 块的主要步骤如下所述。

（1）在 GNU Radio Companion 主界面工具栏中，找到并单击"Search for a block by name（and key）"按钮 🔍。

（2）出现搜索框。在搜索框中，输入 low。在下面的窗口中，列出了名字为 Low Pass Filter 块所在的位置为 Core→Filters。

（3）选中 Low Pass Filter 块并将其拖曳到流程图设计界面中，如图 9.39 所示。

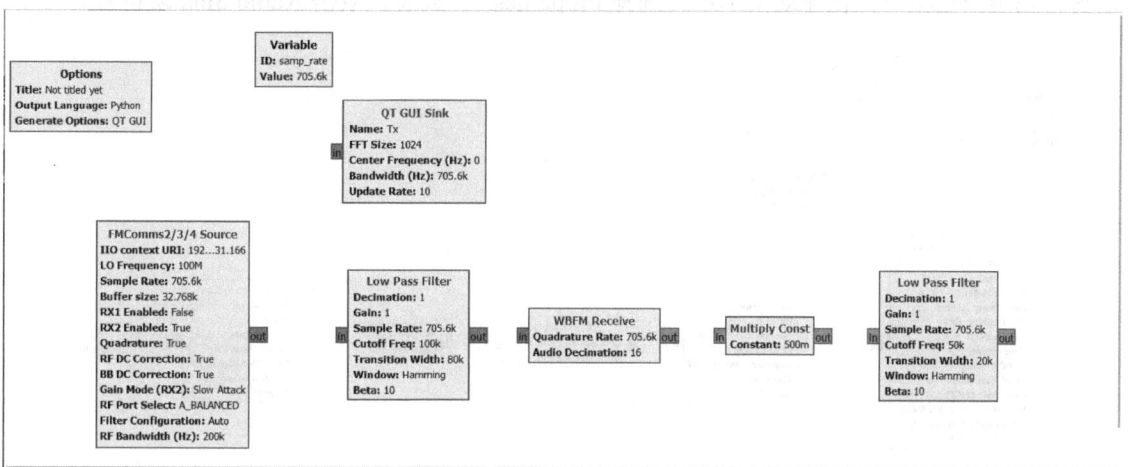

图 9.39　将 Low Pass Filter 块拖曳到流程图设计界面中

（4）选中图 9.39 中的 Low Pass Filter 块符号，单击鼠标右键，出现浮动菜单。在浮动菜单中，选择 Properties...；或者，双击 Low Pass Filter 块符号。

（5）弹出"Properties：Low Pass Filter"对话框，如图 9.40 所示，按该图所示设置参数。

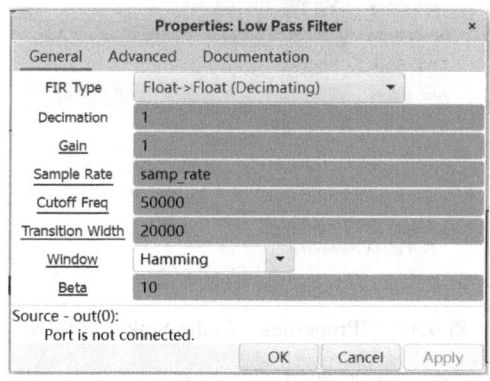

图 9.40　"Properties：Low Pass Filter"对话框

（6）单击该对话框右下角的"OK"按钮，退出"Properties：Low Pass Filter"对话框。

9.4.8 添加 Audio Sink 块

本小节将介绍如何在流程图中添加 Audio Sink 块，该块允许通过扬声器或其他音频设备播放信号。在图 9.39 中添加 Audio Sink 块的主要步骤如下所述。

（1）在 GNU Radio Companion 主界面工具栏中，找到并单击"Search for a block by name（and key）"按钮 🔍。

（2）出现搜索框，如图 9.41 所示。在搜索框中，输入 audio sink。在下面的窗口中，列出了名字为 Audio Sink 块所在的位置为 Core→Audio。

（3）选中图 9.41 中的 Audio Sink 块并将其拖曳到流程图设计界面中，如图 9.42 所示。

（4）选中图 9.42 中的 Audio Sink 块符号，单击鼠标右键，出现浮动菜单。在浮动菜单中，选择 Properties...；或者，双击 Audio Sink 块符号。

图 9.41　Audio Sink 块的位置

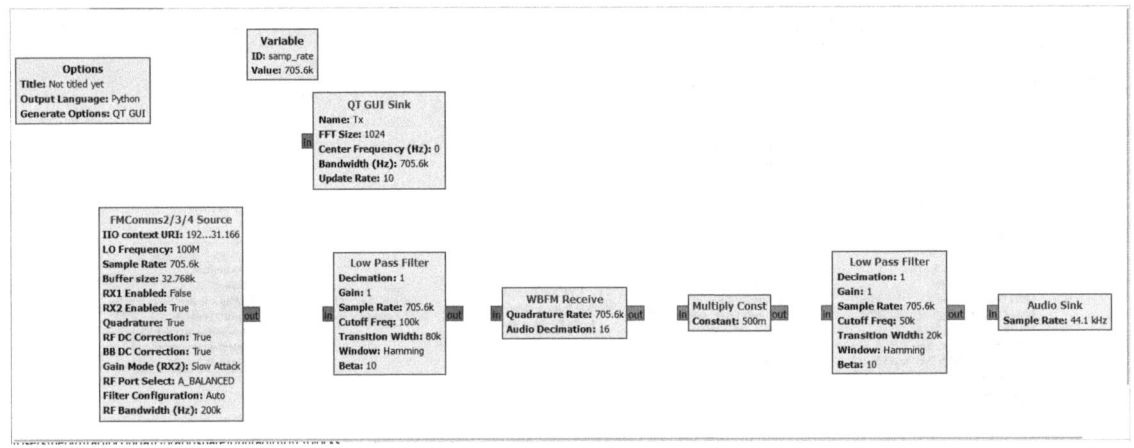

图 9.42　将 Audio Sink 块拖曳到流程图设计界面中

（5）弹出"Properties：Audio Sink"对话框，如图 9.43 所示，按该图所示设置参数。

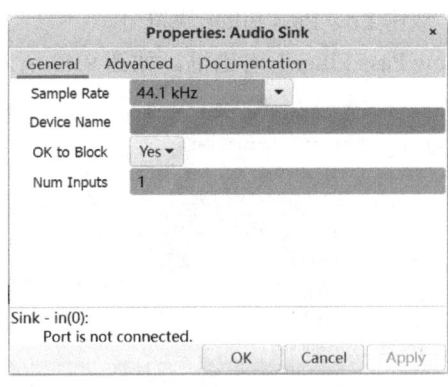

图 9.43　"Properties：Audio Sink"对话框

（6）单击该对话框右下角的"OK"按钮，退出"Properties：Audio Sink"对话框。

9.4.9　连接流程图中的块

本小节将介绍如何将前面添加到流程图中的块连接到一起，以实现调频信号解调系统的完整设计。

如图 9.44 所示，将 FMComms2/3/4 Source 块的 out 端口通过连线连接到 Low Pass Filter 块

的 in 端口。将光标放到 FMComms2/3/4 Source 块符号的 out 端口上，并且按下鼠标的左键，此时从该块的 out 端口上伸出一根黑线，保持按下鼠标左键的状态，同时拖曳鼠标，将光标置于 Low Pass Filter 块符号的 in 端口上，然后释放鼠标的左键。这样，就将 FMComms2/3/4 Source 块的 out 端口连接到 Low Pass Filter 块的 in 端口，如图 9.45 所示。

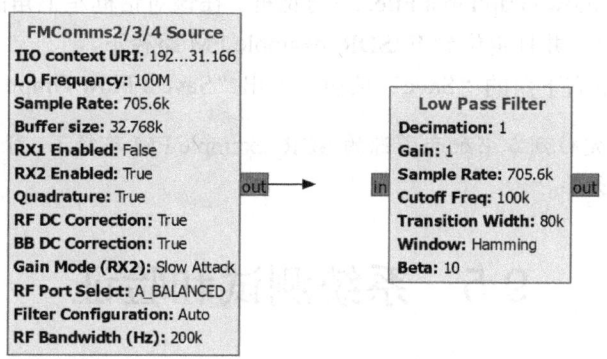

图 9.44　连接 FMComms2/3/4 Source 块和 Low Pass Filter 块

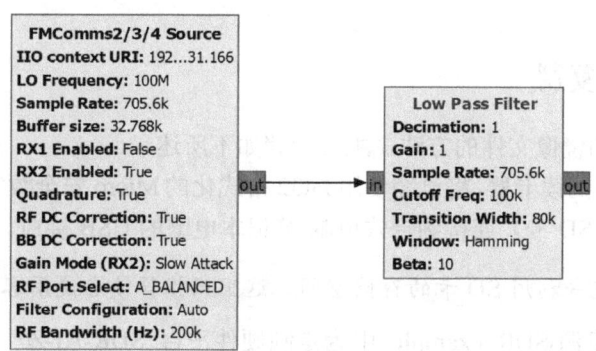

图 9.45　将 FMComms2/3/4 Source 块的 out 端口与 Low Pass Filter 块的 in 端口连接

使用相同的方法，将流程图中的其他块连接到一起，如图 9.46 所示。

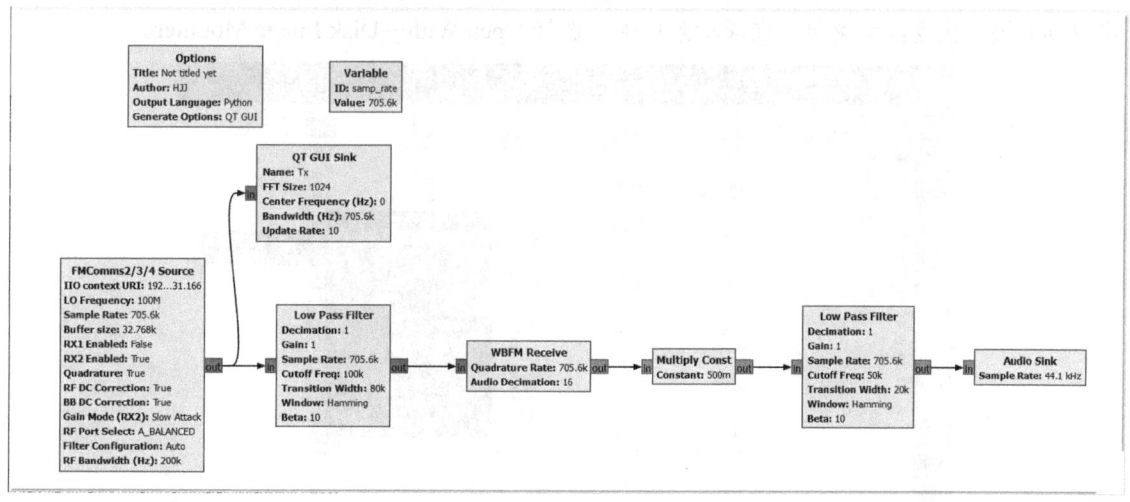

图 9.46　将流程图中的不同块连接到一起构成完整的调频信号解调系统

9.4.10 保存设计

本小节将介绍如何保存该设计文件，主要步骤如下所述。

（1）在 GNU Radio Companion 主界面主菜单下，选择 File→Save As...。

（2）弹出"Save a Flow Graph to a File..."对话框。在该对话框左上角的 Name 标题右侧的文本框中输入 FM_Rx.grc，并且定位到 E:\SDR_example\FM 路径下。

（3）单击该对话框右下角的"Save"按钮，退出"Save a Flow Graph to a File..."对话框。

> 注：读者可以定位到本书配套资源的\SDR_example\FM 路径下，用 GNU Radio Companion 软件打开 FM_Rx.grc 文件。

9.5 系统测试和验证

本节将介绍如何在 SDR-AI-Z7 硬件平台上对前面设计的 FM 调制系统和 FM 解调系统进行测试和验证。

9.5.1 镜像文件的复制

本小节将介绍复制镜像文件的方法，主要步骤如下所述。

（1）通过 USB 接口的读卡器，将已经使用 fat32 格式化的 Micro 安全数字（Secure Digital Card，SD）卡（也称为 Mini-SD 卡）连接到台式电脑/笔记本电脑的 USB 接口。

> 注：为确保充分利用 SD 卡的存储空间，这里只推荐读者使用容量为 16GB 的 SD 卡。

（2）将本书配套资源\SDR_example 中为定制硬件平台 SDR-AI-Z7 生成的用于支持 GNU Radio 框架的系统镜像文件 SDR-AI.img，复制粘贴到虚拟机（如 VMware）中的 Ubuntu 16.0 操作系统中。

（3）如图 9.47 所示，在 Ubuntu 16.0 操作系统桌面中，选中系统镜像文件 SDR-AI.img，单击鼠标右键，出现浮动菜单。在浮动菜单中，选择 Open With→Disk Image Mounter。

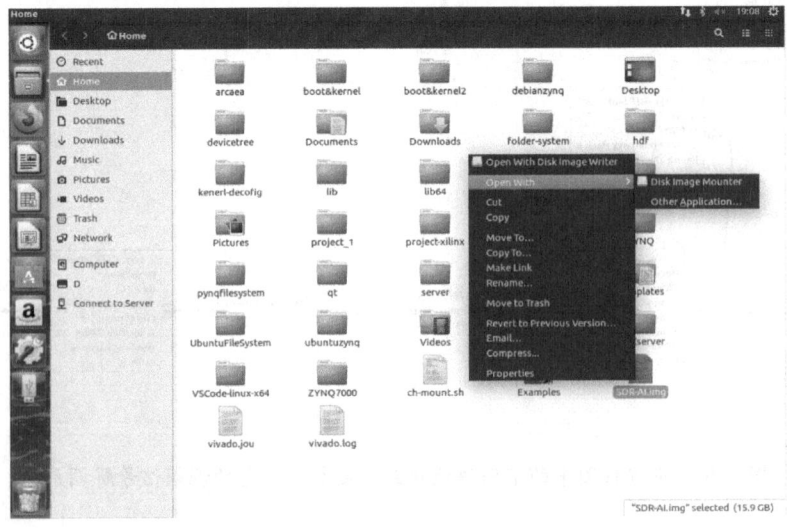

图 9.47　将镜像文件写入 SD 卡的操作过程（1）

第 9 章　FM 和 FSK 的 GNU Radio 实现　　245

注：读者也可以使用自己喜欢的方法将镜像文件写入 SD 卡中。

（4）如图 9.48 所示，弹出"Restore Disk Image"对话框。在该对话框 Destination 标题右侧的下拉框中，选择"16GB Drive—Mass Storage Device(/dev/sdb)"选项。

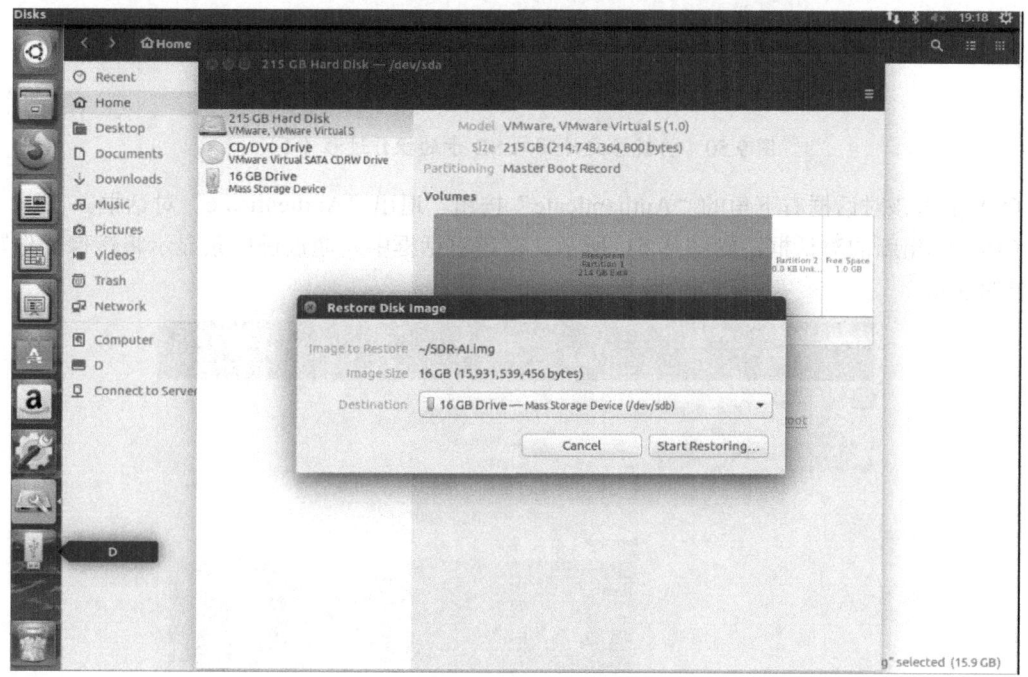

图 9.48　将镜像文件写入 SD 卡的操作过程（2）

（5）单击该对话框右下角的"Start Restoring..."按钮，退出"Restore Disk Image"对话框。

（6）弹出新的对话框，如图 9.49 所示。在该对话框中，提示信息"Are you sure you want to write the disk image to the device？"。

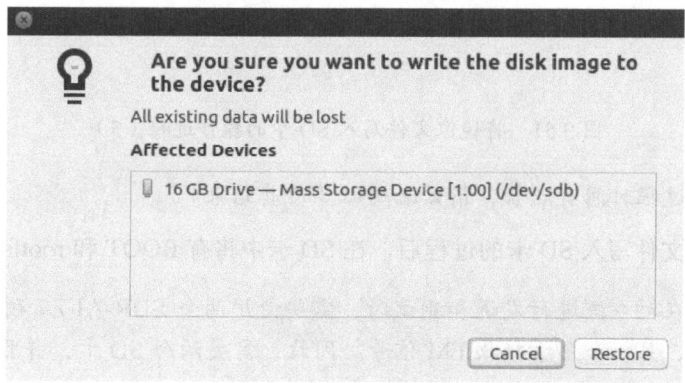

图 9.49　将镜像文件写入 SD 卡的操作过程（3）

（7）单击其右下角的"Restore"按钮，退出该对话框。

（8）弹出"Authenticate"对话框，如图 9.50 所示。在该对话框 Password 右侧的文本框中输入读者自己虚拟机环境下设置超级管理员权限的密码信息。

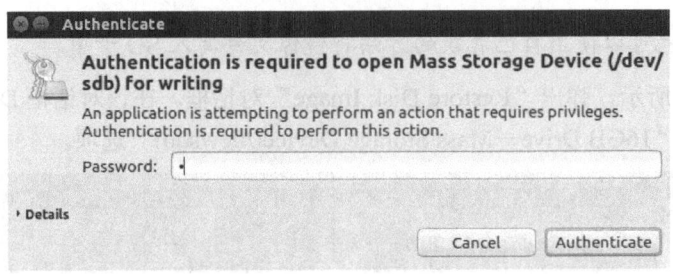

图 9.50　将镜像文件写入 SD 卡的操作过程（4）

（9）单击该对话框右下角的"Authenticate"按钮，退出"Authenticate"对话框。

（10）弹出新的对话框，如图 9.51 所示。在该对话框中，通过进度条显示将镜像文件写入 SD 卡的过程。

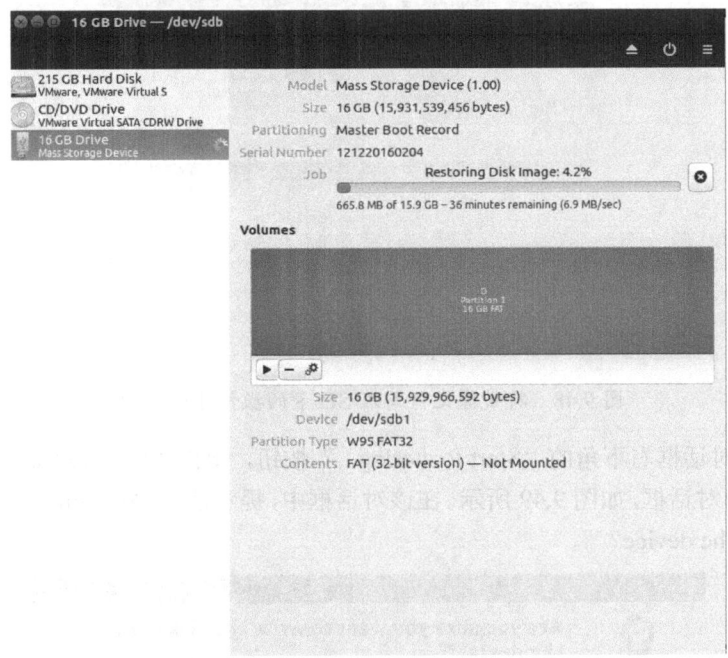

图 9.51　将镜像文件写入 SD 卡的操作过程（5）

注：这个过程时间有点长，请读者耐心等待其结束。

当完成将镜像文件写入 SD 卡的过程后，在 SD 卡中将有 BOOT 和 rootfs 两个分区。

注：因为在对系统进行发送和测试时，需要使用两个 SDR-AI-Z7 硬件开发平台，一个用于发送 FM 信号，另一个用于接收 FM 信号。因此，需要两个 SD 卡，并且在两个 SD 卡上执行相同的写入镜像的过程。

9.5.2　安装 PuTTY 软件工具

PuTTY 是一款集成虚拟终端、系统控制台和网络文件传输功能的自由及开源软件。它支持多种网络协议，包括 SCP、SSH、Telnet、rlogin，以及原始的套接字连接。此外，PuTTY 还可以连接到串行端口，提供灵活的终端连接和数据传输功能。

安装 PuTTY 软件工具的步骤如下所述。

（1）读者可进入本书配套资源的\SDR_example 路径下，在该路径下，找到并双击名字为 putty-64bit-0.76-install.exe 的安装文件。

（2）弹出"PuTTy release 0.76(64-bit) Setup"对话框。在该对话框中，提示信息"Welcome to the PuTTY release 0.76(64-bit)Setup Wizard"。

（3）单击该对话框右下角的"Next"按钮。

（4）弹出"PuTTy release 0.76(64-bit) Setup-Destination Folder"对话框。在该对话框 Install PuTTY release 0.76(64-bit)to 标题下的文本框中，默认安装路径设置为"C:\Program Files\PuTTY\"。如果读者修改安装路径，可以单击"Change..."按钮。

（5）单击该对话框右下角的"Next"按钮。

（6）弹出"PuTTY release 0.76(64-bit)Setup-Product Features"对话框。

（7）单击该对话框右下角的"Install"按钮。

（8）弹出"用户账户控制"对话框。在该对话框中，提示信息"你要允许此应用对你的设备进行更改吗？"。

（9）单击该对话框右下角的"是"按钮，开始自动安装软件。

（10）安装过程结束后，弹出"PuTTY release 0.76(64-bit) Setup"对话框。在该对话框中，提示信息"Completed the PuTTY release 0.76(64-bit) Setup Wizard"。

（11）单击该对话框右下角的"Finish"按钮，结束 PuTTY 软件的安装过程。

注：因为在 9.2 节介绍的系统设计环境支持中会使用两台安装 GNU Radio 软件的台式电脑/笔记本电脑，因此需要在两台电脑上分别安装 PuTTY 软件工具。

9.5.3 硬件平台的设置和启动

本小节将介绍如何设置和启动硬件平台，主要步骤如下所述。

（1）将复制完镜像文件的 Micro SD 卡插入 SDR-AI-Z7 硬件开发平台的 SD 卡槽中。

（2）在该硬件开发平台上，找到标记为 J4 和 J5 的插座，在该插座上插上跳线帽，这表示将 Zynq-7000 SoC 的启动模式设置为 SD 卡启动。

（3）使用带有 Micro-USB 接口的 USB 电缆，该电缆的一端连接到台式电脑/笔记本电脑的 USB 接口，另一端连接到 SDR-AI-Z7 硬件开发平台上标记为 J10 的 Micro-USB 接口。

（4）在用于实现 FM 发射机的 SDR-AI-Z7 硬件开发平台上标记为 J19 的 SMA 插座上连接全波段天线（与设计 FM 发射机所安装 GNU Radio 软件的台式电脑/笔记本电脑相连接的硬件开发平台 SDR-AI-Z7）。

（5）在用于实现 FM 接收机的 SDR-AI-Z7 硬件开发平台上标记为 J12 的 SMA 插座上连接全波段天线（与设计 FM 接收机所安装 GNU Radio 软件的台式电脑/笔记本电脑相连接的硬件开发平台 SDR-AI-Z7）。

（6）将该硬件平台配套提供的交流 220V 转直流+5V 的电源插座，一端插入 220V 交流电源插座中，另一端插入 SDR-AI-Z7 硬件开发平台上标记为 J1 的电源插座。

（7）将该硬件平台上标记为 S1 的电源开关拨到 ON 的位置，这样硬件开发平台完成了上电并启动的过程。当 SDR-AI-Z7 硬件开发平台上标记为"Done"的 LED 发出绿光时，表示 SD 卡已经成功启动了 Zynq-7000 SoC。

注：若启动不成功，则断电，将跳线帽设置为 JATG 模式，启动一段时间，再断电。然后重新切换回 SD 卡模式启动，并等待启动成功。

（8）在 Windows 11 操作系统桌面底部的窗口中，找到并单击"开始"按钮，弹出浮动菜单。在浮动菜单内，单击"所有应用"按钮。弹出浮动菜单，在浮动菜单内，定位到标题"P"。在该标题窗口中，找到并展开"PuTTY(64-bit)"文件夹。在展开项中，找到并单击 PuTTY 选项。

（9）弹出"PuTTY Configuration"对话框，如图 9.52 所示。在该对话框左侧的 Category 窗口中，找到并选中 Serial 选项。在右侧的"Options controlling local serial lines"窗口中，设置串口的参数。对于 Serial line to connect to，右侧文本框中应该填入虚拟的串口号。该串口号的具体信息，读者可以在 Windows 11 操作系统中的"设备管理器"窗口中找到具体的虚拟串口号，然后将该串口号写入该文本框中，具体文字形式为 COMx，其中 x 是在"设备管理器"窗口中找到具体的虚拟串口号的数字表示。对于其他参数设置，包括 Speed(baud)、Data bits、Stop bits、Parity 和 Flow control，必须严格按照图 9.52 给出的参数设置，这是因为这些参数设置是前面镜像文件中已经事先设置好的。

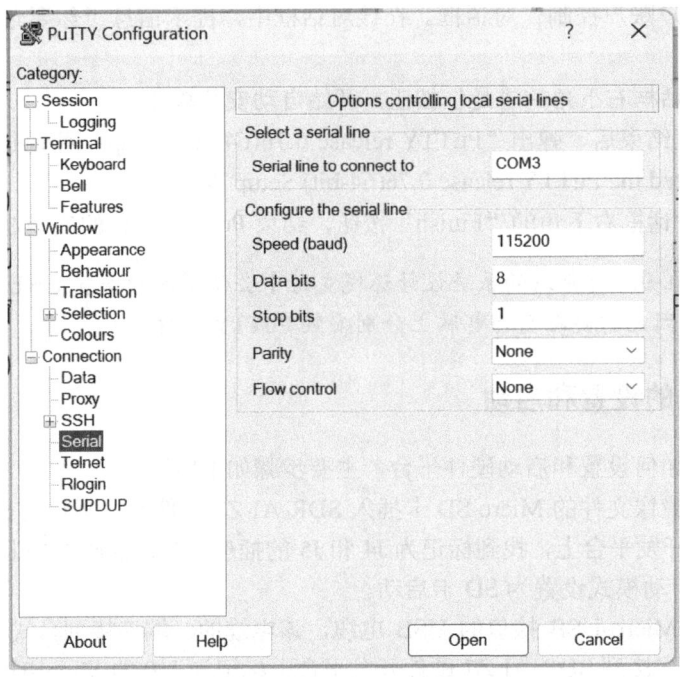

图 9.52 "PuTTY Configuration"对话框

（10）单击该对话框中的"Open"按钮，进入 PuTTY 主界面。然后，按一下 SDR-AI-Z7 硬件开发平台上标记为 U22 的复位按键，使重新运行 Zynq-7000 SoC 上的操作系统启动引导过程。

（11）如图 9.53 所示，在 PuTTY 软件界面中显示 Zynq-7000 SoC 上的启动引导过程。当启动过程结束后，出现 ako login：命令行提示符。在该提示符后，输入 ako，并按回车健。

（12）出现 Password：命令行提示符。在该提示符后，输入 ako，并按回车健。

注（1）：ako login：命令行提示符后面输入的是用户名，Password：命令行提示符后面输入的是密码。

（2）根据 9.2 节介绍的系统设计环境支持，需要在两台台式电脑/笔记本电脑，以及两个 SDR-AI-Z7 硬件开发平台上完成硬件平台的设置和启动。

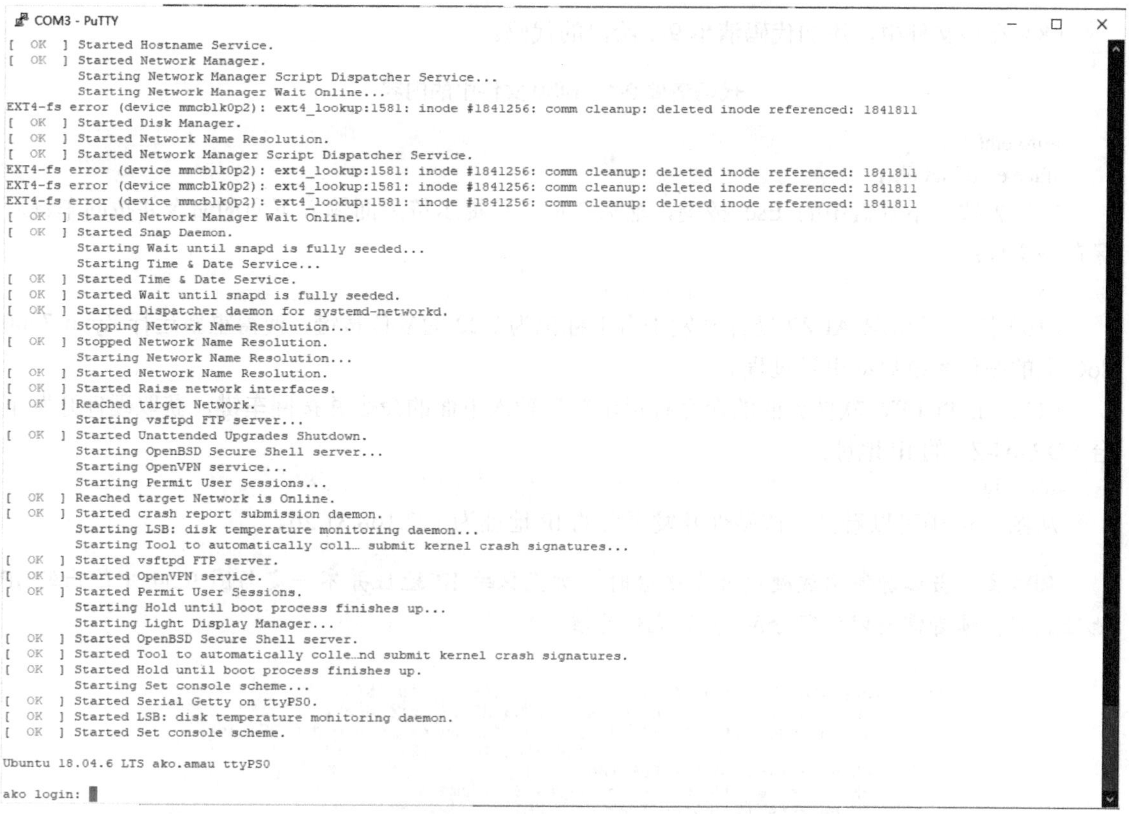

```
COM3 - PuTTY
[  OK  ] Started Hostname Service.
[  OK  ] Started Network Manager.
         Starting Network Manager Script Dispatcher Service...
         Starting Network Manager Wait Online...
EXT4-fs error (device mmcblk0p2): ext4_lookup:1581: inode #1841256: comm cleanup: deleted inode referenced: 1841811
[  OK  ] Started Disk Manager.
[  OK  ] Started Network Name Resolution.
[  OK  ] Started Network Manager Script Dispatcher Service.
EXT4-fs error (device mmcblk0p2): ext4_lookup:1581: inode #1841256: comm cleanup: deleted inode referenced: 1841811
EXT4-fs error (device mmcblk0p2): ext4_lookup:1581: inode #1841256: comm cleanup: deleted inode referenced: 1841811
EXT4-fs error (device mmcblk0p2): ext4_lookup:1581: inode #1841256: comm cleanup: deleted inode referenced: 1841811
[  OK  ] Started Network Manager Wait Online.
[  OK  ] Started Snap Daemon.
         Starting Wait until snapd is fully seeded...
         Starting Time & Date Service...
[  OK  ] Started Time & Date Service.
[  OK  ] Started Wait until snapd is fully seeded.
[  OK  ] Started Dispatcher daemon for systemd-networkd.
         Stopping Network Name Resolution...
[  OK  ] Stopped Network Name Resolution.
         Starting Network Name Resolution...
[  OK  ] Started Network Name Resolution.
[  OK  ] Started Raise network interfaces.
[  OK  ] Reached target Network.
         Starting vsftpd FTP server...
[  OK  ] Started Unattended Upgrades Shutdown.
         Starting OpenBSD Secure Shell server...
         Starting OpenVPN service...
         Starting Permit User Sessions...
[  OK  ] Reached target Network is Online.
[  OK  ] Started crash report submission daemon.
         Starting LSB: disk temperature monitoring daemon...
         Starting Tool to automatically coll… submit kernel crash signatures...
[  OK  ] Started vsftpd FTP server.
[  OK  ] Started OpenVPN service.
[  OK  ] Started Permit User Sessions.
         Starting Hold until boot process finishes up...
         Starting Light Display Manager...
[  OK  ] Started OpenBSD Secure Shell server.
[  OK  ] Started Tool to automatically colle…nd submit kernel crash signatures.
[  OK  ] Started Hold until boot process finishes up.
         Starting Set console scheme...
[  OK  ] Started Serial Getty on ttyPS0.
[  OK  ] Started LSB: disk temperature monitoring daemon.
[  OK  ] Started Set console scheme.

Ubuntu 18.04.6 LTS ako.amau ttyPS0

ako login:
```

图 9.53　在 PuTTY 软件界面中显示 Zynq-7000 SoC 上的启动引导过程（反色显示）

9.5.4　配置网络参数

正确的网络参数配置是确保安装 GNU Radio 软件的台式电脑/笔记本电脑与硬件开发平台 SDR-AI-Z7 通过网络正常连接的基础。同时，它也是保证 apt 相关命令正确执行的重要前提。正确配置网络参数的步骤如下所述。

（1）在 PuTTY 软件界面的命令行提示符后面输入下面的命令并按回车键，将目录切换到网络配置目录下：

cd /etc/network

（2）通过输入 sudo su 命令和密码，切换到管理员身份。

（3）在命令行提示符后面输入下面的命令并按回车键：

vim interfaces

（4）将 interfaces 文件中的内容替换为下面的内容：

source-directory /etc/network/interfaces.d

（5）先按一下键盘中的 Esc 按键，然后在命令行提示符后面输入下面的命令并按回车键，保存该文件：

:wq

（6）在 PuTTY 软件界面的命令行提示符后面输入下面的命令并按回车键，切换到 interfaces.d 目录：

cd /etc/network/interfaces.d

（7）在命令行提示符后面输入下面的命令并按回车键，新建并自动打开 eth0 文件：

vim eth0

(8) 在该文件中,添加代码清单 9-1 给出的代码。

代码清单 9-1　eth0 文件中的内容

```
auto eth0
iface eth0 inet dhcp
```

(9) 先按一下键盘中的 Esc 按键,然后在命令行提示符后面输入下面的命令并按回车键,保存该文件:

```
:wq
```

(10) 按一下 SDR-AI-Z7 硬件开发平台上标记为 U22 的复位按键,使得重新运行 Zynq-7000 SoC 上的操作系统启动引导过程。

(11) 在 PuTTY 软件界面的命令行提示符后输入下面的命令并按回车键,获取硬件开发平台 SDR-AI-Z7 的 IP 地址:

```
ifconfig
```

从图 9.54 中可以看到,该硬件开发平台的 IP 地址为 192.168.31.26。

注:当读者使用该硬件开发平台时,所获取的 IP 地址并不一定与图 9.54 中给出的 IP 地址相同,读者需要以实际分配的 IP 地址为准。

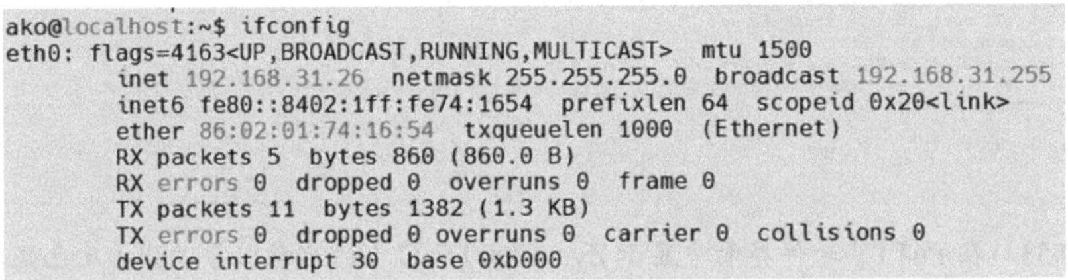

```
ako@localhost:~$ ifconfig
eth0: flags=4163<UP,BROADCAST,RUNNING,MULTICAST>  mtu 1500
        inet 192.168.31.26  netmask 255.255.255.0  broadcast 192.168.31.255
        inet6 fe80::8402:1ff:fe74:1654  prefixlen 64  scopeid 0x20<link>
        ether 86:02:01:74:16:54  txqueuelen 1000  (Ethernet)
        RX packets 5  bytes 860 (860.0 B)
        RX errors 0  dropped 0  overruns 0  frame 0
        TX packets 11  bytes 1382 (1.3 KB)
        TX errors 0  dropped 0 overruns 0  carrier 0  collisions 0
        device interrupt 30  base 0xb000
```

图 9.54　输入 ifconfig 命令获取 SDR-AI-Z7 硬件开发平台的 IP 地址

(12) 将安装 GNU Radio 软件的台式电脑/笔记本电脑与硬件开发平台 SDR-AI-Z7 连接到同一个路由器,并使用 ping 命令测试台式电脑/笔记本电脑与 SDR-AI-Z7 之间的网络连通性。如果网络连接正常,则可以进行下一步测试;否则,需排查并解决网络连接故障。

注:按照 9.2 节介绍的系统设计环境支持,两台台式电脑/笔记本电脑分别需要实现与各自连接硬件平台 SDR-AI-Z7 的网络连通性测试。

9.5.5　FM 无线传输系统的硬件测试

本小节将介绍如何对 FM 发射机和 FM 接收机设计的正确性进行实际测试。读者需要分别在 FM 发射机一侧(包括一台台式电脑/笔记本电脑以及一个硬件开发平台 SDR-AI-Z7)和 FM 接收机一侧(包括一台台式电脑/笔记本电脑以及一个硬件开发平台 SDR-AI-Z7)按顺序执行下面的步骤。

(1) 在 PuTTY 软件界面的命令行提示符后输入下面的命令并按回车键,使硬件开发平台 SDR-AI-Z7 上运行的 Ubuntu 操作系统进入超级管理员模式:

```
sudo su
```

(2) 在 PuTTY 软件界面的命令行提示符后输入下面的命令并按回车键,打开 iiod 服务:

```
nohup iiod &
```

(3) 在实现 FM 发射机功能的 GNU Radio 软件中,找到名字为 FMComms2/3/4 Sink 的块符号,双击该块符号,弹出"Properties:FMComms2/3/4 Sink"对话框。在该对话框 IIO context URI

标题右侧的文本框中输入用于实现 FM 发射机功能的硬件开发平台的 IP 地址。然后，单击"OK"按钮，退出该对话框。

（4）在实现 FM 接收机功能的 GNU Radio 软件中，找到名字为 FMComms2/3/4 Source 的块符号，双击该块符号，弹出"Properties：FMComms2/3/4 Source"对话框。在该对话框 IIO context URI 标题右侧的文本框中输入用于实现 FM 接收机功能的硬件开发平台的 IP 地址。然后，单击"OK"按钮，退出该对话框。

（5）在实现 FM 发射机设计的 GNU Radio 软件的主界面中，按如下两种方式之一启动 FM 发射机功能。

① 在 GNU Radio Companion 主界面主菜单下，选择 Run→Execute。

② 在 GNU Radio Companion 主界面工具栏中，找到并单击"Execute the flow graph"按钮 ▷。

（6）当 FM 发射机一侧的台式电脑/笔记本电脑与硬件开发平台 SDR-AI-Z7 正确连接时，在 GNU Radio Companion 主界面的左下角窗口中会显示如图 9.55 所示的信息，并且自动弹出如图 9.56 所示的时域和频域图形窗口。

```
Generating: 'F:\\SDR\\LTL_Project\\GNU_radio\\2.FM\\untitled.py'

Executing: D:\radioconda\python.exe -u F:\SDR\LTL_Project\GNU_radio\2.FM\untitled.py

UUUlen(interp_taps) = 1028
pagesize :error: no info; setting pagesize = 4096
UUUU
```

图 9.55　FM 发射机一侧 GNU Radio Companion 主界面左下角窗口中显示的信息

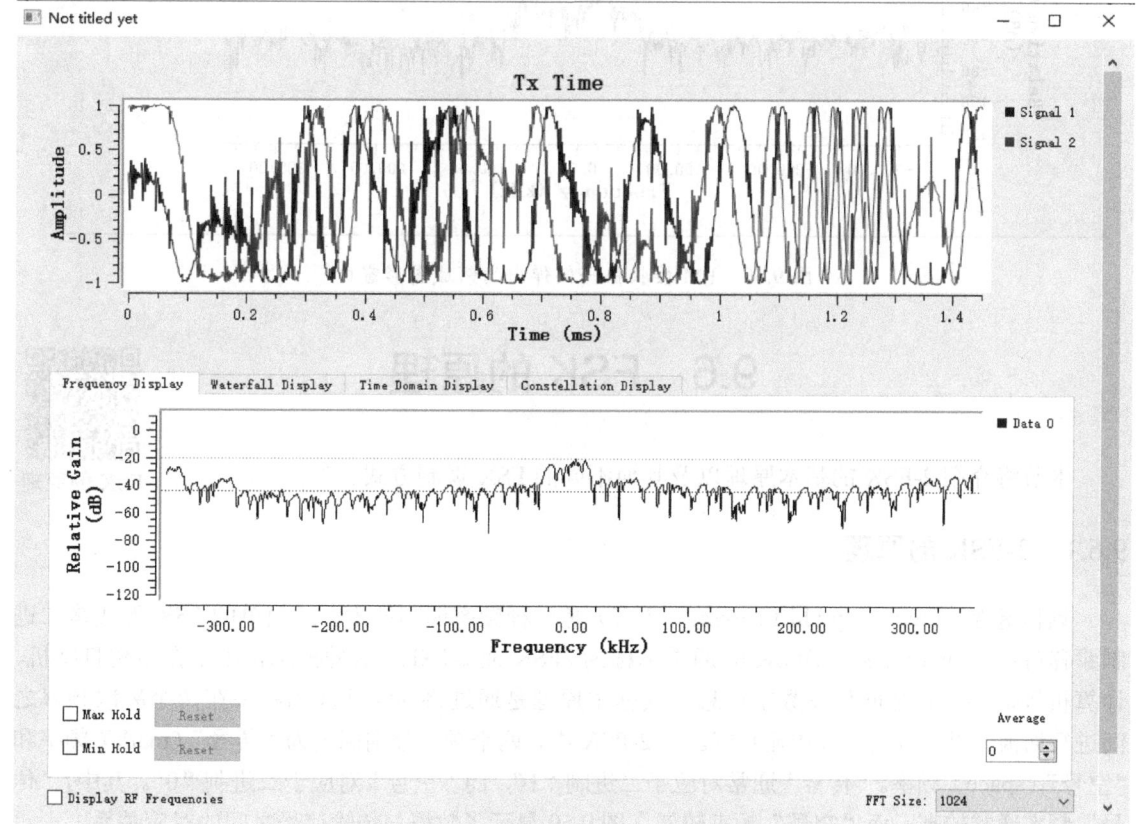

图 9.56　FM 发射机一侧弹出的时域和频域图形窗口

（7）在实现 FM 接收机设计的 GNU Radio 软件的主界面中，按如下两种方式之一启动 FM 接收机功能。

① 在 GNU Radio Companion 主界面主菜单下，选择 Run→Execute。

② 在 GNU Radio Companion 主界面工具栏中，找到并单击"Execute the flow graph"按钮。

（8）当 FM 接收机一侧的台式电脑/笔记本电脑与硬件开发平台 SDR-AI-Z7 正确连接时，在 GNU Radio Companion 主界面的左下角窗口中会显示如图 9.57 所示的信息，并且自动弹出如图 9.58 所示的频域图形窗口。

```
Generating: "H:\GNU_RADIO\FM\fm_rx.py"

Executing: F:\gnu_radio\python.exe -u H:\GNU_RADIO\FM\fm_rx.py

multiply_const_ff :info: set_min_output_buffer on block 5 to 1024
quadrature_demod_cf :info: set_min_output_buffer on block 8 to 44100
fir_filter_blk<IN_T,OUT_T,TAP_T> :info: set_min_output_buffer on block 11 to 44100
multiply_const_ff :warning: Block (multiply_const_ff0) max output buffer set to 16384 instead of requested 2048
quadrature_demod_cf :warning: Block (quadrature_demod_cf0) max output buffer set to 16384 instead of requested 44100
fir_filter_blk<IN_T,OUT_T,TAP_T> :warning: Block (fir_filter_blk<IN_T,OUT_T,TAP_T>2) max output buffer set to 16384 instead of requested 44100
```

图 9.57　FM 接收机一侧 GNU Radio Companion 主界面左下角窗口中显示的信息

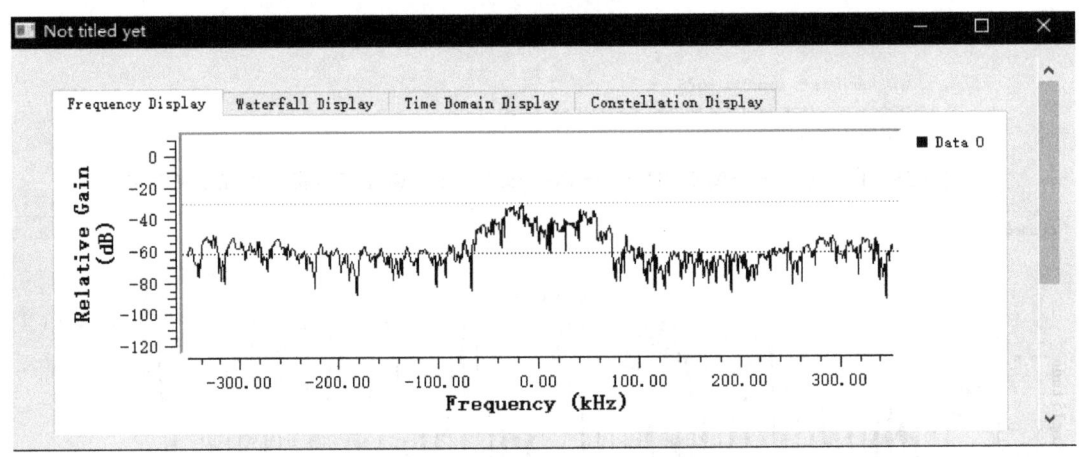

图 9.58　FM 接收机一侧弹出的频域图形窗口

9.6　FSK 的原理

FSK 的原理

本节将介绍 2-FSK 的基本原理以及其他不同的 FSK 调制方式。

9.6.1　2-FSK 的原理

频移键控（Frequency Shift Keying，FSK）是一种频率调制技术。最简单的 FSK 形式是二进制频移键控（Binary FSK，BFSK），通常也称为 2FSK 或 2-FSK。这种技术常用于在电传打字机、计算机等数字设备之间传输数字信息。其基本原理是通过将连续载波的频率在两个离散频率之间进行切换，以二进制方式传输数据。在 2-PSK 中，两个频率分别标记为"传号"（mark）频率和"空号"（space）频率。"传号"通常对应于二进制"1"，而"空号"对应于二进制"0"。其中，"传号"频率通常较高，而"空号"频率较低。图 9.59 显示了数据与传输信号之间的对应关系。

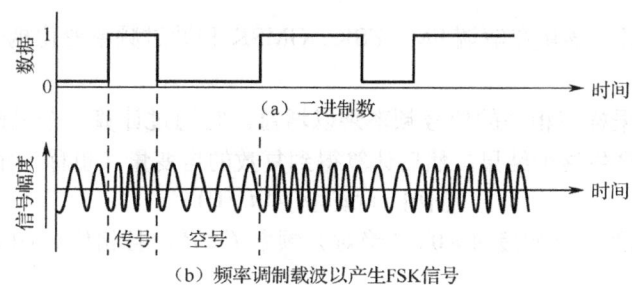

图 9.59 数据和传输信号之间的对应关系

这些位可以通过下面的关系转换为符号：

$$0 \to -1$$
$$1 \to +1$$

这样，就可以写出两个频率 F_i，$i \in \{0,1\}$，即

$$F_i = F_c + (-1)^{i+1} \cdot \Delta_F = F_c \pm \Delta_F$$

式中，F_c 是标称的载波频率，Δ_F 是与该载波频率的峰值频率偏移。因此，信号波形可以写作：

$$s(t) = A\cos(2\pi F_i t + \phi) = A\cos[2\pi(F_c \pm \Delta_F)t + \phi]$$

式中，$0 \leq t \leq T_b$，且 ϕ 为任意相位。

> 注：这里不区分位周期和符号周期，因为对二进制调制技术来说，两者是相同的。

1. 2-FSK 的调制

从概念上讲，事实上，发射机可以由两个振荡器构成（其频率分别为 f_1 和 f_2），任何时候只有一个振荡器连接到输出端，如图 9.60 所示。

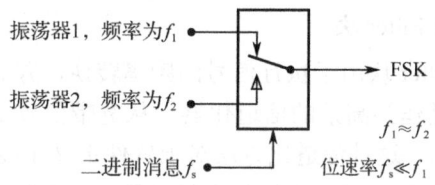

图 9.60 2-FSK 发射机

这里需要指出的是，除非两个振荡器的频率和位时钟之间存在特殊关系，否则在消息过渡期间，输出波形将突然出现相位不连续。

实践表明，f_1 和 f_2 之间存在特殊的相互关系，并且通常是位速率的整数倍。这种关系使得连续相位调制成为可能，从而在带宽控制方面提供了优势。

另外，单个压控振荡器（Voltage Controlled Oscillator，VCO）的频率可以在两个值之间切换，以实现连续相位频移键控（Continuous Phase FSK，CPFSK）。在该设计中，我们也使用了 VCO 来产生 FSK 调制信号。

2. 2-FSK 的解调

在该设计中，我们使用了 GNU Radio 软件框架中的 Quadrature Demod 块和 Frequency Xlating FIR Filter 块。下面对这两个块的原理进行介绍，以帮助读者理解在该设计中解调 FSK 信号的方法。

1）Quadrature Demod 块

Qadrature Demod（正交解调）块接收复数采样流，如包含所期望信号的窄基带流，并产生表示频率解调的浮点流。该块在解调 FM、FSK、GMSK 和通过频率变化携带信息的类似调制中最有用。

该块的输出是与采样率相关的信号频率乘以增益。它通过计算一个采样延迟的共轭输入与非延迟信号的乘积来产生这个结果，然后计算得到复数的自变量（也称为角度，单位为弧度）。

$$y[n] = \arg(x[n]\overline{x}[n-1])$$

让 x 为复正弦曲线，其幅度 $A > 0$，（绝对）频率 $f \in R$，且相位 $\phi_0 \in [0; 2\pi]$，在 $f_s > 0$ 处采样，不失一般性：

$$x[n] = Ae^{j2\pi\left(\frac{f}{f_s}n + \phi_0\right)}$$

则

$$y[n] = \arg\left(Ae^{j2\pi\left(\frac{f}{f_s}n + \phi_0\right)} \overline{Ae^{j2\pi\left(\frac{f}{f_s}(n-1) + \phi_0\right)}}\right)$$

$$= \arg\left(A^2 e^{j2\pi\left(\frac{f}{f_s}n + \phi_0\right)} e^{-j2\pi\left(\frac{f}{f_s}(n-1) + \phi_0\right)}\right)$$

$$= \arg\left(A^2 e^{j2\pi\left(\frac{f}{f_s}n + \phi_0\right)} e^{-j2\pi\left(\frac{f}{f_s}(n-1) + \phi_0\right)}\right)$$

$$= \arg\left(A^2 e^{j2\pi\frac{f}{f_s}}\right)$$

因为 A 是实数，因此 A^2 只是标定，$\arg(\cdot)$ 是不变的，$\arg\left(e^{j2\pi\frac{f}{f_s}}\right) = \frac{f}{f_s}$。

2）Frequency Xlating FIR Filter 块

Frequency Xlating FIR Filter 块用于执行信号的频率转换，并通过抽取 FIR 滤波器对信号进行下采样。该块的主要功能是作为高效的信道化器，从宽带信号中提取窄带部分，而不需要将窄带部分集中于特定频率范围。这种信道化方法对于软件定义无线电（Software Defined Radio，SDR）特别有用，因为 SDR 通过高采样率捕获宽带信号，而实际所需的信号仅占用其中的窄带部分。

9.6.2 其他 FSK 方式

在 FSK 中，除最基本的 2-FSK 外，还有其他的 FSK 方式。本小节对这些 FSK 技术进行简要介绍。

1. GFSK

不同于 2-FSK 直接用数字数据符号直接调制频率，高斯频移键控（Gaussian Frequency Shift Keying，GFSK）在每个符号周期开始时"瞬时"改变频率，用高斯滤波器对数据脉冲进行滤波，使"过渡过程"更加平滑。该滤波器的优点是降低边带功率，减少对相邻信道的干扰，但代价是增加了码间干扰。

GFSK 调制器与简单的 FSK 调制器的不同之处在于，在基带波形（电平为 −1 和 +1）进入 FSK 调制器之前，它会通过高斯滤波器使"过渡过程"更平滑，以限制频谱宽度。高斯滤波是减少频谱宽度的标准方法，在这种应用中称为脉冲整形。

在普通的非滤波 FSK 中，当脉冲从 –1 跳到 +1，或从 +1 跳到 –1 时，调制波形会迅速变化，从而引入较大的带外频谱。如果脉冲从 –1 变到 +1，分别为 –1、–0.98、–0.93、+0.93、+0.98、+1，则这个更平滑的脉冲用于确定载波频率，显著减少带外频谱。

2. MSK

最小频移键控或最小移动键控（Minimum Shift Keying，MSK）是相干 FSK 的一种特殊的频谱效率形式。在 MSK 中，较高和较低频率之间的差正好等于位速率的一半。因此，表示"0"和"1"位的波形恰好相差半个载波周期。最大频率偏移 $\delta = 0.25 f_m$，其中 f_m 为最大调制频率。结果，调制指数 $m = 0.5$，这是可以选择的最小 FSK 调制指数，使得 0 和 1 的波形正交。

3. GMSK

高斯最小移动键控（Gaussian MSK，GMSK）类似于标准 MSK，但是数字数据流在应用于频率调制器之前首先用高斯滤波器整形，并且通常具有比大多数 MSK 调制系统窄得多的相移角，这具有降低边带功率的特点，而且也减少了相邻频率信道中信号载波之间的带外干扰。

4. AFSK

音频频移键控（Audio Frequency Shift Keying，AFSK）是一种调制技术，其中数字数据通过音频音调的频率变化来表示，从而生成适合通过无线电或电话传输的编码信号。通常，传输的音频在两种音调之间交替，一种代表"传号"，表示二进制"1"；另一种代表"空号"，表示二进制"0"。

与常规频移键控不同，AFSK 在基带上执行调制。在无线电应用中，AFSK 调制信号通常用于调制 RF 载波（采用 AM 或 FM 等传统技术）进行传输。

尽管 AFSK 在功率和带宽效率上远低于大多数其他调制方式，但它并不总是用于高速数据通信。然而，除了其简单性，AFSK 还具有一个优点：编码信号能够通过 AC 耦合链路传输。

5. 多级 FSK

多级（M 元）频移键控（Multilevel Frequency Shift Keying，M-ary FSK）传输的符号表示 $N = \log_2 M$ 位的信息。M 元 FSK 信号在符号时间 T_s 期间将载波频率键控到 M 个离散的频率中间的一个，以表示用于信息传输的 N 个二进制逻辑信号。调制正弦信号的幅度为 $A(V)$，载波频率为 $f_c(Hz)$，参考相位角为 $0°$。

9.7 FSK 原理仿真

前面提到，该设计使用 GNU Radio 软件框架中提供的 VCO 块实现 FSK 调制，以及使用 Frequency Xlating FIR Filter 块和 Quadrature Demod 块实现 FSK 解调。FSK 仿真系统的模型如图 9.61 所示。

该模型主要分为系统参数设置、信源生成、FSK 调制以及 FSK 解调与验证四部分。

注：读者可以定位到本书配套资源的 \SDR_example\FSK_Sim 路径下，用 GNU Radio Companion 打开文件 FSK_TxRx.grc。

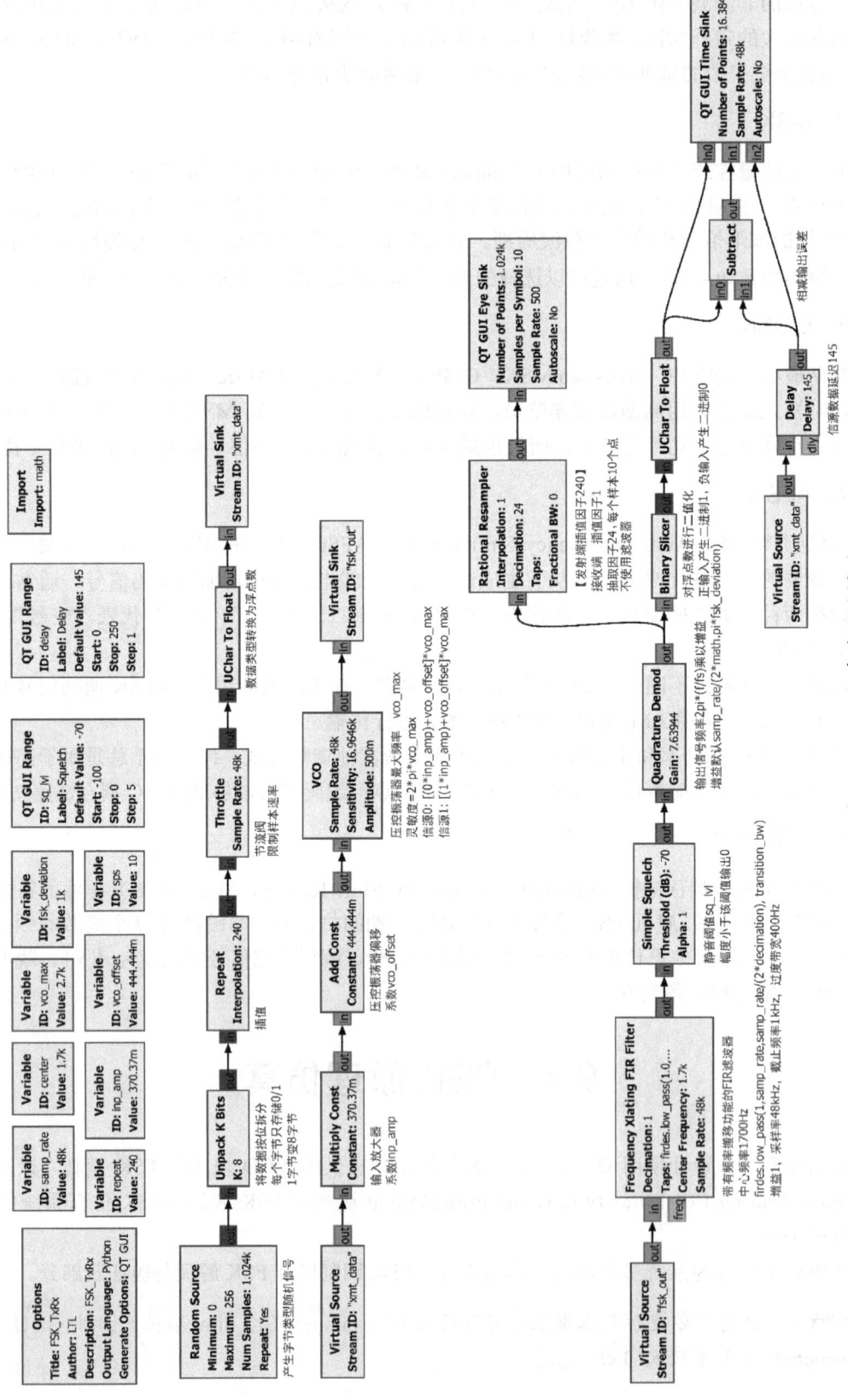

图 9.61　FSK 仿真系统的模型

9.7.1 系统参数设置

图 9.61 给出的 FSK 仿真系统的参数描述如图 9.62 所示。

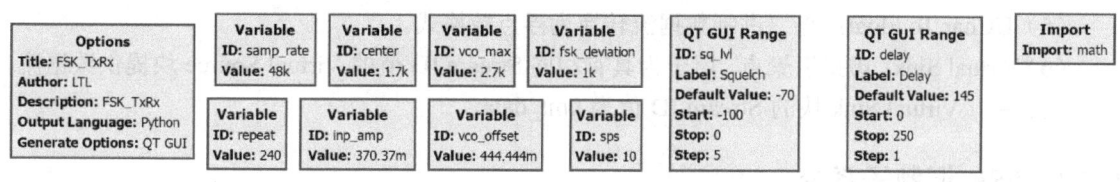

图 9.62　FSK 仿真系统的参数描述

（1）Options 块，用于设置系统的基本信息。

（2）Variable 块，用于设置系统所需的变量。

① samp_rate：48k（sps），该参数设置系统的采样率；

② center：1.7k（Hz），该参数设置 FSK 调制的中心频率；

③ vco_max：2.7k（Hz），该参数设置压控振荡器的最高工作频率；

④ fsk_deviation：1k（Hz），该参数设置 FSK 调制的两个频率的间隔；

⑤ repeat：240，为插值系数，表示传输每个符号所需要的样本数；

⑥ vco_offset：444.444m，为压控振荡器偏移系数，该变量的取值与 center、fsk_deviation 和 vco_max 有关，它们之间的关系如下式所示。

$$vco\_offset = \frac{center - fsk\_deviation \times 0.5}{vco\_max}$$

⑦ inp_amp：370.37m，为输入放大器系数，该变量的取值与 center、fsk_deviation、vco_max 和 vco_offset 有关，它们之间的关系如下式所示。

$$inp\_amp = \frac{center + fsk\_deviation \times 0.5}{vco\_max} - vco\_offset$$

（3）QT GUI Range 块：用于设置系统运行时 GUI 界面中可修改的参数。

① sq_lvl（静音阈值）：默认值为 −70dB，调节范围为 [−100,0] dB，步长为 5dB。当接收机接收的信号小于该值时，判别为发射机未发送信号，不产生输出。

② delay（信源与信宿之间的延迟）：默认值为 145，调节范围为 [0,250]，步长为 1，该变量的值取决于系统结构。

（4）Import 块：用于导入相关支持包。

9.7.2 信源生成子系统

FSK 信源生成子系统的结构如图 9.63 所示。

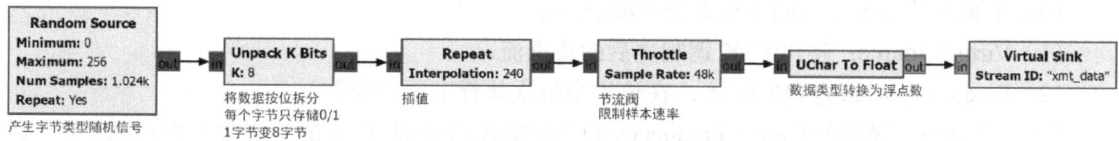

图 9.63　FSK 信源生成子系统的结构

（1）Random Source：产生 [0,256] 范围内的随机数据，输出类型为字节。

（2）Unpack K Bits：将字节类型的数据按位进行拆分，虽然输出的数据仍然是字节类型，但是其数值仅有"0"与"1"两个离散的逻辑状态。

（3）Repeat：对二进制数据流进行重复插值，调整传输符号所需的样本数。

（4）Throttle：限制数据流的传输速率。

（5）UChar To Float：将二进制数据流转换为浮点数格式。

（6）Virtual Sink：虚拟汇聚点，用于为具有相同 Stream ID 值的 Virtual Source 块提供数据流。在该设计中，Virtual Sink 块的 Stream ID 值为 xmt_data。

9.7.3 FSK 调制子系统

FSK 调制子系统的结构如图 9.64 所示。

图 9.64　FSK 调制子系统的结构

（1）Virtual Source：输出来自信源生成部分的数据流。

（2）Multiply Const：将输入数据流与 inp_amp 相乘。

（3）Add Const：将输入数据流与 vco_offset 相加。

（4）VCO：根据输入的数据流与 Sensitivity（灵敏度）产生对应频率的正弦波，且保持在频率突变的时刻输出波形相位的连续性。Sensitivity 即压控振荡器最大角频率，由下式确定：

$$\text{Sensitivity} = 2 \times \pi \times \text{vco\_max}$$

压控振荡器输出正弦信号的频率 f 由下式确定：

$$f = (\text{data} \times \text{inp\_amp} + \text{vco\_offset}) \times \text{vco\_max}$$

式中，data 表示输入的二进制数据的值。代入相关参数可知，当 data = 0 时，f_1 = 1.2kHz；当 data = 1 时，f_2 = 2.2kHz。由此可知，f_1 与 f_2 满足下面的关系：

$$f_1 = \text{center} - \frac{\text{fsk\_deviation}}{2}$$

$$f_2 = \text{center} + \frac{\text{fsk\_deviation}}{2}$$

（5）Virtual Sink：用于向 FSK 解调与验证部分提供数据流。

9.7.4 FSK 解调与验证子系统

FSK 解调与验证子系统的结构如图 9.65 所示。

（1）Virtual Source：输出 FSK 调制之后的数据流。

（2）Frequency Xlating FIR Filter：在该块中依次执行下面的操作。

① 根据该块中设置的 Center Frequency（中心频率）将接收信号的中心频率搬移到基带，此时信号的频率为：

$$f_1' = f_1 - \text{center}$$
$$f_2' = f_2 - \text{center}$$

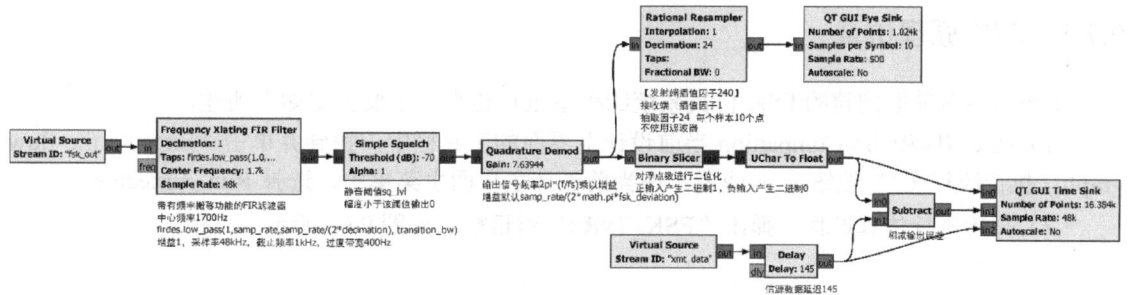

图 9.65　FSK 解调与验证子系统的结构

由于 center $= (f_1 + f_2) \times 0.5$，且 fsk_deviation $= f_2 - f_1$，可得到下面的关系：

$$f_1' = -\frac{\text{fsk\_deviation}}{2}$$

$$f_2' = \frac{\text{fsk\_deviation}}{2}$$

② 低通滤波器的参数设置为：

firdes.low_pass(1.0,samp_rate,1000,400)

式中，1.0 表示增益值；samp_rate 表示采样率，在该设计中为 48k（sps）；1000 表示截止频率，单位为 Hz；400 表示过渡带带宽，单位为 Hz。

根据上面的滤波器参数设置，对输入的数据流进行滤波。该滤波器范围必须包含 f_1' 与 f_2' 两个频率分量。

③ 根据设置的采样系数对输入信号进行采样，采样系数大于 1 时会导致频谱扩展 f_1' 与 f_2' 的值成倍增长。采样系数等于 1 时，f_1' 与 f_2' 保持不变。

（3）Simple Squelch：在未进行 FSK 传输时屏蔽噪声信号。

（4）Quadrature Demod：执行正交解调。该块的输出为信号角频率与增益的乘积。检测到的信号角频率为：

$$\omega_n = 2 \times \pi \times \frac{f_n'}{\text{samp\_rate}}$$

式中，下标 n 的取值为 1 或 2，samp_rate 表示系统采样率。

该块的增益值由下式设置：

$$\text{gain} = \frac{\text{samp\_rate}}{2 \times \pi \times \text{fsk\_deviation}}$$

当 $n=1$ 时，输出 $\omega_n \times \text{gain} = -0.5$；当 $n=2$ 时，输出 $\omega_n \times \text{gain} = 0.5$。

（5）Binary Slicer：将浮点数进行二值化处理。当该块输入的值小于 0 时，输出为 0；当该块输入的值大于 0 时，输出为 1。

（6）UChar To Float：将字节类型的二进制数据转换为浮点数类型。

（7）Subtract：将解调出的二进制数据流与延迟的二进制数据流求差，计算解调出的信号误差。

（8）QT GUI Time Sink：在运行时显示解调出的二进制数据流、接收误差以及延迟的信源二进制数据流。

（9）Rational Resampler：用于对数据进行重采样，该块的插值系数为 1，采样系数为 24。发射端插值系数为 240，所以在该块输出数据中，每个符号占用 10 个采样点。

（10）QT GUI Eye Sink：显示数据流的眼图。

9.7.5 FSK 原理仿真

本小节将对前面构建的 FSK 仿真系统的模型进行仿真,主要步骤如下所述。

(1)在 GNU Radio Companion 当前设计主界面的工具栏中,找到并单击"Execute the flow graph(执行流程图)"按钮▷;或者,在当前设计主界面主菜单中,选择 Run→Execute。

(2)开始执行仿真过程,弹出"FSK_TxRx"对话框,如图 9.66 所示。

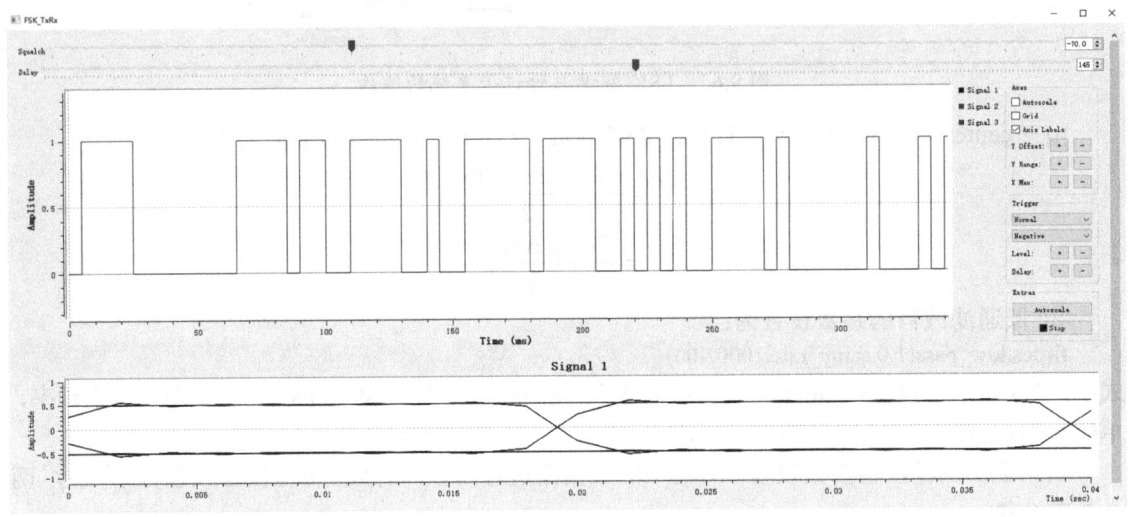

图 9.66 "FSK_TxRx"对话框

① Signal 1 为解调出的数据流;
② Signal 2 为误差信号;
③ Signal 3 为延迟的信源数据流。

从图 9.66 中给出的波形可知,Signal 1 与 Signal 3 的波形完全重合,表明 FSK 调制与解调正确,此时 Signal 2 恒为 0。此外,从图 9.66 下面的窗口中给出的"眼图",表明接收的信号质量较高。

(3)在 GNU Radio Companion 当前设计主界面的工具栏中,找到并单击"Kill the flow graph"按钮□;或者,在当前设计主界面主菜单中,选择 Run→Kill。通其中一种方式,结束仿真过程。

9.8 FSK 发射机的设计

FSK 发射机和接收机的设计

根据 9.7 节构建的 FSK 仿真系统模型和仿真结果,本节将介绍如何设计面向定制硬件平台 SDR-AI-Z7 的 FSK 发射机。FSK 发射机系统模型结构如图 9.67 所示。

注:读者可以定位到本书配套资源的\SDR_example\FSK_File 路径下,用 GNU Radio Companion 打开文件 FSK_Tx.grc。

第9章 FM 和 FSK 的 GNU Radio 实现

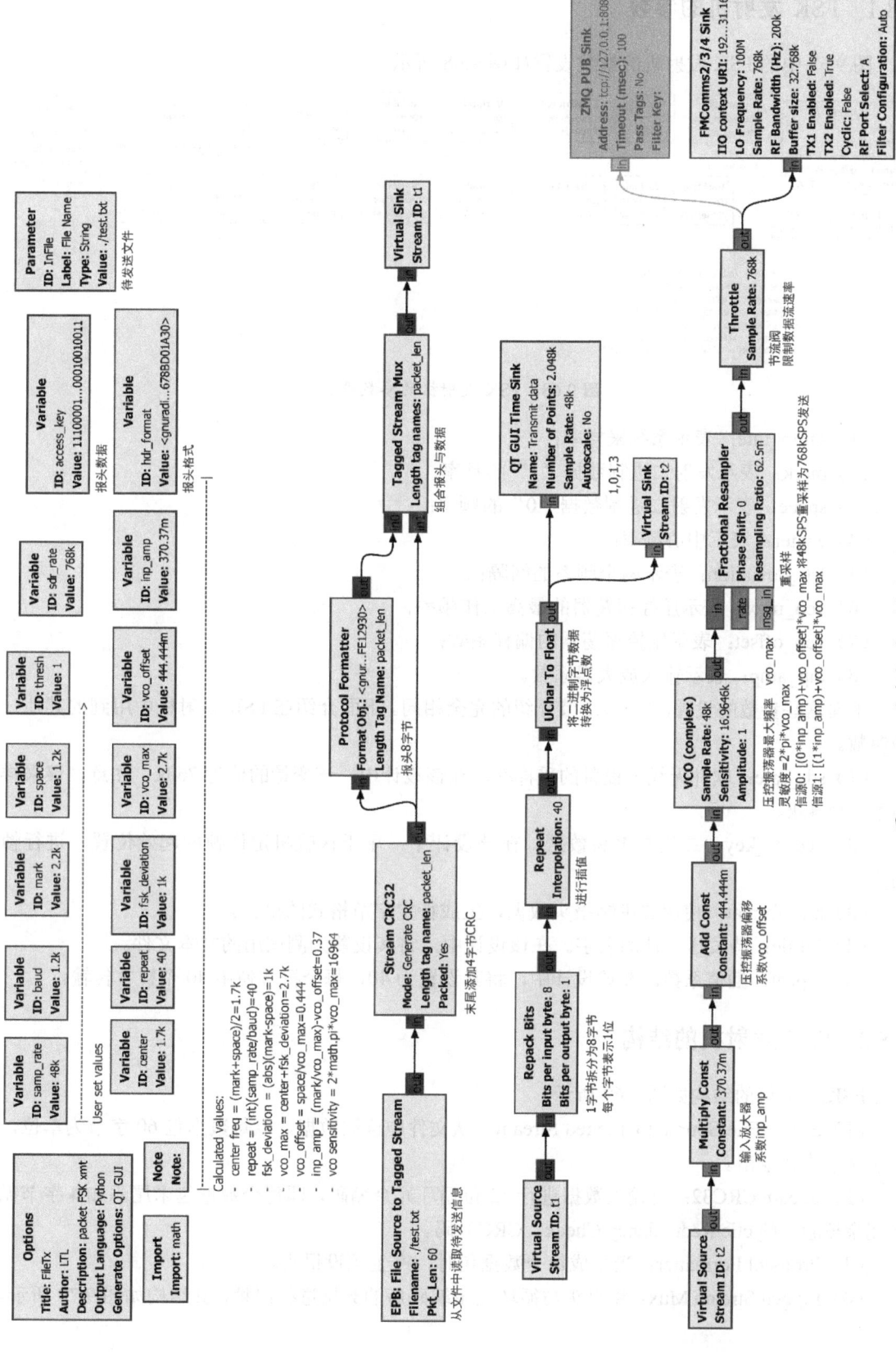

图 9.67 FSK 发射机系统模型结构

9.8.1 FSK 发射机的参数

图 9.67 中的 FSK 发射机的参数设置如图 9.68 所示。

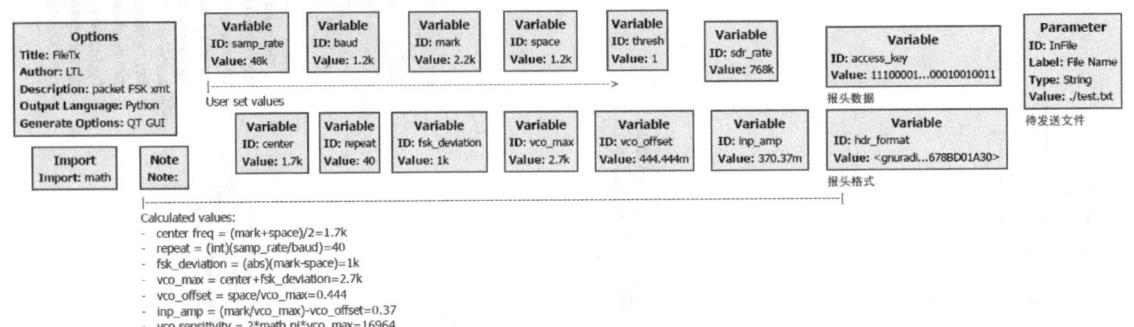

图 9.68 FSK 发射机的参数设置

（1）samp_rate：表示系统采样率；
（2）mark：表示发射二进制数据 "1" 的频率；
（3）space：表示发射二进制数据 "0" 的频率；
（4）center：表示中心频率；
（5）fsk_deviation：表示两个频率的间隔；
（6）vco_max：表示压控振荡器的最高工作频率；
（7）vco_offset：表示压控振荡器的偏移系数；
（8）inp_amp：表示输入放大器系数。

上面这些参数的设置，与 9.7.1 节介绍的完全相同。下面介绍在 FSK 发射机中用到的其他一些参数。

（1）sdr_rate：软件无线电设备的采样率。在该设计中，该变量的值为 768k。注意，该采样率不支持 48k。
（2）access_key：二进制报头数据。在该设计中，用于接收机定位帧的起始位置，进行帧同步。
（3）hdr_format：使用二进制报头数据，生成特定字节格式的报头。
（4）InFile：待发送文件的名字。在该设计中，将其设置为测试用的文本文件。
（5）repeat：插值系数。在该设计中，将其设置为 40，每个符号使用 40 个样本传输。

9.8.2 FSK 发射机的结构

FSK 发射机的结构如图 9.69 所示。

（1）EPB：File Source to Tagged Stream：从文件中读取数据，以每数据包 60 字节为单位，按照字节格式输出。
（2）Stream CRC32：对输入数据进行 32 位循环冗余编码，即每个数据包末尾添加 4 字节循环冗余校验（Cyclic Redundancy Check，CRC）码。
（3）Protocol Formatter：当生成每个数据包时，产生预设报头。
（4）Tagged Stream Mux：将报头与循环冗余编码后的数据进行组帧，其结构如图 9.70 所示。

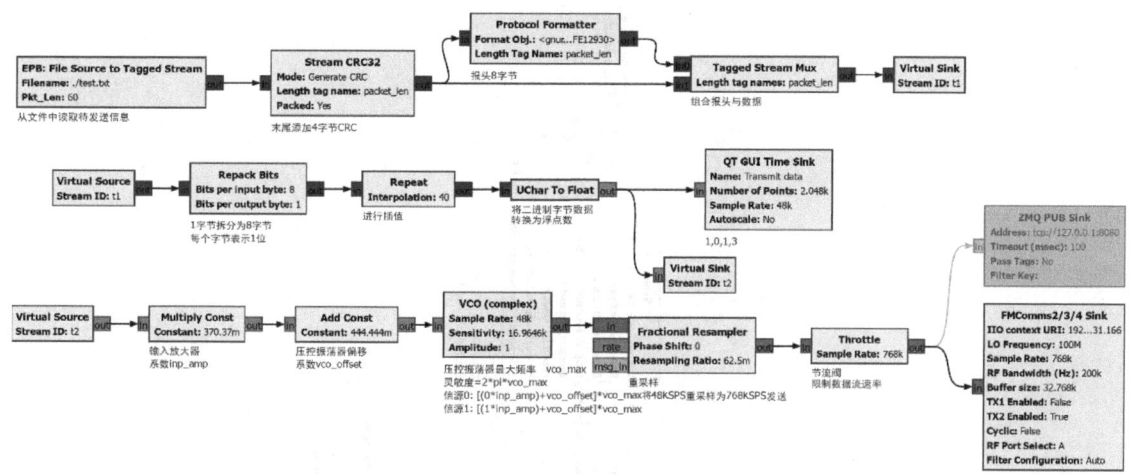

图 9.69　FSK 发射机的结构

| 报头
8字节 | 数据
小于等于60字节 | CRC校验
4字节 |

图 9.70　FSK 文件传输的帧结构

> 注：FSK 调制部分的结构与 FSK 仿真系统模型中的原理完全相同。

（5）Fractional Resampler：对 FSK 调制后的数据进行重采样，将系统采样率 samp_rate 提升是为了适用于定制硬件平台 SDR-AI-Z7 的采样率 sdr_rate。

（6）Throttle：将数据流的速率限制为定制硬件平台 SDR-AI-Z7 的采样率 sdr_rate。

（7）FMComms2/3/4 Sink：调用定制硬件平台 SDR-AI-Z7 以发送 FSK 调制后的数据。

> 注：图 9.70 中的 ZMQ PUB Sink 块可以向某个网络端口发送数据，将其与接收机一侧的 ZMQ PUB Source 块配合使用，可以对接收机与发射机模型进行离线仿真验证。例如，将上述块的地址都设置为 "tcp://127.0.0.1:8080"，发射机会将 FSK 调制后的数据发送至该端口，接收机再从该端口读取数据。
>
> 使用离线方式验证时，需要用鼠标右键单击图 9.70 中名字为 "ZMQ PUB Sink" 的块符号，弹出浮动菜单。在浮动菜单中，选择 Enable，就可以在当前的设计中使能该块。此时，需要用鼠标右键单击图 9.70 中名字为 "FMComms2/3/4 Sink" 的块符号，弹出浮动菜单。在浮动菜单中，选择 Disable，在当前设计中禁止该块。

9.9　FSK 接收机的设计

参照 9.7 节给出的 FSK 仿真系统模型结构，本节将介绍如何设计用于传输文件的 FSK 接收机。FSK 接收机系统模型结构如图 9.71 所示。

FSK 接收机的参数设置与 FSK 发射机的参数设置相同。FSK 接收机由 FSK 解调子系统和 FSK 数据恢复子系统构成。

> 注：读者可以定位到本书配套资源的\SDR_example\FSK_File 路径下，用 GNU Radio Companion 打开文件 FSK_Rx.grc。

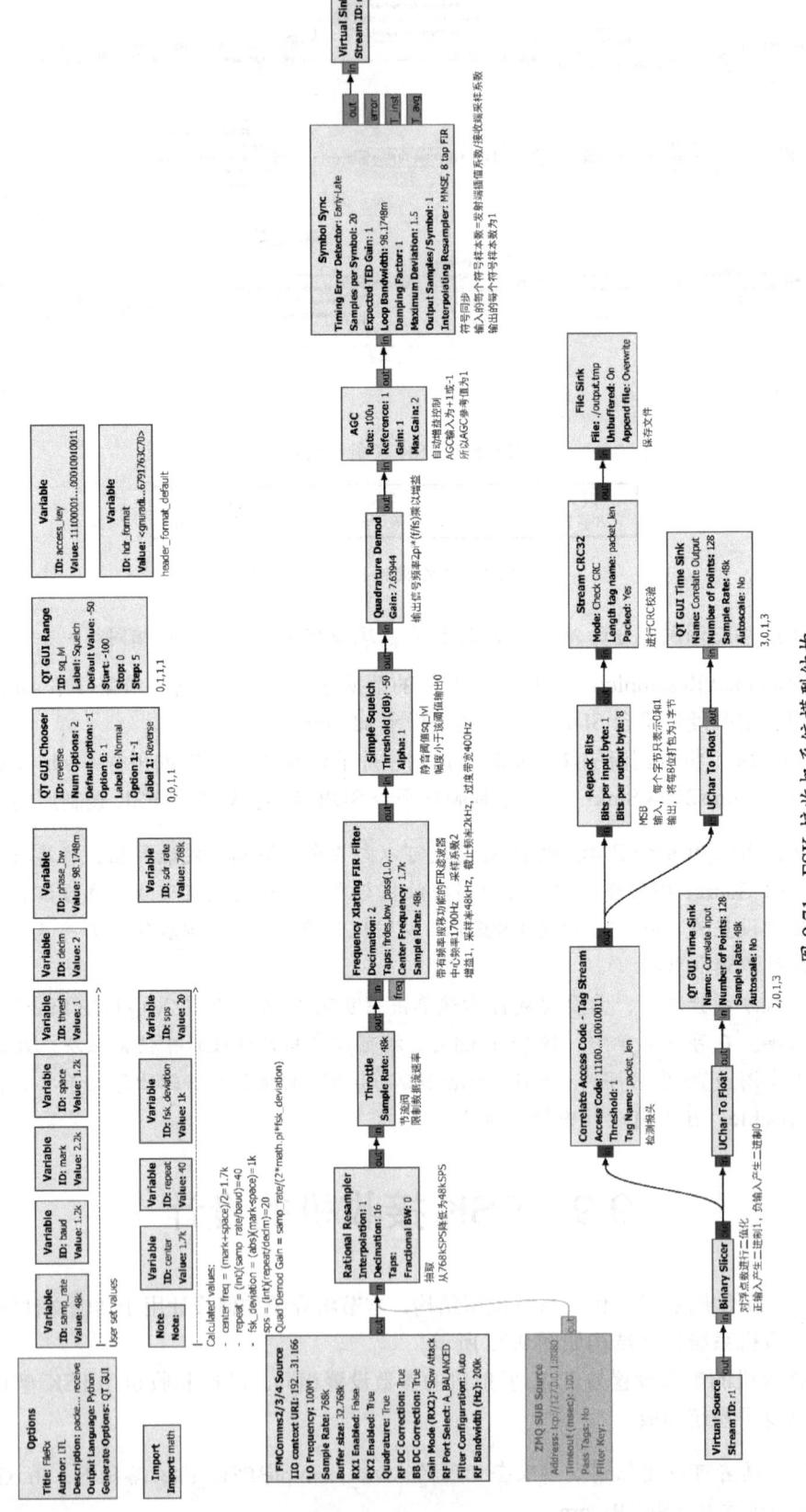

图 9.71 FSK 接收机系统模型结构

9.9.1 FSK 解调子系统的结构

FSK 接收机中的 FSK 解调子系统的结构如图 9.72 所示。

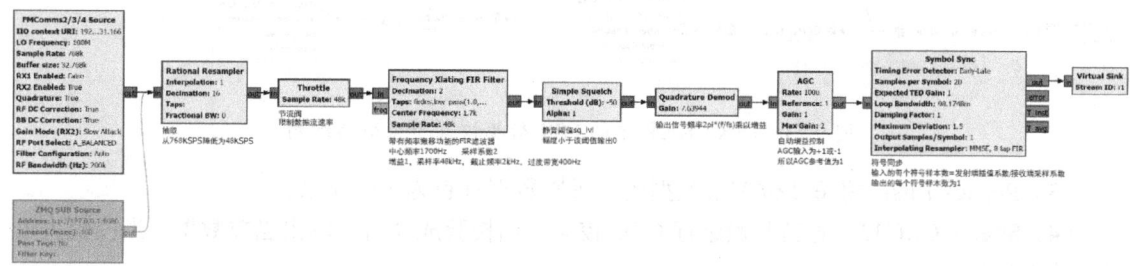

图 9.72　FSK 接收机中的 FSK 解调子系统的结构

（1）FMComms2/3/4 Source：从定制硬件平台的射频收发器获取 FSK 调制后的数据。

（2）Rational Resampler：Interpolation（插值）设置为 1，Decimation（抽取）设置为 16，用于将数据流从硬件定制平台 SDR-AI-Z7 的采样率 sdr_rate 降低到系统采样率 samp_rate。

（3）Throttle：将数据流速率限制为 samp_rate。

（4）Frequency Xlating FIR Filter：该滤波器的特性以下参数决定：

firdes.low_pass(1.0,samp_rate,2000,400)

此外，Decimation（抽取）设置为 2，因此发生了频谱展宽，该滤波器的截止频率设置为 2kHz。相应地，输出信号的频率也将变为原来的两倍，即

$$f_1' = -\frac{fsk\_deviation}{2} \times 2$$

$$f_2' = \frac{fsk\_deviation}{2} \times 2$$

（5）Quadrature Demod：检测到的角频率 ω_n 相比 FSK 原理模型仿真时也随之扩大两倍，此块的增益仍设置为

$$gain = \frac{samp\_rate}{2 \times \pi \times fsk\_deviation}$$

当 $n=1$ 时，输出 $\omega_n \times gain = -1$；当 $n=2$ 时，输出 $\omega_n \times gain = 1$。

（6）AGC：实现自动增益控制。因为 Quadrature Demod 块的输出值幅度为 1，因此该块的 Reference（参考）设置为 1.0。

（7）Symbol Sync：用于符号同步。因为在 FSK 发射机中将插值因子 repeat 设置为 40，因此每个符号使用 40 个样本进行传输。因为 FSK 接收机将 Frequency Xlating FIR Filter 块的 Decimation（抽取）设置为 2，Symbol Sync 块的输入端每个符号使用 20 个样本传输，因此将该块的 Samples per Symbol 设置为 20。该块进行符号同步后，每个符号使用 1 个样本传输，所以将该块的 Output Samples/Symbol 设置为 1。

9.9.2 FSK 数据恢复子系统的结构

FSK 接收机中的 FSK 数据恢复子系统的结构如图 9.73 所示。

（1）Binary Slicer：输入为浮点数，其数值约为 -1.0 或 $+1.0$。该块将输入进行二值化，输出字节类型的数据。当输入为 -1.0 时，输出为 0；当输入为 $+1.0$ 时，输出为 1。

（2）Correlate Access Code-Tag Stream：通过检测报头数据，定位帧的起始位置。

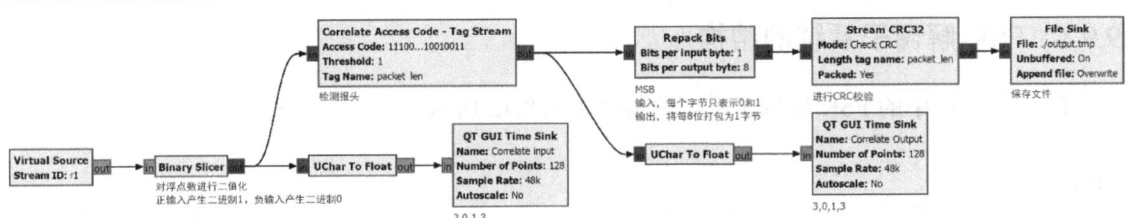

图 9.73 FSK 接收机中的 FSK 数据恢复子系统的结构

（3）Repack Bits：将每 8 位字节类型的二进制数据打包为 1 个字节。

（4）Stream CRC32：对当前帧进行 CRC 校验。当校验成功时，输出当前数据；当校验失败时，输出为 0。

（5）File Sink：用于将接收的数据保存在临时文件 output.tmp 中。

此外，临时文件 output.tmp 中的数据包含额外的包头与包尾，若将其恢复为文本文件，则需要进一步处理。直接恢复文本文件的数据恢复结构如图 9.74 所示。

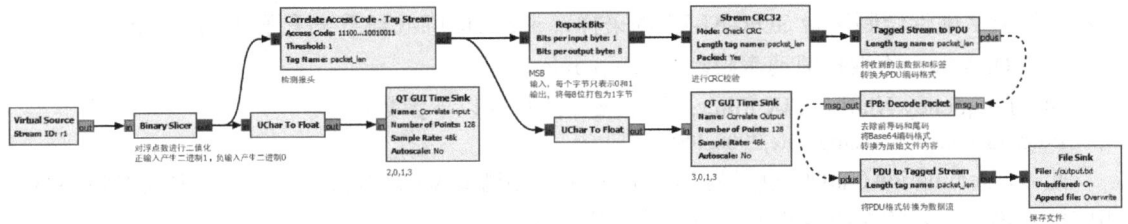

图 9.74 直接恢复文本文件的数据恢复结构

注：读者可以定位到本书配套资源的\SDR_example\FSK_File 路径下，用 GNU Radio Companion 打开文件 FileRx_Plus.grc。

如图 9.74 所示，在 Stream CRC32 和 File Sink 之间添加额外的设计，用于去除前导码和尾码等。其处理过程按如下顺序执行。

（1）Tagged Stream To PDU：将数据流转换为 PDU 编码格式。

（2）EPB：Decode Packet：去除 PDU 编码中的前导码与尾码，并将 Base64 编码格式的编码信息转换为原始文件的内容。

（3）PDU to Tagged Stream：将 PDU 格式的信息转换为数据流。

9.10 FSK 文件传输系统测试

本节将介绍如何通过传输文件的方法，对所构建的 FSK 发射机和 FSK 接收机进行测试和验证。

9.10.1 测试前的准备工作

在对 FSK 无线传输系统测试之前，需要完成下面的准备工作。

（1）准备定制硬件平台 SDR-AI-Z7，并通过网线将定制硬件平台 SDR-AI-Z7 的网络接口与台式电脑/笔记本电脑的网络接口连接在一起。

（2）将保存镜像文件的 SD 卡插入定制硬件平台 SDR-AI-Z7 的 SD 卡槽中，通过跳线帽，将定制硬件平台的启动方式设置为 SD 卡启动。

（3）将天线连接到定制硬件平台 SDR-AI-Z7 的天线接口上。在该设计中，分别使用定制硬件平台 SDR-AI-Z7 上标记为 Tx2A 和 Rx2A 的天线接口进行数据的无线发送和接收。

（4）将外部的+5V 电源插头插入定制硬件平台 SDR-AI-Z7 的电源插座中。

（5）将定制硬件平台 SDR-AI-Z7 上的电源开关拨到 ON 位置。

> 注：（1）SDR 设备的 IP 地址需要与电脑的 IP 地址在同一网段下，如本例中 SDR 设备的 IP 地址为 192.168.31.166，笔记本电脑的 IP 地址为 192.168.31.165。
> （2）使用天线发送数据时，模型中射频信号的频率要在天线可用的波段内。

（6）需要启动 IIO 服务，参考 9.5 节中介绍的方法。

① 使用 SSH 工具远程连接到 SDR 设备，其中用户名与密码均为"ako"。

② 如图 9.75 所示，在命令行提示符后面输入 sudo su，并按回车健。

③ 输入密码，并按回车键，以进入超级管理员模式，获取更高权限。

④ 在超级管理员权限的命令行提示符后面，输入 nohup iiod &，并按回车键。

通过上面的步骤，可启动 IIO 服务，确保 GNU Radio 软件可以远程连接定制硬件平台 SDR-AI-Z7 中的 IIO 框架。

```
Last login: Thu Aug  1 23:29:57 2024 from 192.168.31.1
ako@localhost:~$ sudo su
[sudo] password for ako:
root@localhost:/home/ako# nohup iiod &
[1] 1986
root@localhost:/home/ako# nohup: ignoring input and appending output to 'nohup.out'
^C
root@localhost:/home/ako#
```

图 9.75　启动 IIO 服务（反色显示）

9.10.2　系统测试结果

本小节将介绍如何对 FSK 文件传输系统进行测试，主要步骤如下所述。

（1）在 GNU Radio 软件中，打开文件 FileRx.grc。

（2）在 GNU Radio Companion 当前设计的主界面工具栏中，找到并单击"Execute the flow graph"按钮 ▷；或者，在 GNU Radio Companion 当前设计的主界面主菜单下，选择 Run→Execute。

（3）弹出"FileRx"对话框，如图 9.76 所示。

（4）在 GNU Radio 软件中，打开文件 FileTx.grc。

（5）在 GNU Radio Companion 当前设计的主界面工具栏中，找到并单击"Execute the flow graph"按钮 ▷；或者，在 GNU Radio Companion 当前设计的主界面主菜单下，选择 Run→Execute。

（6）弹出"FileTx"对话框，如图 9.77 所示。

（7）如图 9.78 所示，当接收机 GUI 界面中"Correlate input"窗口的输出持续为 0，且"Correlate Output"窗口的输出不再发生变化时，表明文件传输完成。

（8）在 GNU Radio Companion 主界面工具栏中，找到并单击"Kill the flow graph"按钮 □；或者，在 GNU Radio Companion 主界面主菜单中，选择 Run→Kill。通过该操作，停止正在运行的 FSK 发射机模型和 FSK 接收机模型。

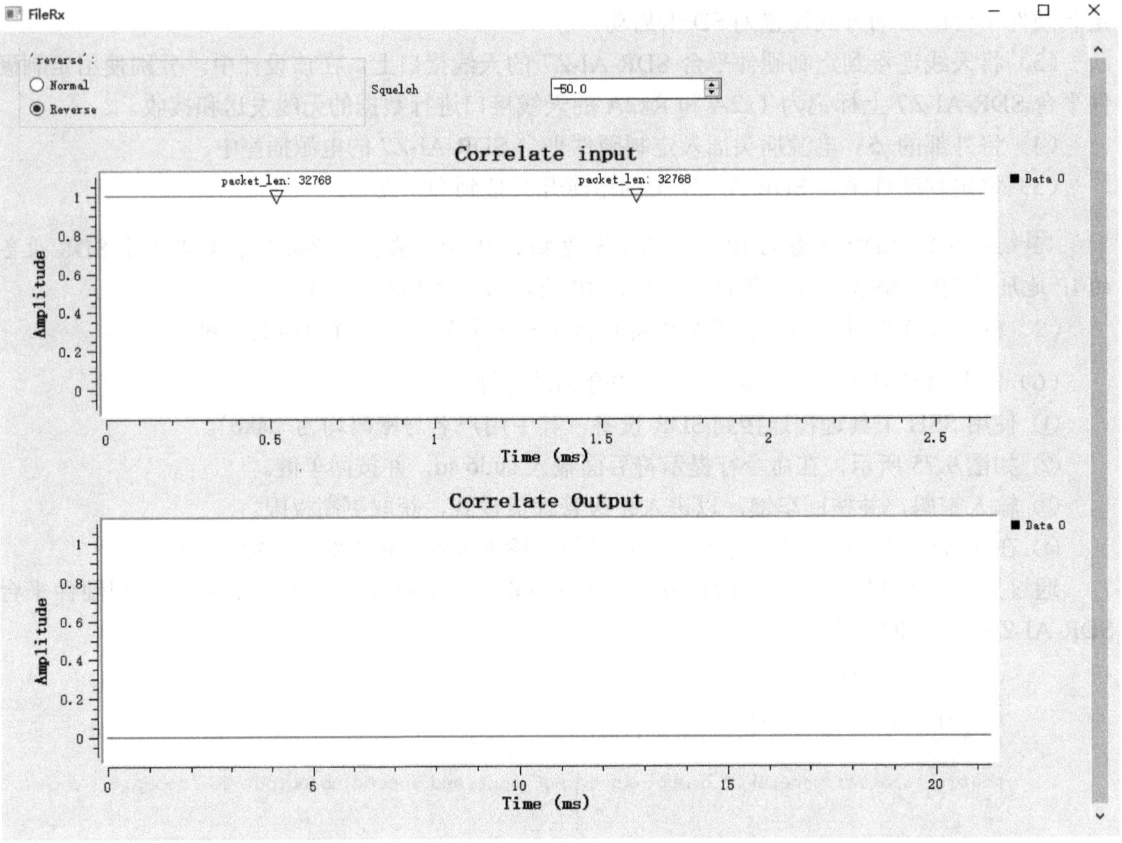

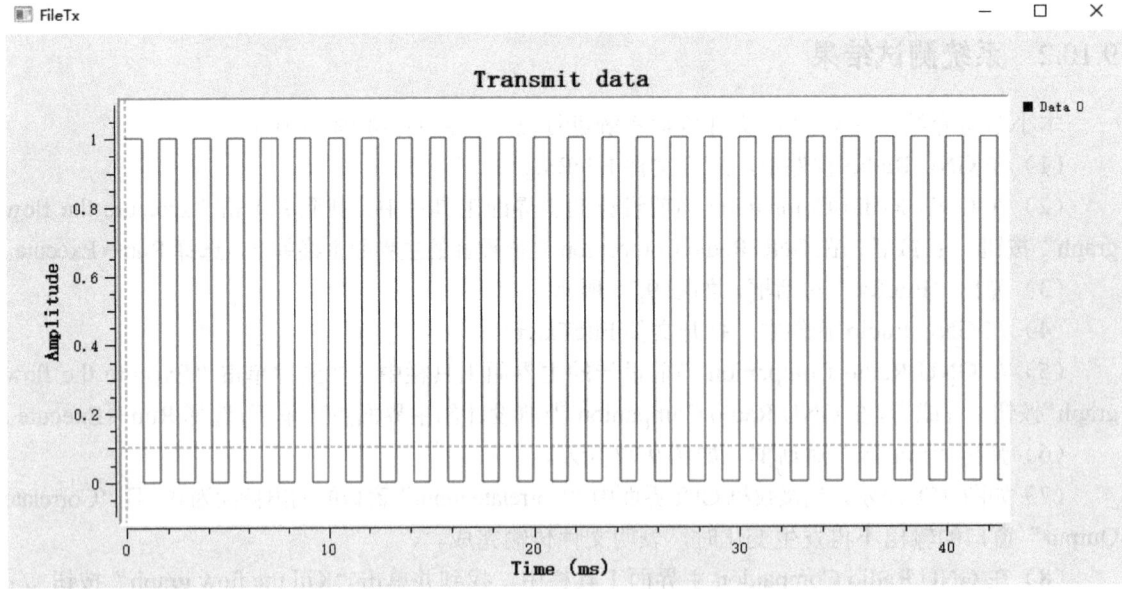

图 9.76 "FileRx" 对话框

图 9.77 "FileTx" 对话框

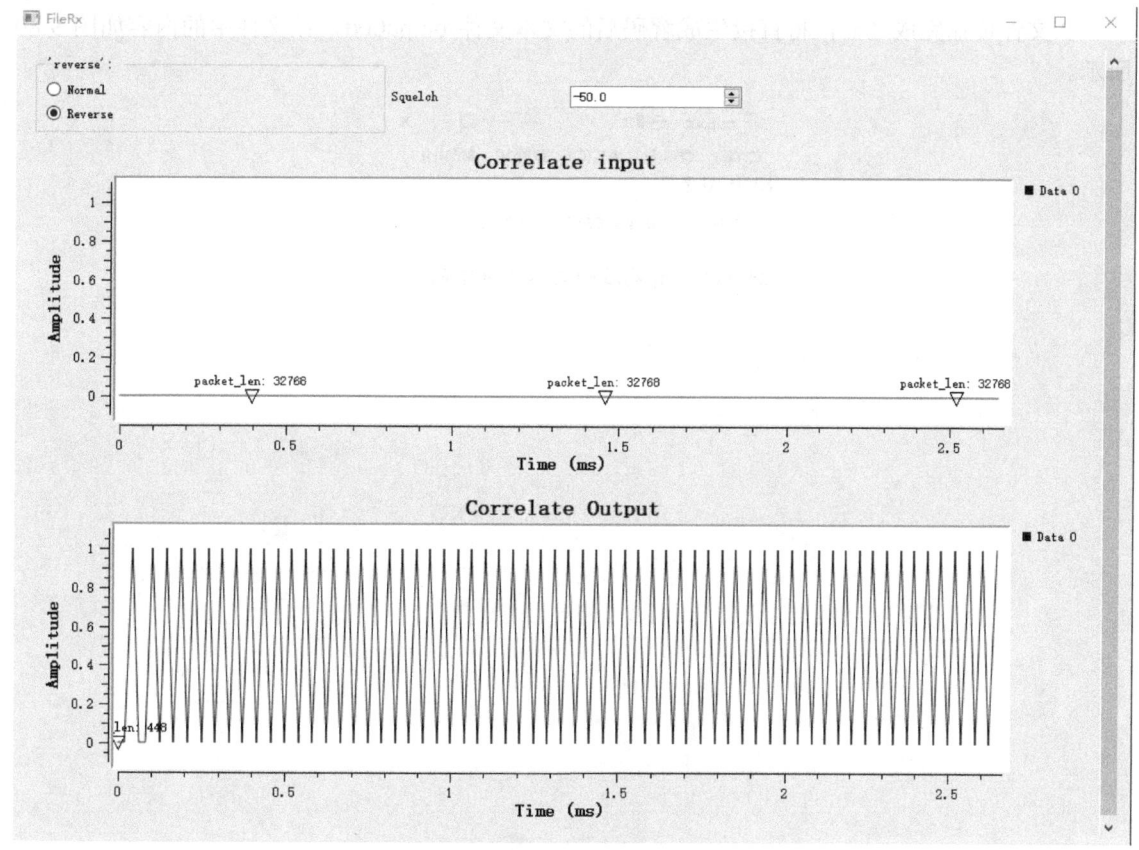

图 9.78 文件传输的完成

（9）在当前文件目录下，生成临时文件 output.tmp。使用 Windows 11 操作系统自带的写字板工具，打开该临时文件，该文件中的内容如图 9.79 所示。从图中可知，该文件包含了文件中原始数据的编码、待发送文件的名称以及用于同步的额外信息。

```
%UUUUUUUUUUUUUUUUUUUUUUUUUUUUUUUUUUUUUUUUUUUUUUUUU]%
UUUUUUUUUUUUUUUUUUUUUUUUUUUUUUUUUUUUUUUUU]UORSIEFJIF○3%
UUUUUUU./test.txt%UUUUUUUUUUUUUUUUUUUUUUUUUUUUUUUUUUUUUUUUUUUUU]%
UUUUUUUUUUUUUUUUUUUUUUUUUUUUUUUUUUUUUUUUUUUUUUUUU]%
UUUUUUUUUUUUUUUUUUUUUUUUUUUUUUUUUUUUUUUUUUUUUUUUU]%
UUUUUUUUUUUUUUUUUUUUUUUUUUUUUUUUUUUUUUUUUUUUUUUUU]%
UUUUUUUUUUUUUUUUUUUUUUUUUUUUUUUUUUUUUUUUUUUUUUUUU]%
UUUUUUUUUUUUUUUUUUUUUUUUUUUUUUUUUUUUUUUUUUUUUUUUU]%
UUUUUUUUUUUUUUUUUUUUUUUUUUUUUUUUUUUUUUUUUUUUUUUUU]
```

图 9.79 临时文件中的内容

注：（1）在测试 FSK 文件传输系统时，必须先运行 FSK 接收机模型，等一小段时间后再运行 FSK 发射机模型。

（2）在文件传输完成后，必须先停止运行 FSK 接收机模型，然后查看接收的文件，这样做的目的是避免文件读写权限的冲突。

此外，按照本节前面介绍的步骤，首先在 GNU Radio 软件中打开 FileRx_Plus.grc 文件并运行该设计模型；然后在 GNU Radio 软件中打开 FileTx.grc 文件并运行该设计模型。

在文件传输完成之后，将直接生成解码后的文本文件 output.txt，该文件中的内容如图 9.80 所示。

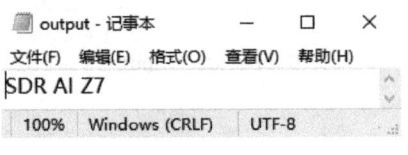

图 9.80　解码后的文本文件中的内容

第 10 章

BPSK 和 QPSK 无线传输的 Simulink 实现

二进制相移键控（Binary Phase Shift Keying，BPSK）和正交相移键控（Quadrature Phase Shift Keying，QPSK）是数字通信中两种具有代表性的调制方式，它们是理解和掌握通信原理基础知识的关键。

本章首先介绍系统的整体设计结构；接着，详细讲解在 MATLAB Simulink 环境下构建 BPSK 和 QPSK 调制系统的过程，并对每个模块的功能进行详细说明；然后，进行基带处理模块的功能仿真和系统仿真，以验证模块设计的正确性；随后，介绍如何编译 HDL 模型并与软件接口模型进行整合；最后，在定制硬件平台 SDR-AI-Z7 上，对所设计的无线传输系统进行测试和验证。

10.1 系统设计结构

基于 BPSK 和 QPSK 调制技术以及定制硬件平台 SDR-AI-Z7，本章设计了 SDR 收发系统，其架构示意图如图 10.1 所示。

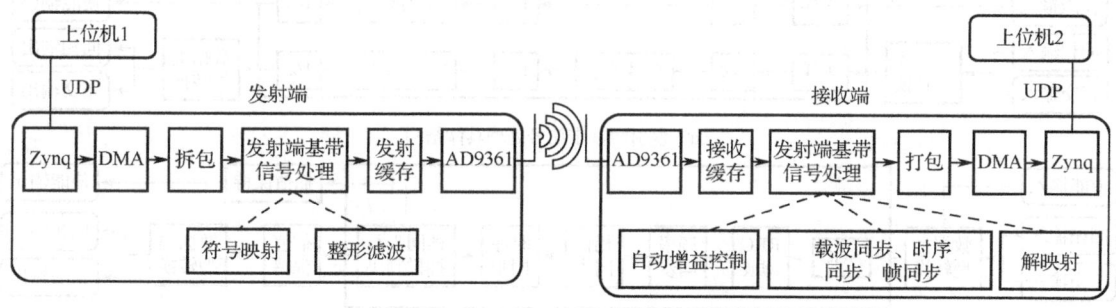

图 10.1 SDR 收发系统的架构示意图

（1）发射端利用 Zynq-7000 SoC 内的 Cortex-A9 双核处理器与直接存储器访问（Direct Memory Access，DMA）引擎，将数据输送至 Zynq-7000 SoC 内的 PL 部分进行基带信号处理（主要是完成基带信号的调制）后，通过 AD9361 射频收发器将信号发射出去。

（2）接收端首先通过 AD9361 射频收发器捕获信号，然后通过 Zynq-7000 SoC 内的 PL 部分对基带信号进行处理（主要完成基带信号的解调）并回传数据。

基于 BPSK/QPSK 的发射和接收系统采用了模块化设计，基带信号处理模块为基带处理知识产权（Intellectual Property，IP）核的标准功能模块，其他具有固定功能的 IP 核包括 DMAC IP 核、数据打包 IP 核、数据拆包 IP 核、缓存（FIFO IP 核）与 AD9361 数据接口 IP 核等。

图 10.1 中，虚线连接的矩形框表示可针对不同应用场景的需求，通过软硬件协同设计方法定制的包含符号映射、整形滤波、同步及解映射等功能的基带处理模块。这样，基于 SDR 的通信系统就能支持不同的通信标准与性能，能更加灵活地满足不同应用场景的需求。

注意，在支持 BPSK/QPSK 以及其他调制模式的 SDR 收发系统架构中，Zynq-7000 SoC 内 PL 部分的 AD9361 数据接口 IP 核、Tx 打包 IP 核、Rx 拆包 IP 核以及 DMAC IP 核的内部逻辑结构和连接方式均保持不变。通常，将这些 IP 核称为 Vivado 底层 Block Design（块设计）的"静态逻辑"部分。而实现基带信号处理（基带信号调制和解调）的 IP 核在不同应用场景下，其内部的逻辑功能有所不同，因此在 Vivado 底层的 Block Design（块设计）中，将其称为"动态逻辑"或"可重配置逻辑"。

10.2 BPSK 和 QPSK 基带处理器的设计

BSK 和 QPSK 基带处理器的设计

本节将介绍在 MATLAB Simulink 环境中构建 BPSK 和 QPSK 基带处理器的详细过程。在使用 MATLAB Simulink 工具构建 SDR 系统中的基带处理器的模型时要注意以下问题。

（1）根据 Vivado 底层的 Block Design（块设计），明确可用的接口类型。在块设计中，预留的数据接口可以并行传输 16 位定点数据，使能信号接口可以用一位二进制数表示其状态。

（2）根据图 10.1 中给出的基带信号处理的功能，进一步细化为在 Zynq-7000 SoC 内的 PL 部分实现的具体逻辑功能。

① 发射端的基带信号处理 IP 核需要实现符号映射与根升余弦（Root Raised Cosine，RRC）滤波器等功能，如图 10.2（a）所示。

② 接收端的基带信号处理 IP 核需要具备自动增益控制（Automatic Gain Control，AGC）、RRC 滤波器、粗频率校正、细频率校正、定时信号恢复以及解调等功能，如图 10.2（b）所示。

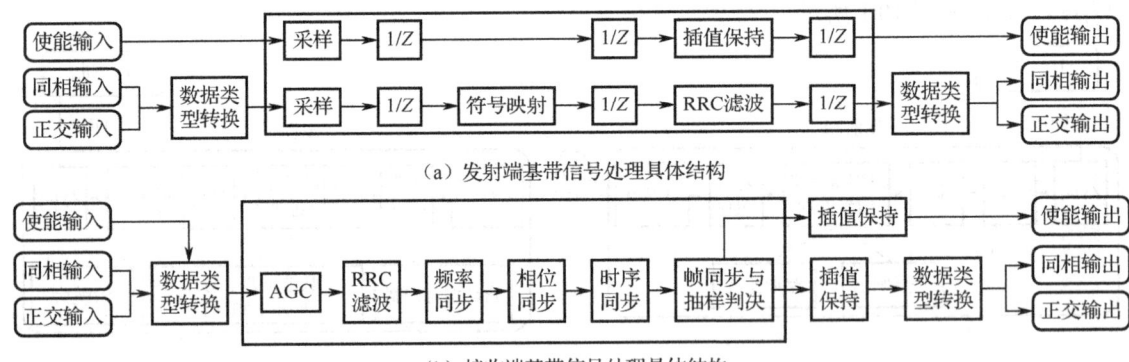

图 10.2 SDR 系统的基带信号处理结构

10.2.1 创建新的 Simulink 设计模型

本小节将介绍如何在 MATLAB Simulink 中创建新的设计模型，主要步骤如下所述。

（1）可以用下面介绍的其中一种方法，启动 MATLAB R2021b 软件。

① 在 Window 11 操作系统的桌面底部，找到并单击"开始"按钮，出现浮动菜单。在浮动菜单中，找到并单击"所有应用"按钮，再次出现浮动菜单。在浮动菜单中，找到并定位到"M"标题。在该标题下，找到并展开 MATLAB R2021b 文件夹。在展开项中，单击 MATLAB R2021b。

② 在 Windows 11 操作系统的桌面上，找到并单击名字为 MATLAB R2021b 的图标。

（2）自动打开 MATLAB R2021b 主界面。在该主界面中，单击"HOME"标签。通过下面介绍的其中一种方式启动 Simulink 环境。

① 在该标签页的主菜单下，选择 New→Simulink Model。

② 在该标签页的工具栏中，单击"Simulink"按钮。

（3）进入 Simulink 起始页，如图 10.3 所示。在该界面中，找到并单击名字为"空白模型"的块符号。

图 10.3　Simulink 起始页

（4）弹出 Simulink 设计界面，如图 10.4 所示。使用下面介绍的其中一种方法进入"模型设置"界面。

图 10.4　Simulink 设计界面

① 在该界面的主菜单下，选择"建模"标签。在该标签页的工具栏中，找到并单击"模型设置"按钮，弹出浮动菜单。在浮动菜单下，选择"模型设置"选项。

② 同时按下 Ctrl 键和 E 键。

③ 在空白设计界面中，单击鼠标右键，出现浮动菜单，在浮动菜单内，选择"模型配置参

数"选项。

（5）弹出"配置参数"对话框，如图10.5所示。在该对话框的左侧窗口中，可以设置求解器、数据导入/导出、诊断、硬件实现、模型引用、仿真目标、代码生成及HDL Code Generation等参数。

图10.5 "配置参数"对话框

（6）单击该对话框右下角的"确定"按钮，退出"配置参数"对话框。

（7）使用下面介绍的其中一种方法进入"模型属性"对话框。

① 在图10.4中，选择"模型属性"选项。

② 在空白设计界面中，单击鼠标右键，出现浮动菜单，在浮动菜单内，选择"模型属性"选项。

（8）弹出"模型属性"对话框，如图10.6所示。在该对话框中，单击"回调"标签。在该标签页中，给出了回调函数，即每当对MATLAB Simulink中所构建的模型执行操作时将自动触发对应的回调函数。例如：

① 加载Simulink中构建的模型之前触发PreLoadFcn；

② 加载Simulink中构建的模型之后触发PostLoadFcn；

③ 初始化Simulink中构建的模型时触发InitFcn；

④ 开始仿真Simulink中构建的模型时触发StartFcn；

⑤ 暂停仿真Simulink中构建的模型时触发PauseFcn；

⑥ 继续仿真Simulink中构建的模型时触发ContinueFcn；

⑦ 停止仿真Simulink中构建的模型时触发StopFcn；

⑧ 保存Simulink中构建的模型之前触发PreSaveFcn；

第 10 章　BPSK 和 QPSK 无线传输的 Simulink 实现

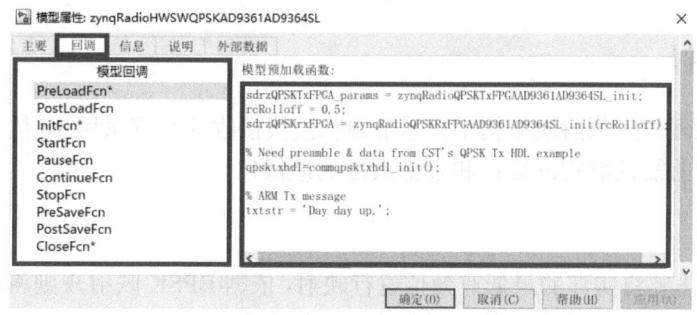

图 10.6　"模型属性"对话框

⑨ 保存 Simulink 中构建的模型之后触发 PostSaveFcn；

⑩ 关闭 Simulink 中构建的模型时触发 CloseFcn。

从图 10.6 中可知，当预加载 Simulink 中的模型时会触发 PreLoadFcn，在右侧的窗口中执行下面的操作。

① 调用 zynqRadioQPSKTxFPGAAD9361AD9364SL_init 函数创建了发射端参数 sdrzQPSKTxFPGA_params。

② 变量 rcRolloff 定义了根升余弦滚降滤波器的滚降系数。

③ 调用 zynqRadioQPSKRxFPGAAD9361AD9364SL_init 函数创建了接收端参数 sdrzQPSKrxFPGA。

④ 调用 commqpsktxhdl_init 函数创建了发送数据与滤波器相关参数 qpsktxhdl。

⑤ 变量 txtstr 定义了待发送的文本。

如图 10.7 所示，在 MATLAB 主界面的命令行窗口中，可以执行下面的操作。

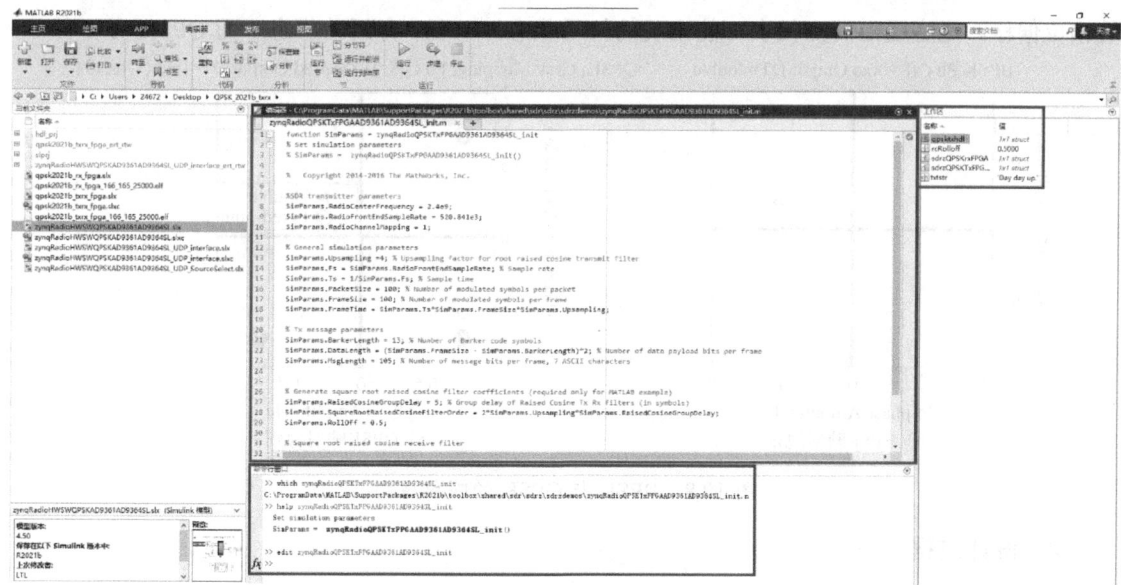

图 10.7　查找函数的位置

① 在命令行的提示符后输入"which"函数名，按回车键，可以定位函数的位置。

② 在命令行提示符后面输入"help"函数名，按回车键，可以获取函数的帮助文本。

③ 在命令行提示符后面输入"edit"函数名，按回车键，可以直接打开该函数。

10.2.2 符号映射

在数字基带处理与射频前端架构中，基带调制模块接收的数据采用 16 位整型格式存储二进制码元。符号映射前需提取实部数据和虚部数据的最低位。

1. 理论基础

BPSK 映射仅需要将实部的最低有效位进行映射，依据 BPSK 映射规则将两种符号映射至不同相位点。本文采用相位偏移为 0 的映射方式，其规则由下式确定：

$$\begin{cases} Y = 0 \\ X = 1 - 2 \times \text{Re} \end{cases} \tag{10-1}$$

QPSK 映射则需要将实部与虚部的最低位组合为一个 QPSK 调制符号，然后依据 QPSK 映射规则将 4 种符号映射至不同相位点，相位点位于单位圆上，模长恒为 1。本文采用相位偏移为 $\frac{\pi}{4}$ 的映射方式，其规则由下式确定：

$$\begin{cases} Y = \dfrac{1}{\sqrt{2}} \times (1 - 2 \times \text{Re}) \\ X = \dfrac{1}{\sqrt{2}} \times (1 - 2 \times \text{Im}) \end{cases} \tag{10-2}$$

注意，将输出的符号数据量化为 16 位有符号定点小数形式，其中包括 1 个符号位与 15 个小数位。

BPSK 与 QPSK 的映射规则分别如图 10.8（a）与 10.8（b）所示，其中 QPSK 映射进行了 $\frac{\pi}{4}$ 的相位偏移。星座图上的点代表可能出现的符号状态，BPSK 有两种状态，而 QPSK 有 4 种。

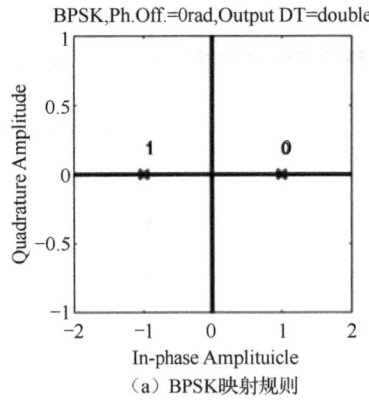
（a）BPSK映射规则

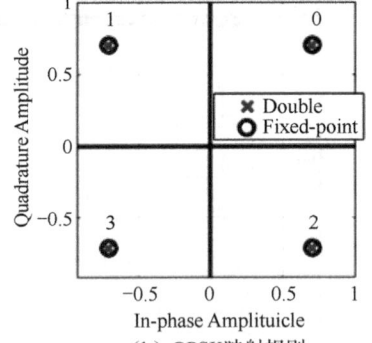
（b）QPSK映射规则

图 10.8　BPSK 与 QPSK 的映射规则

2. 设计过程

下面介绍将 QPSK 模型添加到 Simulink 设计界面中并进行配置的方法，主要步骤如下所述。

（1）如图 10.9 所示，在"Simulink 库浏览器"对话框左上角的搜索框中输入"QPSK"。在该对话框的右侧窗口中，列出了与"QPSK"相关的符号，如图 10.9（a）所示。在该窗口中，找到并将 Communications Toolbox HDL Support 包中的名字为"QPSK Modulator Baseband"的块符号拖曳到 Simulink 的空白设计界面中，如图 10.9（b）所示。

第 10 章 BPSK 和 QPSK 无线传输的 Simulink 实现

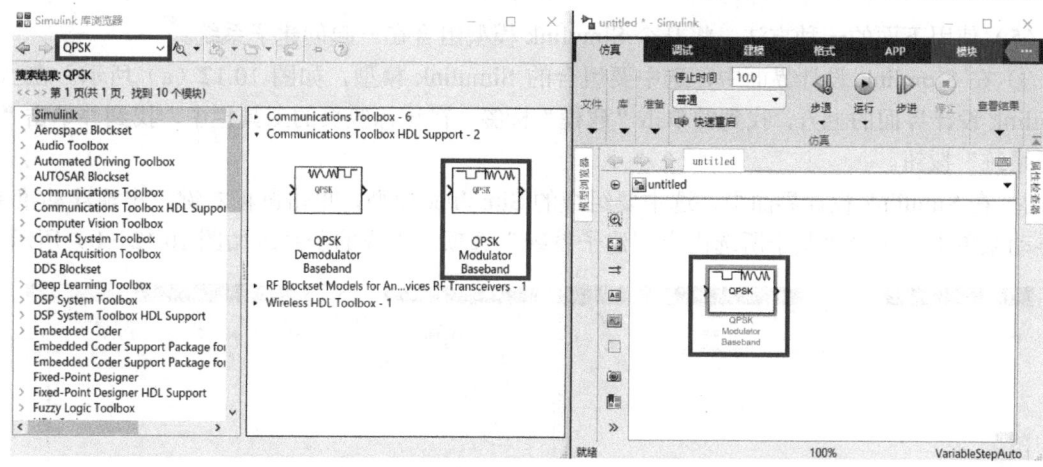

（a）Simulink 模型列表　　　　　　（b）将块符号添加到 Simulink 的空白设计界面中

图 10.9　将名字为"QPSK Modulator Baseband"的块符号添加到设计界面中

（2）双击 Simulink 设计界面中新添加的名字为"QPSK Modulator Baseband"的块符号。

（3）弹出"Block Parameters：QPSK Modulator Baseband"对话框，如图 10.10 所示。按该图所示设置该块的参数。如果想查看其功能，则读者可以单击该对话框右下角的"帮助"按钮，打开帮助文档，如图 10.11 所示。

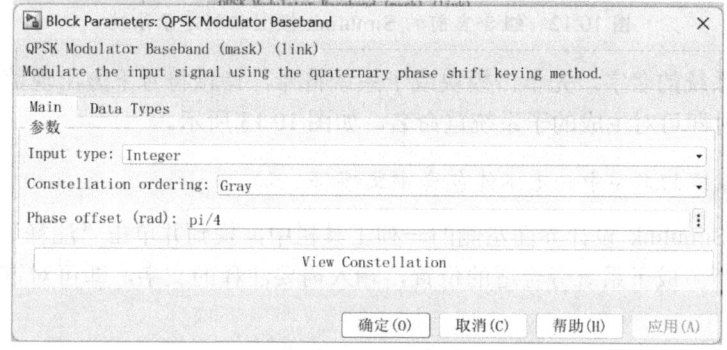

图 10.10　"Block Parameters：QPSK Modulator Baseband"对话框

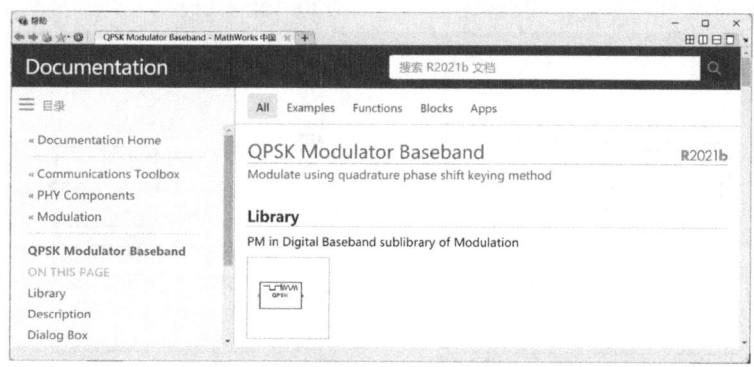

图 10.11　QPSK Modulator Baseband 的帮助文档

（4）单击图 10.10 右下角的"确定"按钮，退出"Block Parameters：QPSK Modulator Baseband"对话框。

(5) 使用下面的一种方法,将几个 Simulink 模型组合在一起创建子系统。

① 在 Simulink 设计界面中,选中要组合的 Simulink 模型,如图 10.12(a)所示。在当前 Simulink 设计界面的上方,找到并单击"建模"标签。在该标签页的工具栏中,找到并单击"创建子系统"按钮。

② 在 Simulink 设计界面中,选中要组合的 Simulink 模型,单击鼠标右键,出现浮动菜单。在浮动菜单中,选择"基于所选内容创建子系统"选项。生成的子系统如图 10.12(b)所示。

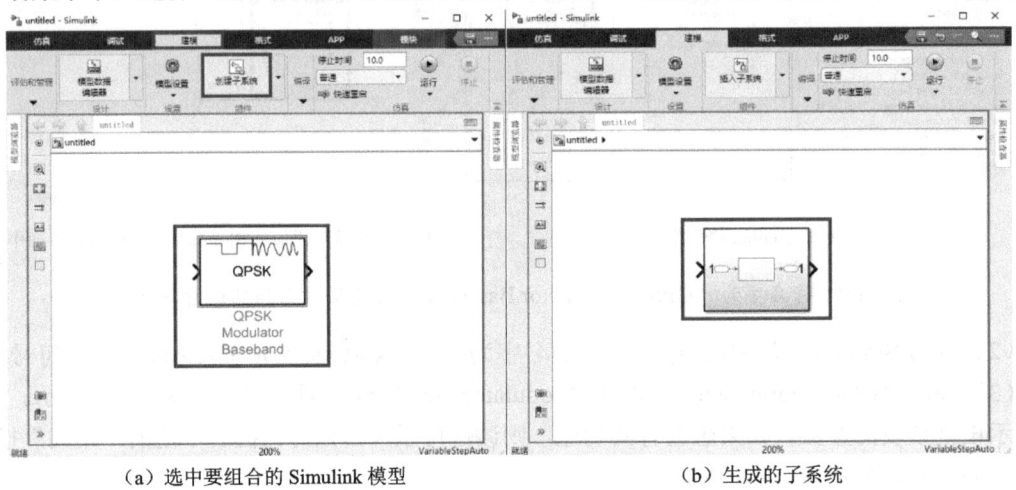

(a) 选中要组合的 Simulink 模型　　　　　(b) 生成的子系统

图 10.12　组合当前的 Simulink 模型以创建子系统

(6) 修改子系统的名字。先单击模块或子系统符号,待该符号下方出现蓝色字体时,单击该蓝色字体,此时即可对生成的子系统重命名,如图 10.13 所示。

注:子系统的名字中一定不能包含中文字符。

(7) 在当前 Simulink 设计界面左侧的一列工具栏中,找到并单击"注释"按钮,然后将鼠标光标放在所生成子系统旁合适的位置,输入需要注释的文字,即可对该模块进行注释,如图 10.14 所示。

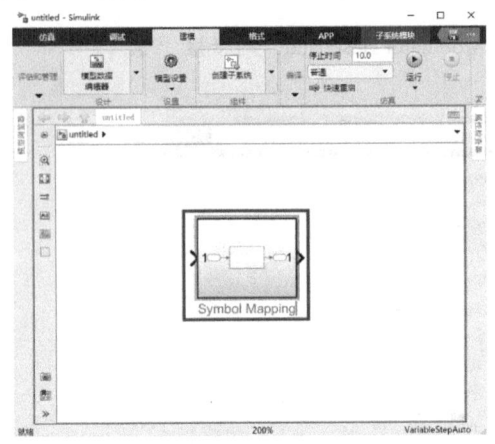 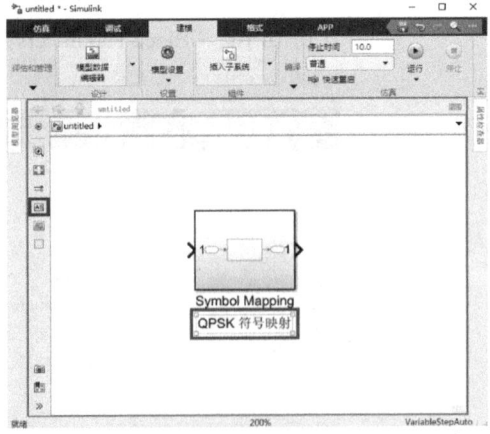

图 10.13　对生成的子系统重命名　　　　图 10.14　为生成的子系统添加注释

注:读者可以定位到本书提供资源的\SDR_example\QPSK_txrx 路径下,在该路径中找到并用 MATLAB R2021b 打开 zynqRadioHWSWQPSKAD9361AD9364SL.slx 文件。

10.2.3 整形滤波

升余弦（Raised Cosine，RC）滤波器能最大限度地消除码间串扰（Inter Symbol Interference，ISI），广泛应用于数字通信系统的成形滤波过程中。RC 滤波器的设计充分利用了频域和时域的对称性，其频率响应如式（10-3）所示。此外，RC 滤波器的滚降系数可调，使 SDR 系统能够在带宽利用率和 ISI 之间做出权衡，进一步优化系统性能。

$$H_{rc}(f) = \begin{cases} 1, & |f| \leq \dfrac{1-\beta}{2T_s} \\ \dfrac{1}{2}\left[1+\cos\left(\dfrac{\pi T_s}{\beta}\times\left(|f|-\dfrac{1-\beta}{2T_s}\right)\right)\right], & \dfrac{1-\beta}{2T_s} < |f| \leq \dfrac{1+\beta}{2T_s} \end{cases} \quad (10\text{-}3)$$

RC 滤波器的单位脉冲响应为：

$$h_{rc}(t) = \begin{cases} \dfrac{\pi}{4T_s}\mathrm{sinc}\left(\dfrac{1}{2\beta}\right), & t = \pm\dfrac{T_s}{2\pi} \\ \dfrac{1}{T_s}\mathrm{sinc}\left(\dfrac{t}{T_s}\right)\dfrac{\cos\left(\dfrac{\pi\beta t}{T_s}\right)}{1-\left(\dfrac{2\beta t}{T_s}\right)^2}, & \text{其他} \end{cases} \quad (10\text{-}4)$$

式中，$\mathrm{sinc}\left(\dfrac{t}{T_s}\right) = \dfrac{\sin\left(\dfrac{\pi t}{T_s}\right)}{\left(\dfrac{\pi t}{T_s}\right)}$。

整形滤波时，在采样点处（$t = nT_s(n \neq 0)$），故 $h_{rc}(nT_s) = 0 (n \neq 0)$，有效抑制了码间串扰。这一响应不仅反映了滤波器的频率选择特性，而且对于理解和分析整个通信系统的 ISI 效应和频率带宽利用率有着至关重要的意义。因此，在设计升余弦滚降滤波器时，其单位脉冲响应的精确测定和优化至关重要，它决定了滤波器在信号重建和波形成形过程中的有效性。

在基于 SDR 的发射端和接收端，均配置一个 RRC 滤波器，该滤波器可以实现等效于传统 RC 滤波器的系统响应。RRC 滤波器拥有较为平滑的频率响应特性，并且其计算复杂度也低于传统 RC 滤波器。在数字通信中，这种配置简化了滤波器的设计与实现，同时有效地维持了信号质量。

两个 RRC 滤波器级联后的频率响应更加接近理想滤波器的特性，可以降低总体信号失真，进一步优化系统性能。此外，级联 RRC 滤波器在抑制 ISI 和保持信号的带宽效率方面表现出色，为通信系统的稳定性和效率提供了保障：

$$|H_{rrc}(f)| = \sqrt{|H_{rc}(f)|} \quad (10\text{-}5)$$

设计 RRC 滤波器时，需谨慎选择滚降因子与滤波器阶数。滚降因子影响过渡带宽，较小的滚降因子虽然可以提高带宽利用率，但会增加设计复杂度以及对时钟偏差的敏感性，而较大的滚降因子则在增强系统的容错能力的同时降低了带宽利用率。滤波器阶数影响信号的整形效果与群延迟，高阶数滤波器虽然性能更加优秀，但增加了系统的复杂性。

MATLAB 提供的 rcosdesign 函数可以辅助设计符合要求的 RRC 滤波器。调用 Simulink 中提供的 "FIR Interpolation" 块符号，如图 10.15 所示。使用 rcosdesign 函数生成滤波器的抽头系数，完成 RRC 设计。BPSK 与 QPSK 调制模式使用的 RRC 滤波器参数如表 10.1 所示。

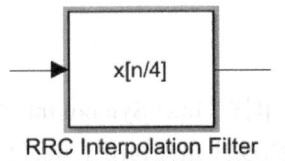

图 10.15 Simulink 中提供的 "FIR Interpolation" 块符号

表 10.1 BPSK 与 QPSK 调制模式使用的 RRC 滤波器参数

参 数 名 称	参 数 数 值
RRC 滤波器的滚降因子	0.5
发射端与接收端的上采样因子	4
RRC 滤波器的群延迟	5 个符号
RRC 滤波器的阶数	40

10.2.4 自动增益控制

无线信号在信道中传播时，会受到路径损耗、阴影效应和多径效应等因素的影响，导致接收信号幅度出现较大波动。自动增益控制（AGC）技术能够调节信号幅度，使其保持在后续处理单元的最佳输入范围内，从而确保信号经过线性处理，减少失真。AGC 自动调整接收信号的增益，使系统能够适应不同的信号强度，保证在接收微弱信号时具有足够的灵敏度，同时避免信号过载。

在 SDR 接收端的信号链路中，引入 AGC 模块并将其置于 RRC 滤波器之前，将输入滤波器的信号幅度调整到一个最佳的动态范围内。AGC 确保了不同强度的接收信号都能被调整至滤波器的线性工作区域内，优化了信号处理流程。在 Simulink 环境中构建的 AGC 子系统的内部结构如图 10.16 所示。在 AGC 子系统中，Modulus 模块负责计算输入复数信号 $C(n)$ 的模长，以便进行幅度调节。

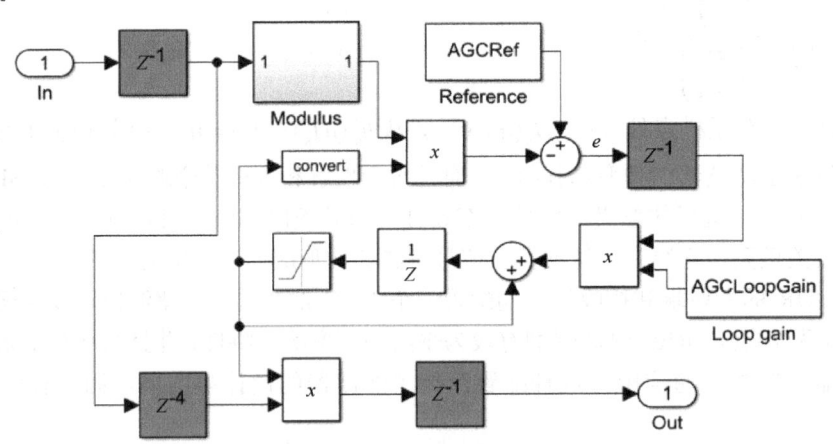

图 10.16 AGC 子系统的内部结构

输入端口 In 的输入复数信号 $C(n)$ 可以表示为：

$$C(n) = I(n) + jQ(n)$$

式中，$I(n)$ 是同相分量，$Q(n)$ 是正交分量。

因此，该复数信号的幅度可以由下式计算得出：

$$|C(n)| = \sqrt{I(n)^2 + Q(n)^2} \tag{10-6}$$

该模长确定了信号的实际幅度，从而指导 AGC 调整增益，确保信号在进入后续处理模块之前具有合适的幅度水平。

（1）对于 QPSK 调制，存在下面的关系：

$$|I(n)| \approx |Q(n)|$$

$$|C(n)| \approx 1.44 \times \sqrt{I(n)^2} \approx 1.414 \times \sqrt{Q(n)^2}$$

（2）对于 BPSK 调制，当 $I(n) \gg Q(n)$ 时：

$$|C(n)| \approx |I(n)| = \text{Max}[|I(n)|, |Q(n)|]$$

考虑到频率偏移的影响，当 $I(n) \ll Q(n)$ 时，$|C(n)| \approx |Q(n)| = \text{Max}[|I(n)|, |Q(n)|]$。

为了适配 Zynq-7000 SoC 内 PL 的逻辑资源，降低对逻辑资源的使用量，可以使用式（10-7）所示的近似方法来表示复数信号 $C(n)$ 的模长，即

$$|C(n)| = \text{Max}[|I(n)|, |Q(n)|] + 0.4\text{Min}[|I(n)|, |Q(n)|] \tag{10-7}$$

上式在保证信号精度的前提下，降低了计算的复杂度，确保了在 PL 内的高效实现。该近似模长算法的 PL 实现结构如图 10.17 所示。

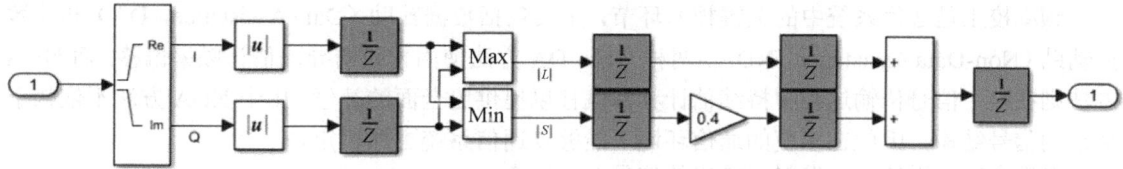

图 10.17　近似模长算法的 PL 实现结构

在 AGC 子系统中，系统通过监测实时输出信号的模长与 AGC 参考模长之间的差值对增益进行动态调节。这种方法保证了输出信号强度的一致性。式（10-8）给出了幅度误差的计算方法，该方法为增益调整提供了准确的量化依据：

$$E(n) = \text{AGCRef} - |C_{\text{in}}(n)| \times G(n-1) \tag{10-8}$$

在 AGC 子系统中，环路增益 AGCLoopGain 是影响响应速度和稳定性的关键参数。较高的环路增益值有益于提高系统的响应速度，而较低的环路增益值有利于提高系统的稳定性。

增益修正量由下式给出，即

$$G_{\text{fix}}(n) = E(n) \times \text{AGCLoopGain} \tag{10-9}$$

增益的更新机制由下式确定，即

$$G(n) = G(n-1) + G_{\text{fix}}(n) \tag{10-10}$$

AGC 的最终输出由下式确定，即

$$C_{\text{out}}(n) = C_{\text{in}}(n) \times G(n) \tag{10-11}$$

该设计保证了信号在进入后续处理单元前具备恰当的幅度水平，从而显著改善接收端整体信号处理性能的优化。AGC 可以有效应对信号强度的变化，以确保信号质量。

AGC 中关键参数的详细信息如表 10.2 所示。精确配置这些参数对平衡系统响应速度与稳定性、确保高效可靠的通信，从而达到最优的信号调节效果至关重要。

表 10.2　AGC 中关键参数的详细信息

参 数 名 称	参 数 数 值
AGC 参考模长	sqrt(0.5)
AGC 环路增益	0.1

10.2.5　粗频率校正

在数字通信系统中，发射端与接收端是相互独立的节点。由于信道噪声、温差等因素的影响，发射端与接收端之间可能存在本地振荡器（Local Oscillator，LO）频率和相位的偏移。虽然

频率偏移会随着时间变化，但在射频通信的时间尺度上，通常可以将其视为固定值。这种频率和相位的偏移会影响接收信号的解调，进而导致误码的产生。因此，接收端需要准确恢复发射端的载波信号，以保证信号的正确解调。

内部 LO 频率偏移以百万分一（PPM）为单位，最大载波频率偏移 $f_{o,max}$ 与载波频率 f_c 的关系为：

$$f_{o,max} = \frac{f_c \times \text{PPM}}{10^6} \tag{10-12}$$

最大载波频率偏移用于定义载波恢复的设计标准。接收机的纠正能力需超过最大载波频率偏移，这样才能够正确恢复所有信号。同时，只要接收机的纠正能力略大于最大载波频率偏移即可，无须把硬件资源浪费在超出最大载波频率偏移的范围上。

频率校正是通信系统中的关键技术环节，主要包括数据辅助（Data Assistance，DA）和非数据辅助（Non-Data Assistance，NDA）两种方法。DA 方法使用预设前导码估计频率偏移，而 NDA 方法则在整个信号传输过程中持续估计频率偏移以提供更全面的补偿。由于 NDA 方法不依赖于特定的信号结构，因此在多变的通信环境下能够使通信系统更加稳定。

在数字通信系统中，发射端输出的信号 $S(nT_s)$ 表示为：

$$S(nT_s) = A e^{j\left(\frac{k}{M} \times 2\pi + \varphi\right)} \tag{10-13}$$

式中，A 表示经过发射端平方根升余弦滤波器处理之后的信号幅度；M 为调制阶数，即调制符号类型的数量；k 为 $0 \sim M-1$ 之间的一个整数，表示当前采样时刻的具体调制符号；φ 是基于 MPSK 调制技术的相位偏移。

在数字通信系统中，接收端收到的信号经过信道传输后，由于各种信道特性会引入频率为 f_o、初始相位为 φ_o 的频率偏移。此外，信号在经过接收端的 AGC 与 RRC 滤波器处理后，其幅度会被调整。所以粗频率校正单元的输入信号可以表示为：

$$R(nT_s) = A_1 \times S(nT_s) \times e^{j(2\pi f_o nT_s + \varphi_o)} \tag{10-14}$$

当信号频谱不对称时，采用 NDA 方法直接从 FFT 中获取峰值不够准确。因此，需要将输入信号提升至调制阶数 M，以改善 FFT 峰值的准确性，即

$$S^M(nT_s) = A^M e^{j(\varphi M)} \tag{10-15}$$

由式（10-15）可知，其相位 φM 为常量，通过将信号提升至调制阶数 M，消除了接收信号的调制分量，且会将频率偏移扩展到其原始位置的 M 倍，如下：

$$R^M(nT_s) = A_1^M \times S^M(nT_s) \times e^{j(2\pi f_o nT_s + \varphi_o)M} \tag{10-16}$$

采用 NDA 方法进行频率偏移估计的方法如下：

$$\widehat{f_o} = \frac{1}{2NT_s} \times \arg\left|\sum_{n=0}^{N-1} R^M(n) \times e^{-2\pi j\left(\frac{n}{N}T_s\right)}\right| \tag{10-17}$$

式中，N 表示 DFT 的长度；M 表示信号调制阶数；T_s 为信号采样的时间间隔。该方法利用 FFT 在频域内的处理优势，结合调制阶数的先验知识，实现了对频率偏移的准确估计，并且无须依赖传输的数据内容。

为了降低硬件实现的复杂度，将原始的频率偏移估计公式经过量化处理后简化为新的表达式，如下：

$$\widehat{f_o} = \frac{1}{2\pi MNT_s} \times \arg\left|\sum_{n=0}^{N-1} R^M(nT_s) \times \overline{R^M[(n-1)]}\right| \tag{10-18}$$

式中，$\widehat{f_o}$ 表示量化后的载波频率偏移估计值。

该量化方法综合考虑了硬件设计限制与实际应用需求，使频率偏移的估计能够以更适用于硬件执行的形式进行，同时平衡了估计精度与计算效率。通过此种优化，频率偏移的估计过程更加符合实际的硬件资源和性能要求。

将式（10-16）代入式（10-18），可得式（10-19），验证 $\widehat{f}_o = f_o$，即量化后的载波频率偏移估计值与实际频率偏移相等：

$$\widehat{f}_o = \frac{1}{2\pi MNT_s} \times \arg\left|(AA_1)^{2M}\sum_{n=0}^{N-1}e^{j(2\pi f_o MT_s)}\right| \qquad (10\text{-}19)$$

在频率偏移估计中，利用一种高效且适用于硬件的坐标旋转数字计算机（Coordinate Rotation Digital Computer，CORDIC）算法实现复数相角的提取。CORDIC是一种以迭代方法工作的，其核心思想是通过一系列预设的角度旋转，逐步将输入矢量旋转至理想方向，从而计算出所需的函数值完成坐标转换。具体到复数旋转问题，原始旋转公式如下：

$$\begin{cases} x_2 = x_1\cos\theta - y_1\sin\theta \\ y_2 = x_1\sin\theta + y_1\cos\theta \end{cases} \qquad (10\text{-}20)$$

为了便于硬件实现，考虑硬件优化需求，可以将旋转公式改写为三角恒等式形式，如下：

$$\begin{cases} x_2 = x_1\cos\theta - y_1\sin\theta = \cos\theta(x_1 - y_1\tan\theta) \\ y_2 = x_1\sin\theta + y_1\cos\theta = \cos\theta(y_1 + x_1\tan\theta) \end{cases} \qquad (10\text{-}21)$$

进一步量化计算过程，通过选择一系列使 $\tan(\theta_n) = 2^{-n}$ 的特殊角度进行旋转，实现了旋转过程中仅需使用移位和加法操作，显著简化了硬件的计算负担。去掉 $\cos\theta$ 后，其硬件实现旋转过程的迭代式如下：

$$\begin{cases} x_{i+1} = x_i - d_i \cdot (2^{-i}y_i) \\ y_{i+1} = y_i + d_i \cdot (2^{-i}x_i) \end{cases} \qquad (10\text{-}22)$$

CORDIC算法能够以一种便于硬件实现的方式实现复数的角度旋转与相角提取，为需要在硬件上执行的频偏估计等信号处理任务提供了一种有效且节省硬件资源的方案。

使用数控振荡器（Numerically Controlled Oscillator，NCO）产生与频率偏移同频的补偿信号，与原始信号相乘即可完成粗频率校正。粗频率校正常数取决于相位的量化精度。由图10.18可知，载波的频率偏移估计部分"计算复数信号相位"模块输出的角度 $\hat{\theta}$ 如下，单位为 π rad：

$$\hat{\theta} = \frac{1}{N} \times \arg\left|\sum_{n=0}^{N-1}R^M(nT_s) \times \overline{R^M[(n-1)T_s]}\right| \qquad (10\text{-}23)$$

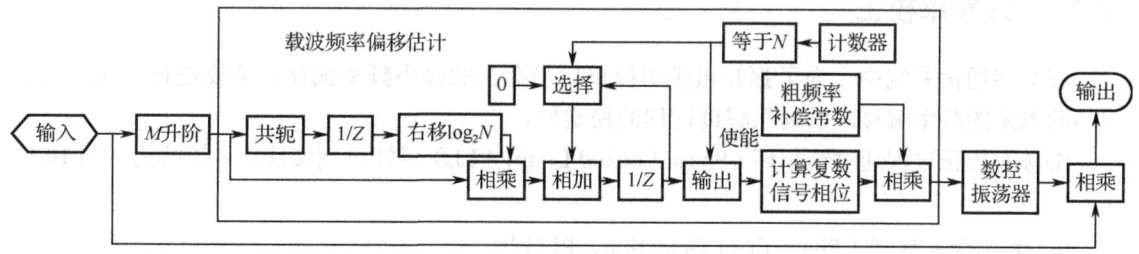

图 10.18　粗频率校正单元的具体结构

从该角度推定实际的角频率为 $\widehat{\omega}_o = \dfrac{\hat{\theta}}{MT_s}$，信号在单周期内的相移为 $\dfrac{\hat{\theta}}{M}$。NCO 输入的相位增量采用16比特量化，量化精度为 $\dfrac{2\pi}{2^{16}}$，补偿净常数为-1，故频率校正常数 $\text{CFC}_{\text{Const}}$ 为：

$$\text{CFC}_{\text{Const}} = \frac{-2^{15}}{M} \tag{10-24}$$

在图 10.18 给出的粗频率校正单元的具体结构中,主要功能如下所述。

(1)输入:接收需要进行频率校正的复数信号。

(2)M 升阶:将接收信号提升至其调制阶数 M 以消除接收信号的调制分量。对于 BPSK,调制阶数 M 为 2;对于 QPSK,调制阶数 M 为 4。

(3)载波频率偏移估计:根据式(10-18),计算 $R^M(nT_s) \times \overline{R^M[(n-1)T_s]}$。考虑到量化之后累加过程可能导致溢出,故使用算数右移模块 "右移 $\log_2 N$" 提前与系数 $1/N$ 相乘。计数器、判断与选择起到在累加过程中的控制作用。

在该设计中,采用 N 点离散时间傅里叶变换,在计数器由 0 递增的过程中,输出使能无效且通过循环完成信号叠加。当计数器等于 N 时,输出使能有效、计数器复位、选择输出为 0,重置累加器。最后,计算复数信号相位使用 CORDIC 算法提取信号的瞬时相位差信息估计频率偏移,使用粗频率校正常数对该频率进行量化修正后输出。

(4)数控振荡器:用于生成与频率偏移估计值相匹配的补偿信号,该信号与输入信号相乘实现频率偏移补偿。

(5)输出:输出粗频率校正后的信号,用于后续的细频率校正处理。

BPSK 调制信号与 QPSK 调制信号进行粗频率校正时,所用结构大致相同,主要区别在于调制阶数。有关粗频率校正的具体参数如表 10.3 所示。

表 10.3 有关粗频率校正的具体参数

参 数 名 字	参 数 值
DFT 长度	512
CORDIC 弧度量化位数	16
CORDIC 弧度小数部分量化位数	13
CORDIC 笛卡儿坐标系量化位数	32
CORDIC 笛卡儿坐标系小数部分量化位数	26
CORDIC 迭代次数	5
频率校正常数	$\dfrac{2^{15}}{\text{调制阶数}}$

10.2.6 细频率校正

在数字通信系统中,为了弥补粗频率校正后仍存在的微小频率偏移,需要进行细频率校正以消除剩余的频率偏移,以确保解调过程的稳定性。

细频率校正过程通过锁相环(Phase Locked Loop,PLL)反馈机制实现,具体结构如图 10.19 所示。

1)相位误差检测(Phase Error Detection,PED)

该模块用于测量接收样本与参考星座之间的相位偏移。相位误差信号 $E(n)$ 的主要作用是量化输入信号与参考星座之间的相位差。

(1)BPSK 调制模式相位偏移为 0° 时,其星座图参考坐标为(-1,0)与(1,0),相位误差函数 $E(n)$ 为:

$$E(n) = \text{sign}[\text{Re}(Y_n)] \times \text{Im}(Y_n) \tag{10-25}$$

式中，当且仅当 Y_n 为纯实数时为零，将迫使 BPSK 星座图只朝向该特定方向。

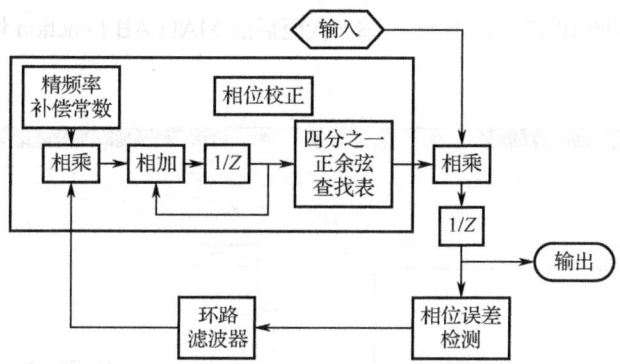

图 10.19　细频率校正单元的具体结构

（2）在 QPSK 调制模式相位偏移为 π/4 时，本质上测量的是 Y_n 实部和虚部之间的差值，当且仅当 $|\text{Re}(Y_n)|=|\text{Im}(Y_n)|$ 为 0 时，将迫使星座图只朝向该特定方向：

$$E(n) = \text{sign}[\text{Re}(Y_n)] \times \text{Im}(Y_n) - \text{sign}[\text{Im}(Y_n)] \times \text{Re}(Y_n) \tag{10-26}$$

BPSK 与 QPSK 调制误差函数的极性分布分别如图 10.20（a）与图 10.20（b）所示。

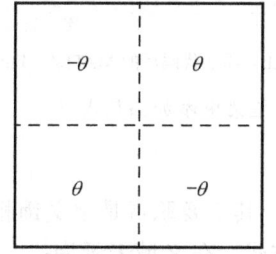　　　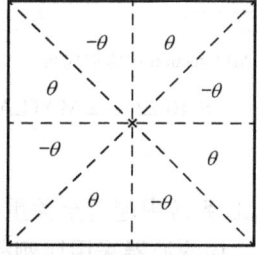

（a）BPSK 调制误差函数的极性分布　　（b）QPSK 调制误差函数的极性分布

图 10.20　BPSK 与 QPSK 调制误差函数的极性分布

设计相位误差检测器时需要添加自定义模块，主要步骤如下所述。

（1）如图 10.21 所示，在 Simulink 库浏览器的左上角搜索框中输入 "Matlab Function"。在 Simulink 库浏览器的右侧窗口中，列出了与搜索字相关的模型列表，如图 10.21（a）所示。

（2）在列表窗口中，找到 HDL Coder 包，并选中名字为 "MATLAB Function" 的块符号，将其拖曳到 Simulink 设计界面中，如图 10.21（b）所示。

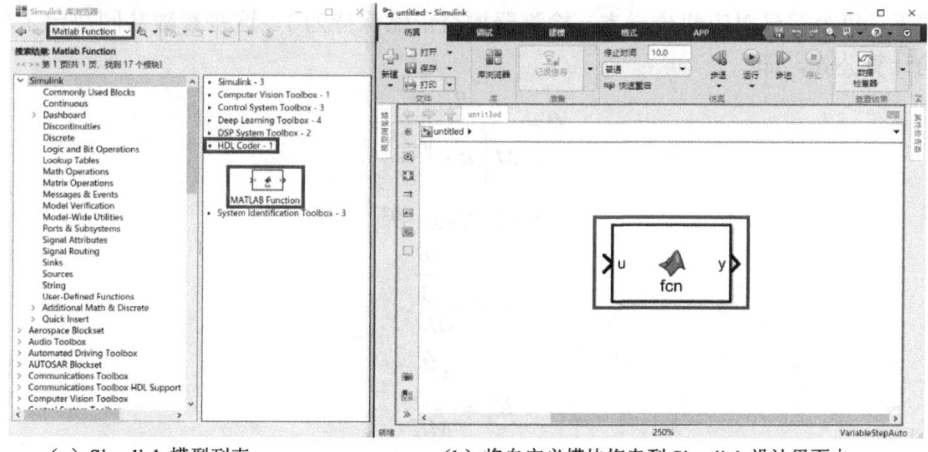

（a）Simulink 模型列表　　　　　　（b）将自定义模块拖曳到 Simulink 设计界面中

图 10.21　添加自定义模块

(3)双击 Simulink 设计界面中新添加的块符号,弹出"MATLAB Function"标签页。在该标签页中添加设计代码,如图 10.22(a)所示。添加代码后的 MATLAB Function 块符号如图 10.22(b)所示。

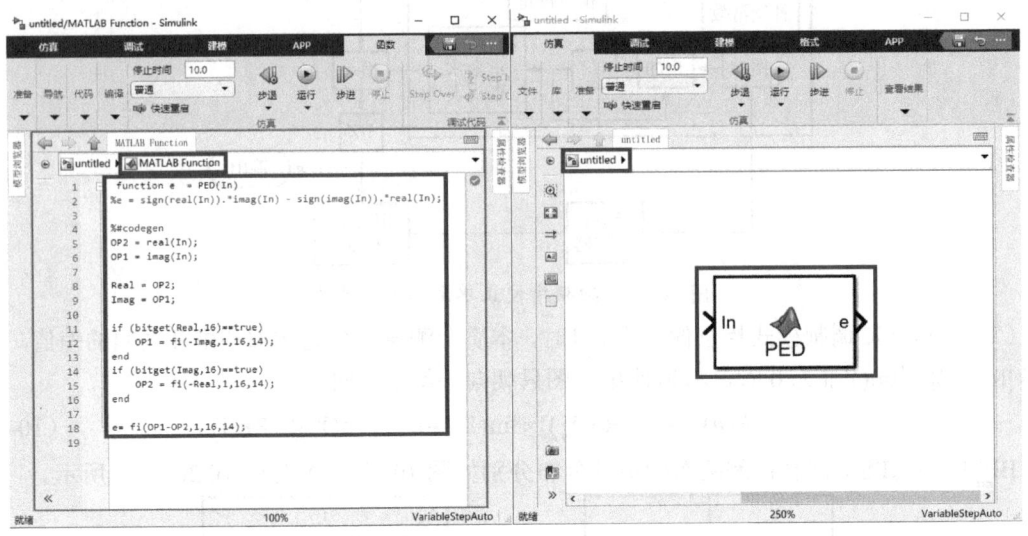

(a)MATLAB Function 中添加代码　　　　(b)添加代码后的 MATLAB Function 块符号

图 10.22　在 MATLAB Function 框架中添加函数代码

2)环路滤波器

环路滤波器在 PLL 系统中起着至关重要的作用,其主要职责是定义锁相环的工作频率、锁定时间以及响应特性。该滤波器采用比例积分控制方式,在 Z 域表示为:

$$F(z) = K_1 + \frac{K_2}{1-Z^{-1}} \quad (10\text{-}27)$$

式中,K_1 为比例增益,它使系统能够迅速响应变化;K_2 为积分增益,有助于消除稳态误差,提升系统稳定性。合理调整该滤波器的参数,可显著优化系统的稳定性与响应速度。

在设计环路滤波器时,通过阻尼因子 ε 和归一化环路带宽 B_{Loop} 确定比例增益与积分增益的值。此外,输入信号的每个符号传递的样本数 M 以及检测器的增益 K 也在确定滤波器参数的过程中起着关键作用。在 BPSK 调制模式下,符号传递的样本数为 1,检测器增益为 1。而在 QPSK 调制模式下,每个符号对应两个样本,检测器增益依然保持为 1。这些参数共同决定了环路滤波器参数的计算公式,即

$$\theta = \frac{B_{\text{Loop}}}{M\left(\varepsilon + \frac{0.25}{\varepsilon}\right)}$$

$$\Delta = 1 + 2\varepsilon\theta + \theta^2$$

$$K_1 = \frac{4\frac{\varepsilon\theta}{\Delta}}{MK}$$

$$K_2 = \frac{4\frac{\theta^2}{\Delta}}{MK} \quad (10\text{-}28)$$

根据二阶系统的临界阻尼条件,理想的阻尼系数值通常设定在 0.707 附近,可以在过稳态冲量和锁定时间之间提供良好的折中方案。对于归一化环路增益的选择,则需要综合考虑 PLL 的

噪声带宽要求、锁定范围以及系统的噪声性能等因素。环路增益越大，系统的锁定速度越快，但也会使系统对噪声的敏感度增加。环路滤波器的结构如图 10.23 所示。

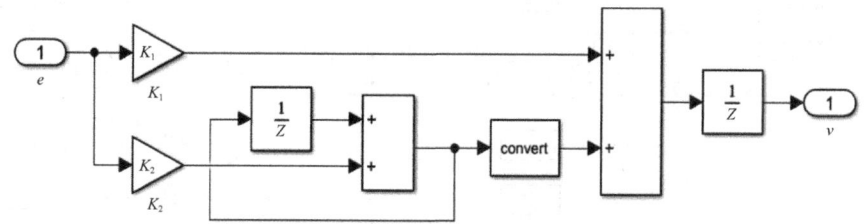

图 10.23 环路滤波器的结构

3）直接数字合成

直接数字合成（Direct Digital Synthesis，DDS）利用接收的相位误差信息，采用查找表方法计算正弦和余弦函数值合成所需的补偿信号，该信号与输入信号相乘进行精频率校正。此过程完成了精确恢复接收信号的相位与频率，为后续信号的解调提供了保证。细频率校正常数取决于相位的量化精度，并与累加器的字长 K 相关，如下：

$$\text{FFC}_{\text{Const}} = \frac{-2^K}{2 \times \pi} \qquad (10\text{-}29)$$

为了生成正弦和余弦函数，通常需要在 $[0:2\pi]$ 区间内量化查找表。可以基于正弦和余弦函数的周期性与对称性优化查找表，将其所需的存储空间减少到原来的 1/4。累加器字长为 18 位，其中高 16 位用于查找表索引输入，标准查找表的字长为 16 位，通过优化查找表，可将有效字长减少到 14 位。

在该设置中，输入相位采用 16 位量化用于索引查找表。其中，最高的两位用于确定信号所处的象限，并指导优化后的查找表正确生成正弦和余弦值，剩下的 14 位直接索引优化后的查找表。这种方法不仅提高了存储效率，也保证了计算精度。查找表的索引规则如表 10.4 所示，该表详细描述了通过输入相位的最高位引导查找表工作状态的方法。

表 10.4 查找表的索引规则

象限	相位[17:16]	辅助查找表数值	二进制表示	余弦输出符号	余弦查找方向	正弦输出符号	正弦查找方向
一	00	15	[1 1 1 1]	正	正向	正	正向
二	01	2	[0 0 1 0]	负	反向	正	反向
三	10	5	[0 1 0 1]	负	反向	负	正向
四	11	8	[1 0 0 0]	正	正向	负	反向

查找表的实现结构如图 10.24 所示。从该图中可知，输入的相位信号被拆分为两部分，其中高位用于确定查找表的象限，其余的低位用于查找表的直接索引。系统包括两个路径，分别生成正弦和余弦值对应信号的正交通道与同相通道，它们经过比较器确定象限后生成正确信号。级联延迟单元确保数据同步，使用 DDS 输出与输入相位同步的正弦和余弦值。

在 BPSK 与 QPSK 调制模式下，该设计的细频率校正实现机制及其关键参数如表 10.5 所示。该表详细分析与量化了各项参数，确保了频率校正过程的高精度与高效率。此外，表 10.5 中也提供了细频率校正常数，该参数对于优化系统性能至关重要。

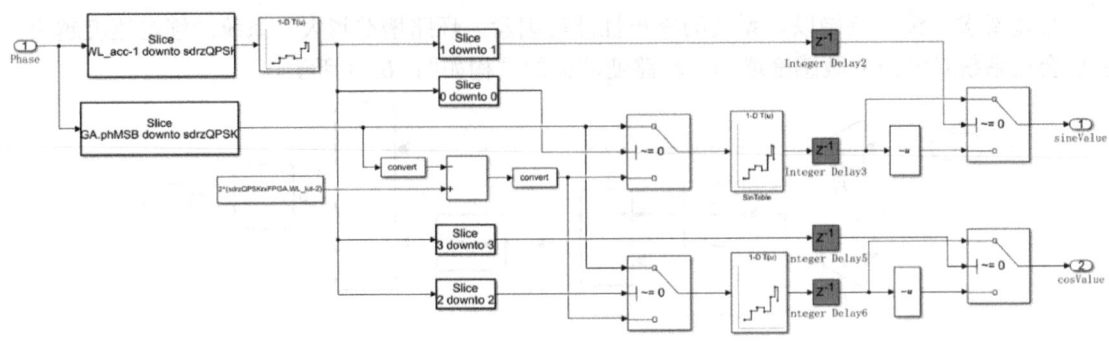

图 10.24 查找表的实现结构

表 10.5 细频率校正实现机制及其关键参数

参 数 名 称	参 数 数 值
环路滤波器的环路带宽	0.13
环路滤波器的阻尼因子	2.5
CORDIC 角度量化字长	13
累加器字长	18
查找表初始字长	16
输出字长	16
细频率校正常数	$-\dfrac{2^{WL_{acc}}}{2\pi}$

10.2.7 时序同步

在数字通信系统中，接收机需要确定正确的采样时刻。如果采样时刻不正确，则可能会在错误的时间点读取信号值，即使信号传输没有错误，也可能导致出现误码。时序同步的目的是确保接收机在正确的时间点上检测接收信号的符号边界，正确地对信号进行采样。时序同步确保了数据在恢复过程中的位对齐，从而减少了由于时序误差导致的符号干扰。

接收信号的数学模型可表示为：

$$R(t) = \sum_n X(n) H(t - \tau(t) - nT_s) + V(t) \tag{10-30}$$

式中，$X(n)$ 代表发射端信号，$H(t)$ 描述了系统的冲激响应特性，$\tau(t)$ 表示定时偏移，nT_s 指定了离散采样点的采样时刻，$V(t)$ 表示加性信道噪声。该模型综合考虑了信号在传输过程中的脉冲响应形状变化、时序漂移以及由多种源引起的噪声干扰。

定时误差校正机制由时序误差检测器（Timing Error Detector，TED）、环路滤波器、插值控制器以及插值滤波器构成，如图 10.25 所示。

该图中，TED 负责评估接收信号的时序偏移，环路滤波器用于平滑误差信号提供稳定的校正指令，插值控制器根据校正指令调整采样时刻，插值滤波器则确保采样点间的信号重建准确无误。

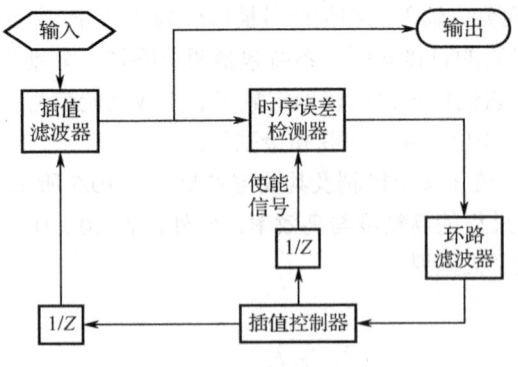

图 10.25 定时误差校正机制

> 注：PED 通常采用过零检测器、Mueller-Muller 检测器或 Gardner 检测器等，三者各有特点与应用场景，详见本书 7.2.3 节的介绍。

本设计采用 BPSK 与 QPSK 调制方式进行测试，信号经 RRC 滤波器处理后，将具有明显的过零点特性，故采用过零检测作为定时误差检测方式。信号过零检测的误差函数如下：

$$e(n) = \text{Re}\left\{Y\left[\left(n-\frac{1}{N}\right)T_s+\tau\right]\right\} \times \left\{\text{sgn}\left\{\text{Re}\left[Y\left(\left(n-\frac{2}{N}\right)T_s+\tau\right)\right]\right\} - \text{sgn}\left\{\text{Re}[Y(nT_s+\tau)]\right\}\right\} + \\ \text{Im}\left\{Y\left[\left(n-\frac{1}{N}\right)T_s+\tau\right]\right\} \times \left\{\text{sgn}\left\{\text{Im}\left[Y\left(\left(n-\frac{2}{N}\right)T_s+\tau\right)\right]\right\} - \text{sgn}\left\{\text{Im}[Y(nT_s+\tau)]\right\}\right\}$$
(10-31)

式中，$Y(nT_s+\tau)$ 表示最近一次采样，$Y\left(\left(n-\frac{1}{N}\right)T_s+\tau\right)$ 表示上一次采样。如果第 $(n-2)$ 次采样与第 n 次采样的符号位相同，则对应的定时误差为 0；否则其定时误差为 $Y\left[\left(n-\frac{1}{N}\right)T_s+\tau\right]$ 的两倍。

> 注：时序误差检测器也需要自定义模块 "Matlab Function" 实现。

环路滤波器用于调节反馈机制，插值控制器和插值滤波器共同确定最佳采样点。环路滤波器的输出用于控制插值控制器，从而保持恰当的采样间隔。当计数器满足特定条件时触发采样，更新插值点和采样点的间隔。插值滤波器为 FIR 滤波器，用于实际调整采样点补偿定时偏移。通过此过程，接收机能够在适当的时刻对信号进行采样，最大限度地减少定时误差，确保数据的准确恢复和信号质量。

为了避免在定时误差估计过程中跨越多个符号，从而导致系统提供错误的信号与采样时间，必须在定时误差检测模块中引入约束条件。具体地说，将插值控制器的状态反馈到时序误差检测器中，并用作使能信号，只有在该使能信号触发时，定时误差检测才会进行。在时序误差检测器空闲状态下输出的定时误差 $e(n)=0$，由于时序误差检测器后面是环路滤波器，当输入为零时，输出状态将保持不变。

每一个样本触发一次采样，当环路滤波器输出 $G(n)$ 为 0 时达到最佳采样时刻，如下：

$$D(n) = G(n) + \frac{1}{N}$$
(10-32)

式中，$D(n)$ 表示对应时刻的定时误差测量值，N 表示 MPSK 调制模式下每个调制符号包含的位数。

$C(n)$ 代表当前时刻下的累积定时误差，每做 N 次模 1 减法，$C(n)$ 就会回归初始值。更新规则如下：

$$C(n+1) = [C(n) - D(n)] \bmod 1$$
(10-33)

根据 $C(n)$ 与 $D(n)$ 的状态可判断定时误差校正触发条件：

$$\text{Tregger}\begin{cases} C(n) < D(n) & \text{True} \\ \text{Otherwise} & \text{False} \end{cases}$$
(10-34)

触发定时校正时，更新插值点与最佳采样点之间的时间间隔 $\mu(n)$，该参数由下式定义：

$$\mu(n) = \frac{C(n)}{D(n)}$$
(10-35)

参数 $\mu(n)$ 用于优化接收信号的采样时刻，从而实现更精确的信号恢复。

插值滤波器通过在已有样本点之间插入额外的数据点提升信号的采样率，这种滤波器的结构如图 10.26 所示。该滤波器通常是多级结构,每一级均由延迟单元、加法器以及乘法器构成。

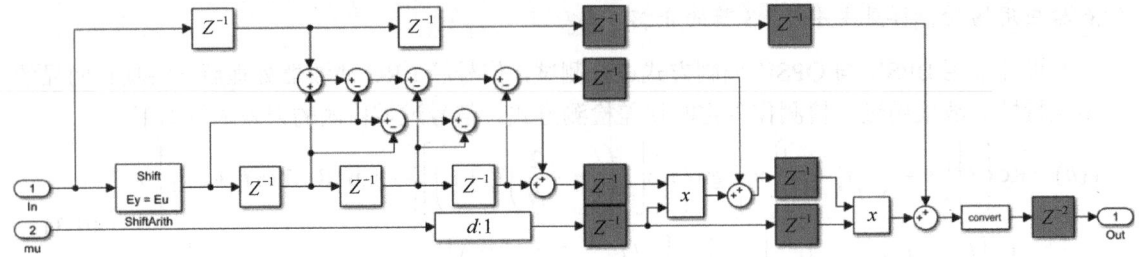

图 10.26 插值滤波器的结构

通过这种级联结构,插值滤波器能够对输入信号进行精细调整,其插值因子决定了新增数据点的数量以及插值后信号的采样率。插值滤波器不仅能够对信号进行带宽限制,还能够实现重采样,以满足后续处理对采样率的要求,从而确保信号处理的质量与效率。

10.2.8 帧同步

帧同步在数据传输中的主要功能是通过检测前导码的相关峰值准确识别数据帧的起始位置,如图 10.27 所示为实现帧同步的结构。其中,前导码匹配滤波器用于分析前导码的相关性。

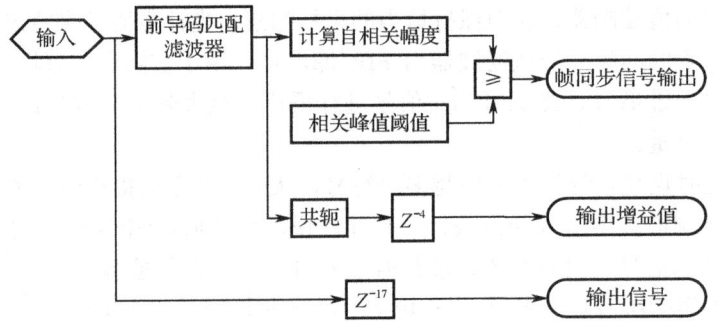

图 10.27 实现帧同步的结构

粗频率校正主要用于消除接收信号的频率偏移,而不针对相位误差进行校正,因此它的数据检测路径与信号的传输路径不必具有相同的延迟特性。而帧同步的精度依赖于相关峰值检测路径与数据传输路径之间严格匹配的延迟。在图 10.27 所示的结构中,前导码匹配滤波器使用 13 位巴克码引入了 13 个单位的延迟。同时,利用近似算法计算模长会引入额外 4 个单位的延迟。因此,为确保帧定位的精度,数据传输路径的延迟必须为 17 个单位。通过这种设计,系统能够确保数据帧同步的准确性,这对于确保数据完整性和通信质量至关重要。

定义在有限集合上的二进制序列 $\{b_n, n \in [1, N]\}$ 与给定的二进制序列 d 之间的相似性,可以使用它们的互相关函数 $C_{d,b}(k)$ 进行评估,如下式所示:

$$C_{d,b}(k) = \sum_m \overline{d(m)} \times b_n(m+k) \tag{10-36}$$

当序列 d 与序列 b_n 完全匹配时,互相关函数 $C_{d,b}(k)$ 将在某个特定的延迟 k 处取得最大值。这一性质广泛应用于通信系统中的同步信号检测与识别过程中,互相关函数为确定传输数据序列的起点提供了一种有效的度量方法。

在帧同步过程中,前导码的特性至关重要。由于巴克码具有卓越的自相关特性以及较低的旁瓣相关性,所以经常充当窄带通信系统中的前导码。一个 N 位巴克码的自相关函数为:

$$C(k) = \sum_{i=1}^{N-k} a(i) \times a(i+k) \tag{10-37}$$

该函数的特点是自相关值在零延迟时达到最大,而在非零延迟下迅速下降至较低值,接近于理想的冲激响应。这种独特的自相关特性使巴克码成为同步信号识别的理想选择,它能够准确地标识出信号的起始点从而保证信号时序的准确性。

在实际应用中,互相关器一般使用有限冲激响应(Finite Impulse Response, FIR)滤波器实现前导码的检测过程。鉴于在发送前导码时,发射端首先发送巴克码的高位部分,接收端相应地先接收到高位信息,因此 FIR 匹配滤波器的抽头顺序需配置为巴克码序列的低位在前。FIR 滤波器作为匹配滤波器,其输出如下式所示:

$$y(n) = \sum_{i=0}^{N} b_i \times u(n-i) \tag{10-38}$$

式中,$u(n-i)$ 表示匹配滤波器的各抽头系数,这些系数与接收信号的相关抽样点对应,用于加权求和获得最终的输出值。此输出值的最大峰值即数据帧的起始位置,从而实现帧同步。通过这种设计,FIR 滤波器确保了与发射的前导码具有最大相关性,为通信系统中的帧同步过程提供了精确的参考。

在帧同步过程中,前导码匹配滤波器的实现结构如图 10.28 所示。该匹配滤波器采用特定的设计参数以实现对前导码的最大相关响应,确保了信号处理的最优化,从而有效提取数据帧的起始位置。通过这种实现,系统能够利用前导码的自相关特性,在接收信号中准确地定位帧的起始点。

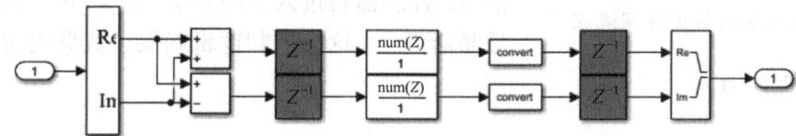

图 10.28 前导码匹配滤波器的实现结构

帧同步的实现依赖于计算匹配滤波器输出信号的模长,用于计算信号模长的近似算法已于本章前面进行了详细介绍。该模长计算结果与预先设定的阈值进行对比,以此作为识别相关峰值的依据。识别出的峰值被用作数据帧开始位置的标志,这一步骤对于识别同步信号和正确解析数据流至关重要。

表 10.6 以长度为 13 位的巴克码为例,详细地比较分析了在 BPSK 和 QPSK 调制解调过程中巴克码的相关属性。

表 10.6 前导码在帧同步过程中的表现形式

调制模式	二进制相移键控(BPSK)	正交相移键控(QPSK)
13 位巴克码	[+1 +1 +1 +1 +1 −1 −1 +1 +1 −1 +1 −1 +1]	
调制之前的前导码(I)	[1 1 1 1 1 0 0 1 1 0 1 0 1]	[1 1 1 1 1 0 0 1 1 0 1 0 1]
调制之前的前导码(Q)	[0 0 0 0 0 0 0 0 0 0 0 0 0]	[1 1 1 1 1 0 0 1 1 0 1 0 1]
多相移键控(MPSK)调制相移	0	$\dfrac{\pi}{4}$
调制之后的前导码(I)	[−1 −1 −1 −1 −1 1 1 −1 −1 1 −1 1 −1]	[−1 −1 −1 −1 −1 1 1 −1 −1 1 −1 1 −1]
调制之后的前导码(Q)	[0 0 0 0 0 0 0 0 0 0 0 0 0]	[−1 −1 −1 −1 −1 1 1 −1 −1 1 −1 1 −1]
同相匹配滤波器系数	[−1 1 1 −1 1 −1 1 1 1 −1 −1 −1 −1]	[−1 1 1 −1 1 −1 1 1 1 −1 −1 −1 −1]
正交匹配滤波器系数	[0 0 0 0 0 0 0 0 0 0 0 0 0]	[1 −1 1 1 −1 1 1 1 −1 −1 1 1 1 1 1 1]

表 10.6 中具体包括巴克码的原始序列、其经过 BPSK 和 QPSK 调制后的符号表示、调制信号的同相（I）和正交（Q）分量，以及这些分量在时域和频域中的表现。通过对这些参数的比较，能够深入分析不同调制技术对帧同步的影响，为通信系统的设计与性能评估提供重要的数据支持。

10.2.9 抽样判决

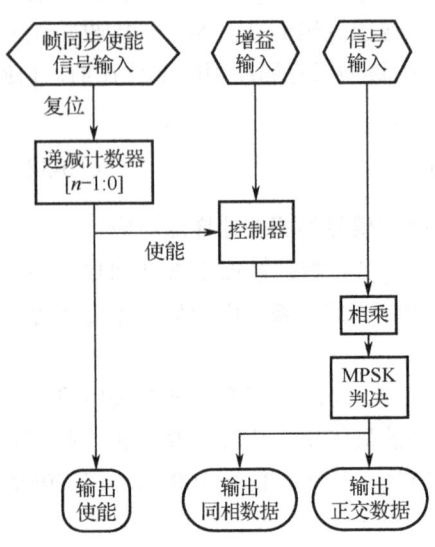

图 10.29 接收端的数据解调流程

如图 10.29 所示为接收端的数据解调流程，设计数据流控制器响应帧同步使能信号。当控制器检测到帧同步使能信号时，立即启动，并自动将内部计数器初始化为当前调制模式所需的每帧符号数。同时，控制器通过更新内部寄存器的值，存储前导码匹配滤波器检测到的峰值信息。在控制器的激活状态下，计数器的数值将在信号处理过程中逐渐递减。

信号接收路径中的每个符号首先与寄存器中记录的峰值相乘，以进行放大，然后根据 MPSK 的规则进行符号判决。一旦计数器的读数降至零，则表示一帧数据已经完成解调。此时，控制器将检测是否有新的帧同步使能信号输入。若有新的帧同步使能信号，控制器将立即进入下一帧数据的处理流程；反之，若未检测到新的帧同步使能信号，控制器将进入空闲状态，直到下一个帧同步使能信号激活为止。这一控制逻辑确保了数据流的连续性，并优化了系统的处理能力。

10.3 基带处理模块功能仿真与系统仿真

RF 前端的关键性能参数如表 10.7 所示。这些参数为基带处理单元的设计与实现提供了基础，并确保整个通信系统在最佳性能状态下运行。表 10.7 中列出的参数定义了 RF 前端需要满足的技术规范，这些都是直接影响系统接收质量的关键因素。通过精确控制这些参数，基带处理模块能够高效地进行信号解调和数据恢复，从而显著提高整个系统的可靠性和稳定性。

表 10.7 RF 前端的关键性能参数

参 数 名 字	参 数 数 值
射频中心频率	2.4GHz
射频前端采样率	520，841
接收缓冲区大小	10 帧

10.3.1 QPSK 仿真环境的构建

在仿真之前首先要在 Simulink HDL 模型中添加信源、信道以及信宿。

1. 添加信源

QPSK 调制信号源结构如图 10.30 所示，采用两个连续的巴克码序列作为前导码，共占用 26

位。前导码之后的数据负载与数据填充部分共计 174 位,使得数据帧的总长度达到 200 位。需要传输的字符串数据首先被拆解为二进制数据流,然后经过 7 位量化,接着使用随机生成的符合伯努利分布的二进制序列进行填充,确保每个编码字符均匀出现。每帧最多可传输 24 个字符,并附加 6 位随机二进制码元。随后,通过扰码器对数据负载和填充位进行加扰处理,最终与前导码合并。

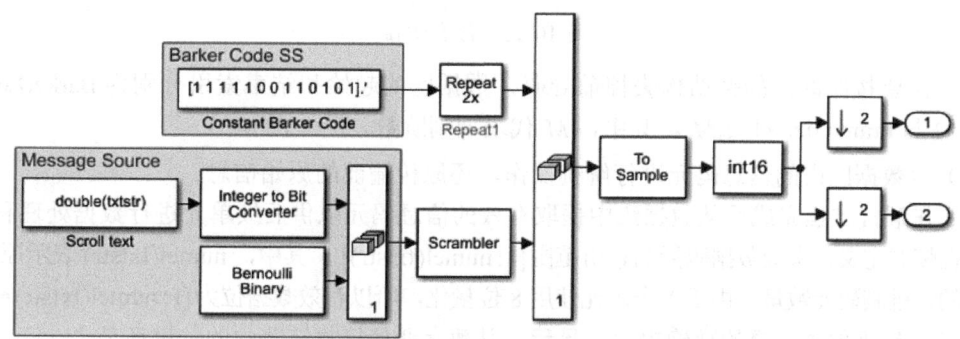

图 10.30　QPSK 调制信号源结构

在最终信号生成过程中,采样模块将信号分解为同相(实部)和正交(虚部)两路信号,形成用于 SDR 系统传输的复数信号。这种数据帧的构建方法优化了传输过程中的信号同步和信号识别,为 QPSK 调制提供了稳定的数据结构基础,确保了数据的可靠传输与高效解调。

2. 添加信道

仿真信道如图 10.31 所示,使用数值控制振荡器(NCO)生成模拟信道的噪声特性,精确产生所需的载波频率偏移,并将其应用于发射端的射频信号。该过程通过乘法运算将频率偏移与原始信号相结合,从而模拟了真实信道中的噪声干扰。通过这种方式,系统能够在受控的环境下有效地模拟和分析载波频率偏移对信号的影响,为高精度信号处理硬件的实现提供理论参考和设计依据。这一设计不仅提升了系统对频率偏移的容错能力,还为信道建模和系统优化提供了重要的数据支持。

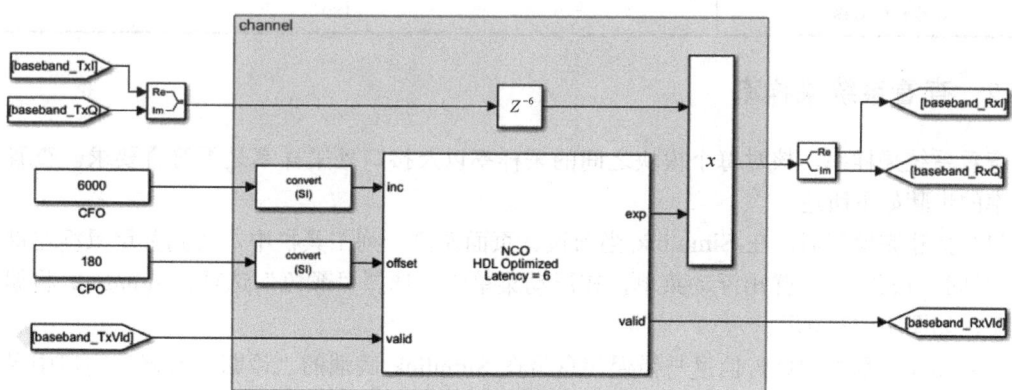

图 10.31　仿真信道

3. 添加信宿

仿真信宿如图 10.32 所示,在接收端经过相位偏移为 0 的 BPSK 解调过程之后,采用自定义函数将同相数据的每一帧合并为数据流。

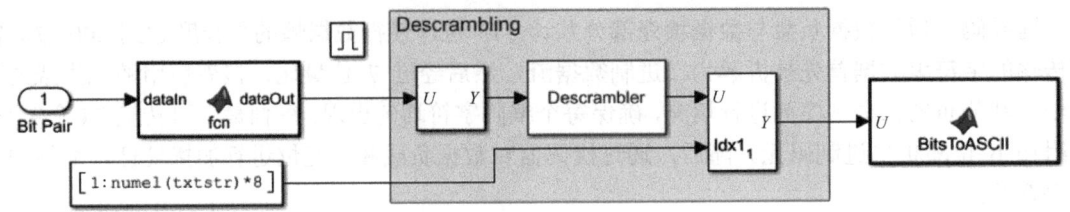

图 10.32 仿真信宿

（1）需要按照既定的帧结构去掉前导码，数据区的起始和结束索引分别为 $BarkerLength \times \log_2 M + 1$ 与 $FrameSize \times \log_2 M$。其中，$M$ 代表调制阶数。

（2）对数据区内的信息码元进行解扰操作，还原传输前的原始信息。

（3）在解扰过程完成后从数据流中提取有效的信息码元以供后续单元进行数据处理和分析。依据数据帧的定义，有效数据码元的索引范围[1:numel(txtstr)]。其中，numel(txtstr) 表示原始文本字符串的二进制码元数量。由于 1 个码元使用 8 位量化，所以有效数据位为[1:numel(txtstr)*8]。

这些处理确保了信息的准确提取与显示，是数字通信接收链路中的关键环节之一。

根据表 10.8 中所列出的关键参数，对 QPSK 基带处理模块进行仿真验证。通过这一仿真过程，可以评估 QPSK 基带处理模块在信号恢复和解调方面的有效性与准确性，为基带处理 IP 的实现提供保障。

表 10.8 QPSK 仿真关键参数

参 数 名 称	参 数 数 值
数据包大小	100 帧
帧大小	100 符号
帧持续时间	基带信号频率×帧大小×上采样因子
巴克码长度	13 符号
数据长度	帧大小-巴克码长度
载波频率偏移	6000Hz
载波相位偏移	180°

10.3.2 查看系统采样率

查看系统采样率，核对每个模块之间的采样率以及接口处采样率是否符合要求。查看系统采样率的步骤如下所述。

（1）搭建完模型后，在 Simulink 当前设计页面左侧一列工具栏中，找到并用鼠标左键单击"采样时间"按钮 。弹出浮动菜单，在浮动菜单中，选择"颜色"选项，Simulink 将编译当前模型，如图 10.33 所示。

（2）编译过程中的警告信息与错误信息将在 Simulink 底端的"诊断查看器"窗口中显示，Simulink 模型中不同信号线的颜色对应不同的采样时间或采样率，各个颜色对应的采样时间与采样率在右侧窗口中显示，如图 10.33 所示。

第 10 章 BPSK 和 QPSK 无线传输的 Simulink 实现

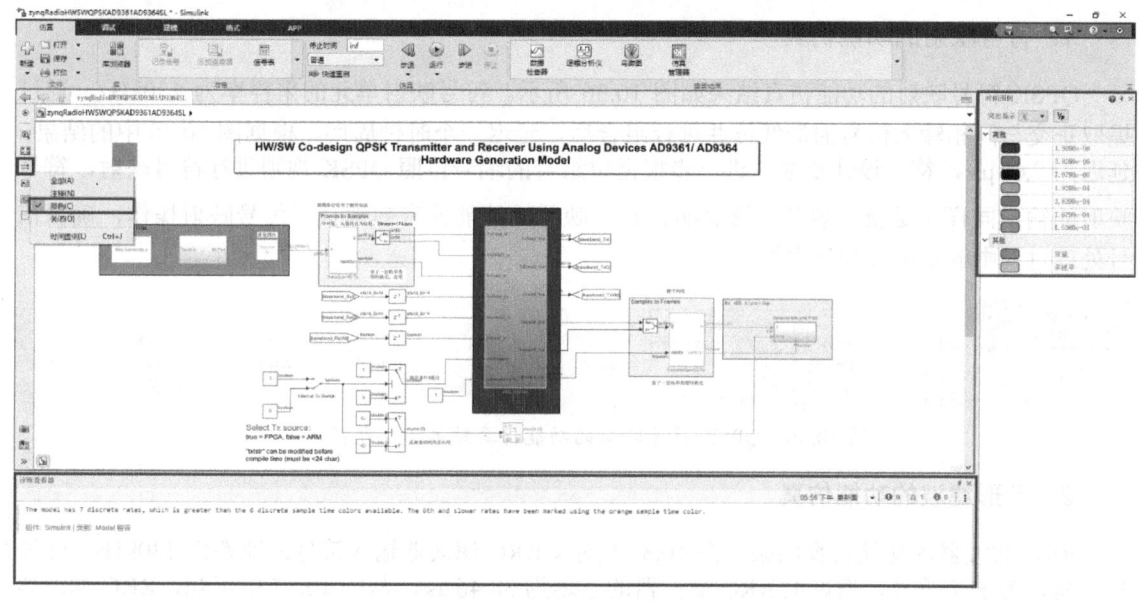

图 10.33 编译模型并检查采样率

10.3.3 按模块功能仿真

按模块功能仿真的目的是对系统中的每个模块进行单独的功能仿真，确保每个模块符合设计要求。按模块功能仿真的主要步骤如下所述。

（1）在图 10.33 所示的 Simulink 设计界面中，选中想要观察的 Simulink 模型的信号线，出现省略号……，单击该符号，出现如图 10.34 所示的浮动菜单。在浮动菜单中，找到并单击"记录所选信号"按钮 。

图 10.34 浮动菜单

（2）在 Simulink 当前的设计界面中，单击"仿真"标签。在该标签页的工具栏中，找到并单击"运行"按钮 ，对所选信号进行功能仿真。

（3）在 Simulink 当前的设计界面（全屏显示）中，单击"仿真"标签。在该标签页的工具栏中，找到并单击"逻辑分析仪"按钮 。

（4）自动弹出"逻辑分析仪"窗口，从中可以观察所选信号的功能仿真结果，如图 10.35 所示。

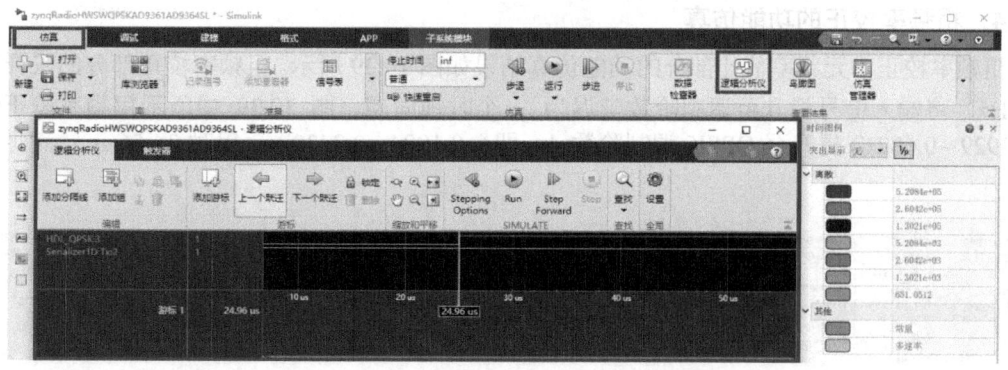

图 10.35 观察所选信号的功能仿真结果

1. 符号映射的功能仿真

QPSK 符号映射的功能仿真结果如图 10.36 所示。符号映射单元的采样率为 130kHz，通过提取正交与同相输入信号的最低位并进行组合后，延迟一个时钟周期。根据图 10.36 中的结果，延迟为 7.67μs，符合设计要求。进一步根据位组合的编号按照 QPSK 规则进行符号映射，符号映射的输出同样满足设计规范。这表明，符号映射功能能够有效地执行信号映射操作，确保信号处理过程中的精确性和稳定性。

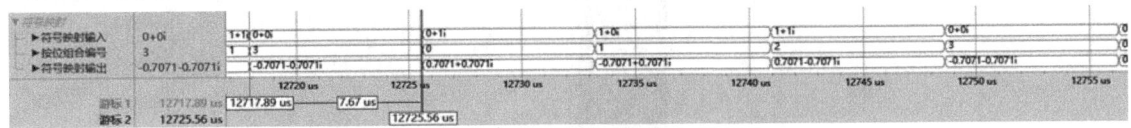

图 10.36　QPSK 符号映射的功能仿真结果（反色显示）

2. 整形滤波的功能仿真

RRC 滤波器的功能仿真结果如图 10.37 所示。RRC 滤波器输入符号的速率为 130kHz，滤波器群延迟为 5 个符号，理论上 RRC 滤波器的延迟为 38.46μs。从图 10.37 中可知，RRC 滤波器的延迟为 38.40μs，满足设计要求。

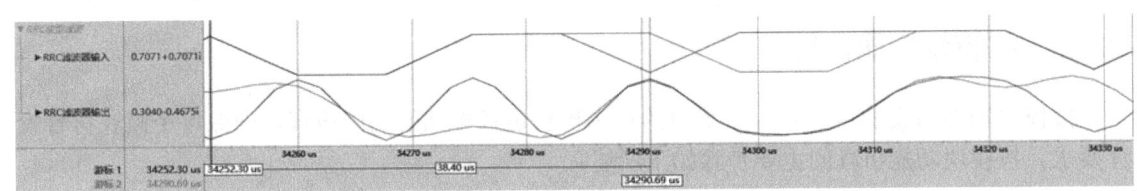

图 10.37　RRC 滤波器的功能仿真结果（反色显示）

3. 自动增益控制的功能仿真

自动增益模块的功能仿真结果如图 10.38 所示。AGC 模块的采样速率为 520kHz，AGC 输入端与输出端的延迟为 6 个时钟周期，理论上延迟为 11.54μs，图 10.38 中所示的 AGC 延迟为 11.52μs，满足设计要求。随机抽取的 AGC 输入信号模长分别为 $\sqrt{0.3079}$、$\sqrt{0.2434}$ 和 $\sqrt{0.1759}$，经 AGC 校准后对应的输出分别为 $\sqrt{0.3547}$、$\sqrt{0.2727}$ 和 $\sqrt{0.1931}$，显然 AGC 输出更接近参考模长 $\sqrt{0.5}$。

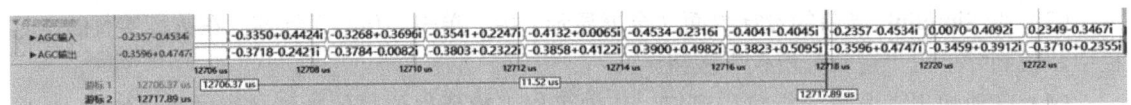

图 10.38　自动增益模块的功能仿真结果（反色显示）

4. 粗频率校正的功能仿真

粗频率校正单元频率估计部分的功能仿真结果如图 10.39 所示。粗频率校正部分的采样率为 260kHz，将输入信号提升至调制阶数延迟为 9 个时钟周期，图 10.39 中所示粗频率校正输入 $(-0.3929-0.6871\mathrm{i})$ 提升至 QPSK 调制阶数 4，即 $(-0.1904-0.3430\mathrm{i})$，用时 34.56μs，满足设计要求。

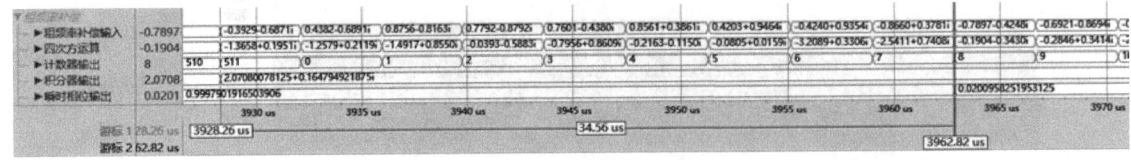

图 10.39　粗频率校正单元频率估计部分的功能仿真结果（反色显示）

用于控制离散信号积分的计数器达到峰值 511 时触发积分器输出使能,积分器输出随之变化,且在下一时钟周期后计数器复位。

利用 CORDIC 算法提取积分器输出的复数信号相位信息所需时间也是 9 个时钟周期,图 10.39 中,在 $t=3928.26\mu s$ 时积分器输出发生变化,在 9 个时钟周期后的 $t=3962.82\mu s$ 时更新瞬时相位的值,满足设计要求。

粗频率校正信号生成部分的功能仿真结果如图 10.40 所示,粗频率校正单元中的压控振荡器根据瞬时相位信息生成用于粗频率校正的信号。其采样率为 260kHz,压控振荡器的理论延迟为 6 个时钟周期,故延迟应该为 $23.07\mu s$,图 10.40 中显示瞬时相位变化 $23.0\mu s$ 补偿信号被更新,其结果满足设计要求。

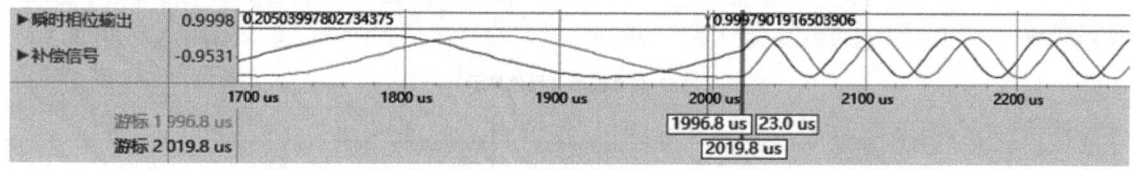

图 10.40　粗频率校正信号生成部分的功能仿真结果(反色显示)

粗频率校正的最后一步是输入信号与补偿信号相乘,输出粗频率校正信号,粗频率校正过程的功能仿真结果如图 10.41 所示。由前面给出的粗频率校正结构可知,粗频率校正输入与粗频率校正输出之间的延迟为 5 个时钟周期,补偿信号与粗频率校正之间的延迟为 4 个时钟周期。从图 10.41 中可知,$t=1962.21\mu s$ 时,粗频率校正输入信号的值为 $(0.8910-0.5052i)$,$t=1966.05\mu s$ 时,补偿信号的值为 $(-0.6836-0.7266i)$,二者相乘,结果为 $(-0.9762-0.3020i)$,即粗频率校正输出为在 $t=1981.41\mu s$ 时的值,满足设计要求。

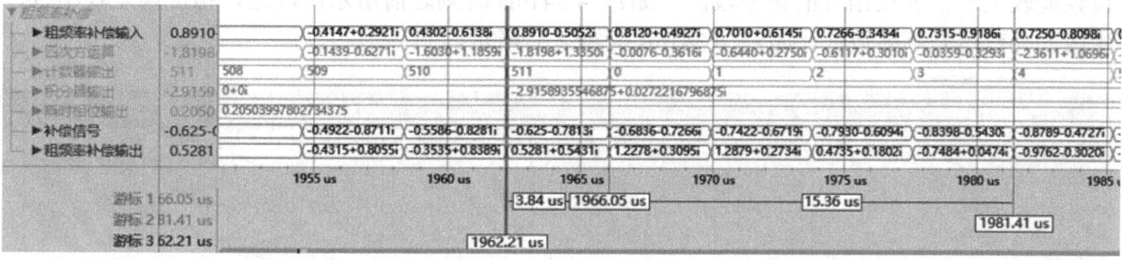

图 10.41　粗频率校正过程的功能仿真结果(反色显示)

5. 细频率校正的功能仿真

细频率校正单元误差检测部分的功能仿真结果如图 10.42 所示。由于细频率校正的误差检测使用组合逻辑完成,故其延迟为 0 个时钟周期。$t=410.87\mu s$ 时,输入信号的值为 $(0.5054-0.9349i)$。根据前面给出的 QPSK 细频率校正时序误差检测计算公式,可得量化后的相位误差值为 -0.4295,图 10.42 中给出的结果满足设计要求。

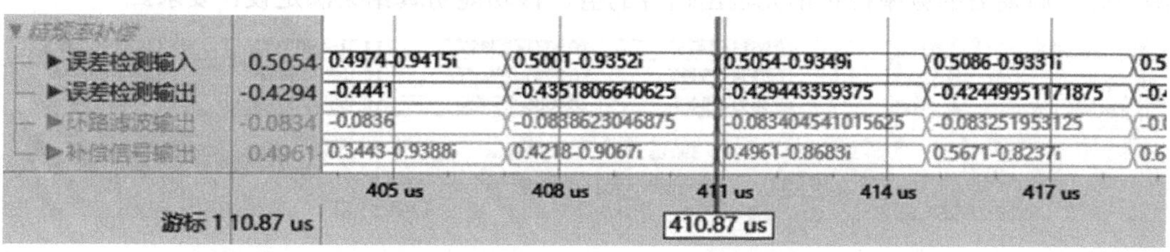

图 10.42　细频率校正误差检测部分的功能仿真结果(反色显示)

细频率校正环路滤波器的功能仿真结果如图 10.43 所示。由比例积分环路滤波器的实现可知，该滤波器的输出延迟为 1 个时钟单元，滤波器采样率为 260kHz，延迟应该为 3.84μs。如图 10.43（a）所示，滤波器的延迟为 3.8μs，满足设计要求，且环路滤波器响应迅速，输出波形可以跟随误差检测输出变化。如图 10.43（b）所示，环路滤波器降低了输出误差的峰峰值，有利于提高系统的稳定性。

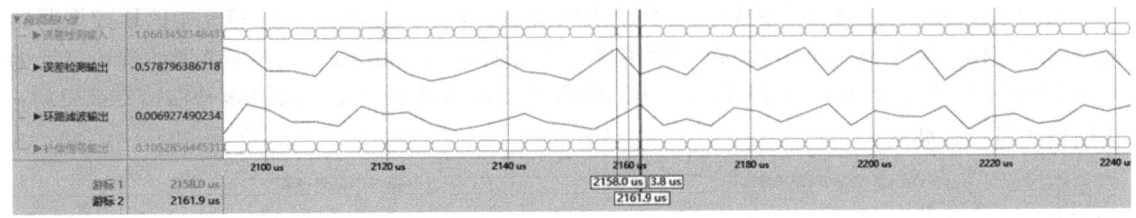

(a) 仿真波形（反色显示）

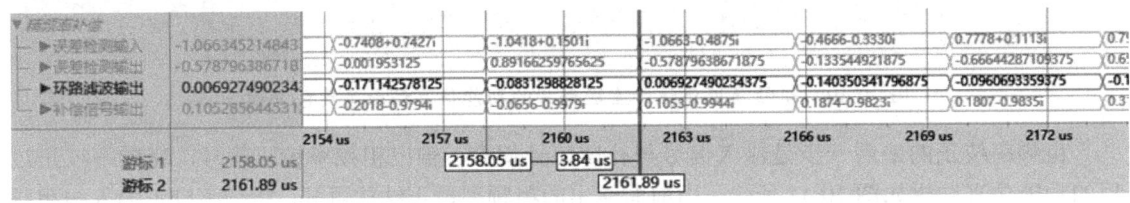

(b) 仿真结果（反色显示）

图 10.43　细频率校正环路滤波器的功能仿真结果（反色显示）

细频率校正单元接收相位误差后，通过 DDS 生成如图 10.44 所示的细频率校正信号。当相位误差较大时，补偿信号的频率较高，如 $t=4.341$ms 时刻之前所示；反之，相位误差较小时，生成的补偿信号频率较低，如 $t=4.341$ms 时刻之后所示。

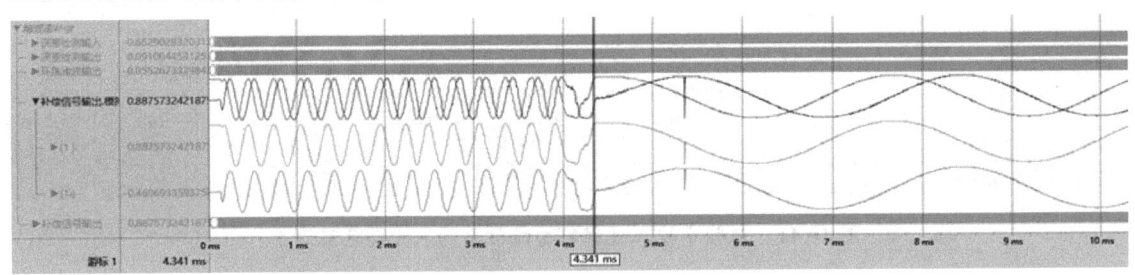

图 10.44　细频率校正信号（反色显示）

细频率校正单元最终将输入信号与补偿信号相乘，完成相位误差校正，细频率校正的功能仿真结果如图 10.45 所示。该过程的延迟为 2 个时钟周期，$t=387.83$μs 时，细频率校正单元输入信号的值为 $(0.9518+0.4759i)$，同一时刻补偿信号的值为 $(0.0154-0.9999i)$，二者相乘的结果为两个时钟周期后的频率校正单元输出信号的值，该功能仿真结果满足设计要求。

图 10.45　细频率校正的功能仿真结果（反色显示）

6. 定时同步的功能仿真

定时同步过程中定时误差检测的功能仿真结果如图 10.46 所示。在使能信号上升沿的时刻（$t=157.44\mu s$），触发定时误差检测。根据前面给出的过零检测器定时误差表达式，定时误差检测输入第 N 次采样点的值为 $(0.0322+0.0039i)$，在 $t=149.76\mu s$ 时刻触发第 $N-2$ 次采样，其值为 $(-0.0039-0.0020i)$，其实部存在定时误差 -0.0088×2，虚部存在定时误差 -0.0020×2，总误差为 0.0216，满足设计要求。

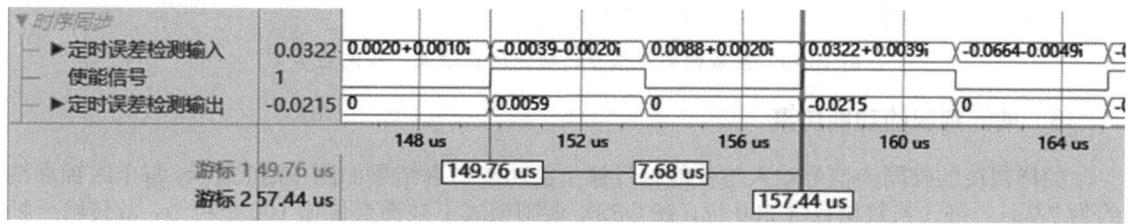

图 10.46　定时同步过程中定时误差检测的功能仿真结果（反色显示）

时序同步过程中定时恢复的功能仿真结果如图 10.47 所示。时序同步单元的采样率为 260kHz，插值滤波器的延迟为 6 个时钟单元，延迟应该为 $23.077\mu s$。图 10.47 中显示的延迟为 $23.04\mu s$，满足设计要求。根据图 10.47 中的仿真结果可知，当使能信号有效时，信号的绝对值较大，远离零点；在使能信号无效时，信号的绝对值较小，在零点附近。

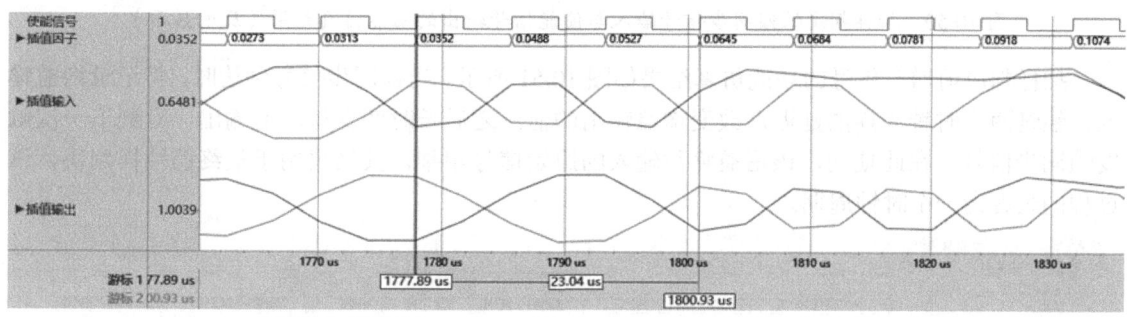

图 10.47　时序同步过程中定时恢复的功能仿真结果（反色显示）

7. 帧同步的功能仿真

帧同步过程中前导码匹配滤波的功能仿真结果如图 10.48 所示。其中，在 $t=4035.78\mu s$ 时与 $t=4135.62\mu s$ 时之间输入信号的同相分量符号依次为 -、-、-、-、-、+、+、-、-、+、-、+、-（"-"表示负号，"+"表示正号）。因此，可判断出该阶段传输的信号为 13 位巴克码。前导码的匹配滤波器在 FIR 匹配滤波之后还存在一个延迟单元，因此在一个时钟周期之后的 $t=4143.30\mu s$ 时，匹配滤波器的输出达到最大值 $(10.2529-16.3525i)$，满足设计要求。

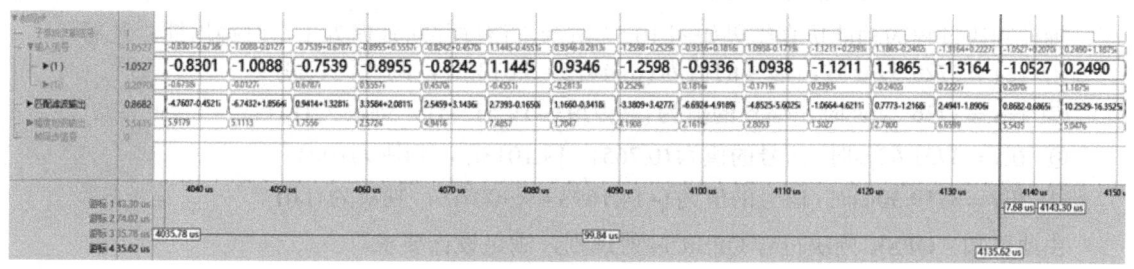

图 10.48　帧同步过程中前导码匹配滤波的功能仿真结果（反色显示）

生成帧同步信号的功能仿真结果如图 10.49 所示。根据匹配滤波器的输出信号计算其模长的延迟为 4 个时钟周期。在 $t=4143.30\mu s$ 时，匹配滤波器的输出达到最大值；在 $t=4174.02\mu s$ 时，幅度检测单元的输出达到峰值 16.453，高于参考值 16，故触发帧同步信号。

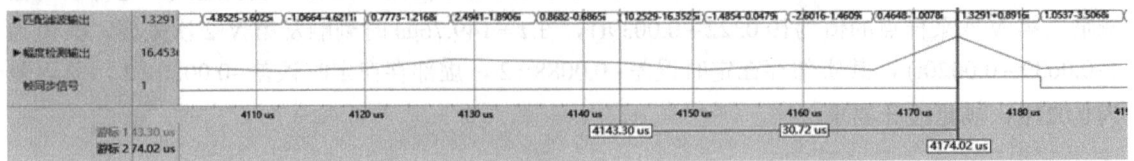

图 10.49　生成帧同步信号的功能仿真结果（反色显示）

8．抽样判决的功能仿真

抽样判决的帧同步信号输入与使能信号输出的功能仿真结果如图 10.50 所示。每个时钟周期约为 7.7μs，每一帧数据包含 200 位，在 QPSK 调制模式下共需要传输 100 个符号，故传输一帧数据所需要的时间为 770μs，图 10.50 所示为 768μs，满足设计要求。在第一帧数据传输结束之后，第二帧数据的同步信号刚好到达，故图 10.50 中的使能信号输出保持为高电平。

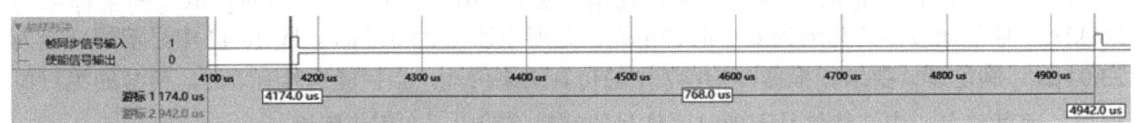

图 10.50　抽样判决的帧同步信号输入与使能信号输出的功能仿真结果（反色显示）

抽样判决前增益信号的功能仿真结果如图 10.51 所示。当帧同步信号到达时，将记录增益输入，经过两个时钟周期的延迟后改变增益输出的值，之后长时间保持增益输出，直到下一次触发帧同步信号。在此期间，该增益将与输入的原始信号相乘，其结果用于最终的抽样判决，该过程的延迟为一个时钟周期。

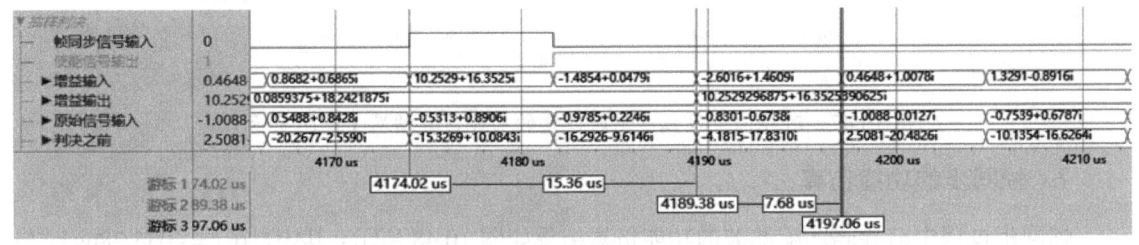

图 10.51　抽样判决前增益信号的功能仿真结果（反色显示）

图 10.51 中，在 $t=4189.38\mu s$ 时，增益的值约为 $(10.2529+16.3525i)$，输入信号的值为 $(-0.8301-0.6738i)$，二者相乘结果为 $(2.5081-20.4826i)$，该结果与图 10.51 中一个时钟周期后 $t=4197.06\mu s$ 时的待判决信号相同。

抽样判决过程的功能仿真结果如图 10.52 所示，该过程的延迟为 1 个时钟周期。之后：
① 在 $t=3728.59\mu s$ 时，信号的值为 $(18.4472+5.6139i)$，判决为 $(0,0)$；
② 在 $t=3736.27\mu s$ 时，信号的值为 $(-9.9793-19.5139i)$，判决为 $(1,1)$；
③ 在 $t=3751.62\mu s$ 时，信号的值为 $(0.7651-19.1013i)$，判决为 $(0,1)$；
④ 在 $t=3759.30\mu s$ 时，信号的值为 $(-14.1698+9.9007i)$，判决为 $(1,0)$。

由此可知，QPSK 判决符合 QPSK 映射规则，满足设计要求。

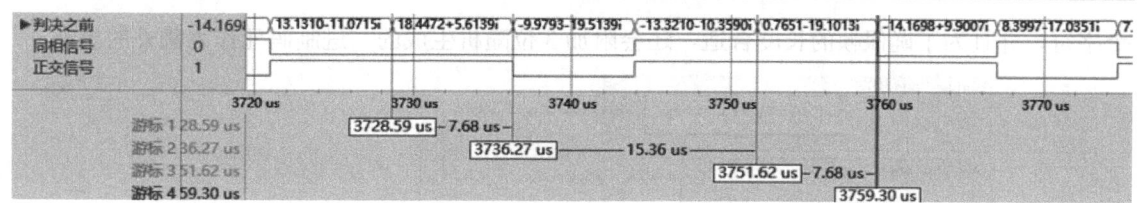

图 10.52 抽样判决过程的功能仿真结果（反色显示）

10.3.4 系统功能仿真

在执行完按模块功能仿真后，需要对这些模块构成的完整系统进行功能仿真，确保系统可以正确调制、解调、解码并显示相关信息。

在 Simulink 当前的设计界面中，单击"仿真"标签。在该标签页的工具栏中，找到并单击"运行"按钮 ▶，对整个系统进行功能仿真。

使用 QPSK 调制对基于 SDR 构成的通信系统进行全功能测试，接收端解调后的数据输出如图 10.53（a）所示。图 10.53（b）显示了相位偏移为 $\pi/4$ 的理想调制后的 QPSK 基带星座点，图 10.53（c）显示了通过 RRC 滤波器处理后带有噪声影响的信号星座图，图 10.53（d）显示了经过载波同步后的星座分布（细频率校正输出），图 10.53（e）显示了时序同步输出的星座图。

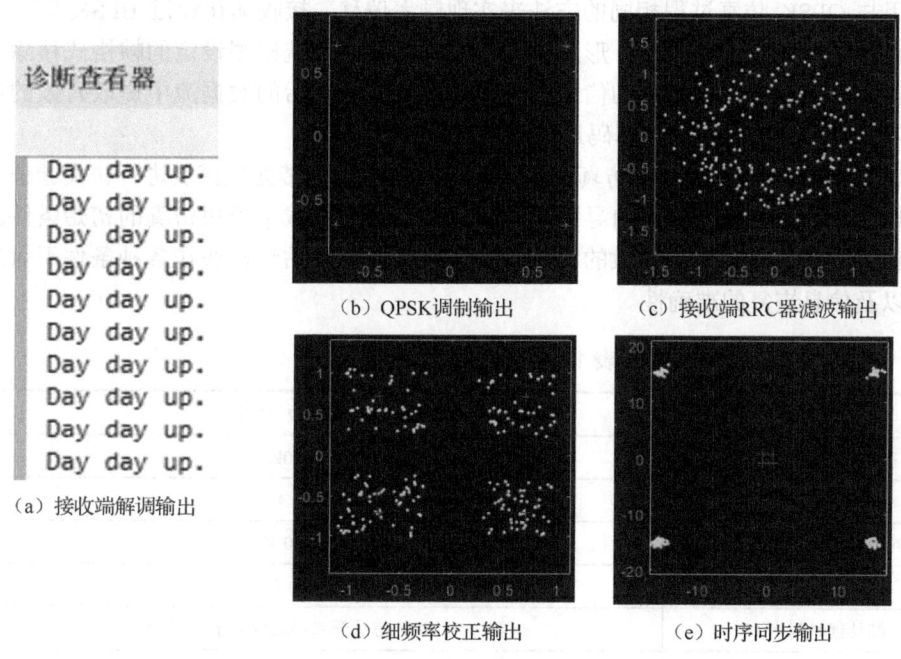

（a）接收端解调输出　（b）QPSK 调制输出　（c）接收端RRC器滤波输出
（d）细频率校正输出　（e）时序同步输出

图 10.53 QPSK 系统调制和解调后的功能仿真结果

10.3.5 BPSK 功能仿真

BPSK 调制信号源结构如图 10.54 所示。在该结构中，首先使用 13 位巴克码作为前导码，以确保信号同步。接下来，信号中包含 187 位由数据负载和伯努利分布生成的数据填充序列，使整个数据帧的总长度达到 200 位。

在字符传输的场景下，每个字符使用 8 位二进制编码进行量化表示。然后，附加一个符合伯努利分布的二进制填充序列，且该填充序列的生成是等概率的。每一帧数据最多可以包含 23

个字符，并且为了确保帧的长度合适，还会附加 3 位随机生成的二进制码元作为额外的填充。

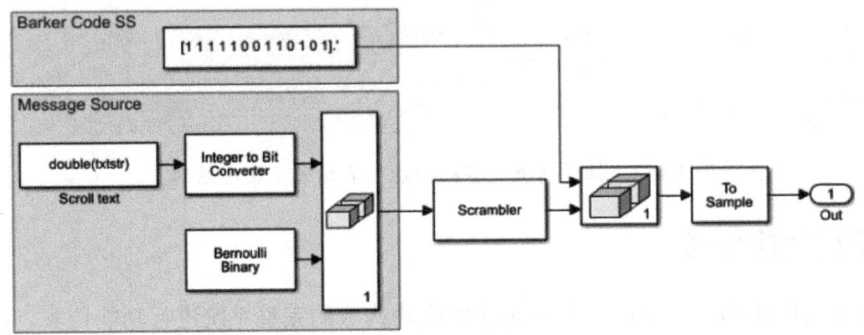

图 10.54　BPSK 调制信号源结构

为进一步增强信号的随机性，数据负载和填充位经过扰码器处理后，与前导码进行组合。在这一数据处理流程中，二进制码元信息以双精度浮点数类型携带，并在后续通过强制类型转换为整型数据时，不会产生精度损失。这种格式化和处理方式不仅提高了数据传输的可靠性，还增强了数据链路层面信号的完整性与安全性。

为了模拟真实环境下的信号传输过程，仿真模型中的发射端与接收端之间引入了载波频率偏移，采用与 QPSK 仿真过程相同的方法来实现频率偏移。接收端在经过 BPSK 解调后，将同相通道和正交通道的数据流合并，形成完整的接收信号。系统根据设定的帧格式移除前导码，并对数据进行解扰，还原出最初的信息内容。最终，从解扰后的数据流中提取有效的信息码元并进行显示，完成信号的恢复与解码过程。

根据表 10.9 中列出的 BPSK 仿真关键参数配置 BPSK 基带处理模块进行仿真验证。载波频率、上采样因子、数据帧长度、前导码长度等参数，共同构成了模块仿真的初始条件。基带处理模块的仿真验证依赖于这些参数的精确设定，确保可以评估该模块在各种条件下对前导码的检测能力以及信息恢复的准确性。

表 10.9　BPSK 仿真关键参数

参 数 名 称	参 数 数 值
基带信号频率	520kHz
上采样因子	4
数据包大小	50 帧
帧大小	200 符号
帧持续时间	基带信号频率×帧大小×上采样因子
巴克码长度	13 符号
数据长度	帧大小-巴克码长度
载波频率偏移	6000Hz
载波相位偏移	180°

使用 BPSK 调制解调方式传输字符串，对面向定制 SDR 平台的 HDL 模型进行仿真验证。其中，SDR 接收端解调后的数据输出如图 10.55（a）所示，从该图中可知面向定制硬件平台 SDR-AI-Z7 的 BPSK 通信系统设计的正确性。

发射端基带信号进行 BPSK 调制之后的星座如图 10.55（b）所示。接收端通过 RRC 滤波器处理后在噪声影响下的信号星座分布如图 10.55（c）所示。接收端进行载波同步之后（细频率校正输出）的信号星座分布如图 10.55（d）所示。接收端进行时序同步后的信号星座如图 10.55（e）所示。

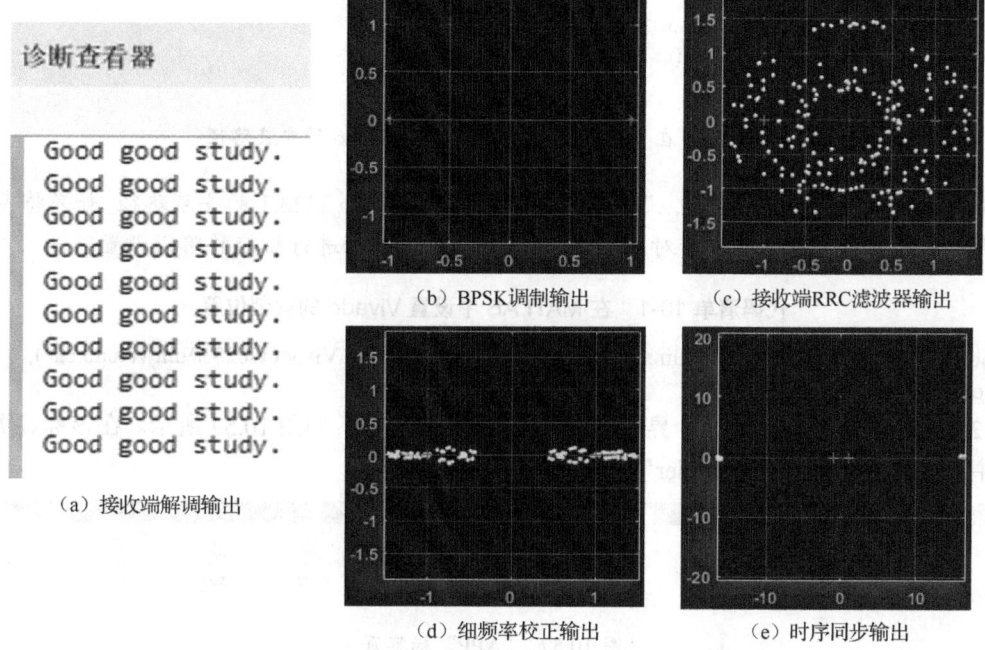

图 10.55　BPSK 系统调制和解调后的功能仿真结果

由于接收信号与前导码相关峰值相乘增加判别精度，故星座点不在 BPSK 参考点处。这些星座图为评估系统性能、调制解调效果以及信号质量提供了直观的标准。

10.4　编译 HDL 模型与软件接口模型

在 Simulink 环境中，软硬件协同设计工具链通过调用软硬件协同设计支持包，将 HDL（硬件描述语言）模型转换为适配定制硬件平台 SDR-AI-Z7 上搭载的 XC7Z100 SoC（系统级芯片）内 PL（可编程逻辑）部分的比特流文件。此外，该工具链还用于导出软件接口模型的框架，并提供了一个基于该框架的软件模型，能够与定制硬件平台上的 XC7Z100 SoC 兼容。

在此过程中，软件接口模型被适配到 XC7Z100 SoC 的 PL 部分，并编译为可执行文件。设计的通用软件模型能够接收并处理从定制硬件平台 SDR-AI-Z7 上传的数据流。通过这种软硬件协同设计，最终实现了 XC7Z100 SoC 内部的 Arm Cortex-A9 双核处理器（负责软件部分）与可编程逻辑（负责硬件部分）之间的协同运行。这种协同机制确保了硬件和软件的高效交互，为定制硬件平台提供了一个完整的解决方案，优化了处理能力并提高了系统的整体性能。

10.4.1　编译 HDL 模型

本小节将介绍编译 HDL 模型的方法，主要步骤如下所述。

（1）在 MATLAB R2021b 主界面的命令行窗口的命令提示符后面输入命令，如图 10.56 所示，这些命令如代码清单 10-1 所示。

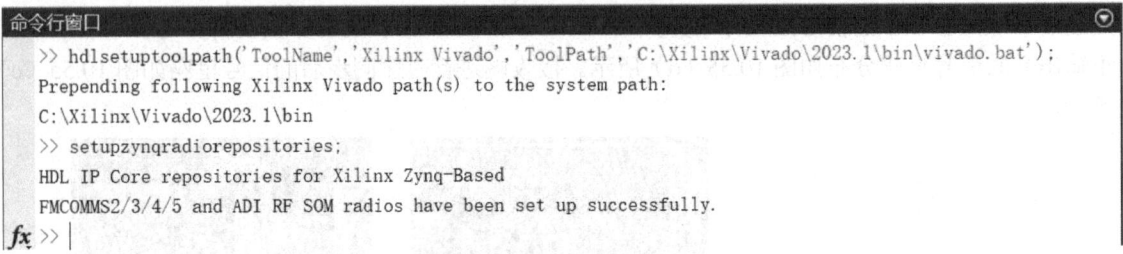

图 10.56 在命令行提示符后面指明 Vivado 的安装路径

注：命令中的"C:\Xilinx…"为该设计中所使用 Vivado 2023.1 的安装路径。如果将 Vivado 安装到不同的路径，则需要读者对照自己的 Vivado 安装路径进行相应的路径设置。

代码清单 10-1　在 MATLAB 中设置 Vivado 的安装位置

hdlsetuptoolpath('ToolName','Xilinx Vivado','ToolPath', 'C:\Xilinx\Vivado\2023.1\bin\vivado.bat');
setupzynqradiorepositories;

（2）在当前的 Simulink 设计界面中，单击"APP"标签，如图 10.57 所示。在该标签页的工具栏中，找到并单击"HDL Coder"按钮。

图 10.57 "APP"标签页

注：如果读者在图 10.57 中没有看到"HDL Coder"按钮，则单击图 10.57 最右侧的"显示更多"按钮，出现如图 10.58 所示的界面。在该界面的"代码生成"标题窗口中，找到并单击"HDL Coder"按钮。

图 10.58 "APP"标签页提供的可用资源

（3）在当前 Simulink 设计界面的上方，出现"HDL CODE"标签，如图 10.59 所示。在该标签页的工具栏中，找到并单击"Workflow Advisor"。

第 10 章 BPSK 和 QPSK 无线传输的 Simulink 实现

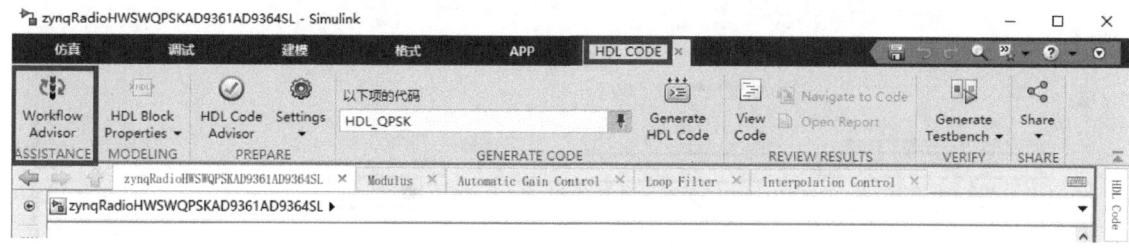

图 10.59 "HDL CODE"标签页

（4）弹出"HDL Workflow Advisor"对话框。如图 10.60 所示，在该对话框中，找到并展开 "HDL Workflow Advisor"选项。在展开项中，找到并展开"1.Set Target"选项。在展开项中，依次按如下步骤设置参数。

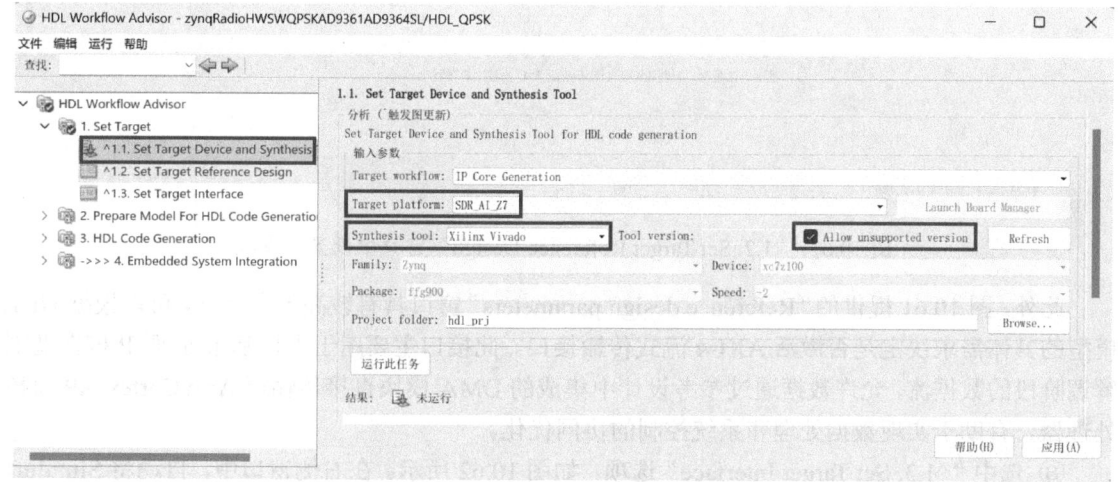

图 10.60 "HDL Workflow Advisor"对话框

① 选中"^1.1. Set Target Device and Synthesis Tool"选项，在右侧窗口中按如下步骤设置参数。

- 通过"Target platform"右侧的下拉框选择"SDR_AI_Z7"选项，将目标平台设置为本书所使用的定制硬件平台"SDR_AI_Z7"。
- 通过"Synthesis tool"右侧的下拉框选择"XilinxVivado"选项，将综合工具设置为使用 Xilinx Vivado 自带的。
- 勾选"Allow unsupported version"前面的复选框。

在进行完上面的设置后，Simulink 将自动读取定制硬件平台 SDR-AI-Z7 的注册文件，并从中提取所使用 Xilinx FPGA/SoC 的主要信息，如 Family 为"Zynq"、Device 为"xc7z100"、Package 为"ffg900"、Speed 为"-2"，Project folder 为保存 HDL 工程的位置。

② 选中"^1.2. Set Target Reference Design"选项，如图 10.61 所示。在右侧窗口中，按如下步骤设置参数。

- 通过"Reference design"右侧的下拉框选择"SDR Transmit and Receive system"选项。
- 勾选"Ignore tool version mismatch"前面的复选框。

注：此外还可以根据 HDL 模型接口设计，在"Reference design"右侧的下拉框中选择 "SDR Transmit system"或"SDR Receive system"。

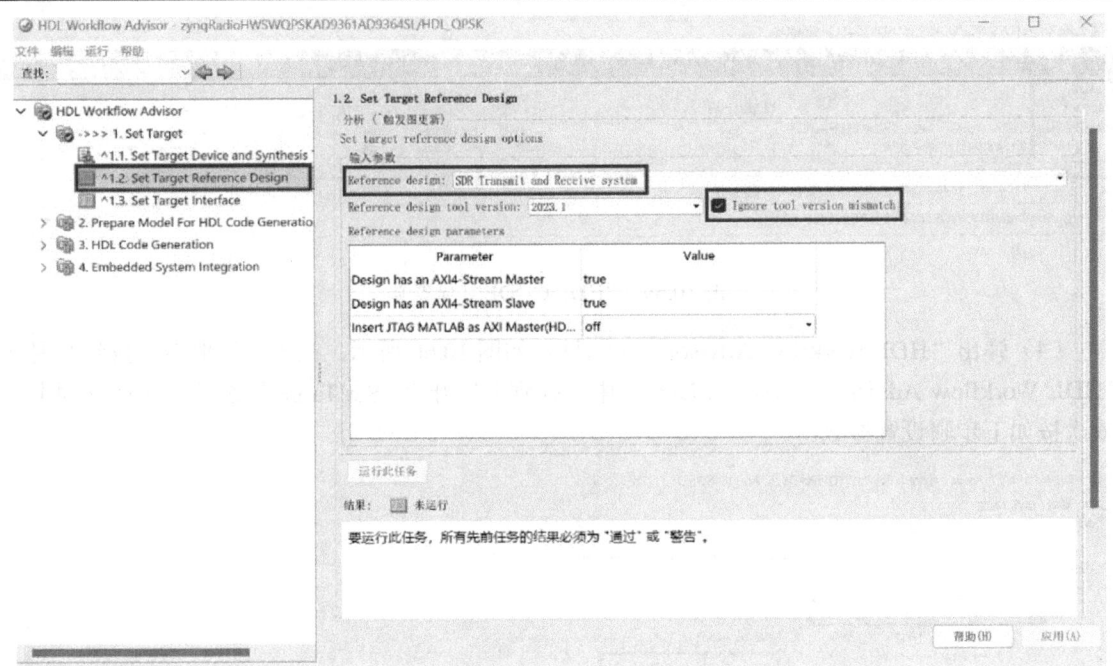

图 10.61 "1.2. Set Target Reference Design"窗口中设置的参数

此外,图 10.61 提供的"Reference design parameters"窗口具有较高的灵活性,可以根据 HDL 模型的具体需求决定是否激活 AXI-4 流式传输接口。此接口主要用于支持基带处理 IP 核在调制解调阶段的数据流,允许数据通过参考设计中集成的 DMA 模块直接传输至 Arm Cortex-A9 双核处理器,有助于实现数据处理和系统控制的协同优化。

③ 选中"^1.3. Set Target Interface"选项,如图 10.62 所示。在右侧窗口中,自动将 Simulink 模型的引脚约束到 Vivado 参考设计中。

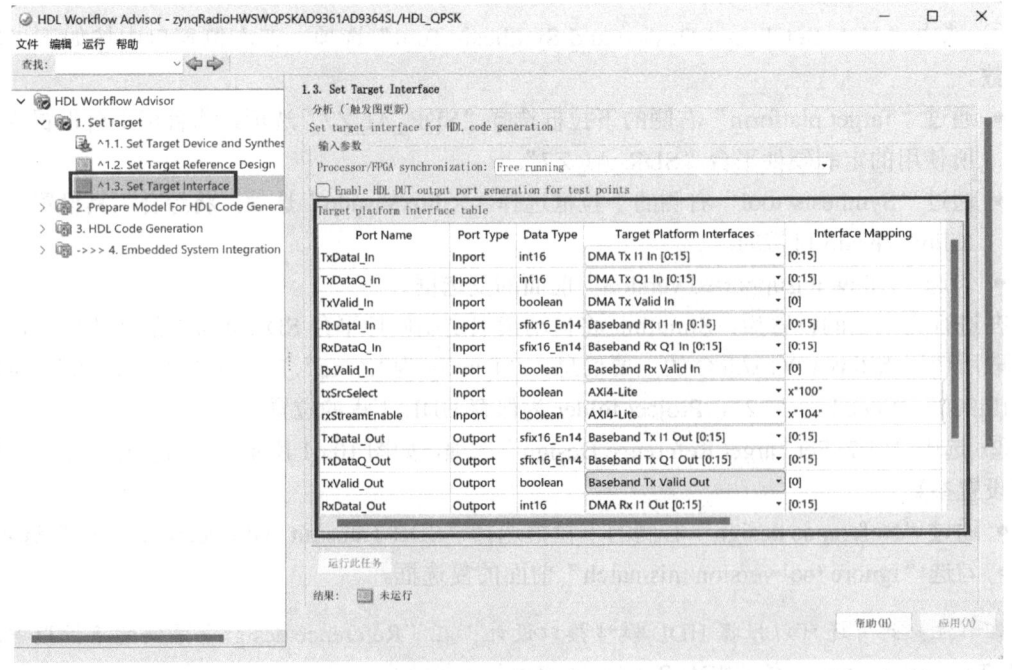

图 10.62 "1.3. Set Target Interface"窗口中设置的参数

端口映射包括发射链路与接收链路的数据输入/输出端口、数据有效性标志接口以及 AXI 控制通道，为信号的传输和处理提供了必要的硬件逻辑连接。

工具链内进行的接口映射确立了基带处理 HDL 模型的端口与 SDR 参考设计中预留接口之间的对应关系。

这一映射过程明确了 HDL 编码器生成的基带处理 IP 核在 SDR 工程中的精确插入点。

（5）在"HDL Workflow Advisor"对话框中，找到并展开"HDL Workflow Advisor"选项。在展开项中，找到并选中"1. Set Target"选项，如图 10.63 所示。在右侧窗口中，单击"全部运行"按钮。

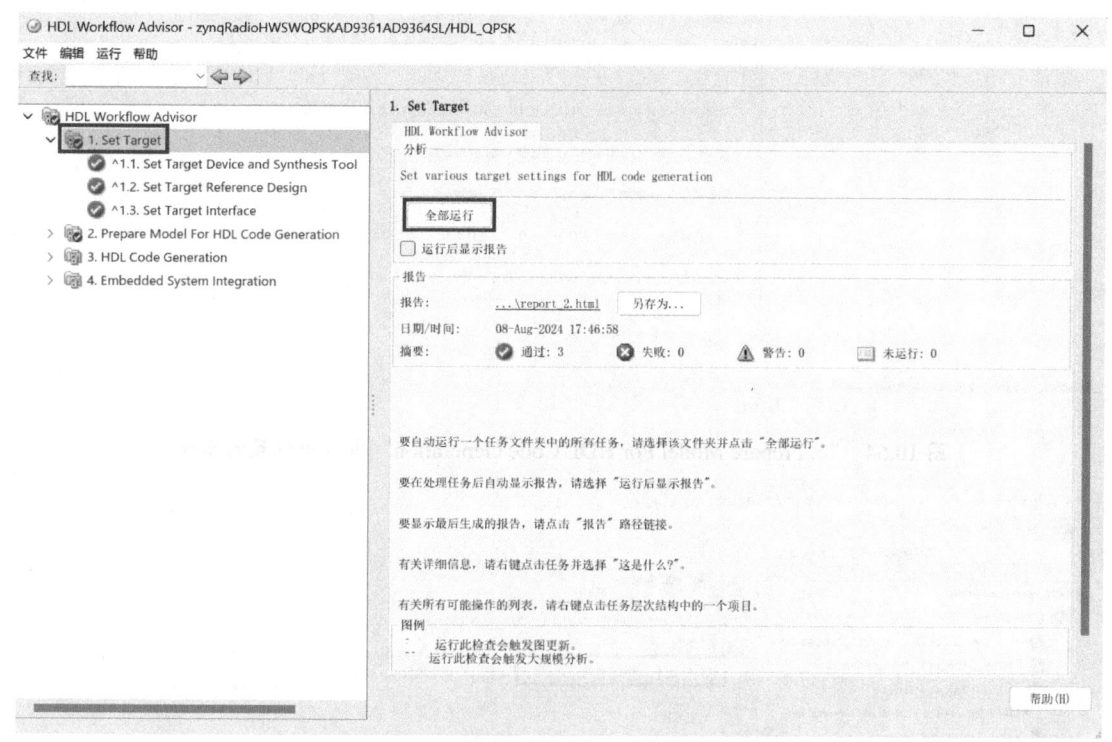

图 10.63 "1. Set Target"窗口中设置的参数

（6）在"HDL Workflow Advisor"对话框中，找到并展开"HDL Workflow Advisor"选项。在展开项中，找到并选中"2. Prepare Model For HDL Code Generation"选项，如图 10.64 所示。在右侧窗口中，单击"全部运行"按钮，检查模型设置是否正确。

（7）在"HDL Workflow Advisor"对话框中，找到并展开"HDL Workflow Advisor"选项。在展开项中，找到并展开"3. HDL Code Generation"选项。在展开项中，找到并选中"3.1. Set HDL Options"选项，如图 10.65 所示。在右侧窗口中，单击"HDL Code Generation Settings..."按钮。弹出"配置参数"对话框，在该对话框中，选中"HDL Code Generation"选项。通过"Language"右侧的下拉框选择"Verilog"，将语言设置为 Veriog HDL。单击"确定"按钮，退出"配置参数"对话框。

（8）在"HDL Workflow Advisor"对话框中，找到并展开"HDL Workflow Advisor"选项。在展开项中，找到并选中"3. HDL Code Generation"选项，如图 10.66 所示。在右侧窗口中，单击"全部运行"按钮，生成 QPSK IP 核。

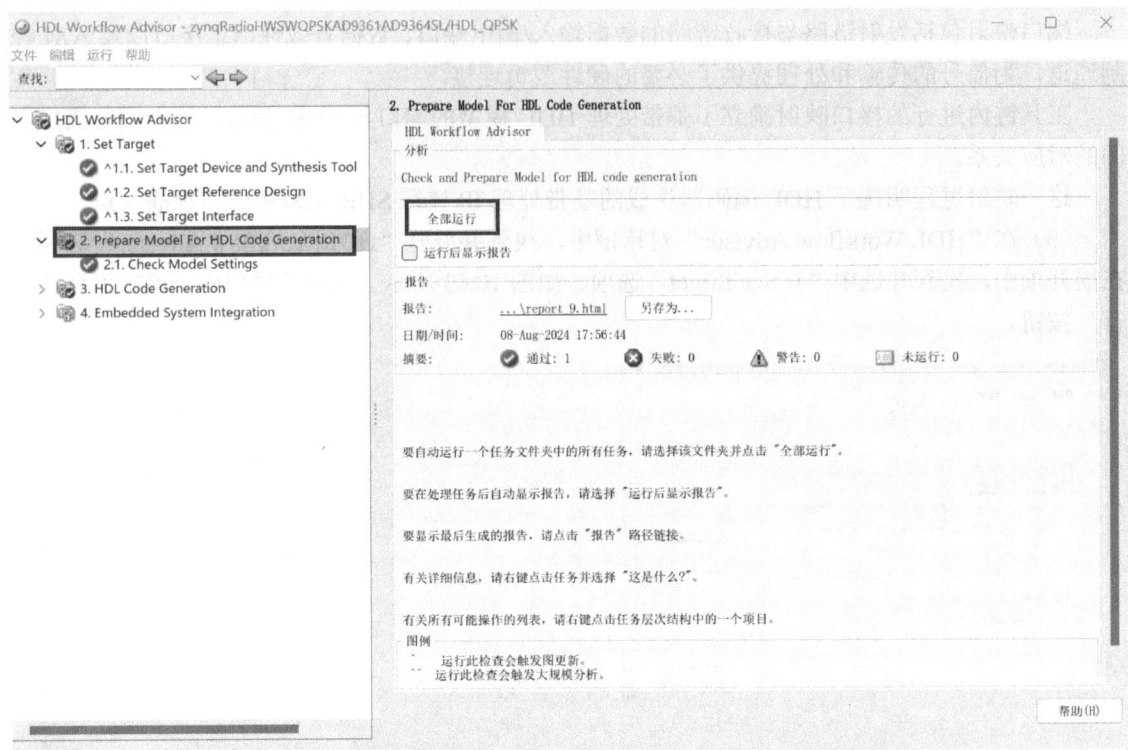

图 10.64 "2. Prepare Model For HDL Code Generation"窗口中设置的参数

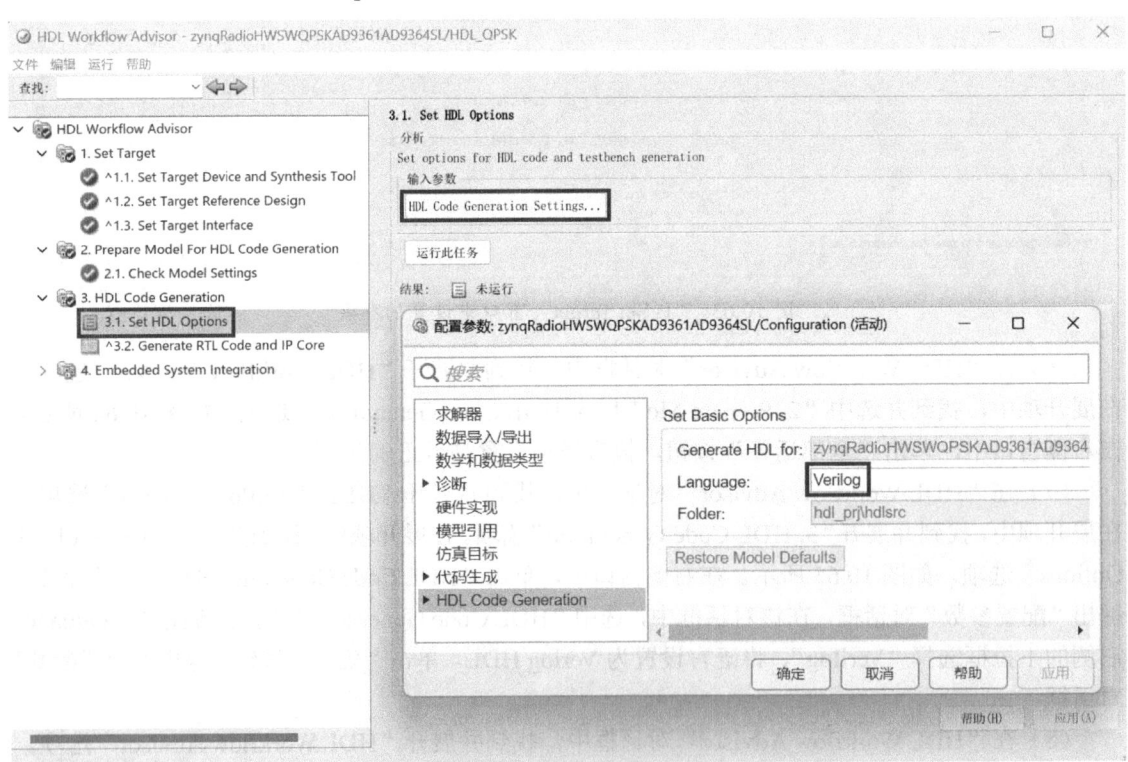

图 10.65 "3.1. Set HDL Options"窗口中设置的参数

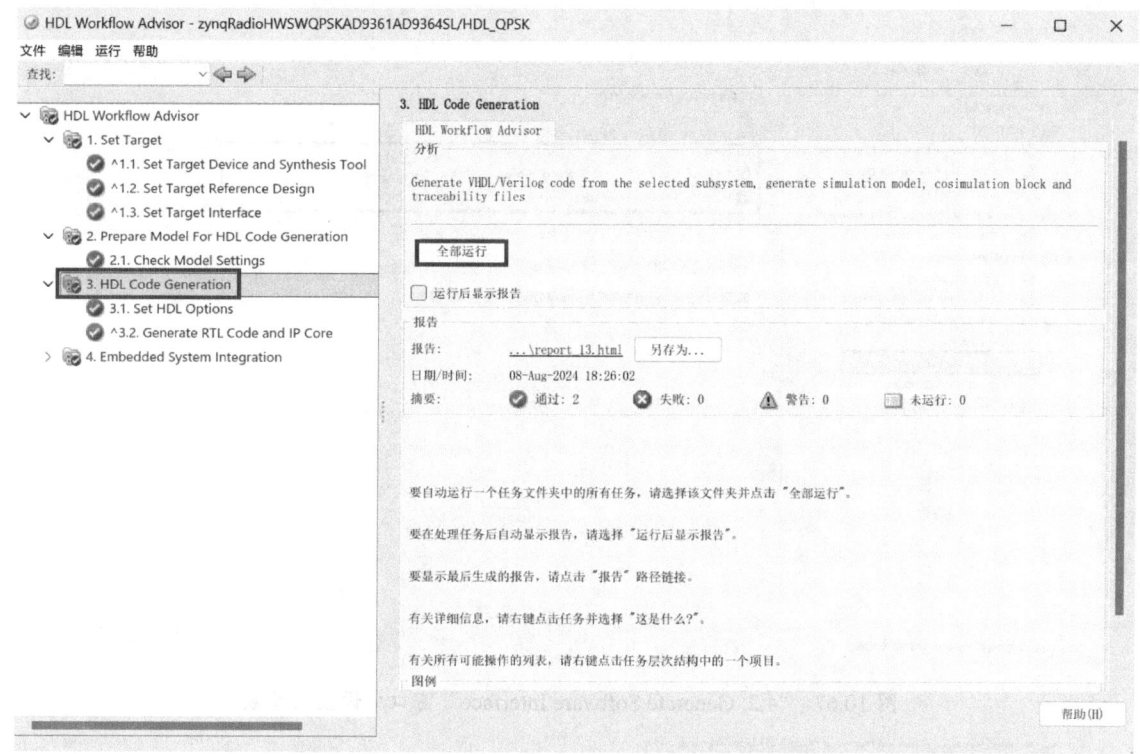

图 10.66 "3. HDL Code Generation"窗口中设置的参数

基带处理的 HDL 模型通过综合操作被转换为 HDL 描述的基带处理 IP 核，为面向定制硬件平台 SDR-AI-Z7 的硬件逻辑工程搭建提供了基础。在此过程中，如果基带处理 IP 核依赖于附加的 IP 库或需要引用其他设计源文件，则软硬件协同设计工具链也提供了资源引用接口。

在 MATLAB 环境中，使用生成的基带处理 IP 核，调用 SDR 参考设计，构建完整的 SDR 系统硬件逻辑工程。此操作由 IP 集成器执行，其项目文件夹默认指定为"hdl_prj\vivado_ip_prj"。该工程将集成所有必要的 IP 组件和设置，以确保工程的完整性。

（9）在"HDL Workflow Advisor"对话框中，找到并展开"HDL Workflow Advisor"选项。在展开项中，找到并展开"4. Embedded System Integration"选项。在展开项中，找到并选中"4.2. Generate Software Interface"选项，如图 10.67 所示。在右侧"输入参数"标题窗口中设置下面的参数。

① （可选）勾选"Generate Simulink software interface model Operating system:Linux"前面的复选框。如果是新的设计，没有生成过 Simulink 软件接口模型，则需要勾选该复选框；如果已经有 Simulink 软件接口模型，则无须勾选该复选框。

② （可选）勾选"Generate MATLAB software interface script"前面的复选框。如果以前没有生成 MATLAB 软件接口脚本，则需要勾选该复选框；如果已经有 MATLAB 软件接口脚本，则无须勾选该复选框。

（10）在"HDL Workflow Advisor"对话框中，找到并展开"HDL Workflow Advisor"选项。在展开项中，找到并展开"4. Embedded System Integration"选项。在展开项中，找到并选中"4.3. Build FPGA Bitstream"选项，如图 10.68 所示。在右侧窗口中，勾选"Run build process externally"前面的复选框，该选项会使外部命令窗口调用 Vivado 在后台进行编译生成比特流文件，在此期间不影响 MATLAB 软件的使用。

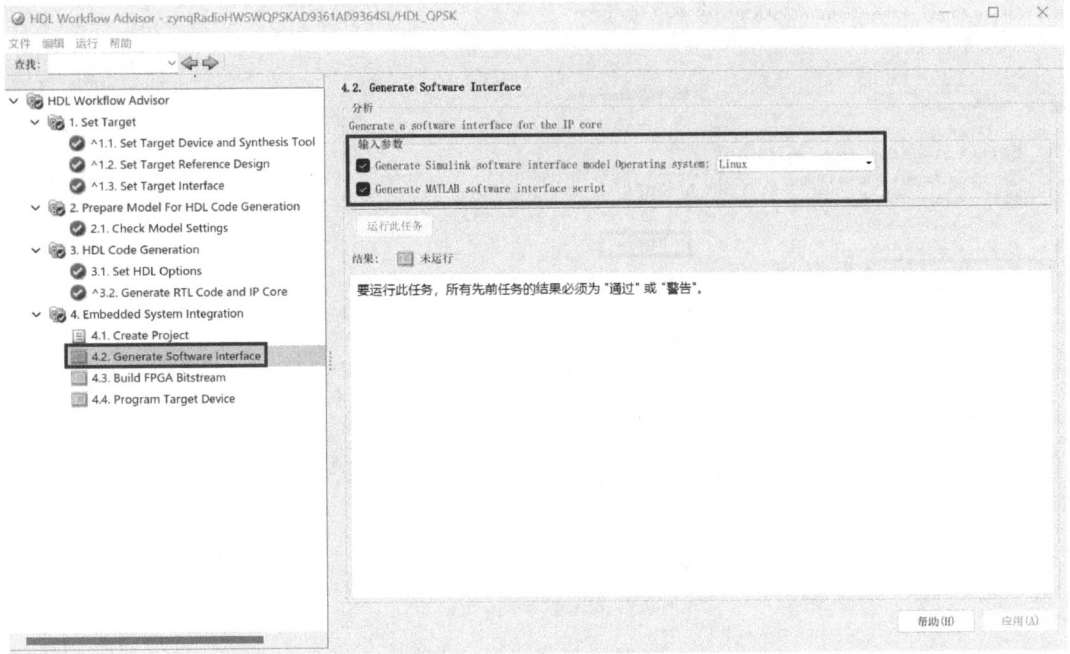

图 10.67 "4.2. Generate Software Interface"窗口中设置的参数

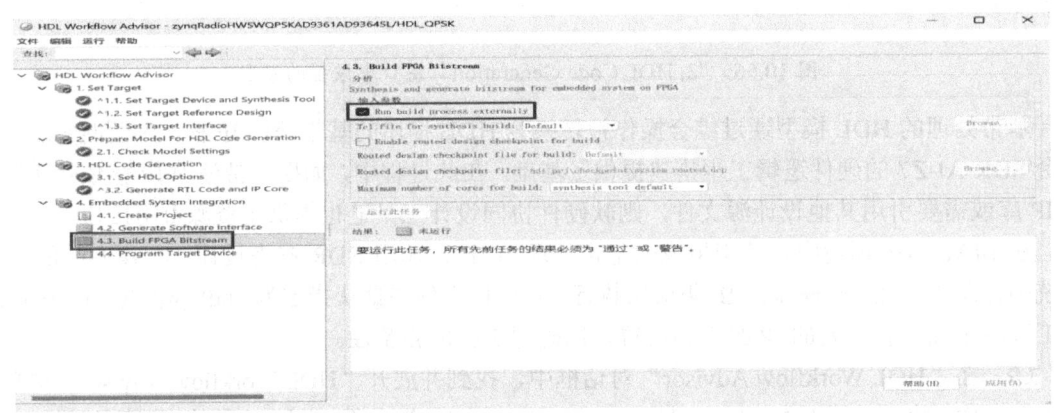

图 10.68 "4.3. Build FPGA Bitstream"窗口中设置的参数

（11）在"HDL Workflow Advisor"对话框中，找到并展开"HDL Workflow Advisor"选项。在展开项中，找到并选中"4. Embedded System Integration"选项，如图 10.69 所示。在右侧窗口中，单击"全部运行"按钮，自动生成软件接口模型与比特流。

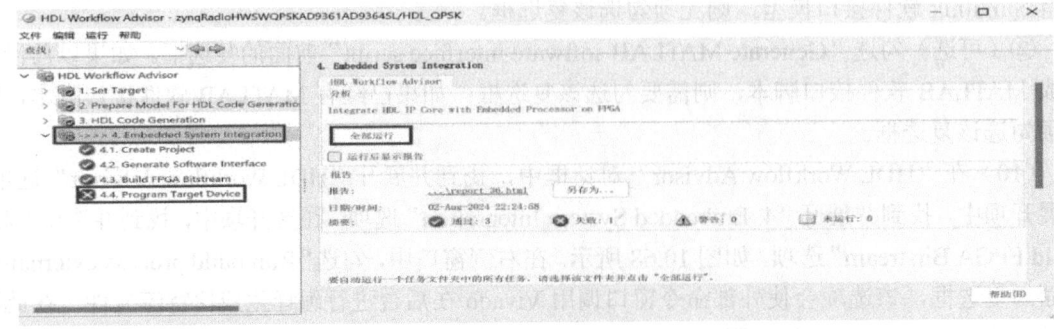

图 10.69 "4. Embedded System Integration"窗口中设置的参数

第 10 章 BPSK 和 QPSK 无线传输的 Simulink 实现

注：图中"4.4 Program Target Device"选项前面显示⊠，表示运行失败，这是因为这时还没生成比特流文件，并且没有连接到硬件。

（12）自动生成的软件接口模型框架与对应的库分别如图 10.70 和图 10.71 所示。

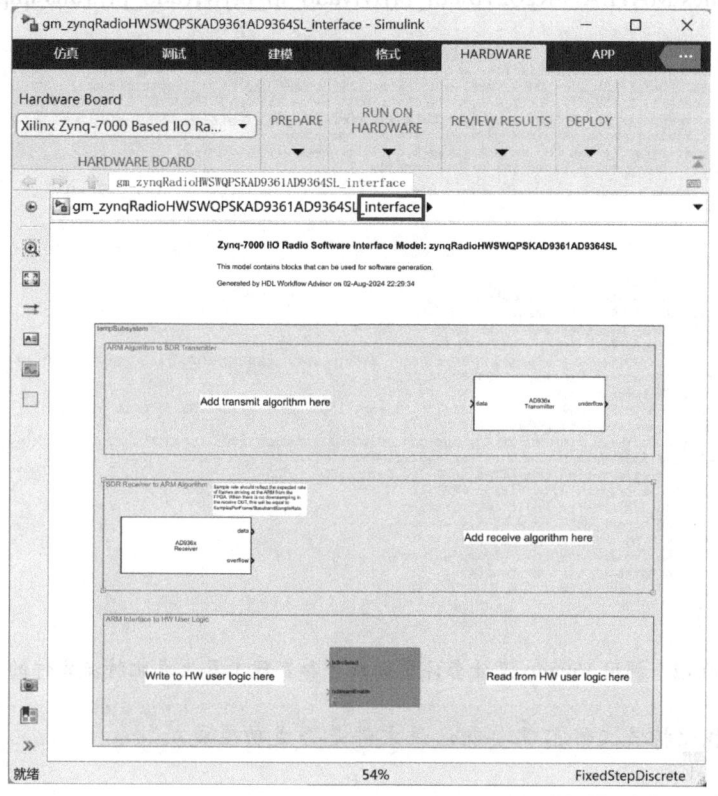

图 10.70　自动生成的软件接口模型框架

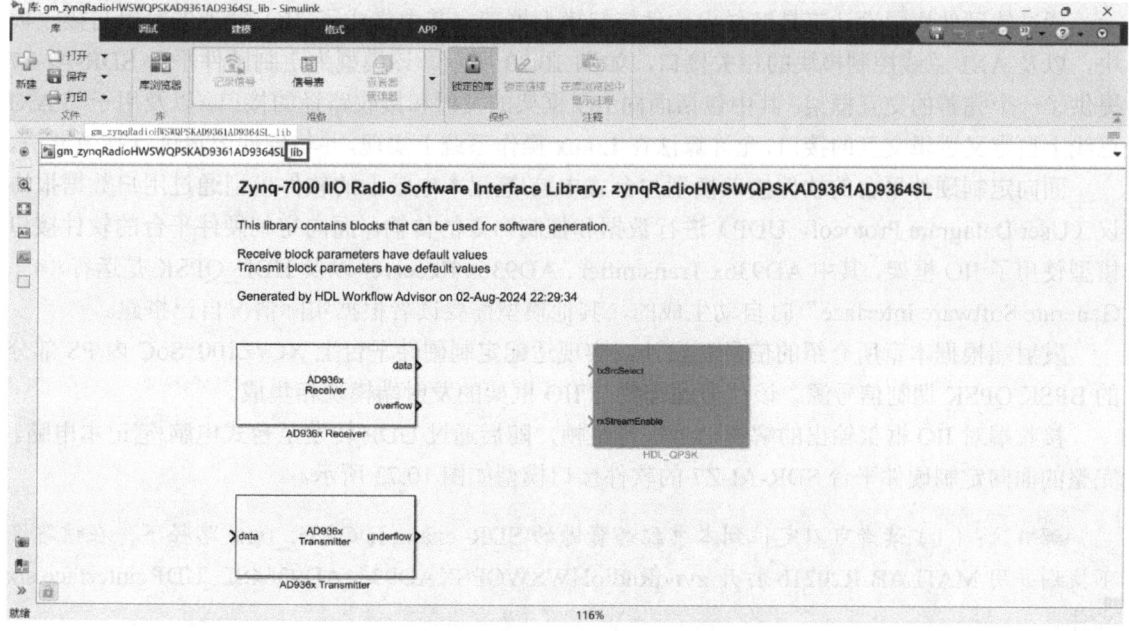

图 10.71　自动生成的软件接口模型框架对应的库

（13）等待一段时间后，命令窗口完成编译过程，如图 10.72 所示。在该过程中，MATLAB 调用 Vivado 设计套件中的综合和实现工具对 Simulink 环境中搭建的模型进行编译，编译成功后将在下面的路径中找到生成的比特流文件 system_top.bit：

C:\Program Files\MATLAB\R2021b\hdl_prj\vivado_ip_prj\vivado_prj.runs\impl_1

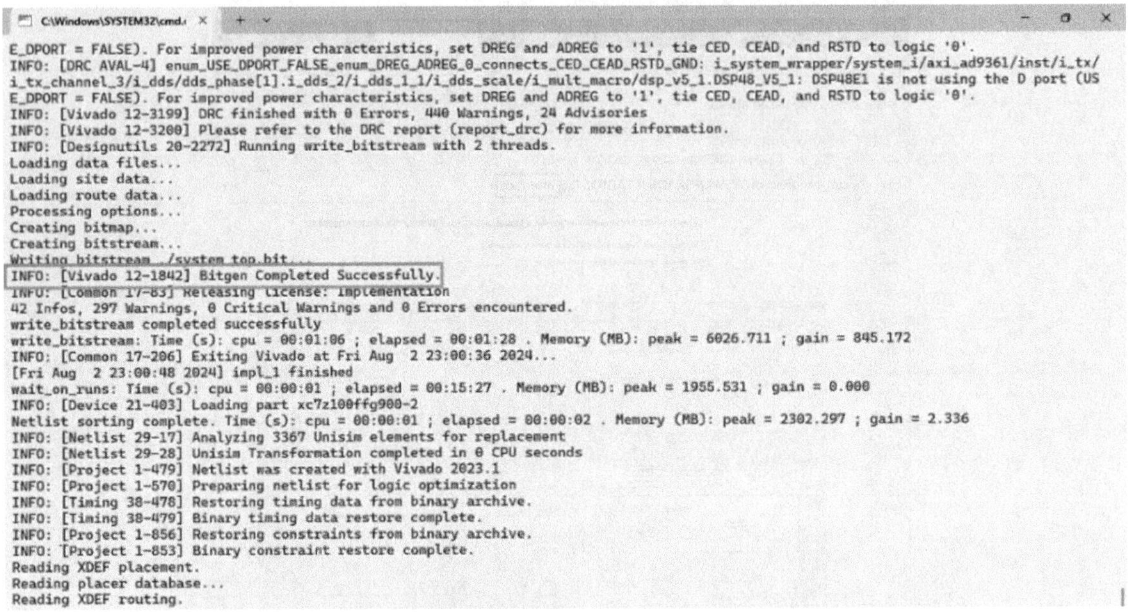

图 10.72　调用 Vivado 设计套件中的综合和实现工具生成比特流文件的过程

注：下载比特流文件前需要确认该文件是否成功生成。

10.4.2　软件接口模型设计

通过软硬件协同设计工具链导出软件接口模型框架，其中集成了 IIO 框架的发射与接收模块，以及 AXI 总线控制模块的相关接口，如图 10.70 所示。该模型为定制硬件平台 SDR-AI-Z7 提供了一个完善的交互框架，其中包括面向 IIO 框架的发射和接收路径的接口，以及用于与 AXI 总线上自定义逻辑交互的接口，允许算法在 Linux 操作系统上实现，并与硬件逻辑进行高效通信。

面向定制硬件平台的软件接口模型与台式电脑/笔记本电脑上的软件模型通过用户数据报协议（User Datagram Protocol，UDP）进行数据和控制命令的传输。面向定制硬件平台的软件接口模型使用了 IIO 框架，其中 AD936x Transmitter、AD936x Receiver 以及 HDL_QPSK 是运行"4.2. Generate Software Interface"时自动生成的，其他模型需要读者根据实际情况自己搭建。

发射端根据本章所介绍的信号源设计，实现适配定制硬件平台上 XC7Z100 SoC 内 PS 部分的 BPSK/QPSK 调制信号源。该信号源需要与 IIO 框架的发射端模块相集成。

接收端对 IIO 框架输出的解调信号进行组帧，随后通过 UDP 转发至台式电脑/笔记本电脑。完整的面向定制硬件平台 SDR-AI-Z7 的软件接口模型如图 10.73 所示。

注：（1）读者可以定位到本书配套资源的\SDR_example\QPSK_txrx 路径下，在该路径下找到并用 MATLAB R2021b 打开 zynqRadioHWSWQPSKAD9361AD9364SL_UDP_interface.slx 文件。

（2）读者可以参考该设计文件完成详细的设计过程。由于篇幅有限，本小节只介绍软件接口模型的 IP 地址配置。

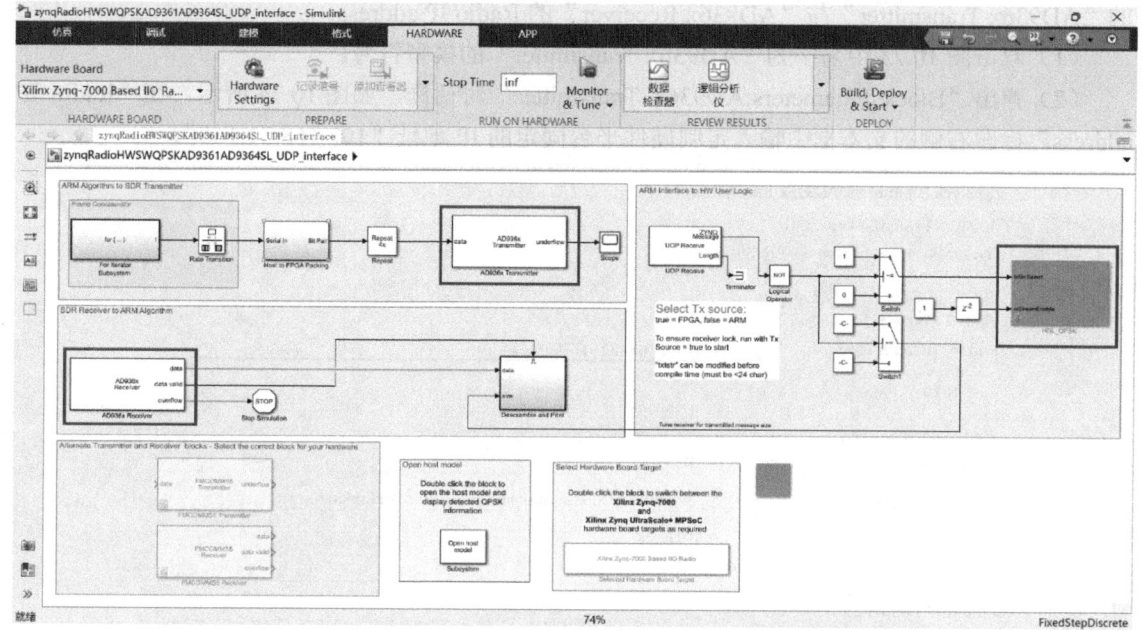

图 10.73　完整的面向定制硬件平台 SDR-AI-Z7 的软件接口模型

软件接口模型在结构上与基带处理器的 HDL 模型具有一定的相似性,但二者在数据传输与存储机制上存在本质差异。在 HDL 模型中,数据以连续的数据流形式在信号源、基带处理模块和信宿间传输。而在软件接口模型中,数据的传输采用分组传输的方式,通过信号源、IIO 框架和信宿进行交互。从硬件逻辑结构的角度分析,IIO 框架是 PS 内 Arm Cortex-A9 双核处理器与 PL 内直接存储器访问(Direct Memory Access,DMA)之间数据交换的"桥梁",此时数据以分组的形式存在。在 PL 内,DMA 负责将数据流传输至 Unpack IP 核,并进一步传递到基带处理单元,这一段路径中的数据保持流式特性。因此,在设计软件接口模型的过程中,需关注各个模块之间数据传输速率的匹配问题,保证 SDR 通信系统各个数据处理流程的高效性和连贯性,确保数据的完整性和时效性。

以 MPSK 调制为例,射频中心频率用 RFC 表示。无线电前端的采样率用 RFESR 表示,它也是基带信号的采样率(基带处理模块数据传输通道的符号速率)。每一帧数据包含的前导码与数据位数总计为 FB。经过调制阶数为 $\log_2 M$ 的 MPSK 调制后,每一帧包含的符号数为 $FB/\log_2 M$。假设整形滤波时,RRC 滤波器的插值因子为 US,则实际帧率等于基带信号采样率除以每一帧包含的符号数以及滤波器的上采样速率:

$$(RFESR \times \log_2 M)/(FB \times US)$$

在 HDL 基带处理模型中,通过图 10.73 中的"Host to FPGA Packing"(主机到 FPGA 打包)模块,将数据分为 I/Q 两路,因此将采样率降低为原始采样率的 1/2,并行数据转串行数据会将信号采样率提升 FB 倍。为了使 HDL 接口处的采样率与基带信号的采样率保持一致,需要将图 10.73 中的"Repeat"模块的参数设置为 $(2 \times US)/\log_2 M$。

在图 10.73 给出的软件接口模型中,每个数据包所包含的帧数用 PS 表示,则该数据包所包含的位数为 $PS \times FB$,其数据包的传输速率为 $(RFESR \times \log_2 M)/(FB \times US \times PS)$。同理,"Host to FPGA Packing"将数据分为 I/Q 两路会将采样率降低为原来的 1/2,并行数据包的大小为 $PS \times FB$。因此,"Repeat"模块的参数同样应设置为 $(2 \times US)/\log_2 M$。

搭建完软件接口模型后，读者需要根据所用台式电脑/笔记本电脑的 IP 地址配置图 10.73 中的"AD936x Transmitter"与"AD936x Receiver"的 Radio IP address。

（1）双击图 10.73 中名字为"AD936x Transmitter"的模型符号。

（2）弹出"Block Parameters:AD936x Transmitter"对话框，如图 10.74 所示。在"Radio IP address"标题右侧的文本框中输入定制硬件平台固定的 IP 地址"192.168.31.166"。

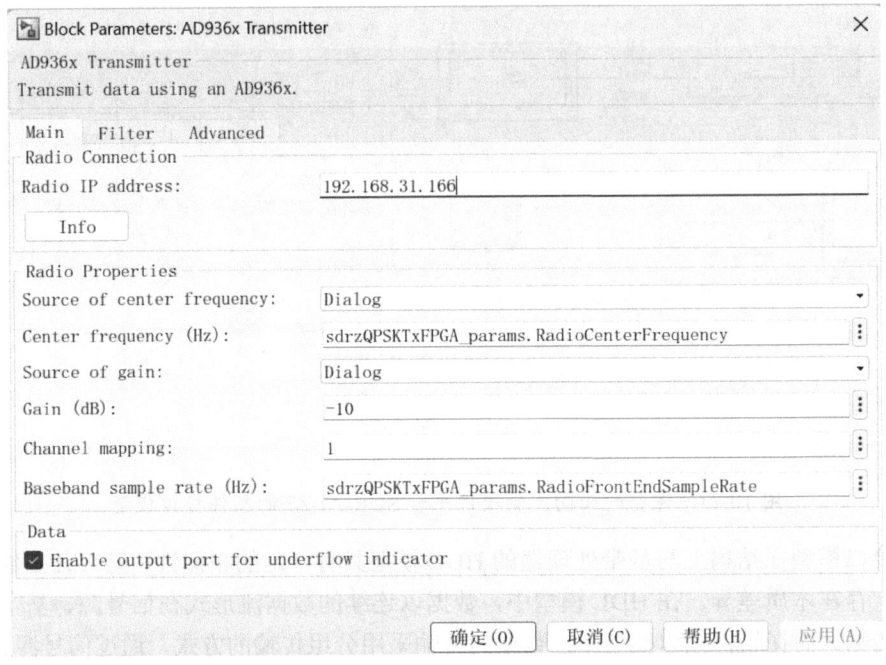

图 10.74 "Block Parameters：AD936x Transmitter"对话框

> 注："AD936x Transmitter"模型的 IP 地址用于通过 ADI 的 IIO 框架与 AD9361 的发送数据交互。

（3）单击"确定"按钮，退出"Block Parameters：AD936x Transmitter"对话框。

（4）双击图 10.73 中名字为"AD936x Receiver"的模型符号。

（5）弹出"Block Parameters：AD936x Receiver"对话框，如图 10.75 所示。在"Radio IP address"标题右侧的文本框中输入定制硬件平台固定的 IP 地址"192.168.31.166"。

> 注："AD936x Receiver"模型的 IP 地址用于通过 ADI 的 IIO 框架与 AD9361 的接收数据交互。

（6）单击"确定"按钮，退出"Block Parameters：AD936x Receiver"对话框。

（7）双击图 10.73 中名字为"Descramble and Print"的子系统符号，进入该子系统。在"Descramble and Print"子系统中，找到并双击名字为"For Iterator Subsystem"的子系统。在该子系统中，找到并双击名字为"UDP Send"的模型符号。

（8）弹出"Block Parameters：UDP Send"对话框，如图 10.76 所示。在该对话框"Remote IP address('255.255.255.255' for broadcast)"标题下的文本框中输入台式电脑/笔记本电脑的 IP 地址。

第 10 章 BPSK 和 QPSK 无线传输的 Simulink 实现

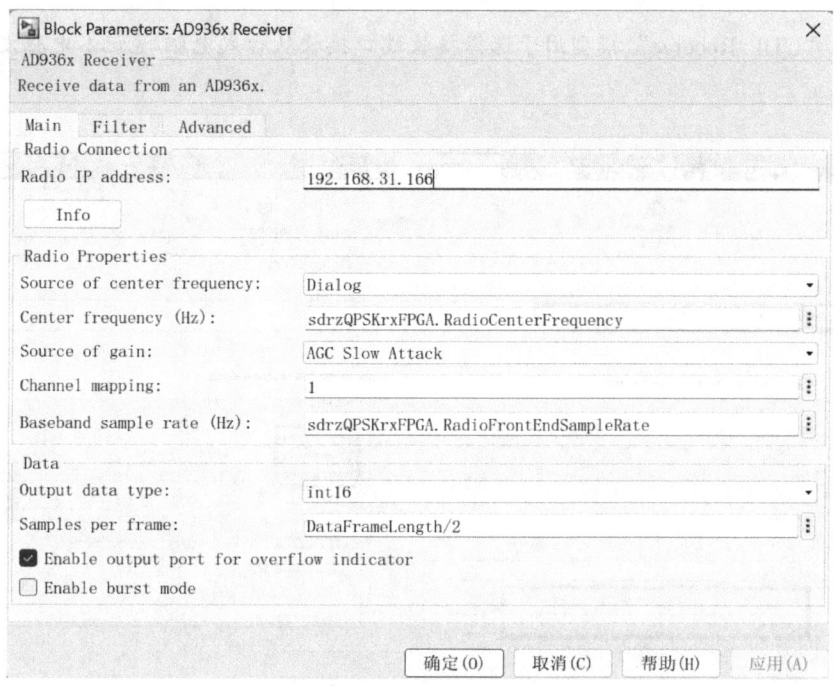

图 10.75 "Block Parameters：AD936x Receiver" 对话框

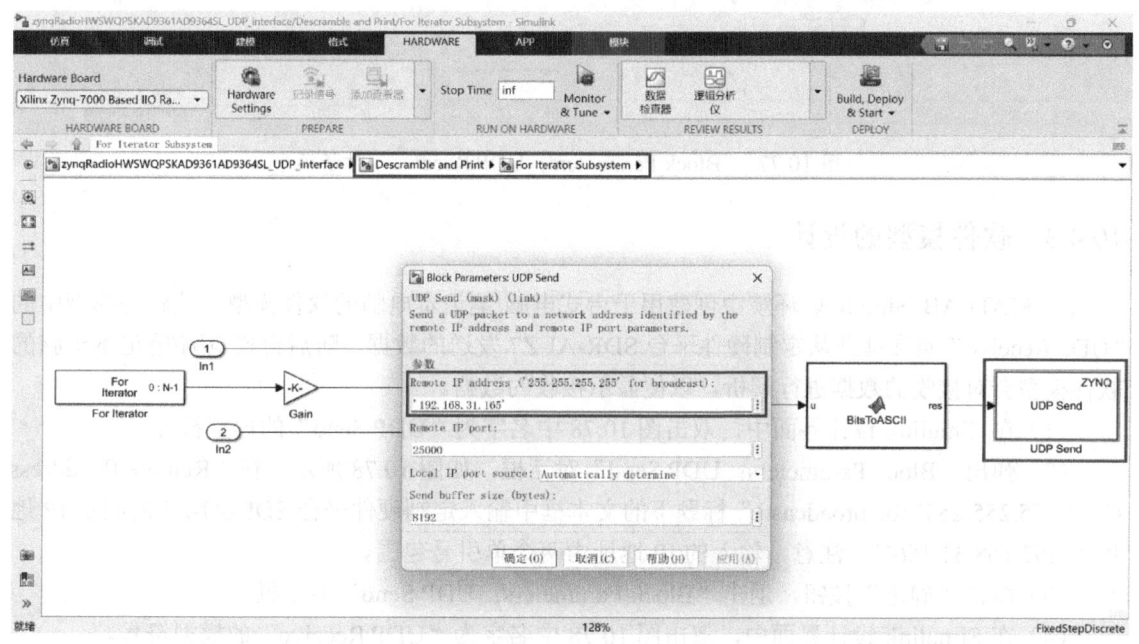

图 10.76 软件接口模型中的 "Block Parameters：UDP Send" 对话框

注："UDP Send" 模型通过 UDP 向台式电脑/笔记本电脑发送数据。

（9）单击"确定"按钮，退出"Block Parameters：UDP Send"对话框。

（10）返回图 10.73，找到并双击名字为"UDP Receive"的模型符号。

（11）弹出"Block Parameters：UDP Receive"对话框，如图 10.77 所示。在"Remote IP address('0.0.0.0' to accept all)"标题下的文本框中输入"'0.0.0.0'"，该 IP 地址表示接收所有其他 IP 地址发送来的数据。

注:"UDP Receive"模型用于选择接收端口接收从台式电脑/笔记本电脑发送来的控制命令。

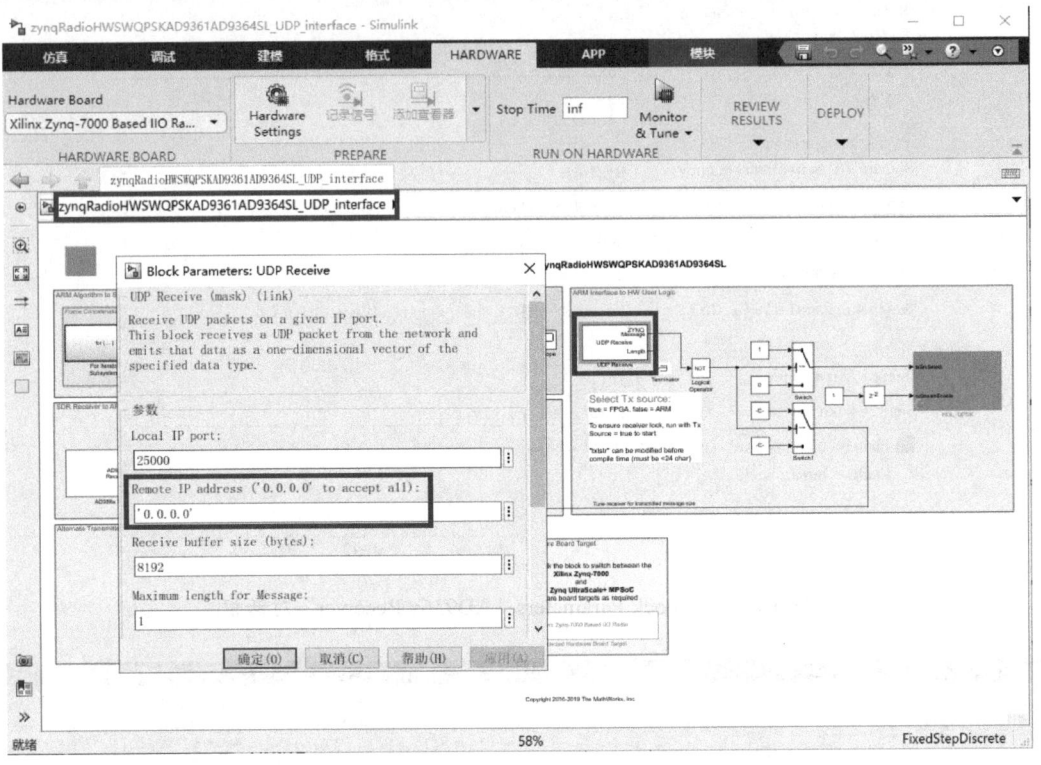

图 10.77 "Block Parameters:UDP Receive"对话框

10.4.3 软件模型的设计

在 MATLAB Simulink 环境中创建用于台式电脑/笔记本电脑的软件模型。该软件模型中的"UDP Receive"负责捕获从定制硬件平台 SDR-AI-Z7 发送的数据,随后台式电脑/笔记本电脑的软件模型会对接收的数据进行解析,以便显示接收的数据。

(1)在 Simulink 设计界面中,双击图 10.78 中名字为"UDP Send"的模型符号。

(2)弹出"Block Parameters:UDP Send"对话框,如图 10.78 所示。在"Remote IP address ('255.255.255.255' for broadcast)"标题下的文本框中输入定制硬件平台 SDR-AI-Z7 的固定 IP 地址"'192.168.31.166'"。注意,输入的 IP 地址由两个单引号包围。

(3)单击"确定"按钮,退出"Block Parameters:UDP Send"对话框。

(4)在 Simulink 设计界面中,双击图 10.78 中名字为"UDP Receive"的模型符号。

(5)在"Remote IP address('0.0.0.0' to accept all)"标题下的文本框中输入"'0.0.0.0'",该 IP 地址表示接收所有 IP 发送的数据。

注:(1)读者可以定位到本书配套资源的\SDR_example\QPSK_txrx 路径下,在该路径中找到并用 MATLAB R2021b 打开文件 zynqRadioHWSWQPSKAD9361AD9364SL_UDP_SourceSelect.slx。

(2)读者可以参考该设计文件完成详细的设计过程。由于篇幅有限,本小节只介绍软件模型 IP 地址的配置。

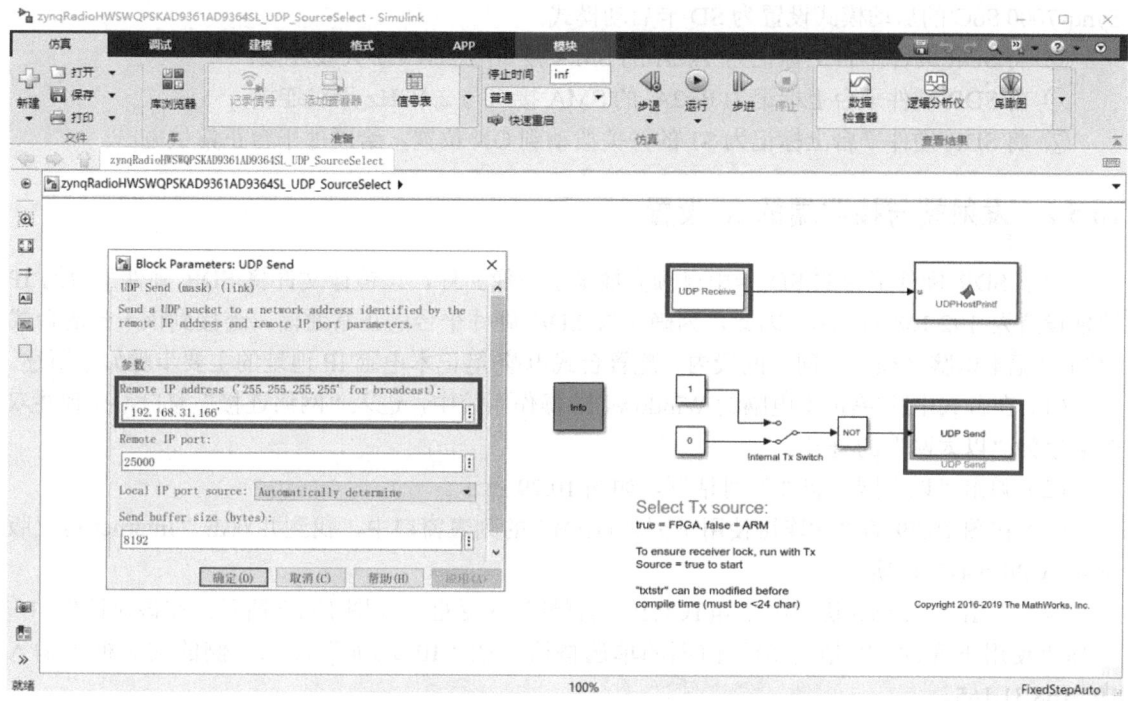

图 10.78 "Block Parameters：UDP Send"对话框

10.5 单个 SDR 硬件平台上运行发送和接收测试

本节将使用一套定制硬件开发平台 SDR-AI-Z7 和一台台式电脑/笔记本电脑对本章所述的 BPSK/QPSK 设计进行测试和验证。在该测试过程中，定制硬件平台 SDR-AI-Z7 将通过连接发射天线和接收天线来进行信号的发送与接收。测试的主要目的是验证 BPSK/QPSK 调制解调系统的整体设计功能，确保其在硬件平台上的正确性和稳定性。

编译 HDL 模型与软件接口模型

10.5.1 硬件设备连接

本小节将介绍如何连接硬件设备，主要步骤如下所述。

（1）准备一台台式电脑/笔记本电脑，以及一套硬件开发平台 SDR-AI-Z7。

（2）SDR-AI-Z7 硬件开发平台（以下简称 SDR 硬件平台）的连接如下所述。

① 将 SDR 硬件平台上标记为 J1 的电源接口与配套的电源模块+5V 输出插头连接；

② 将 SDR 硬件平台上标记为 U35 的接口插入光电转换模块，并通过带 RJ45 插头的网线与台式电脑/笔记本电脑的网络接口相连；

③ 在 SDR 硬件平台上标记为 U36 的 SD 卡槽内插入已经烧录镜像文件的 SD 卡；

注：可以在本书配套资源的\SDR_example 路径中找到名字为 SDR-AI-Z7_SDCard_MATLAB2021b_Vivado2023 的压缩文件，将 SD 卡通过 USB 接口的读卡器连接到台式电脑/笔记本电脑的 USB 接口，并将该压缩文件解压缩到 SD 卡中，即可生成镜像文件。

④ 将 SDR 硬件平台上标记为 J4 与 J5 的插座，通过跳线帽连接到标记为 VCC 的一侧，将 Zynq-7000 SoC 的启动模式设置为 SD 卡启动模式；

⑤ 将 SDR 硬件平台上标记为 Tx2A 的 SMA 接口与 2.4GHz 天线连接；

⑥ 将 SDR 硬件平台上标记为 Rx2A 的 SMA 接口与 2.4GHz 天线连接；

⑦ 将 SDR 硬件平台上标记为 S1 的开关拨动到 ON 位置，给硬件平台正常供电。

10.5.2 发射端与接收端的 IP 设置

由于 SDR 硬件平台的 SD 卡中已预先烧录了镜像文件，该镜像文件将 SDR 硬件平台的 IP 地址设置为 192.168.31.166。因此，为确保与 SDR 硬件平台的正常通信，连接到该平台的台式电脑/笔记本电脑必须处于同一网段内。配置台式电脑/笔记本电脑 IP 地址的主要步骤如下所述。

（1）在台式电脑/笔记本电脑的 Windows 11 操作系统中，进入"网络连接"窗口，找到并双击名字为"以太网"的符号。

（2）弹出"以太网 4 属性"对话框，如图 10.79 所示。

（3）在图 10.79 的"此连接使用下列项目(O)"的列表窗口中，找到并双击"Internet 协议版本 4(TCP/IPv4)"选项。

（4）弹出"Internet 协议版本 4(TCP/IPv4)属性"对话框，如图 10.80 所示。在该对话框中，选择"使用下面的 IP 地址(S)"前面的单选按钮。在"IP 地址"标题右侧的文本框中输入 192.168.31.165。

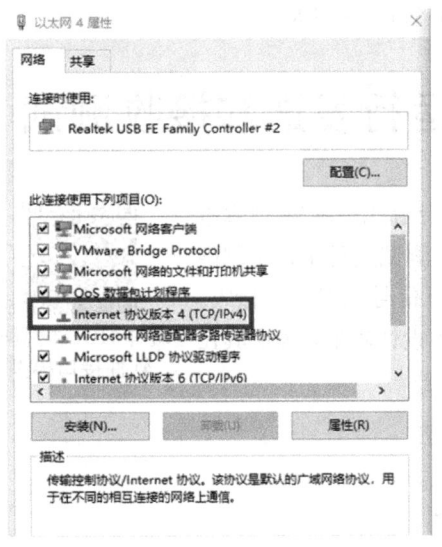

图 10.79 "以太网 4 属性"对话框　　图 10.80 "Internet 协议版本 4(TCP/IPv4)属性"对话框

注：该 IP 地址与 10.4.2 节中相应部分设置的 IP 地址相对应。

（5）单击"确定"按钮，退出"Internet 协议版本 4(TCP/IPv4)属性"对话框。

（6）单击"以太网 4 属性"对话框中的"确定"按钮，退出该对话框。

10.5.3 执行 MATLAB 脚本

在 MATLAB R2021b 主界面命令行窗口的命令行提示符后面依次执行代码清单 10-2 给出的 4 行脚本命令。

代码清单 10-2　MATLAB 命令行提示符后要执行的脚本命令

```
radio = sdrdev('AD936x','IPAddress','192.168.31.166');
devzynq = zynq('linux','192.168.31.166','root','root','/tmp');
testConnection(radio);
downloadImage(radio,'FPGAImage', 'hdl_prj\vivado_ip_prj\vivado_prj.runs\impl_1\system_top.bit');
```

注：这些命令用于将比特流文件发送到定制硬件平台 SDR-AI-Z7 的 Linux 操作系统，并重新启动 Linux 操作系统，使新的比特流文件 system_top.bit 生效。

执行完上面的脚本命令后，在 MATLAB R2021b 主界面的"命令行窗口"中显示了重新启动和运行 Linux 操作系统的过程，如图 10.81 所示。

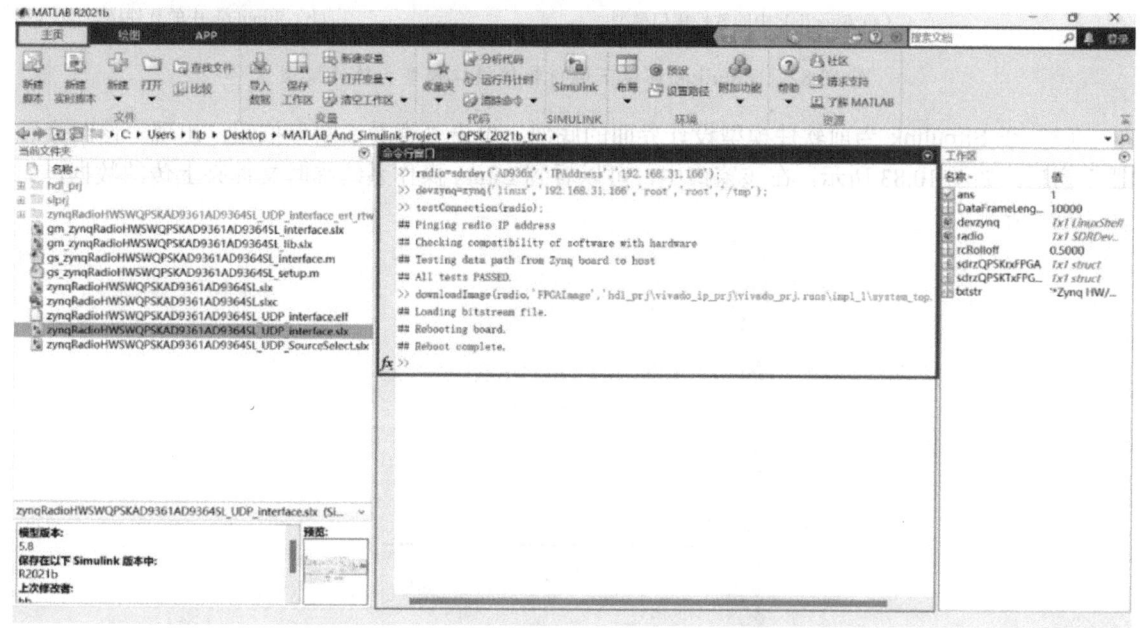

图 10.81　MATLAB R2021b 主界面的"命令行窗口"

10.5.4　运行设计

本小节将介绍运行设计的方法，主要步骤如下所述。

（1）在 Simulink 当前软件接口模型的设计界面中，单击 "HARDWARE" 标签。在该标签页的工具栏中找到并单击 "Monitor & Tune" 按钮，运行面向定制硬件平台 SDR-AI-Z7 的软件接口模型，如图 10.82（a）所示。具体地说，将软件接口模型编译为面向定制硬件平台上 XC7Z100 SoC 内 PS 部分的可执行文件并传输到 Linux 操作系统的临时文件夹中，通过 MATLAB 内建的安全外壳（Secure Shell，SSH）协议软件工具远程连接至 Linux 操作系统的临时文件夹，运行该可执行文件实现软硬件协同验证。

（2）在 Simulink 当前软件模型的设计界面中，单击"仿真"标签。在该标签页的工具栏中，找到并单击"运行"按钮，如图 10.82（b）所示，运行台式电脑/笔记本电脑上的软件模型接收 Linux 操作系统临时文件夹上传的数据。

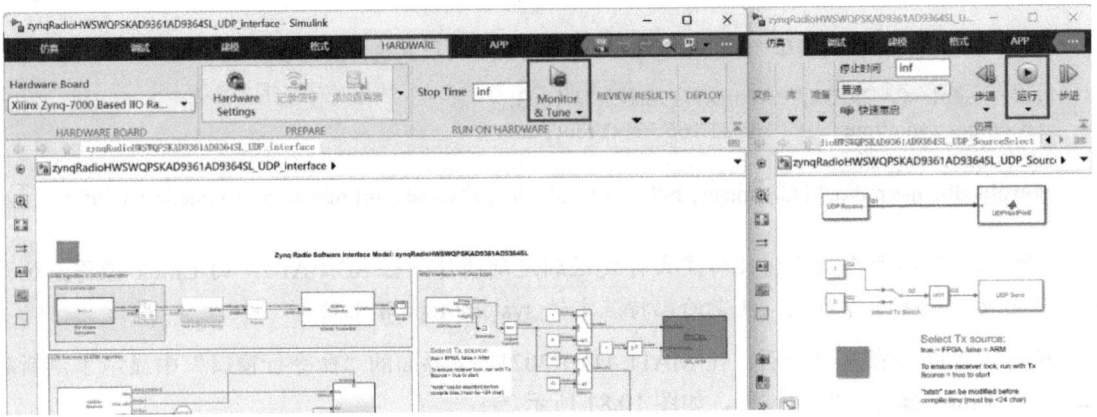

（a）Simulink 中的软件接口模型　　　（b）Simulink 中的软件模型

图 10.82　Simulink 环境下运行软件接口模型和软件模型

（3）在 Simulink 当前软件模型设计界面的底部，单击“查看诊断”按钮，出现“诊断查看器”窗口，如图 10.83 所示。在该窗口中，可以看到 Linux 操作系统临时文件夹上传的数据，如图 10.83 所示。

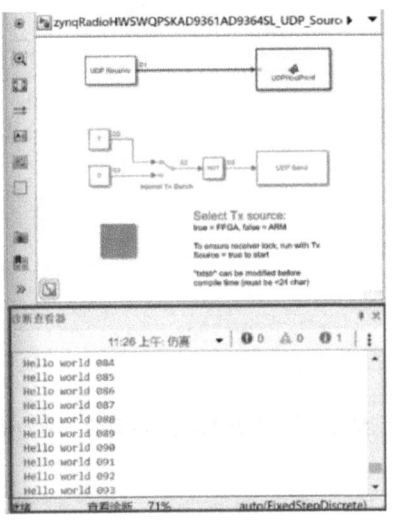

图 10.83　“诊断查看器”窗口

（4）（可选）通过定制硬件平台 SDR-AI-Z7 上所搭载 Linux 操作系统中的时间戳，可以计算该系统的启动时间，如图 10.84 所示。从该图中可知，定制硬件平台 SDR-AI-Z7 所搭载的 Linux 操作系统的启动时间为 10.26s。

```
## Establishing connection to hardware. This process can take several seconds.
[    8.866303] macb e000b000.ethernet eth0: link up (1000/Full)
[    8.871991] IPv6: ADDRCONF(NETDEV_CHANGE): eth0: link becomes ready
[    9.617690] mwipcore 43c20000.mwbypasstx: [MMAP] size:10000 pgoff: 0
[    9.624106] mwipcore 43c20000.mwbypasstx: [MMAP] size:10000 pgoff: 0
## Establishing connection to hardware. This process can take several seconds.
[   10.244805] mwipcore 43c50000.mwbypassrx: [MMAP] size:10000 pgoff: 0
[   10.251260] mwipcore 43c50000.mwbypassrx: [MMAP] size:10000 pgoff: 0
[   10.260733] mwipcore 43c00000.mwipcore: [MMAP] size:10000 pgoff: 0
```

图 10.84　定制硬件平台 SDR-AI-Z7 上搭载 Linux 操作系统的启动时间

10.5.5 可编程逻辑资源利用率

使用软硬件协同设计工具链将 HDL 模型成功编译为比特流后，Vivado 综合工具给出实现 HDL 模型所使用 XC7Z100 SoC 内部的 PL 逻辑资源的列表，如表 10.10 所示。表中，列出了各类逻辑资源的使用量与可用资源总量，以及各自的占用百分比。这些资源包括查找表（Lookup Table，LUT）、查找表随机存取存储器（Lookup Table Random Access Memory，LUTRAM）、触发器（Flip-Flop，FF）、块随机存取存储器（Block Random Access Memory，BRAM）、DSP、输入/输出（Input/Output，I/O）端口、全局缓冲器（Buffer Global，BUFG）以及混合模式时钟管理器（Mixed-Mode Clock Manager，MMCM）。

表 10.10 实现 HDL 模型所使用 XC7Z100 SoC 内部的 PL 逻辑资源

调制模式	BPSK 调制			QPSK 调制		
资源	使用量	可用量	占用比（%）	使用量	可用量	占用比（%）
LUT	28460	277400	10.26	31676	277400	11.42
LUTRAM	3604	108200	3.33	4018	108200	3.71
FF	43068	554800	7.76	45068	554800	8.12
BRAM	18.50	755	2.45	21	755	2.78
DSP	168	2020	8.32	172	2020	8.51
I/O	103	362	28.45	103	362	28.45
BUFG	5	32	15.63	5	32	15.63
MMCM	1	8	12.50	1	8	12.50

10.6 编译为独立的可执行文件并运行

在功能验证完成后，可以将设计编译为独立的可执行文件。将比特流与该可执行文件加载到 SD 卡而不是临时文件夹中，使定制硬件平台 SDR-AI-Z7 在运行该设计时更加方便快捷。

10.6.1 编译独立的可执行文件

编译独立的可执行文件的步骤主要如下所述。

（1）读者可以定位到本书资源的\SDR_example\QPSK_txrx 路径下，在该路径下找到并用 MATLAB R2021b 打开下面的文件：

zynqRadioHWSWQPSKAD9361AD9364SL_UDP_interface.slx

按照图 10.85 修改软件接口模型。

注：读者可以定位到本书资源的\SDR_example\QPSK_txrx 路径下，在该路径下找到并用 MATLAB R2021b 打开文件 qpsk2021b_txrx_fpga_166_165_25000.slx，该文件保存修改软件接口模型后的设计。

（2）在修改后的 Simulink 软件接口模型设计界面中，单击"HARDWARE"标签。在该标签页工具栏右侧的"DEPLOY"标题窗口中，找到并单击"Build"按钮，如图 10.86 所示，将软件接口模型编译为可执行文件。

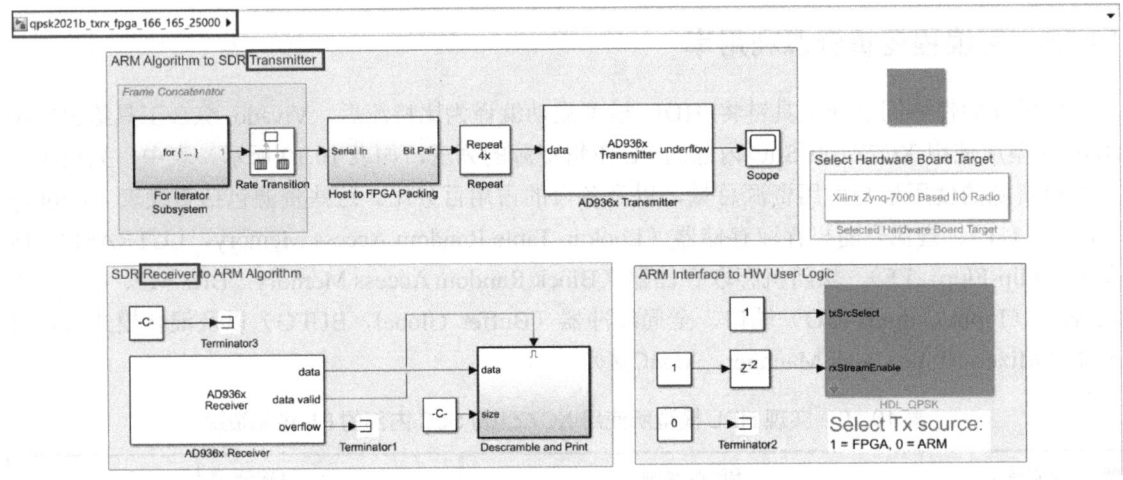

图 10.85 在 Simulink 环境中修改软件接口模型

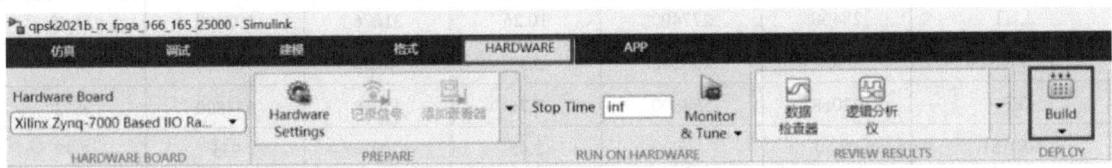

图 10.86 "HARDWARE" 标签页

注：执行完该操作后，可以在当前工作目录中找到生成的可执行文件，可执行文件名与模型文件名相同，扩展名为"elf"，如图 10.87 所示。

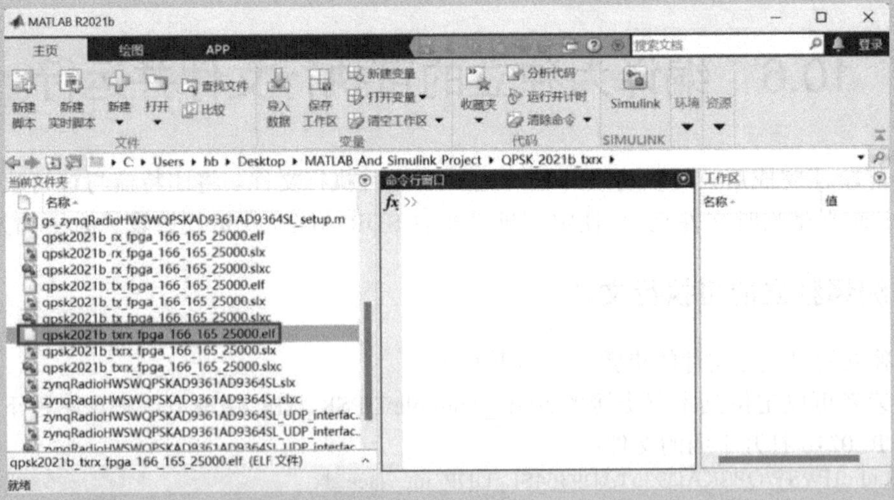

图 10.87 生成的可执行文件

10.6.2 加载设计及运行可执行文件

本小节将介绍如何将比特流文件和可执行文件复制到 SD 卡中，以及如何运行可执行文件，主要步骤如下所述。

（1）给定制硬件平台 SDR-AI-Z7 断电，并从 SD 卡槽中取出 SD 卡。

（2）将 SD 卡插入带有 USB 接口的读卡器中，将读卡器插到台式电脑/笔记本电脑的 USB 接口中。

（3）将之前编译过的比特流文件重命名为 system.bit 后，将其复制粘贴到硬件定制平台 SDR-AI-Z7 配套的 SD 卡的根目录下，该文件将替换为原来的 system.bit 文件，如图 10.88 所示。

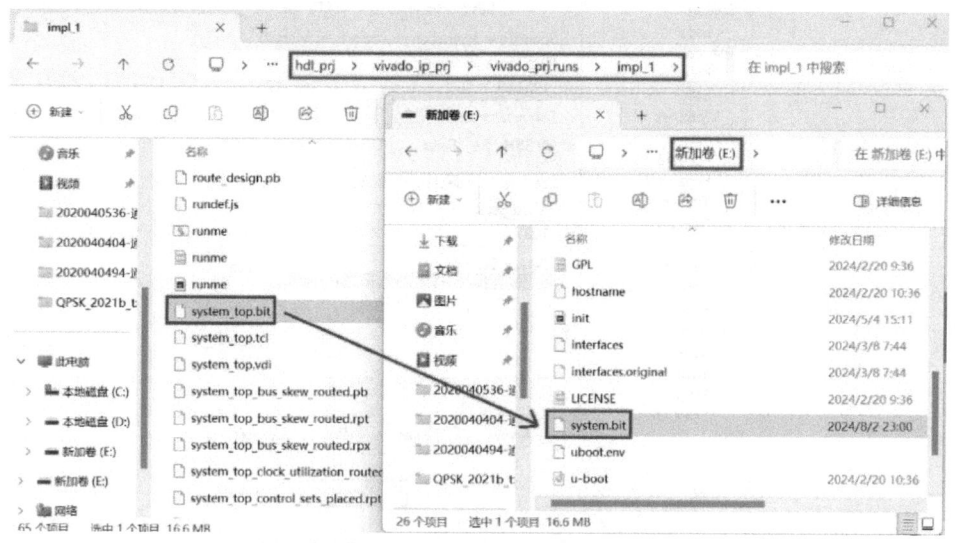

图 10.88　替换 SD 卡中原来的比特流文件

（4）将生成的可执行文件复制粘贴到 SD 卡中，如图 10.89 所示。

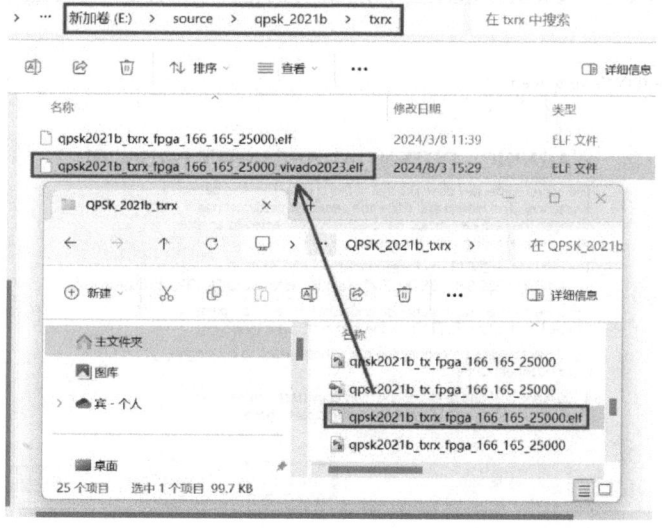

图 10.89　将生成的可执行文件复制粘贴到 SD 卡中

（5）将读卡器从台式电脑/笔记本电脑的 USB 接口中拔下，并从读卡器中取出 SD 卡。

（6）将 SD 卡插入定制硬件平台 SDR-AI-Z7 的 SD 卡槽中，并给定制硬件平台上电。

（7）启动台式电脑\笔记本电脑上的 PuTTY 软件工具。

注：如果台式电脑\笔记本电脑上没有安装 PuTTY 软件工具，则读者可以参考本书 9.5.2 节的内容。

（8）弹出"PuTTY Configuration"对话框，如图 10.90 所示。在该对话框中，按图 10.90 中所示设置参数。

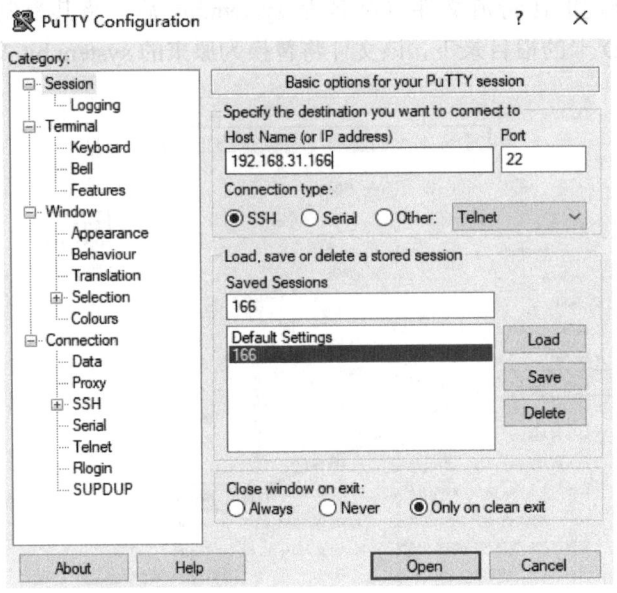

图 10.90　"PuTTY Configuration"对话框

（9）单击"Open"按钮。

（10）弹出"PuTTY Security Alert"对话框，如图 10.91 所示。单击该对话框中的"Accept"按钮。

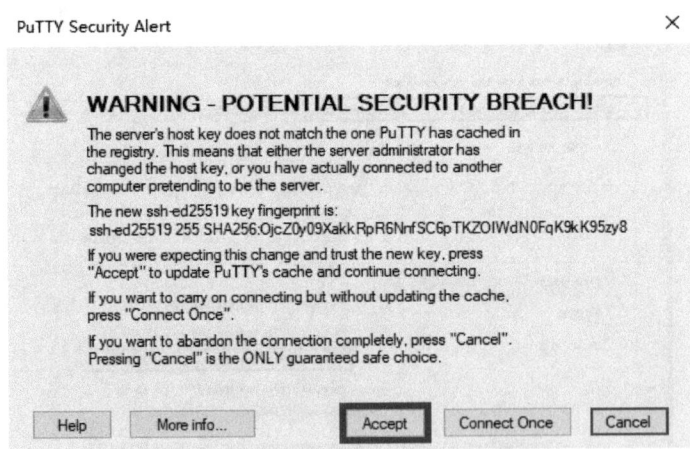

图 10.91　"PuTTY Security Alert"对话框

（11）弹出"192.168.31.166-PuTTY"对话框，如图 10.92 所示。

① 在该对话框中，打印"login as："提示信息。在该提示信息后面输入 root，按回车键。

② 在该对话框中，打印"root@192.168.31.166 's password："提示信息。在该提示信息后面再次输入 root，按回车键。

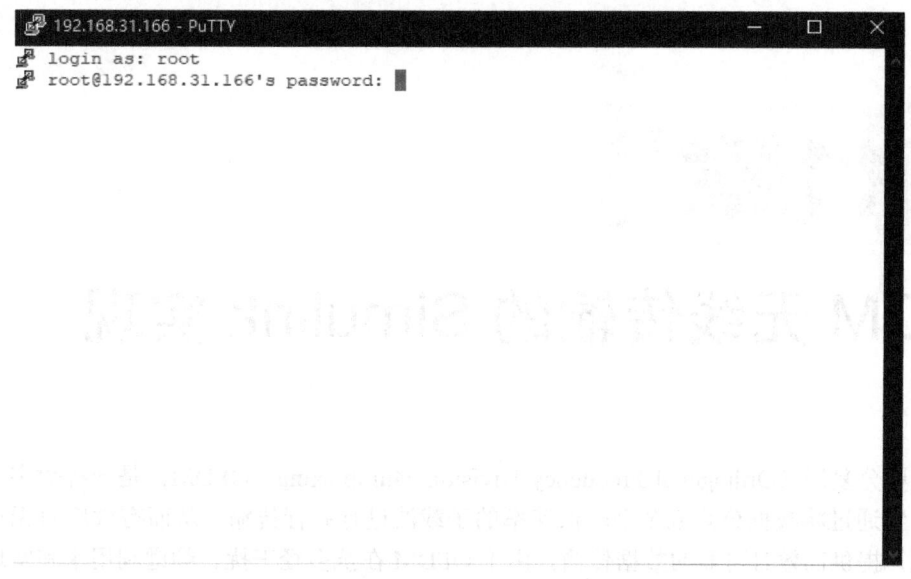

图 10.92 "192.168.31.166-PuTTY"对话框

（12）打印接收的信息，如图 10.93 所示。

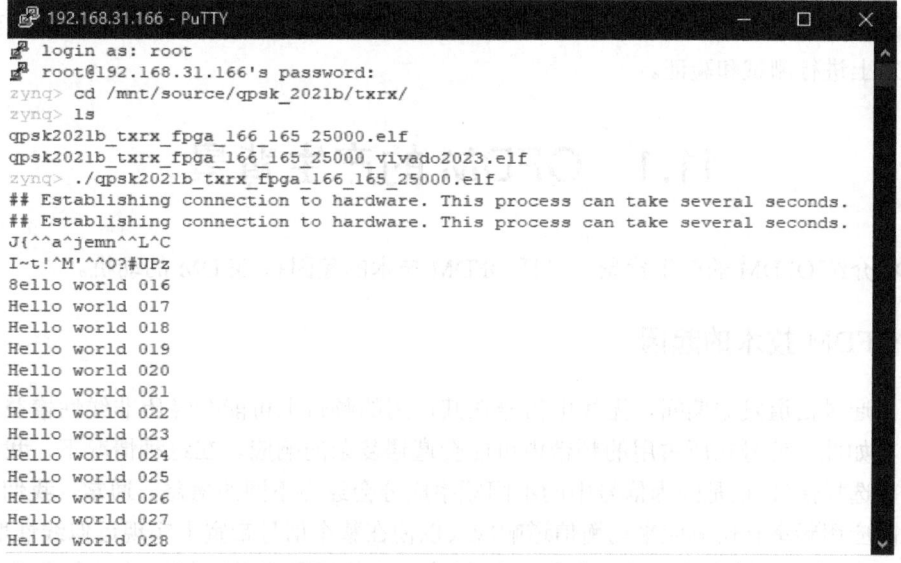

图 10.93 打印接收的信息

第 11 章

OFDM 无线传输的 Simulink 实现

正交频分复用（Orthogonal Frequency Division Multiplexing，OFDM）是一种数字多载波调制方法，它通过将数据分割成多个较低速率的子载波进行并行传输，从而有效应对无线多径信道的挑战，提供高效且可靠的数据传输。由于 OFDM 在抗多径干扰、频谱利用率和实现复杂度等方面的优势，已成为多种无线通信技术和标准的首选调制方案，包括 4G LTE、5G NR、Wi-Fi 以及数字音频和视频广播等。

本章首先介绍 OFDM 的理论知识，然后通过 MATLAB Simulink 环境设计面向长期演进（Long Time Evolution，LTE）技术的基于 OFDM 的无线数据传输系统，并在定制硬件平台 SDR-AI-Z7 上进行测试和验证。

11.1 OFDM 的产生背景

本节将介绍 OFDM 的产生背景，包括 OFDM 技术的起因和 OFDM 的动机。

11.1.1 OFDM 技术的起因

在信号通过信道发送期间，无线电信号在其占用的频带上可能会经历非线性增益。对于宽带信号尤其如此，信号在所占用的频带内可能会遭遇复杂的响应。在这种情况下，我们称信道具有"频率选择性"，这是因为信号中的不同频率成分会经历不同的增益。通常，我们希望通过在接收机内应用频率补偿响应来均衡信道响应（以便在整个信号带宽上实现近似线性增益）。这种均衡响应是通过测量和适应信道环境来计算的。当信道具有随时间变化的复杂频率响应时（"时变"），均衡会非常困难。

OFDM 通过将具有频率选择性的信道划分为几个并行子信道来解决这个问题。这些子信道中的每一个都足够窄，以确保它们单独经历"平坦衰落"，这意味着子信道上的响应是恒定增益或简单的线性响应。因此，可以使用非常简单的补偿响应来单独均衡子信道。子信道的使用显著降低了均衡时变多径信道的整体复杂性。

图 11.1 对比了以上两种方法。

在每个子信道上传输的数据在组合形成最终的传输信号之前调制不同的子载波。子载波频率是正交的，允许在接收机处分离干扰子信道，与非正交多载波调制（Multi-Carrier Modulation，MCM）相比，可以提高频谱效率。使用正交子载波等效于逆离散傅里叶逆变换（Inverse Discrete Fourier Transform，IDFT），这意味着可以使用快速傅里叶变换（Fast Fourier Transform，FFT）

有效地实现调制和解调过程。此外，循环前缀（Cyclic Prefix，CP）保持了多径信道中子载波的正交性，提供了一种防止信道引起的符号间干扰（Inter Symbol Interference，ISI）的机制，并促进了单抽头均衡器。

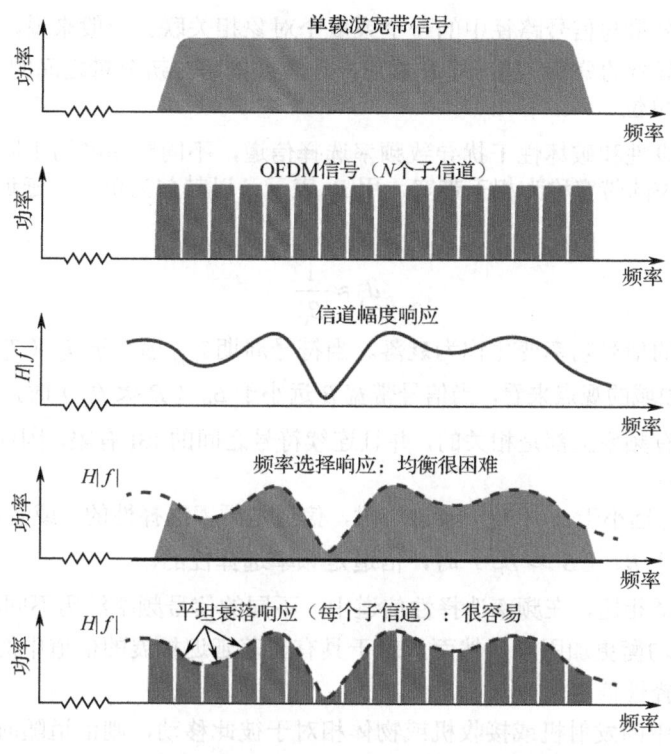

图 11.1　频率响应比较：突出子信道的使用

11.1.2　OFDM 的动机

在无线信道中，信号在传输过程中会经历发射、折射、衍射和散射等现象，导致信号通过不同路径到达接收机时，产生多个具有不同延迟和缩放的版本。如图 11.2 所示，信道包括一条直接视线（Line of Sight，LoS）路径和两条非视线（Non Line of Sight，NLoS）路径。NLoS 路径的出现是由于一些信号分量在发射机和接收机之间被物体反射后传播。

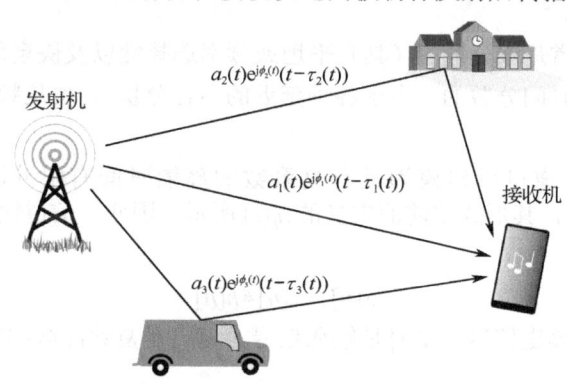

图 11.2　多径信道的例子

每个可分辨的多径分量可以建模为具有时变复数幅度（由幅度和相位分量组成）和时变延迟。这表示为：

$$h_i(t) = a_i(t)e^{j\phi_i(t)}(t - \tau_i(t))$$

式中，i 表示时间，$a_i(t)$ 是分量 i 的时变幅度，$\phi_i(t)$ 是与分量 i 相关的时变相位旋转，$\tau_i(t)$ 是分量 i 的时变延迟，$h_i(t)$ 是第 i 个多径分量。

可解析的多径分量与信号路径中的一个或多个对象相关联。一般来说，每个可解析分量都包含一组大量不可解析的分量。第一个和最后一个重要的可分辨分量之间的时间差是延迟扩展，用 d_s 表示，以秒为单位。

多径分量的建设性和破坏性干扰导致频率选择信道，不同频率经历不同的衰减量。将与信道频率响应近似相关的带宽称为相干带宽，用 B_C 表示，以赫兹为单位，延迟扩展和相干带宽近似成反比，即

$$d_s \approx \frac{1}{B_C}$$

多径信道引起的信号功率变化称为衰落。当符号周期 T_{sym} 远大于 d_s（$T_{sym} \gg d_s$）时，信道是平坦衰落的。从频域的观点来看，当信号带宽 B 远小于 B_C（$B \ll B_C$）时，信道是平坦衰落的。

由于衰落在所有频率上都是相关的，并且连续符号之间的 ISI 有限，因此平坦衰落信道在接收机中相对容易均衡。

当符号周期 T_{sym} 远小于 d_s（$T_{sym} \ll d_s$）时，信道是频率选择性的。或者从频域的观点来看，当信号带宽 B 远大于 B_C（$B \gg B_C$）时，信道是频率选择性的。

与平坦衰落信道相比，在频率选择性信道中，不同的信号频率经历不同的衰减量，ISI 更为显著，这使得信道均衡更加困难。然而，对于具有显著延迟扩展的信道中的高数据速率通信，有必要均衡频率选择性信道。

如果信号路径中的发射机或接收机或物体相对于彼此移动，则信道随时间变化。信道相干时间定义为信道响应保持有效恒定的时间，用 T_c 表示。随着发射机或接收机速度的增加，T_c 减小。相对运动还产生多普勒频移，由于每个分量从不同的角度到达接收机，因此每个多径分量的多普勒频移都不同。与多径分量相关的多普勒频移范围称为多普勒扩展，用 B_D 表示，以赫兹为单位。T_c 和 B_D 近似成反比，即

$$B_D \approx \frac{1}{T_c}$$

如果 $T_{sym} \ll T_c$，或者 $B \gg B_D$，则信道具有慢衰落特性。相反，如果 $T_{sym} \gg T_c$，或者 $B \ll B_D$，则信号具有快衰落特性。

在许多情况下，信道是双分散的（具有平坦或频率选择性以及快衰落或慢衰落的特性）。双分散一词是指信道既是时间分散的（由于各种延迟的多径分量），也是频率分散的（因为各种多径分量的多普勒频移）。

在基带处，多径信道可以建模为具有复系数的离散时间有限冲激响应（Finite Impulse Response，FIR）滤波器，其形式如前面定义的 $h_i(t)$ 所示。因此，信道输出是输入信号和信道冲激响应的线性卷积，即

$$x[n] = u[n] * h[n]$$

式中，$x[n]$ 是离散时间输出信号，$u[n]$ 是输入信号，$h[n]$ 是复数冲激响应，*表示卷积，n 是样本索引。

图 11.3 所示为多径信道的 FIR 滤波器。如果没有 LoS 分量，则系数从零均值复数正态分布中得出，此时信道称为瑞利衰落信道。相反，如果存在 LoS 分量，则系数遵循非零均值的复数正态分布，此时信道称为莱斯衰落信道。

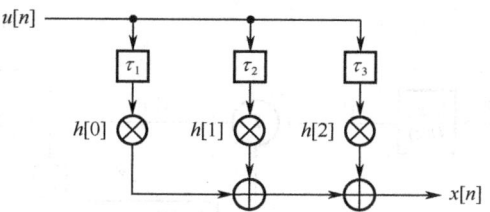

图 11.3 多径信道的 FIR 滤波器

在接收机中，有必要实现均衡器来补偿信道的影响。在前面介绍的 QPSK 和 QAM 等单载波系统中，均衡器通常使用自适应滤波器在时域中实现，自适应滤波器的权值使用发射机和接收机都已知的训练序列和自适应算法进行更新，如递归最小二乘（Recursive Least Square，RLS）法或最小均方（Least Mean Square，LMS）法。图 11.4 给出了训练模式下的线性均衡器。

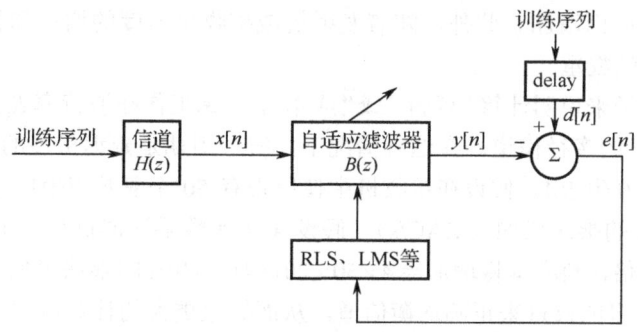

图 11.4 训练模式下的线性均衡器

自适应算法（RLS、LMS 等）收敛到一组使误差序列 $e[n]$ 最小化的权值，$e[n]$ 由下式给出，即

$$e[n] = d[n] - y[n]$$

式中，$y[n]$ 是自适应滤波器的输出，$d[n]$ 是期望的信号（训练序列）。

对于线性均衡器，自适应滤波器 $B(z)$ 将近似为多径信道的逆，即

$$B(z) = H^{-1}(z)$$

在自适应滤波术语中，线性均衡器执行逆系统识别，因此也被称为迫零均衡器（Zero Forcing Equalizer）。它的工作原理是通过反转信道响应来消除符号间干扰（ISI）的。然而，线性均衡器的主要缺点是，在有深度衰落的频率处，它会放大噪声。具体而言，当信道响应的衰减较大时，线性均衡器会应用较大的增益来补偿信号功率的损失，从而放大噪声。因此，线性均衡器通常仅在平坦衰落信道中使用，这是因为在频率选择性信道中，其性能会显著下降。

在初始训练模式之后，均衡器切换到决策导向模式（Decision Directed Mode，DDM），以跟踪训练期间信道的变化。在 DDM 中，对均衡器的输出做出 $y[n]$ 很困难的决策，以形成所期望的信号 $d[n]$。如果均衡符号接近其理想值，则 $e[n]$ 较小，因此不需要显著更新滤波器的权值。

另一种常见的均衡器形式是判决反馈均衡器（Decision Feedback Equalizer，DFE）。DFE 的输入是期望的信号 $d[n]$，图 11.5 给出了训练模式下的 DFE。

通过将 $d[n]$ 馈送到自适应滤波器中，它向未知系统 $H(z)$ 收敛。因此，自适应滤波器执行系统辨识，而不是逆系统辨识。理想的滤波器响应 $B(z)$ 表示为：

$$B(z) = 1 - H(z)$$

由于 DFE 不涉及信道反转，因此避免了与线性均衡器相关的噪声放大问题。这个特点使 DFE 在均衡频率选择性信道时更为有效。此外，DFE 所需的系数比线性均衡器少，从而减少了计算复杂度和成本。

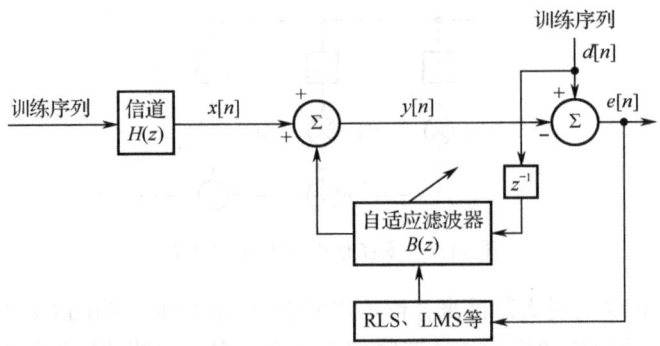

图 11.5 训练模式下的 DFE

通常，与时域均衡技术（如线性均衡器或 DFE）相关的计算成本随着波特率（或数据速率）和多径信道的延迟扩展而增加。此外，随着发射机或接收机速度的增加和相干时间的减少，必须频繁地更新滤波器的权重。

为了通过一个例子来说明计算"代价"或"成本"，考虑工作在波特率 R_{sym} =10Msps 的 QPSK 信号，通过 d_s = 0.5μs 的多径信道。在这种情况下，符号周期是延迟扩展的 1/5，因此信道是频率选择性的，并且会发生 ISI。假设在接收机中使用带有 50 个复数权值的 DFE，这相当于每秒 4×50×10百万 = 20亿 的乘法累加（MAC/s）（假设 4 个实数乘法器执行一个复数乘法）。如果波特率和比特率增加两倍，则成本将增加至 4×50×20百万 = 40亿 的乘法累加（MAC/s）。而且，如果 d_s 增加，则需要更多的权重来正确均衡信道，从而导致更大的计算成本。

从这个简单的例子可以清楚地看出，即使对于中等数据速率和延迟扩展，时域均衡也变得非常昂贵。为了在 d_s = 0.5μs 的信道上实现 R_b = 40Mbps，对于 DFE，计算成本是 40 亿 MAC/s（假设滤波器权值个数为 50）。在实践中，可能需要更长（更多抽头）的滤波器，这将进一步增加计算成本。

由于业界对于在高延迟扩展环境中实现高达 100Mbps 到 Gbps 量级的数据速率有着很高的兴趣，所以需要更高效的计算均衡的方法，这为 MCM 技术，特别是 OFDM 的发展提供了动力和理论基础。

11.2 多载波调制

在 MCM 中，高速率流被分成几个并行的低速率流，每个低速率流调制一个不同的子载波。选择子载波的个数（N），以确保每个子载波的带宽小于信道相干带宽 B_c。因此，每个子载波都经历了平坦的衰落信道，因此可以在接收机中以低复杂度进行均衡，如图 11.6 所示。通过这种方式，不再需要直接对频率选择性信道进行均衡，从而降低了均衡过程的整体复杂性。图 11.6 给出了 MCM 发射机的结构。

在图 11.6 的左侧，原始的符号流的波特率为 R_{sym}，送到 1∶N 串行-并行转换器，产生 N 个并行的输出流，每个输出流的波特率为 R_{sym}/N。这些并行的流通过脉冲整形滤波器 $p_k(t)$，将它们的带宽限制到 $B_n = R_{sym}/N$（Hz），k 为子载波的索引。

将这些流调制到不同的子载波 $e^{j2\pi f_k t}$，式中的 f_k 是子载波 k 的频率，然后对这些调制后的信号进行求和以产生输出信号 $x(t)$。最后信号 $x(t)$ 上变频到射频（Radio Frequency，RF），通过信道发送。

第 11 章 OFDM 无线传输的 Simulink 实现

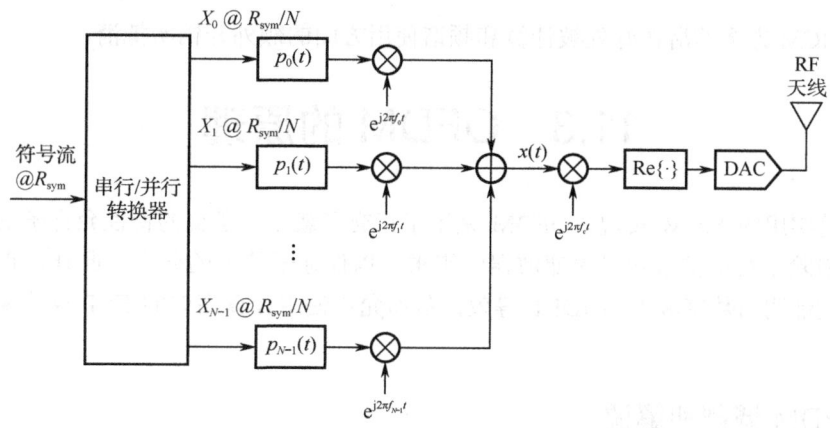

图 11.6 MCM 发射机的结构

信号 $x(t)$ 用数学公式表示为：

$$x(t) = \sum_{k=0}^{N-1} X_k p_k(t) e^{j2\pi f_k t}$$

式中，X_k 表示第 k 个低速流。在 MCM 中，选择子载波间距，使子载波在频域中不重叠或干扰，从而允许它们在接收机处成功分离。在一个理想的系统中，放置重叠的最小子载波间距为：

$$f_k = f_0 + kB_n$$

式中，f_k 使第 k 个子载波的频率。因此，一个理想的系统占用 NB_n（Hz）的带宽。

然而，B_n（Hz）的理论带宽是不可能实现的，因为它需要无限长的"砖墙"脉冲整形滤波器。实现近似带限信号需要具有大量系数的滤波器，而实现这种滤波器的成本相当高。为了将计算成本/开销保持在合理的水平并使用具有实际权重的滤波器，我们无法将信号频带限制在 B_n（Hz）。因此，我们使用另一种方法来确保信号不重叠，在子载波之间添加保护带，即

$$f_k = f_0 + k(B_n + \alpha)$$

式中，α 是以赫兹为单位的保护带的带宽。在载波之间增加保护带的必要性使得总的占用频谱增加到 $N(B_n + \alpha)$（Hz）。

在接收机中，首先，需要使用一组带通滤波器来恢复各个信号，每个带通滤波器的中心频率对应于一组副载波频率。然后，使用复数振荡器对这些单独的信号进行解调，并通过与发射机中使用的脉冲整形滤波器匹配的匹配滤波器 $m_k(t)$。最后，信号在时间和频率上同步，并通过一系列均衡滤波器重新组合以产生与图 11.7 所示的原始符号流。对 N 个并行带通滤波器、N 个复数解调器和 N 个独立基带接收链的要求使得通用 MCM 接收机在计算上非常复杂。

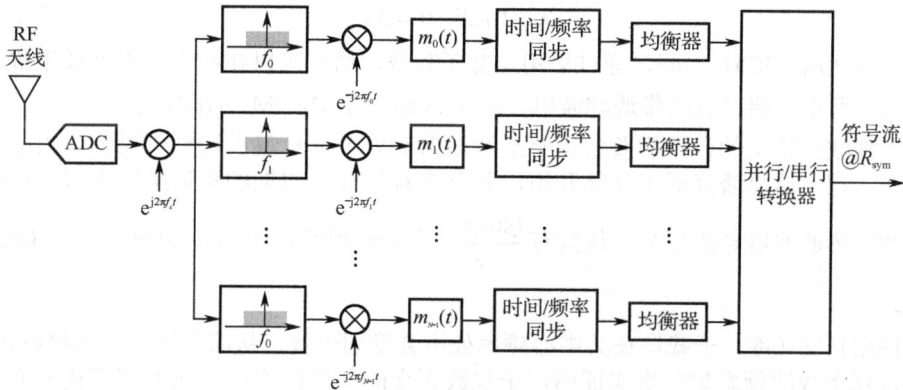

图 11.7 MCM 接收机

显然，MCM 方案的潜在好处被计算和频谱使用方面的额外开销所抵消。

11.3　OFDM 的原理

为产生更实用的 MCM 实现，OFDM 采用了正交子载波。正交的特性允许子信道在频率上重叠，从而消除了对保护带和昂贵滤波器的需求，以保证子信道的分离。此外，正交子载波的实用性可以被证明与数字域中的 IDFT 等效，从而允许使用计算高效的 FFT 算法来实现调制和解调过程。

11.3.1　OFDM 调制和解调

在 OFDM 中，子载波被选择在 T_n 秒的时间段内正交，其中 T_n 表示每个子信道的符号周期。假设采样率 $f_s = R_{sym}$，这相当于 N 个采样。正交性条件在数学上表示为

$$\frac{1}{N}\sum_{n=0}^{N-1} e^{j2\pi(f_0/f_s)n} e^{-j2\pi(f_1/f_s)n} = 0$$

式中，f_0 和 f_1 表示两个正交的频率，n 是采样索引。为了理解为什么这个是有用的，考虑一个采用两个正交子载波的 OFDM 系统。传输信号 $x[n]$（在数字到模拟转换之前）由下式给出：

$$x[n] = X_0 e^{j2\pi(f_0/f_s)n} + X_1 e^{-j2\pi(f_1/f_s)n}$$

式中，X_0 和 X_1 表示周期 T_n 内在子载波 f_0 和 f_1 上分别发送的符号。使用上面式子给出的正交关系，我们可以使用以下接收机从接收的混合信号中恢复 X_0。

对于下面的式子：

$$\frac{1}{N}\sum_{n=0}^{N-1} x[n] e^{-j2\pi(f_0/f_s)n}$$

展开该式，得到：

$$\frac{1}{N}\sum_{n=0}^{N-1} X_0 e^{j2\pi(f_0/f_s)n} e^{-j2\pi(f_0/f_s)n} + \frac{1}{N}\sum_{n=0}^{N-1} X_1 e^{j2\pi(f_1/f_s)n} e^{-j2\pi(f_0/f_s)n}$$

将 X_0 和 X_1 分别写到求和符号的外面，得到：

$$X_0 \left[\frac{1}{N}\sum_{n=0}^{N-1} e^{j2\pi(f_0/f_s)n} e^{-j2\pi(f_0/f_s)n}\right] + X_1 \left[\frac{1}{N}\sum_{n=0}^{N-1} e^{j2\pi(f_1/f_s)n} e^{-j2\pi(f_0/f_s)n}\right]$$

在上式的左半部分，复指数抵消为 1，因此求和只是 N 个样本周期内 1 的平均值，等于 1。在上式的右半部分，方括号中的表达式等价于 0。因此，上式就简化为

$$X_0 \cdot 1 + X_1 \cdot 0 = X_0$$

因此，与通用 MCM 不同，通过采用正交子载波，信号可以在频率上重叠或干扰，并在接收机处分离，而不需要昂贵的带通滤波器。图 11.8 给出了 OFDM 的调制过程。

由于子载波是正交的，不需要使用整形滤波器对单个符号流进行频带限制，因此它们可以简单地加在一起。这显著降低了计算开销，并意味着具有 T_n 周期的矩形脉冲形状。在时域中使用矩形脉冲整形滤波器导致每个子载波有 $\frac{\sin(x)}{x}$ 或 sinc 频谱。图 11.9 给出了 5 个 OFDM 子载波的频谱。

由于使用正交频率，子载波在其中心频率处不会受到干扰，从而允许它们在接收机处分离。那么如何选择子载波频率呢？事实证明，子载波正交的条件仅适用于在 T_n 周期内具有整数个周期的频率。因此，子载波频率是 $1/T_n$（Hz）和它的整数倍，即

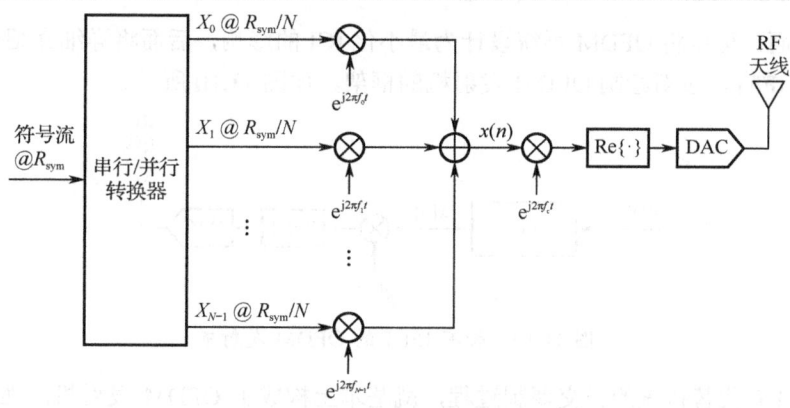

图 11.8 OFDM 的调制过程

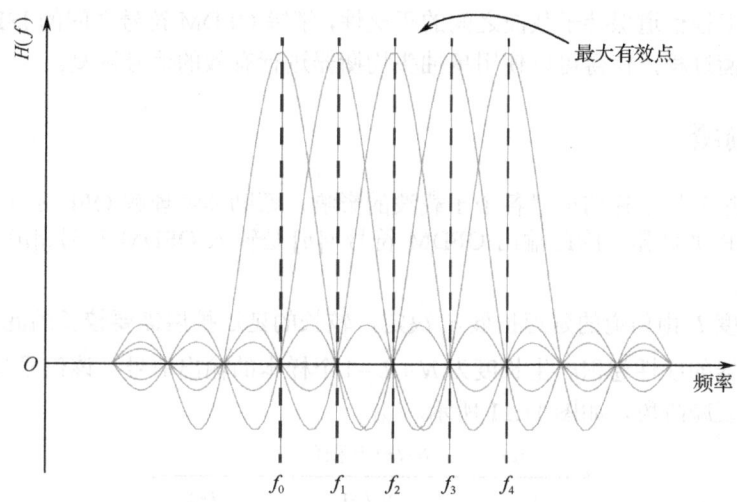

图 11.9 5 个 OFDM 子载波的频谱

$$f_k = \frac{k}{T_n} = \frac{k}{NT_s} = k\frac{f_s}{N}$$

因此，子载波的间隔为 $\Delta f = 1/T_n$（Hz）。最终的 OFDM 信号在数学上可以表示为：

$$x[n] = \sum_{k=0}^{N-1} X_k e^{j(2\pi kn)/N}$$

注意，式中有直流（0Hz）子载波，但是不会用于发射。显然，该式就等效于 IDFT（减去标定因子），这就意味着 OFDM 调制可以通过 N 个复数符号块的 IDFT 来执行。最终的信号 $x[n]$ 称为一个 OFDM 符号，它是由 N 个复数符号组成的，每个复数符号调制不同的正交子载波。整个数据有效载荷作为一系列 OFDM 符号在无线信道上承载。

根据已经学过的数字信号处理知识可知，直接执行 IDFT 要求 $O(N^2)$ 个复数乘法。通过利用基-2 的 FFT 算法，计算复杂度可以降低为 $O((N/2)\log_2(N))$。因此，在实际中使用 IFFT。其结果是将子载波的个数设置为 2 的幂次方。

FFT 用于在接收机中恢复传输的符号。在理想情况下，相当于以最佳频率对子载波进行采样，称为最大有效点（没有载波间干扰，信噪比最大的地方）。因此，在 OFDM 系统的频域中对传输的脉冲进行采样。然而，在现实的信道中，频率偏移（由振荡器失配和多普勒引起）会导致子载波偏离其理想的中心频率，这意味着 FFT 不会在其真正的最大效应点采样。这就导致了载波间干扰（Inter Carrier Interference，ICI），表现为一种加性噪声，导致接收机中的符号和错误位数增加。然而，可以将 OFDM 系统设计为最小化 ICI 的影响，后面将详细介绍相关内容。

现在结合 IFFT，重新绘制 OFDM 发射机的框架，如图 11.10 所示。

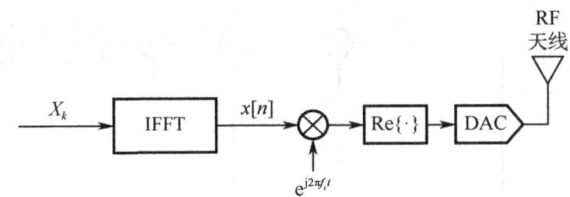

图 11.10　带有 IFFT 的 OFDM 发射机

通过用 IFFT 代替传统的正交调制过程，就基本上构成了 OFDM 发射机。然而，为了确保系统的稳定性和性能，还需要添加一个额外的成分，即循环前缀（Cyclic Prefix，CP）。循环前缀的作用是通过多径信道保持子载波之间的正交性，消除 OFDM 符号之间的 ISI，并且它有助于简化接收端的均衡过程，使得可以使用单抽头均衡器进行有效的信号恢复。

11.3.2　循环前缀

本小节将通过分析多径信道对各个子载波的影响，帮助读者理解 OFDM 中 CP 的作用。信道等效于抽头 FIR 滤波器，因此输出 OFDM 符号 $y[n]$ 是输入 OFDM 符号 $x[n]$ 和信道冲激响应 $h[n]$ 的线性卷积。

滤波器的长度 L 由信道的延迟扩展 d_s 决定，较长的延迟扩展需要较长的滤波器，N 个样本信号与抽头滤波器的线性卷积产生长度为 $N+L-1$ 个样本的输出信号，该信号分为 3 个阶段，即瞬态、稳态和衰减阶段，如图 11.11 所示。

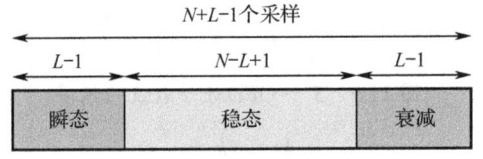

图 11.11　信号的 3 个阶段

瞬态阶段使每个子载波的初始部分失真，导致正交性丧失，从而造成信道诱导的 ICI。相反，衰减阶段导致一个符号的子载波渗入下一个符号的子载波，从而造成 ISI。图 11.12 给出了瞬态和衰减阶段对单个未调制子载波实部（余弦）的影响（注意，构成 OFDM 符号的所有子载波的影响都是相似的）。

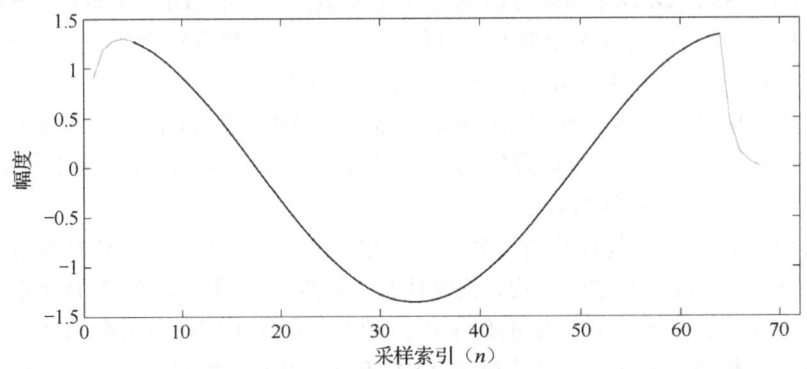

图 11.12　过滤的子载波图

图 11.12 中曲线前面一段和后面一段分别代表瞬态和衰减阶段，曲线的中间一段代表稳态阶段。为了保持正交性并将符号正确地传递给接收机，子载波的幅度和相位必须在 N 个采样的持续时间内保持稳定。然而不幸的是，由于瞬态阶段，前面的 $L-1$ 个采样失真，破坏了正交性。同样，衰减阶段将子载波扩展到了 N 个采样边界之外，对后续符号造成干扰。

幸运的是，这两个问题都可以通过 CP 来解决。CP 涉及提取 OFDM 符号末尾的一部分并将其附加到前面。这具有在 OFDM 符号之间插入保护时段的效果。保护期的长度被选择为大于 $L-1$ 个采样，即瞬态和衰减阶段的持续时间。CP 的使用是可能的，因为与 L 相比，OFDM 符号周期 N 比较大，或者等效地，由于它包含许多低速率子载波，信道的延迟扩展 d_s 比较大。图 11.13 给出了带有 CP 的 OFDM 符号。

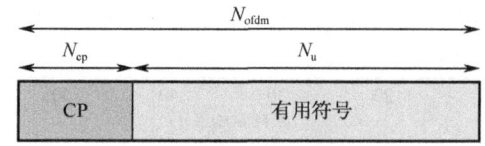

图 11.13　带有 CP 的 OFDM 符号

整个 OFDM 符号现在由 CP 和有用符号（携带数据有效载荷的部分）组成。因此，OFDM 符号的整个长度 N_{ofdm} 由下式确定：

$$N_{\text{ofdm}} = N_{\text{u}} + N_{\text{cp}}$$

式中，N_{u} 和 N_{cp} 分别为有用符号和 CP 的长度。注意，$N_{\text{u}} = N$ 是有用符号中的采样个数，等效于子载波的个数，因为 $N_{\text{u}} = 1/(f_s/N) = N \times T_s$，图 11.14 给出了带有 CP 的子载波的实部图。

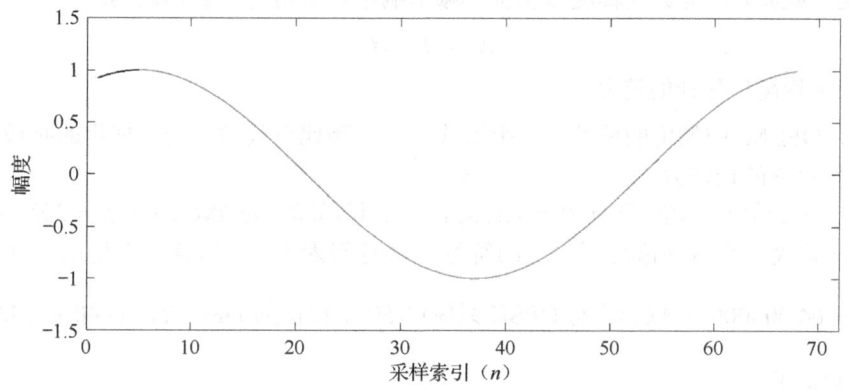

图 11.14　带有 CP 的子载波的实部图

从图 11.14 中可以看到，由于保护间隔是使用 OFDM 符号的一部分形成的，因此 CP 和 OFDM 符号之间的开头部分连续。这是有利的，因为 CP 和 OFDM 符号之间的任何不连续性都会导致杂散的带外频率分量。请注意，OFDM 符号之间仍然存在不连续性，但可以通过应用窗口技术在一定程度上减少这些不连续性。

此外，如果将符号从 CP 的开头开始，这相当于原始符号被 N_{cp} 样本循环向右移动。因此，可以将 OFDM 符号的开头放在 CP 内的任何位置，前提是补偿了由此产生的相移（这由均衡器补偿）。这是有利的，因为它允许接收机中的定时同步有更大的误差范围。然而，它不能从受 ISI 影响的 CP 的任何部分中提取。在大多数实际系统中，这是可以实现的，因为 CP 的长度比预期的信道延迟扩展要长。

图 11.15 显示了带有 CP 的子载波在通过多径信道滤波器后的状态。在左侧，多径信道的瞬态阶段现在发生在 CP 期间，因此不会影响子载波。这意味着子载波仅在稳态阶段进入信道，确保持续正交性。在右侧，衰减阶段被后续符号（未显示）的 CP 吸收，从而防止 ISI。

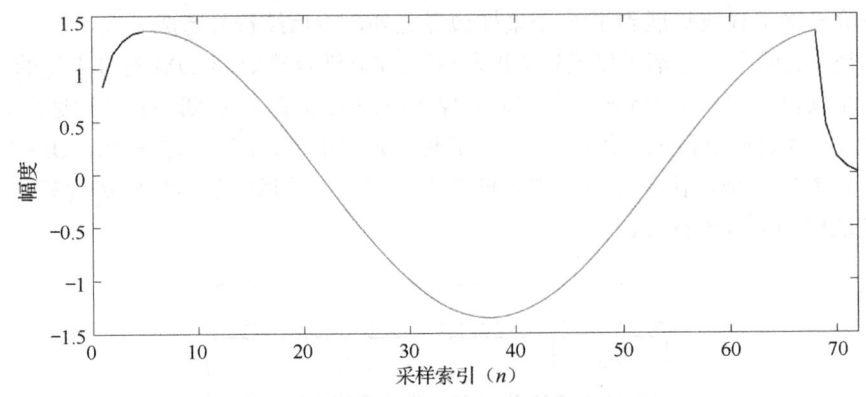

图 11.15　带有 CP 的子载波图

CP 的最后一个主要优点是，它促进了"单抽头"均衡器，这是由于时域中的周期性或循环卷积等效于频域中的乘法。

添加至少 $L-1$ 个样本长的 CP 使 OFDM 符号"出现" N 个周期，即具有 N 个样本的周期。结果是，在接收机中的 FFT 之后，接收的符号 Y_k 与原始符号 X_k 相关，即

$$Y_k = X_k H_k$$

式中，H_k 是子载波 k 的复数（幅度和相位）频率响应。信道可以被均衡为：

$$\hat{X}_k = Y_k / H_k$$

式中，$\hat{X}_k$ 表示均衡后估计的符号。

很明显，OFDM 中使用的单抽头均衡器代表了一种比单载波系统中使用的时域滤波器更简单、计算效率更高的均衡方法。

返回到 11.1.2 节中介绍的例子，$0.5\mu s$ 的 d_s，可以用等效的 OFDM 系统（$f_s = 20\text{MHz}$，$N=64$，$N_{cp}=16$）来解决。在这种情况下，总的符号持续时间为 $4\mu s$，这意味着均衡的计算复杂度为 $4 \times 64 \times \dfrac{1}{4\mu s} = 64\,000\,000$ MAC/s。与 QPSK 系统中 50 个权值的 DFE 所需的 40 亿 MAC/s 相比，计算成本明显降低。

11.4　OFDM 系统框架

基于上面介绍的 OFDM 基础理论知识，本节将介绍如何在 MATLAB Simulink 环境下面向定制硬件平台 SDR-AI-Z7 构建 OFDM 系统的框架（见图 11.16）。

从图 11.16 中可知，该 OFDM 系统主要是通过"硬件逻辑"实现的，即使用 XC7Z100 SoC 内 PL 区域的逻辑资源来实现 OFDM 系统。与使用 PS 内的 Arm Cortex-A9 双核处理器进行信号处理相比，使用 PL 内的"硬件逻辑"来进行信号处理具有更好的"实时性"。

注：该设计中的一些内容读者可以参考 3GPP TS 36.211 技术规范。

第 11 章 OFDM 无线传输的 Simulink 实现

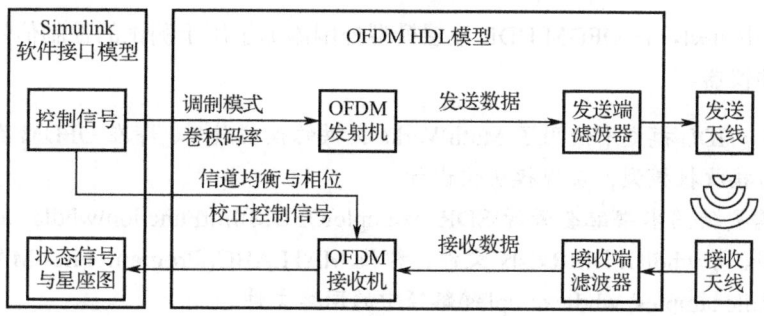

图 11.16 OFDM 系统的框架（OFDM 发送和接收系统的数据流结构）

11.4.1 OFDM 顶层模型

如图 11.17 所示，MATLAB Simulink 环境中的顶层 OFDM HDL 模型可用于为 FPGA/SoC 内部的可编程逻辑生成用 VHDL 或 Verilog HDL 表示的寄存器传输级描述（Register Transfer Level，RTL），并使用 Simulink 中的"HDL Workflow Advisor"工具生成 SoC 内对应的软件接口模型框架。使用该软件接口模型框架，可以生成在 XC7Z100 SoC 内 PS 中 Arm Cortex-A9 双核处理器上运行的应用程序。

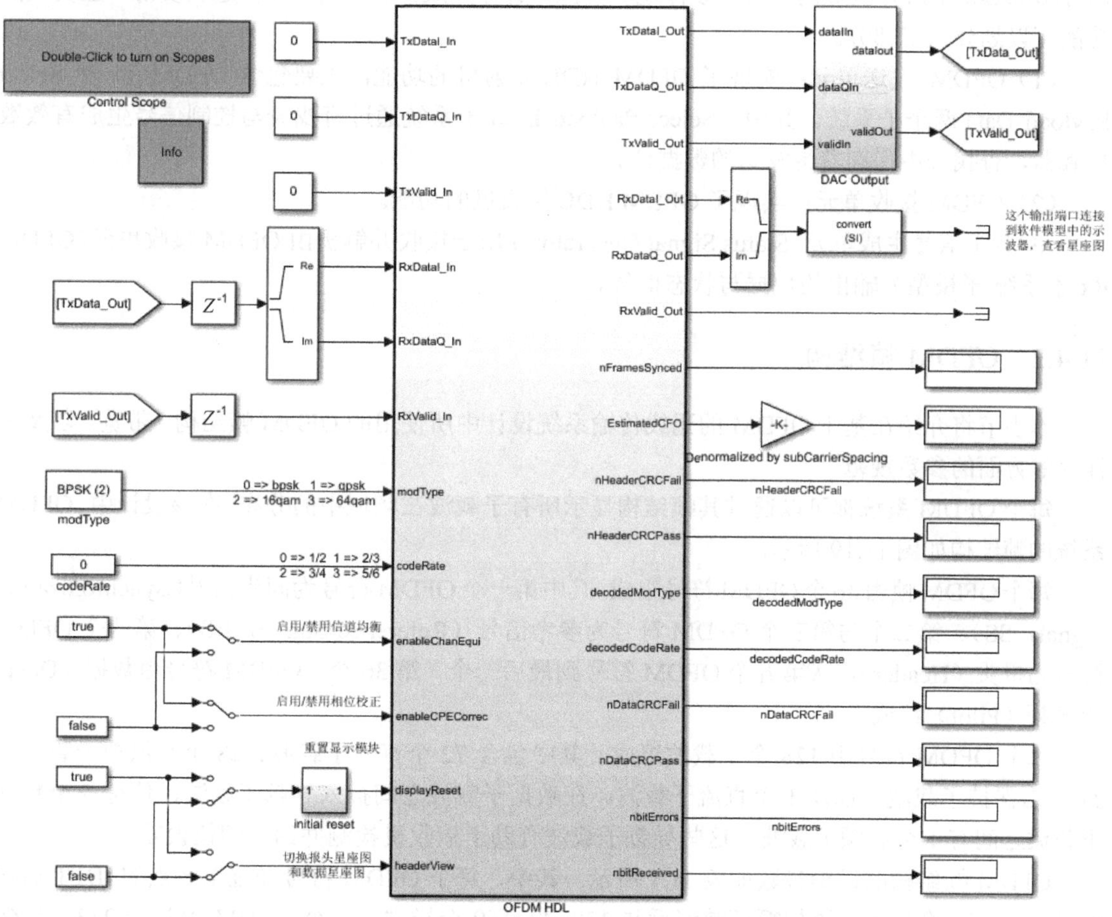

图 11.17 OFDM 系统的顶层设计及外部信号和测试仪器

从图 11.17 中可知，在 OFDM HDL 顶层模型外围添加了用于测试的控制信号以及用于查看系统状态的各种仪器。

> 注：（1）HDL 模型中使用了 MathWorks 提供的模型引用，即在 OFDM 系统大模型中应用发射机模型与接收机模型，实现模块化设计。
> （2）读者需要使用本书配套资源\SDR_example\OFDM\InitFunction\whdlexamples\路径中的 whdlOFDMTx.slx 与 whdlOFDMRx.slx 文件，替换 MATLABC:\Program Files\MATLAB\R2021b\toolbox\whdl\whdlexamples\ whdlexamples\路径中的同名文件。
> （3）读者可以进入本书配套资源的\SDR_example\OFDM 目录下，用 MATLAB R2021b 打开文件 zynqOFDMAD9361_HDL.slx，查看图 11.17 中 OFDM 系统的顶层设计。

显然，经过 Vivado 设计套件内综合工具的处理，OFDM HDL 模型/子系统将最终转换为在 XC7Z100 SoC 内 PL 区域使用"硬件逻辑资源"实现的知识产权（Intellectual Property，IP）核，XC7Z1000 SoC 内 PS 区域的 Arm Cortex-A9 双核处理器从 PL 内的"硬件逻辑"中提取状态信号信息，并在与定制硬件平台 SDR-AI-Z7 相连的台式电脑/笔记本电脑上显示相关的信息。

双击图 11.17 中的 OFDM HDL 模型/子系统符号后，打开 OFDM HDL 模型/子系统的内部结构，如图 11.18 所示。从图 11.18 中可知，OFDM HDL 模型/子系统将 OFDM 系统相关算法与 XC7Z100 SoC 内 PL 区域的可用"硬件逻辑资源"进行集成。在可用"硬件逻辑资源"上实现的功能可以划分为三部分。

（1）OFDM 发送单元：实现了 OFDM HDL 发射机的功能，主要包含 OFDM Tx 和 Select Payload Data 两个子系统。其中，Select Payload Data 子系统通过查找表与控制信号生成有效数据载荷，查找表中保存着待发送的数据位。

（2）OFDM 接收单元：实现了 OFDM HDL 接收机的功能。

（3）状态信号生成单元（Status Signal Generator）：用于接收并解析由 OFDM 接收单元（OFDM Rx 子系统/子模型）输出的数据与状态信号。

11.4.2　OFDM 帧结构

本小节将介绍在基于 OFDM 的无线传输系统设计中所使用的 OFDM 帧结构、带宽，以及采样率等方面的参数规范。

每个 OFDM 系统都可以通过其帧结构显示所有子载波在频域中的分布。在该设计中，OFDM 系统的帧结构如图 11.19 所示。

每个 OFDM 帧由 36 个 OFDM 符号组成，其中第一个 OFDM 符号为同步信号（Synchronization Signal，SS）、第二个与第三个 OFDM 符号为参考信号（Reference Signal，RS）、第四个 OFDM 符号为报头（Header），从第五个 OFDM 符号到最后一个（第 36 个）OFDM 符号由数据（Data）和导频（Pilot）组成。

每个 OFDM 符号由 128 个子载波组成，其中包含 72 个有效子载波、28 个左保护子载波、27 个右保护子载波，以及 1 个直流子载波。在数据子载波之间插入导频子载波，使每 5 个数据子载波之间有 1 个导频子载波，这些导频子载波有助于接收机检测并纠正相位误差。

OFDM 帧结构的详细参数如表 11.1 所示。其中，每个 OFDM 符号经过 128 点的 IDFT 后在时域产生 128 个样本，添加循环前缀后共 128+32=160 个样本，每个 OFDM 帧共 160×36=5760 个样本，且该系统的基带采样率为 1.92Msps，所以传输一个 OFDM 帧需要 3ms。

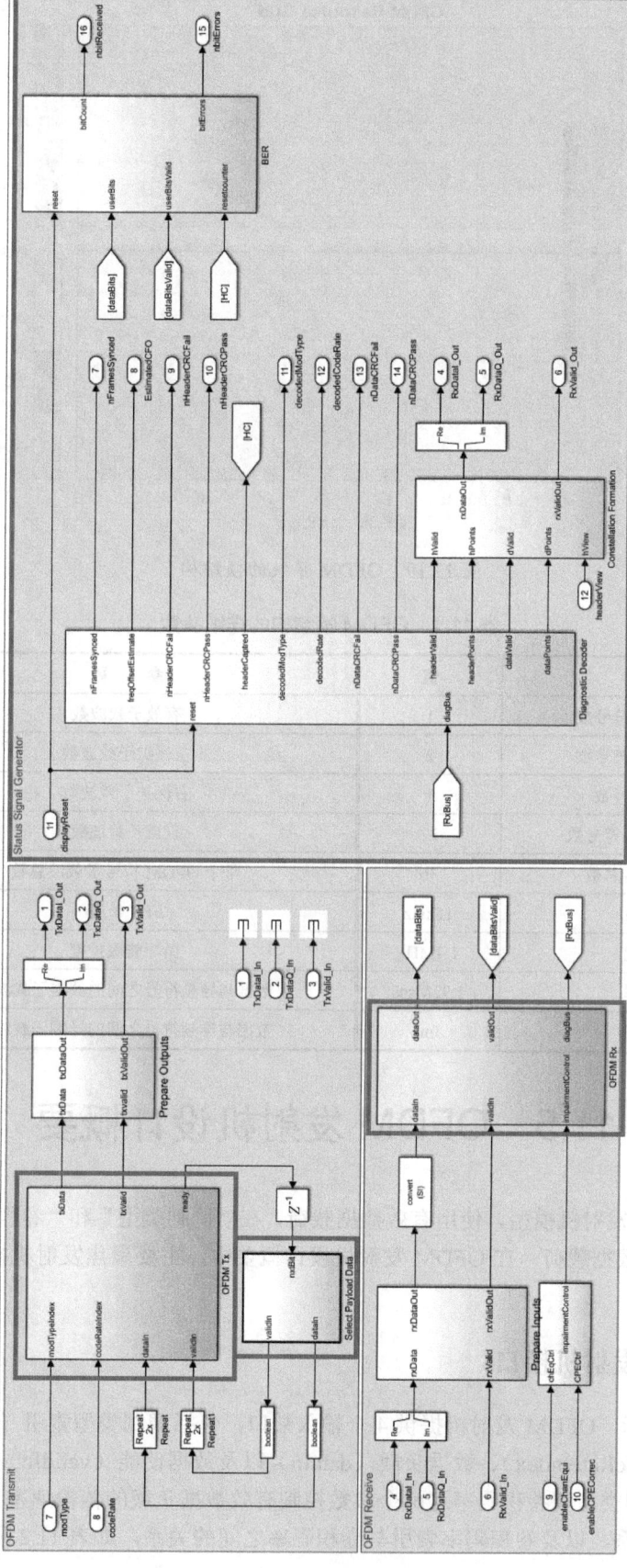

图 11.18 OFDM HDL 模型/子系统的内部结构

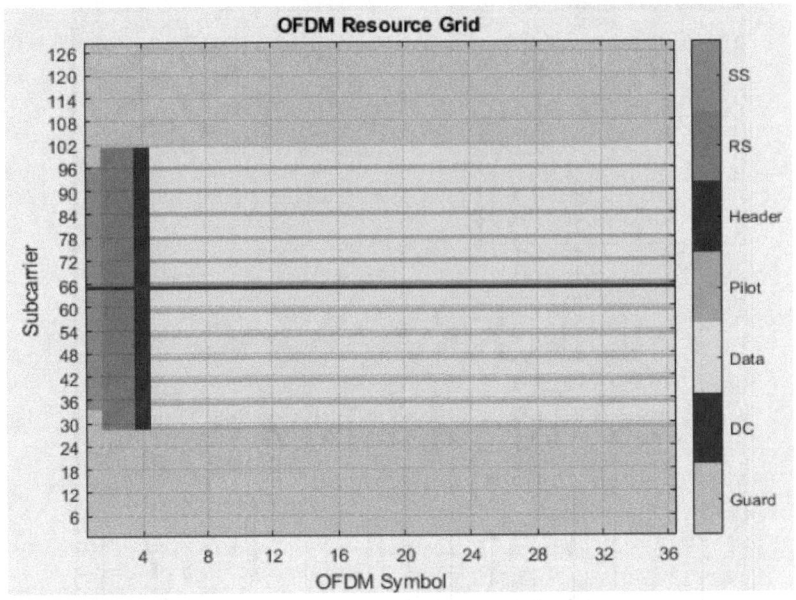

图 11.19 OFDM 系统的帧结构

表 11.1 OFDM 帧结构的详细参数

参　数	值	参　数	值
同步信号 OFDM 符号数	1	有效子载波数	72
参考信号 OFDM 符号数	2	左保护子载波数	28
报头 OFDM 符号数	1	右保护子载波数	27
数据与导频 OFDM 符号数	32	直流子载波数	1
一帧 OFDM 符号总数	36	每个 OFDM 符号子载波总数	128
子载波间距	15kHz	FFT 长度	128
OFDM 带宽	1.4MHz	循环前缀长度	32
基带采样率	1.92Msps	数据与导频符号之间的数据子载波数	60
帧持续时间	3ms	数据与导频符号之间的导频子载波数	12

11.5　OFDM 发射机设计概要

基于 OFDM 的发射机模型，使用有效数据载荷，在"调制类型"和"卷积码率"的作用下，按照对应规则调制数据载荷。在 OFDM 发射机设计概要中，主要聚焦发射机接口和发射机结构这两个方面。

11.5.1　OFDM 发射机接口

如图 11.20 所示，OFDM 发射机提供 4 个输入端口，包括调制类型索引（modTypeIndex）、卷积码率索引（codeRateIndex）、数据负载（dataIn）以及数据使能（validIn），它们的采样率均为 61.44Msps。调制类型和卷积码率这两个参数控制有效数据负载的传输速率，调制类型索引与调制类型之间的关系，以及卷积码率索引与卷积码率之间的关系，如表 11.2 所示。

表 11.2 调制类型索引与调制类型，以及卷积码率索引与卷积码率之间的关系

调制类型索引	调制类型	卷积码率索引	卷积码率
0	BPSK	0	1/2
1	QPSK	1	2/3
2	16QAM	2	3/4
3	64QAM	3	5/6

如图 11.20 所示，OFDM 发射机提供 3 个输出端口，包括发送数据端口（txData）、发送使能端口（txValid）和输入就绪端口（ready）。其中，发送数据与发送使能端口的采样率为 1.92Msps，输入就绪端口的采样率为 30.72Msps。

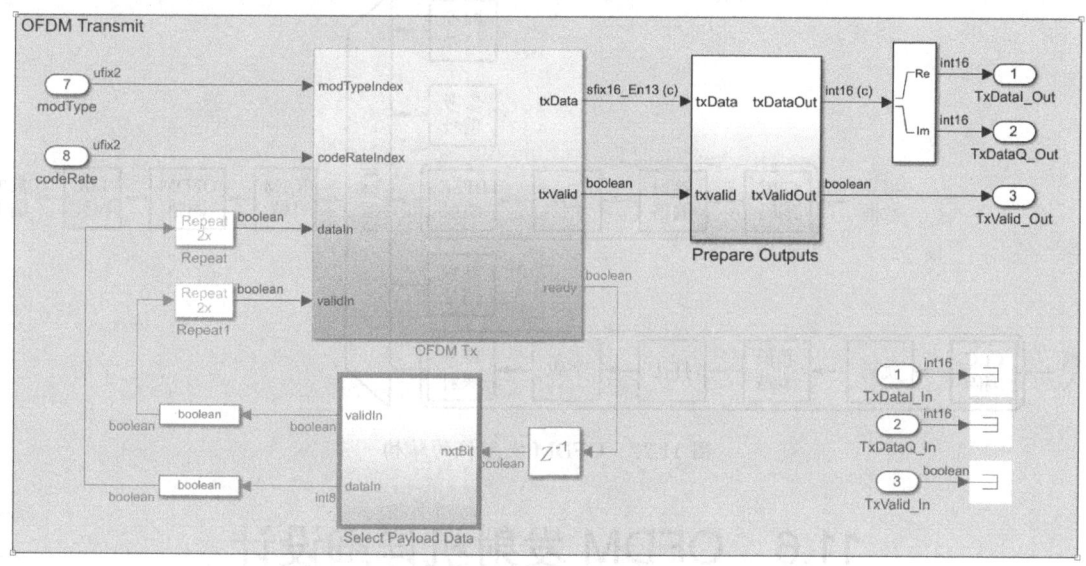

图 11.20 ODFM 发射机接口

图 11.20 中名字为"Select Payload Data（选择负载数据）"的子系统/子模型，在 ODFM 发射机输出的就绪信号有效时，根据计数器输出的值，从查找表（Look Up Table，LUT）中查找发射机所需的数据载荷，该子系统/子模型的内部结构如图 11.21 所示。

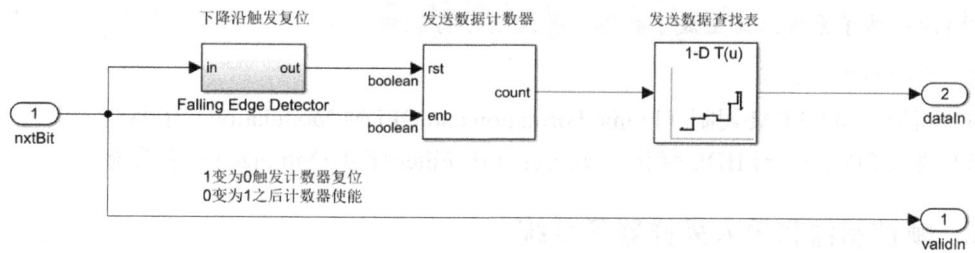

图 11.21 选择负载数据子系统/子模型的内部结构

11.5.2 OFDM 发射机的结构

OFDM 发射机的结构如图 11.22 所示。从 11.4.2 节中介绍的内容可知，一个 OFDM 帧由同步信号、参考信号、报头、数据和导频 5 种不同的信号组成。其中，同步信号、参考信号和导

频在每一帧中都是相同的,它们保存在其对应的 LUT 中。当系统需要时,从查找表中加载这些信号。根据发射机接收的调制类型索引、卷积码率索引以及待发送的二进制数据位的不同,报头和数据也相应变化。其中,根据输入的调制类型索引和卷积码率索引生成报头,通过图 11.22 给出的报头链路进行处理。待发送的二进制位馈入到发射机中,通过数据链路的多个阶段进行处理。

根据图 11.22 给出的 DFDM 发射机的结构可知,在具体实现时,这 5 种信号在多路复用器的控制下实现组帧,并将组帧后的数据保存在 XC7Z100 SoC 内 PL 区域内的块 RAM(Block RAM,BRAM)中。使用 BRAM 保存一个 OFDM 帧所需的时间为 3ms。然后发射机读出保存在 BRAM 中的 OFDM 帧,并通过 OFDM 调制模块对 OFDM 帧进行调制。最后在经过带宽为 1.4 MHz 的低通滤波器后,OFDM 调制信号作为基带调制信号输出。

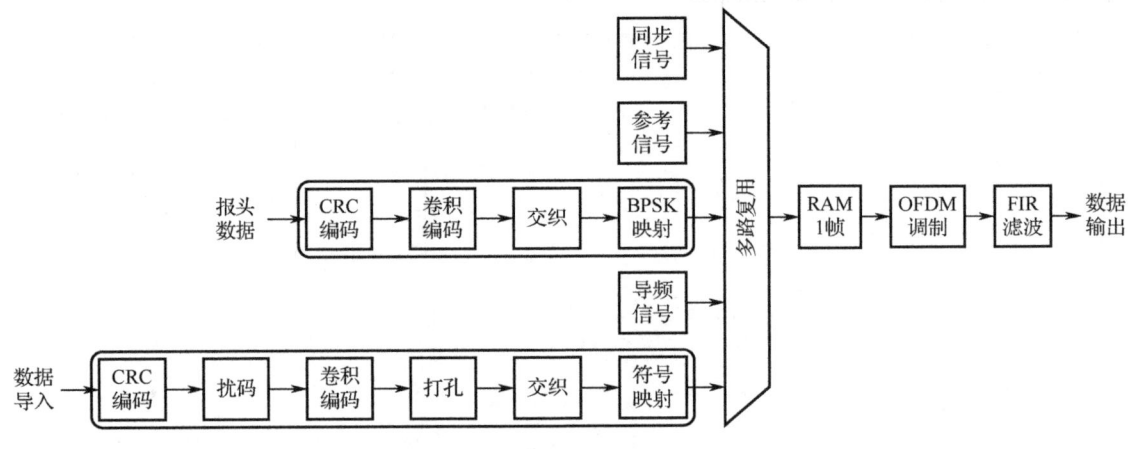

图 11.22 OFDM 发射机的结构

11.6 OFDM 发射机详细设计

根据图 11.23 给出的 OFDM 发射机的顶层模型可知,OFDM 发射机主要包括:
(1)帧控制器和输入采样器(Frame Controller and Input Sampler)子系统;
(2)数据生成器(Frame Generator)子系统;

注:该子系统只是生成了数据,并没有进行组帧。

(3)多路复用子系统;
(4)帧形成和 OFDM 调制(Frame Formation and OFDM Modulation)子系统;
(5)离散 FIR 滤波器 HDL 优化(Discrete FIR Filter HDL Optimized)子系统。

11.6.1 帧控制器和输入采样器子系统

如图 11.24 所示,帧控制器和输入采样器子系统生成 OFDM 调制各个阶段所需的控制信号,并通过生成"ready"信号来控制有效数据负载的输入。从图 11.24 中可知,该子系统由底层的子系统构成,这些底层的子系统实现的功能如下所述。

第 11 章 OFDM 无线传输的 Simulink 实现

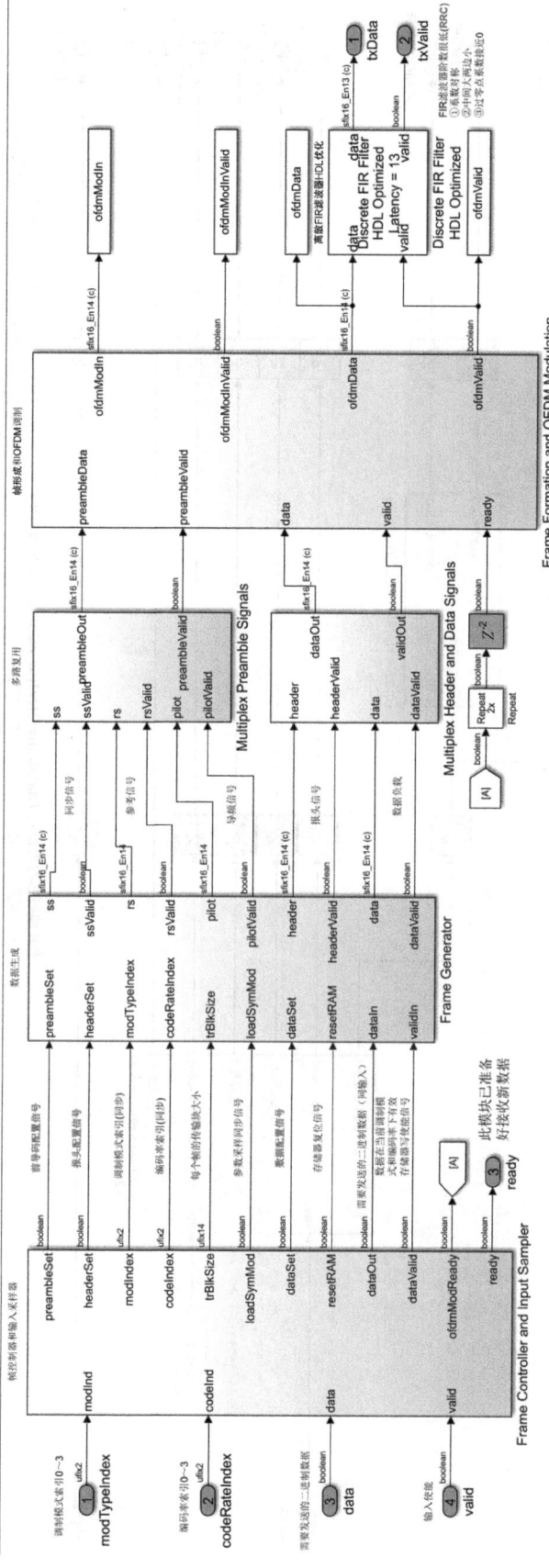

图 11.23 OFDM 发射机的顶层模型

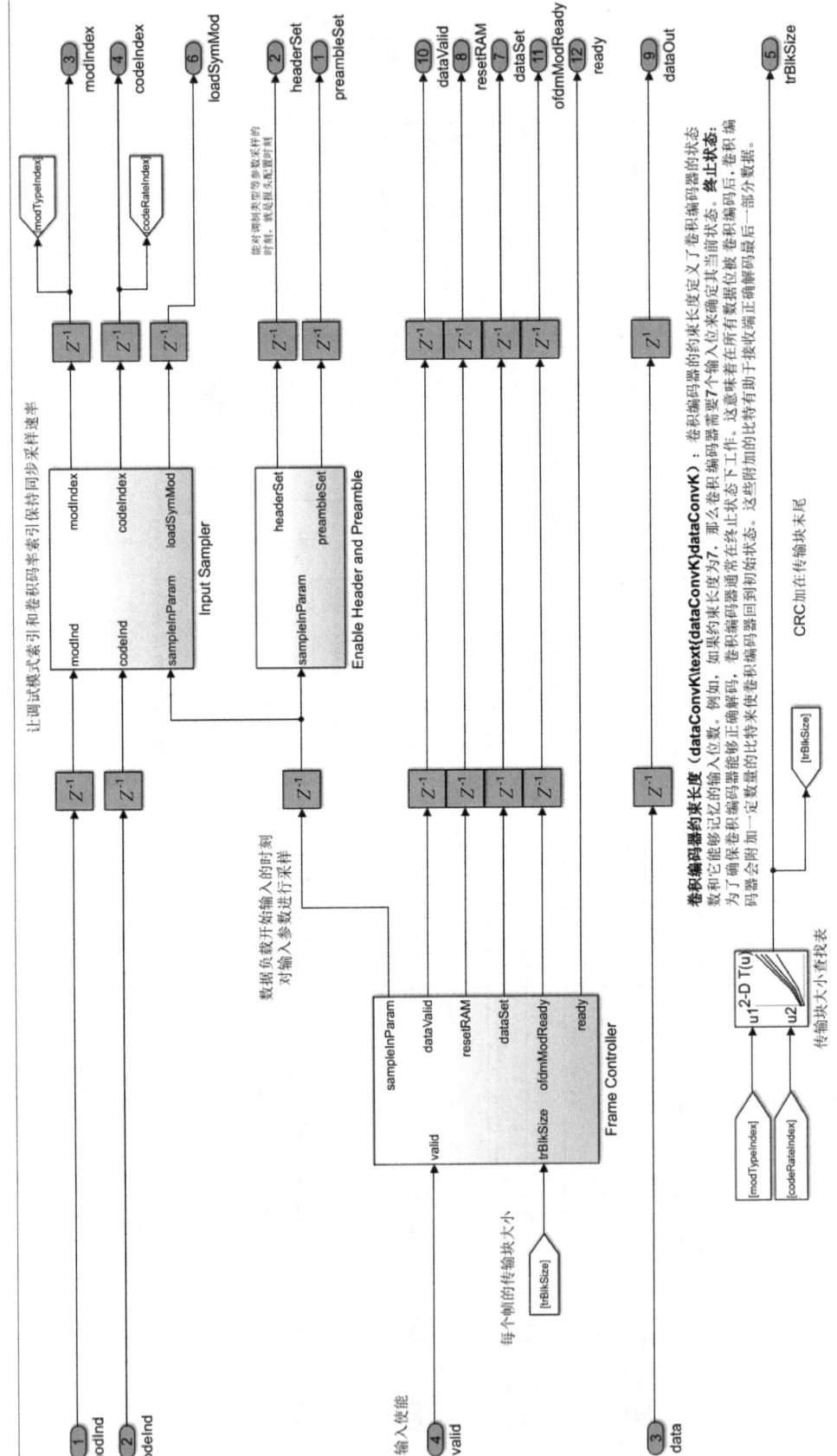

图 11.24 帧控制器和输入采样器子系统的内部结构

(1) 当 "Frame Controller（帧控制器）" 子系统的输出信号 sampleInParam 延迟一个时钟周期的版本有效时，"Input Sampler（输入采样器）" 子系统对输入调制类型索引和卷积码率索引进行采样，以保证与馈入的待发送的二进制数据位同步。

(2) "传输块大小查找表" 子系统根据调制类型索引、卷积码率索引以及其他参数计算 OFDM 帧的传输块大小，即一帧可以传输的有效数据负载位数，如下式所示：

$$trBlkSize = (numSubCar - pilotsPerSym) \times numDataOFDMSymbols \times bitsPerModSym \times codeRate - (dataConvK - 1) - dataCRCLen$$

式中，numSubCar 表示每个 OFDM 符号的有效子载波个数，pilotsPerSym 表示每个数据与导频 OFDM 符号所包含的导频个数，numDataOFDMSymbols 表示一帧 OFDM 包含的数据与导频符号个数，bitsPerModSym 表示每个调制符号可以搭载的有效数据位数（调制阶数），codeRate 表示卷积码率，dataConvK 表示卷积编码器约束长度（按位计算），dataCRCLen 表示循环冗余校验码长度（按位计算）。

(3) "Enable Header and Preamble（报头和前导码使能）" 子系统产生用于控制生成报头的信号 "headerSet" 与生成前导码（SS、RS 和 Pilot）的信号 "preambleSet"，其内部结构如图 11.25 所示。因此，在数据负载输入的同时生成报头，并在报头生成后生成前导码。其中，信号 preambleSet 的持续时间由下式确定，即

$$preambleSetTime = NSS \times subC + NRS \times subC + pilotLen$$

式中，NSS 表示同步信号占用的 OFDM 符号个数，NRS 表示参考信号占用的 OFDM 符号个数，subC 表示每个有效的 OFDM 符号中包含的有效子载波数，pilotLen 表示一个 OFDM 帧中包含的导频子载波总数。

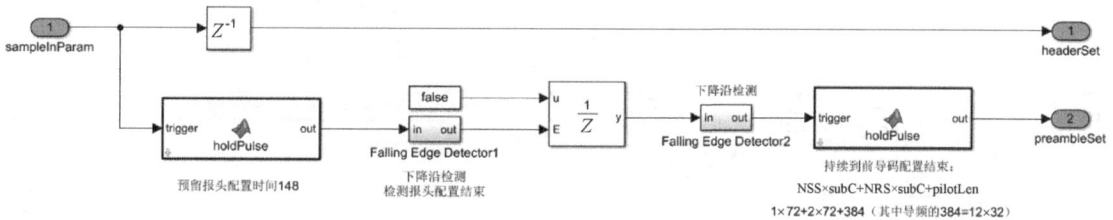

图 11.25 报头和前导码使能子系统的内部结构

在该设计中，系统采样率为 30.72MHz，采样时间为 32.552ns，预留的报头配置时间为 32.552ns×(148+1)=4.85μs，preambleSet 持续时间为 32.552ns×600=19.53μs，如图 11.26 所示。

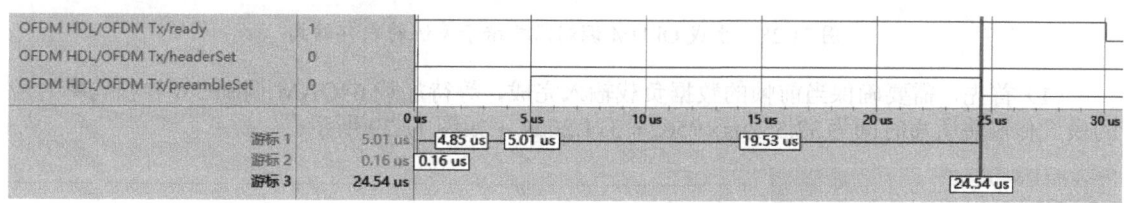

图 11.26 报头和前导码使能子系统的仿真结果

(4) "Frame Controller（帧控制器）" 子系统生成用于控制数据负载输入与 OFDM 调制各个阶段的信号，其内部结构如图 11.27 所示。在该子系统中的底层，"Generate Transmitter Ready（生成发射机就绪）" 子系统会根据实际的传输块大小生成控制数据负载输入的信号 "ready"。当该信号有效时，馈入需要发送的数据负载。

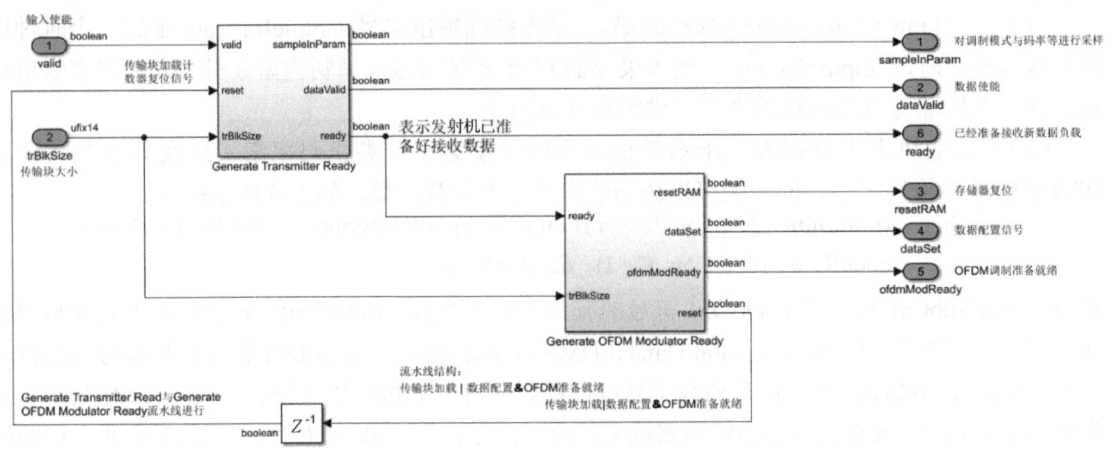

图 11.27　帧控制器子系统的内部结构

在图 11.27 给出的帧控制器子系统中，底层的 "Generate OFDM Modulator Ready（生成 OFDM 调制器就绪）" 子系统生成与 OFDM 调制相关的控制信号，其内部结构如图 11.28 所示。

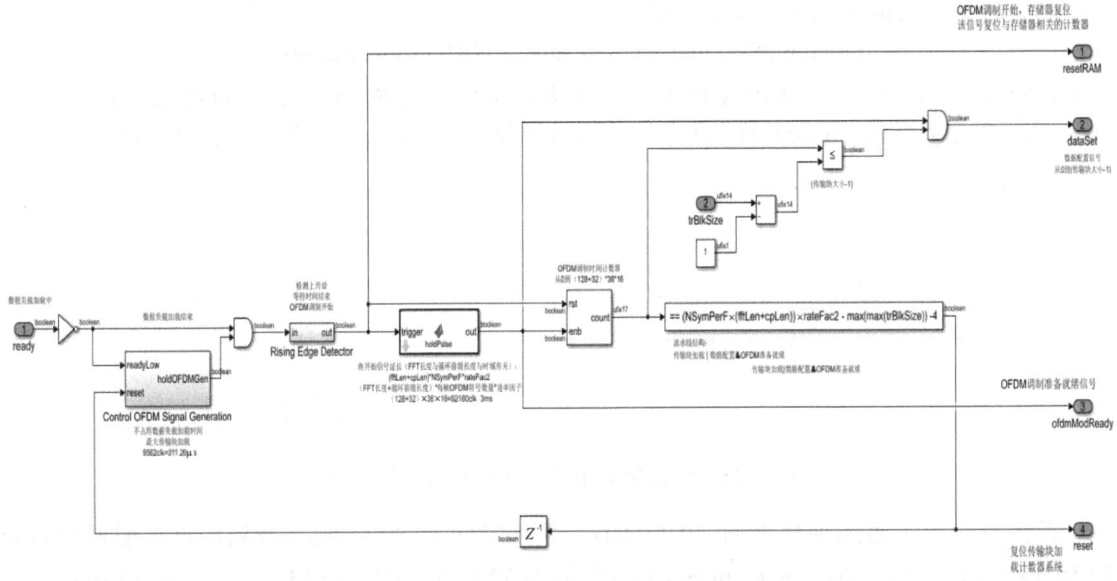

图 11.28　生成 OFDM 调制器就绪子系统的内部结构

（1）首先，需要确保当前帧的数据负载输入完成，等待加载 64QAM 调制 5/6 卷积码率对应的最大传输块所需时间为 32.552ns×9562 = 311.26μs，如图 11.29 所示。

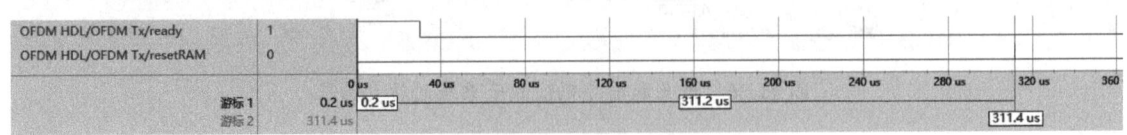

图 11.29　数据负载输入等待的仿真结果

（2）在等待时间结束后，将 BRAM 的复位信号设置为 "1"，并将与输入数据缓存相关的计数器清零，此时开始 OFDM 调制。OFDM 调制的时间由下式确定：

$$ofdmModeReadyTime = (fftLen + cpLen) \times NSymPerF \times rateFac2$$

式中，fftLen 表示 FFT 的长度，cpLen 表示循环前缀的长度，NSymPerF 表示每个 OFDM 帧的符号个数，rateFac2 表示速率因子。

根据上式，可知共需要 $(128+32) \times 36 \times 16 = 92160$ 个时钟周期。当采样率为 30.72MHz 时，OFDM 的调制时间为 3ms。

（3）在对 BRAM 复位后，将数据配置信号 dataSet 设置为"1"，该信号的持续时间与当前传输块的大小有关，此时将从 BRAM 中读取缓存的数据负载。如图 11.30 所示，在采用 BPSK 调制模式且卷积码率为 1/2 的情况下，加载数据需要 922 个时钟周期，即 30.01μs。

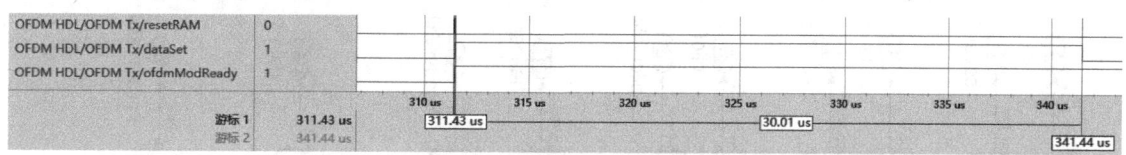

图 11.30 从存储器中加载数据的控制信号的仿真结果

（4）在 OFDM 调制结束之前，将复位信号 reset 设置为"1"。在 OFDM 调制的同时，开始从外部加载需要传输的下一帧数据负载。数据负载加载与 OFDM 调制的流水线结构如图 11.31 所示。

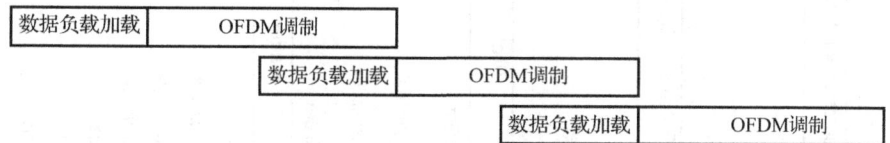

图 11.31 数据负载加载与 OFDM 调制的流水线结构

11.6.2 数据生成器子系统

数据生成器子系统用于生成同步信号、参考信号、导频、信源与信道编码后的报头和数据负载，这些数据将用于进行组帧和 OFDM 调制。数据生成器子系统的内部结构如图 11.32 所示。

1. 生成前导控制信号子系统

图 11.32 中的"Generate Preamble Control Signals（生成前导控制信号）"子系统根据一帧中同步信号的长度、参考信号的长度以及导频数生成控制信号，如图 11.33 所示。

当输入的 preambleSet 信号有效时，启动计数器工作。当计数器的输出在 [0,72) 范围内时，信号 ss set 有效；当计数器的输出在 [72,216) 范围内时，信号 rs set 有效；当计数器的输出在 [216,600) 范围内时，信号 pilot set 有效。

以图 11.32 中的"Synchronization Sequence（同步序列）"子系统为例，介绍其工作原理。当输入信号 ss set 有效时，同步信号计数器不断递增，并从同步信号查找表中读取同步信号数据。当输入信号 ss set 变为无效时，计数器停止计数。通过一个因子为 2 的上采样单元，查找表的输出保持与报头和数据子系统相同的采样时间。同步序列子系统的内部结构如图 11.34 所示。

图 11.32 中的"Reference Signals（参考信号）"子系统和"Pilot（导频）"子系统以同样的方式，在查找表中保存相应的序列，并在需要时访问这些序列。

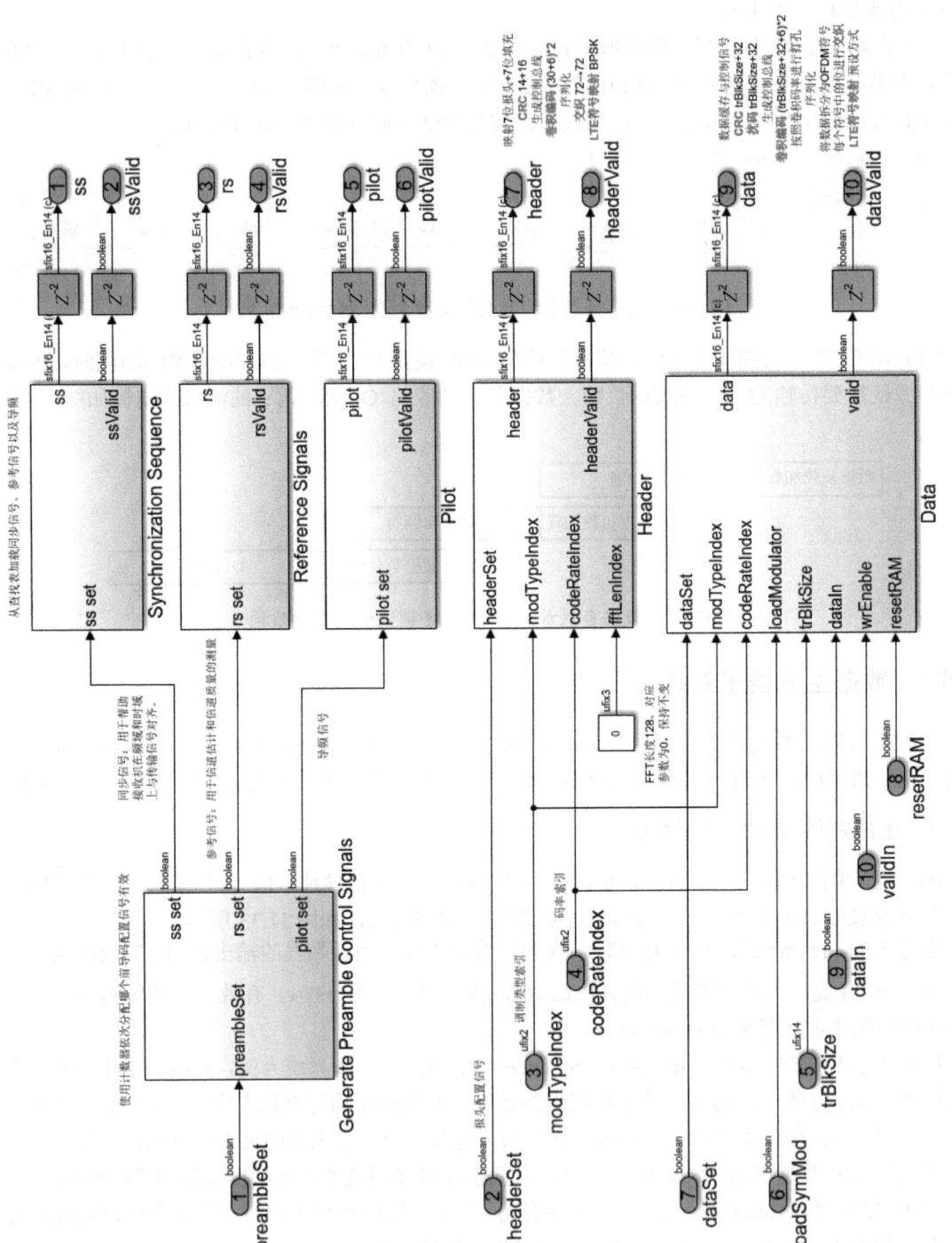

图 11.32 数据生成器子系统的内部结构

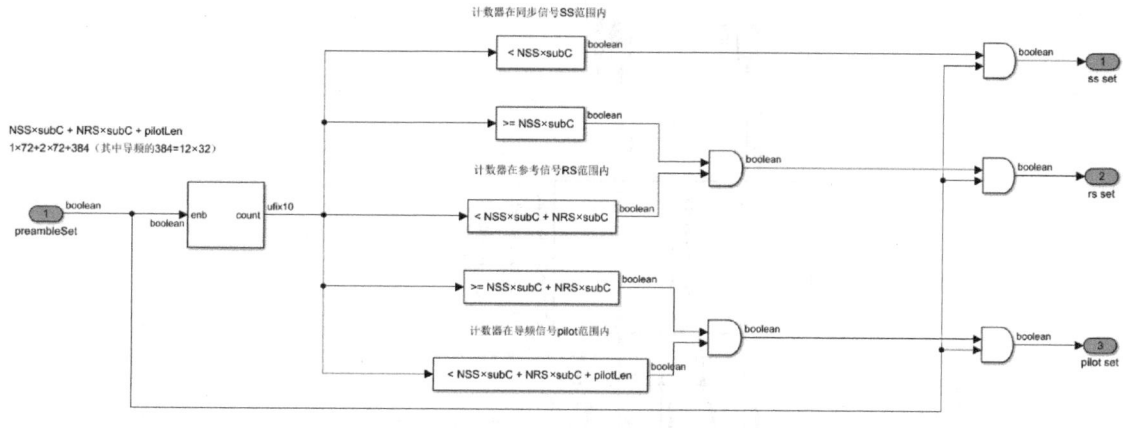

图 11.33　生成前导控制信号子系统的内部结构

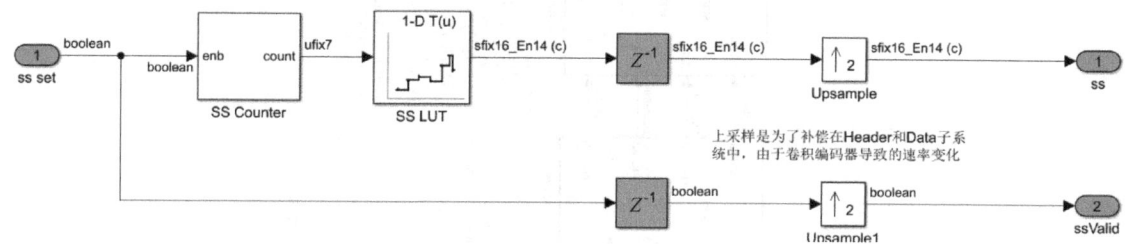

图 11.34　同步序列子系统的内部结构

2. 报头子系统

图 11.32 中"Header（报头）"子系统的内部结构如图 11.35 所示。在该子系统中，提供了一些输入端口，其中包括输入调制类型索引（modTypeIndex）、卷积码率索引（codeRateIndex）和傅里叶变换长度索引（fftLenIndex）。此外，输入信号（headerSet）用于启动报头的生成过程。一旦该信号有效，则依次执行循环冗余编码、卷积编码、块交织以及符号映射的过程。下面对报头子系统内部各个子系统的功能进行简单说明。

（1）"Header Formation（报头生成）"子系统将调制类型索引和卷积码率索引的值转换为二进制。例如，调制类型索引值为 1 时被转换为两位二进制数"01"。同样，卷积码率索引值也将被转换为对应的两位二进制数。在该设计中，DFT 长度固定为 128，其对应的索引值为 0，转换为对应的二进制数为"000"。由于 DFT 长度索引、调制类型索引和卷积码率索引分别用 3 位二进制数、2 位二进制数和 2 位二进制数表示，因此它们组合在一起共生成 7 位二进制数。此外，额外添加的 7 个二进制格式保留位全部设置为"1"，即"1111111"。最终，共生成 14 个报头位。

（2）"General CRC Generator HDL Optimized（HDL 优化的通用 CRC 生成器）"子系统生成循环冗余校验（Cyclic Redundancy Check，CRC）码并将其添加到数据的结尾。在接收机一侧会根据校验规则重新计算并生成 CRC 码，然后与接收的 CRC 码进行比较，其目的是保证数据在无线传输时的完整性和正确性。

① CRC 码用于检测传输过程中出现的错误，能够检测到单个或多个位的错误，对突发错误具有很高的检测能力。

② 发射端根据数据内容重新计算 CRC 码，并将其添加到数据末尾。接收端使用相同的算法进行 CRC 校验。余数为 0 则表示在无线传输的过程中数据传输正确，否则表明数据在传输过程中发生了错误。

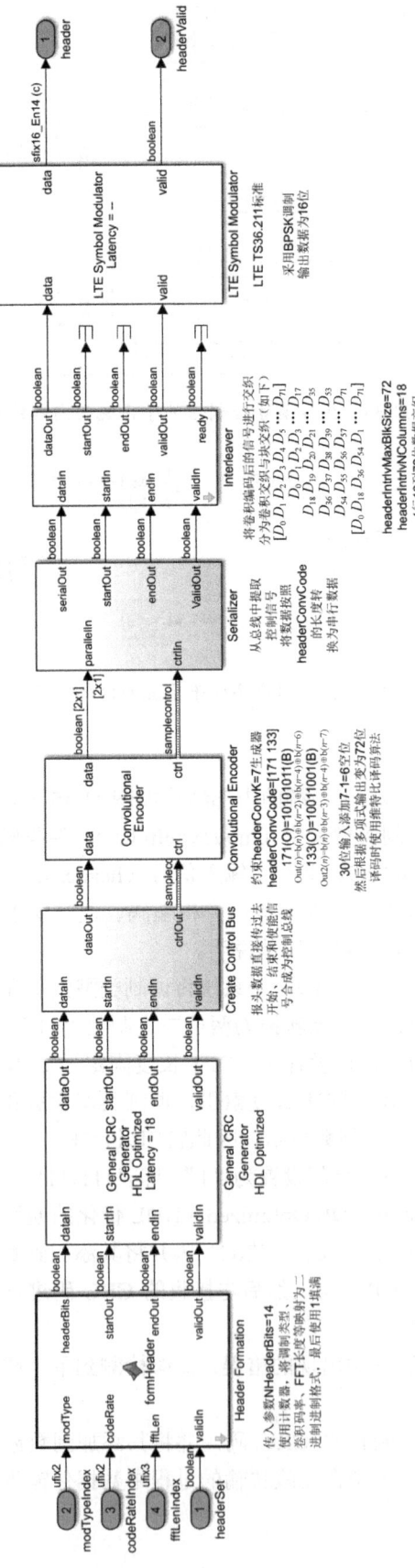

图 11.35 报头子系统的内部结构

在该设计中，对 14 位报头数据进行 16 位 CRC 编码。进行 16 位 CRC 的生成多项式为

$$X^{16} + X^{12} + X^5 + 1$$

因为 FFT 的长度为 128、采用 BPSK 调制、卷积码率为 1/2，因此对应的报头数据为 [000 00 00 1111111]，在报头数据后添加 16 个 0，采用模 2 除法除以上面的生成多项式后，得到的商为 [1111000]，余数为 [1000111101111000]，因此添加 CRC 码后的完整报头输出为 [000000011111111000111101111000]。在进行 CRC 时，将其模 2 除以生成多项式后余数为 0，因此校验通过。

（3）"Convolutional Encoder（卷积编码器）"子系统。前面介绍过，卷积编码是应用广泛的前向纠错编码技术实现的。它通过将信息序列与编码器的状态关联起来生成冗余信息，从而提高数据传输的可靠性和抗噪声能力。

① 卷积编码的主要作用是通过在数据中添加冗余位，允许接收端检测和纠正传输过程中发生的错误。

② 在给定的信噪比条件下，卷积编码可以提高通信系统的信道容量。

③ 卷积编码能够很好地应对突发错误，即使某些位受到干扰，也能通过冗余信息进行恢复。

在本设计中，报头采用约束长度为 7 的卷积编码器编码。在 CRC 填充数据中添加 7-1=6 个空位，恢复卷积编码器的状态，其生成多项式为[171 133]。其编码过程如下式所示：

$$\text{Out1}(n) = b(n) \oplus b(n-2) \oplus b(n-4) \oplus b(n-6)$$
$$\text{Out2}(n) = b(n) \oplus b(n-3) \oplus b(n-4) \oplus b(n-7)$$

在卷积编码前，报头的长度为 30 位，因此卷积编码后的长度由于 1/2 速率编码变为 $(30+6) \times 2 = 72$ 位。

卷积编码通过在数据中添加冗余信息，提高了数据传输的可靠性和抗噪声能力，通过维特比算法进行高效译码，确保数据能够在复杂传输环境中准确恢复。

维特比译码是一种最优的序列检测算法，能够有效地找到最可能的编码路径，进而恢复原始数据。维特比译码算法通过构建状态树或状态图，逐步计算每个路径的累积度量，选择最优路径进行数据恢复。该算法的复杂度与约束长度呈指数关系，因此约束长度的选择需要在纠错性能和解码复杂度之间权衡。

（4）"Serializer（串行化）"子系统和"Interleaver（交织）"子系统。卷积编码器的输出是一个两元素向量，在串行化子系统中使用 HDL 支持的 Serializer1D 模块进行串行化。交织串行化后的数据，重新排列数据位或符号，使得本来连续的错误被分散到不同的位置，从而使纠错编码更高效。交织的主要作用如下所述。

① 通过打乱数据的顺序，将突发错误分散，使错误位不再连续，以便于纠错编码纠正分散的错误。

② 使用交织配合纠错编码，可以显著提高纠错能力。原本无法纠正的突发错误，通过交织的分散作用，变成了可以纠正的单个或少量错误。

③ 交织使数据序列在传输过程中看起来更随机，有助于改善调制和信道编码的性能，减少信号之间的相关性。

交织的类型分为块交织、卷积交织以及随机交织。本设计中采用块交织方式进行，块大小为 72，列数为 18，行数为 4。需要交织的报头数据长 72 位，其排列方式为 $[D_0 \ D_1 \ D_2 \ D_3 \ D_4 \ D_5 \ D_6 \cdots D_{71}]$，在 BRAM 中按照 4 行 18 列的方式保存，格式如下：

$$D_0 \quad D_1 \quad D_2 \quad D_3 \quad \cdots \quad D_{17}$$
$$D_{18} \quad D_{19} \quad D_{20} \quad D_{21} \quad \cdots \quad D_{35}$$
$$D_{36} \quad D_{37} \quad D_{38} \quad D_{39} \quad \cdots \quad D_{53}$$
$$D_{54} \quad D_{55} \quad D_{56} \quad D_{57} \quad \cdots \quad D_{71}$$

交织结束后的排列方式为$[D_0 \ D_{18} \ D_{36} \ D_{54} \ D_1 \ D_{19} \ D_{37} \ D_{55} \cdots D_{71}]$。交织的逆运算是解交织。解交织实际上是将打乱顺序的数据按交织前的顺序重新进行排列。解交织器根据交织器的排列规则来恢复数据的原始顺序。

（5）"LTE Symbol Modulator（LTE 符号调制器）"子系统。通过该子系统，将输入的二进制数据流转换为复数调制符号。常用的方式包括 BPSK、QPSK、16QAM 和 64QAM，调制方式决定每个符号表示的位数。根据调制方案，将输入比特流/位流进行分组。根据对应的映射规则，将每组比特/位映射到一个复数符号。

在该设计中，交织后的报头数据采用 BPSK 映射方式，形成报头符号。BPSK 调制阶数为 1，因此 72 位报头数据将映射为 72 个调制符号。

3. 数据子系统

图 11.32 中包含了"Data（数据）"子系统，该子系统的内部结构如图 11.36 所示。

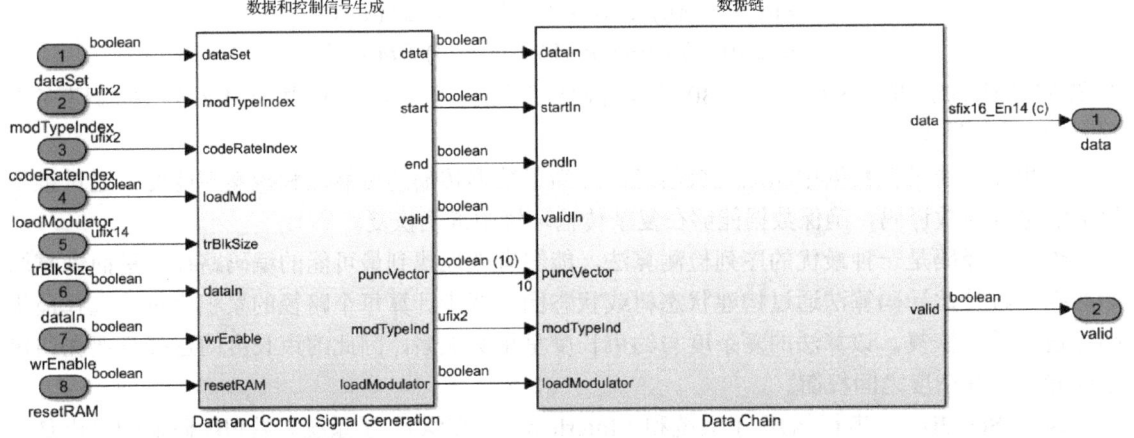

图 11.36　数据子系统的内部结构

从图 11.32 中可知，该子系统由底层的两个子系统构成："Data and Control Signal Generation（数据和控制信号生成）"子系统和"Data Chain（数据链）"子系统。其中，数据和控制信号生成子系统生成用于数据链子系统的控制信号；数据链子系统根据缓存的数据与控制信号进行信源编码与信道编码。

（1）数据和控制信号生成子系统的内部结构如图 11.37 所示。该子系统包含一个 BRAM，它存储输入的有效数据负载。BRAM 端口信号的作用如下所述。

① 数据负载有效信号（wrEnable）：当该信号有效时，使能写计数器，并通过 dataIn 端口向 BRAM 写入数据负载。

② 数据配置信号（dataSet）：当该信号有效时，使能读计数器，并通过 data 端口从 BRAM 中读取数据。

③ 读写计数器的复位信号（resetRAM）：当该信号有效时，复位读写计数器。注意，预分配的 BRAM 容量大小以及读写计数器的位宽要满足不同调制方式和码率对应的传输块大小。因此，参数均按照最大传输块设计，即满足 64QAM 调制类型和 5/6 卷积码率对应的传输块大小。

第 11 章 OFDM 无线传输的 Simulink 实现

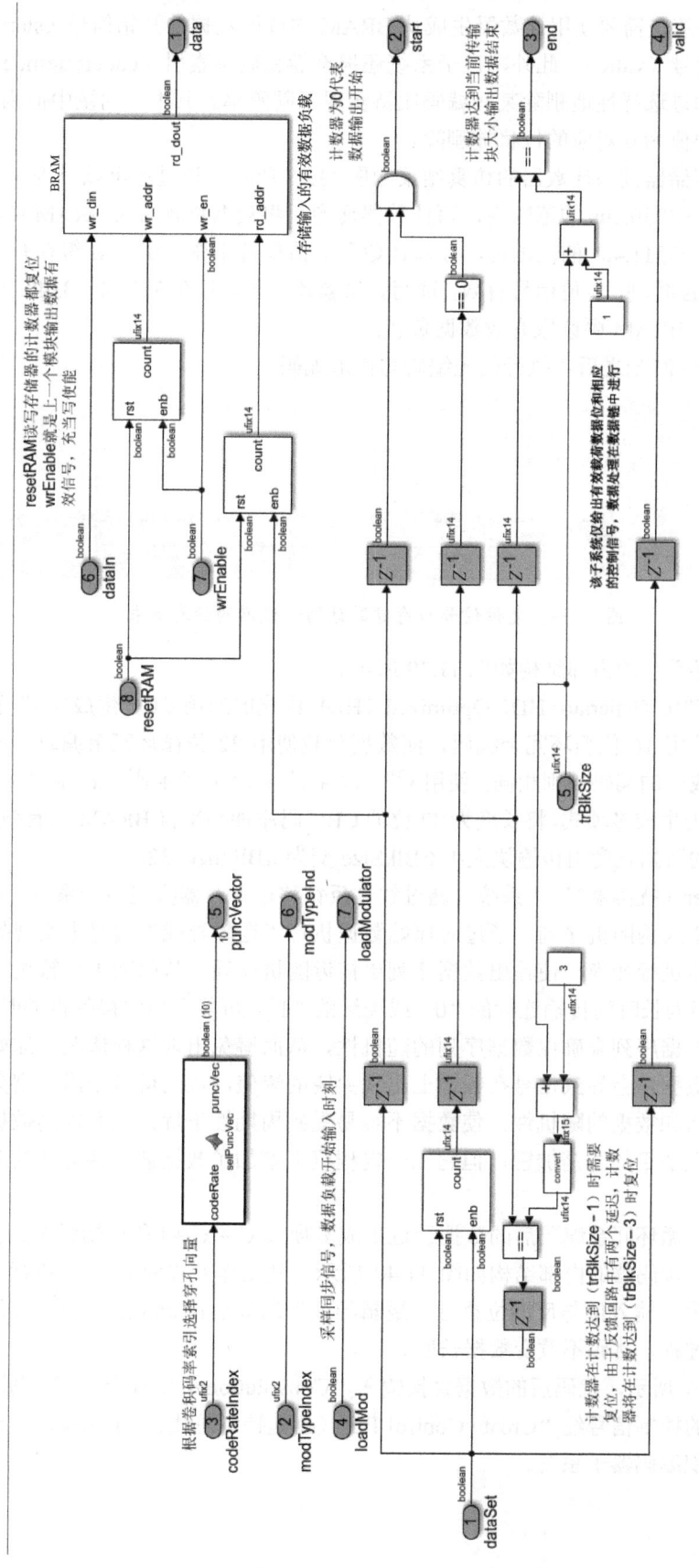

图 11.37 数据和控制信号生成子系统的内部结构

因此，该子系统还需要使用计数器生成从 BRAM 中读取数据的开始信号（start）、结束信号（end）以及有效信号（valid）。此外，该子系统还根据卷积码率索引（codeRateIndex）选择打孔向量，打孔向量通过选择性地删除某些编码比特实现不同码率。其中，向量中值为 1 对应的位将被传输，向量中值为 0 对应的位将被删除。

复位信号与存储器读写计数器的仿真结果如图 11.38 所示。该过程可以分为 4 个阶段：

① 在 3000.0～3030.2μs 的范围内，写计数器递增，将数据负载写入 BRAM 中；

② 在 3030.2～3311.4μs 的范围内，读写计数器的值保持不变，BRAM 缓存有效数据负载；

③ 在 3311.4μs 时刻，复位信号有效，读写计数器均复位，且在 3311.4～3340.3μs 的范围内，读计数器递增，从 BRAM 中读取有效数据负载；

④ 在 3340.3μs 时刻之后，执行信源编码与信道编码。

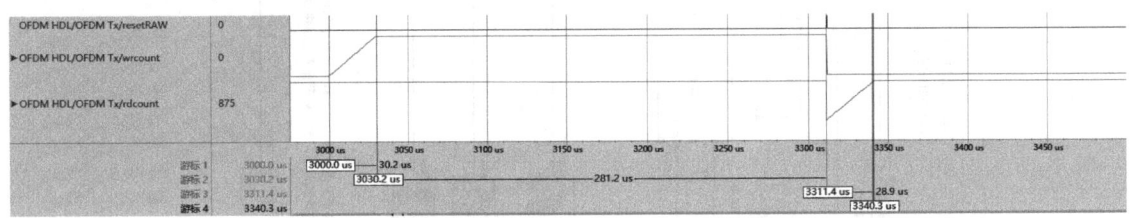

图 11.38　复位信号与存储器读写计数器的仿真结果

（2）数据链子系统的内部结构如图 11.39 所示。

① "General CRC Generator HDL Optimized（HDL 优化的通用 CRC 生成器）"子系统对数据进行编码，报头使用 16 位循环冗余编码，而数据负载使用 32 位循环冗余编码。该子系统的编码规则与报头生成中的编码规则相同，使用 $x^{32}+x^{26}+x^{23}+x^{22}+x^{16}+x^{12}+x^{11}+x^{10}+x^8+x^7+x^5+x^4+x^2+x^1+1$ 作为生成多项式，将长度为 32 位的 CRC 码添加到来自 BRAM 的有效数据负载后，循环冗余编码后的数据长度由传输块大小 trBlkSize 变为 trBlkSize+32。

② "Scrambler（扰码器）"子系统，通过线性反馈移位寄存器实现该子系统。基于多项式，反馈移位寄存器生成伪随机序列，通过对原始数据执行"逻辑异或"运算来实现扰码。扰码的主要作用是对数据进行变换，使输出数据序列更接近随机序列，从而减少传输过程中的重复度和相关度。这是因为长时间传输连续的"0"或连续的"1"，可能会导致接收机的时钟恢复困难，通过扰码来打乱数据序列来确保数据序列的随机性，从而避免出现这种情况；原始数据中如果存在大量重复的数据，会导致信号在频谱上出现尖锐的峰值，扰码可以平滑频谱分布减少频谱聚集；扰码通过增加数据的随机性，使数据不容易受到周期性干扰，从而提高数据传输的可靠性；虽然扰码的主要目的不是加密，但它在一定程度上增加了数据被直接解读的难度，从而增加数据的安全性。

在本设计中，循环冗余编码后的数据经过生成多项式 x^7+x^4+1 和初始状态为 [1 0 1 1 1 0 1] 的扰码器进行扰码。扰码器的内部结构如图 11.40 所示，其工作方式为 x^7 与 x^4 执行"逻辑异或"运算后得到反馈位，输入位与反馈位执行"逻辑异或"运算后得到输出，反馈位作为低位循环左移，重复上述过程，扰码不改变数据长度。

③ 如图 11.39 所示，扰码后的数据直接输入"Convolutional Encoder（卷积编码器）"子系统中，扰码产生的控制信号经"Create Control Bus（创建控制总线）"子系统后生成控制总线，该总线连接至卷积编码器子系统。

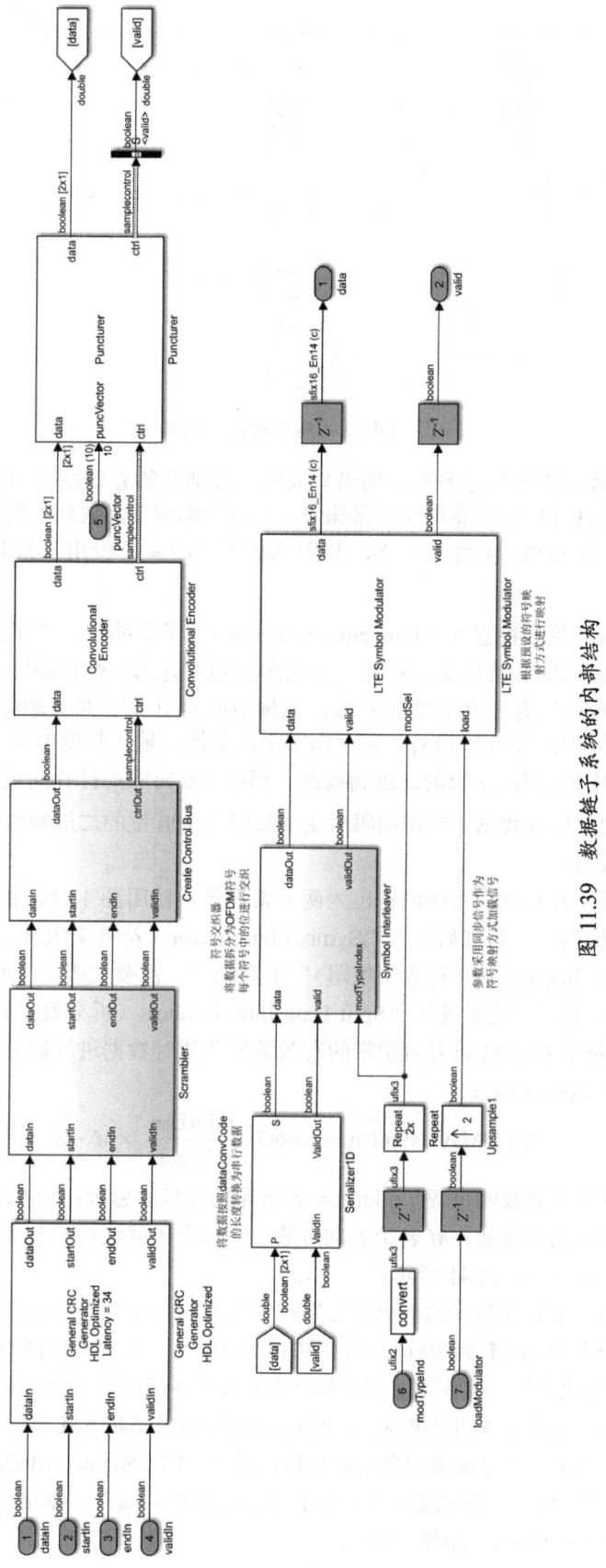

图 11.39 数据链子系统的内部结构

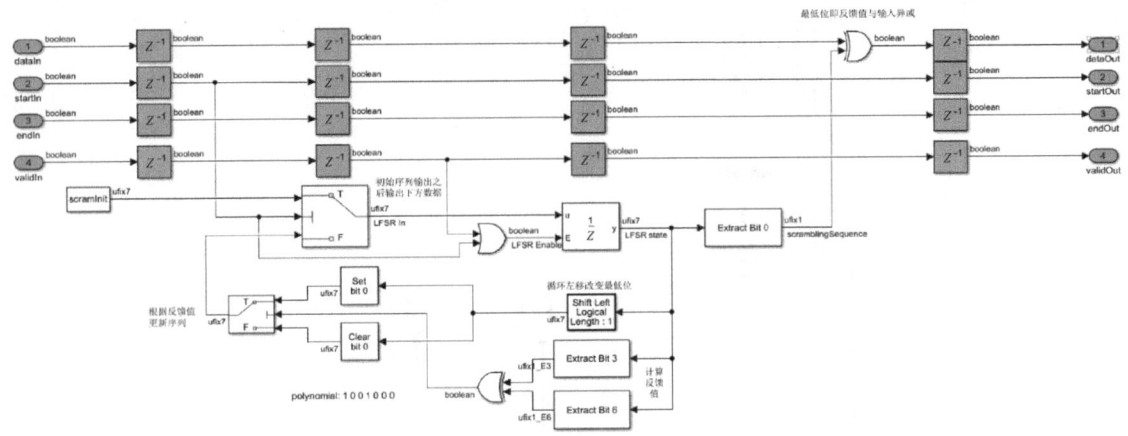

图 11.40 扰码器的内部结构

在该设计中，数据生成部分的卷积编码与报头生成部分的卷积编码相同，均采用约束长度为 7、生成多项式为 [171 133] 的卷积编码器编码。在卷积编码前，数据长度为 trBlkSize+32，编码后的数据长度为 (trBlkSize+32+6)×2，其中添加的 6×2=12 位用于恢复卷积编码器的初始状态。

④ 卷积编码后的数据将输入 "Puncturer（打孔器）" 子系统中，该子系统对从 puncVector 端口输入的打孔向量对输入数据进行打孔。打孔向量通过有选择性地删除某些编码比特来实现不同码率，其中向量中值为 1 的位将被传输，向量中值为 0 的位将被删除。比如，码率为 1/2 时，对应的打孔向量为 [1 1 1 1 1 1 1 1 1 1]，表示保留全部数据，输入长度为 n 位的二进制数据，卷积编码并打孔后变成长度为 $2n$ 位的二进制数据。码率 5/6 对应的打孔向量为 [1 1 1 0 0 1 1 0 0 1]，输入长度为 $5n$ 位的二进制数据，卷积编码后变成长度为 $10n$ 位的二进制数据，打孔后变成长度为 $6n$ 位的二进制数据。

⑤ 卷积编码器使打孔器子系统的输出为两元素向量，使用图 11.39 中的 "Serializer1D" 子系统将并行数据转换为串行数据后送入 "Symbol Interleaver（符号交织器）" 子系统中。

⑥ 在 "Symbol Interleaver（符号交织器）" 子系统中，需要按照 OFDM 符号进行交织。展开该子系统后可知，在交织之前使用 "Split Data Into Symbols（拆分数据到符号）" 子系统。在该子系统中，按照每个 OFDM 符号可携带的有效数据负载对数据进行拆分，根据下式得到每个 OFDM 符号对应的二进制位数：

$$OFDMsybNumBit = \left(subC - \frac{pilotLen}{NData}\right) \times M - 2$$

式中，subC 表示有效子载波的个数；pilotLen 表示导频符号的总数；NData 表示一个 ODFM 帧中数据与导频 OFDM 的符号数；M 表示调制阶数，即每个子载波符号包含的位数。拆分数据到符号子系统的内部结构如图 11.41 所示。

每个数据与负载 OFDM 符号的数据将分别在符号交织器子系统中进行交织，为满足最大数据块交织条件（使用 64QAM 调制时需要交织的数据块最大为 360 个调制符号），因此采用 24 行×15 列的形式进行块交织。交织器支持的输入数据量分别为 60、120、240 和 360（以调制符号个数为单位计算），分别对应于 BPSK、QPSK、16QAM 和 64QAM 调制模式。

⑦ 如图 11.39 所示，进行块交织之后的数据，通过 "LTE Symbol Modulator（LTE 符号调制器）" 子系统进行映射。该子系统的输入端口包括 data（数据）端口、valid（有效）端口、modSel（调制模式选择）端口与 load（加载）端口。

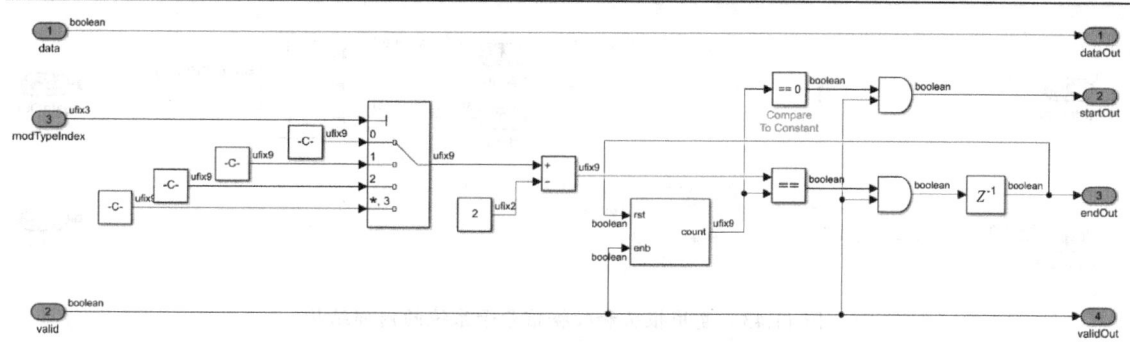

图 11.41　拆分数据到符号子系统的内部结构

11.6.3　多路复用子系统

图 11.23 中包含"Multiplex Preamble Signals（复用前导信号）"子系统和"Multiplex Header and Data Signals（复用报头和数据信号）"子系统。

（1）在复用前导信号子系统中，根据"Frame Generator（数据生成器）"子系统生成的有效信号，对同步信号 ss、参考信号 rs 以及导频信号 pilot 进行多路复用。复用前导信号子系统的内部结构如图 11.42 所示。

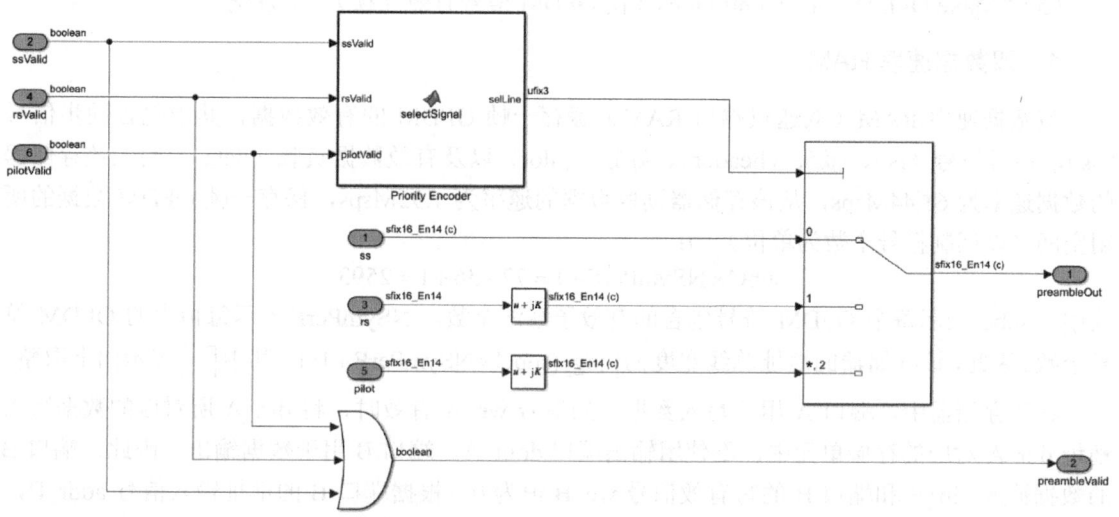

图 11.42　复用前导信号子系统的内部结构

从图 11.42 中可知，当其中任何一个有效信号有效时，生成的前导有效信号（preambleValid）也有效，并在前导信号输出端口（preambleOut）输出对应的同步信号/参考信号/导频信号；当输入的有效信号均无效时，输出的前导使能信号也无效，并在前导信号输出端口输出同步信号 ss。

（2）在复用报头和数据信号子系统中，对报头信号（header）和数据信号（data）进行多路复用，其内部结构如图 11.43 所示。报头有效信号（headerValid）与数据负载有效信号（dataValid）有一个有效时，输出使能信号（validOut）也有效。当输入的报头有效信号（headerValid）有效时，输出报头数据（header）；当输入的报头有效信号（headerValid）无效时，输出数据负载（data）。

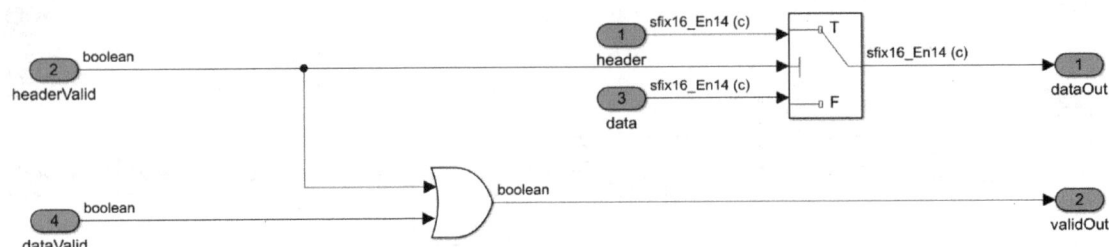

图 11.43 复用报头和数据信号子系统的内部结构

11.6.4 帧形成和 OFDM 调制子系统

图 11.23 中包含"Frame Formation and OFDM Modulation（帧形成和 OFDM 调制）"子系统，该子系统的内部结构如图 11.44 所示。从图中可知，该子系统内包含下面的底层子系统。

(1) "Dual Rate RAM（双数据速率 RAM）"子系统。
(2) "Generate RAM Inputs（生成 RAM 输入）"子系统。
(3) "Generate OFDM Modulator Valid（生成 OFDM 调制器有效）"子系统。
(4) "OFDM Modulator（OFDM 调制器）"子系统。
(5) "Make OFDM Valid Continuous（使 OFDM 信号有效连续）"子系统。

1. 双数据速率 RAM

双数据速率 RAM（双速双端口 RAM）缓存一帧 OFDM 的有效数据，其中包含同步信号（ss）、参考信号（rs）、报头（header）、导频（pilot）以及有效数据负载（data）。写入该存储器的数据速率为 61.44Msps，从该存储器读取数据的速率为 1.92Msps，保存一帧 OFDM 数据的所用空间（以调制符号个数为单位）为：

$$subC \times NSymPerF + 1 = 72 \times 36 + 1 = 2593$$

式中，subC 表示每个 OFDM 符号包含的有效子载波个数，NSymPerF 表示每帧中的 OFDM 符号个数。因此，该存储器的地址总线宽度为 $\lceil \log_2(subC \times NSymPerF + 1) \rceil$，其中 $\lceil \ \rceil$ 表示向上取整。

在该存储器中，端口 A 用于写入数据。当信号 we_A 有效时，将 din_A 所对应的数据写入地址 ddr_A 对应的存储单元中，不使用输出端口 dout_A。端口 B 用于数据输出，因此，端口 B 的数据输入 din_B 和端口 B 的写有效信号 we_B 恒为 0。根据端口 B 的地址输入信号 addr_B，从端口 B 的数据输出端口 dout_B 输出组帧后缓存的数据。

2. 生成 RAM 输入子系统

生成 RAM 输入子系统根据输入的前导部分有效信号（preambleValid）、前导部分数据信号（preambleData）、报头与数据部分有效信号（valid）以及报头与数据部分负载信号（data），通过计数器与查找表，生成存储器数据信号（RAMData）、存储器地址信号（RAMAddress）以及写存储器使能信号（RAMValid）。生成 RAM 输入子系统的内部结构如图 11.45 所示。

当前导部分有效信号有效时，使能前导地址计数器从前导地址查找表中查找前导部分对应的地址，并将前导部分的数据保存到双速双端口 RAM 中。当前导部分使能信号无效且报头与数据部分使能信号有效时，使能数据地址计数器从数据地址查找表中查找报头与数据部分对应的地址，并将报头与数据部分的负载保存到双速双端口 RAM 中。当前导部分有效信号和报头与数据部分有效信号均无效时，双速双端口 RAM 的写存储器使能信号也无效，不会将数据保存到双速双端口 RAM 中。

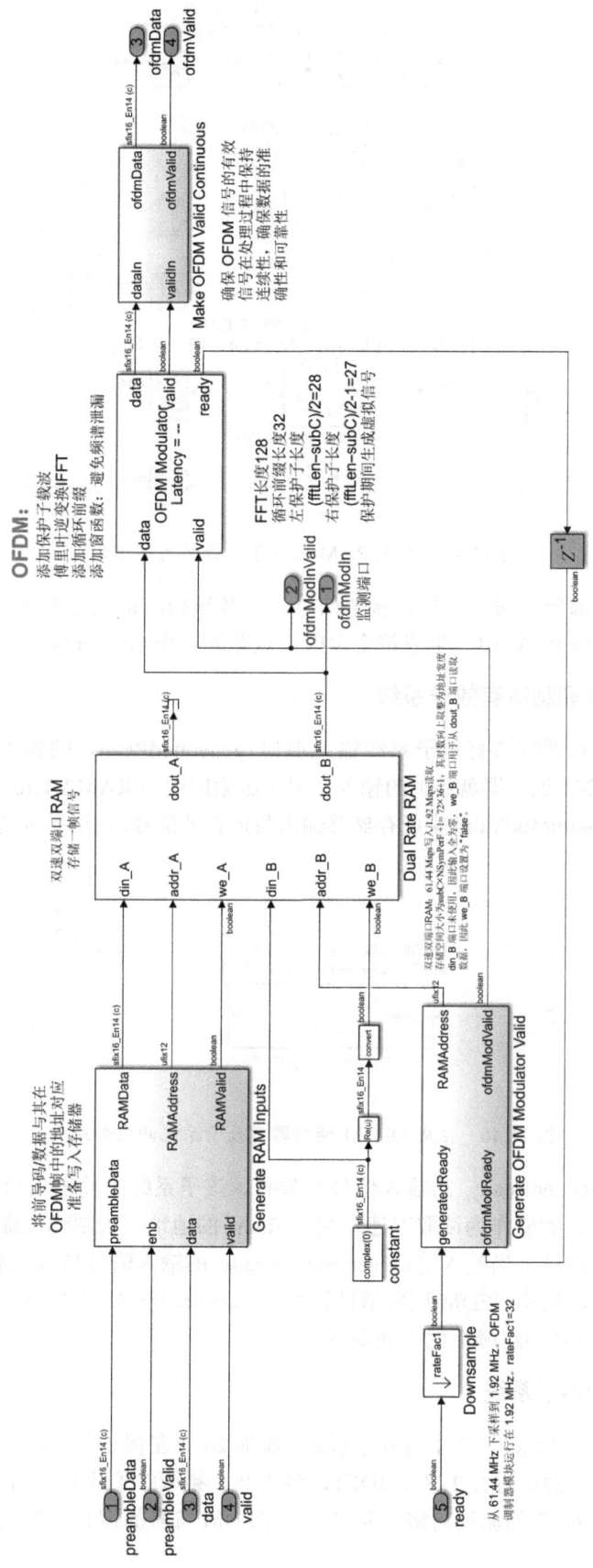

图 11.44 帧形成和 OFDM 调制子系统的内部结构

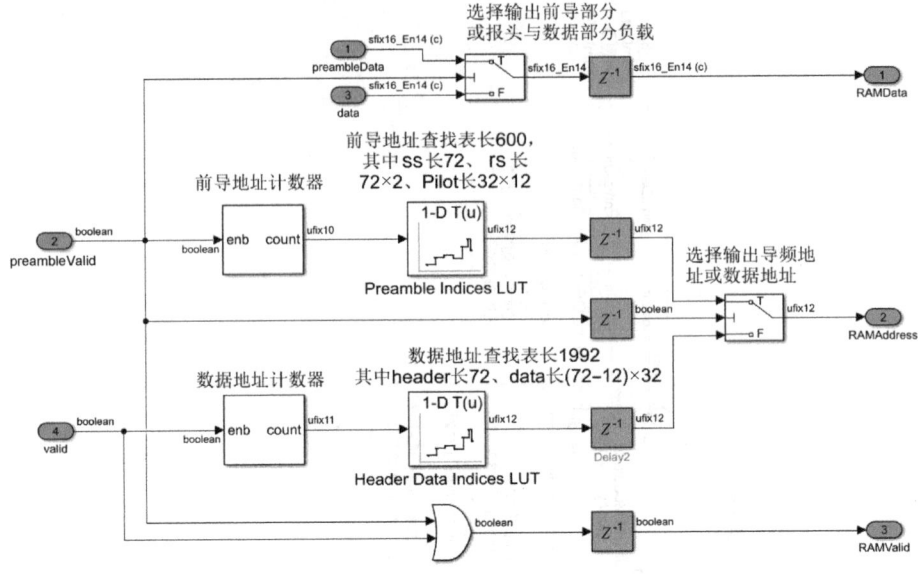

图 11.45　生成 RAM 输入子系统的内部结构

上述过程将前导部分的同步信号、参考信号，以及导频、报头与数据负载部分有效信号按规则保存到双速双端口 RAM 中，生成符合发射机规范的一个 OFDM 帧。

3．生成 OFDM 调制器有效子系统

根据生成 OFDM 调制器有效子系统输入端口 generatedReady 的输入信号以及输入端口 ofdmModReady（OFDM 调制器就绪）的输入信号，在输出端口 RAMAddress 生成存储器读取地址信号、在输出端口 ofdmModValid 生成存储器输出数据有效信号，该子系统的内部结构如图 11.46 所示。

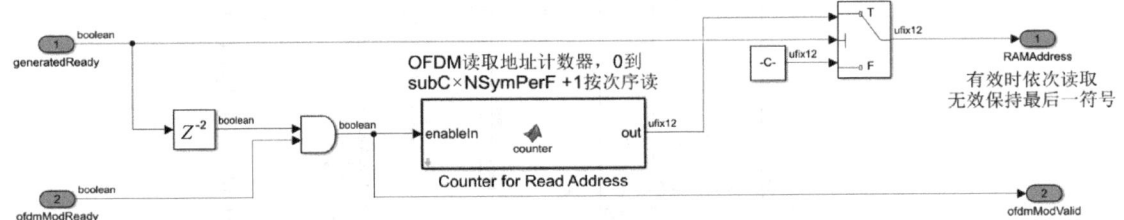

图 11.46　生成 OFDM 调制器有效子系统的内部结构

当输入端口 generatedReady 的输入信号有效时，该子系统的输出端口 RAMAddress 输出 OFDM 读取地址计数器的值作为读取双速双端口 RAM 的地址，否则输出虚拟 OFDM 符号对应的双速双端口 RAM 地址。当输入端口 generatedReady 的输入信号与输入端口 ofdmModReady 的输入信号均有效时，使能 OFDM 读取地址计数器 Counter for Read Address 工作，按地址读取保存在双速双端口 RAM 中组帧后的有效数据。

4．OFDM 调制器子系统

OFDM 调制器子系统输入 72 个有效子载波，添加 28 个左保护子载波与 27 个右保护子载波以及一个直流子载波，然后进行 128 点 IDFT，将 128 个频域的子载波变为 128 个时域样本，最后在其前面添加长度为 32 的循环前缀，完成一个 OFDM 符号的调制。将上述过程进行 36 次即

可完成一帧信号的 OFDM 调制。

5. 使 OFDM 信号有效连续子系统

使 OFDM 信号有效连续子系统的内部结构如图 11.47 所示。当该子系统的输入端口 validIn 在未检测到使能信号上升沿时，输出端口 ofdmValid 输出无效信号且输出端口 ofdmData 输出为 0。在输入端口 validIn 检测到使能信号上升沿时，输出端口 ofdmValid 输出有效信号且输出端口 ofdmData 输出 OFDM 信号。一旦该子系统的输入端口 validIn 输入无效信号，输出端口 ofdmData 输出伪随机信号。

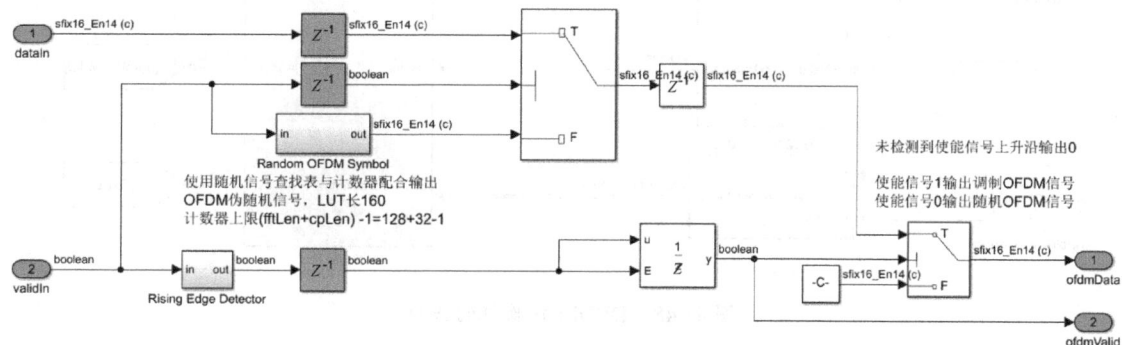

图 11.47 使 OFDM 信号有效连续子系统的内部结构

11.6.5 离散 FIR 滤波子系统

如图 11.23 所示，在发射机的末端通过 "Discrete FIR Filter HDL Optimized（HDL 优化后的离散 FIR 滤波器）"子系统，该子系统采用 RRC 滤波器进行滤波，RRC 滤波器属于 FIR 滤波器中的一种，该类型的滤波器可以消除 ISI，在时域具有抽头系数对称、在频域具有中间幅度大和两边幅度小的特点。

该子系统以 1.4MHz 的带宽对系统中生成的 OFDM 有效信号进行过滤。通过函数 whdlexamples.OFDMTxParameters，得到 RRC 滤波器的抽头系数。

该子系统的输出作为 OFDM 发射机的最终输出。

11.7 OFDM 接收机设计概要

本节将介绍如何在 Simulink 环境下通过调用不同的模型，实现基于 OFDM 构建 HDL 无线通信接收机模型，以及如何从实时场景中接收数据，并基于 OFDM 进行解码恢复信息。接收机支持 BPSK、QPSK、16QAM 和 64QAM 等调制类型，以及 1/2、2/3、3/4 和 5/6 等卷积编码的码率。

接收机可实现下面的功能：

（1）通过同步信号 ss 定位 OFDM 帧的起始位置；

（2）通过循环前缀 CP 估计载波频率偏移（Clock Frequency Offset，CFO）并进行校正；

（3）通过参考信号 rs 进行信道估计与均衡，并对信道中的频率选择性衰落进行校正；

（4）通过导频 pilot 进行载波 CFO 估计与校正。

11.7.1 OFDM 接收机的接口

OFDM 接收机的接口如图 11.48 所示,在"OFDM Rx"顶层模型中提供了 3 个输入端口(dataIn、validIn 和 impairmentControl)和 3 个输出端口(dataOut、validOut 和 diagBus)。

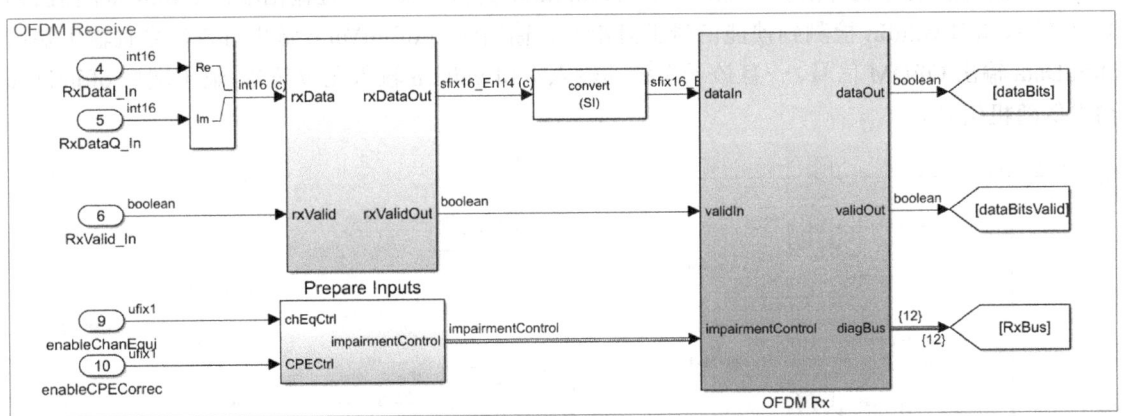

图 11.48 DFDM 接收机的接口

1. 输入端口

(1) dataIn 端口以 1.92Msps 采样率输入 XC7Z100 SoC 接收后采样的 16 位复数信号数据。

(2) validIn 端口用于输入数据有效信号。

(3) impairmentControl 端口为控制信道衰减的总线。

① 该总线包含选择载波 CFO 数据源的控制信号 frequencyOffsetCorrectionType。当该信号为"1"时,使用内部 CFO 估计值进行校正;否则,使用外部输入的 CFO 值进行校正。

② 总线中的信号 ExternalFrequencyOffset 用于提供范围为 –7400～7400Hz 的 14 位 CFO 数据以进行 CFO 校正。

③ 总线中的信号 channelEqualizerControl 用于选择使能或禁止信道均衡。当该信号为"1"时,使能信道均衡;否则,禁止信道均衡。

④ 总线中的信号 CPECorrectionControl 用于选择使能或禁止相位误差校正。当该信号为"1"时,使能相位误差校正;否则,禁止相位误差校正。

2. 输出端口

(1) dataOut 端口用于输出解码后的二进制数据。

(2) validOut 端口指示输出数据的有效性。

(3) diagBus 端口为状态信号总线,用于诊断。该总线包括下面的信号:

① 数据校验失败信号 frameError;

② 数据校验成功信号 frameDecoded;

③ 载波频率偏移估计值信号 frequencyOffsetEstimate;

④ 定时同步信号 timeSynchronised;

⑤ 报头校验失败信号 headerError;

⑥ 报头成功捕获信号 headerCaptured;

⑦ 调制类型信号 decodedModType;

⑧ 卷积码率信号 decodedCodeRate；
⑨ 报头使能信号 headerConstellationValid；
⑩ 报头星座图信号 headerConstellationPoints；
⑪ 数据使能信号 dataConstellationValid；
⑫ 数据星座图信号 headerConstellationPoints。

11.7.2 OFDM 接收机结构

OFDM 接收机结构如图 11.49 所示，OFDM 接收机以 1.92Msps 的采样率对接收的信号进行采样。采样后的数据流依次进行接收滤波、频偏估计、频偏校正、定时同步、OFDM 解调、子载波解析、信道估计、信道均衡、报头恢复、数据恢复等处理。其中：

（1）报头恢复包括反映射、解交织、维特比译码、CRC 校验；
（2）数据恢复包括反映射、解交织、去打孔、维特比译码、解扰、CRC 校验。

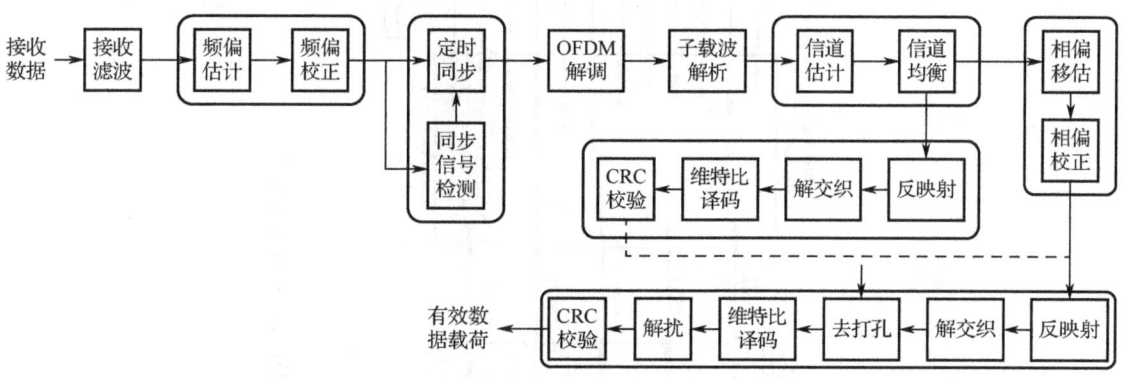

图 11.49　OFDM 接收机的结构

在 OFDM 接收机中：

（1）接收滤波器输出的信号送到频偏估计器和频率校正器，分别估计和校正 CFO，然后将样本送到同步信号检测器；

（2）同步信号检测器的输出用于定时同步以及检测帧的起始位置；

（3）定时同步后的数据使用 OFDM 解调器对输入信号进行解调，将时域信号转变为频域子载波；

（4）子载波解析器解析参考子载波、报头子载波和数据子载波；

（5）信道估计器通过输入的参考子载波估计信道频率响应，信道均衡器根据信道估计值对报头和数据子载波进行均衡；

（6）报头恢复模块使用信道均衡后的报头子载波恢复报头；

（7）载波相位误差估计器通过导频估计数据子载波中的相位误差，并使用载波相位误差校正器对有效数据负载进行校正；

（8）数据恢复部分使用报头信息和载波相位偏移校正后的数据子载波解码得出数据位。

11.8　OFDM 接收机详细设计

OFDM 接收机的内部结构如图 11.50 所示。

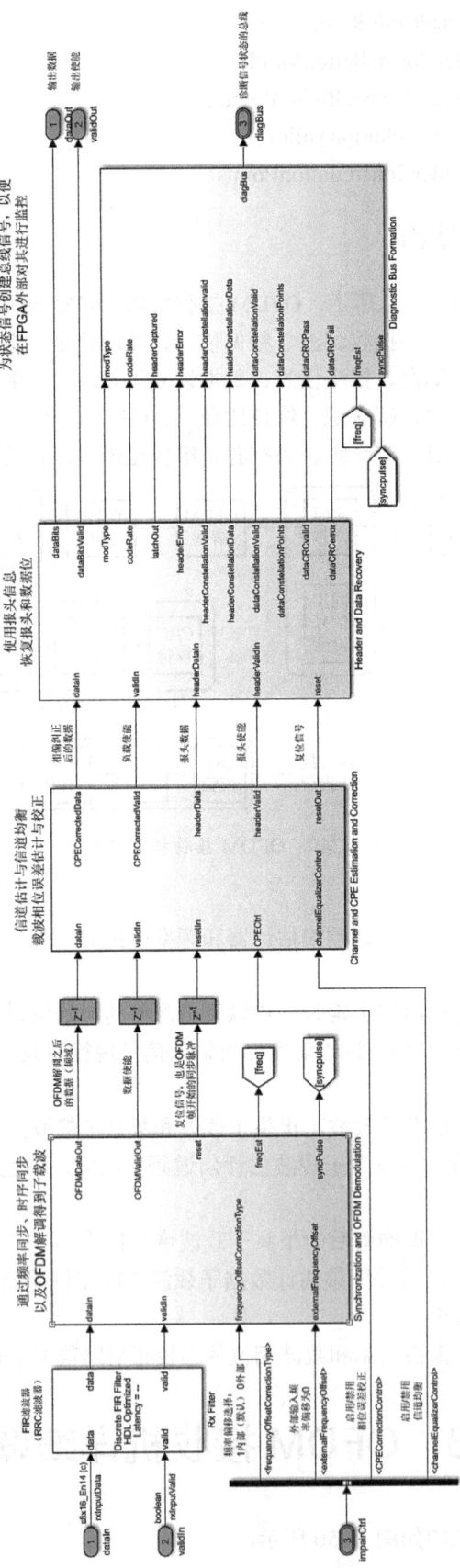

图 11.50 OFDM 接收机的内部结构

（1）"Discrete FIR Filter HDL Optimized（HDL 优化后的离散 RRC 滤波器）"子系统。
（2）"Synchronization and OFDM Demodulation（同步和 OFDM 解调）"子系统。
（3）"Channel and CPE Estimation and Correction（信道和载波相位误差估计与校正）"子系统。
（4）"Header and Data Recovery（报头和数据恢复）"子系统。
（5）"Diagnostic Bus Formation（诊断总线生成）"子系统。

11.8.1 同步和 OFDM 解调子系统

图 11.51 给出了同步和 OFDM 解调子系统的内部结构。在该子系统中，按顺序执行下面的操作。

（1）进行频率同步与定时同步。
（2）通过帧控制子系统生成帧起始信号与结束信号并丢弃边界之外的样本。
（3）将保留的数据根据 DFT 长度、循环前缀长度、保护子载波长度进行 OFDM 解调生成子载波。

在图 11.51 中，频率和定时同步子系统的输出端口 syncPulse 提供的帧同步信号与该子系统输出端口 freqEst 提供的 CFO 信号用于监测，帧同步信号延迟后作为复位信号与输出的数据保持同步。

如图 11.52 所示，频率同步与定时同步子系统包含 "CFO Estimation and Correction and SS Detection（载波频率偏移估计和校正以及同步信号检测）"子系统和"Timing Adjust（定时调整）"子系统。其中，载波频率偏移估计和校正以及同步信号检测子系统的端口功能如下所述。

（1）输出端口 timing 提供定时误差信号。
（2）输出端口 timingValid 提供定时误差有效信号。
（3）输出端口 frequencyCorrectedData 提供载波频率偏移校正后的数据。
（4）输出端口 frequencyCorrectedValid 提供载波频率偏移校正后的有效信号，该信号用于定时调整子系统以实现定时同步。

如图 11.53 所示，载波频率偏移估计和校正以及同步信号检测子系统包括 "CFO Estimation and SS Detection（CFO 估计与同步信号检测）"子系统和 "Frequency Correction Nx（频率校正 Nx）"子系统。其中，频率校正 Nx 子系统根据外部输入的 freqCtrl 信号选择载波频率偏移值的来源，可以使用外部输入的固定数值校正 CFO，也可以使用内部 CFO 估计与同步信号检测子系统计算出的数值校正 CFO。

CFO 估计与同步信号检测子系统的内部结构如图 11.54 所示。该子系统包括"CFO Estimation（CFO 估计）"子系统、"Frequency Correction 1x（频率校正 1x）"子系统，以及"Sync Signal Search（同步信号搜索）"子系统。

1. 载波频率偏移估计和校正以及同步信号检测子系统

在 OFDM 系统中，载波频率偏移会导致相邻子载波之间的干扰，严重影响系统的性能。在本设计中，CFO 估计与同步信号检测子系统使用循环前缀相关技术估计输入信号的载波频率偏移，该子系统的内部结构如图 11.55 所示。

利用数据中的已知结构进行估计，属于数据辅助估计。同时，该过程依赖已知的信号特征，而不是完全通过接收的数据本身进行估计，属于非盲估计。

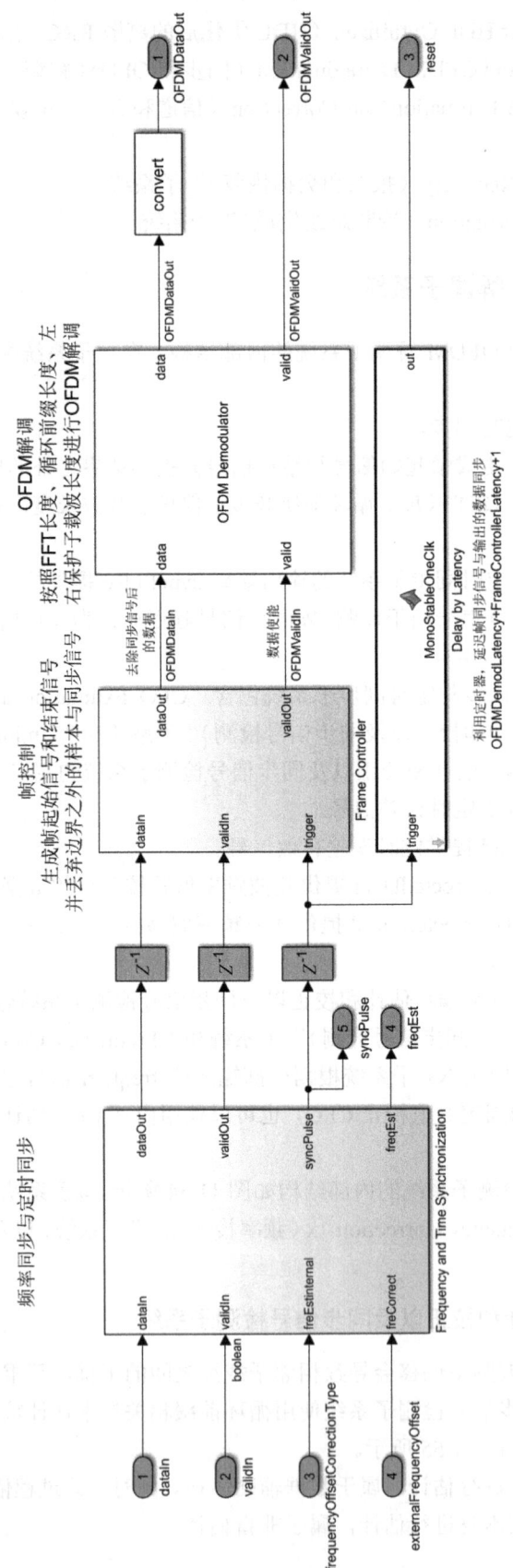

图 11.51 同步和 OFDM 解调子系统的内部结构

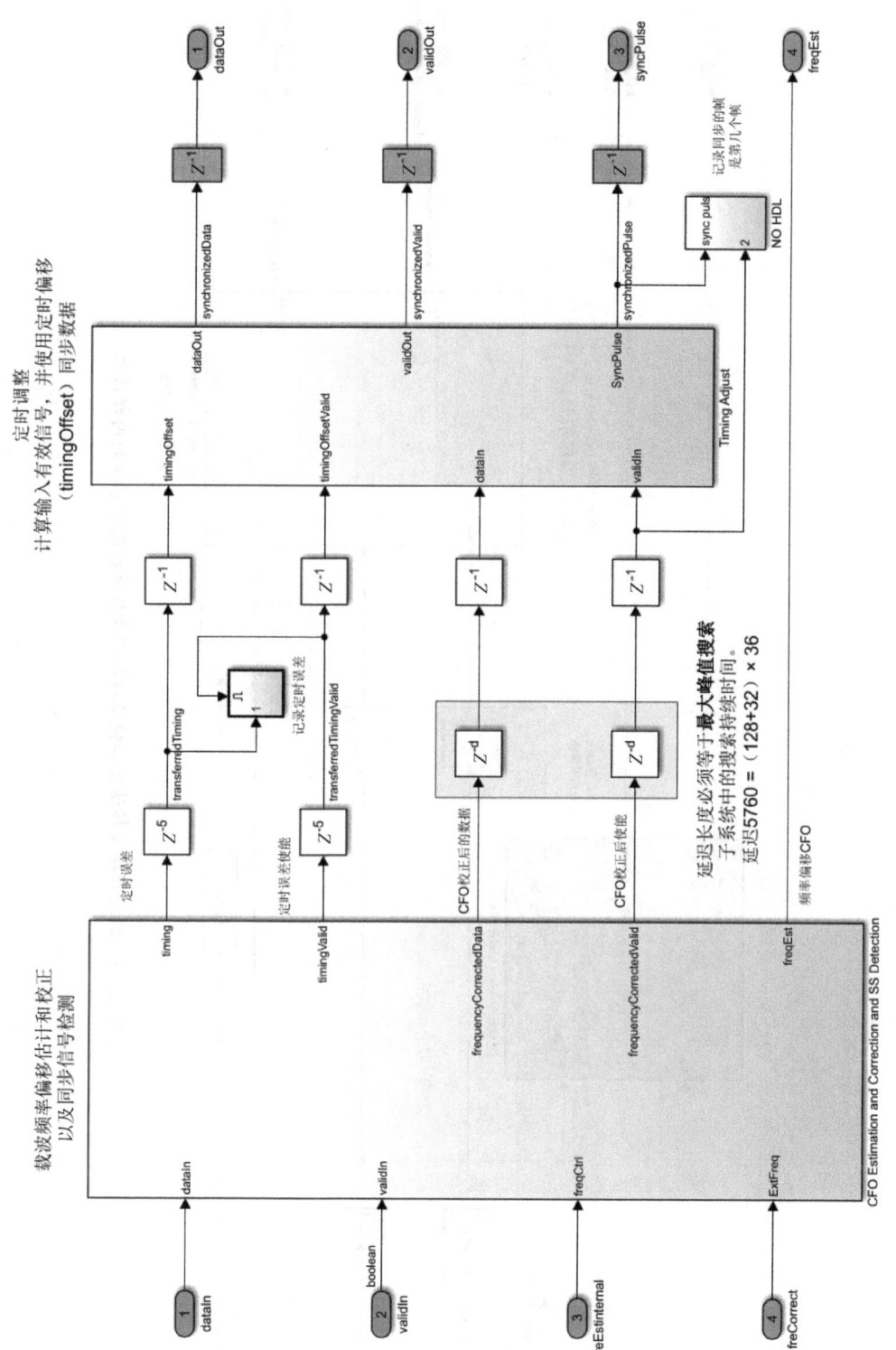

图 11.52 频率同步与定时同步子系统的内部结构

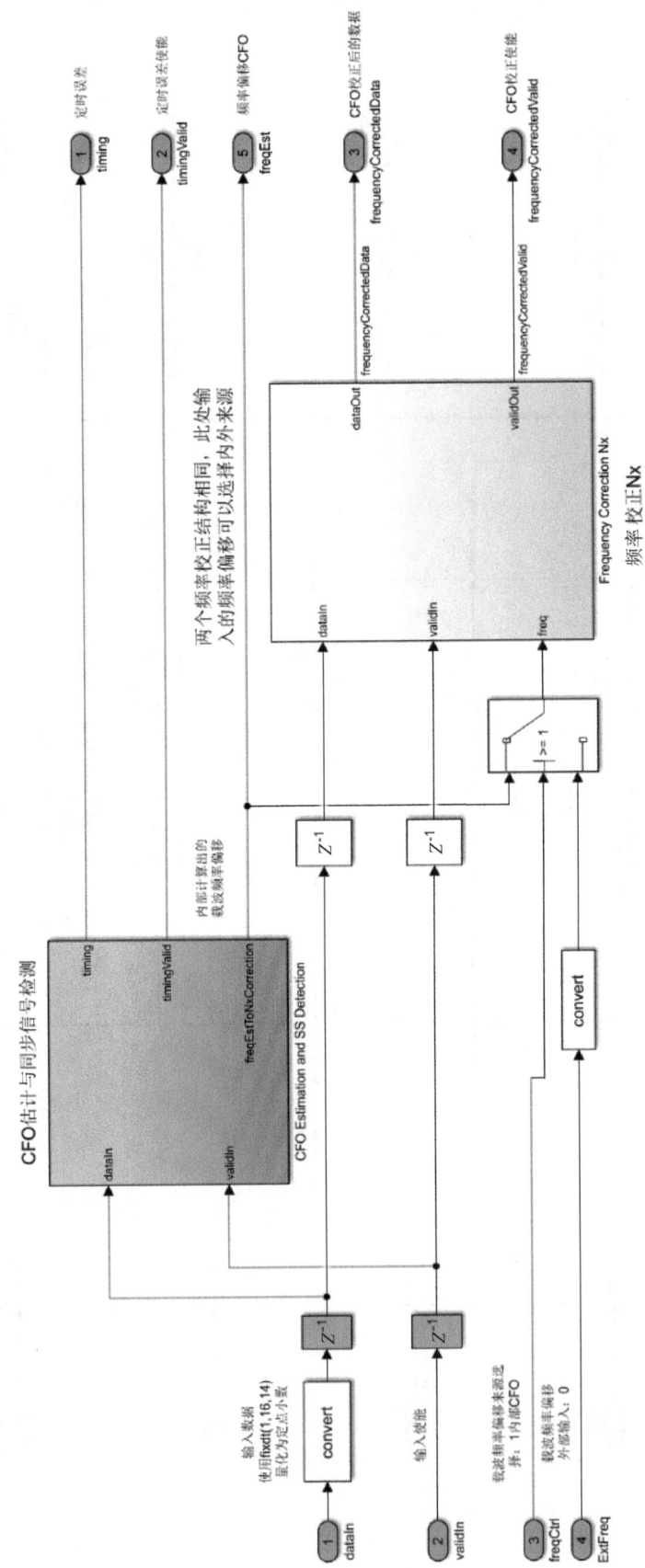

图 11.53 载波频率偏移估计和校正以及同步信号检测子系统的内部结构

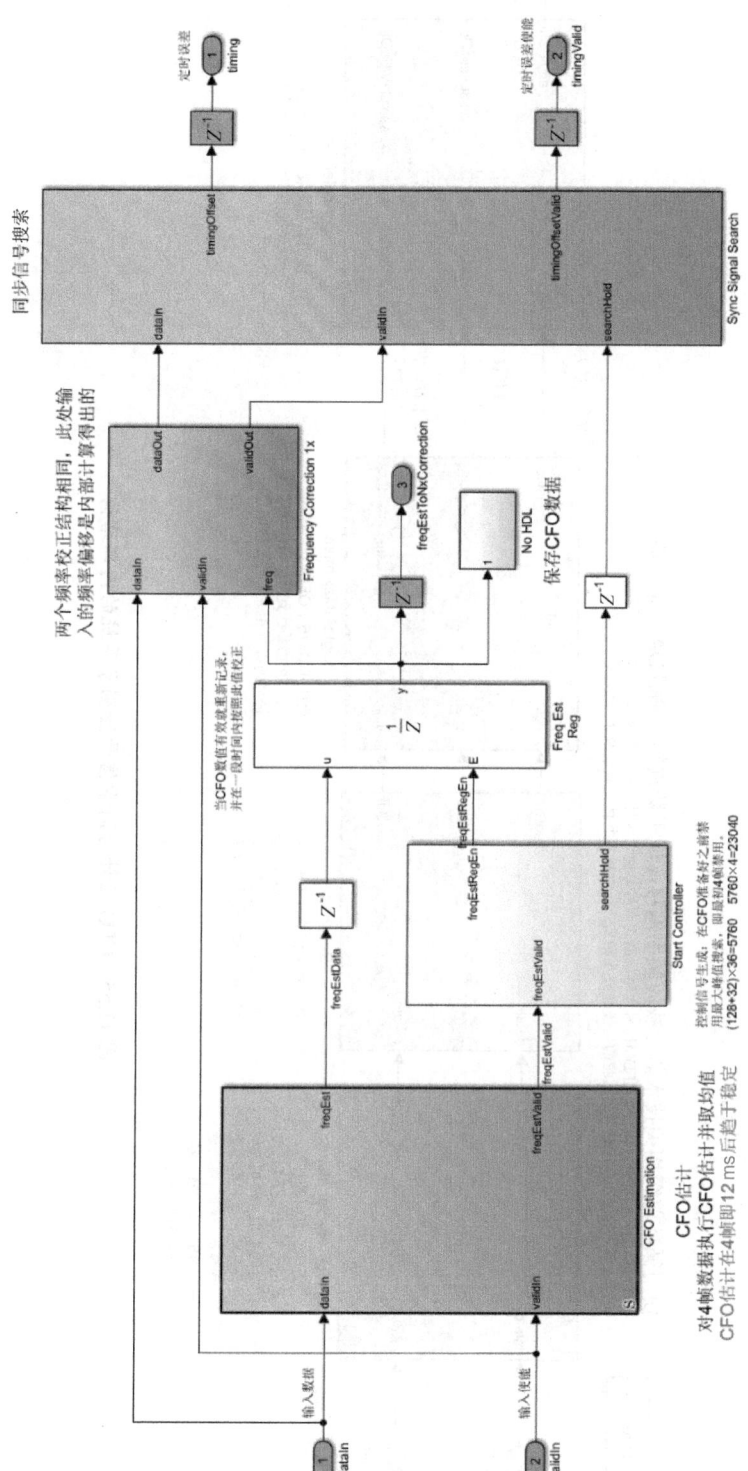

图 11.54 CFO 估计与同步信号检测子系统的内部结构

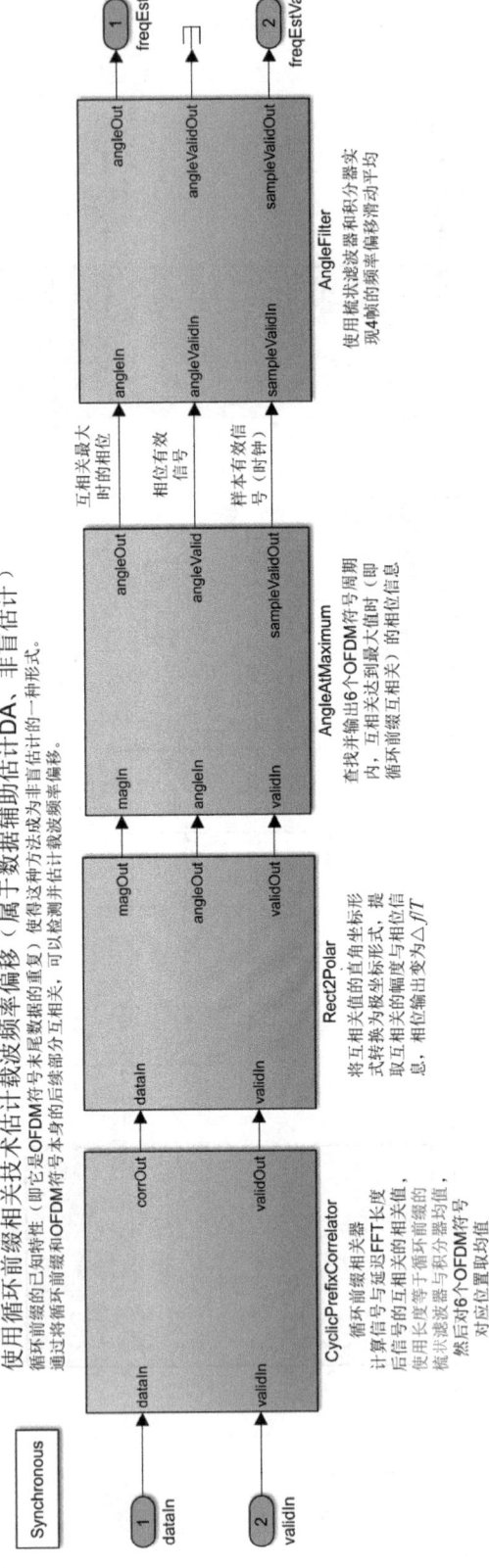

图 11.55 CFO 估计与同步信号检测子系统的内部结构

通过计算循环前缀与 OFDM 符号之间的互相关，可以确定频率偏移的大小。假设发送的信号表示为 $S(t)$，接收的信号 $R(t)$ 受到载波频率偏移 Δf 的影响，用下式表示：

$$R(t) = S(t) \times e^{2\pi j \Delta f t}$$

将上式离散化后，可以表示为：

$$R(n) = S(n) \times e^{2\pi j \frac{\Delta f}{f_s} n}$$

将接收信号延迟后与自身进行互相关 $P(k)$，用下式表示：

$$\begin{aligned} P(k) &= \frac{1}{\text{CPLen}} \sum_{m=0}^{\text{CPLen}} \left[\overline{R(k+m)} \times R(k+m+\text{FFTLen}) \right] \\ &= \frac{1}{\text{CPLen}} \sum_{m=0}^{\text{CPLen}} \left[\overline{R(k+m)} \times R(k+m+\text{FFTLen}) \right] \\ &= \frac{e^{2\pi j \frac{\Delta f}{f_s} \text{FFTLen}}}{\text{CPLen}} \sum_{m=0}^{\text{CPLen}} \left[\overline{S(k+m)} \times S(k+m+\text{FFTLen}) \right] \end{aligned}$$

式中，$P(k)$ 为互相关的值，k 为互相关起点，CPLen 为循环前缀长度，FFTLen 为 DFT 的长度。此过程的具体实现如图 11.56 所示，该图给出了图 11.55 中"CyclincPrefixCorrelator（循环前缀相关器）"子系统的内部结构。图 11.56 中，"CPAverage（循环前缀均值器）"子系统使用梳状滤波器与积分器实现了滑动窗口取平均。此外，为了使系统参数更加可靠，输出的互相关结果为 6 个 OFDM 符号内的均值，采用"Average6Symbols（平均 6 个符号）"子系统实现。

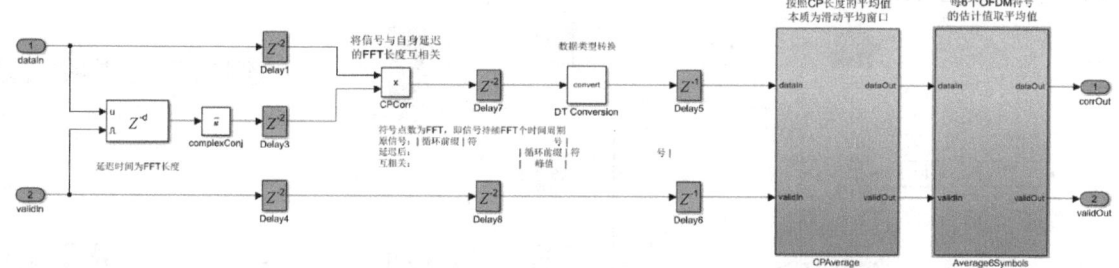

图 11.56 循环前缀相关器子系统的内部结构

根据循环前缀的已知特性，它是 OFDM 符号末尾数据的重复，因此上式中当起点 k 为循环前缀的起点时，满足下面的条件：

$$S(k+m) = S(k+m+\text{FFTLen})$$

因此，得到下面的结果：

$$\overline{S(k+m)} \times S(k+m+\text{FFTLen}) = |S(k+m)|^2$$

互相关的值 $P(k)$ 的幅度达到最大值，且此时 $P(k)$ 的相位仅与载波频率偏移 Δf 相关。

如图 11.55 所示，使用"Rect2Polar"子系统分别提取互相关的幅度和相位信息。然后，使用"AngleAtMaximum（载波频率偏移检测）"子系统查找 6 个 OFDM 符号周期内互相关幅度达到最大的相关峰，并记录其相位（载波频率偏移），载波频率偏移检测子系统的内部结构如图 11.57 所示。最后，经过"AngleFilter（角度滤波器）"子系统，在该子系统内使用梳状滤波器与积分器实现平均滤波器，用于在 4 帧（12ms）的时间内对所有记录的相位角取平均值，作为最终 CFO 的估计值。

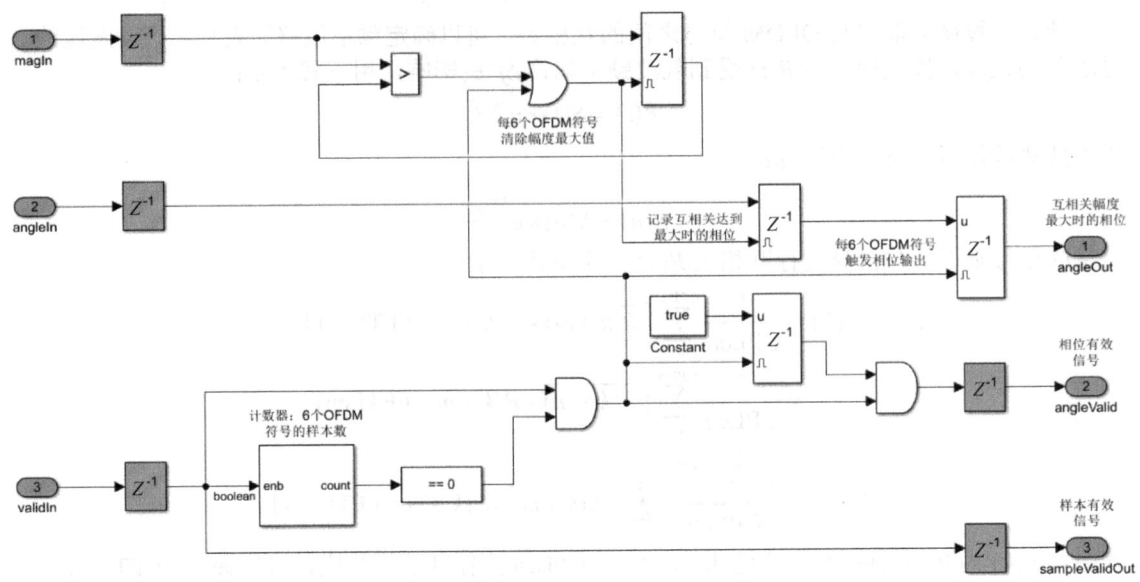

图 11.57 载波频率偏移检测子系统的内部结构

此外，在"Frequency Correction 1x（频率校正 1x）"子系统的内部，通过数控振荡器（Numerically Controlled Oscillator，NCO）生成补偿信号，并将其与原始数据信号相乘实现频率偏移校正，如图 11.58 所示。

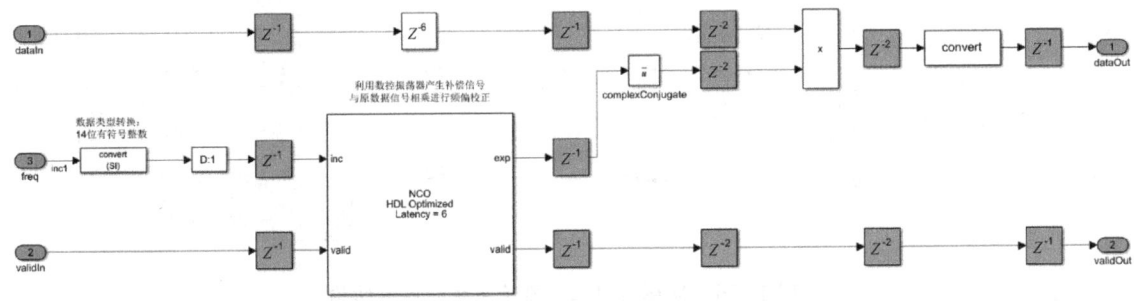

图 11.58 频率校正 1x 子系统的内部结构

2. 定时误差估计与调整子系统

由于 CFO 估计中对 4 帧数据执行 CFO 估计并取均值，所以系统在 4 帧（12ms）后才趋于稳定，因此在前 4 帧应禁止图 11.54 中同步信号搜索子系统的最大峰值搜索功能。

在 OFDM 系统中，利用同步信号进行定时同步是确保接收机能够正确解调数据的关键。在发射机内，周期性地将同步信号插入数据流中，这样具有良好的自相关特性，以便于在接收机中进行检测。接收机对接收的信号进行预处理，确保信号在最佳条件下进行同步操作。同步信号搜索子系统检测接收信号中同步信号的相关性，并计算每个相关器范围内接收信号的能量，然后进行标定生成阈值。最大峰值搜索子系统在 12ms 之后开始搜索最大相关峰，并在每个 3ms 的时间窗口内进行搜索。通过检测互相关结果中的最大峰值，可以确定同步信号的起始位置。根据最大峰值的位置，计算接收信号的定时偏移量。同步信号搜索子系统的内部结构如图 11.59 所示。

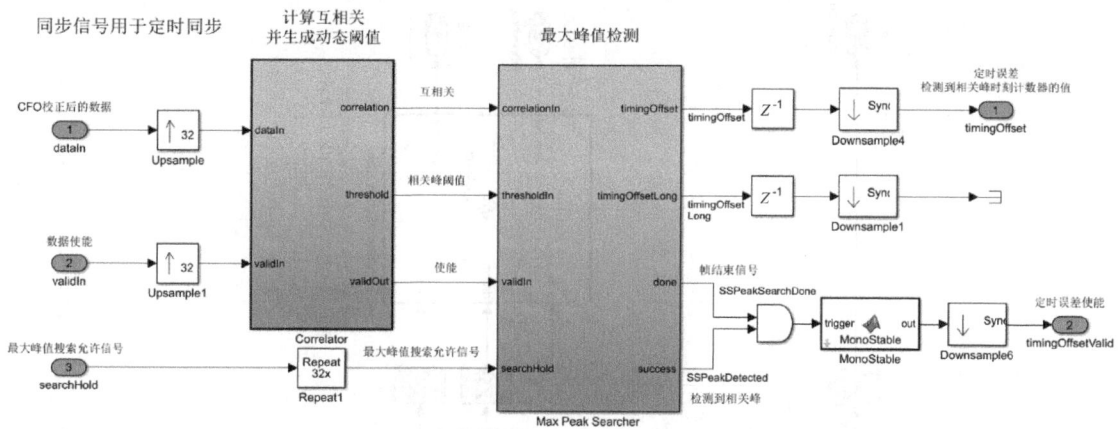

图 11.59　同步信号搜索子系统的内部结构

通过下式，对接收的信号 $R(n)$ 与同步信号 $ss(n)$ 进行交叉互相关计算：

$$P(k) = \sum_{m=0}^{SSLen-1} [ss(m) \times R(m+k)]$$

式中，SSLen 为同步信号的长度。

图 11.59 中"Correlator（互相关器）"子系统的内部结构如图 11.60 所示。其中，"SyncSignalXCorr0（同步信号交叉互相关 0）"子系统可以将已知的同步信号配置为 FIR 滤波器系数，接收的信号经过 FIR 滤波器即可输出交叉互相关的值。然后通过"MagnitudeSquared0（幅度平方 0）"子系统计算互相关的幅度平方。

图 11.60 中，输入数据通过"ThresholdPrescaling（阈值预缩放）"子系统进行预处理，然后通过"MagnitudeSquared（幅度平方）"子系统计算缩放后的输入数据能量，最后在"MovingSum（滑动求和）"子系统中使用梳状滤波器与累加器进行长度等于同步信号的窗口求和，产生相关峰的阈值。

图 11.59 中"Max Peak Searcher（最大峰值搜索）"子系统的内部结构如图 11.61 所示。

（1）若当前互相关大于阈值，则最大峰值搜索子系统输出端口 success 检测到相关峰的状态信号 SSPeakDetected 有效。

（2）若当前互相关大于阈值且大于之前记录的最大互相关，则更新寄存器中记录的最大互相关，并通过该子系统输出端口 timingOffset 输出 timingOffset 信号，该信号表示帧计数器的值（定时误差）。

（3）若计数器的值达到上限，则代表一帧信号长度的数据完成了最大峰值检测，通过该子系统输出端口 done 的信号 SSPeakSearchDone 来表示帧结束，且复位记录的最大互相关、检测到相关峰的指示信号以及定时误差。

（4）在信号 SSPeakSearchDone 有效时，若检测到相关峰的指示信号 SSPeakDetected 也有效，代表一帧数据内检测到了相关峰，此时输出的定时误差信号 timingOffset 有效。

在最大相关值处，由最大峰值搜索子系统记录的定时误差传输到图 11.52 中的"Timing Adjust（定时调整）"子系统进行时间同步，定时调整子系统的内部结构如图 11.62 所示。

当该子系统输入端口 validIn 的输入信号有效时，使能参考计数器，在 [0, samplesPerFrame) 范围内计数。其中，samplesPerFrame 为每一帧包含的样本数。当计数器的值等于输入端口 timingOffset 输入的定时误差，且图 11.62 中的"State Register（状态寄存器）"输出为"1"时，触发同步脉冲信号 SyncPulse。在一个时钟周期后，将状态寄存器复位。

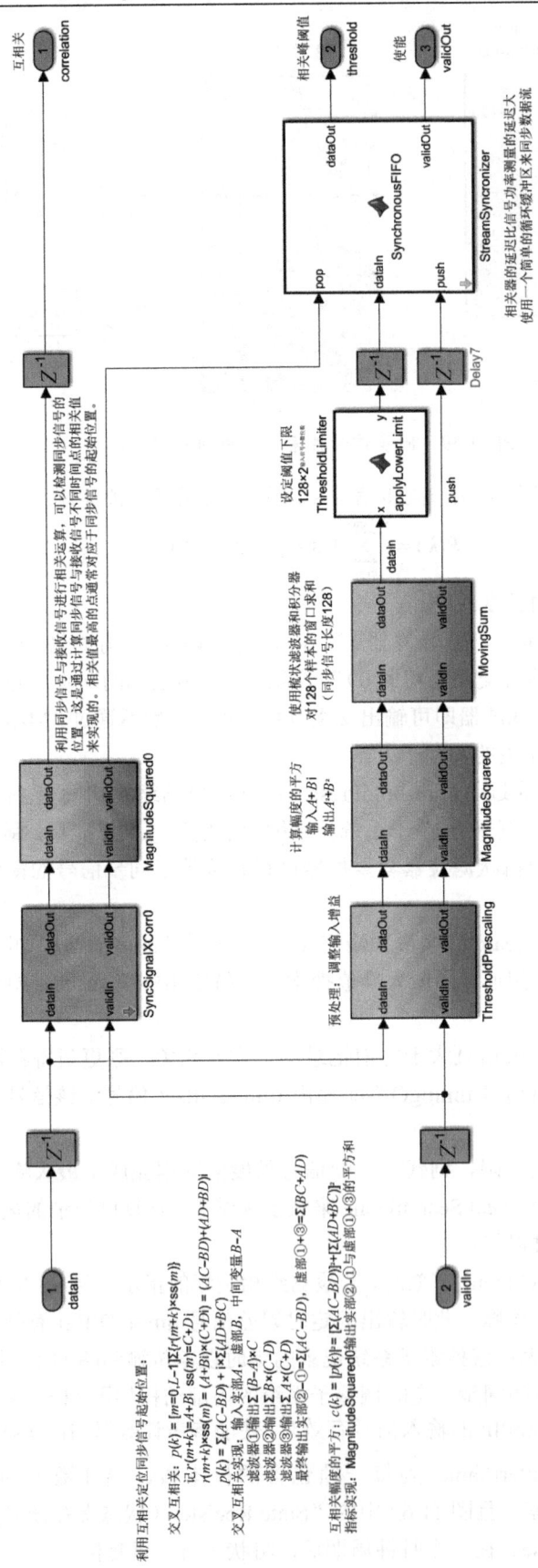

图 11.60 互相关器子系统的内部结构

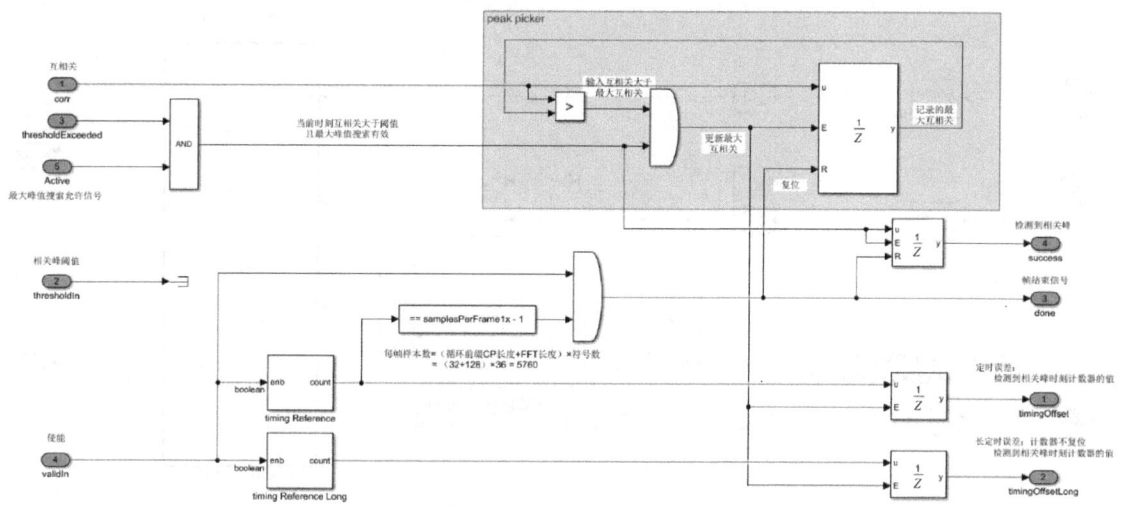

图 11.61 最大峰值搜索子系统的内部结构

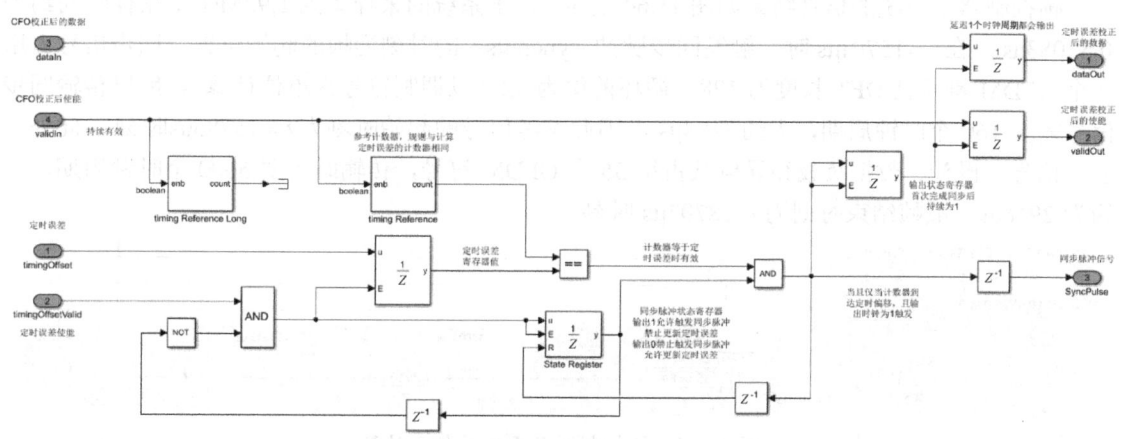

图 11.62 定时调整子系统的内部结构

当该子系统输入端口 timingOffsetValid 的输入定时误差有效信号有效时,更新图 11.62 中定时误差寄存器中记录的定时误差值,且再次使能状态寄存器,等待触发下一次同步脉冲信号 SyncPulse。

此外,首次触发同步信号前,该子系统输出端口 dataOut 输出的数据 synchronizedData 与输出端口 validOut 输出的有效信号 synchronizedValid 均为零。首次触发同步信号 SyncPulse 后输出寄存器有效,开始输出数据与使能。

3. OFDM 帧控制器子系统

如图 11.51 所示,在定时同步之后,进入"Frame Controller(帧控制器)"子系统,该子系统的内部结构如图 11.63 所示。

通过该子系统输入端口 trigger 输入的同步信号连接到"Sample Discard Controller(采样舍弃控制器)"子系统的输入端口 startIn 和 endIn,用于产生帧开始信号与帧结束信号。当触发帧开始信号 startIn 时,输出端口 dataOut 和 validOut 分别直连到输入端口 dataIn 和输入端口 validIn;当触发帧结束信号 endIn 时,输出端口 dataOut 输出的数据为零且输出端口 validOut 输出的信号无效。

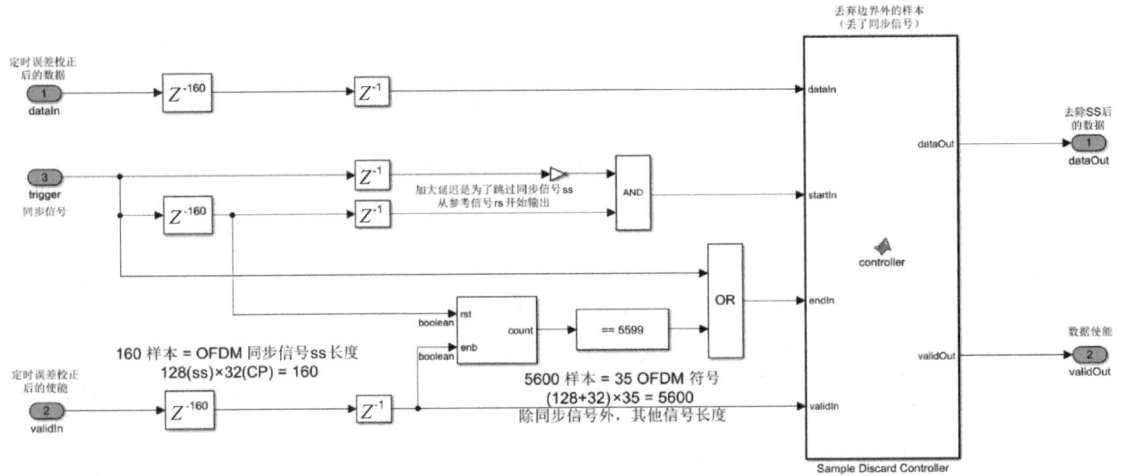

图 11.63　帧控制器子系统的内部结构

帧控制器子系统的仿真结果如图 11.64 所示。该子系统的采样率为 1.92Msps，采样时间约为 0.52083μs。在 $t=15701$μs 时，触发同步脉冲 syncpulse 的时刻为帧的起始位置，同步信号占用一个 OFDM 符号且 DFT 长度为 128，循环前缀为 32（以调制符号为单位计算），所以传输同步信号需要 160 个时钟周期，大约为 84μs，因此参考信号的起始时刻为 $t=15785$μs 时刻。此外，参考信号、报头、数据负载和导频共占用 35 个 OFDM 符号，传输时需要 5600 个时钟周期，大约为 2916μs，故帧结束时刻为 $t=18702$μs 时刻。

图 11.64　帧控制器子系统的仿真结果

OFDM 解调器模块按照 DFT 长度、循环前缀长度以及保护子载波长度，对同步后的样本进行解调，生成参考子载波、报头子载波、导频子载波以及数据负载子载波。

11.8.2　信道和载波相位误差估计与校正子系统

图 11.50 中的信道和载波相位误差估计与校正子系统的内部结构如图 11.65 所示。该子系统内部包含以下子系统。

（1）"Reference Signal Parsing（参考信号解析）"子系统：对输入子载波信号 dataIn、有效信号 validIn 以及 OFDM 帧同步信号 resetIn 进行子载波解析。注意，输入的子载波不包含同步信号。输出端口 dataOut 输出子载波，输出端口 cvalidOut 标记输出为参考信号，输出端口 validOut 标记输出为报头、数据负载与导频。

（2）"Channel Estimation and Equalization（信道估计和均衡）"子系统：该子系统使用参考信号进行信道估计与均衡。在该子系统中，包含两个底层的子系统，分别是"Channel Estimation（信道估计）"子系统和"Channel Equalization（信道均衡）"子系统。

（3）"Header and Data Parsing（报头和数据解析）"子系统：该子系统对均衡后的数据进行报头与数据解析，输出端口 dataOut 输出子载波数据，输出端口 hvalidOut 输出报头使能，输出端口 ivalidOut 输出数据负载与导频的有效信号。通过输出端口 hvalidOut 和 ivalidOut，将报头和数据分离。

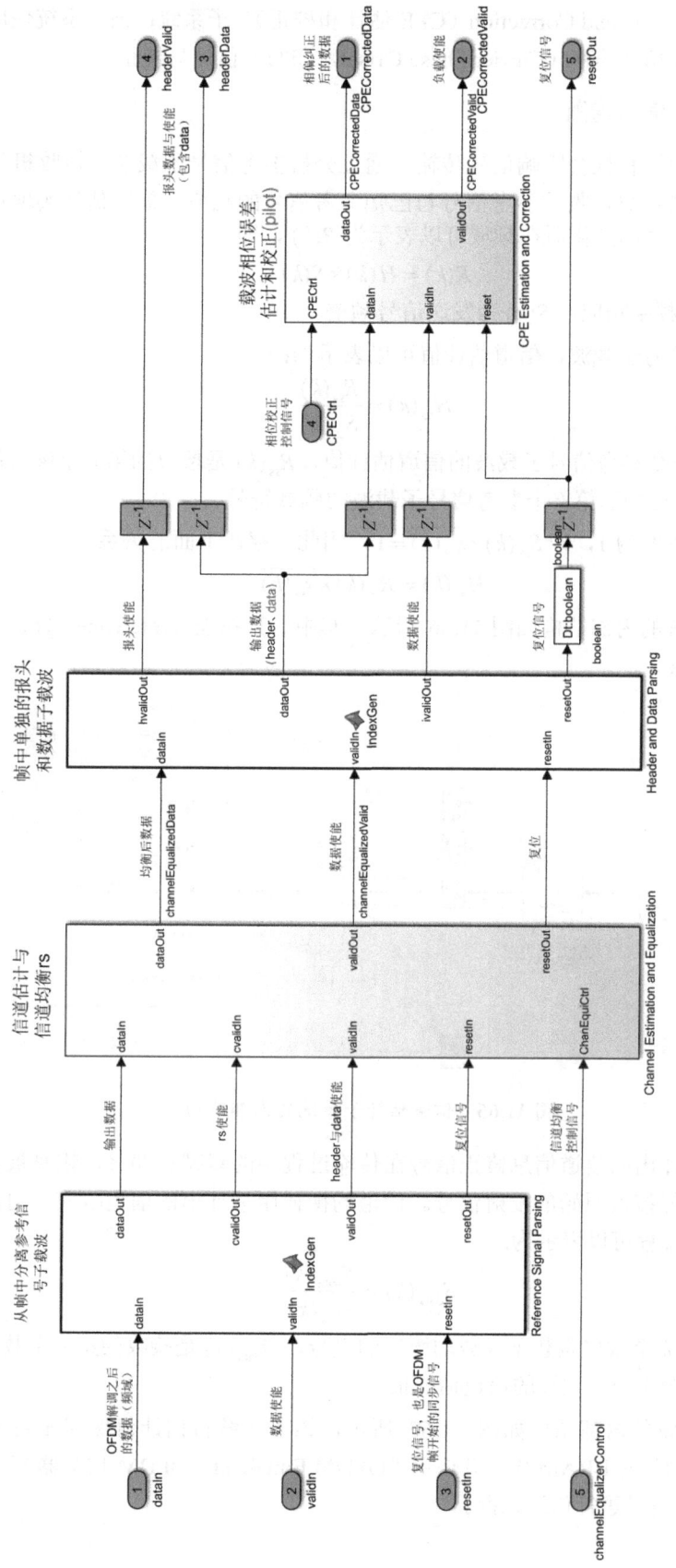

图 11.65 信道和载波相位误差估计与校正子系统的内部结构

(4)"CPE Estimation and Correction(CPE 估计和校正)"子系统：该子系统使用导频对输出的数据负载进行载波相位偏移（Carrier Phase Offset，CPO）估计与校正。

1．信道估计与信道均衡

衰落、干扰等信道特性会影响信号传输。通过分析参考信号子载波，接收机可以估计出信道的频率响应。通过计算接收的参考信号与已知参考信号的比值，信道估计实现对信道频率响应的估计。接收的信号离散化后在频域可以表示为 $R(k)$，即

$$R(k) = H(k) \times S(k)$$

式中，$H(k)$ 为信道频率响应，$S(k)$ 为发送信号频谱。

对于每个参考信号子载波，信道估计值可以表示为：

$$H_{ss}(k) = \frac{R_{ss}(k)}{S_{ss}(k)}$$

式中，$H_{ss}(k)$ 是第 k 个参考信号子载波的信道估计值，$R_{ss}(k)$ 是接收的第 k 个参考信号子载波的频域符号，$S_{ss}(k)$ 是已知的第 k 个参考信号子载波的频域符号。

由于参考信号幅度为 1，即 $S_{ss}(k) \times \overline{s_{ss}(k)} = 1$，因此，存在下面的关系，即

$$H_{ss}(k) = R_{ss}(k) \times \overline{s_{ss}(k)}$$

信道估计子系统的内部结构如图 11.66 所示。其中。查找表（reference symbols）保存未衰落的参考信号子载波。

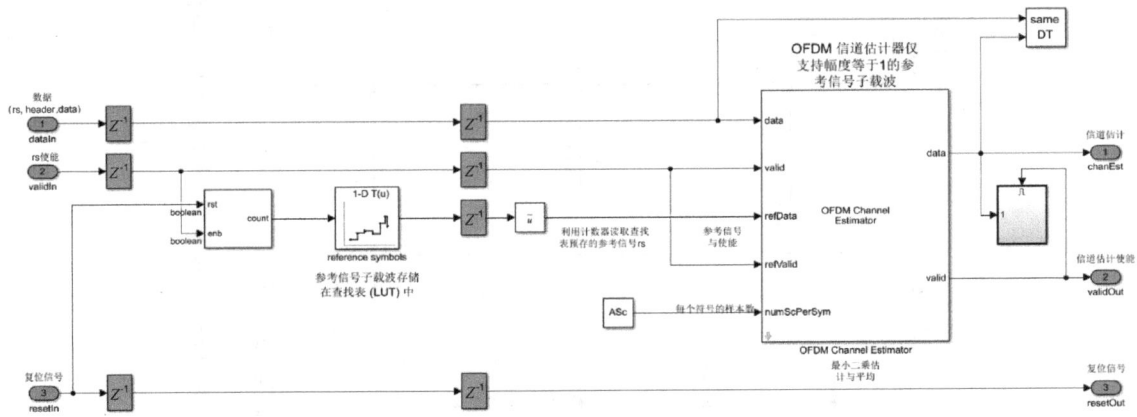

图 11.66　信道估计子系统的内部结构

接收机使用估计出的信道信息修正信号在传输过程中的衰减和偏移，恢复被信道效应破坏的信号，使其尽可能接近原始的发射信号。信道均衡使用估计出的信道响应，对所有子载波进行信道均衡。均衡过程可以表示为：

$$S_{data}(k) = \frac{R_{data}(k)}{H_{ss}(k)}$$

式中，$S_{data}(k)$ 是第 k 个数据负载子载波均衡后的符号，$R_{data}(k)$ 是接收的第 k 个数据负载子载波的符号，$H_{ss}(k)$ 是第 k 个子载波的信道估计值。

信道均衡子系统的内部结构如图 11.67 所示，该子系统将估计值保存在名字为"Channel Estimates Store RAM"的 BRAM 中，并使用"OFDM Equalizer（OFDM 均衡器）"子系统对帧中所有剩余的 OFDM 符号进行信道均衡。

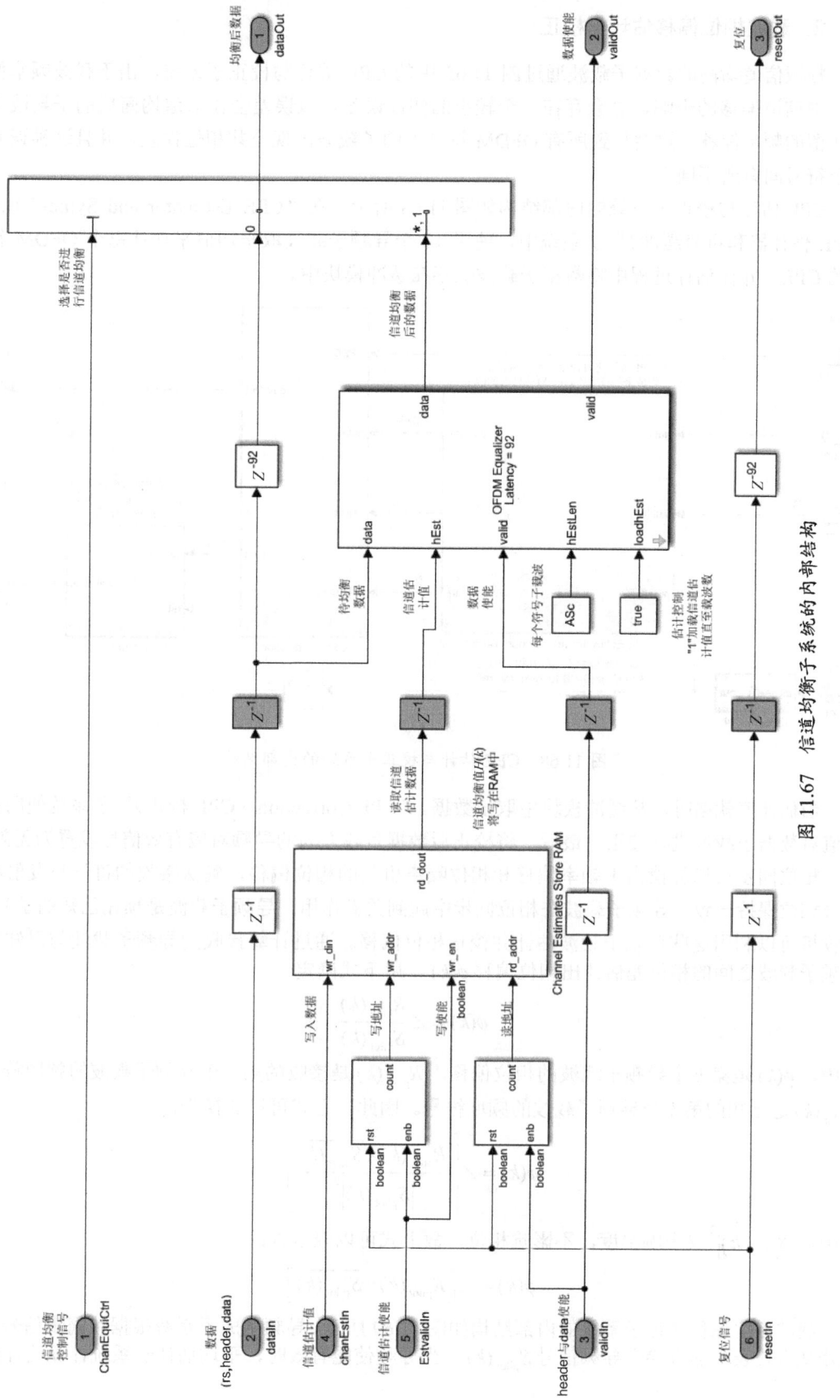

图 11.67 信道均衡子系统的内部结构

2. 载波相位偏移估计与校正

频域信道均衡的数据子载波通过图 11.65 中的 CPE 估计与校正子系统，由于载波频率偏移估计中信道偏移的影响，总会存在一个较小的估计误差。该误差会在信道均衡后的子载波中产生残留的频率偏移。这会导致所有 OFDM 符号中的子载波出现公共相位误差，并且这种误差在每个符号间有所不同。

CPE 估计与校正子系统的内部结构如图 11.68 所示。在"CPE Estimator and Symbol Buffer（CPE 估计器和符号缓冲）"子系统中，使用 12 个导频子载波取平均值来估计每个 OFDM 符号上的 CPE，并在估计过程中将数据子载波保存在缓冲模块中。

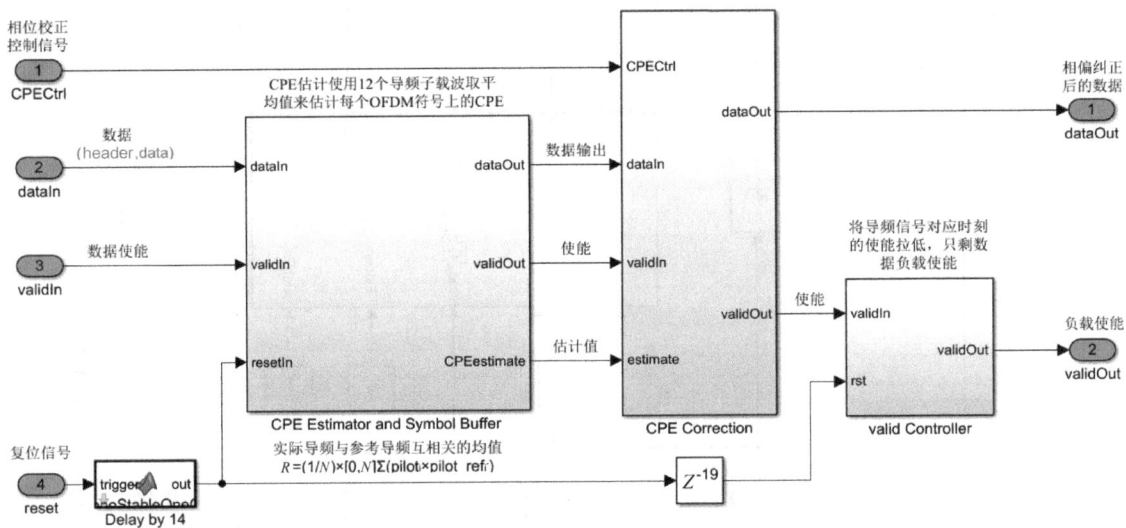

图 11.68　CPE 估计与校正子系统的内部结构

当估计值就绪时，从缓冲模块中取出数据。"CPE Correction（CPE 校正）"子系统使用该估计值对数据子载波进行校正。最后，将校正后数据负载之间的导频对应有效信号设置为无效。

相位同步可以补偿由于频率偏移和相位噪声引起的相位偏移，确保接收的符号与发射机的符号相位保持一致。导频子载波在相位同步中起到关键作用。导频子载波是预先已知的子载波，接收机可以利用这些已知子载波估计并校正相位偏移。通过计算接收的导频子载波与已知参考导频子载波之间的相位差估计出相位偏移 $\phi(k)$，用下式确定：

$$\phi(k) = \angle \frac{R_{\text{pilot}}(k)}{S_{\text{pilot}}(k)}$$

式中，$\phi(k)$ 是第 k 个导频子载波的相位偏移，$R_{\text{pilot}}(k)$ 是接收的第 k 个导频子载波的频域符号，$S_{\text{pilot}}(k)$ 是已知的第 k 个导频子载波的频域符号。因此，上式可以变换为：

$$\phi(k) = \angle \left[\frac{R_{\text{pilot}}(k) \times \overline{S_{\text{pilot}}(k)}}{\left| S_{\text{pilot}}(k) \right|^2} \right]$$

式中，$\left| S_{\text{pilot}}(k) \right|^2$ 仅影响幅度，不影响相位，故上式可以表示为：

$$\phi(k) = \angle \left[R_{\text{pilot}}(k) \times \overline{S_{\text{pilot}}(k)} \right]$$

载波相位偏移估计子系统的内部结构如图 11.69 所示。导频生成子系统根据帧同步信号与计数器从查找表中加载参考导频信号 $S_{\text{pilot}}(k)$。当导频使能有效时，平均估计子系统计算估计值：

$$Z(k) = R_{\text{pilot}}(k) \times \overline{S_{\text{pilot}}(k)}$$

并对同一符号中的估计值进行平均来获得最终估计值。

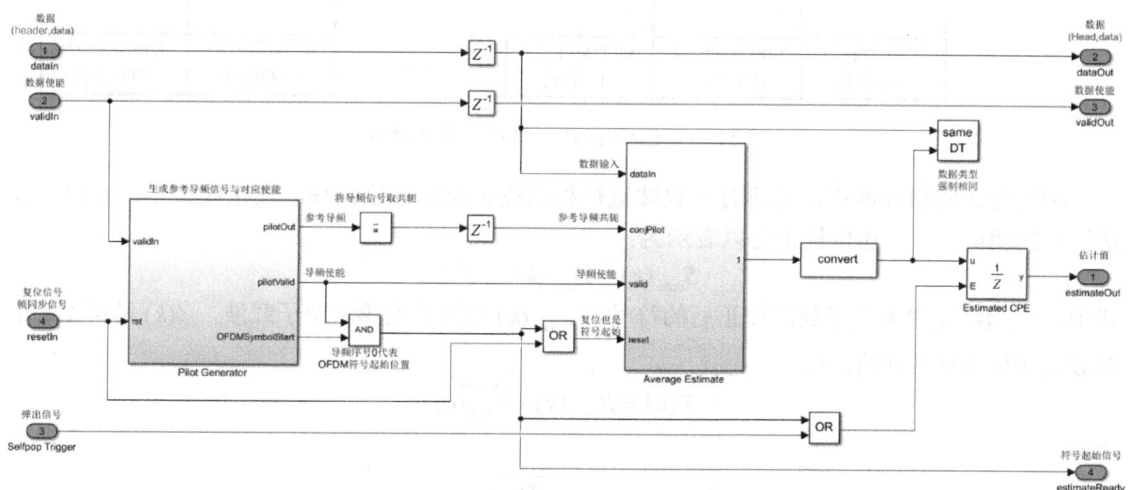

图 11.69　载波相位偏移估计子系统的内部结构

在进行 CPO 估计时，当前 OFDM 帧的数据将被缓存。CPO 缓存数据弹出控制子系统的内部结构如图 11.70 所示。该子系统缓存一个 OFDM 符号。从输入第二个 OFDM 符号开始，"Supress One Trigger（抑制一个触发器）"子系统输出端口 pop 的输出信号有效，即输出第一个 OFDM 符号。

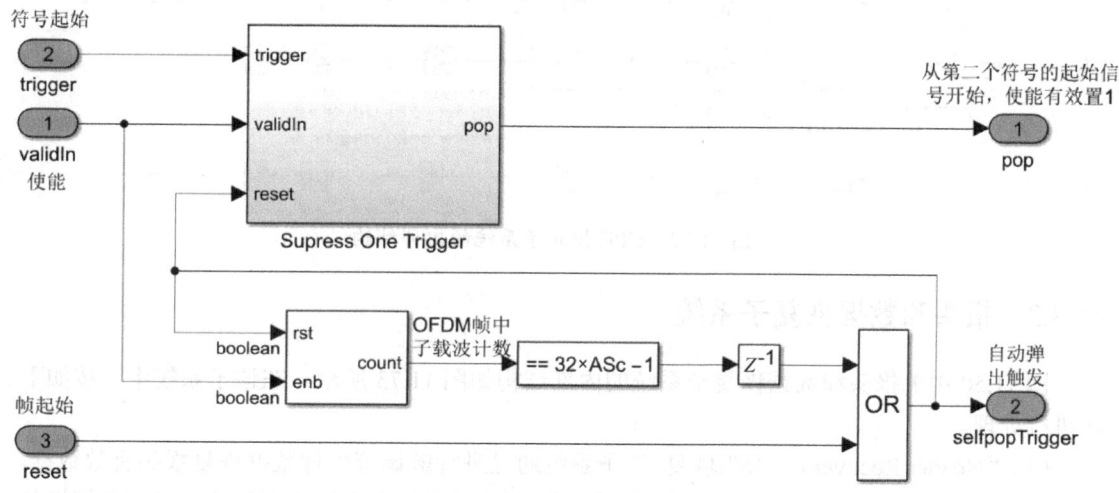

图 11.70　CPO 缓存数据弹出控制子系统的内部结构

当抑制一个触发器输入端口 reset 的帧起始信号有效或子载波计数器的输出端口 count 达到最大值时，分别表示新一帧的开始与上一帧的结束，此时触发自动弹出信号 selfpop Trigger 以清空缓存中的数据，并复位整个控制子系统。

CPO 估计、缓存与校正过程如图 11.71 所示。

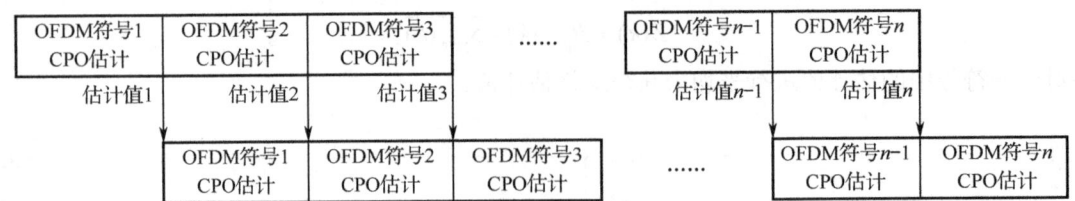

图 11.71 CPO 估计、缓存与校正过程

利用估计的相位偏移，对所有子载波进行相位校正消除相位偏移，使接收符号的相位与发送符号的相位一致。相位校正可以表示为：

$$S_{data}(k) = R_{data}(k) \times e^{-j\phi(k)}$$

式中，$S_{data}(k)$ 是第 k 个子载波校正后的符号，$R_{data}(k)$ 是接收的第 k 个子载波，$\phi(k)$ 是第 k 个子载波的相位偏移估计值。由

$$Z(k) = R_{pilot}(k) \times \overline{S_{pilot}(k)}$$

可知：

$$e^{-j\phi(k)} = \frac{\overline{Z(k)}}{|Z(k)|}$$

图 11.68 中 CPE 校正子系统的内部结构如图 11.72 所示。

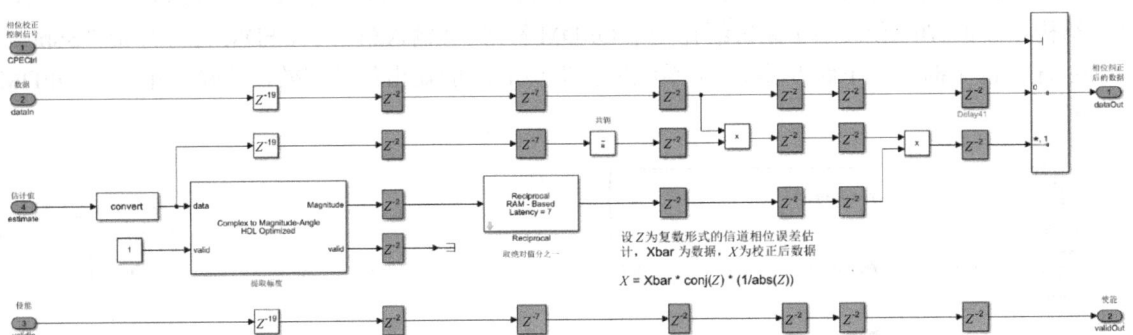

图 11.72 CPE 校正子系统的内部结构

11.8.3 报头和数据恢复子系统

图 11.50 中的报头和数据恢复子系统的内部结构如图 11.73 所示。在该子系统中，按如下顺序进行处理。

（1）"Header Recovery（报头恢复）"子系统通过进行解调等处理数据恢复报头有效数据。

（2）"Extract System Parameters（提取系统参数）"子系统根据报头有效数据提取并解析其中的调制类型与卷积码率。

（3）"Data Recovery（数据恢复）"子系统根据调制类型与卷积码率对接收的数据进行解调。

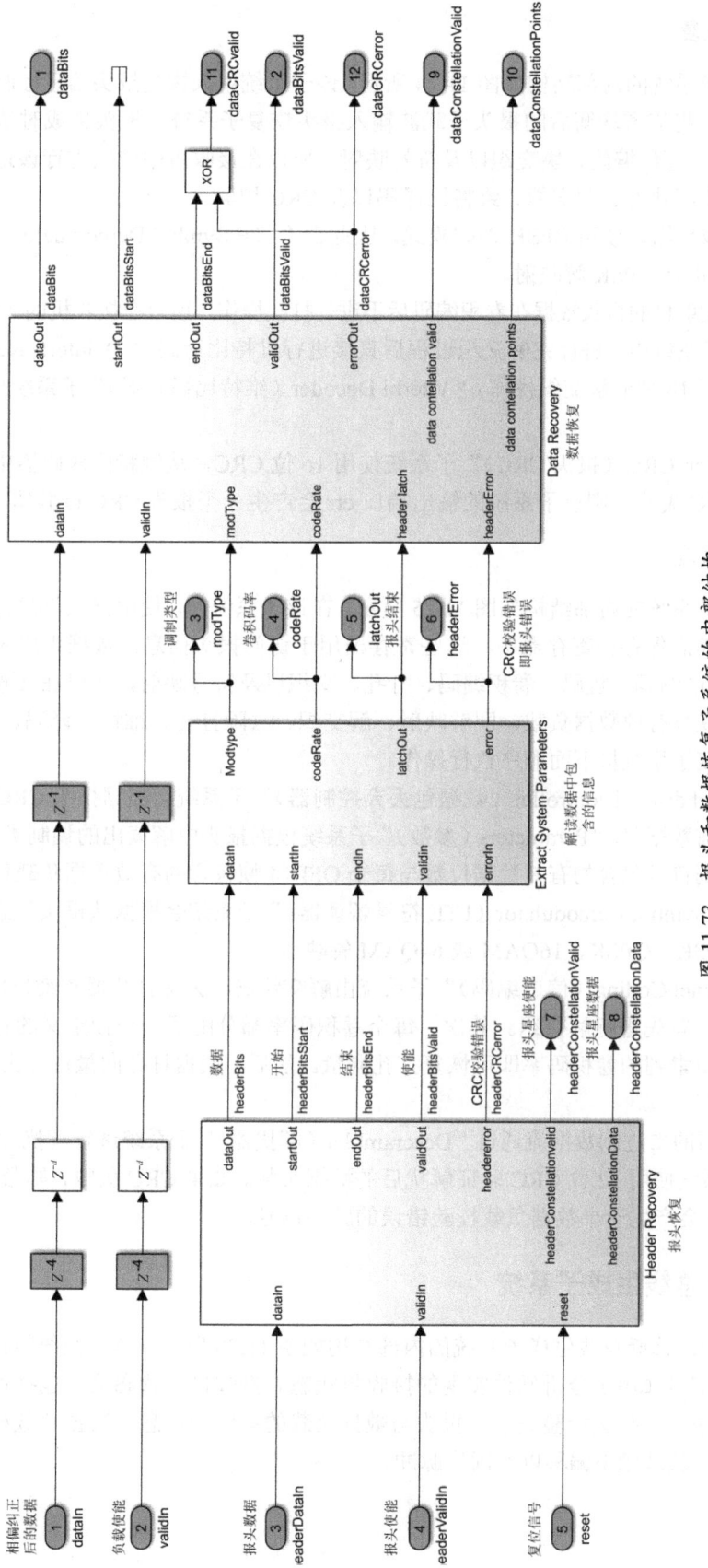

图 11.73 报头和数据恢复子系统的内部结构

1. 报头恢复

报头恢复子系统的内部结构如图 11.74 所示。该子系统用来恢复报头信息控制数据恢复子系统解码数据位。将信道均衡后的报头子载波输入报头恢复子系统。报头生成时依次对报头数据进行 CRC 编码、卷积编码、块交织以及符号映射，所以在接收机中依次进行该过程的逆过程恢复报头数据，即解映射、解交织、维特比译码以及 CRC 校验。

（1）由于报头固定使用 BPSK 调制模式，因此在"LTE Symbol Demodulator（LTE 符号解调器）"子系统中进行 BPSK 解映射。

（2）由于发射机的报头数据在卷积编码后不进行打孔操作，所以在接收机的"Channel Coding（信道编码）"子系统内，进行完解交织过程后直接进行维特比译码。"Deinterleaver（解交织器）"子系统进行 4 行 18 列的解交织操作。"Viterbi Decoder（维特比译码器）"子系统执行 1/2 速率的维特比译码。

（3）"Header CRC（报头 CRC）"子系统使用 16 位 CRC，从维特比译码器中译码出报头数据位。如果 CRC 失败，则该子系统的输出端口 err 会产生一个报头 CRC 校验错误的脉冲信号。

2. 数据恢复

数据恢复子系统的内部结构如图 11.75 所示。在该子系统中，使用报头信息译码出有效数据负载位。报头信息保存在寄存器中，这些寄存器用于访问报头信息。数据生成时依次对有效数据负载进行 CRC 编码、扰码、卷积编码、打孔、交织以及符号映射，所以在接收机依次进行该过程的逆过程恢复有效数据负载，即解映射、解交织、去除打孔、维特比译码、解扰以及 CRC 校验。数据恢复子系统按下面顺序执行操作。

（1）"packet discard controller（数据包丢弃控制器）"子系统会根据报头 CRC 校验结果决定是否要丢弃当前数据包。"Parameters（参数）"子系统根据报头中解读出的调制类型与卷积码率，计算出每个调制符号包含的有效数据位数与每个 OFDM 帧包含的有效数据负载位数。

（2）"LTE Symbol Demodulator（LTE 符号解调器）"子系统会根据从报头信息中检索到的调制类型执行 BPSK、QPSK、16QAM 或 64QAM 解映射。

（3）"Channel Coding（信道编码）"子系统由解交织器、去除打孔器和维特比译码器组成。在该子系统中，首先进行解交织。其次，每个卷积码率都分配了一个预定义的打孔向量，根据从报头信息中检索到的卷积码率即可恢复打孔向量。然后，根据打孔向量进行去除打孔。最后，进行维特比译码。

（4）译码后的二进制数据流通过"Descrambler（解扰器）"子系统进行解扰。"Data CRC（数据 CRC）"子系统使用 32 位 CRC 验证解扰后的数据负载。如果 CRC 失败，则数据 CRC 子系统的输出端口 err 会产生一个数据负载校验错误的脉冲信号。

11.8.4 诊断总线生成子系统

图 11.50 中的诊断总线生成子系统的内部结构如图 11.76 所示。该子系统将接收机的状态信号创建为总线信号，用于分析硬件实现的接收机状态。接收机的状态信号包括调制类型、卷积码率、检测到报头、报头校验失败、报头与数据负载的星座图信息、数据负载校验成功、数据负载校验失败、载波频率偏移以及同步脉冲。

第 11 章 OFDM 无线传输的 Simulink 实现

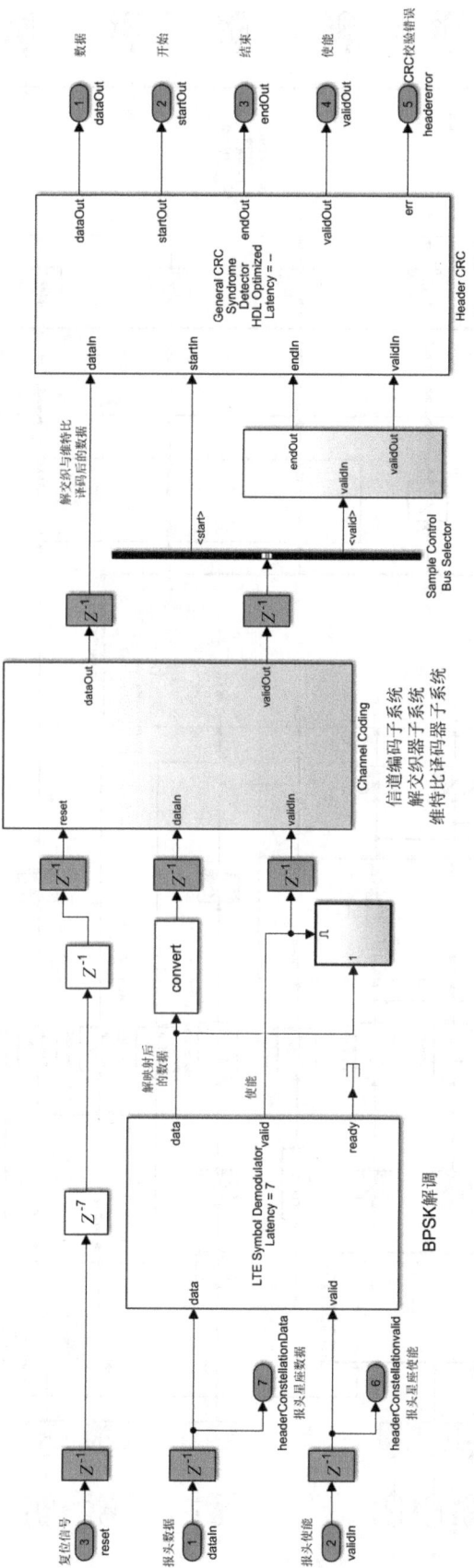

图 11.74 报头恢复子系统的内部结构

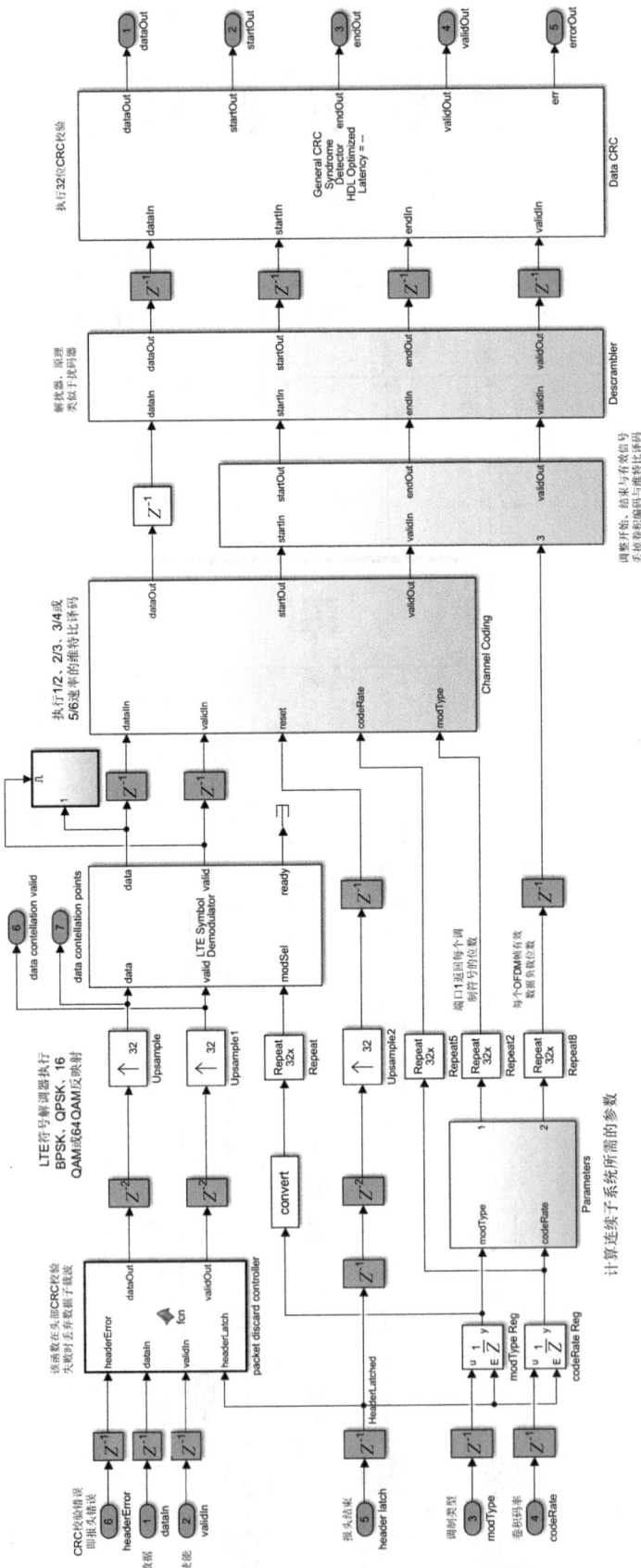

图 11.75 数据恢复子系统的内部结构

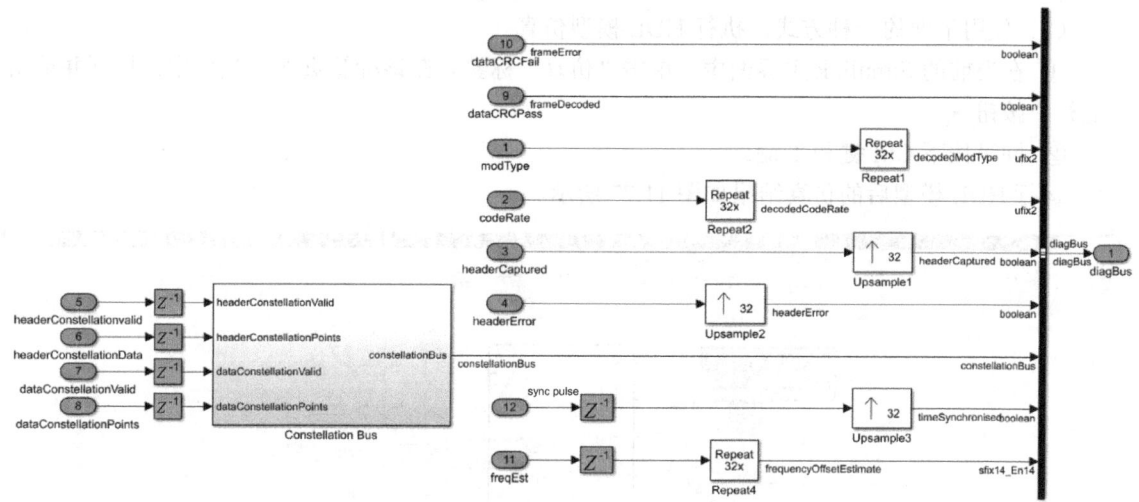

图 11.76　诊断总线生成子系统的内部结构

此外，数据恢复子系统中解码出的有效数据位用于计算。图 11.18 中的"Diagnostic Decoder（诊断译码器）"子系统使用诊断总线生成子系统形成的总线信号，统计同步帧的数量、报头与数据 CRC 通过和失败的数量。图 11.18 中的"Constellation Formation（星座图形成）"子系统根据控制信号选择输出报头或数据的星座图。

11.9　系统 HDL 模型配置和仿真

成功搭建 OFDM 系统的 HDL 模型后需要进行仿真。

11.9.1　系统 HDL 模型的配置

在进行仿真之前，首先要在 HDL 模型中添加信源、信宿以及信道。

本设计使用 XC7Z100 SoC 内 PL 区域中的查找表保存待发送的二进制数据，所以不需要添加外部数据源。此外，通过软件模型接口，提供了下面更灵活的系统配置方式。

（1）通过调制类型索引 modType 与卷积码率索引 codeRate，控制数据的调制方式。

（2）通过信道均衡使能 enableChanEqui 和相位校正使能 enableCPECorrec，控制是否使能该设计中的信道均衡与相位校正功能。

（3）通过显示复位 displayReset 与报头显示 headerView 控制接收端输出的星座图数据。

由于该设计中的 OFDM HDL 模型内部包含了诊断总线生成子系统，并通过该子系统生成了整个 OFDM 无线传输系统的状态信号，因此，仅需要在信宿部分添加显示模块 Display 即可观察系统的状态。

11.9.2　系统 HDL 模型的仿真

运行系统 HDL 模型进行仿真的主要步骤如下所述。

（1）在本书配套资源的\SDR_example\OFDM 路径下，找到并使用 MATLAB R2021b 打开 zynqOFDMAD9361_HDL.slx 文件。

(2) 使用下面的一种方式,执行 HDL 模型仿真。

① 在当前的 Simulink 主界面中,单击"仿真"标签。在该标签页的工具栏中,找到并单击"运行"按钮 ▶ ;

② 同时按下 Ctrl 键和 T 键。

运行 HDL 模型后的仿真结果如图 11.77 所示。

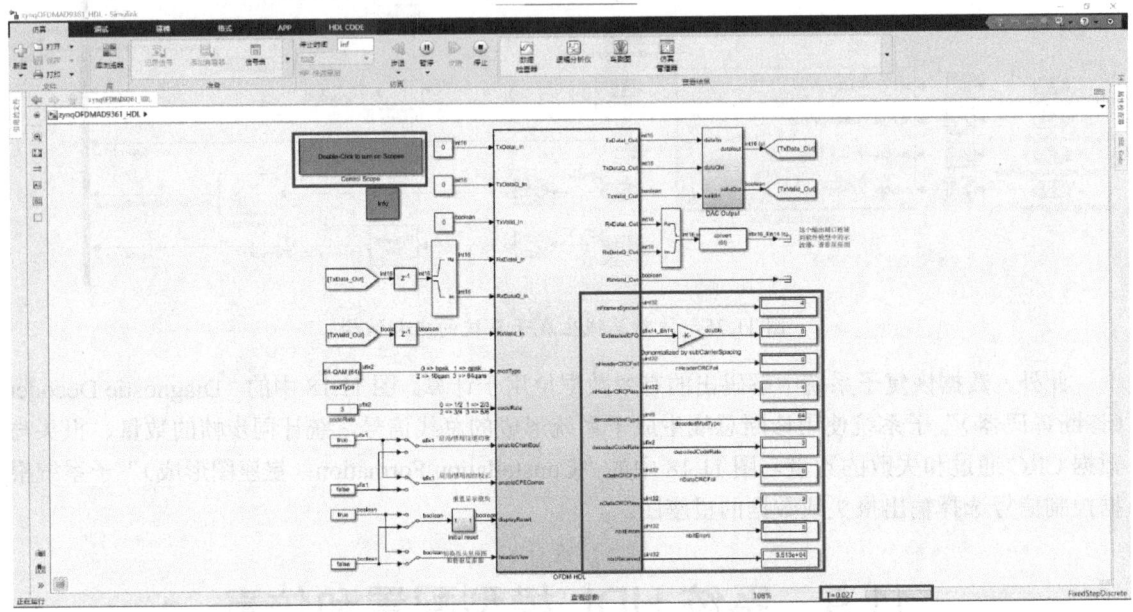

图 11.77 运行 HDL 模型后的仿真结果

注:(1) 在图 11.77 中,"黑框"区域内的不同位置,以文字形式显示了仿真的结果。

(2) 由于该模型包含大量的 HDL 模块,且需要使用基于样本的信号进行仿真,因此需要花费较长的时间。通常情况下,在 $T = 0.018\text{s}$ 时开始产生仿真结果。

(3) 由于在 OFDM HDL 模块内部添加了频谱与星座图查看器,因此双击图 11.77 中左上角的"Double-Click to turn on Scopes(双击打开范围)"子系统符号,就可以打开频谱查看器与星座图查看器。其中,发送信号的频谱图如图 11.78 所示,接收的报头星座图如图 11.79 所示,数据负载的星座图如图 11.80 所示。

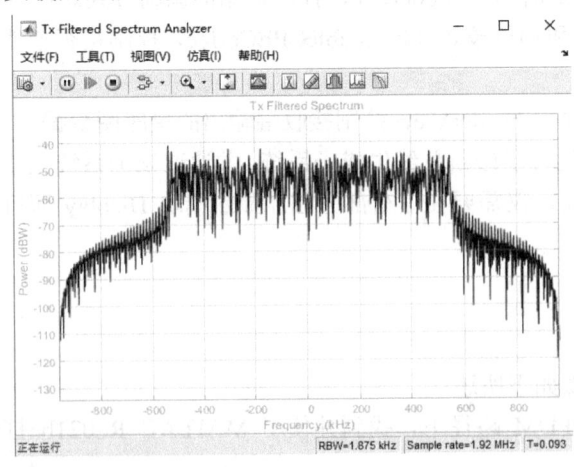

图 11.78 发送信号的频谱图

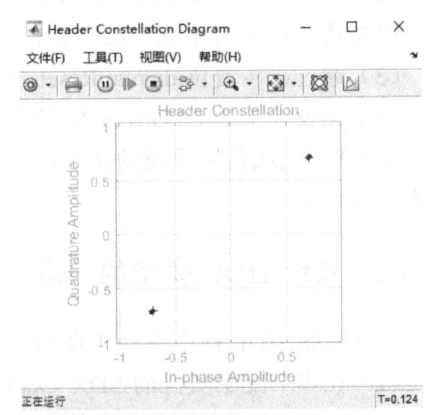

图 11.79 接收的报头星座图

第 11 章　OFDM 无线传输的 Simulink 实现

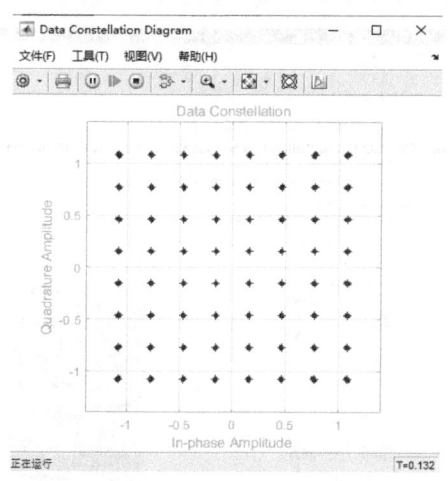

图 11.80　数据负载的星座图

11.10　系统的软硬件协同实现

本节将介绍对 OFDM 无线传输系统进行测试的方法，主要内容包括编译 HDL 模型、设计软件接口模型、设计软件模型，以及测试 OFDM 无线传输系统。

11.10.1　编译 HDL 模型

在实现系统的软硬件协同设计时，首先需要编译 HDL 模型，以生成比特流文件与软件接口模型框架。编译 HDL 模型的主要步骤如下所述。

（1）在 MATLAB 命令行窗口的提示符后面输入代码清单 11-1 中给出的脚本命令。

代码清单 11-1　在 MATLAB 中设置 Vivado 安装位置

```
hdlsetuptoolpath('ToolName','Xilinx Vivado','ToolPath', 'C:\Xilinx\Vivado\2023.1\bin\vivado.bat');
setupzynqradiorepositories;
```

注：路径 C:\Xilinx 为本书设计中所使用 Xilinx Vivado 设计套件的安装路径，如果读者选择了不同的安装路径，则需要根据自己的 Vivado 设计套件的安装路径进行修改。

（2）在 MATLAB 主界面中，找到并单击"HDL Code"标签。在该标签页的工具栏中找到并单击"Workflow Advisor"按钮，如图 11.81 所示。

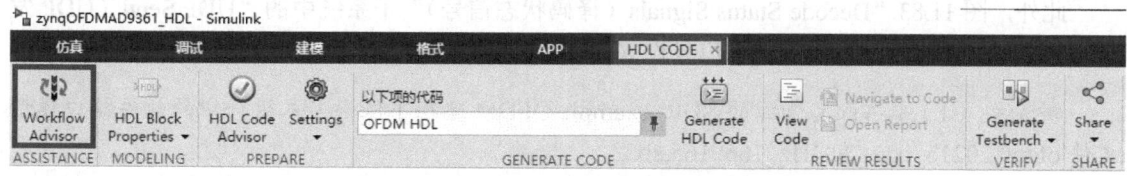

图 11.81　"Workflow Advisor"按钮

（3）打开 HDL 工作流顾问工具，按照本书 10.4.1 节介绍的方法，使用 HDL 工作流顾问工具编译 OFDM HDL 模型，生成比特流文件与软件接口模型框架。自动生成的软件接口模型库如图 11.82 所示。

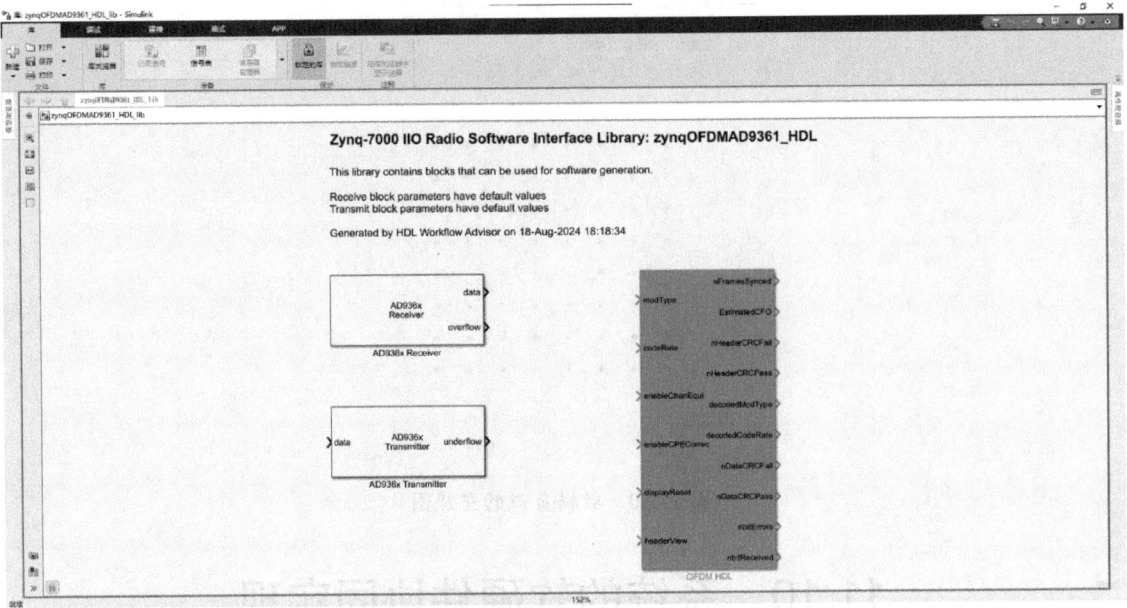

图 11.82　自动生成的软件接口模型库

注：（1）本书配套资源的\SDR_example\OFDM\hdl_prj\vivado_ip_prj\vivado_prj.runs\impl_1\ 路径下保存着比特流文件 system_top.bit。

（2）本书配套资源的\SDR_example\OFDM 路径下保存着该设计的软件接口模型库文件 zynqOFDMAD9361_HDL_lib.slx。

11.10.2　设计软件接口模型

设计用于定制硬件平台 SDR-AI-Z7 上 XC7Z100 SoC 内 PS 的软件接口模型，该软件接口模型如图 11.83 所示。在图 11.83 给出的软件接口模型中，需要设置发射机模块 AD936x Transmitter 与接收机模块 AD936x Receiver 中的一些参数。

（1）Radio IP address（射频 IP 地址）：192.168.31.166。

（2）Center frequency（Hz）（中心频率）：2.4e9。

（3）Baseband sample rate（Hz）（基带采样率）：1.92e6。

此外，需要将图 11.83 中"UDP Visualize Constellation（UDP 可视化星座）"子系统中的"UDP Send（UDP 发送）"模块的 IP 地址设置为与定制硬件平台 SDR-AI-Z7 相连的台式电脑/笔记本电脑的 IP 地址。该设计的 IP 地址为"192.168.31.165"，端口号为"25000"。

此外，图 11.83"Decode Status Signals（译码状态信号）"子系统中的"UDP Send（UDP 发送）"模块的 IP 地址设置同上，端口号设置为"25001"。

注：（1）本书配套资源的\SDR_example\OFDM 路径下保存着本设计中的软件接口模型文件 ofdm_2021b_txrx_2G4Hz_166_165.slx。

（2）修改图 11.82 中的调制类型与卷积码率，可以更改 OFDM 无线传输系统的工作状态。

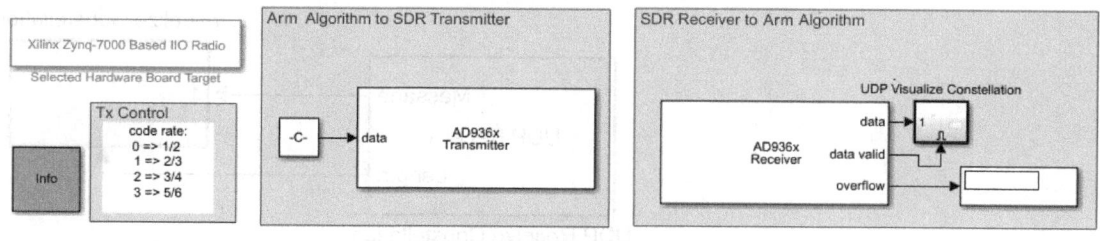

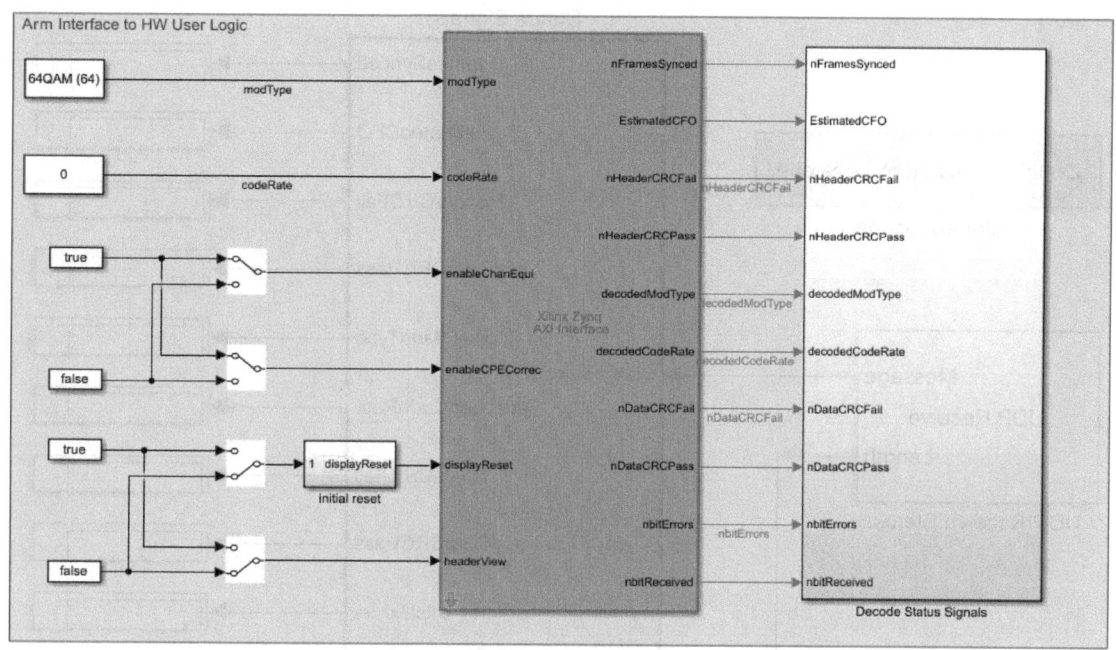

图 11.83 用于定制硬件平台 SDR-AI-Z7 上 XC7Z100 SoC 内 PS 的软件接口模型

11.10.3 设计软件模型

设计完用于定制硬件平台 SDR-AI-Z7 上 XC7Z100 SoC 中 Arm Cortex-A9 双核处理器上的软件接口模型后，需要设计用于台式电脑/笔记本电脑的软件模型。该模型用于接收定制硬件平台 SDR-AI-Z7 通过 UDP 网络协议上传的数据，并将数据通过图形用户交互界面（Graphic User Interface，GUI）进行展示。

设计软件模型的主要步骤如下所述。

（1）在 MATLAB Simulink 环境下按图 11.84 所示，建立新的 OFDM 系统软件模型。

（2）将图 11.84 "UDP Receive Constellation（UDP 接收星座图）"子系统的 IP 地址设置为 "0.0.0.0"，表示接收所有 IP 发送到当前模块的数据，端口号设置为 "25000"，用于接收星座图数据。

（3）将图 11.84 "UDP Receive Status（UDP 接收状态）"子系统的 IP 地址同样设置为 "0.0.0.0"，端口号设置为 "25001"，用于接收 OFDM 系统状态信号。

注：在本书配套资源的\SDR_example\OFDM 路径下保存着该设计中的系统软件模型文件 zynqOFDMAD9361_Software_PC.slx。

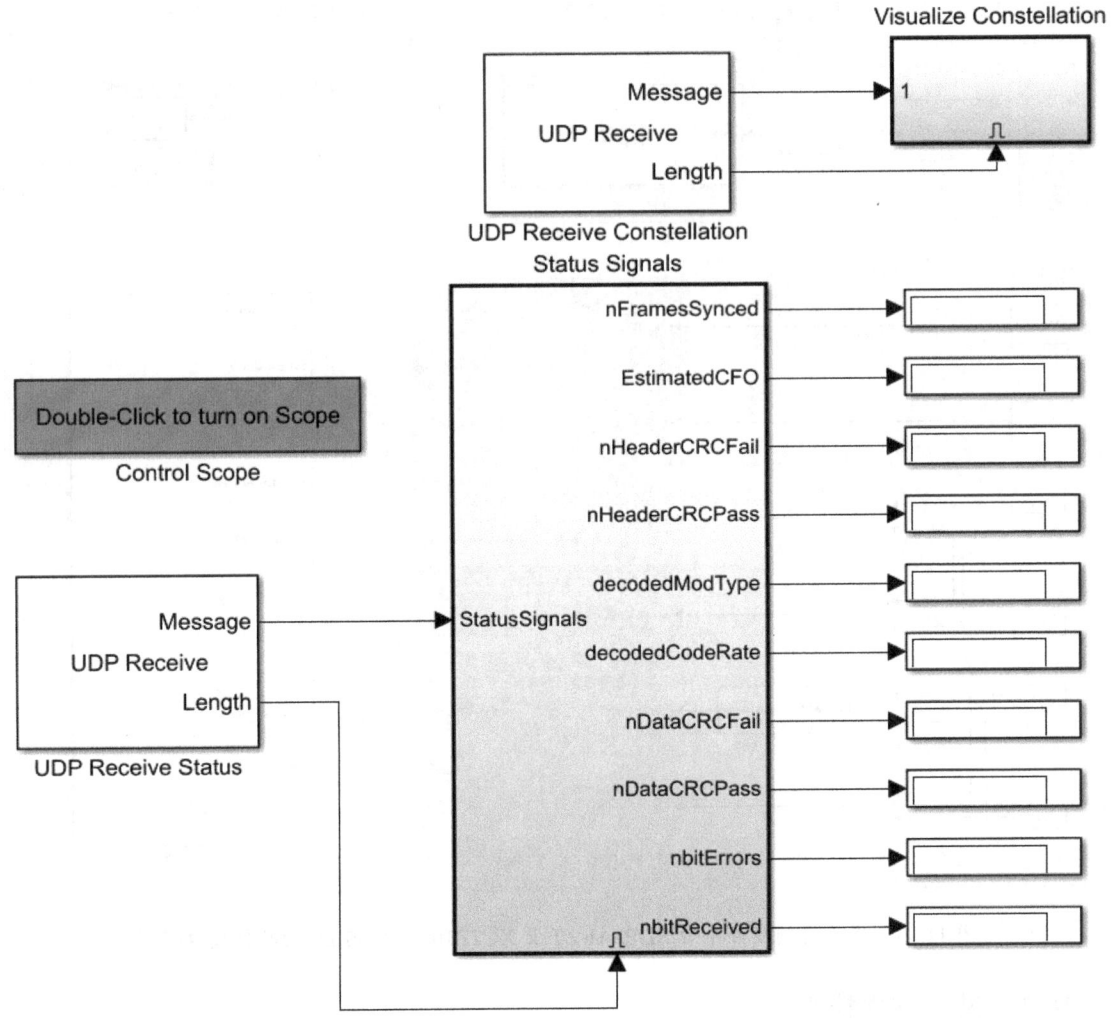

图 11.84 OFDM 系统软件模型

11.10.4 测试 OFDM 无线传输系统

本小节将介绍如何在定制硬件平台 SDR-AI-Z7 上对前面构建的 OFDM 无线传输系统进行测试和验证，主要步骤如下所述。

（1）按 10.5.1 节介绍的方法，执行下面的操作。

① 连接定制硬件平台 SR-AI-Z7 的发送天线 Tx1A、接收天线 Rx1A；

② 定制硬件平台 SR-AI-Z7 连接外部+5V 电源；

③ 使用网线，将定制硬件平台 SDR-AI-Z7 与台式电脑/笔记本电脑的网络接口连接在一起；

④ 将带有镜像文件的 SD 卡插入定制硬件平台的 SD 卡卡槽；

⑤ 将定制硬件平台 SDR-AI-Z7 的启动模式设置为 SD 卡启动；

⑥ 将定制硬件平台 SDR-AI-Z7 上的电源开关设置为 "ON" 状态，给该定制硬件平台上电。

（2）在 MATLAB 主界面命令行窗口的命令行提示符后面，依次输入代码清单 11-2 给出的脚本命令，将比特流文件传输到定制硬件平台，如图 11.85 所示。

代码清单 11-2 MATLAB 软件中执行的脚本命令

```
radio = sdrdev('AD936x','IPAddress','192.168.31.166');
devzynq = zynq('linux','192.168.31.166','root','root','/tmp');
testConnection(radio);
downloadImage(radio,'FPGAImage', 'hdl_prj\vivado_ip_prj\vivado_prj.runs\impl_1\system_top.bit');
```

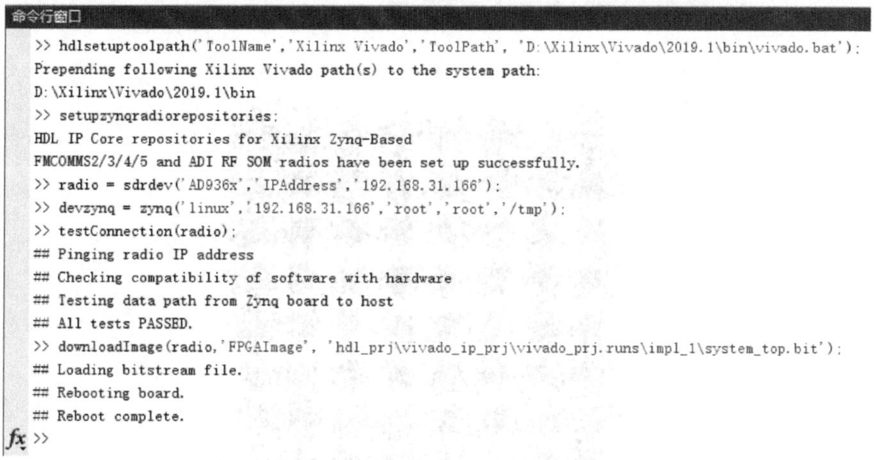

图 11.85 将比特流文件传输到定制硬件平台 SDR-AI-Z7

（3）重新给定制硬件平台 SDR-AI-Z7 上电，使新的配置生效。

（4）在 MATLAB 软件当前软件接口模型界面中，找到并单击"HARDWARE"标签。在该标签页中，找到并单击"Monitor & Tune"按钮，将软件接口模型编译为可执行文件并可在定制硬件平台 SDR-AI-Z7 上 XC7Z100 SoC 内 Arm Cortex-A9 双核处理器中运行。

（5）在 MATLAB 软件当前软件模型界面中，找到并单击"仿真"标签。在该标签页的工具栏中，找到并单击"运行"按钮，在台式电脑/笔记本电脑上运行软件模型。当运行软件模型时，可以观察到 OFDM 系统的运行状态，如图 11.86 所示。

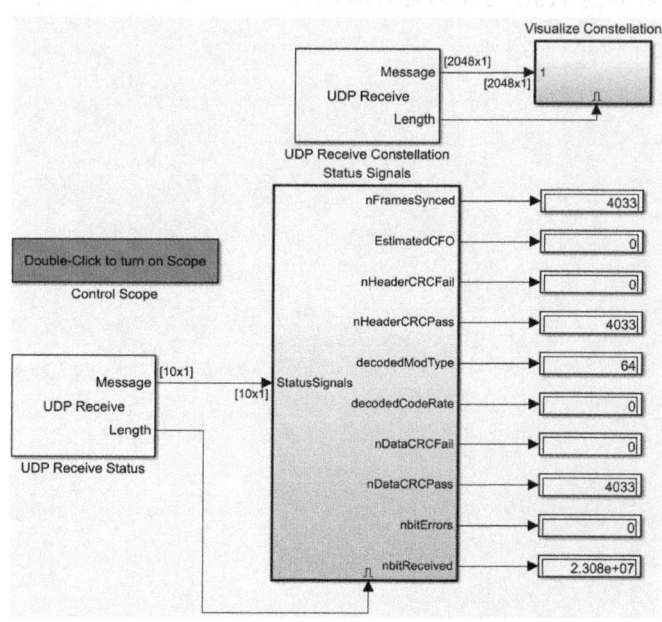

图 11.86 OFDM 系统的运行状态

(6)双击图 11.86 左上角的"Double-Click to turn on Scope(双击打开范围)"。

(7)自动弹出"Constellation Diagram(星座图)"界面。在该界面中可查看接收的星座图数据,如图 11.87 所示。

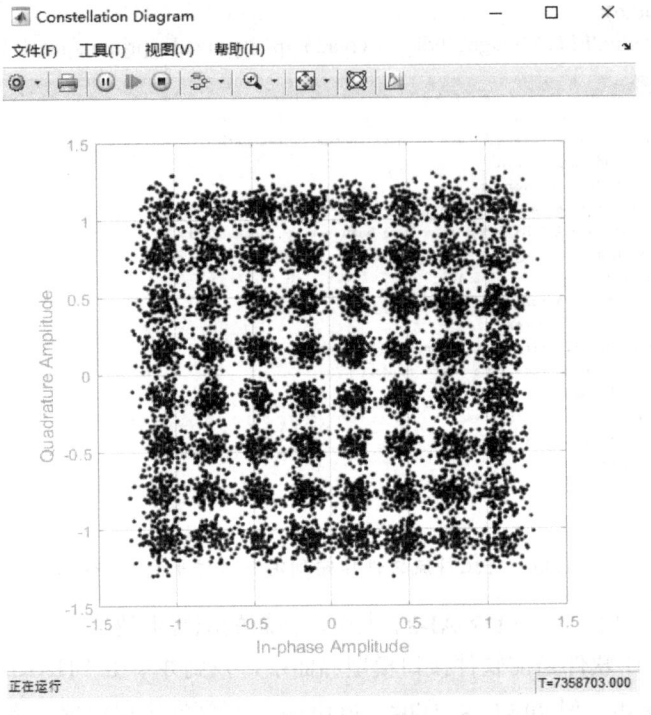

图 11.87 接收的星座图数据

> 注:读者可以按照 10.6 节介绍的方法,将软件接口模型编译为独立的可执行文件存放在 SD 卡中。但是,运行该可执行文件后,必须在 Simulink 环境中运行 OFDM 软件模型,这样才可以观察到图 11.86 和图 11.87 给出的运行结果。

第 12 章

802.11a 无线传输的 MATLAB 实现

本书 1.5.2 节简要介绍了 Wi-Fi 通信协议栈（也就是通常所说的 802.11 协议）的分层架构，在此基础上，以 802.11a 协议为例，本章将对该分层架构进一步进行解释和说明。

基于上面所介绍的理论基础，本章详细介绍了在 MATLAB 软件中通过编写代码以及调用通信支持包实现基于 802.11a 协议的图像传输方法，并且对该图像传输系统进行了测试和验证。

12.1　802.11a 协议栈的底层结构分析

本节将对 802.11a 协议栈的底层结构进行分析。对于更详细的内容，读者可参考本书配套资源中提供的 802.11a.pdf 文件。

12.1.1　802.11a 的底层格式

在 1.5.2 节中，介绍了 Wi-Fi（也称为 802.11）的分层协议与 OSI 的对应关系。OSI 的数据链路层在 802.11 中被分成了逻辑链路控制（Logical Link Control，LLC）子层和媒体访问控制（Media Access Control，MAC）子层。其中，LLC 子层位于 OSI 数据链路层的上半部分，MAC 子层位于数据链路层的下半部分。802.11 协议中数据链路层与物理（PHY）层的关系如图 12.1 所示。

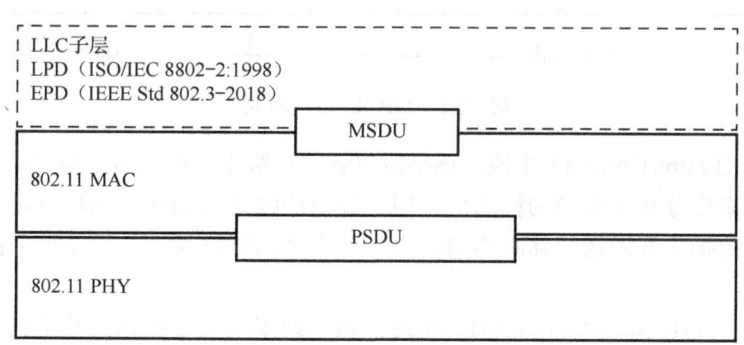

图 12.1　802.11 协议中数据链路层与物理层的关系

从图 12.1 中可知，802.11 协议仅与 MAC 子层和 PHY 层有关。在对应的 MAC 子层和 PHY 层中，数据包称为协议数据单元（Protocol Data Unit，PDU），它包含了本层特有的包头和结尾。除去本层的包头和结尾之外的部分，剩下的称为服务数据单元（Service Data Unit，SDU）。这里的"服务"指的是向上层提供服务。MAC 子层与 PHY 层中的 PDU 和 SDU 结构如图 12.2 所示。

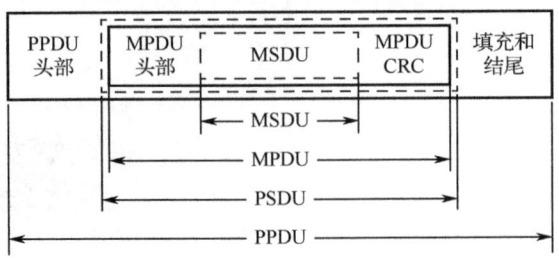

图 12.2 MAC 子层与 PHY 层中的 PDU 和 SDU 结构

（1）PSDU 是英文 PHY Service Data Unit（物理服务数据单元）的缩写，PPDU 是英文 PHY Protocol Data Unit（物理协议数据单元）的缩写，PSDU 和 PPDU 对应于物理层。

（2）MSDU 是英文 MAC Service Data Unit（MAC 服务数据单元）的缩写，MPDU 是英文 MAC Protocol Data Unit（MAC 协议数据单元）的缩写，MSDU 和 MPDU 对应于 MAC 子层。

此外，802.11a 协议中规定每个 OFDM 符号的长度为 4μs。其中，包括长度为 0.8μs 的保护间隔（Guard Interval，GI）和长度为 3.2μs 的有效数据长度。802.11 协议中规定，将带宽为 20MHz 的信道划分成 64 个子载波。其中，48 个子载波用于传输数据，4 个子载波为导频，剩下的 12 个子载波为保护子载波，用于隔离相邻的 OFDM 符号。

每个 OFDM 符号可以传输 48 个子载波的数据，每个子载波可以携带的二进制位数取决于调制方式（如 BPSK、QPSK、16QAM 和 64QAM 等）。

12.1.2 MPDU 的帧结构

如图 12.3 所示，一个完整的 MPDU 依次包括帧控制字段（2 字节）、持续时间标识字段（2 字节）、地址字段（地址 1、地址 2、地址 3 和地址 4，每个地址字段的长度为 6 字节）、序列控制字段（2 字节）、帧主体字段（2304 字节）和帧检验序列（Frame Check Sequence，FCS）字段（4 字节）。

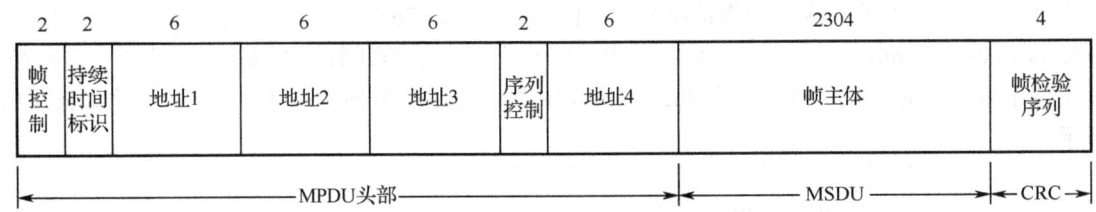

图 12.3 MPDU 的帧结构

（1）帧控制（Frame Control）字段：该字段包含协议版本、帧类型、帧子类型、向分布式系统发送标志位、来自分布式系统的标志位、用于分段的帧是否还有后续片段、重传域、电源管理、是否有缓存的帧需要发送给休眠中的站点、是否开启链路认证，以及被分段的帧是否严格按序传送等。

（2）帧持续时间/标识（Duration/ID）字段：该字段用于表明该帧及其确认帧需要占用信道的时间。

（3）地址字段：该字段由源地址（Source Adddress，SA）、目的地址（Destination Address，DA）、发送地址（Transimit Address，TA）和接收地址（Receive Address，RA）组成，不同的网络类型，占用的地址字段有所不同。

（4）序列控制（Sequence Control）字段：该字段用于重组帧片段以及丢弃重复帧。

(5) 帧主体（Frame Body）字段：该字段主要包含上层数据。

(6) 帧检验序列（FCS）字段：该字段用于检验帧的完整性。当校验通过时，会传送给上层协议；当校验失败时，会丢弃帧。

12.1.3 PPDU 的帧结构

非高吞吐量（Non-High Throughput，Non-HT）格式的帧完全符合 802.11a 和 802.11g 协议，如图 12.4 所示。所有支持 802.11n 协议的无线产品都必须支持这种格式，但该格式的 802.11n 性能最差、速度最慢且无法使用 40MHz 的信道。

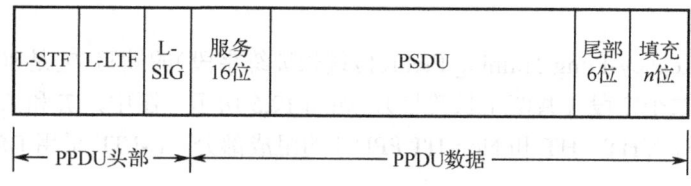

图 12.4 Non-HT 格式

1）L-STF

L-STF 是英文 Legacy-Short Training Field（传统短训练字段）的缩写，它是 802.11 OFDM PLCP 传统前导码的第一个字段（共 10 个短符号），如图 12.5 所示。其中，$t_1 \sim t_{10}$ 表示短训练符号。此外，该图中的虚线边界表示由于傅里叶逆变换（Inverse Fourier Transform，IFT）的周期性而导致的重复。L-STF 是极高吞吐量（Extremely High Throughput，EHT）、高效率（High Efficiency，HE）、非常高吞吐量（Very High Throughput，VHT）、高吞吐量（High Throughput，HT）和非高吞吐量（Non High Throughput，Non-HT）PPDU 的组成部分。

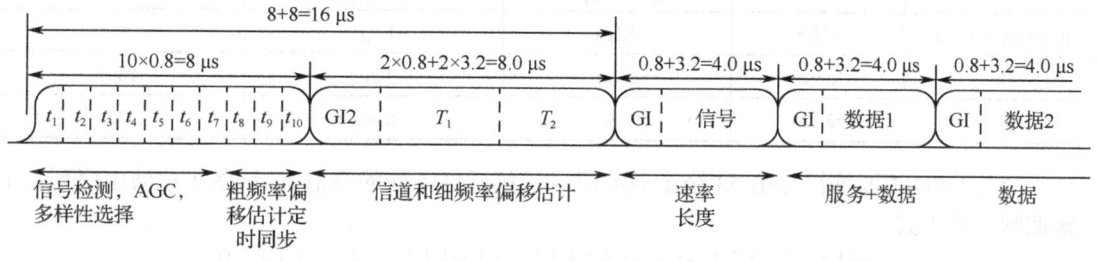

图 12.5 OFDM 训练结构

> 注：PLCP 是英文 Physical Layer Convergence Procedure（物理层汇聚过程）的缩写。

L-STF 采用 BPSK 调制，无信道编码，不加扰。L-STF 持续时间随信号带宽而变化，其关系如表 12.1 所示。在本章介绍的设计中，信道带宽为 20MHz，因此 L-STF 持续时间为 8μs。

表 12.1 L-STF 持续时间与信号带宽的关系

信道带宽（MHz）	子载波频率间隔，Δ_F（kHz）	快速傅里叶变换（FFT）周期 （$T_{FFT} = 1/\Delta_F$）	L-STF 持续时间 （$T_{SHORT} = 10 \times T_{FFT}/4$）
20,40,80,160,320	312.5	3.2μs	8μs
10	156.25	6.4μs	16μs
5	78.125	12.8μs	32μs

一个短的 OFDM 符号由 12 个子载波组成，这些子载波由序列 S 的元素调制，见下式：

$$S_{-26,26} = \sqrt{(13/6)} \times \{0,0,1+j,0,0,0,-1-j,0,0,0,1+j,0,0,0,-1-j,0,0,0,-1-j,0,0,0,1+$$
$$j,0,0,0,0,0,0,0,-1-j,0,0,0,-1-j,0,0,0,1+j,0,0,0,1+j,0,0,0,1+j,0,0,0,1+j,0,0\}$$

乘以因子 $\sqrt{(13/6)}$ 是为了归一化最终 OFDM 符号的平均功率，它利用 52 个子载波中的 12 个。根据下面的等式产生信号：

$$r_{SHORT}(t) = w_{TSHORT}(t) \sum_{k=-N_{ST}/2}^{N_{ST}/2} S_k \exp(j2\pi k \Delta_F t)$$

只有指数为 4 的倍数的 $S_{-26,26}$ 谱线具有非零的幅度，这一事实导致 $T_{FFT/4} = 0.8\mu s$ 的周期性。T_{SHORT} 间隔等于 10 个 $0.8\mu s$ 周期（$8\mu s$）。

2）L-LTF

L-LTF 是英文 Legacy-Long Training Field（传统长训练字段）的缩写，它是 802.11 OFDM PLCP 传统前导码中的第二个字段（共两个长符号），如图 12.5 所示。图中，T_1 和 T_2 表示长训练符号。L-LTF 是 EHT、HE、VHT、HT 和 Non-HT PPDU 的组成部分。L-LTF 采用 BPSK 调制，无信道编码，不加扰。

信道估计、细频率偏移估计和细符号定时偏移估计依赖于 L-LTF。L-LTF 由循环前缀（Cyclic Prefix，CP）和两个相同的长训练符号（C1 和 C2）组成。CP 由长训练符号的后半部分组成。

L-LTF 持续时间随信道带宽而变化，其关系如表 12.2 所示。在本章介绍的设计中，信道带宽为 20MHz，因此 L-LTF 持续时间为 $8\mu s$。因此，总的训练长度为 $8\mu s+8\mu s=16\mu s$。

表 12.2 L-LTF 持续时间与信号带宽的关系

信道带宽（MHz）	子载波频率间隔，Δ_F（kHz）	快速傅里叶变换（FFT）周期（$T_{FFT}=1/\Delta_F$）	循环前缀或训练符号保护间隔（GI2）持续时间（$T_{GI2}=T_{FFT}/2$）	L-LTF 持续时间（$T_{LONG}=T_{GI2}+2\times T_{FFT}$）
20,40,80,160,320	312.5	$3.2\mu s$	$1.6\mu s$	$8\mu s$
10	156.25	$6.4\mu s$	$3.2\mu s$	$16\mu s$
5	78.125	$12.8\mu s$	$6.4\mu s$	$32\mu s$

一个长 OFDM 训练符号由 53 个子载波组成（包括直流处的零值），这些子载波由序列 L 的元素调制，见下式：

$$L_{-26,26} = \{1,1,-1,-1,1,1,-1,1,-1,1,1,1,1,1,1,-1,-1,1,1,-1,1,-1,1,1,1,1,0,$$
$$1,-1,-1,1,1,-1,1,-1,1,-1,-1,-1,-1,-1,1,1,-1,-1,1,-1,1,-1,1,1,1,1\}$$

根据下面的等式产生信号：

$$r_{LONG}(t) = w_{TLONG}(t) \sum_{k=-N_{ST}/2}^{N_{ST}/2} L_k \exp(j2\pi k \Delta_F (t-T_{GI2}))$$

式中，$T_{GI2} = 1.6\mu s$。

发送长序列的两个周期用于改善信道估计精度，从而产生 $T_{LONG} = 1.6\mu s + 2\times 3.2\mu s = 8\mu s$。

应将短重复和长重复部分连接起来，形成前导：

$$r_{PREAMBLE}(t) = r_{SHORT}(t) + r_{LONG}(t-T_{SHORT})$$

3）L-SIG

L-SIG 是英文 Leagacy-Signal（传统信号）的缩写，它是 802.11 OFDM PLCP 传统前导码的第三个字段。该字段是 EHT、HE、VHT、HT 和 Non-HT PPDU 的组成部分。它由 24 位组成，包含速率、长度和奇偶校验信息。L-SIG 字段使用具有 1/2 二进制卷积编码（Binary Convolutional

Coding，BCC）速率的 BPSK 调制。

L-SIG 由一个 OFDM 符号组成，其持续时间随信道带宽而变化，其关系如表 12.3 所示。在本章介绍的设计中，信道带宽为 20MHz，因此 L-SIG 持续时间为 4μs。

表 12.3 L-SIG 持续时间与信号带宽的关系

信道带宽（MHz）	子载波频率间隔，Δ_F（kHz）	快速傅里叶变换（FFT）周期（$T_{FFT}=1/\Delta_F$）	保护间隔（GI）持续时间（$T_{GI}=T_{FFT}/4$）	L-SIG 持续时间（$T_{SIGNAL}=T_{GI}+T_{FFT}$）
20,40,80,160,320	312.5	3.2μs	0.8μs	4μs
10	156.25	6.4μs	1.6μs	8μs
5	78.125	12.8μs	3.2μs	16μs

L-SIG 包含用于接收配置的包信息，如表 12.4 所示。发送顺序从位索引 0 开始。

表 12.4 L-SIG 字段的内容

位索引	0	1	2	3	4	5	6	7	8	9	10	11	12	13	14	15	16	17	18	19	20	21	22	23
位含义	R1	R2	R3	R4	R	LSB											MSB	P	0	0	0	0	0	0
字段	速率（4 位）				保留	长度（12 位）											奇偶校验		信号尾部（6 位）					

（1）从表 12.4 可知，位索引 0 到位索引 3 的字段为 Non-HT 格式指定了数据速率（调制和编码速率），如表 12.5 所示。

表 12.5 速率字段与数据速率的关系

速率（位 0～位 1）	调制模式	编码速率（R）	数据速率（Mbps）		
			20MHz 信道带宽	10MHz 信道带宽	5MHz 信道带宽
1101	BPSK	1/2	6	3	1.5
1101	BPSK	3/4	9	4.5	2.25
0101	QPSK	1/2	12	6	3
0111	QPSK	3/4	18	9	4.5
1001	16QAM	1/2	24	12	6
1011	16QAM	3/4	36	18	9
0001	64QAM	2/3	48	24	12
0011	64QAM	3/4	54	27	13.5

对于 HT 和 VHT 格式，将 L-SIG 速率字段设置为"1101"。HT 和 VHT 格式的数据速率信息在格式特定的信令字段中发送。

（2）对于表 12.4 中的位 5～位 16：

① Non-HT 格式，请指定数据长度（以字节为单位传输的数据量）；

② HT-Mixed 格式，请按照 IEEE Std 802.11—2020 第 19.3.9.3.5 节和第 10.27.4 节的规定指定传输时间；

③ VHT 格式，请按照 IEEE Std 802.11—2020 第 21.3.8.2.4 节所述指定传输时间。

（3）位 17 是对位 0～位 16 的偶校验。

（4）位 16～位 23 包含信号尾部的全零。

4）服务

IEEE 802.11 服务字段有 16 位，表示为位 0～位 15。首先发送位 0。在该字段中，将最先传输的位 0～位 6 均设置为"0"，用于同步接收机中的解扰器。在该字段中剩余的 9 位（位 7～位 15）应予以保留以备将来使用。所有保留位应设置为"0"，如表 12.6 所示。

表 12.6 服务字段各位的含义

位索引	0	1	2	3	4	5	6	7	8	9	10	11	12	13	14	15
名字	0	0	0	0	0	0	0	保留	保留	保留	保留	保留	保留	保留	保留	保留
字段	初始化扰码器							保留的"服务"位								

5）PSDU

PSDU 字段是包含 PLCP 服务数据单元（PLCP Service Data Unit，PSDU）的可变长度字段。

6）尾部

尾部字段为 6 个"0"，这是将卷积编码器返回"零状态"所必需的。该过程改善了卷积译码器的错误概率，卷积译码器在译码时依赖于未来的位，在消息结束后可能无法使用。该字段应通过将消息结束后的 6 个加扰"0"位替换为 6 个非加扰"0"位来生成。

7）填充字段

填充字段是可变长度字段，确保 Non-HT 数据字段包含整数个符号。

> 注：关于 802.11a 数据字段的处理，在 802.11a 标准的 17.3.5 节中进行定义。

12.1.4 数据扰码器

PPDU 数据字段由服务、PSDU、结尾和填充部分组成，使用长度为 127 帧的同步扰码器进行扰码。PSDU 的 8 位字节被放置在传输串行位流中，首先是位 0，最后是位 7。帧同步扰码器使用下面的生成多项式 $S(x)$：

$$S(x) = x^7 + x^4 + 1$$

数据扰码器的结构如图 12.6 所示。

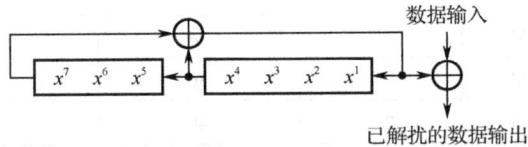

图 12.6 数据扰码器的结构

当使用全为"1"的初始状态时，扰码器重复生成的 127 位序列为（最左侧首先使用）：00001110 11110010 11001001 000000110 00101110 10110110 00001100 1110100 11100111 10110100 00101010 111110 01010001 10111000 1111111。相同的扰码器用于对传输数据进行加扰，并对接收的数据进行解扰。在传输数据时，扰码器的初始状态将被设置为伪随机非零状态。在加扰之前，服务字段的 7 个 LSB 将被设置为全为"0"，以便能够估计接收机中扰码器的初始状态。

12.1.5 卷积编码器

PPDU 数据字段由服务、PSDU、结尾和填充字段构成，应使用编码率为 1/2、2/3 或 3/4 的卷积编码器进行编码，对应于所需的数据速率。卷积编码器使用业界标准的生成多项式，$g_0 = 133_8$ 和 $g_1 = 171_8$，速率为 1/2，如图 12.7 所示。

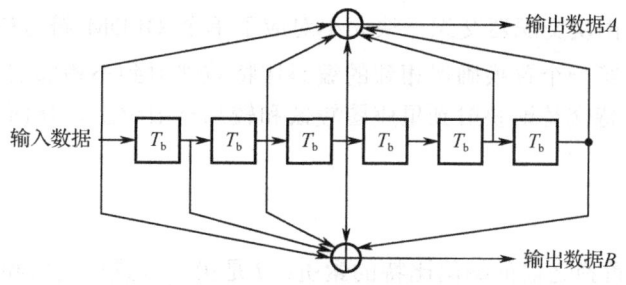

图 12.7 卷积编码器（$k=7$）

通过使用"打孔"从编码器中获得更高的速率。"打孔"是一种省略发射机中一些编码比特（从而减少传输位的个数并提高编码速率）并在接收侧的卷积解码器中插入虚拟"零"度量来代替省略位的过程。打孔模式如图 12.8 所示。建议使用维特比算法进行解码。

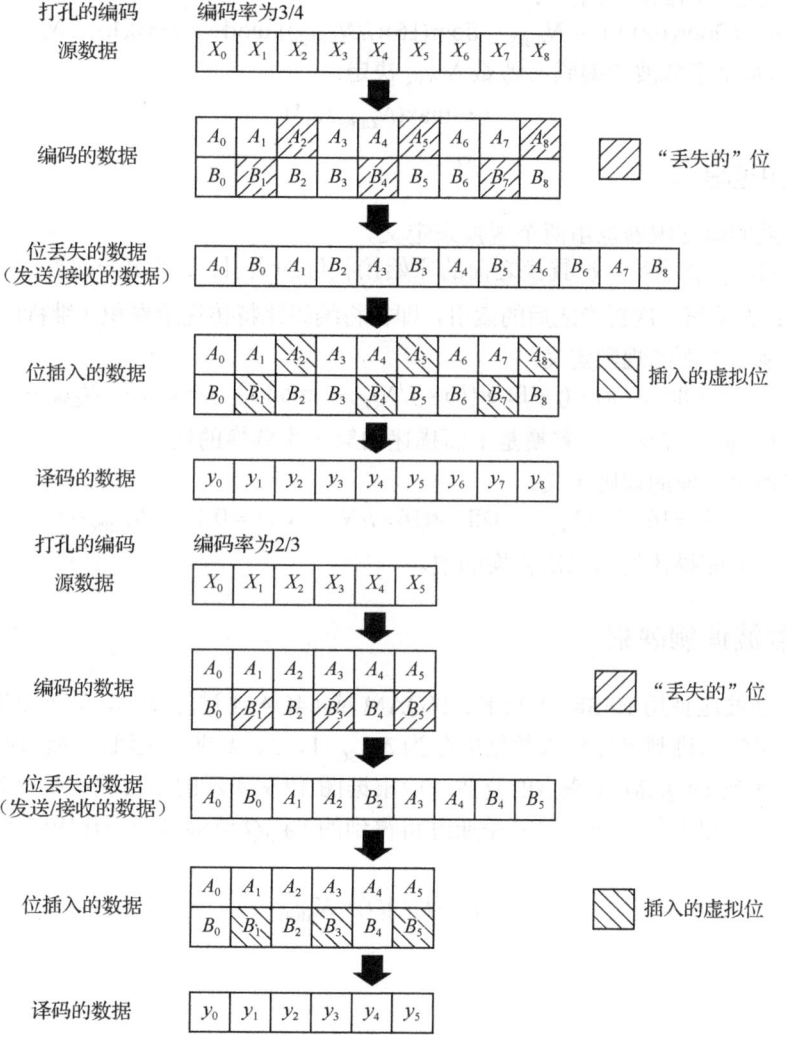

图 12.8 打孔模式（编码率为 3/4、2/3）

12.1.6 数据交织

所有编码数据位由块交织器交织，块大小对应于单个 OFDM 符号中的位数 N_{CBPS}。交织器由两步置换定义：第一个置换确保相邻的编码比特被映射到不相邻的子载波上；第二个置换确保相邻的编码比特交替地映射到星座图较低和较高有效位上，从而避免了长时间的低可靠性（LSB）位。

1. 交织过程

用 k 表示第一次置换之前的编码比特的索引；i 是第一次置换之后和第二次置换之前的索引，j 是第二次置换之后、调制映射之前的索引。

第一次置换由下面的规则定义：

$$i = (N_{CBPS}/16)(k \bmod 16) + \mathrm{floor}(k/16) \quad k = 0, 1, \cdots, N_{CBPS} - 1$$

式中，函数 $\mathrm{floor}(\cdot)$ 表示不超过参数的最大整数。

第二次置换由下面的规则定义：

$$j = s \times \mathrm{floor}(i/s) + (i + N_{CBPS} - \mathrm{floor}(16 \times i/N_{CBPS})) \bmod s \quad i = 0, 1, \cdots, N_{CBPS} - 1$$

式中，s 的值由每个子载波的编码比特数 N_{CBPS} 决定：

$$s = \max(N_{CBPS}/2, 1)$$

2. 解交织过程

执行逆关系的解交织器也由两个置换来定义。

这里，我们用 j 表示第一次置换之前的原始接收位的索引；i 是第一次置换之后和第二次置换之前的索引；k 是第二次置换之后的索引，即在将编码比特传递给卷积（维特比）译码器之前。

第一次置换由下面的规则定义：

$$i = s \times \mathrm{floor}(j/s) + (j + \mathrm{floor}(16 \times j/N_{CBPS})) \bmod s \quad j = 0, 1, \cdots, N_{CBPS} - 1$$

式中，s 的含义同前。显然，该置换是上面描述的第一次置换的逆。

第二次置换由下面的规则定义：

$$k = 16 \times i - (N_{CBPS} - 1)\mathrm{floor}(16 \times i/N_{CBPS}) \quad i = 0, 1, \cdots, N_{CBPS} - 1$$

显然，该置换是上面描述的第二次置换的逆。

12.1.7 子载波调制映射

OFDM 子载波应使用 BPSK、QPSK、16QAM 或 64QAM 进行调制，具体取决于所请求的速率。编码和交织的二进制串行输入数据应分为 N_{BPSC}（1、2、4 或 6）位组，并转换为表示 BPSK、QPSK、16QAM 或 64QAM 星座点的复数。应根据图 12.9 所示的格雷编码星座映射进行转换，输入位 b_0 是流中最早的位。输出值 d 是通过将得到的 $I + jQ$ 值乘以归一化因子 K_{MOD} 而形成的，如下式所述：

$$d = (I + jQ) \times K_{MOD}$$

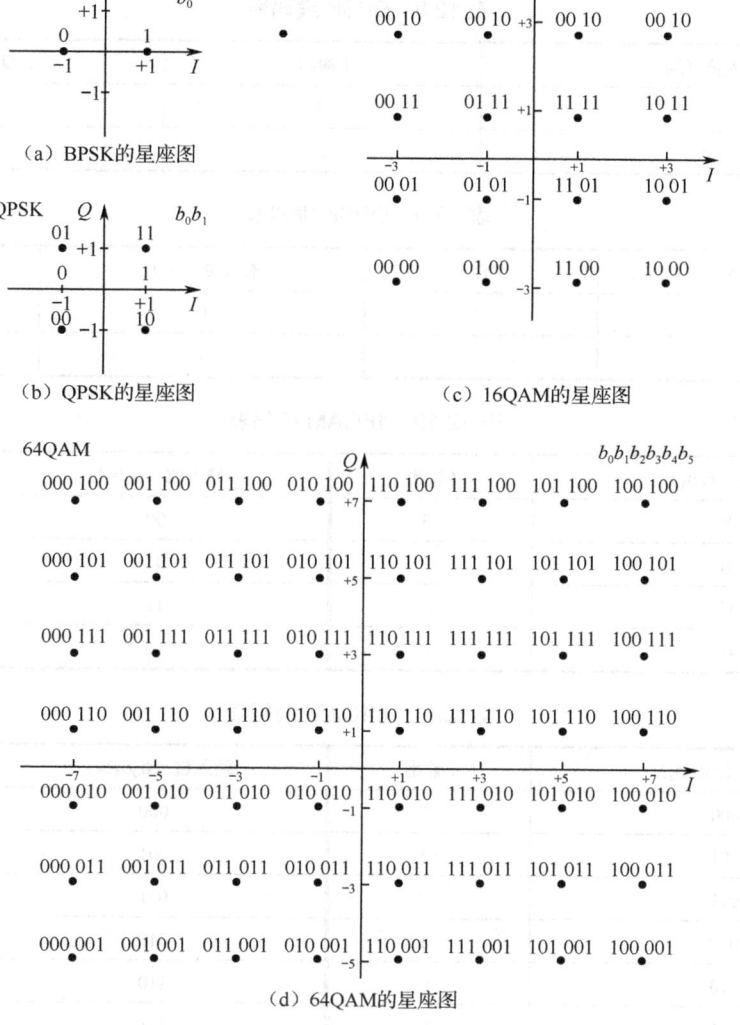

图 12.9　4 种调制模式的星座图

归一化因子 K_{MOD} 取决于基础调制模式，如表 12.7 所示。

表 12.7　归一化因子 K_{MOD}

调　　制	K_{MOD}
BPSK	1
QPSK	$1/\sqrt{2}$
16QAM	$1/\sqrt{10}$
64QAM	$1/\sqrt{42}$

对于 BPSK，b_0 确定 I 值，如表 12.8 所示。对于 QPSK，b_0 确定 I 值，b_1 确定 Q 值，如表 12.9 所示。对于 16QAM，b_0b_1 确定 I 值，b_2b_3 确定 Q 值，如表 12.10 所示。对于 64QAM，$b_0b_1b_2$ 确定 I 值，$b_3b_4b_5$ 确定 Q 值，如表 12.11 所示。

表 12.8 BPSK 编码表

输入位（b_0）	I-输出	Q-输出
0	-1	0
1	1	0

表 12.9 QPSK 编码表

输入位（b_0）	I-输出	输入位（b_1）	Q-输出
0	-1	0	-1
1	1	1	1

表 12.10 16QAM 编码表

输入位（b_0b_1）	I-输出	输入位（b_2b_3）	Q-输出
00	-3	00	-3
01	-1	01	-1
11	1	11	1
10	3	10	3

表 12.11 64QAM 编码表

输入位（$b_0b_1b_2$）	I-输出	输入位（$b_3b_4b_5$）	Q-输出
000	-7	000	-7
001	-5	001	-5
011	-3	011	-3
010	-1	010	-1
110	1	110	1
111	3	111	3
101	5	101	5
100	7	100	7

12.1.8 导频子载波

在每个 OFDM 符号中，4 个子载波专用于导频信号，以使相干检测对频率偏移和相位噪声具有健壮性。这些导频信号应放置在子载波-21、-7、7 和 21 中。导频应采用伪二进制序列进行 BPSK 调制，以防止产生谱线。

12.1.9 OFDM 调制

复数流分为 $N_{SD}=48$ 个复数组。下面将通过写复数 $d_{k,n}$ 来表示这一点，该复数对应于第 n 个 OFDM 符号的子载波 k，如下式所示：

$$d_{k,n} \equiv d_{k+N_{SD} \times n}, \quad k=0,\cdots,N_{SD}-1, \quad n=0,\cdots,N_{SYM}-1$$

式中，N_{SYM} 为 OFDM 符号的个数。

一个 OFDM 符号 $r_{DATA,n}(t)$ 定义为：

$$r_{\text{DATA},n}(t) = w_{\text{TSYS}}(t)\left[\sum_{k=0}^{N_{\text{SD}}-1}d_{k,n}\exp(j2\pi M(k)\Delta_F(t-T_{\text{GI}}))+p_{n+1}\sum_{k=-N_{\text{ST}}/2}^{N_{\text{ST}}/2}P_k\exp(j2\pi k\Delta_F(t-T_{\text{GI}}))\right]$$

式中，函数 $M(k)$ 定义了从逻辑子载波号 0～47 到频率偏移索引-26～26 的映射，同时跳过导频子载波位置和第 0 个子载波（直流子载波）。

$$M(k)=\begin{cases}k-26, & 0\leq k\leq 4\\ k-25, & 5\leq k\leq 17\\ k-24, & 18\leq k\leq 23\\ k-23, & 24\leq k\leq 29\\ k-22, & 30\leq k\leq 42\\ k-21, & 43\leq k\leq 47\end{cases}$$

第 n 个 OFDM 符号的导频子载波的贡献由序列 P 的傅里叶变换产生，见下式：

$P_{-26,26} = \{0,0,0,0,0,1,0,0,0,0,0,0,0,0,0,0,0,0,0,1,0,0,0,0,0,0,0,$
$0,0,0,0,0,1,0,0,0,0,0,0,0,0,0,0,0,0,0,-1,0,0,0,0,0\}$

导频子载波的极性由序列 p_n 控制，它是 127 个元素序列的循环扩展，由下式给出：

$p_{0..126v} = \{1,1,1,1,-1,-1,-1,1,-1,-1,-1,-1,1,1,-1,1,-1,-1,1,1,-1,1,1,-1,1,1,1,1,1,1,-1,1,$
$1,1,-1,1,1,-1,-1,1,1,1,-1,1,-1,-1,-1,1,1,-1,-1,1,-1,-1,-1,-1,1,-1,-1,1,1,1,1,1,1,-1,-1,1,1,$
$-1,-1,1,-1,1,-1,1,1,-1,-1,-1,1,1,-1,-1,-1,-1,1,-1,-1,1,-1,-1,1,1,1,1,-1,1,-1,1,-1,1,-1,$
$-1,-1,-1,-1,1,-1,1,1,-1,1,-1,1,1,1,1,-1,-1,1,-1,-1,-1,1,-1,-1,-1,-1,-1,-1,-1,-1\}$

当使用全为"1"的初始状态时，序列 p_n 可以由图 12.6 定义的数据扰码器生成，并将所有"1"替换为-1，将所有"0"替换为 1。每个序列元素用于一个 OFDM 符号。第一个元素 p_0 将 SIGNAL 符号的导频子载波相乘，而从 p_1 开始的元素用于 DATA 符号。

子载波频率分配如图 12.10 所示。为了避免射频系统中 D/A 和 A/D 转换器偏移与载波馈通的困难，不使用直流（第 0 个子载波）子载波。

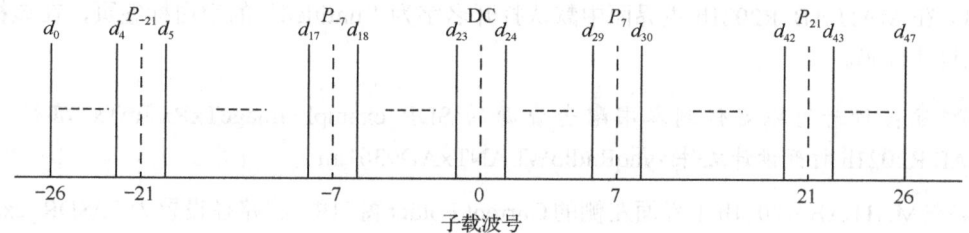

图 12.10 子载波频率分配

OFDM 符号的 N_{SYM} 级联形式可以写成：

$$r_{\text{DATA},n}(t) = \sum_{n=0}^{N_{\text{SYM}}-1}r_{\text{DATA},n}(t-nT_{\text{SYM}})$$

12.2 图像发射端设计

802.11a 中 OFDM 物理层发射机的框架结构如图 12.11 所示。其发送图像数据的流程如下所述。

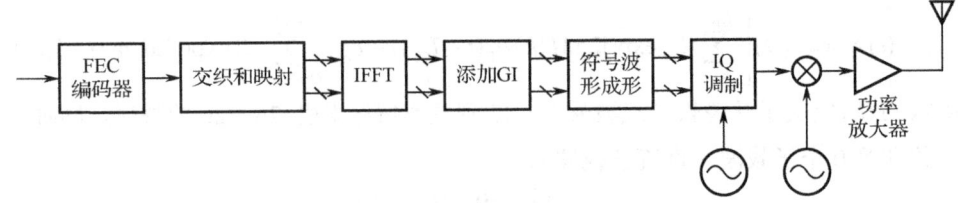

图 12.11　802.11a 中 OFDM 物理层发射机的框架结构

（1）图像读取与预处理：该过程实现从图像文件中读取数据，以及对原始数据进行预处理。
（2）数据链路层 MPDUs 生成：该过程将输入数据拆分为多个 MSDUs，并按规则生成 MPDUs。
（3）物理层 PPDUs 生成：该过程按照 802.11a 进行 OFDM 调制并添加报头生成 PPDUs。
（4）波形形成与信号发送：该过程将数据进行重采样生成发送信号波形，配置 SDR 硬件发送。

注：802.11a 规定的工作频段为 5GHz。在该设计中使用的是 802.11a 的协议格式，但是使用的工作频段为 2.4GHz。

12.2.1　创建新的图像发送设计

本小节将介绍创建新的图像发送设计的方法，主要步骤如下所述。
（1）使用下面介绍的其中一种方法启动 MATLAB R2021b 软件。
① 在 Windows 11 操作系统桌面的底部，找到并单击"开始"按钮，出现浮动菜单。在浮动菜单中，找到并单击"所有应用"按钮，出现浮动菜单。在浮动菜单中，找到并定位到 M 标题。在该标题下，找到并展开 MATLAB R2021b 文件夹。在展开项中，单击 MATLAB R2021b。
② 在 Windows 11 操作系统桌面上，找到并单击名字为"MATLAB R2021b"的图标。
（2）自动打开 MATLAB R2021b 主界面。在该主界面中，默认选择"HOME"标签。在该标签页的主菜单下，选择 New→Script。
（3）在 MATLAB R2021b 主界面中默认打开名字为"untitled"的空白标签页，在该标签页中添加设计代码。

注：读者可以定位到本书配套资源的\SDR_example\ImageTxRx\ImTx 路径下，用 MATLAB R2021b 打开设计文件 zynqRadioWLANTxAD9361.m。

（4）在 MATLAB R2021b 主界面左侧的 Current Folder 窗口中，将路径设置为 E:\SDR_example\ImageTxRx\ImTx。

12.2.2　图像读取与预处理

使用 MATLAB 读取图像数据并进行预处理的过程如下所述。
（1）使用 imread 函数读取保存在 E:\SDR_example\ImageTxRx\ImTx 路径中的图像文件 peppers.png，并将其保存在矩阵 ImDataInit 中。

该图像数据矩阵的大小为 ImSizeInit，其中 ImSizeInit(1)为行数、ImSizeInit(2)为列数、ImSizeInit(3)为通道数。读取图像的 MATLAB 代码如代码清单 12-1 所示。

代码清单 12-1　读取图像的 MATLAB 代码

```
ImName = 'peppers.png';                       % 图像文件名称
ImDataInit = imread(ImName);                  % 从图像文件中读取数据
ImSizeInit = size(ImDataInit);                % 原始图像大小[行,列,通道]
```

（2）使用[0,1]之间的采样因子 sampling 对 ImDataInit 进行采样，采样后的图像保存在矩阵 ImDataNew 中，该矩阵的大小为 ImSizeNew：

$$\text{ImSizeNew}(1:2) = \text{fix}[\text{ImSizeInit}(1:2) \times \text{sampling}]$$

式中，fix 为向下取整函数，即采样后仅对行与列进行采样，不影响图像的通道数：

$$\text{ImSizeNew}(3) = \text{ImSizeInit}(3)$$

因此，采样后的数据量变为初始图像数据量的 sampling^2 倍。

图像采样的 MATLAB 代码如代码清单 12-2 所示。

代码清单 12-2　图像采样的 MATLAB 代码

```
sampling = 0.5;                                                        % 缩放比例因子
ImSizeNew = max(floor(sampling.*ImSizeInit(1:2)),1);                   % 计算新图像大小[行,列,通道]
heightIndex = min(round((1:ImSizeNew(1))./sampling),ImSizeInit(1));    % 计算新的行坐标
widthIndexx = min(round((1:ImSizeNew(2))./sampling),ImSizeInit(2));    % 计算新的列坐标
ImDataNew = ImDataInit(heightIndex,widthIndexx,:);                     % 对图像进行抽样
imSize = size(ImDataNew);                                              % 实际新图像大小
```

（3）最后将图像数据矩阵 ImDataNew 展开为一维 txImData：

$$\text{length}(\text{txImData}) = \text{ImSizeNew}(1) \times \text{ImSizeNew}(2) \times \text{ImSizeNew}(3)$$

具体实现过程如代码清单 12-3 所示。

代码清单 12-3　图像展开为一维的 MATLAB 代码

```
txImData = ImDataNew(:);                                               % 将图像数据转换成行向量
```

12.2.3　生成数据链路层 MPDU

生成数据链路层 MPDU 的步骤如下所述。

（1）将输入的数据 txImData 按照 802.11a MPDU 帧结构中的 MSDU 长度进行分割，并在最后一个 MSDU 中填充空白字节。单个 MSDU 的字节数为 MSDUsLength = 2304，分割后需要的 MSDU 数量为：

$$\text{MSDUsNum} = \text{ceil}\left\lceil \frac{\text{length}(\text{txImData})}{\text{MSDUsLength}} \right\rceil$$

式中，ceil 为向上取整函数，需要在最后一个 MSDU 中填充的空白字节数为

$$\text{padZerosNum} = \text{MSDUsLength} - \text{mod}[\text{length}(\text{txImData}), \text{MSDUsLength}]$$

式中，mod 函数的返回值为 length(txImData) ÷ MSDUsLength 的余数。

生成 MSDU 的 MATLAB 代码如代码清单 12-4 所示。

代码清单 12-4　生成 MSDU 的 MATLAB 代码

```
MSDUsLength = 2304;                                                    % MSDU 的长度（以字节为单位）
MSDUsNum = ceil(length(txImData)/MSDUsLength);                         % 计算图像所需 MSDU 数量
if mod(length(txImData),MSDUsLength)
    padZerosNum = MSDUsLength-mod(length(txImData),MSDUsLength);       % 计算末尾需要补 0 的个数
    txImDataFix = [txImData; zeros(padZerosNum,1)];                    % 在发射数据后补 0
else
    txImDataFix = txImData;
end
```

（2）使用 wlanMACFrameConfig 函数为每个 MPDU 生成报头配置字，并使用 wlanMACFrame 函数按照 802.11a MPDU 帧格式在 MSDU 前后添加报头与校验序列生成 MPDU 帧。每个 MPDU

的报头与校验序列共 MPDUHeadAndTailSize（28）字节，仅 3 个地址地段有效。每个 MPDU 的字节数为：

$$MPDULen = MSDUsLength + MPDUHeadAndTailSize$$

将每个 MPDU 作为一个 PSDU 传输到物理层，MPDUs 和 PSDUs 的数量与大小完全相同。

生成 MPDU（即 PSDU）的 MATLAB 代码如代码清单 12-5 所示。

代码清单 12-5　生成 MPDU（即 PSDU）的 MATLAB 代码

```
PSDUs = zeros(0,1);                                          % 创建空的行向量
for i=0:MSDUsNum-1
    MSDU = txImDataFix(MSDUsLength*i+1:MSDUsLength*(i+1),:);  % 将数据拆分到每个 MSDU 中
    MPDUHead=wlanMACFrameConfig('FrameType','Data','SequenceNumber',i);  % 创建 MAC 帧控制字
    [MPDU, MPDULen] = wlanMACFrame(MSDU, MPDUHead);           % 生成 MPDU 数据包
    MPDU_Bits = reshape(de2bi(hex2dec(MPDU), 8)', [], 1);     % 将 MPDU 字节按位拆分
    PSDUs = [PSDUs;MPDU_Bits];                                % 迭代连接 MPDUs 生成 PSDUs
end
```

12.2.4　生成物理层 PPDU

在物理层按照 802.11a Non-HT 格式进行 OFDM 调制，形成 PPDUs。

（1）使用 wlanNonHTConfig 函数创建 Non-HT 格式的报头配置字，并配置报头相关信息，如带宽、OFDM 调制方式与卷积码率（MCS）、数据传输速率、前导码、PSDU 长度、发射天线数量等。其中 802.11a MCS 对照表如表 12.12 所示。

表 12.12　802.11a MCS 对照表

MCS m	原始速率 B^m（Mbps）	SINR 阈值 $\hat{r}^m$（dB）	最大链路长度 d^m（m）
BPSK　1/2	6	3.5	273.5
BPSK　3/4	9	6.5	230.0
QPSK　1/2	12	6.6	228.0
QPSK　3/4	18	9.5	193.7
16QAM　1/2	24	12.8	160.2
16QAM　3/4	36	16.2	131.7
64QAM　2/3	48	20.3	103.8
64QAM　3/4	54	22.1	93.5

设置 802.11a 调制参数的 MATLAB 代码如代码清单 12-6 所示。

代码清单 12-6　设置 802.11a 调制参数的 MATLAB 代码

```
PPDUnonHTHead = wlanNonHTConfig;                     % 创建 Non-HT 配置字
PPDUnonHTHead.MCS = 4;                               % 设置调制模式与卷积码率
PPDUnonHTHead.NumTransmitAntennas = 1;               % 设置发射天线数量
PPDUnonHTHead.PSDULength = MPDULen;                  % 设置 PSDU 的长度（字节）
```

（2）为每个 PPDUs 生成一个在 [1,127] 范围内的扰码器随机初始状态。然后使用 wlanWaveformGenerator 函数生成 PPDU。该函数首先按照 802.11a Non-HT 格式在每个长 MPDULen 字节的 PSDU 前添加 16（ServiceBit）位，在其之后添加 6（TailBit）位。

PPDU 有效数据负载的位数为：

$$PSDUSize\_bitFix = MPDULen \times 8 + ServiceBit + TailBit$$

最后,在每个 PPDU 有效数据负载后补充"0"进行 OFDM 调制。

根据 PPDUs 报头配置字中的 MCS 设定卷积码率 CodeRate 与调制阶数 Mode,且 802.11a 共 64 个子载波,保护子载波占 12 个,导频占 4 个,数据负载子载波占 48(actModeSyb)个。

每个 PPDU 数据段在 OFDM 调制之后产生的 OFDM 符号数为:

$$numDataSym = ceil\left[\frac{PSDUSize\_bitFix}{CodeRate \times Mode \times actModeSyb}\right]$$

式中,ceil 为向上取整函数。

每个 PPDU 数据负载填充的位数为:

$$PPDUPadNum = numDataSym \times CodeRate \times Mode \times actModeSyb - PSDUSize\_bitFix$$

根据 802.11a Non-HT 格式,每个 OFDM 符号的传输时间为 4μs,报头中的 L-STF、L-LTF 以及 L-SIG 占用 5 个 OFDM 符号,空闲时间为 20μs(5 个 OFDM 符号的传输时间)。因此,完整的 PPDU 加空闲时间可以传输 numDataSym+10 个 OFDM 符号。其进行 Nfft = 64 的傅里叶逆变换后,每个 OFDM 符号对应时域 64 个采样点,且时域循环前缀长度 cpLen 为 Nfft/4,故每个 OFDM 符号将产生 samplesPerOFDMSyb = 80 个采样点。传输一幅图像所需的采样点数量为:

$$PPDUInitSize = (numDataSym + 10) \times samplesPerOFDMSyb \times MSDUsNum$$

生成 PPDU 的 MATLAB 代码如代码清单 12-7 所示。

代码清单 12-7 生成 PPDU 的 MATLAB 代码

```
scramblerInitialization = randi([1 127],MSDUsNum,1);        % 使用每个数据包的生成扰码器初始值
PPDUInit = wlanWaveformGenerator(PSDUs,PPDUnonHTHead, ...   % 生成基带 PPDUs 数据包
    'NumPackets',MSDUsNum,'IdleTime',20e-6, ...
    'ScramblerInitialization',scramblerInitialization);
```

12.2.5 波形形成与信号发送

(1)使用过采样因子 osf = 1.5 对 PPDU 进行过采样,形成最终发送的波形,最终发送的数据的采样点数为 samplesPerFrame = PPDUInitSize×osf。发送数据过采样与归一化的 MATLAB 代码如代码清单 12-8 所示。

代码清单 12-8 发送数据过采样与归一化的 MATLAB 代码

```
fs = wlanSampleRate(PPDUnonHTHead);                          % 原采样率
osf = 1.5;                                                   % 过采样因子
PPDUFix = resample(PPDUInit,fs*osf,fs);                      % 重新采样 PPDU
fprintf('\nGenerating WLAN transmit waveform:\n')
powerScaleFactor = 0.8;                                      % 缩放因子
PPDUTx = PPDUFix.*(1/max(abs(PPDUFix))*powerScaleFactor);    % 缩放归一化信号避免频段饱和
PPDUTxInt = int16(PPDUTx*2^15);                              % 量化为 SDR 硬件的标准格式
```

(2)使用 sdrtx 函数创建发射端 SDR 设备对象,配置传输带宽、中心频率、发射增益并选择发射通道。最后使用 transmitRepeat 函数循环发送数据。设置发射端 SDR 参数并循环发送的 MATLAB 代码如代码清单 12-9 所示。

代码清单 12-9 设置发射端 SDR 参数并循环发送的 MATLAB 代码

```
deviceNameSDR = 'AD936x';                                              % 设置 SDR 设备名
sdrTransmitter = sdrtx(deviceNameSDR,'IPAddress','192.168.31.166');    % 发射机属性
```

```
sdrTransmitter.BasebandSampleRate = fs*osf;            % 重采样后的采样率
sdrTransmitter.CenterFrequency = 2.432e9;              % 802.11a 通道 5,2.432GHz
sdrTransmitter.Gain = -10;                             % 发送增益
sdrTransmitter.ChannelMapping = 1;                     % Tx 通道映射为 Tx1
sdrTransmitter.ShowAdvancedProperties = true;
sdrTransmitter.BypassUserLogic = true;                 % ※ 旁路掉用户逻辑
sdrTransmitter.transmitRepeat(PPDUTxInt);              % 循环发送射频波形
```

12.3 图像接收端设计

802.11a 中 OFDM 物理层接收机的框架结构如图 12.12 所示。

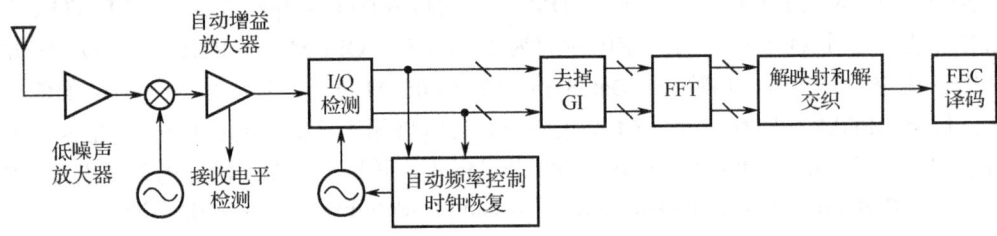

图 12.12　802.11a 中 OFDM 物理层接收机的框架结构

具体地说，图像通过 802.11a 的无线接收过程主要包括计算发射端数据的规模、设置接收端参数、设置接收机并捕获数据包、接收端数据处理以及重建图像五个阶段，如图 12.13 所示。

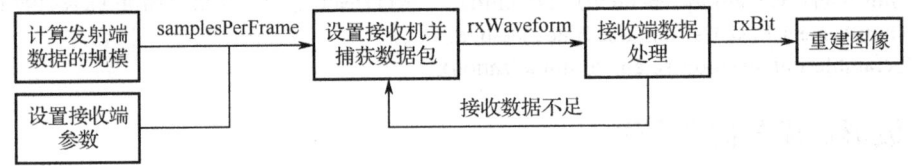

图 12.13　图像通过 802.11a 的无线接收过程

接收端数据处理使用 while 循环从捕获的数据中依次定位并检测 PPDU 进行数据处理。若信道质量不佳，通过检测的 PPDU 数量不满足要求，则保存当前已经成功解码的 PPDU 并重新捕获数据，从新捕获的数据中解码未检测到或校验失败的 PPDU。

注：802.11a 规定的工作频段为 5GHz。在该设计中，虽然使用的是 802.11a 的协议格式，但是使用的工作频段为 2.4GHz。

12.3.1　创建新的图像接收设计

本小节将介绍创建图像接收设计的方法，主要步骤如下所述。

（1）使用下面介绍的其中一种方法启动 MATLAB R2021b 软件。

① 在 Window 11 操作系统桌面的底部，找到并单击"开始"按钮，出现浮动菜单。在浮动菜单中，找到并单击"所有应用"按钮，出现浮动菜单。在浮动菜单中，找到并定位到 M 标题。在该标题下，找到并展开 MATLAB R2021b 文件夹。在展开项中，单击 MATLAB R2021b。

② 在 Windows 11 操作系统桌面上，找到并单击名字为"MATLAB R2021b"的图标。

（2）自动打开 MATLAB R2021b 主界面。在该主界面中，默认选择"HOME"标签。在该标签页的主菜单下，选择 New→Script。

（3）在 MATLAB R2021b 主界面中，默认打开名字为"untitled"的空白标签页。在该标签页中添加设计代码。

> 注：读者可以定位到本书配套资源的 \SDR_example\ImageTxRx\ImRx 路径下用 MATLAB R2021b 打开设计文件 zynqRadioWLANRxAD9361.m。

（4）在 MATLAB R2021b 主界面的左侧 Current Folder 窗口中，将路径设置为 E:\SDR_example\ImageTxRx\ImRx。

12.3.2 计算发送数据的规模

本小节将介绍如何根据原始图像大小、图像采样因子、MSDUs 长度、MPDU 报头数据与校验序列字节数、PPDU 的服务位与结束位长度、PPDU 调制模式与码元速率、OFDM 调制中有效子载波数量、PPDU 报头与空闲时符号数量、每个 OFDM 符号的采样点数以及过采样因子，确定发送一幅图像所需的样本数（samplesPerFrame）。计算发射端数据规模的 MATLAB 代码如代码清单 12-10 所示。其每个环节的具体计算过程请参考发射端模型设计。

代码清单 12-10　计算发射端数据规模的 MATLAB 代码

```
% 计算图像文件进行采样后的大小
ImSizeInit = [384,512,3];                                    % 图像文件的大小
sampling = 0.5;                                              % 图像采样因子
ImSizeNew = [fix(ImSizeInit(1:2).*sampling),ImSizeInit(3)];  % 采样后图像的大小[行,列,通道]

% 数据分段并填充 0 成为 MSDUs 后的大小
MSDUsLength = 2304;                                          % 每个 MSDU 的长度
MSDUsNum = ceil(ImSizeNew(1)*ImSizeNew(2)*ImSizeNew(3)/MSDUsLength); % 图像所需的 MSDU 数
txImDataFixSize = MSDUsLength*MSDUsNum;                      % MSDU 末尾填充 0 后的总数据量

% 数据分段为 PSDU 并填充服务位与结束位的大小
MPDUHeadAndTailSize = 28;                                    % MPDU 报头与校验序列的字节数
MPDULen = (MSDUsLength+MPDUHeadAndTailSize);                 % MPDU 字节数，即 PSDU 字节数
bitsPerByte = 8;                                             % 每个字节位数
PSDUSize_bit = MPDULen*bitsPerByte;                          % 每个 PSDU 的位数
ServiceBit = 16;                                             % 每个 PPDU 需要填充的服务位
TailBit = 6;                                                 % 每个 PPDU 需要填充的结束位
PSDUSize_bitFix = PSDUSize_bit+ServiceBit+TailBit;           % 填充后 PPDU 数据负载的大小

% 设置 802.11a Non-HT 配置字并计算每一帧的样本数
PPDUnonHTHead = wlanNonHTConfig;                             % 创建 Non-HT 配置字
PPDUnonHTHead.MCS = 4;                                       % 调制模式与码元速率
PPDUnonHTHead.NumTransmitAntennas = 1;                       % 发射天线数量
PPDUnonHTHead.PSDULength = MPDULen;                          % 设置 PSDU 的长度（字节）

switch PPDUnonHTHead.MCS
    case 0
        Mode=1; CodeRateU=1; CodeRateD=2;
    case 1
        Mode=1; CodeRateU=3; CodeRateD=4;
    case 2
```

```matlab
            Mode=2; CodeRateU=1; CodeRateD=2;
        case 3
            Mode=2; CodeRateU=3; CodeRateD=4;
        case 4
            Mode=4; CodeRateU=1; CodeRateD=2;
        case 5
            Mode=4; CodeRateU=3; CodeRateD=4;
        case 6
            Mode=6; CodeRateU=2; CodeRateD=3;
        case 7
            Mode=6; CodeRateU=3; CodeRateD=4;
        otherwise
            disp('MODE and CodeRate Error !!! \n');
end

actModeSyb = 48;                                            % OFDM 符号 52 子载波,其中 48 负载
PPDUHeadandPad = 10;                                        % PPDU 报头 5 个符号空闲 5 个符号
samplesPerOFDMSyb = 80;                                     % 每个 OFDM 符号的采样点数
PPDUInitSize = (ceil((PSDUSize_bitFix*CodeRateD)/(actModeSyb* ... % 调制后 PPDUs 的总样本数
Mode*CodeRateU))+PPDUHeadandPad)*samplesPerOFDMSyb * MSDUsNum;

osf = 1.5;                                                  % 过采样因子
samplesPerFrame = PPDUInitSize*osf;                         % 过采样后每帧的样本数
```

12.3.3 设置接收端参数

设置接收端参数的 MATLAB 代码如代码清单 12-11 所示。

代码清单 12-11 设置接收端参数的 MATLAB 代码

```matlab
% 基础设置
RxIP = '192.168.31.166';                                    % SDR 设备的 IP
deviceNameSDR = 'AD936x';                                   % SDR 设备的名称
chanBW = PPDUnonHTHead.ChannelBandwidth;                    % 接收端的带宽('CBW20')
sampleRate = wlanSampleRate(PPDUnonHTHead);                 % 接收端的采样率
displayFlag = 0;                                            % 是否显示解码信息

% 获取 PPDU 报头数据各字段的索引等
LSTF_Ind = wlanFieldIndices(PPDUnonHTHead,'L-STF');         % L-STF[1,160],短训练场索引
LLTF_Ind = wlanFieldIndices(PPDUnonHTHead,'L-LTF');         % L-LTF[161,320],长训练场索引
LSIG_Ind = wlanFieldIndices(PPDUnonHTHead,'L-SIG');         % L-SIG[321,400],数据包长度索引
LSTF_Len = double(LSTF_Ind(2));                             % 长训练场的样本数量
OFDMSampNumPerFrame = LSIG_Ind(2)-LSIG_Ind(1)+1;            % 每个 OFDM 符号的样本数
minPktLen = OFDMSampNumPerFrame*10;                         % 最小数据包长度

% 设置星座图查看器
constellation = comm.ConstellationDiagram('Title', ...
    'Equalized WLAN Symbols','ShowReferenceConstellation',false);
```

12.3.4 设置接收机并捕获数据包

接收端捕获数据并显示的 MATLAB 代码如代码清单 12-12 所示。

代码清单 12-12　接收端捕获数据并显示的 MATLAB 代码

```
% 设置接收端 SDR 参数
sdrReceiver = sdrrx(deviceNameSDR,'IPAddress',RxIP);            % 创建接收机对象
sdrReceiver.BasebandSampleRate = sampleRate*osf;                % 接收机的基带采样率
sdrReceiver.CenterFrequency = 2.432e9;                          % 接收机的中心频率
sdrReceiver.OutputDataType = 'double';                          % 接收机的数据类型
sdrReceiver.ChannelMapping = 1;                                 % 接收机的天线映射
sdrReceiver.ShowAdvancedProperties = true;
sdrReceiver.BypassUserLogic = true;                             % ※旁路掉用户逻辑

% 接收端捕获两倍的样本数
requiredCaptureLength = samplesPerFrame*2;                      % 需要捕获的样本数
fprintf('\n 开始捕获射频数据.\n')                                % 提醒开启 SDR 捕获
capturedData = capture(sdrReceiver, requiredCaptureLength, 'Samples');  % 捕获数据包长度两倍的样本
rxWaveform = resample(capturedData,sampleRate,sampleRate*osf);  % 将接收数据进行下采样
rxWaveformLen = size(rxWaveform,1);                             % 计算下采样后的信号长度

if displayFlag
    spectrumScope = dsp.SpectrumAnalyzer( ...                   % 设置频谱查看器
        'SpectrumType',         'Power density', ...
        'SpectralAverages', 10, ...
        'YLimits',              [-130 -40], ...
        'Title',                'Received Baseband WLAN Signal Spectrum', ...
        'YLabel',               'Power spectral density');
    spectrumScope.SampleRate = sdrReceiver.BasebandSampleRate;  % 频谱查看器的采样率
    spectrumScope(capturedData);                                % 显示接收波形的功率谱密度
end
```

12.3.5　接收端数据处理

接收端数据处理的主要过程如图 12.14 所示，该过程主要包含数据包检测，L-STF 粗 CFO 校正与帧同步，L-LTF 精 CFO 校正与信道估计，L-SIG 恢复与校验，对 PPDU 进行 CFO 校正与信道均衡、最后解码恢复 PSDU，以及解码 MPDU、提取 MSDU 并排序。当接收的 PSDU 不满足条件时，将更新扫描起点，重新扫描接收的数据寻找下一个 PPDU 数据包。

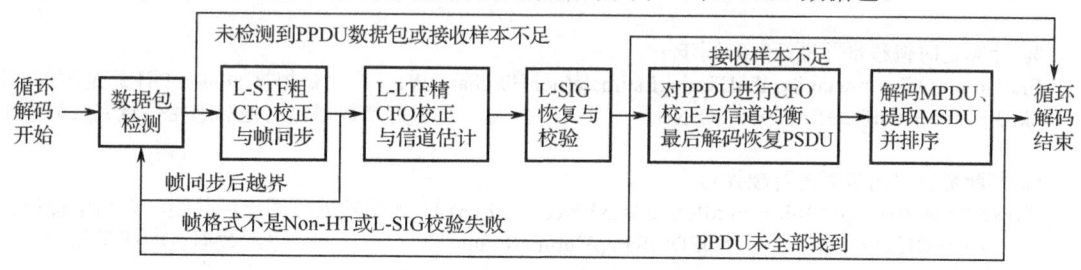

图 12.14　接收端数据处理的主要过程

（1）数据包检测。

① 从起始位置 searchOffset 使用函数 wlanPacketDetect 定位 PPDU 数据包的相对起始位置 pktOffset。

② 将 searchOffset 的相对起始位置更新为相对于捕获数据 rxWaveform 的绝对起始位置。

③ 根据 pktOffset 判断接收数据是否均完成扫描，当完成扫描后退出循环检测，并根据接收

数据包序号判断是否成功检测到数据包。

数据包检测的 MATLAB 代码如代码清单 12-13 所示。

代码清单 12-13　数据包检测的 MATLAB 代码

```
% 输入（波形|带宽|起始位置|信噪阈值）返回（相对起始位置）
pktOffset = wlanPacketDetect(rxWaveform,chanBW,double(searchOffset),0.8);
% 检测数据包的相对起始位置
if isempty(pktOffset)
    pktOffset = 0;
end
pktOffset = searchOffset+pktOffset;                         % 相对起始位置更新为绝对起始位置
if isempty(pktOffset) || (pktOffset+LSIG_Ind(2)>rxWaveformLen) % 如果接收数据扫描完成
    if pktInd==1                                            % pktInd 为 1，则未检测到数据包
        disp('并未检测到任何数据包 !!!');
    else
        disp('** 接收到的 PPDUs 不足 **');
    end
    break;                                                   % 退出循环扫描
end
```

（2）L-STF 粗 CFO 校正与帧同步。

① 使用数据包的起始位置、L-STF 字段与 L-SIG 字段索引从捕获的数据 rxWaveform 中提取 PPDU 的报头 Non-HT，通过 wlanCoarseCFOEstimate 函数计算当前 PPDU 的粗 CFO coarseFreqOffset，并使用 helperFrequencyOffset 函数对当前 PPDU 的报头 Non-HT 进行粗 CFO 校正。

② 使用 wlanSymbolTimingEstimate 函数计算定时偏移 fineTimingOffset，并用该定时偏移量纠正 PPDU 数据包的绝对起始位置 pktOffset 完成帧同步。

③ 检测数据包的绝对起始位置是否越界，如果越界，则更新搜索起点，重新进行数据包检测。

L-STF 粗 CFO 校正与帧同步的 MATLAB 代码如代码清单 12-14 所示。

代码清单 12-14　L-STF 粗 CFO 校正与帧同步的 MATLAB 代码

```
% 提取 nonHT 执行粗频率偏移估计与校正
nonHT = rxWaveform(pktOffset+(LSTF_Ind(1):LSIG_Ind(2)),:);   % 从数据包中提取 Non-HT
coarseFreqOffset = wlanCoarseCFOEstimate(nonHT,chanBW);      % 使用 Non-HT 进行粗 CFO 估计
nonHT = helperFrequencyOffset(nonHT,sampleRate,-coarseFreqOffset); % 对 Non-HT 进行粗 CFO 校正

% 计算定时偏移量并进行定时同步
fineTimingOffset = wlanSymbolTimingEstimate(nonHT,chanBW);   % 根据 Non-HT 计算定时偏移量
pktOffset = pktOffset+fineTimingOffset;                      % 更新数据包的绝对起始位置完成帧同步

% 判断数据包同步后是否越界
if (pktOffset<0) || ((pktOffset+minPktLen)>rxWaveformLen)    % 如果数据包同步后其绝对起始位置越界
    searchOffset = pktOffset+3*OFDMSampNumPerFrame;          % 更新数据包的搜索起点
    continue;                                                 % 重新搜索
end
fprintf('\n 检测到%d 号数据包,起始地址是:%d\n',pktInd,pktOffset+1); % 输出数据包的位置
```

（3）L-LTF 精 CFO 校正与信道估计。

① 从帧同步后的起点开始提取前 7 个 OFDM 符号对应的数据作为 Non-HT，对新提取出的 Non-HT 进行粗 CFO 校正。

② 从 Non-HT 中提取 L-LTF，计算精 CFO 的值 fineFreqOffset，并使用 helperFrequencyOffset

函数对 Non-HT 进行精 CFO 校正。

③ 从校正后的 Non-HT 中提取 L-LTF，使用 wlanLLTFDemodulate 函数对 L-LTF 进行解调生成 demodLLTF，使用 wlanLLTFChannelEstimate 函数进行信道估计产生 chanEstLLTF，使用 helperNoiseEstimate 函数进行噪声估计产生 noiseVarNonHT。

L-LTF 精 CFO 校正与信道估计的 MATLAB 代码如代码清单 12-15 所示。

代码清单 12-15　L-LTF 精 CFO 校正与信道估计的 MATLAB 代码

```
nonHT = rxWaveform(pktOffset+(1:7*OFDMSampNumPerFrame),:);    % 提取前 7 个 OFDM 符号的数据
nonHT = helperFrequencyOffset(nonHT,sampleRate,-coarseFreqOffset); % 粗 CFO 校正

% 对前导码字段执行精细的频率偏移校正
L_LTF = nonHT(LLTF_Ind(1):LLTF_Ind(2),:);                     % 提取 L-LTF
fineFreqOffset = wlanFineCFOEstimate(L_LTF,chanBW);           % 计算精 CFO 数值
nonHT = helperFrequencyOffset(nonHT,sampleRate,-fineFreqOffset); % 对 Non-HT 进行精 CFO 校正
cfoCorrection = coarseFreqOffset+fineFreqOffset;              % 计算总 CFO

% 使用 L-LTF 进行信道估计
L_LTF = nonHT(LLTF_Ind(1):LLTF_Ind(2),:);                     % 提取 CFO 校正后的 L_LTF
demodLLTF = wlanLLTFDemodulate(L_LTF,chanBW);                 % 解调 L_LTF
chanEstLLTF = wlanLLTFChannelEstimate(demodLLTF,chanBW);      % 使用 L_LTF 进行信道估计
noiseVarNonHT = helperNoiseEstimate(demodLLTF);               % 使用 L_LTF 估计信道噪声
```

（4）L-SIG 恢复与校验。

① 使用 L-LTF 后面包含 L-SIG 的 3 个 OFDM 符号，通过 wlanFormatDetect 函数进行帧格式检测产生 format，如果帧格式不是 Non-HT 的，则重新扫描。

② 在确保帧格式正确的前提下，使用 L-SIG 字段索引 LSIG_Ind、信道估计值 chanEstLLTF 与噪声估计值 noiseVarNonHT，通过 wlanLSIGRecover 函数从 Non-HT 中恢复 L-SIG 字段产生 recLSIGBits，如果 L-SIG 校验失败，则重新扫描。

③ 使用 helperInterpretLSIG 函数从 recLSIGBits 中解码出 MCS（调制模式与卷积码率）lsigMCS、PSDU 样本数 psduLen 以及 PPDU 样本数 ppduLen，如果当前 PPDU 的起点位置与 PPDU 的长度之和大于接收的样本数，则表明接收的样本数不足，退出循环解码。

帧格式解码（拆帧）的 MATLAB 代码如代码清单 12-16 所示。

代码清单 12-16　帧格式解码（拆帧）的 MATLAB 代码

```
format = wlanFormatDetect(nonHT(LLTF_Ind(2)+ ...              % L-LTF 后的 3 个符号进行帧格式检测
    (1:3*OFDMSampNumPerFrame),:),chanEstLLTF,noiseVarNonHT,chanBW);
disp(['  ' format ' 格式解调']);                               % 输出检测到的 PPDU 帧格式
if ~strcmp(format,'Non-HT')                                   % 帧格式不是'Non-HT',重新扫描
    disp('  PPDU 帧格式不是 Non-HT');
    searchOffset = pktOffset+3*OFDMSampNumPerFrame;
    continue;
end

[recLSIGBits,failCheck] = wlanLSIGRecover(nonHT ...
    (LSIG_Ind(1):LSIG_Ind(2),:),chanEstLLTF,noiseVarNonHT,chanBW);
if failCheck                                                  % L-SIG 校验错误，重新扫描
    disp('  L-SIG 校验失败');
    searchOffset = pktOffset+3*OFDMSampNumPerFrame;
    continue;
```

```
        else
            disp(' L-SIG 校验通过 ');
        end

        [lsigMCS,psduLen,ppduLen] = helperInterpretLSIG( ...      % 根据 L-SIG 检索参数
            recLSIGBits,sampleRate);
        if (pktOffset+ppduLen)>length(rxWaveform)                % 接收数据不足,退出循环解码
            disp('** 接收到的样本数不足 **');
            break;
        end
```

(5) 对 PPDU 进行 CFO 校正与信道均衡、最后解码恢复 PSDU。

① 通过 helperFrequencyOffset 函数对接收波形 rxWaveform 中当前 PPDU 对应的数据进行 CFO 校正。

② 创建 Non-HT 配置字并设置 MCS、PSDU 长度以及 PPDU 中数据字段的索引等信息。

③ 使用信道估计值 chanEstLLTF、噪声估计值 noiseVarNonHT 以及 Non-HT 配置字 rxNonHTcfg,通过 wlanNonHTDataRecover 函数从接收波形 rxWaveform 中恢复 PSDU 数据 rxPSDU,并根据 displayFlag 的值决定是否显示星座图。

CFO 校正与信道均衡恢复 PSDU 的 MATLAB 代码如代码清单 12-17 所示。

代码清单 12-17 CFO 校正与信道均衡恢复 PSDU 的 MATLAB 代码

```
rxWaveform(double(pktOffset)+(1:ppduLen),:) = ...                % 对当前 PPDU 进行 CFO 校正
    helperFrequencyOffset(rxWaveform(double(pktOffset)+...
    (1:ppduLen),:),sampleRate,-cfoCorrection);

rxNonHTcfg = wlanNonHTConfig;                                    % 创建 Non-HT 配置字
rxNonHTcfg.MCS = lsigMCS;                                        % 调制模式与卷积码率
rxNonHTcfg.PSDULength = psduLen;                                 % PSDU 长度
PPDUData_Ind = wlanFieldIndices(rxNonHTcfg,'NonHT-Data');        % PPDU 中数据字段的索引

% 使用来自 L-LTF 的传输数据包参数和信道估计值恢复 PSDU 比特
[rxPSDU,eqSym] = wlanNonHTDataRecover(rxWaveform(pktOffset+ ...
    (PPDUData_Ind(1):PPDUData_Ind(2)),:),chanEstLLTF,noiseVarNonHT,rxNonHTcfg);
if displayFlag
    constellation(reshape(eqSym,[],1));                          % 当前星座图
    % pause(0);                                                  % 允许重新绘制星座图
    release(constellation);                                      % 释放上一个星座图对象
end
```

(6) 解码 MPDU、提取 MSDU 并排序。

① 从 MPDU(PSDU) rxPSDU 中通过函数 wlanMPDUDecode 解码出 MPDU 配置字 cfgMPDU、MSDU 数据 msduList{pktInd}以及 FCS 校验状态 status。

② 根据 FCS 校验状态判断解码是否成功,如果成功,则在 packetSeq 中记录解码成功的 MPDU 序列号,并将 MSDU 数据按照序列号存储在 rxBit 中。

③ 根据 displayFlag 的值决定是否显示解码信息。

解码 MPDU,提取 MSDU 并排序的 MATLAB 代码如代码清单 12-18 所示。

代码清单 12-18 解码 MPDU、提取 MSDU 并排序的 MATLAB 代码

```
[cfgMPDU, msduList{pktInd}, status] = wlanMPDUDecode( ...        % 解码 MPDU 帧结构中的信息
    rxPSDU, rxNonHTcfg);
```

```matlab
        if strcmp(status, 'Success')                                    % MPDU 解码成功
            disp('   MAC FCS 校验通过');
            if(cfgMPDU.SequenceNumber<MSDUsNum)
                packetSeq(cfgMPDU.SequenceNumber+1) = cfgMPDU.SequenceNumber;
                rxBit{cfgMPDU.SequenceNumber+1}=reshape(de2bi( ...
                    hex2dec(cell2mat(msduList{pktInd})),8)',[],1);
            end
        else                                                            % MPDU 解码失败
            if strcmp(status, 'FCSFailed')                              % FCS 失败
                disp('   MAC FCS 校验失败');
            else
                disp('   MAC FCS 校验状态未知');
            end
        end
    end

    if displayFlag                                                      % 显示解码信息
        fprintf('\n\n\n');
        fprintf('   粗 CFO 估计值: %5.1f Hz\n',coarseFreqOffset);
        fprintf('   精 CFO 估计值: %5.1f Hz\n',fineFreqOffset);
        fprintf('   总 CFO 估计值: %5.1f Hz\n',cfoCorrection);
        fprintf('   PPDU 数据包 L-SIG 中的信息: ');
        fprintf('      MCS: %d\n',lsigMCS);
        fprintf('      长度: %d\n',psduLen);
        fprintf('      PPDU 数据包样本数: %d\n',ppduLen);
        fprintf('   MPDU 数据包报头信息:\n');
        fprintf('      数据包序列号:%d\n',cfgMPDU.SequenceNumber);
    end
```

12.3.6 重建图像

本小节将介绍如何根据排序之后的 MSDUs 恢复图像数据，并绘制传输图像。

（1）通过接收的 MPDUs 序列号数组 packetSeq 检查接收数据 rxBit 是否完整。

（2）使用 cell2mat 函数将接收的 MSDUs 数据展开成矩阵形式的数据 rxBitMatrix，使用 reshape 函数根据传输图像大小提取有用的数据并使用 bi2de 函数将数据转换为双精度浮点数据类型产生 decdata，使用 reshape 函数与 uint8 将数据转化为行、列以及通道数的图像数据格式 receivedImage。

（3）使用绘图函数组 figure、set 以及 imshow 绘制接收的图像。

图像重建的 MATLAB 代码如代码清单 12-19 所示。

代码清单 12-19　图像重建的 MATLAB 代码

```matlab
if length(unique(packetSeq)) == MSDUsNum

    fprintf('从接收数据中构建图像.\n');
    rxBitMatrix = cell2mat(rxBit);                                     % 将 MSDUs 数据块展开为矩阵
    decdata = bi2de(reshape(rxBitMatrix(1:ImSizeNew(1)* ...            % 按图像大小裁剪数据
        ImSizeNew(2)*ImSizeNew(3)*bitsPerByte), 8, [])');
    receivedImage = uint8(reshape(decdata,ImSizeNew));                 % 重建为行、列、通道数格式

    figure(1);                                                         % 创建画布
    set(gcf,'Name','Received Image');                                  % 设置接收图像名称
```

```
        imshow(receivedImage,'InitialMagnification', 'fit');      % 绘制接收图像
        set(gca, 'Position',[0,0,1,1]);                           % 画布内全屏展示
end
```

12.4　图像发送和接收测试

本节将介绍无线图像传输系统的测试方法。

1）硬件设备连接

（1）准备两台台式电脑/笔记本电脑以及两套硬件开发平台 SDR-AI-Z7。

（2）两套 SDR-AI-Z7 硬件开发平台（以下简称 SDR 硬件平台）分别进行如下连接：

① SDR 硬件平台上标记为 J1 的电源接口与配套的电源模块+5V 输出插头连接；

② SDR 硬件平台上标记为 U35 的接口插入光电转换模块，并通过带 RJ45 插头的网线分别与两台台式电脑/笔记本电脑的网络接口相连；

③ 在 SDR 硬件平台上标记为 U36 的 SD 卡槽内插入已经烧录镜像文件的 SD 卡；

注：可以在本书配套资源的\SDR_example 路径中找到 SDR-AI-Z7_SDCard_MATLAB2021b_Vivado2023 压缩文件，将 Mini-SD 卡通过 USB 接口的读卡器连接到台式电脑/笔记本电脑的 USB 接口，并将该压缩文件解压缩到 Mini-SD 卡中，生成镜像文件。

④ SDR 硬件平台上标记为 J4 与 J5 的插座，通过跳线帽连接到标记为 VCC 的一侧，该设置将 Zynq-7000 SoC 的启动模式设置为 SD 卡启动模式；

⑤ 将发射端的 SDR 硬件平台上标记为 Tx2A 的 SMA 接口与 2.4GHz 天线连接；

⑥ 将接收端的 SDR 硬件平台上标记为 Rx2A 的 SMA 接口与 2.4GHz 天线连接；

⑦ 将 SDR 硬件平台上标记为 S1 的开关拨动到 ON 位置，给硬件平台正常供电。

2）发射端与接收端 IP 设置

由于 SDR 硬件平台上的 SD 卡中已经烧录了镜像文件，且该镜像文件中预先将 SDR 硬件平台的 IP 地址设置为 192.168.31.166，因此与每个 SDR 硬件平台相连的台式电脑/笔记本电脑要处于同一网段下。

① 在台式电脑/笔记本电脑的 Windows 11 操作系统中，进入"网络连接"窗口。找到并双击名字为"以太网"的符号。

② 弹出"以太网 4 属性"对话框，如图 12.15 所示。

③ 在图 12.15 中，找到并双击"Internet 协议版本 4（TCP/IPv4）"选项。

④ 弹出"Internet 协议版本 4（TCP/IPv4）属性"对话框，如图 12.16 所示。在该对话框中，选择"使用下面的 IP 地址(S)"前面的单选按钮。在"IP 地址"标题右侧的文本框中输入"192.168.31.163"，对于另一台台式电脑/笔记本电脑，在"IP 地址"标题右侧的文本框中输入"192.168.31.167"。在"子网掩码"标题右侧的文本框中输入"255.255.255.0"。

注：两台台式电脑/笔记本电脑的 IP 地址设置为"192.168.31.x"网段即可，x 不能是 166。

⑤ 单击该对话框中的"确定"按钮，退出"Internet 协议版本 4（TCP/IPv4）属性"对话框。

⑥ 单击"以太网属性"对话框中的"确定"按钮，退出该对话框。

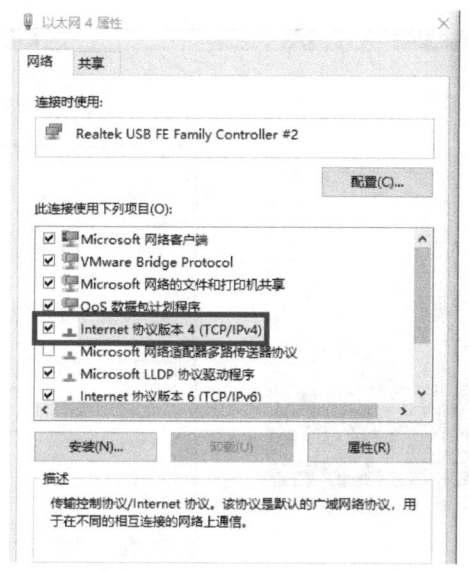
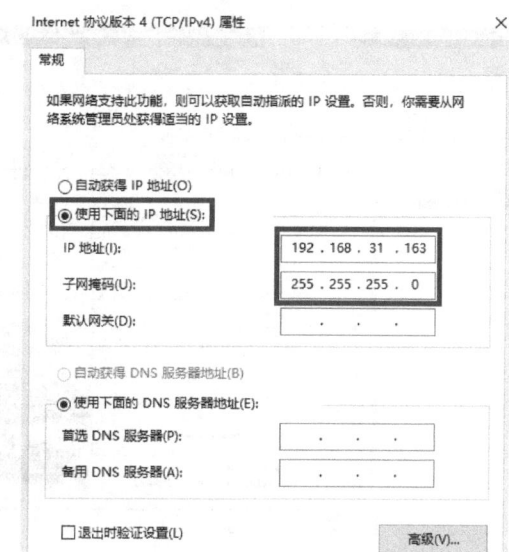

图 12.15 "以太网 4 属性"对话框　　图 12.16 "Internet 协议版本 4（TCP/IPv4）属性"对话框

3）发射端与接收端参数设置

① 图像文件名 ImName 需要与发射端 MATLAB 工作目录下的图像文件名保持一致。
② 图像采样因子 sampling 在(0,1]范围内决定了需要发送的图像大小。
③ MSDU 长度 MSDUsLengt 是[1,2304]范围内的整数，决定了每帧最大数据负载量。
④ 调制模式与卷积码率 MCS 是[0,7]范围内的整数，决定了 802.11a 的调制模式与卷积码率。
⑤ 过采样因子 osf 在[1,n]范围内决定了发送数据量与原始 PPDU 数据量的倍数。
⑥ 发射端增益 Gain 在[0,-20]范围内决定了发射端的增益。
⑦ 发射通道映射 ChannelMapping 需要与实际的天线连接方式保持一致。
⑧ 发射端 MATLAB 代码中的 IP 地址需要与 SDR 硬件平台上插入 SD 卡中的 IP 地址保持一致。
⑨ 接收端的图像文件大小 ImSizeInit、图像采样因子 sampling、MSDU 长度 MSDUsLength、调制方式与码元速率 MCS、过采样因子 osf 需要与发射端保持一致，且发射天线数量、SDR 设备的 IP 地址以及接收天线的映射 ChannelMapping 需要根据实际情况设置。

注：如果需要显示接收功率谱密度、星座图以及其他详细信息，则将 displayFlag 设置为 1。

4）运行发射端程序

在发射端台式电脑/笔记本电脑的 MATLAB 程序代码中单击程序中的第一节（用"%%"表示一节的开始），在该节内的任何一行代码处，单击鼠标右键，出现浮动菜单。在浮动菜单内，单击"Run Section"选项（或者同时按下 Ctrl 键和 Enter 键），该操作将使能图像的循环发送，效果如图 12.17 所示。

5）运行接收端程序

在接收端台式电脑/笔记本电脑 MATLAB 软件主界面的工具栏中，找到并单击"Run all sections"按钮 （或者按下 F5 键），该命令将运行完整的节。接收端 SDR 将自动捕获并解码 802.11a 数据包，其过程将在命令行窗口中显示，最终接收完成后将显示接收的图像，如图 12.18 所示。

图 12.17　发射端 MATLAB 程序代码的运行效果

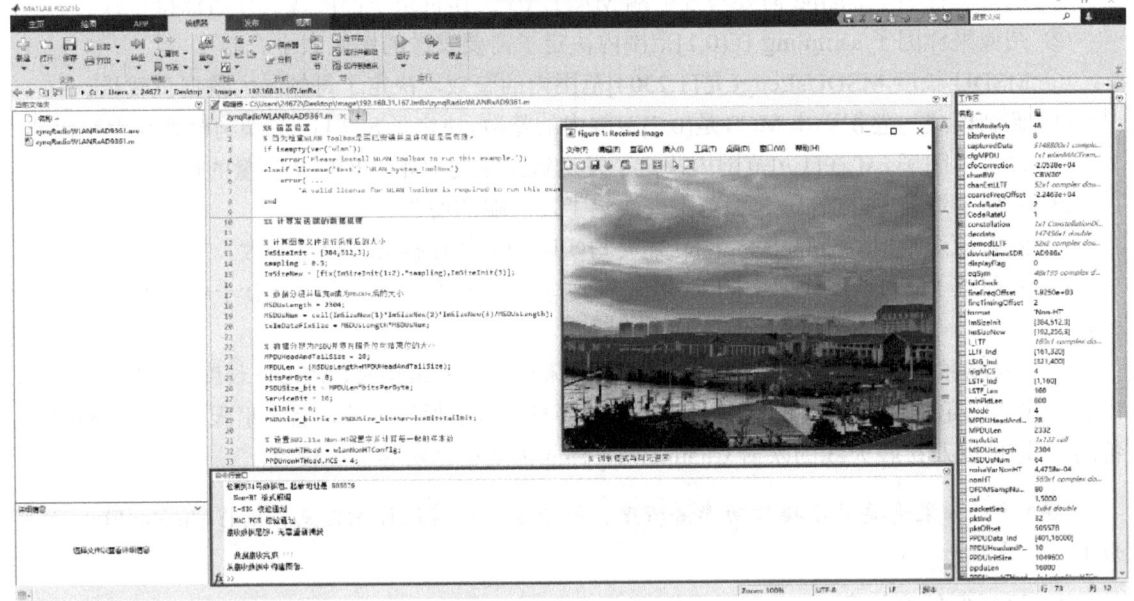

图 12.18　接收端 MATLAB 程序代码的运行效果

6）终止发射端程序

在发射端台式电脑/笔记本电脑的 MATLAB 程序代码中，单击程序第二节中任何一行代码，出现浮动菜单。在浮动菜单中，单击"Run Section"选项（或者同时按下 Ctrl 键和 Enter 键），该操作将关闭图像的循环发送过程。

第 13 章

ADS-B 信号接收 Simulink 实现

广播式自动相关监视（Automatic Dependent Surveillance-Broadcast，ADS-B）信号是一种现代监视技术，允许飞机通过数据链自动广播由机载导航设备和定位系统生成的各种数据，包括飞机识别、四维定位（位置和时间信息）和其他附加信息。地面站和其他飞机可以接收这些数据，从而实现无雷达覆盖区域的空中交通管制监视、机场场面监视，以及未来的空对空监视等应用。

本章首先介绍 ADS-B 的基本原理和应用场景；然后设计一个 ADS-B 发射机模型，用于验证 ADS-B 接收机模型的正确性，在此基础上，通过仿真构建的 ADS-B 无线传输系统模型，从理论上验证模型设计的准确性；最后，利用硬件定制平台 SDR-AI-Z7 接收 ADS-B 信号，并通过实地测试验证 ADS-B 接收机模型的正确性。

13.1 基础知识

ADS-B 和模式选择信标系统（Mode Select Beacon System，Mode S）之间的关系是，ADS-B 消息通常通过 Mode S 的扩展应答（Extended Squitter，ES）功能进行传输。具体地说，ADS-B 利用了 Mode S 的技术框架，但相较于 Mode S，ADS-B 的数据更新频率更高，且信息内容更加丰富。ADS-B 消息包含飞机的精确位置、高度、速度、飞行状态、呼号等关键信息，这些信息对于提高空中交通管制的效率和安全性至关重要。

Mode S 是一种应答机询问模式，只有在询问系统发出请求时，才会传输飞机的相关信息。Mode S 信号具有短编码格式（56 位）和长编码格式（112 位）两种形式。不同类型的 Mode S 消息可能包含不同的内容，但大多数 Mode S 消息都会包括消息类型、飞机的 ICAO 24 位识别地址以及循环冗余校验（Cyclic Redundancy Check，CRC）信息。这些信息对于空中交通管制和飞行安全监控至关重要，而 ADS-B 则通过 Mode S 的扩展应答功能提供更加频繁和全面的飞行数据，进一步提高了空中交通管理的能力。

13.1.1 Mode S 编码

本小节将详细介绍本设计中使用的 Mode S ES 传输。该 Mode S ES 信号的编码长度为 112 位，其中包含了飞机的高度、位置、速度、飞行状态和呼号等信息。典型的 Mode S ES 信号的结构如图 13.1 所示。

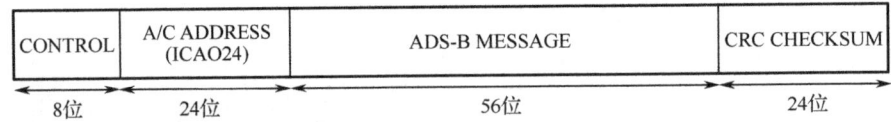

图 13.1 典型的 Mode S ES 信号的结构

（1）CONTROL：长度为 8 位。该字段用于帧同步，且这些控制位包含了下行链路的信息，用于描述正在接收的是哪种类型的 Mode S 消息。对于扩展应答模式（Mode S ES），下行链路格式（Downlink Format，DF）的值应该等于 17。

（2）A/C ADDRESS（ICAO24）：长度为 24 位。该字段是飞机的 ICAO 24 位代码，它是一个独特的 24 位飞机识别码。

（3）ADS-B MESSAGE：长度为 56 位。该字段是 ADS-B 消息。

（4）CRC CHECKSUM：长度为 24 位。该字段为循环冗余校验（Cyclic Redundancy Check，CRC）编码字段，用于验证接收消息的正确性。

13.1.2 ADS-B 编码

接收机通过 ADS-B 消息前五位的类型码（Type Code，TC）来识别 ADS-B 的内容。

（1）当 TC 的值为 4 时，ADS-B 信息为飞机 ID。

（2）当 TC 的值为 9 时，ADS-B 信息为以高度和经纬度表示的空中位置。

（3）当 TC 的值为 19 时，ADS-B 信息为水平和垂直速度。

在本章中，主要实现对空中位置消息的解码，因此 ADS-B 消息的结构如图 13.2 所示。

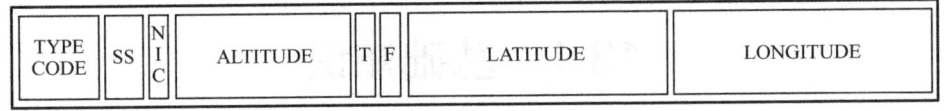

图 13.2 ADS-B 消息的结构

（1）SS：长度为 2 位，该字段表示监控状态（Surveillance Status）。

（2）NIC：长度为 1 位，该字段表示 NIC 补充-B（NIC supplement-B）。

（3）ALTITUDE：长度为 12 位，该字段表示海拔。

（4）T：长度为 1 位，该字段表示时间。

（5）F：长度为 1 位，该字段表示 CPR 奇数/偶数帧标志（Flag）。

（6）LATITUDE：长度为 17 位，该字段表示紧凑型位置报告（Compact Position Report，CPR）格式的纬度。

（7）LONGITUDE：长度为 17 位，该字段表示紧凑型位置报告（Compact Position Report，CPR）格式的经度。

注意，编码的纬度和经度不是实际的纬度和纬度值。相反，位置信息以 CPR 格式编码，这需要更少的位来编码具有更高分辨率的位置。CPR 在全局位置模糊性和局部位置精度之间进行了权衡。交替广播两种类型的位置消息（由奇数帧位和偶数帧位标识）。基于这些消息，有两种不同的方法来解码空中位置，具体如下所述。

（1）全局无歧义位置解码：在没有已知位置的情况下，使用两种类型的消息对位置进行解码。

（2）本地无歧义位置解码：从之前的消息集中知道参考位置，只使用一条消息进行解码。

13.1.3 脉冲位置调制

Mode S 信号最前面有一个 8 位的前导码，接收机用它来确定是否接收到了有效消息，以及消息位何时开始。Mode S 信号以 1090 MHz 的频率、1 Mbps 的数据速率进行传输，并使用脉冲位置调制（Pulse Position Modulation，PPM）进行调制，如图 13.3 所示。

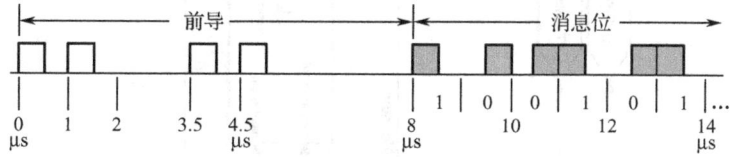

图 13.3　前导码和信息位调制方式

对于 PPM，当信号在位间隔的前半部分为"高"电平、后半部分为"低"电平时，为逻辑"1"。同样，当信号在位间隔的前半部分为"低"电平、后半部分为"高"电平时，为逻辑"0"。

由于 PPM 调制对时间极为敏感，Mode S 接收机使用前导码来确定消息位开始的确切采样点极其重要。

13.2　ADS-B 无线传输系统模型设计

Mode S 信号的传输通常来自飞机的实时广播。然而，为了进行仿真，可以使用提前录制的信号构建 ADS-B 发射机，借助这些录制的信号，ADS-B 接收机也可以在本地进行信号传输。

根据本书前面介绍的内容，Xilinx Zynq-7000 SoC 将"硬件可编程逻辑资源"和 Arm Cortex-A9 双核处理器集成在单个芯片中，完美实现了"硬件"和"软件"的集成。具体地说，硬件可编程逻辑资源用于构建硬件电路，而 Arm Cortex-A9 双核处理器则负责运行软件代码。这样，Zynq-7000 SoC 的可编程逻辑（Programmable Logic，PL）区域可以用于对信号进行实时的高速处理，而处理系统（Processing System，PS）内的 Arm Cortex-A9 双核处理器则可以运行控制程序，处理较慢速率的控制功能。

ADS-B 发射机和接收机的硬件逻辑实现可以通过硬件描述语言（Hardware Description Language，HDL）设计，并生成一个知识产权（Intellectual Property，IP）核，这个 IP 核可以利用 XC7Z100 SoC PL 中的逻辑资源来实现。此外，通过 XC7Z100 SoC 的 PS 中运行 Arm Cortex-A9 双核处理器上的代码，可以实现数据的解码功能。这样的架构设计充分利用了 Zynq-7000 SoC 的硬件和软件资源，实现了对 ADS-B 信号处理和传输的高效仿真与验证。具体地说，在该设计中，接收算法完全通过 PL 中的可编程逻辑资源实现。这是因为匹配滤波和 CRC 需要进行实时处理。此外，嵌入式传输波形也在 PL 中实现。

在该设计中，ADS-B 发射机模型和 ADS-B 接收机模型由图 13.4 中的 HDL_ADSB 子系统内底层的 HDLTxIpCore 子系统和 HDLRxIpCore 子系统构建，如图 13.5 所示。Arm Cortex-A9 双核处理器用于将接收的数据发送回主机进行解码和打印。

注：读者可以定位到本书配套资源的\SDR_example\ADS-B 路径下，用 MATLAB R2021b 打开文件 zynqADSBAD9361_HDL.slx。

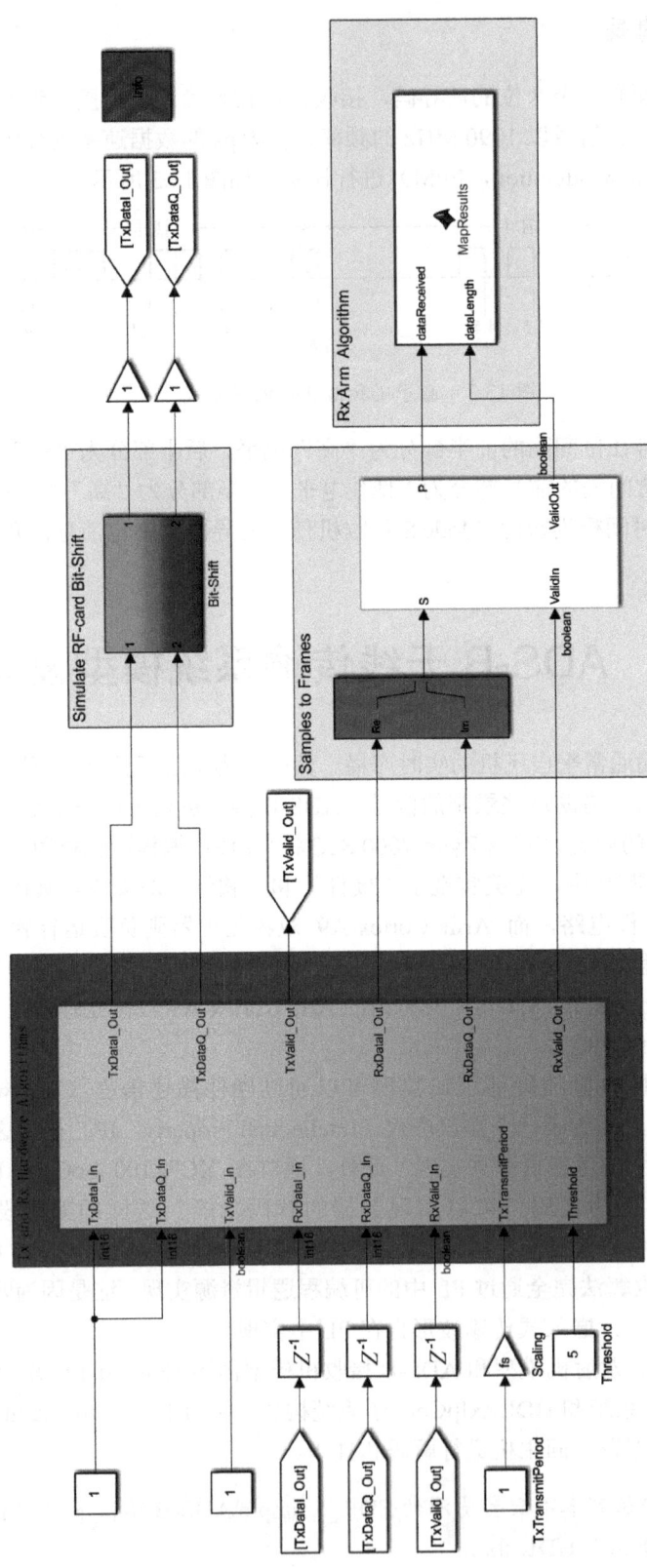

图 13.4 ADS-B 无线传输系统的顶层"硬件"设计

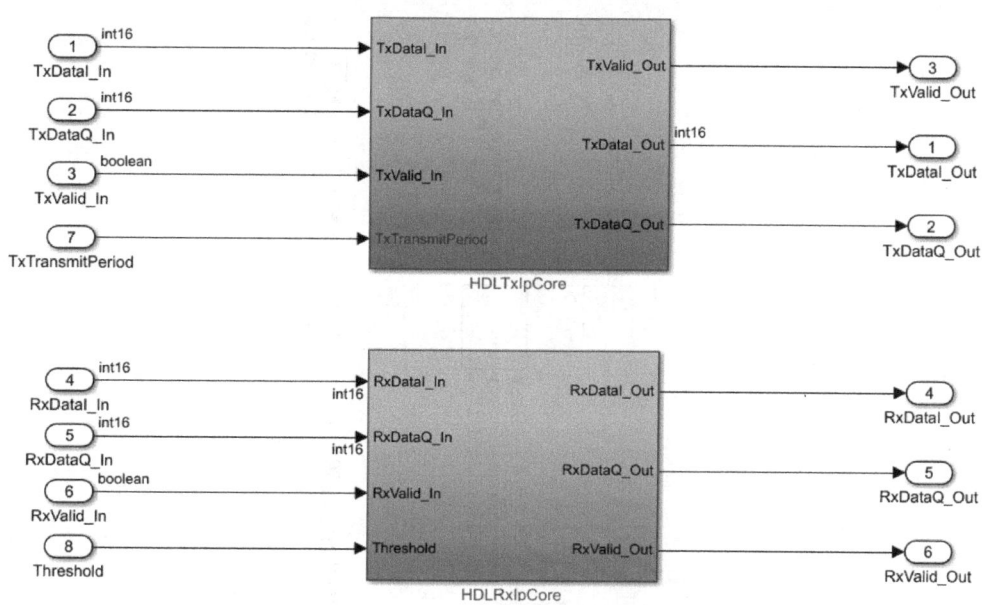

图 13.5　HDLTxIpCore 子系统和 HDLRxIpCore 子系统

13.2.1　ADS-B 发射机的设计

HDLTxIpCore 子系统的内部结构如图 13.6 所示。预先录制的 ADS-B 扩展应答消息保存在一个名字为"ADS-B 信号源查找表"的二维查找表（Look-Up Table，LUT）中。该表中，每一列包含 512 个样本。从图 13.6 中可知，HDLTxIpCore 子系统包含一个名字为"TxTransmitPeriod"的 AXI4-Lite 控制端口，通过该端口可以控制 ADS-B 消息传输的速率。

"行计数器"的输出与二维查找表的 u1 端口相连。当计数到"TxTransmitPeriod"端口指定的值时，复位行计数器。在同一时刻，与二维查找表 u2 端口相连的"列计数器"加一递增，以选择下一个要读取的列。

列计数器的计数范围为[0,7]，即每 8 个周期复位一次，用于保存 8 个扩展应答消息。

13.2.2　ADS-B 接收机的设计

HDLRxIpCore 子系统的内部结构如图 13.7 所示。

（1）PrepInputs：对接收的数据进行预处理，计算复数信号的模。

（2）Calculate Threshold：FIR 滤波器，用于对 32 个样本点取平均值，初步生成阈值，与 Calculate Threshold 端口输入的值相乘进行阈值调整。

（3）CalcSyncCorr：FIR 滤波器抽头系数配置为[1,1,-1,-1] [1,1,-1,-1] [-1,-1,-1,-1] [-1,-1,1,1] [-1,-1,1,1] [-1,-1,-1,-1]，即 4 倍采样率下的控制信号，其格式如图 13.3 中的前导码所示。其中，[1,1]对应 1，[-1,-1]对应 0，则可以得到[10 10 00 01 01 00]，即经过 PPM 后的 Mode S 前导码。接收的数据经过该 FIR 滤波器，即可计算接收的信号与同步信号之间的相关性。

（4）Timing Control：时序控制状态机。它根据输入的阈值和接收数据与同步信号的互相关值 SyncCorr 触发数据接收。时序控制状态机的具体内容如代码清单 13-1 所示。

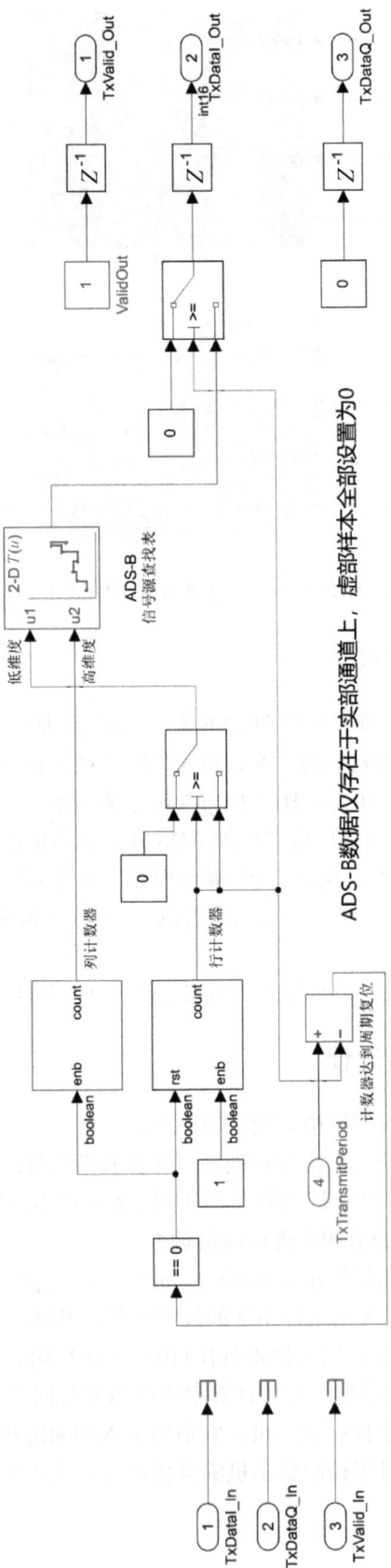

图 13.6 HDLTxIpCore 子系统的内部结构

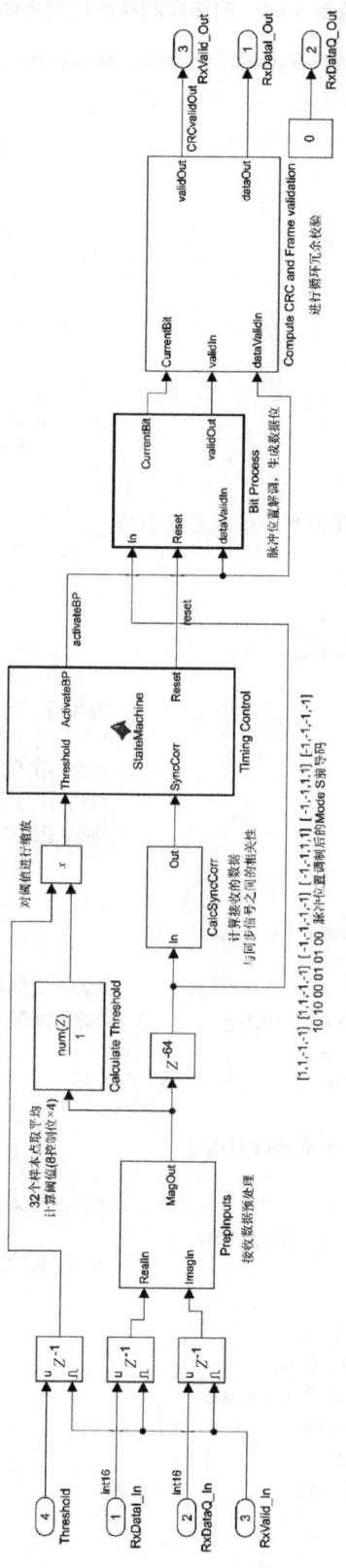

图 13.7 HDLRxIpCore 子系统的内部结构

代码清单 13-1　时序控制状态机的具体内容

```matlab
function [ ActivateBP, Reset] = StateMachine(Threshold, SyncCorr)

% 定义状态
State_SyncSearch = fi(0,0,2,0);
State_WaitForT0 = fi(1,0,2,0);
State_BitProcess = fi(2,0,2,0);
State_ClearBP = fi(3,0,2,0);

% 定义内部变量
persistent int_Reset;
persistent int_ActivateBP;
persistent maxSync;
persistent SamplesIn;
persistent Clocks;

% 使用 persistent 关键字来模拟硬件中的状态寄存器
persistent currentState;
if isempty(currentState)
    %   设置初始状态
    currentState = State_SyncSearch;
    %   初始化内部变量
    int_ActivateBP = false;              %%% 表示消息序列的有效信号
    maxSync = fi(0,1,16,10);             %%% 用于存储大于阈值的数据值
    SamplesIn = fi(0,0,10,0);            %%% 用于计数输入样本
    Clocks = fi(0,0,6,0);                %%% 用于计数时钟
    int_Reset = false;                   %%% 指示有效数据的开始
end

% 根据状态寄存器的值切换到新状态
switch currentState
    case State_SyncSearch                %%% 识别前导码序列的开始
        if SyncCorr > fi(Threshold,1,16,10)  %%% 阈值设置为1，这是前导码的平均能量
            maxSync = SyncCorr;
            Clocks = fi(0,0,6,0);
            int_Reset = true;
            currentState = State_WaitForT0;
        end
    case State_WaitForT0                 %%% 识别消息序列的开始
        Clocks = fi(Clocks,0,5,0) + fi(1,0,1,0);
        if Clocks > fi(8,0,6,0)          %%% 为了绕过前导码序列，设为 8
            int_Reset = false;
            int_ActivateBP = true;
            SamplesIn = fi(0,0,10,0);
            currentState = State_BitProcess;
        elseif SyncCorr > maxSync
            Clocks = fi(0,0,6,0);
            maxSync = SyncCorr;
        end
    case State_BitProcess                %%% 生成消息序列的有效信号
        SamplesIn = fi(SamplesIn,0,9,0) + fi(1,0,1,0);
        if SamplesIn >= fi(448,0,10,0)   %%% 消息位是 112 位，采样频率为 4MHz
```

```
                                          %%% 共有 448 个样本（112×4=448）
            int_ActivateBP = false;
            SamplesIn = fi(0,0,10,0);
            maxSync = fi(0,1,16,10);
            currentState = State_ClearBP;
        elseif SyncCorr > maxSync && SamplesIn < fi(16,0,10,0)
            int_Reset = true;
            SamplesIn = fi(0,0,10,0);
            maxSync = SyncCorr;
            Clocks =fi(0,0,6,0);
            currentState = State_WaitForT0;
        end
    case State_ClearBP
        SamplesIn = fi(SamplesIn,0,9,0) + fi(1,0,1,0);
        if SamplesIn > fi(128,0,10,0)
            SamplesIn = fi(0,0,10,0);
            maxSync = fi(0,1,16,10);
            currentState = State_SyncSearch;
        end
end

% 将内部值分配给适当的输出
Reset = int_Reset;
ActivateBP = int_ActivateBP;
```

（5）Bit Process：完成脉冲位置解调生成数据位，其内部结构如图 13.8 所示。

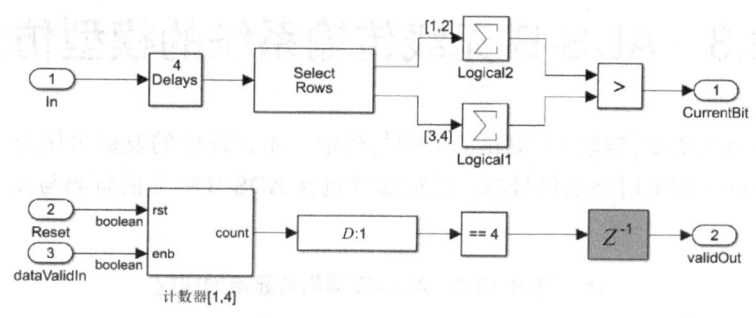

图 13.8　Bit Process 的内部结构

Mode S 信号以 1090MHz 的频率和 1Mbps 的数据速率进行传输，接收机的采样率为 4MHz，因此每 4 个样本点恢复为一位数据，其中[1,2]为脉冲位置调制的前半部分，[3,4]为脉冲位置调制的后半部分。

根据 13.1.3 节介绍的脉冲位置调制规则，当图 13.8 中 Logical 2 的输出大于 Logical 1 的输出时，当前数据位为逻辑"1"；反之，当 Logical 2 的输出小于 Logical 1 的输出时，当前数据位为逻辑"0"。

（6）Compute CRC and Frame validation：内部使用"General CRC Syndrome HDL Optimized"进行 CRC，其内部结构如图 13.9 所示。

Valid Generation 用于控制输出数据的有效性，其内部结构如图 13.10 所示。默认，当 CRC 失败导致 ValidFrame 输入长期无效时，计数器在[113,128]范围内计数；当 CRC 成功使 ValidFrame 输入有效时，计数器加载外部的常数"1"开始计数，并产生持续 112 个时钟周期的有效信号，该长度对应 Mode S 编码的长度。

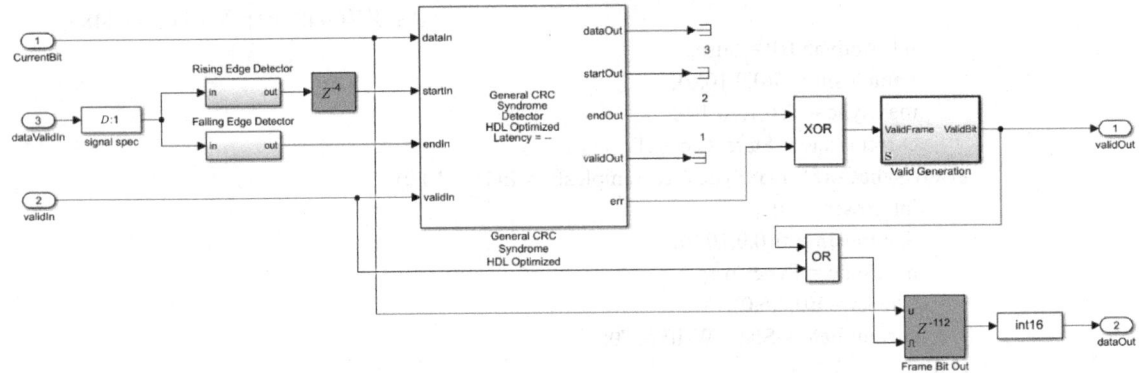

图 13.9　Compute CRC and Frame validation 的内部结构

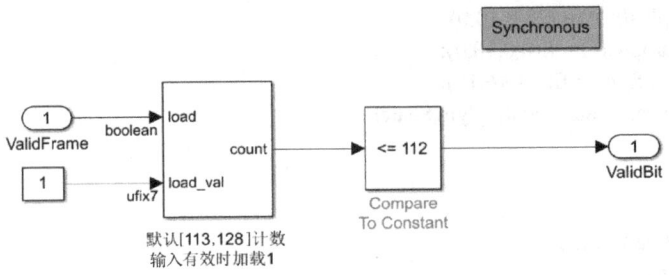

图 13.10　Valid Generation 的内部结构

13.3　ADS-B 无线传输系统的模型仿真

进行模型仿真前需要搭建用于测试的信源与信宿，本设计中的发射机使用查找表存储提前录制的信号，所以无须采用外部信号源。信宿部分包含 ADS-B 信号的解码与显示，其实现如代码清单 13-2 所示。

代码清单 13-2　ADS-B 解码与显示的实现

```
function MapResults(dataReceived, dataLength)

coder.extrinsic('zynqRadioHWSWADSB_helperRxMsgParser','zynqRadioHWSWADSBInitDisplays');
persistent viewer msgParser radioTime

if isempty(viewer)
    [viewer, msgParser] = zynqRadioHWSWADSBInitDisplays;
    radioTime = 0;
end

if dataLength > 0
    % 创建结构以包含 ADS-B 数据包
    pkt.RawBits = dataReceived;
    pkt.CRCError = 0;
    pkt.Time = radioTime;
    
    % 解析消息位（消息解析器）
    [msg,msgCnt] = msgParser(pkt,1);
```

```
% 查看结果数据包内容（数据查看器）
update(viewer, msg, msgCnt, 0, 0);

radioTime = radioTime + 1;
    end
end
```

在 Simulink 当前的设计主界面中，单击"仿真"标签。在该标签页的工具栏中，找到并单击"运行"按钮 ▶。自动弹出"ADS-B Aircraft Tracking"对话框，如图 13.11 所示。该图给出了所接收的 ADS-B 数据的详细信息，其中包含当前接收的 Current（标识）、Aircraft ID（飞机识别码）、Flight ID（飞行识别码）、Latitude（纬度）、Longitude（经度）、Altitude（高度）、Speed（速度）、Heading（机头朝向）、Vertical Rate（垂直速率）以及 Time（信息更新时间）。

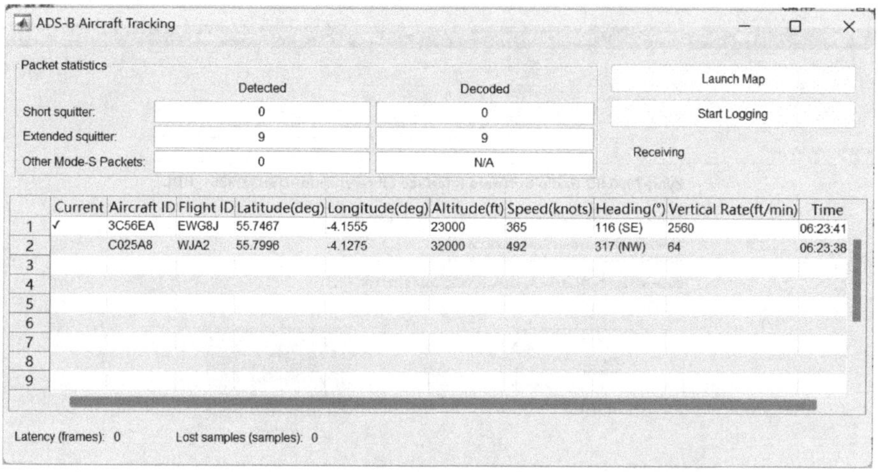

图 13.11 "ADS-B Aircraft Tracking"对话框

单击图 13.11 中的"Launch Map"按钮，自动打开名字为"Web Map1"的页面。在该页面中，可以看到飞机在地图上的位置。

13.4 ADS-B 系统实现与测试

本节将介绍在定制硬件平台 SDR-AI-Z7 上对实际的 ADS-B 信号接收系统模型进行测试和验证。

13.4.1 编译 HDL 模型

编译 HDL 模型，生成比特流文件与对应的软件接口模型框架，主要步骤如下所述。

（1）进入 MATLAB 主界面的命令窗口，在命令行提示符后面依次输入代码清单 13-3 给出的脚本命令，按回车键，打开 HDL 工作流顾问工具（见图 13.12）。

代码清单 13-3　在 MATLAB 中设置 Vivado 安装位置

```
hdlsetuptoolpath('ToolName','Xilinx Vivado','ToolPath', 'C:\Xilinx\Vivado\2023.1\bin\vivado.bat');
setupzynqradiorepositories;
```

注：C:\Xilinx 为本书所使用 Vivado 设计套件的安装路径，请读者根据自己的 Vivado 设计套件安装路径修改相应的设置。

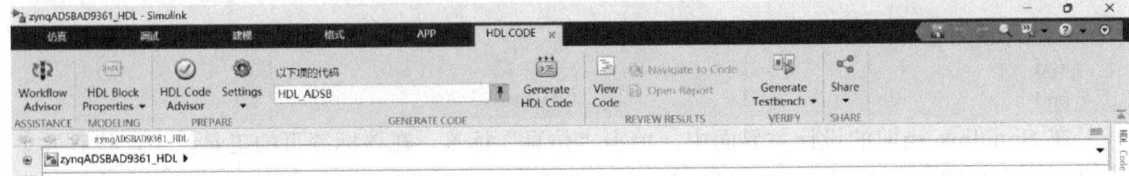

图 13.12　打开 HDL 工作流顾问工具

（2）按照 10.4.1 节所示方法，使用 HDL 工作流顾问工具编译 ADS-B HDL 模型，生成比特流文件与软件接口模型框架。自动生成的软件接口模型库如图 13.13 所示。

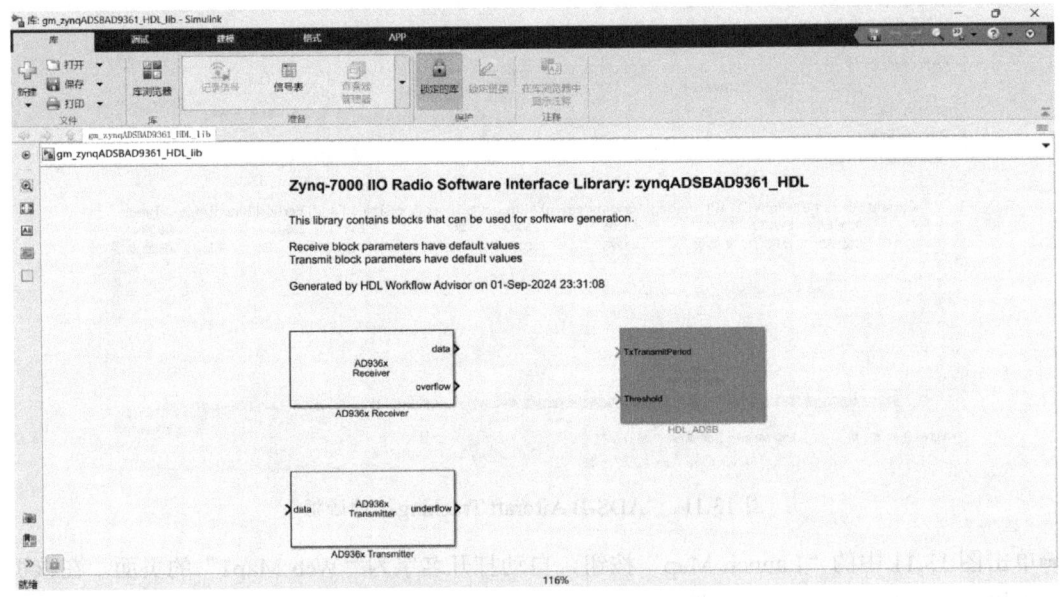

图 13.13　自动生成的软件接口模型库

注：（1）生成的比特流文件保存在本书配套资源的\SDR_example\ADS-B\hdl_prj\vivado_ip_prj\vivado_prj.runs\impl_1 路径下，该文件的名字为 system_top.bit。

（2）生成的软件接口模型库文件保存在本书配套资源的\SDR_example\ADS-B 路径下，该文件的名字为 gm_zynqADSBAD9361_HDL_lib.slx。

13.4.2　设计软件接口模型

使用自动生成的软件接口模型库与软件接口模型框架，设计用于 SDR 平台处理器中的 ADS-B 系统软件接口模型，如图 13.14 所示。

注：该设计保存在本书配套资源的\SDR_example\ADS-B 路径下，文件的名字为 adsb2021b_rx_166_165_25000.slx。

在该设计中，需要对图 13.14 中 AD936x Receiver 内的参数进行设置，其中：
（1）Radio IP address（射频 IP 地址）：192.168.31.166；
（2）Center frequency (Hz)（中心频率）：1.09e9；

(3) Baseband sample rate (Hz)（基带采样率）：4e6。

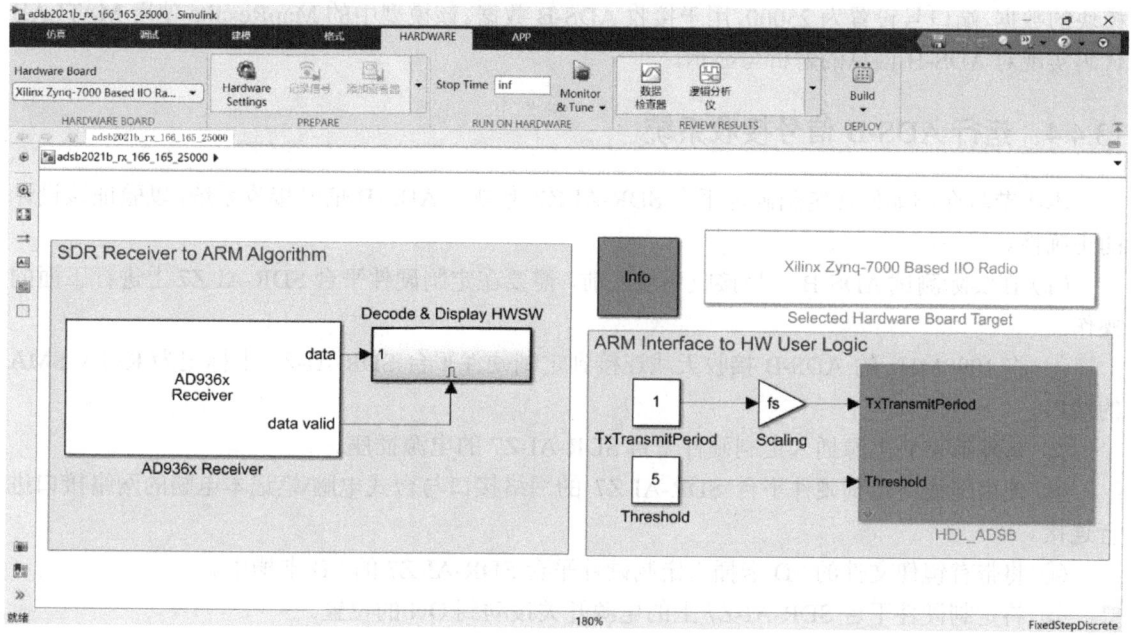

图 13.14　ADS-B 系统软件接口模型

在图 13.14 中，将 Decode & Display HWSW 中的 UDP Send 的 IP 地址设置为与其相连的台式电脑/笔记本电脑的 IP 地址。在该设计中，将 IP 地址设置为 192.168.31.165，端口号设置为 25000。

13.4.3　设计软件模型

设计完用于 SDR 平台处理器中的 ADS-B 系统软件接口模型后，需要设计用于台式电脑\笔记本电脑的软件模型。该模型用于接收定制硬件平台 SDR-AI-Z7 通过 UDP 网络协议上传的 Mode S 数据，并将相关数据进行可视化展示。

在 Simulink 中建立新的 ADS-B 系统软件模型，该模型的结构如图 13.15 所示。

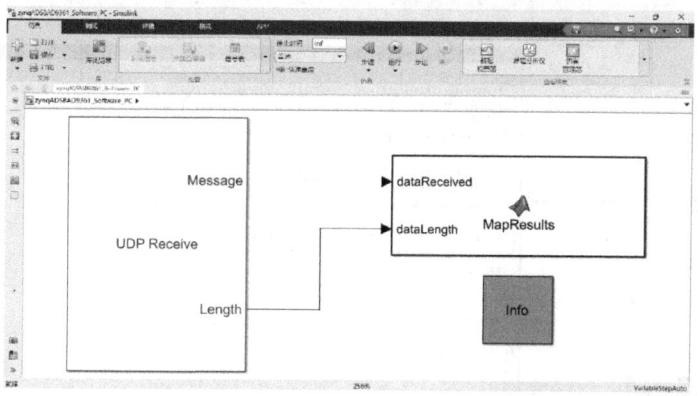

图 13.15　ADS-B 系统软件模型的结构

注：该设计保存在本书配套资源的 \SDR_example\ADS-B 路径下，文件的名字为 zynqADSBAD9361_Software_PC.slx。

需要将图 13.15 中 UDP Receive 的 IP 地址设置为 0.0.0.0，表示允许接收所有 IP 发送到当前模块的数据，端口号设置为 25000，用于接收 ADS-B 数据。该模型中的 MapResults 使用 MATLAB 代码实现对 ADS-B 信息的解析与显示。

13.4.4 运行 ADS-B 信号接收系统

本小节将介绍如何在定制硬件平台 SDR-AI-Z7 上测试 ADS-B 信号接收系统，以验证该设计的正确性。

（1）在实际测试 ADS-B 信号接收系统之前，需要在定制硬件平台 SDR-AI-Z7 上进行下面的操作。

① 将 1090MHz 的 ADS-B 接收天线连接到定制硬件平台 SDR-AI-Z7 上标记为 Rx1A SMA 的接口。

② 将外部+5V 电源插入定制硬件平台 SDR-AI-Z7 的电源插座。

③ 使用网线将定制硬件平台 SDR-AI-Z7 的网络接口与台式电脑\笔记本电脑的网络接口进行连接。

④ 将带有镜像文件的 SD 卡插入定制硬件平台 SDR-AI-Z7 的 SD 卡槽中。

⑤ 将定制硬件平台 SDR-AI-Z7 上的电源开关拨动到 ON 的位置。

（2）进入 MATLAB 主界面命令行窗口，在命令行提示符后面依次输入代码清单 13-4 给出的脚本命令，按回车键，将比特流文件传输至定制硬件平台 SDR-AI-Z7 中，并重新启动该定制硬件平台，使新的 SDR 配置生效。

代码清单 13-4 下载比特流文件的脚本命令

```
radio = sdrdev('AD936x','IPAddress','192.168.31.166');
devzynq = zynq('linux','192.168.31.166','root','root','/tmp');
testConnection(radio);
downloadImage(radio,'FPGAImage', 'hdl_prj\vivado_ip_prj\vivado_prj.runs\impl_1\system_top.bit');
```

当比特流下载成功时，在 MATLAB 界面中给出提示信息，如图 13.16 所示。

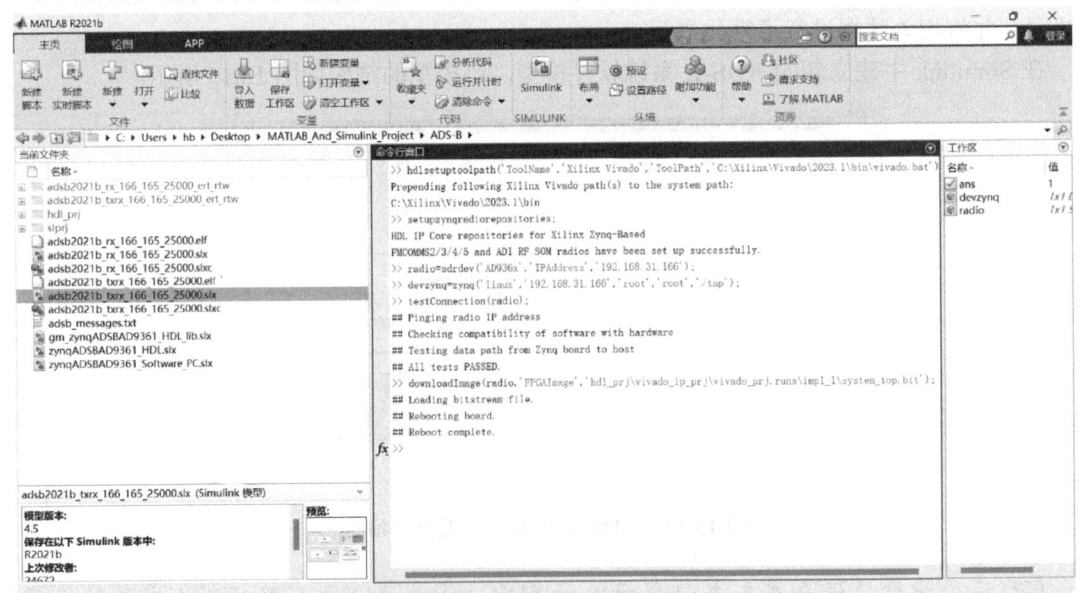

图 13.16 ADS-B 比特流下载成功

第 13 章 ADS-B 信号接收 Simulink 实现

（3）在软件接口模型设计界面中，单击"HARDWARE"标签。在该标签页的工具栏中，找到并单击"Monitor & Tune"按钮，将软件接口模型编译为可执行文件，并可以运行在定制硬件平台 SDR-AI-Z7 上 XC7Z100 SoC 内的 Arm Cortex-A9 双核处理器中。

（4）在软件模型设计界面中，单击"仿真"标签。在该标签页的工具栏中，找到并单击"运行"按钮，在台式电脑/笔记本电脑中运行软件模型。

（5）自动弹出"ADS-B Aircraft Tracking"对话框。在该对话框中，可以观察到 ADS-B 系统接收的实时数据，如图 13.17 所示。该图给出了系统接收的飞机实时数据。

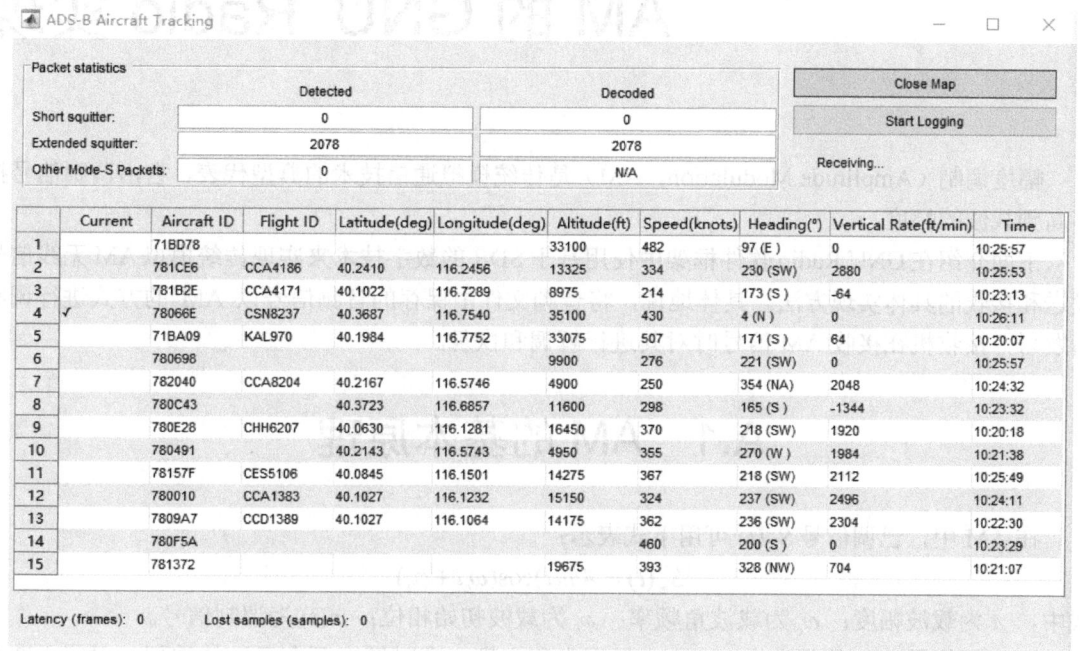

图 13.17 ADS-B 系统接收的实时数据

（6）单击图 13.17 中的"Close Map"按钮，弹出"Web Map 1"页面。在该页面中，可以看到飞机在地图上的位置。

> 注：可以按照 10.6 节介绍的方法，将软件接口模型编译为独立的可执行文件保存在 SD 卡中。但是运行该可执行文件后，必须在 Simulink 中运行 ADS-B 软件模型才可以观察到飞机的实时数据。

附录 A

AM 的 GNU Radio 实现

幅度调制（Amplitude Modulation，AM）是传统模拟通信技术的典型代表，它由调制信号控制高频载波的幅度。

下面介绍在 GNU Radio 软件框架中使用基于 SDR 的数字技术来实现传统模拟 AM 无线信号发送和接收的具体实现方法。具体地说，将音频文件中保存的音频信号以 AM 的方式进行调制后发射，接收机在接收 AM 信号时对其进行解调和恢复。

A.1 AM 的基本原理

在 AM 中，已调信号 $S_m(t)$ 可用下式表示：

$$S_m(t) = Am(t)\cos(\omega_c t + \varphi_0)$$

式中，A 为载波幅度；ω_c 为载波角频率；φ_0 为载波初始相位；$m(t)$ 为调制信号。

设调制信号 $m(t)$ 的频谱为 $M(\omega)$，根据卷积定理，在时域中两个函数的乘积，对应于在频域中两个频谱函数卷积的 $1/2\pi$ 倍。因此，已调信号频谱用 $S_m(\omega)$ 表示为

$$S_m(\omega) = \frac{1}{2\pi}\{M(\omega) * F[A\cos(\omega_c t + \varphi_0)]\}$$

式中，$F[A\cos(\omega_c t + \varphi_0)] = A\pi[\delta(\omega+\omega_c) + \delta(\omega-\omega_c)]$。因此

$$S_m(\omega) = \frac{A}{2}[M(\omega+\omega_c) + M(\omega+\omega_c)]$$

A.2 AM 发射机和接收机模型的构建

下面介绍 AM 发射机和接收机模型的构建。

A.2.1 AM 发射机模型的构建

在 GNU Radio 中构建的音频信号 AM 发射机模型，如图 A.1 所示。

（1）Wav File Source：以文件格式保存的音频信号。

（2）Rational Resample：调整采样率，将基带信号的采样率调整为统一值。

（3）Multiply Const：调整信号幅度，对基带信号进行幅度缩放。

（4）Add：将 Constant Source 中的常数与基带信号相加。

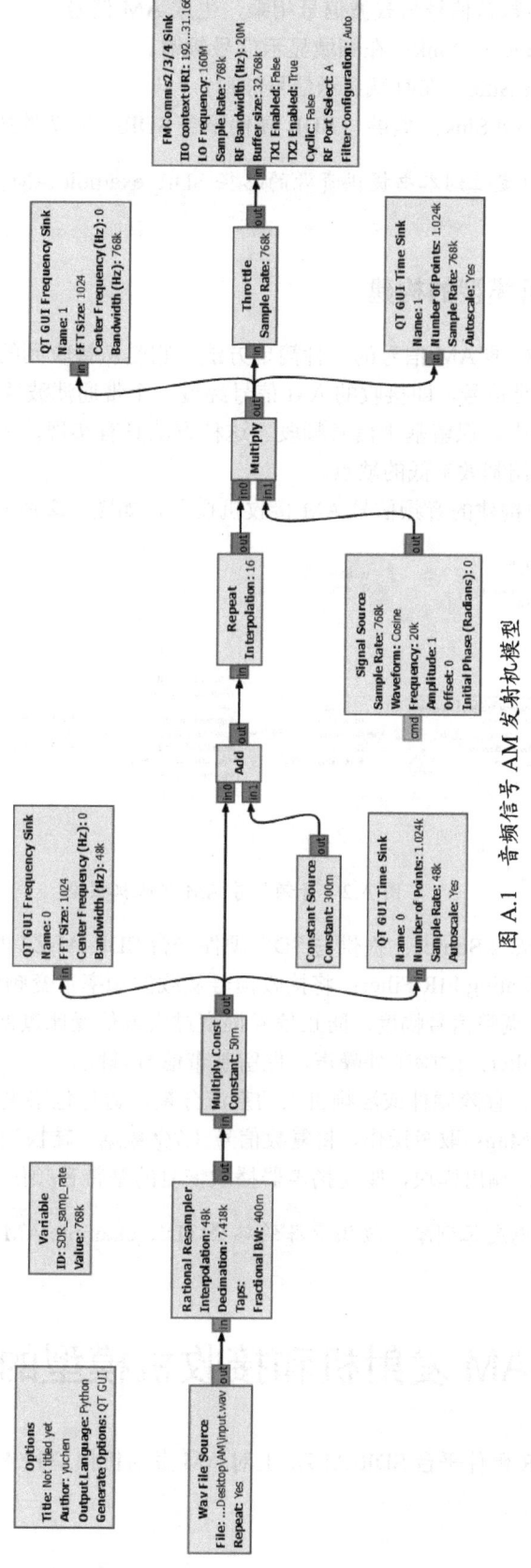

图 A.1 音频信号 AM 发射机模型

（5）Multiply：将基带信号与载波信号相乘，生成 AM 信号。
（6）QT GUI Frequency Sink：在频域显示信号频谱。
（7）QT GUI Time Sink：在时域显示信号波形。
（8）FMComms2/3/4 Sink：提供与 SDR 硬件平台 SDR-AI-Z7 的接口。

注：读者可以定位到本书提供资源的路径\SDR_example\AM，用 GNU Radio Companion 打开文件 AM_tx.grc。

A.2.2　AM 接收机模型的构建

包络检波是解调标准 AM 信号的一种简单方法。它是从接收到的 AM 信号中提取出信号的包络，从而还原出基带信号，即接收的 AM 信号经过一个带通滤波器（Band-Pass Filter，BPF），其作用为滤除带外噪声，保留基带信号频段。这种方法具有实现简单、成本较低的优点，但是也存在信噪比差以及调制效率低的缺点。

在 GNU Radio 中构建的音频信号 AM 接收机模型，如图 A.2 所示。

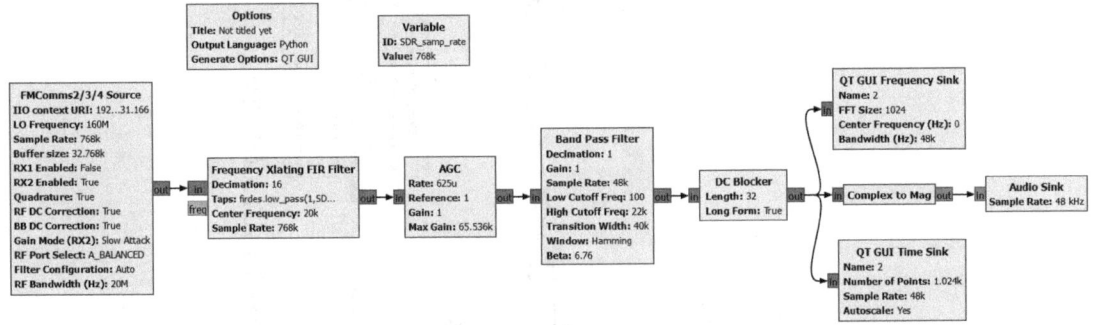

图 A.2　音频信号 AM 接收机模型

（1）FMComms2/3/4 Source：提供与 SDR 硬件平台 SDR-AI-Z7 的接口。
（2）Frequency Xlating FIR Filter：将接收信号从载波频率下变频到基带。
（3）AGC：动态调整信号幅度，防止信号幅度过大或信噪比过低。
（4）Band Pass Filter：滤除带外噪声，保留基带信号频段。
（5）DC Blocker：移除硬件或混频引入的直流分量，避免包络失真。
（6）Complex to Mag：取模操作，将复数信号（I/Q 数据）转换为幅度信号，提取 AM 包络。
（7）Audio Sink：输出模块，驱动扬声器播放恢复的基带音频信号。

注：读者可以定位到本书提供资源的路径\SDR_example\AM，用 GNU Radio Companion 打开文件 AM_rx.grc。

A.3　AM 发射机和接收机模型的测试结果

下面给出在 SDR 硬件平台 SDR-AI-Z7 上对 AM 发射机模型和 AM 接收机模型的测试结果。

A.3.1 AM 发射机模型的测试结果

AM 发射机模型的测试结果,如图 A.3 所示。该图包含四个子图,按从上向下的顺序依次表示基带信号的时域波形图、调制后信号的时域波形图、基带信号的频谱图,以及调制后信号的频谱图。从该图中可知,时域波形中可见高频振荡,包络形状与基带信号一致;频域波形中的中心频率处(48kHz)存在显著峰值。对称分布于载波两侧,宽度与基带信号带宽匹配。实现了全载波 AM 调制,频谱包含载波与双边带,时域包络清晰。

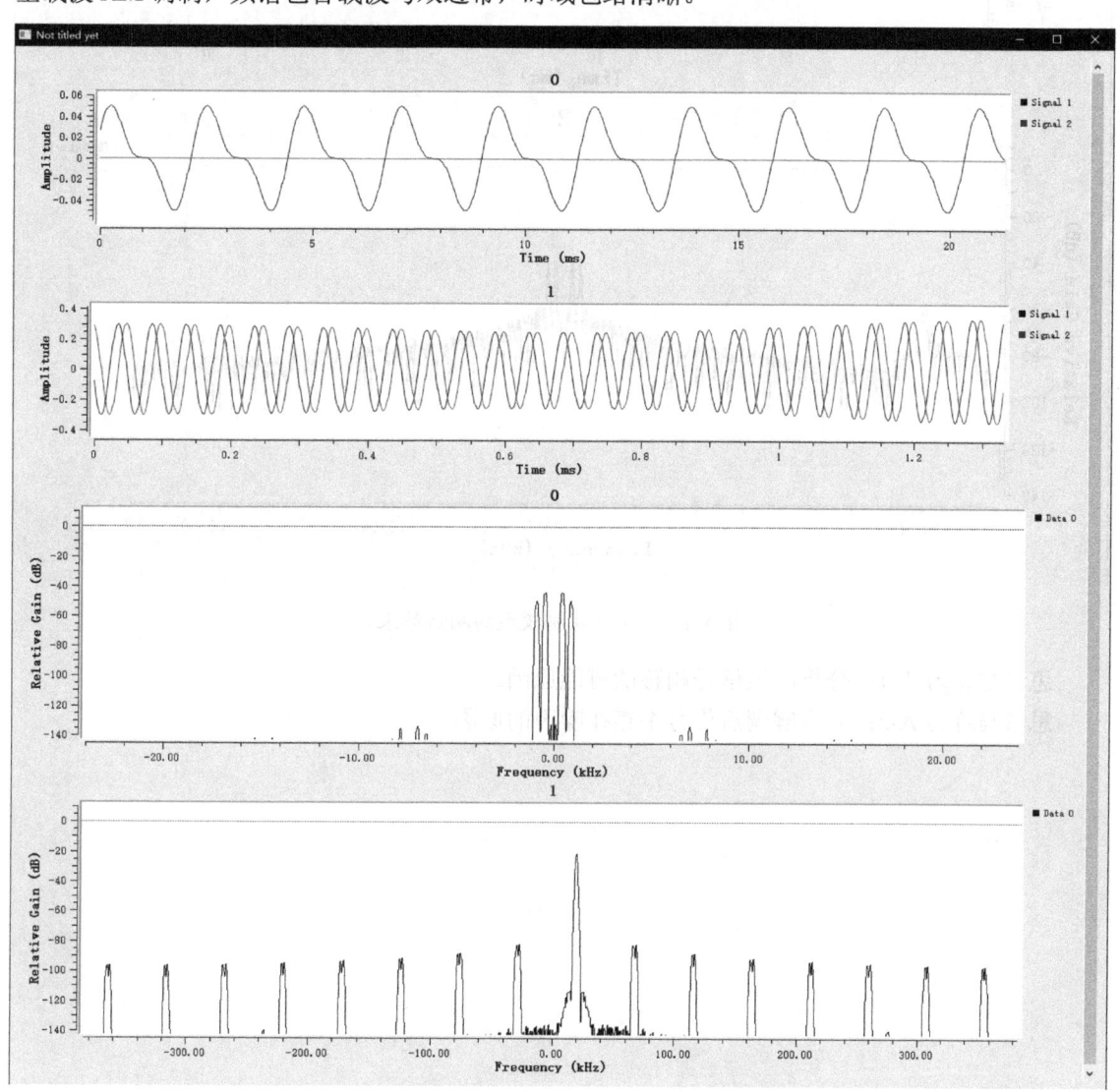

图 A.3　AM 发射机模型的测试结果

A.3.2 AM 接收机模型的测试结果

AM 接收机模型的测试结果,如图 A.4 所示。从该图中可知,时域波形恢复的基带信号波形与原始信号基本一致,包络平滑,表明解调过程有效提取了幅度信息;频域波形能量集中在基带范围,与原始基带信号频谱高度相似,解调后信号频谱未出现明显失真。

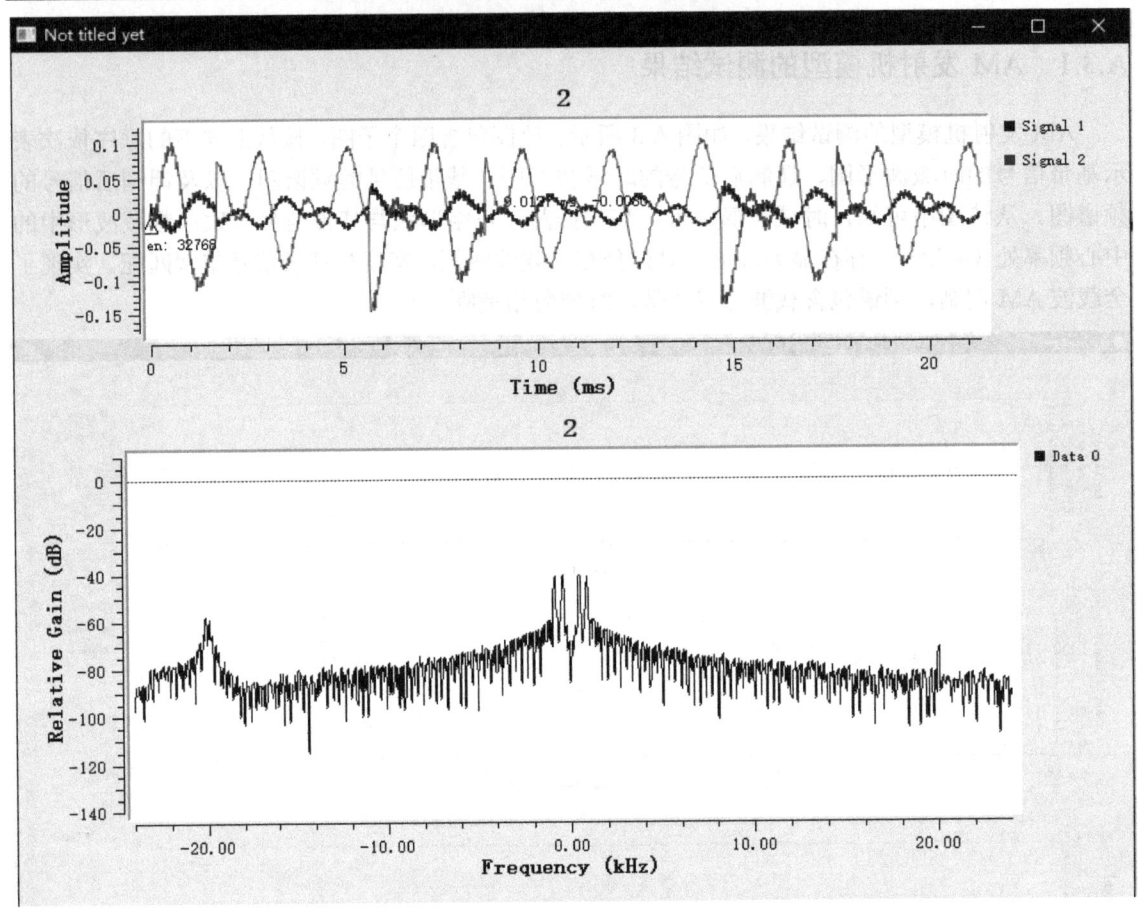

图 A.4 AM 接收机模型的测试结果

思考与练习 A-1：分析产生信号相移的可能原因。

思考与练习 A-2：分析解调后信号中存在噪声的原因。

附录 B

QPSK 的 GNU Radio 实现

正交相移键控（Quadrature Phase Shift Keying，QPSK）是数字通信技术的典型代表。下面介绍在 GUN Radio 软件框架中将一个音频信号通过 QPSK 调制后送到射频收发器进行发射，然后接收机对接收的 QPSK 信号进行解调和恢复的建模和实现方法。

B.1 QPSK 发射机和接收机模型的构建

下面介绍 QPSK 发射机和接收机模型的构建。

B.1.1 QPSK 发射机模型的构建

在 GNU Radio 中构建的音频信号 QPSK 发射机模型，如图 B.1 所示。

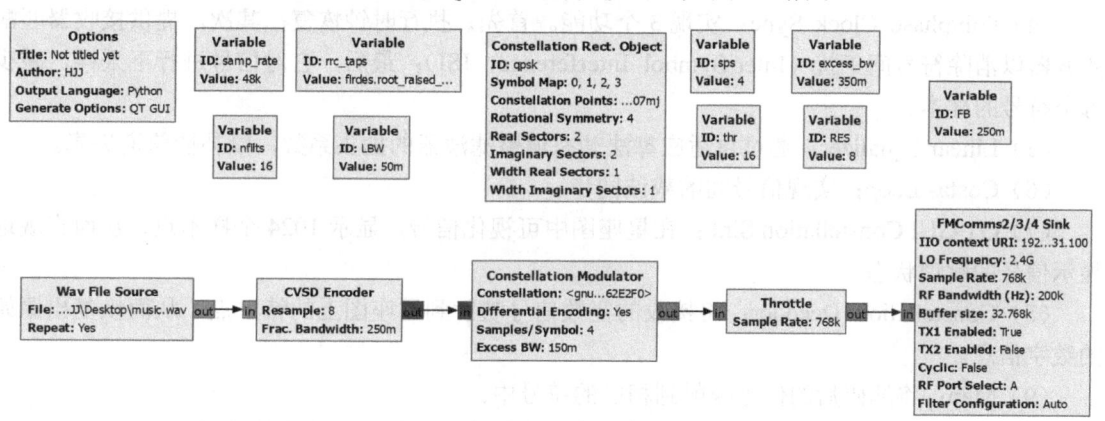

图 B.1 音频信号 QPSK 发射机模型

（1）Wav File Source：以文件的形式保存音频信号。

（2）CVSD Encoder：用于将输入的音频信号（浮点信号）编码为连续可变斜率增量调制（Continuously Variable Slope Delta Modulation，CVSD）编码的字节流。该模块的内部处理流程如图 B.2 所示。

在信号输入 CVSD 编码器前，需进行预处理以适配编码器要求。首先，将输入的浮点数量化为[-32768, +32767]整数；然后，对其进行 8 倍插值，同时滤除高频噪声；最后，将插值后的采样四舍五入为 16 位有符号整数。

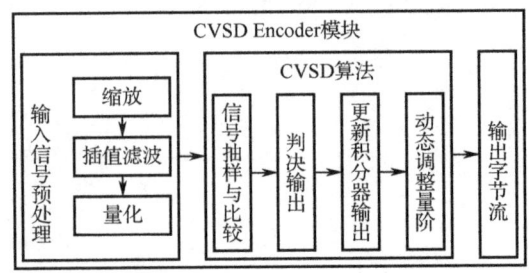

图 B.2　CVSD Encoder 模块的内部处理流程

将量化后的短整型信号输入到 CVSD 编码器中，进行 CVSD 编码。CVSD 编码器的输出是一个字节流，每个字节包含编码后的数据。字节流适合低带宽传输或存储，并且可以被 CVSD 解码器还原为原始音频信号。

（3）Throttle：将数据流的速率限制为 SDR 硬件平台 SDR-AI-Z7 的采样率。

（4）FMComms2/3/4 Sink：与 SDR 硬件平台 SDR-AI-Z7 的接口。

> 注：读者可以定位到本书提供资源的路径\SDR_example\GNU Radio QPSK，用 GNU Radio Companion 打开文件 QPSK_TX.grc。

B.1.2　QPSK 接收机模型的构建

在 GNU Radio 中构建的音频信号 QPSK 接收机模型，如图 B.3 所示。

（1）FMComms2/3/4 Source：与 SDR 硬件平台 SDR-AI-Z7 的接口。

（2）Throttle：控制信号处理的速率与自研 SDR 平台的采样速率相同，确保仿真的实时性。

（3）QT GUI Frequency Sink：在频域中可视化接收的信号，用于监控和调试。

（4）Polyphase Clock Sync：实现 3 个功能。首先，执行时钟恢复；其次，提供接收器匹配滤波器以消除符号间干扰（Inter-Symbol Interference，ISI）；最后，它对信号进行下采样，减少每个符号的样本。

（5）Linear Equalizer：通过自适应算法动态调整滤波器的抽头系数，以补偿信道失真。

（6）Costas Loop：实现信号间的载波同步。

（7）QT GUI Constellation Sink：在星座图中可视化信号，显示 1024 个样本点，从而直观地显示信号的解调状态。

（8）Constellation Decoder：将接收的复数信号映射到星座图上的特定点，从而恢复出原始的数字信息。

（9）Map：将解码后的信号映射到相应的符号中。

（10）Differential Decoder：对映射后的信号进行差分解码，消除相位歧义。

（11）Repack Bits：用于重新打包比特流，把输入的每 2 个位重新打包为每 8 个位的字节格式。

（12）CVSD Decoder：对 CVSD 编码的音频信号进行解码。它将输入的编码信号转换为浮点格式的音频样本，并通过插值和滤波处理恢复原始音频信号。

（13）Low Pass Filter：对 CVSD 解码后的信号进行低通滤波，去除高频噪声。

（14）Audio Sink：将滤波后的信号输出到音频设备中。

> 注：读者可以定位到本书提供资源的路径\SDR_example\GNU Radio QPSK，用 GNU Radio Companion 打开文件 QPSK_RX.grc。

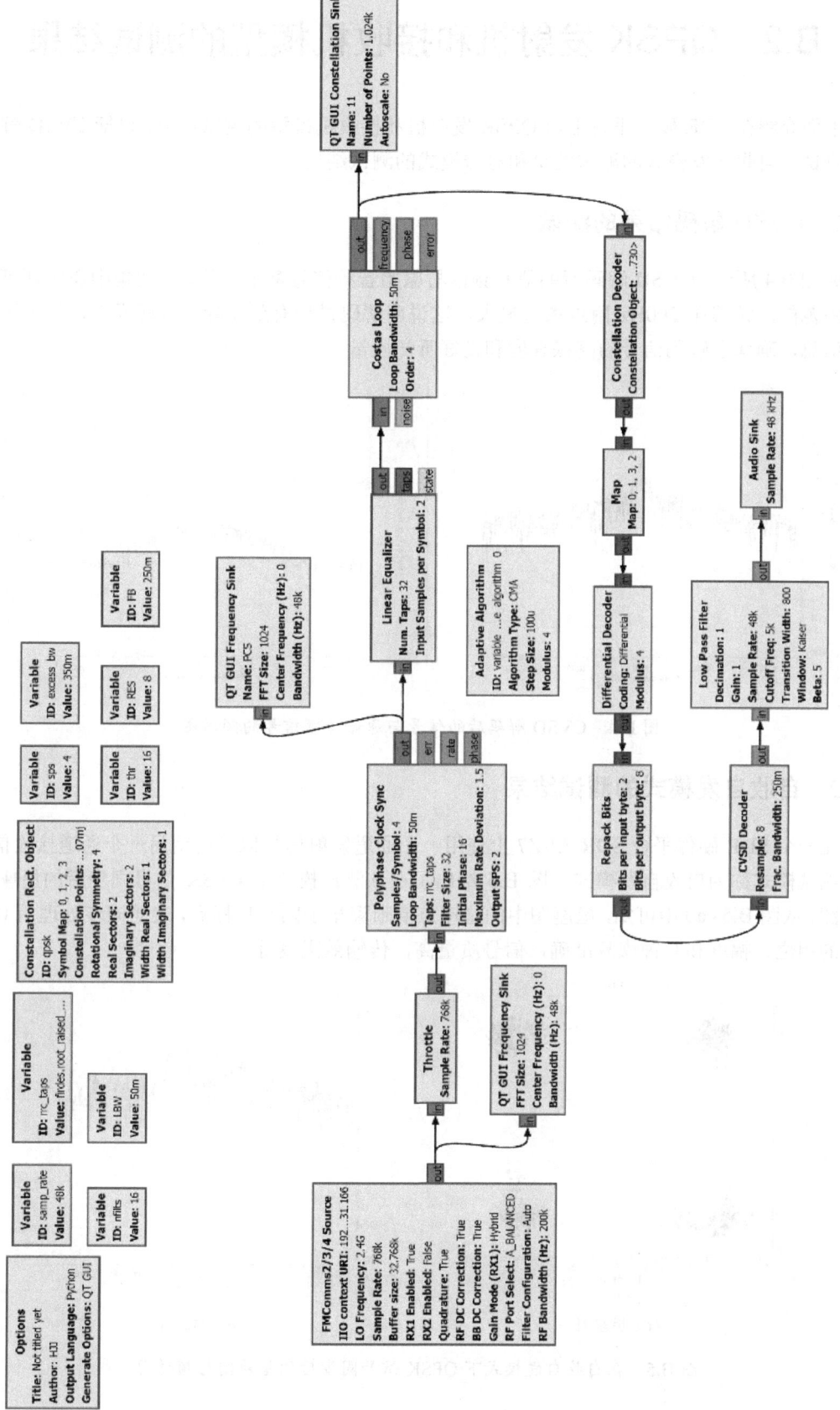

图 B.3 音频信号 QPSK 接收机模型

B.2　QPSK 发射机和接收机模型的测试结果

下面介绍在 SDR 硬件平台上对 QPSK 发射机和接收机模型的测试结果，包括 CVSD 解码结果的测试、自收自发模式的测试结果和对传模式的测试结果。

B.2.1　CVSD 解码结果的测试

如图 B.4 所示，CVSD 解码后的信号频谱与原始音频信号基本一致，主要集中在人耳可感知的频率范围，尤其在 200Hz 附近增益最大。这说明解码过程有效滤除了高频噪声，保留了关键音频信息，确保了解码信号的高保真度和良好听觉质量。

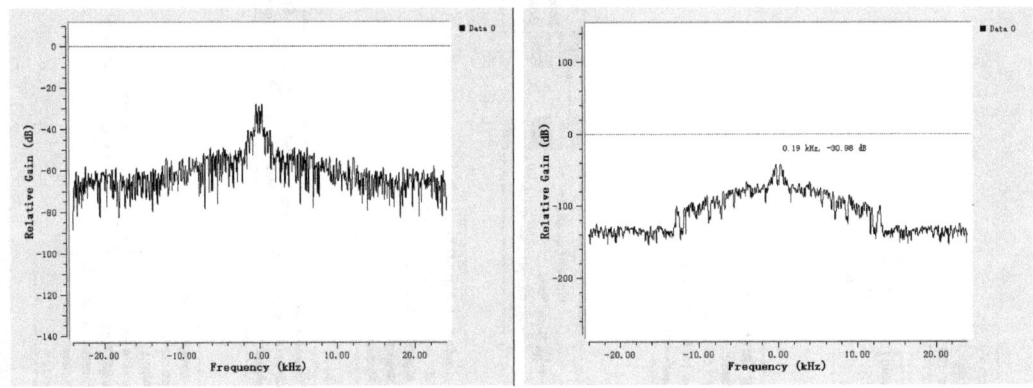

图 B.4　CVSD 解码后的信号与原始音频信号的频谱图

B.2.2　自收自发模式的测试结果

在一个 SDR 硬件平台 SDR-AI-Z7 上使用一个通道发射信号以及使用另一个通道接收信号，这种测试模式称为自收自发模式。图 B.5 给出了在该测试模式下 QPSK 信号同步后的星座图与频谱图。从图 B.5（a）中可知，星座图中的星座点清晰聚集于四个目标点，表明同步处理后 QPSK 信号的相位、幅度和时钟恢复准确，信号质量高，传输效果良好。

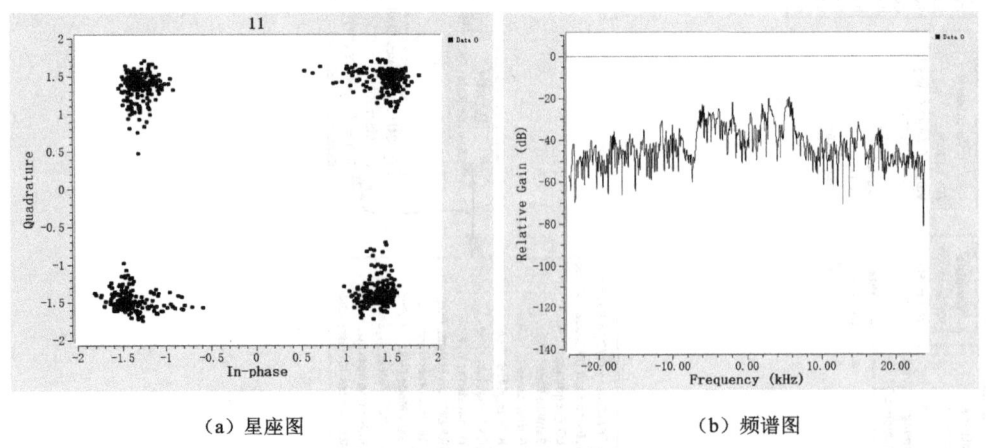

（a）星座图　　　　　　　　　　　　（b）频谱图

图 B.5　在自收自发模式下 QPSK 信号同步后的星座图与频谱图

B.2.3 对传模式的测试结果

在一个 SDR 硬件平台 SDR-AI-Z7 上使用一个通道发射信号以及在另一个 SDR 硬件平台 SDR-AI-Z7 上使用一个通道接收信号，称为对传模式。图 B.6 给出了对传模式下 QPSK 信号同步后的星座图和频谱图。从图 B.6（a）可知，星座点集中在四个主要位置。这表明同步处理有效恢复了信号的相位和幅度，但与理想星座图仍存在差异。

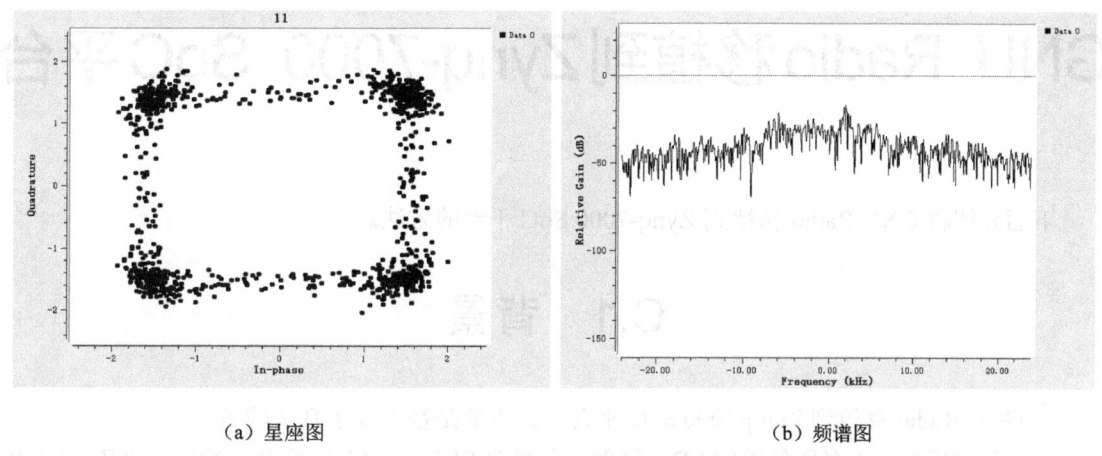

（a）星座图　　　　　　　　　　　　　（b）频谱图

图 B.6　在对传模式下 QPSK 信号同步后的星座图与频谱图

思考与练习 B-1：将该设计实例与第 10 章的设计实例进行比较，说明软件定义无线电的"软件"实现方法和"硬件"实现方法的区别。

思考与练习 B-2：比较 QPSK 的"软件"实现结果和"硬件"实现结果的差异。

附录 C

GNU Radio 移植到 Zynq-7000 SoC 平台

下面介绍将 GNU Radio 移植到 Zynq-7000 SoC 平台的方法。

C.1 背景

将 GNU Radio 移植到 Zynq-7000 SoC 平台上,主要是基于以下几个因素。

(1) 前面提到,本书所使用的 SDR 硬件开发平台 SDR-AI-Z7 上搭载了 Xilinx 的 Zynq-7000 系列中的 XC7Z100 SoC,该款 SoC 内集成了 Arm 的 Cortex-A9 双核处理器,能运行 Ubuntu 操作系统,因此该款 SDR 硬件开发平台本身就是一个能独立运行各种桌面操作系统的嵌入式计算机。

(2) 本书中的设计实例也使用了 GNU Radio 软件框架在外部计算机上进行 SDR 的开发,通过网络连接到 SDR 硬件开发平台,这就是典型的外部计算机加上专用 SDR 硬件平台的架构,如图 C.1(a)所示。这是因为以前的 SoC 内 CPU 性能不高,无法承载复杂的 SDR 开发任务,因此在 SDR 开发中一直采用这种外部计算机加上专用 SDR 硬件开发平台的架构。这种架构存在以下缺点。

① 不利于 SDR 平台的小型化,导致整个设备的成本较高。

② 外部计算机和 SDR 硬件开发平台采用网络或 USB 的连接方式,使得 SDR 系统的吞吐量受到外部计算机整体的性能以及网络/USB 传输带宽的影响较大。

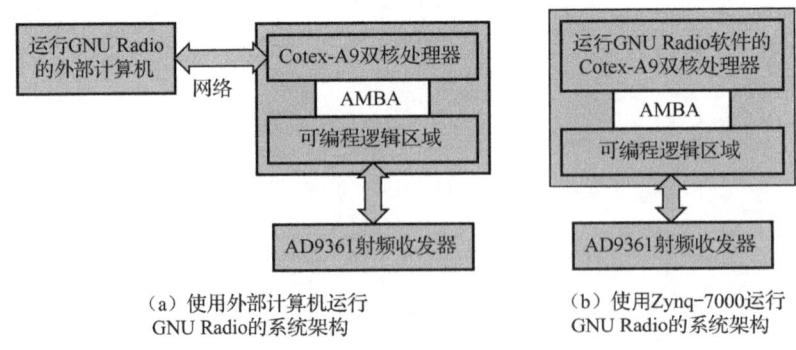

(a) 使用外部计算机运行 GNU Radio 的系统架构　　(b) 使用 Zynq-7000 运行 GNU Radio 的系统架构

图 C.1 运行 GNU Radio 的两种不同系统架构

(3) GNU Radio 是开源的软件定义无线电开发框架,在 GitHub 上可以找到该开发框架的源代码。

基于以上三点,可以将 GitHub 上开源的 GNU Radio 源代码进行重新编译,使其适配到

XC7Z100 SoC 芯片内的 Arm Cortex-A9 双核处理器上，这样就可以在 XC7Z100 SoC 上运行 GNU Radio 软件无线电开发框架了。其主要优势如下。

（1）由于不需要连接外部计算机，因此 SDR 硬件平台设备实现了小型化，即运行 GNU Radio 只需要单个 SDR 硬件平台 SDR-AI-Z7，其架构如图 C.1（b）所示。

（2）由于 GNU Radio 运行于 XC7Z100 SoC 内的 ARM 双核 Cortex-A9 处理器，其通过 SoC 内的高级微控制器总线架构（Advanced Microcontroller Bus Architecture，AMBA）连接 SoC 内的可编程逻辑（Programmable Logic，PL）区域以及片外的 AD9361 射频收发器，因此其带宽和数据吞吐量要明显好于外部计算机通过网络/USB 送到 SDR 硬件平台这种架构的带宽和数据吞吐量。

C.2　移植的实现

将 GNU Radio 移植到 XCZ7100 SoC 平台上，需要完成下面的任务，主要包括源码的下载、源码的解压缩、安装构建 GNU Radio 所需要的软件支持、构建 libiio、构建 libad9361、安装 GNU Radio，以及构建 gr-iio。具体构建过程如下。

（1）为了构建 SDR-AI 硬件平台上的 Gnu Radio，需要下载三个源码，该源码需要直接在 SDR-AI 硬件平台上编译。源码下载的操作在 Ubuntu16.04 虚拟机中进行。

（2）将之前下载好的 libiio-0.25.tar.gz、libad9361-iio-0.3.tar.gz 文件，以及本书提供的 gr-iio-upgrade-3.8.zip 文件解压缩至 SD 卡的文件系统中。

（3）为了让编译的过程能够顺利地在 SDR-AI 硬件平台上进行，需要安装编译源码所要使用的必要的外部库依赖。

（4）libiio 是运行 GNU Radio 中 FMComms2/3/4 模块的最基本的依赖，GNU Radio 在调用其内部的 FMComms2/3/4 模块块符号时，会通过 libiio 框架最终访问 SDR 硬件平台 SDR-AI-Z7 的 XC7Z100 SoC，并通过 iio 配置文件的接口访问 AD9361。

（5）使用命令 make 编译并安装 libad9361。

（6）在 SDR 硬件平台 SDR-AI-Z7 上安装 GNU Radio 软件框架。GNU Radio 的安装可以通过源码编译安装，也可以通过 apt 包管理安装。由于源码编译安装需要消耗大量的内存资源，因此选择直接使用 apt 包管理安装 GNU Radio。

（7）gr-iio 为最终用户在 GNU Radio 软件框架中使用的库。通过编译与安装 libiio 以及 libad9361，构建 gr-iio 的依赖已经完成安装，因此可直接对 gr-iio 进行安装。

C.3　gr-iio 的测试

下面介绍测试 gr-iio 的方法，主要步骤如下。

（1）将鼠标与键盘通过 USB-OTG Hub 连接到 SDR 硬件平台 SDR-AI-Z7 的 USB-OTG 接口上，并通过 HDMI 电缆将 SDR 硬件平台的 HDMI 接口与带有 HDMI 接口的显示器进行连接。

（2）给 SDR 硬件平台 SDR-AI-Z7 上电，并等待 Ubuntu 操作系统进入 SDR-AI 硬件平台的桌面系统。

（3）通过"Ctrl＋Alt＋T"快捷键打开终端。在终端命令行提示符后，输入下面的命令

```
sudo su
```
并按回车键,使得操作系统进入超级管理员模式。

(4)在命令行提示符后,输入下面的命令

```
export PYTHONPATH=$PYHONPATH:/usr/lib/python3.6/site-packages
```

并按回车键。该命令用于导出 python 库。

(5)在命令行提示符后,输入下面的命令

```
gnuradio-companion
```

并按回车键。该命令用于在 XC7Z100 SoC 上运行 GNU Radio 软件无线电开发框架。

(6)在 GNU Radio 中构建无线传输的模型,如图 C.2 所示。构建该设计模型的目的是测试 GNU Radio 能否正确地运行在 XC7Z100 SoC 平台上。

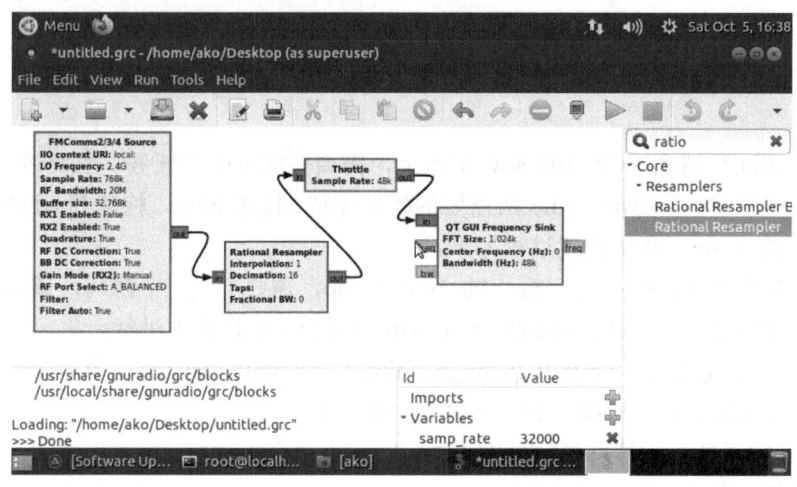

图 C.2 构建用于测试 GNU Radio 的无线传输模型

(7)保存设计文件。

(8)在 GNU Radio 主界面工具栏中,找到并单击"Run"按钮,自动弹出频谱图窗口,测试设计运行结果如图 C.3 所示。

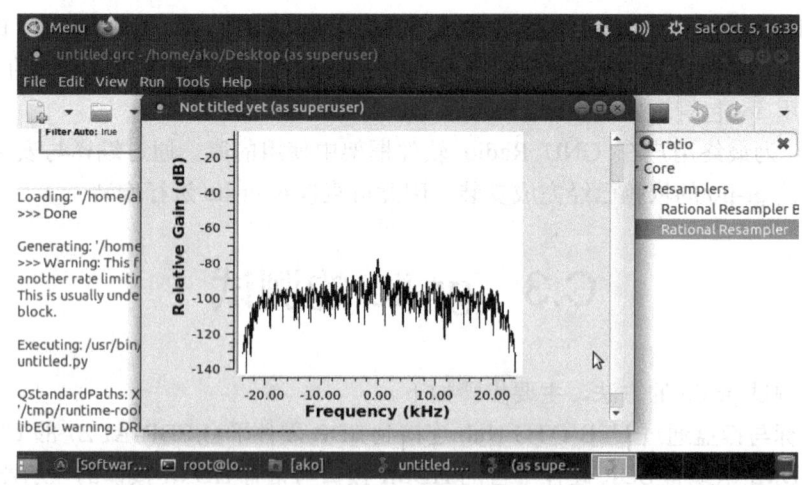

图 C.3 测试设计运行结果

上述的测试结果表明移植后的 GNU Radio 软件框架可以正确地运行在 XC7Z100 SoC 平台上。

反侵权盗版声明

电子工业出版社依法对本作品享有专有出版权。任何未经权利人书面许可,复制、销售或通过信息网络传播本作品的行为,歪曲、篡改、剽窃本作品的行为,均违反《中华人民共和国著作权法》,其行为人应承担相应的民事责任和行政责任,构成犯罪的,将被依法追究刑事责任。

为了维护市场秩序,保护权利人的合法权益,我社将依法查处和打击侵权盗版的单位和个人。欢迎社会各界人士积极举报侵权盗版行为,本社将奖励举报有功人员,并保证举报人的信息不被泄露。

举报电话:(010)88254396;(010)88258888
传　　真:(010)88254397
E-mail：　dbqq@phei.com.cn
通信地址:北京市海淀区万寿路 173 信箱
　　　　　电子工业出版社总编办公室
邮　　编:100036